D1729825

Stöckl/Winterling

Elektrische Meßtechnik

Bearbeitet von

Dr.-Ing. Karl Heinz Winterling
Professor an der Fachhochschule Frankfurt

unter Mitwirkung von

Dr.-Ing. Hans Fricke
Professor an der Technischen Universität Braunschweig

Dr.-Ing. Dieter Selle
Professor an der Fachhochschule Braunschweig/Wolfenbüttel

Dr.-Ing. Roman Thiel
Professor an der Fachhochschule Darmstadt

Dr.-Ing. Paul Vaske †
Professor an der Fachhochschule Hamburg

8., überarbeitete und erweiterte Auflage
Mit 335 Bildern, 13 Tafeln und 40 Beispielen

B. G. Teubner Stuttgart 1987

CIP-Kurztitelaufnahme der Deutschen Bibliothek

Stöckl, Melchior:
Elektrische Meßtechnik / Stöckl ; Winterling.
Bearb. von Karl Heinz Winterling unter
Mitw. von Hans Fricke ... – 8., überarb.
u. erw. Aufl. – Stuttgart : Teubner, 1987
ISBN 3-519-46405-5
NE: Winterling, Karl H.:

Printed in Germany

Gesamtherstellung: Passavia Druckerei GmbH Passau
Umschlaggestaltung: W. Koch, Sindelfingen

Vorwort

Dieses Lehrbuch der allgemeinen elektrischen Meßtechnik behandelt die meßtechnischen Grundlagen, die gebräuchlichen Meßgeräte und die wichtigsten Meßverfahren. Aus der Fülle des Stoffes ist das ausgewählt, was in den Vorlesungen und Praktika der Technischen Universitäten und Fachhochschulen behandelt wird und für die meßtechnische Praxis in Laboratorium, Prüffeld, Betrieb und Montage von besonderer Bedeutung ist: Aufbau, Wirkungsweise, Eigenschaften und Betriebsverhalten der Meßgeräte sowie Elemente, Aufbau und Anwendung von Meßschaltungen.

Die zugrunde liegenden Meßprinzipien und ihre theoretischen Grundlagen werden eingehend behandelt und die praktischen Ausführungen an ausgewählten Beispielen erläutert.

Die Meßtechnik ist durch die schnelle Entwicklung elektronischer Verfahren geprägt. Ihrem Fortschritt suchte bereits die vorangegangene Auflage durch entsprechende Neugliederung, Neubearbeitung und Erweiterung der Darstellung gerecht zu werden, namentlich in den Abschnitten über elektronische Geräte und Verfahren sowie durch den neuaufgenommenen Abschnitt über Meßverfahren in der Nachrichtentechnik.

Für die 8. Auflage wurde das Buch überarbeitet, abschnittsweise erweitert, besonders auf dem Gebiet der digitalen Meßtechnik, und dem neuesten technischen Stand angepaßt.

Zu besonderem Dank für ihre Mitwirkung und ihre Ratschläge bin ich den Mitverfassern verpflichtet. Herr Paul Vaske, der durch vieljährige Mitwirkung zur Weiterentwicklung des Buches wesentlich beitrug, starb während der Vorbereitung dieser Neuauflage.

Mein Dank gilt auch dem Verlag und seinen Mitarbeitern für die sorgfältige Herstellung und gute Ausstattung des Buches.

Königstein, im Frühjahr 1987 — Karl Heinz Winterling

Hinweise auf DIN-Normen in diesem Werk entsprechen dem Stand der Normung bei Abschluß des Manuskriptes. Maßgebend sind die jeweils neuesten Ausgaben der Normblätter des DIN Deutsches Institut für Normung e.V. im Format A4, die durch die Beuth-Verlag GmbH, Berlin und Köln, zu beziehen sind. – Sinngemäß gilt das gleiche für alle in diesem Buche angezogenen amtlichen Richtlinien, Bestimmungen, Verordnungen usw.

Inhalt

5 Messung von Wirk- und Scheinwiderständen (K.H. Winterling unter Mitwirkung von D. Selle und R. Thiel)

„Wenn Ihr das, wovon Ihr sprecht, messen und durch eine Zahl ausdrücken könnt, so wißt Ihr etwas von Eurem Gegenstand. Könnt Ihr es aber nicht messen, könnt Ihr es nicht in Zahlen ausdrücken, so sind Eure Kenntnisse armselig und sehr ungenügend."

Lord Kelvin

1 Messen und Meßfehler

1.1 Grundbegriffe[1])

Die elektrische Messung umfaßt die Messung elektrischer Größen und darüber hinaus die Messung aller anderen Größen, die sich in elektrische Größen umformen lassen. Messen heißt feststellen, wieviel mal eine Maßeinheit in der zu messenden Größe enthalten ist. Die so ermittelte Maßzahl, multipliziert mit der Maßeinheit, ist der Meßwert.

Der Meßwert ergibt sich aus der Anzeige des Meßgeräts als Stellung eines Zeigers oder einer anderen Marke auf einer Skala (analoge Anzeige) oder als Zahlenwert auf einer Ziffernanzeige (digitale Anzeige).

Der Meßwert kann als Funktion der Zeit oder einer anderen Veränderlichen auch aufgezeichnet oder als Zahlenwert gedruckt werden. Er kann weiterhin dazu dienen, Signale und Steuervorgänge zu bewirken, z. B. durch Betätigung eines Kontakts. In der Regelungstechnik dienen Meßwerte zur selbsttätigen Steuerung von Prozessen.

Mit Meßgrößenumformern lassen sich Meßsignale in andere Größen umformen, z. B. in elektrische Ströme innerhalb eines genormten Stromintervalls (z. B. von 0 bis 20 mA oder von 4 bis 20 mA nach DIN 19230) oder in pneumatische Signale innerhalb des Luftdruckintervalls von 1,2 bar bis 2 bar nach DIN 19231.

Der Zusammenhang zwischen der Meßgröße und dem umgeformten Signal soll in der Regel linear sein: bei gemeinsamem Nullpunkt ist dann das Ausgangssignal dem Meßwert proportional. Es besteht aber auch die Möglichkeit, nichtlineare Zusammenhänge zwischen der Meßgröße und dem umgeformten Signal analog oder digital zu linearisieren, zum Beispiel zur Linearisierung der Kennlinie eines Thermoelements, damit sich eine der Temperatur proportionale Anzeige ergibt (s. Abschn. 7.3.2).

Die Meßdatenverarbeitung ermöglicht die Überwachung, die Zusammenfassung, die statistische Verarbeitung und die Speicherung von Meßgrößen.

Das Meßergebnis wird oft aus mehreren Meßwerten gleicher oder verschiedener Größenart nach mathematischen Beziehungen ermittelt. Zum Meßergebnis gehört auch die Angabe der Meßunsicherheit oder der Fehlergrenzen (s. Abschn. 1.3.2ff.)

1.2 Digitale und analoge Anzeige

Meßgeräte mit digitaler Anzeige (lat. digitus, engl. digit: Finger, in übertragenem Sinn: Ziffer) geben den Zahlenwert des Meßergebnisses als Ziffernfolge, in der Regel als Dezimalzahl an. Der Anzeigefehler kann durch entsprechend viele Dezimalstellen beliebig klein gemacht werden.

---

[1]) Überwiegend nach DIN 1319, Grundbegriffe der Meßtechnik und VDI/VDE 2600, Metrologie

Ein kleiner Anzeigefehler bedeutet noch keinen kleinen Meßfehler. Zeigt ein Elektrizitätszähler (s. Abschn. 4.7) z.B. 3567,3 kWh an und beträgt sein zulässiger relativer Fehler 2%, so liegt der wahre Wert der vom Zählerstand 0 an gemessenen elektrischen Arbeit zwischen 3496 kWh und 3638 kWh.

Meßgeräte mit analoger Anzeige stellen das Meßergebnis mit Skala und Zeiger als Strecke oder Winkel dar (lat. analogia: gleiches Verhältnis). Analogmeßgeräte sind meist Federwaagen, bei denen eine Federkraft im Gleichgewicht mit einer von der Meßgröße verursachten Kraft steht (Abschn. 2). Andere Analoggeräte haben motorisch bewegte Zeiger (Abschn. 4.3.3) oder digital angesteuerte Säulen aus Leuchtdioden (Abschn. 3.3.7.4).

Auflösung. Unter der absoluten Auflösung einer Anzeige versteht man die kleinste erkennbare Änderung der Anzeige einer Meßgröße [46][1]). Bei der Digitalanzeige beträgt die Auflösung meist eine oder zwei Einheiten in der letzten angezeigten Dezimalstelle. Beim obigen Beispiel des Elektrizitätszählers beträgt die Auflösung 0,1 kWh. Bei Analoggeräten hängt die Auflösung ab von der Feinheit des Zeigers und der Fähigkeit des Beobachters, kleine Änderungen zu erkennen. Hohe Auflösung ist zwar die Voraussetzung für kleine Meßfehler, bedeutet aber nicht gleichzeitig Meßfehler in der Größenordnung der Auflösung.

Die relative Auflösung ist das Verhältnis der absoluten Auflösung zum Meßbereichendwert, sie ist als Relativgröße dimensionslos.

1.3 Meßfehler

1.3.1 Fehlerquellen und Fehlerarten

Maßverkörperungen (z.B. Maßstäbe, Gewichtsstücke, Normalwiderstände), Meßgeräte und Meßeinrichtungen sind fehlerbehaftet. Man unterscheidet:

Gerätefehler als Folge von Unvollkommenheiten der Konstruktion, Fertigung und Justierung der Meßgeräte. Justieren heißt, ein Meßgerät oder eine Maßverkörperung so einstellen oder abgleichen, daß die Istanzeige der Sollanzeige (oder das Istmaß dem Sollmaß) so nahe kommt, daß die Fehlergrenzen nach DIN 1319 und DIN 43780 eingehalten werden. Das Justieren hat also das Ziel, die Anzeige des Meßgeräts zuverlässiger zu machen. Nach VDE 0410, Regeln für elektrische Meßgeräte, ist der Anzeigefehler die prozentuale Fehlangabe eines anzeigenden Instruments bezogen auf den Meßbereich-Endwert.

Einflußfehler infolge von Einwirkungen aus der Umgebung des Geräts, z.B. durch Temperatur oder elektrische und magnetische Felder.

Schaltungseinflußfehler infolge der Beeinflussung der zu messenden Größe durch das Meßverfahren, z.B. durch den Eigenverbrauch der Meßgeräte, der der Meßschaltung entnommen wird.

Persönliche Fehler infolge mangelhafter Beobachtung, Ablesung und Auswertung der Anzeige.

Systematische Fehler werden meist verursacht durch erfaßbare Unvollkommenheiten der Maßverkörperungen, der Meßgeräte und der Meßschaltung sowie durch meßbare Einflußgrößen der Umwelt (z.B. bekannte Temperatur). Sie machen das Ergebnis unrichtig.

---

[1]) Die Nummer [46] bezieht sich auf das Schrifttumsverzeichnis im Anhang

Sie haben in jedem Einzelfall eine bestimmte Größe und ein bestimmtes Vorzeichen und lassen sich durch Korrekturen ausschalten.

Zufällige Fehler entstehen durch meßtechnisch nicht direkt erfaßbare Änderungen der Meßgröße, der Meßgeräte, der Umwelt und durch fehlerhafte Ablesung und Beobachtung. Sie streuen statistisch nach beiden Seiten des wahren Wertes und können durch geeignete Rechengrößen der Statistik erfaßt, gekennzeichnet und ausgeglichen werden.

1.3.2 Fehlergrößen

Absoluter Fehler. Gilt von zwei Werten derselben Größe der eine als der richtige (wahre) Wert x_W (Sollanzeige, Sollwert), der andere (angezeigte) Wert x_A (Istanzeige, Istwert) als der mit Fehlern behaftete, so ergibt sich der (absolute) Fehler x_F aus der Differenz

Fehler = Istanzeige minus Sollanzeige

$$x_F = x_A - x_W \qquad (1.1)$$

Der Fehler ist positiv, wenn der angezeigte Wert größer als der wahre Wert ist. Bei Maßverkörperungen gilt

Fehler = Istmaß minus Sollmaß

$$x_F = x_I - x_S \qquad (1.2)$$

Der absolute Fehler ist von der Größenart der Meßgröße. Er ist stets als Zahlenwert mit Einheit anzugeben.

Relativer Fehler. Er ist das Verhältnis des absoluten Fehlers $x_F = x_A - x_W$ zum wahren Wert x_W

$$\text{relativer Fehler} = \frac{\text{Istanzeige minus Sollanzeige}}{\text{Sollanzeige}}$$

$$F_r = \frac{x_A - x_W}{x_W} \qquad (1.3)$$

oder bei Maßverkörperungen

$$\text{relativer Fehler} = \frac{\text{Istmaß minus Sollmaß}}{\text{Sollmaß}}$$

$$F_r = \frac{x_I - x_S}{x_S} \qquad (1.4)$$

Bei analog anzeigenden Meßgeräten ist es üblich, als relativen Anzeigefehler F_{Ar} den absoluten Fehler der Anzeige auf den Meßbereich-Endwert x_M zu beziehen

$$F_{Ar} = \frac{x_A - x_W}{x_M} \qquad (1.5)$$

Bei Meßgeräten mit nichtlinearer Skala wird der relative Anzeigefehler auch auf die Skalenlänge bezogen (s. Abschn. 2.2.1). Der relative Schreibfehler ist der auf die gesamte Schreibbreite bezogene Fehler eines schreibenden Meßgeräts.

Der relative Fehler ist ein reiner Zahlenwert (dimensionslos). Er wird entweder als Dezimalzahl < 1 oder in % ($= 10^{-2}$), in ‰ ($= 10^{-3}$), ppm (10^{-6}) oder ppb (10^{-9}) angegeben.

Berichtigung oder Korrektion. Berichtigung des Meßwerts ist bei systematischen Fehlern möglich, deren Größe durch eine Kalibrierung bekannt ist (s. Abschn. 4.9). Die Berichtigung ist gleich dem bekannten absoluten Fehler mit umgekehrtem Vorzeichen

Berichtigung = negativer Fehler

$$x_B = -x_F \tag{1.6}$$

Die Berichtigung wird zur Istanzeige oder zum Istmaß addiert.

Beispiel 1.1. Ein Strom hat den wahren Wert $I_W = 1{,}50$ A. Ein analog anzeigendes Meßgerät mit dem Skalenendwert $I_M = 2{,}5$ A zeigt $I_A = 1{,}47$ A. Wie groß sind absoluter Fehler I_F, relativer Fehler F_r und relativer Anzeigefehler F_{Ar}?

Der absolute Fehler ist $I_F = I_A - I_W = 1{,}47\text{ A} - 1{,}50\text{ A} = -0{,}03$ A. Die Berichtigung ist demnach $I_B = -I_F = 0{,}03$ A. Der relative Fehler ist $F_r = I_F/I_W = -0{,}03\text{ A}/1{,}50\text{ A} = -0{,}02 = -2\%$. Der relative Anzeigefehler wird $F_{Ar} = I_F/I_M = -0{,}03\text{ A}/2{,}5\text{ A} = -0{,}012 = -1{,}2\%$.

1.3.3 Statistische Größen

Durch mehrfaches Messen der gleichen Größe mit gleichen oder mit verschiedenen Verfahren erhält man infolge der zufälligen Fehler unterschiedliche Meßergebnisse. Die Auswertung dieser Ergebnisse mit Hilfe der Statistik ermöglicht Schlüsse auf die Größe des wahren Wertes und die Meßunsicherheit.

Mittelwert (Arithmetisches Mittel, linearer Mittelwert). Wiederholt ein Beobachter die gleiche Messung mit denselben Mitteln unter gleichen Bedingungen, so haben alle Einzelwerte gleiches statistisches Gewicht. Der Mittelwert $\bar{x}$ (gesprochen x quer) berechnet sich dann aus den n Einzelwerten x_1 bis x_n nach

$$\bar{x} = \frac{1}{n} \sum_{i=1}^{n} x_i \tag{1.7}$$

Standardabweichung. Man kennzeichnet die statistische Schwankung der Einzelwerte um den Mittelwert durch die mittlere quadratische Abweichung, die Standardabweichung

$$s = +\sqrt{\frac{1}{n-1} \sum_{i=1}^{n} (x_i - \bar{x})^2} = +\sqrt{\frac{1}{n-1}\left[\sum_{i=1}^{n} x_i^2 - \frac{1}{n}\left(\sum_{i=1}^{n} x_i\right)^2\right]} \tag{1.8}$$

Für eine hinreichend große Anzahl n geht s in den Grenzwert σ, die Standardabweichung der Grundgesamtheit, über. Die relative Standardabweichung $s_r = s/\bar{x}$ ist der Quotient aus der Standardabweichung s und dem Mittelwert $\bar{x}$.

Vertrauensbereich. Der durch Gl. (1.7) gegebene Mittelwert wird häufig als das Meßergebnis einer Meßreihe angegeben. Es ist nun keinesfalls sicher, daß dieser Wert gleich dem wahren Wert der Meßgröße ist. Mit den Methoden der Statistik lassen sich zwei Grenzwerte, die Vertrauensgrenzen v, angeben, innerhalb derer der wahre Wert mit einer gewissen statistischen Sicherheit P zu erwarten ist. Der Vertrauensbereich liegt zwischen

$$\bar{x} - v = \bar{x} - \frac{t}{\sqrt{n}} s \quad \text{und} \quad \bar{x} + v = \bar{x} + \frac{t}{\sqrt{n}} s \tag{1.9}$$

Der Vertrauensfaktor t als Funktion von P und der Anzahl der Messungen n ist der Tafel **1.**1 zu entnehmen. DIN 1319 empfiehlt, der Angabe des Vertrauensbereichs die statistische Sicherheit $P = 95\%$ zugrunde zu legen.

Tafel **1**.1 Werte für Vertrauensfaktor t und $t/\sqrt{n}$ als Funktion der gewählten statistischen Sicherheit P und der Anzahl n der Einzelwerte (nach DIN 1319)

n \ P	68,3%		95%		99%	
	t	$t/\sqrt{n}$	t	$t/\sqrt{n}$	t	$t/\sqrt{n}$
3	1,32	0,76	4,3	2,5	9,9	5,7
6	1,11	0,45	2,6	1,05	4,0	1,6
10	1,06	0,34	2,3	0,72	3,25	1,03
20	1,03	0,23	2,1	0,47	2,9	0,64
100	1,00	0,10	2,0	0,20	2,6	0,26

Meßunsicherheit. Die praktisch angegebene Unsicherheit eines Meßergebnisses schließt die zufälligen Fehler, gegeben durch den Vertrauensbereich, und zusätzlich nicht erfaßbare und daher nur abschätzbare Fehler x_F ein. Als Meßunsicherheit ergibt sich dann

$$u = \pm\left(\left|\frac{t}{\sqrt{n}}s\right| + |x_F|\right) \tag{1.10}$$

In den Fehler x_F geht auch die aufgrund der Klassengenauigkeit (s. Abschn. 2.2.1) zu erwartende Unsicherheit der Meßgeräte ein.

Meßergebnis. Ist $\bar{x}_E$ der von den erfaßten systematischen Fehlern durch Korrekturen befreite Mittelwert der Meßgröße, so wird mit der Meßunsicherheit u aus Gl. (1.10) das Ergebnis der Messung

$$x = \bar{x}_E \pm u = \bar{x}_E\left(1 \pm \frac{u}{\bar{x}_E}\right) \tag{1.11}$$

Fehlergrenzen. Dies sind in der praktischen Meßtechnik die vereinbarten oder garantierten, zugelassenen äußersten Abweichungen nach oben oder nach unten von der Sollanzeige oder vom Nennmaß (Nennwert) oder von einem sonst vorgeschriebenen Wert der Meßgröße (DIN 1319).

Mit den Garantiefehlergrenzen wird vom Hersteller eines Meßgeräts garantiert, daß die Fehler der mit dem Meßgerät unter festgelegten Bedingungen ermittelten Meßwerte (Anzeigen) innerhalb vorgeschriebener Grenzen liegen. Die Eichfehlergrenzen eines Meßgeräts bezeichnen die größten Abweichungen der Anzeige oder des Nennmaßes (Nennwert, Aufschrift) vom richtigen Wert, die nach der Eichordnung – beim Vergleich mit einem Normal – noch zulässig sind.

Mit Toleranz wird der zulässige Fehler, mit Toleranzbereich der zwischen den Fehlergrenzen liegende Bereich gekennzeichnet.

Genauigkeit. Mit diesem Begriff wird oft die Qualität eines Meßgerätes, einer Meßeinrichtung oder des Meßergebnisses gekennzeichnet. In Verbindung mit Zahlenangaben sollte dieser in der Meßtechnik nicht exakt definierte Begriff jedoch nicht verwendet werden. An seiner Stelle sollten die Begriffe Fehler, Vertrauensbereich, Meßunsicherheit, Fehlergrenzen oder Toleranz treten.

1.3.4 Fehlerfortpflanzung

Ist das Meßergebnis eine Funktion aus den Meßwerten verschiedener Größen $x_1, x_2, \ldots, x_n$, so ist der Gesamtfehler von den Fehlern der einzelnen Meßwerte abhängig.

Bei systematischen Fehlern x_F der Größen x, aus denen das Ergebnis

$$y = f(x_1, x_2, \dots, x_n) \tag{1.12}$$

gebildet wird, errechnet man den Fehler y_F bei genügend kleinen absoluten Fehlern x_{Fi} aus dem totalen Differential

$$y_F = \sum_{i=1}^{n} \left(\frac{\partial f}{\partial x_i} x_{Fi} \right) = \frac{\partial f}{\partial x_1} x_{F1} + \frac{\partial f}{\partial x_2} x_{F2} + \dots + \frac{\partial f}{\partial x_n} x_{Fn} \tag{1.13}$$

Häufig wird

$$y = x_1^{\alpha_1} x_2^{\alpha_2} \dots x_n^{\alpha_n} \tag{1.14}$$

aus einem Produkt der Potenzen α der Einzelwerte x gebildet. Wenn man das Ergebnis y partiell nach x_1 differenziert, ergibt sich

$$\frac{\partial y}{\partial x_1} = \alpha_1 x_1^{\alpha_1 - 1} x_2^{\alpha_2} \dots x_n^{\alpha_n} = \alpha_1 \frac{y}{x_1}$$

Somit wird aus der Summe in Gl. (1.13) nunmehr

$$y_F = y \left(\alpha_1 \frac{x_{F1}}{x_1} + \alpha_2 \frac{x_{F2}}{x_2} \dots + \alpha_n \frac{x_{Fn}}{x_n} \right) \tag{1.15}$$

Da y_F/y und x_F/x die relativen Fehler sind, ergibt sich im Falle eines Potenzgesetzes nach Gl. (1.14)

$$\frac{y_F}{y} = \sum_{i=1}^{n} \alpha_i \frac{x_{Fi}}{x_i} = \alpha_1 \frac{x_{F1}}{x_1} + \alpha_2 \frac{x_{F2}}{x_2} \dots + \alpha_n \frac{x_{Fn}}{x_n} \tag{1.16}$$

Der relative Fehler der Funktion ist gleich der Summe der mit ihren Potenzen multiplizierten relativen Fehler der Einzelwerte.

Bei zufälligen Fehlern von unabhängigen Meßgrößen x_i mit den Standardabweichungen s_i ergibt sich die Standardabweichung

$$s_y = \sqrt{\sum_{i=1}^{n} \left(\frac{\partial y}{\partial x_i} s_i \right)^2} \tag{1.17}$$

In Gl. (1.17) ist berücksichtigt, daß Abweichungen der Einzelwerte sowohl nach oben als auch nach unten, die sich teilweise im Ergebnis aufheben, möglich sind. Im Falle eines Potenzgesetzes nach Gl. (1.14) gilt bei zufälligen Fehlern als relative Standardabweichung

$$s_r = \frac{s_y}{y} = \sqrt{\sum_{i=1}^{n} \left(\alpha_i \frac{s_i}{x_i} \right)^2} \tag{1.18}$$

Beispiel 1.2 (nach DIN 1319). Aus einer gleichzeitigen Messung der Leistung P, des Stromes I und der Klemmenspannung U soll der Leistungsfaktor

$$\cos\varphi = P/(UI)$$

ermittelt werden. Die bekannten relativen Fehler sind $F_{rp} = P_F/P_W = \pm 0{,}5\%$, $F_{ri} = I_F/I_W = \pm 1\%$, $F_{ru} = U_F/U_W = \pm 1\%$. Wie groß ist der relative Fehler des Leistungsfaktors?

Handelt es sich um systematische Abweichungen, so sind die relativen Fehler der Faktoren nach Gl. (1.16) zu addieren. Ist das Vorzeichen der relativen Abweichung eindeutig, so ist diese jeweils mit ihrer Potenz, in unserem Falle mit +1 für P und −1 für U und I, zu multiplizieren. Die relativen Fehler würden sich dadurch teilweise gegenseitig aufheben. In unserem Fall ist aber das Vorzeichen unbestimmt (±). Im ungünstigsten Fall wirken alle Fehler in der gleichen Richtung, so daß hier die relativen Fehler zu addieren sind. Es ergibt sich für den Leistungsfaktor der relative Fehler $F_{r\varphi} = (\cos\varphi)_F / (\cos\varphi)_W = F_{rp} + F_{ri} + F_{ru} = 0{,}5\% + 1{,}0\% + 1{,}0\% = 2{,}5\%$.

In den meisten Fällen wird man jedoch annehmen können, daß die Meßgrößen P, U und I sowohl nach oben als auch nach unten abweichen können, daß es sich also um zufällige Fehler handelt. In diesem Fall ist nach Gl. (1.18) die Wurzel aus der Summe der Quadrate der relativen Fehler zu ziehen. Der relative Fehler des Leistungsfaktors ist dann

$$F_{r\varphi} = \sqrt{F_{rp}^2 + F_{ri}^2 + F_{ru}^2} = \sqrt{0{,}5^2 + 1^2 + 1^2}\,\% = \pm 1{,}5\%$$

1.4 Auswertung von Meßreihen

1.4.1 Graphische Darstellung

Ist eine Meßgröße eine Funktion einer unabhängig veränderlichen Größe, bietet die graphische Darstellung dieser Funktion eine bessere Anschauung als die Meßwerttabelle. Vielfach erlaubt der Kurvenverlauf Schlüsse auf einen mathematischen Zusammenhang zwischen beiden Größen. Bei rechtwinkligen Koordinaten trägt man die unabhängige Veränderliche auf der waagerechten Achse (Abszisse) und die abhängige Veränderliche auf der senkrechten Achse (Ordinate) auf. Die Meßpunkte werden deutlich gekennzeichnet, bei mehreren abhängigen Größen durch unterschiedliche geometrische Figuren (Kreise, Kreuze usw. nach Bild **1**.2). Oft gibt man auch die Unsicherheit u durch eine senkrechte Strecke von der Länge $2u$ an. Meist zeichnet man durch die Meßpunkte eine möglichst „glatte" Kurve. Diese muß innerhalb der durch die Unsicherheit u gegebenen Grenzen verlaufen und darf keinen der Meßpunkte unkenntlich machen (DIN 461).

Bei nichtlinearer Abhängigkeit sowie bei der Änderung einer oder beider Veränderlicher um mehrere Größenordnungen trägt man häufig den Logarithmus einer oder beider Veränderlicher auf. Dies wird durch die Verwendung von Exponentialpapier (eine Achse logarithmisch geteilt) erleichtert. Potenzfunktionen geben bei Potenzpapier, Exponential- oder Logarithmusfunktionen geben bei Exponentialpapier Geraden. Ist die unabhängige Veränderliche ein Winkel, verwendet man oft Polarkoordinatenpapier.

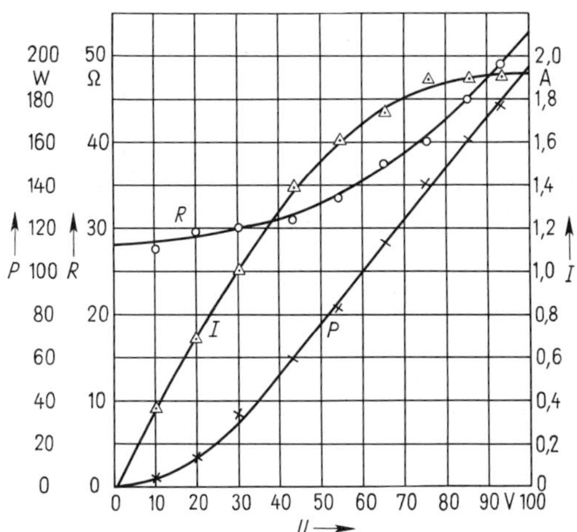

1.2
Ausgleich der Meßfehler durch Kurven (graphischer Fehlerausgleich)

1.4.2 Regression und Korrelation

Genauere Ergebnisse als die durch Schätzung ermittelten Ausgleichskurven und -geraden liefert die mathematisch-statistische Ermittlung der Kurvenparameter. Der Rechenaufwand erfordert die Verwendung eines programmierten Rechners [49].

Lineare Regression. Für n Meßwertpaare x_i und y_i läßt sich eine lineare Funktion

$$Y = aX + Y_0 \tag{1.19}$$

angeben, bei der die Summe der Abstandsquadrate von den einzelnen Meßpunkten zu einem Minimum wird. Man nennt diese Funktion die Regressionsgerade. Durch Logarithmierung der Meßwerte x_i, y_i oder x_i und y_i läßt sich dies Verfahren auch anwenden, wenn für die gesuchte Funktion ein logarithmischer, ein exponentieller Zusammenhang oder eine Potenzfunktion vermutet wird.

Die Koeffizienten der Regressionsgeraden sind

$$a = \frac{n\sum_{i=1}^{n} x_i y_i - \sum_{i=1}^{n} x_i \sum_{i=1}^{n} y_i}{n\sum_{i=1}^{n} x_i^2 - \left(\sum_{i=1}^{n} x_i\right)^2} \qquad Y_0 = \frac{1}{n}\left\{\sum_{i=1}^{n} y_i - a\sum_{i=1}^{n} x_i\right\} \qquad (1.20)\ (1.21)$$

Korrelation. Der Korrelationskoeffizient

$$r = \frac{n\sum_{i=1}^{n} x_i y_i - \sum_{i=1}^{n} x_i \sum_{i=1}^{n} y_i}{\sqrt{\left\{n\sum_{i=1}^{n} x_i^2 - \left(\sum_{i=1}^{n} x_i\right)^2\right\}\left\{n\sum_{i=1}^{n} y_i^2 - \left(\sum_{i=1}^{n} y_i\right)^2\right\}}} \tag{1.22}$$

ist ein Maß für die Genauigkeit des linearen Zusammenhangs der einzelnen Meßwertpaare. Bei exakt linearem Zusammenhang (alle Meßpunkte liegen auf der Geraden) ist $r = \pm 1$ (-1 bei negativem a). Besteht kein statistisch erfaßbarer Zusammenhang zwischen den Meßpunkten, so ist $r = 0$.

Tafel **1.3** Meßwerte zu Beispiel **1.3**

U in V	I in mA	I_r in mA
30	340	333
50	421	426
70	496	502
90	563	567
110	623	625
130	677	678
150	726	727
170	772	772
190	817	815
210	860	856
230	903	894

Beispiel 1.3. Zwischen dem Strom I und der Spannung U einer Glühlampe wird ein Zusammenhang in Form einer Potenzfunktion $I = kI_0(U/U_0)^a$ vermutet. Aus den Meßwerten der Tafel **1.3** sind der Exponent a, der Faktor k und der Korrelationskoeffizient r zu berechnen.

Durch Logarithmieren der obigen Potenzfunktion erhält man

$$\lg(I/I_0) = a\lg(U/U_0) + \lg k$$

Die gewählten Größen I_0 und U_0 machen die Argumente der Logarithmen dimensionslos. Sie können beliebig gewählt werden, z.B. hier $I_0 = 1$ A und $U_0 = 100$ V. Mit Hilfe eines programmierten Rechners ergeben sich $a = 0{,}4854$, $k = 0{,}5969$ und $r = 0{,}99950$. r ist sehr nahe an $+1$, der Zusammenhang läßt sich also sehr gut durch die gesuchte Potenzfunktion

$$I_r = 0{,}5969\,\mathrm{A}\left(\frac{U}{100\,\mathrm{V}}\right)^{0,4854}$$

darstellen. Die sich für die gemessenen Spannungswerte ergebenden Ströme I_r sind in nebenstehender Tafel angegeben.

1.4.3 Auswertung stochastischer Meßreihen

Vielfach ist bei Meßreihen der Meßwert statistisch veränderlich. Mißt man z. B. viele Widerstände mit dem gleichen Nennwert aus einer Fabrikationsserie, so wird sich eine statistische Verteilung der Meßwerte ergeben. Dies gilt auch für die zeitlichen statistischen Schwankungen einer Meßgröße, z. B. einer Spannung, die von Störspannungen überlagert ist. Man spricht hier von stochastischen Meßgrößen. Werden eine Reihe von Einzelmessungen vorgenommen, wie im Fall der Widerstände oder bei punktweiser Messung des Spannungsverlaufs, so gelten dieselben statistischen Größen und Definitionen wie in Abschn. 1.3.3.

Wird hingegen der Spannungsverlauf u, z. B. als Funktion der Zeit t nach Bild **1**.4, über eine Zeitdauer T stetig erfaßt, so tritt für den Mittelwert an die Stelle der Summe in Gl. (1.7) das Integral

$$\bar{u} = \frac{1}{T}\int_0^T u\,\mathrm{d}t \tag{1.23}$$

Ein träges Gleichstrominstrument bildet z. B. diesen linearen Mittelwert. An die Stelle der Standardabweichung tritt hier der Effektivwert U_s der Differenz $(u - \bar{u})$ (s. Abschn. 4.4.1).

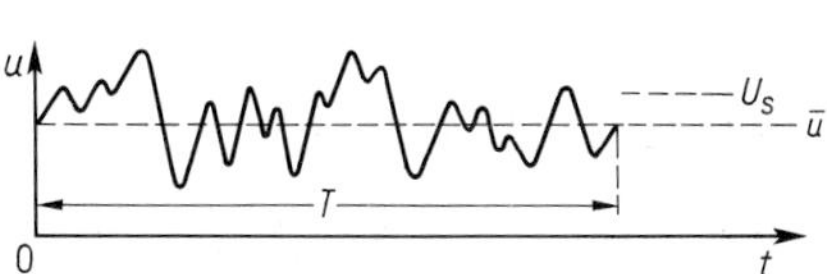

1.4 Stochastische Zeitfunktion $u(t)$ mit dem linearen Mittelwert $\bar{u}$ und Effektivwert U_s von $(u - \bar{u})$

Häufigkeitskurven und -diagramme. Bei einem Kollektiv gleichartiger Meßwerte von gleichem Sollwert (z. B. Widerstände mit gleichem Nennwert) liegen die Meßwerte der durch die Fabrikation bedingten zufälligen Abweichungen innerhalb eines Streubereichs. Man teilt diesen Streubereich in eine Anzahl k gleich großer Klassen und stellt die Anzahl der Meßwerte fest, die innerhalb jeder Klasse liegen. Je nach der gewünschten Auflösung wählt man k zwischen 9 und 25. Die Klassenbreite m sollte kleiner als $^1/_3$ der Standardabweichung σ sein.

Wird die Meßwerthäufigkeit H über den Klassenmitten aufgetragen, so kann man daraus ein Histogramm (Stufendiagramm mit Säulendarstellung) oder die Glockenkurve (Bild **1**.5) zeichnen.

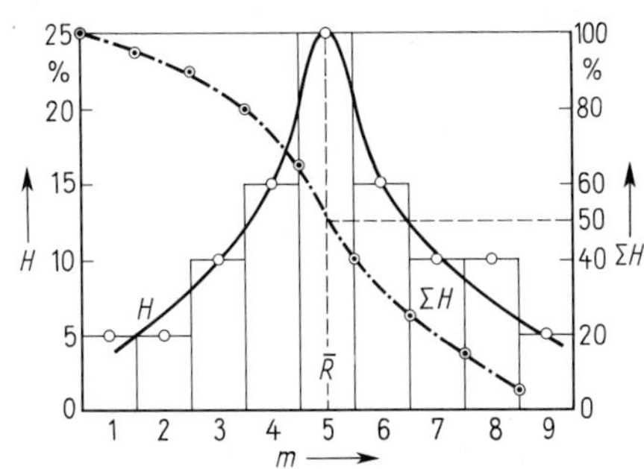

1.5
Häufigkeitswerte in Abhängigkeit von den Klassen m in linearem Maßstab (Stufendiagramm, Glockenkurve H und Summenhäufigkeitskurve ΣH)

Bei der Summenhäufigkeitskurve werden die Häufigkeitswerte ΣH beginnend mit der höchsten Klasse bis zur jeweiligen Klasse aufsummiert und an ihrer Untergrenze aufgetragen (Bild **1**.6). Man verwendet hier zweckmäßig Summenhäufigkeitspapier, dessen Ordinate so geteilt ist, daß sich eine Gerade ergibt (Bild **1**.6), wenn die Gaußsche Normalverteilung vorliegt. Die Glockenkurve der Normalverteilung ist symmetrisch zum Mittelwert; bei 60,6% des Maximums kann die Standardabweichung abgelesen werden. In der Summenhäufigkeitskurve liegt der Mittelwert bei 50%, die Standardabweichung zwischen 50% und 84,13% bzw. 50% und 15,87% der Summenhäufigkeit.

Beispiel 1.4. Bei einer Widerstandsmessung unter gleichen Bedingungen ergaben sich die in Tafel **1**.7 zusammengestellten Werte R_i. Es sind Mittelwert, Standardabweichung, Vertrauensbereich und das Endergebnis zu berechnen. Außerdem sind die Häufigkeitskurven in verschiedenen Darstellungen zu zeichnen und auszuwerten.

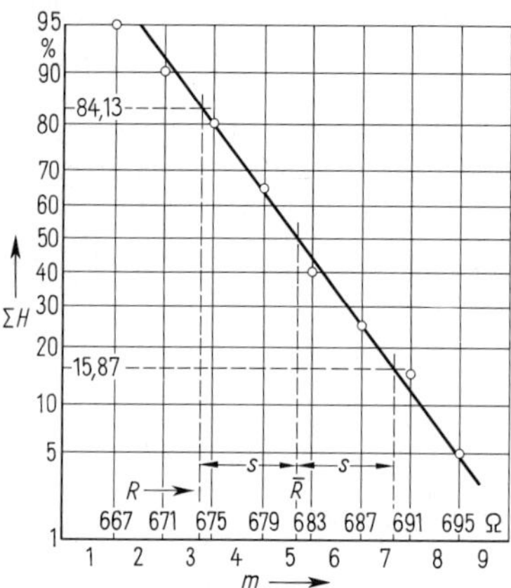

1.6 Summenhäufigkeitskurve mit Wahrscheinlichkeitsskala, durch eine Gerade als Gaußsche Normalverteilung idealisiert

Tafel **1**.7 Zusammenstellung der Meßwerte R_i und der Abweichungsquadrate $R_{\delta i}^2 = (R_i - \bar{R})^2$ zur Ermittlung des Mittelwerts $\bar{R}$ und der Standardabweichung s

R_i in Ω	$R_{\delta i}$ in Ω	$R_{\delta i}^2$ in Ω^2
680	− 1	1
684	3	9
684	3	9
672	− 9	81
664	−17	289
692	11	121
685	4	16
681	0	0
676	− 5	25
668	−13	169
693	12	144
681	0	0
676	5	25
696	15	225
689	8	64
672	− 9	81
688	7	49
682	1	1
677	− 4	16
680	− 1	1
$\Sigma R_i = 13620$		$\Sigma R_{\delta i}^2 = 1326$

Man erhält nach Gl. (1.7) den Mittelwert

$$\bar{R} = \frac{\Sigma R_i}{n} = \frac{13\,620}{20}\,\Omega = 681\,\Omega$$

Die Standardabweichung ist nach Gl. (1.8)

$$s = \sqrt{\frac{\Sigma R_{\delta i}^2}{n-1}} = \sqrt{\frac{1\,326}{20-1}}\,\Omega = 8{,}35\,\Omega$$

Bei der statistischen Sicherheit $P = 95\%$ und $n = 20$ ist nach Tafel **1**.1 der Vertrauensfaktor $t = 2{,}1$, so daß sich nach Gl. (1.11) und (1.9) der Vertrauensbereich

$$v = \pm\frac{t}{\sqrt{n}}\,s = \pm\frac{2{,}1}{\sqrt{20}}\cdot 8{,}35\,\Omega = \pm 3{,}92\,\Omega$$

ergibt. Hat schließlich die Meßanordnung die relative Unsicherheit $\pm 0{,}1\%$, also den absoluten Fehler $R_F = \pm 0{,}68\,\Omega$, so erhält man nach Gl. (1.10) als Endergebnis

$$R = \bar{R} \pm (v + R_F) = 681\,\Omega \pm (3{,}92 + 0{,}68)\,\Omega = 681\,\Omega \pm 4{,}6\,\Omega$$

In Bild **1**.5 sind mit den in Tafel **1**.8 zusammengestellten Werten die Häufigkeitskurven (Stufendiagramm, Glockenkurve und Summenhäufigkeitskurve) in linearem Maßstab dargestellt. In Bild **1**.8 ist die Summenhäufigkeitsverteilung im Diagramm mit Wahrscheinlichkeitsskala zur Auswertung durch eine Normalverteilung (gerade Linie) angenähert. Darin kann abgelesen werden

$$\bar{R} \approx 681\,\Omega \quad \text{und} \quad s \approx 8\,\Omega$$

Tafel **1**.8 Klasseneinteilung und Häufigkeitswerte H

Klassen		Strich-Skala	H	H	ΣH	ΣH
m	Einteilung			in %		in %
1	> 663–667	I	1	5	20	100
2	> 667–671	I	1	5	19	95
3	> 671–675	II	2	10	18	90
4	> 675–679	III	3	15	16	80
5	> 679–683	卌	5	25	13	65
6	> 683–687	III	3	15	8	40
7	> 687–691	II	2	10	5	25
8	> 691–695	II	2	10	3	15
9	> 695–699	I	1	5	1	5

1.4.4 Korrelationsanalyse von stochastischen zeitabhängigen Vorgängen

In vielen Bereichen der Wissenschaft und Technik, z.B. in der Regelungstechnik, Schwingungstechnik, Akustik, Aerodynamik, Medizin sowie in der Radioastronomie, werden Zusammenhänge von regellosen oder periodischen Zeitfunktionen $u(t)$ mit der Auto- oder der Kreuzkorrelationsanalyse untersucht. Dabei werden Mittelwerte von zeitabhängigen kontinuierlichen Vorgängen mit elektronischen Geräten gebildet im Gegensatz zur Mittelwertbildung von diskreten Werten mit numerischen Methoden gemäß Abschn. 1.4.2.[42].

Die Autokorrelationsanalyse dient zur Ermittlung von inneren Zusammenhängen einer einzelnen stochastischen Zeitfunktion $u_1(t)$ nach Bild **1**.9. In der Meßtechnik wird dabei die stochastische Zeitfunktion $u_1(t)$ gemäß Bild **1**.9a mit der um die veränderbare Verschiebungszeit τ verschobenen Funktion $u_1(t-\tau)$ multipliziert und über eine hinreichend lange Integrationszeit T gemittelt gemäß folgender Definitionsgleichung

$$\Phi_{11}(\tau) = \frac{1}{T}\int_0^T u_1(t)u_1(t-\tau)\,\mathrm{d}t = \overline{u_1(t)\cdot u_1(t-\tau)} \tag{1.24}$$

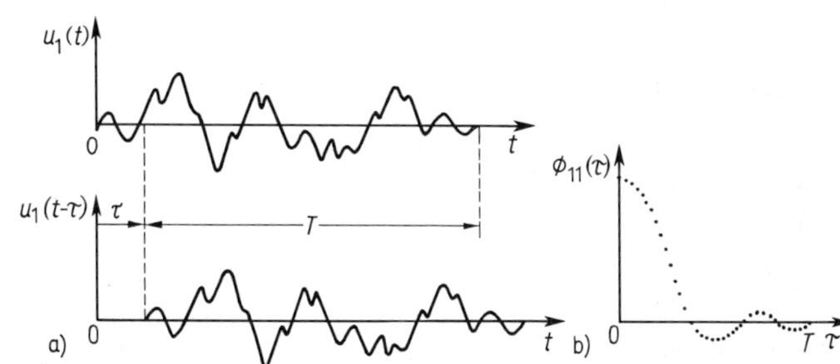

1.9 Stochastische Zeitfunktion $u_1(t)$ mit der Verschiebungszeit τ und der Integrationszeit T (a) und Autokorrelationsfunktion $\Phi_{11}(\tau)$ (b)

Bei der Darstellung der erhaltenen Mittelwerte in Abhängigkeit von der Zeitverschiebung τ erhält man als Ergebnis für jedes τ einen Punkt der Autokorrelationsfunktion $\Phi_{11}(\tau)$ z.B. nach Bild **1**.9b als Maß für die Ähnlichkeit der Signalfunktion zu ihrer eigenen zeitverschobenen Darstellung. Diese Funktion hat bei $\tau = 0$ ein Maximum (entsprechend dem quadratischen Mittelwert) und strebt mit zunehmendem τ um so rascher gegen Null, je regelloser der untersuchte Vorgang ist. Enthält die untersuchte Signalfunktion periodische Anteile mit den Periodendauern T_i, so zeigt für jede Verschiebung τ um T_i die Korrelationsfunktion weitere Maxima, da dabei immer größte Ähnlichkeit für die periodischen Anteile der Signalfunktion zu ihrer zeitverschobenen Darstellung besteht.

Die meßtechnischen Vorgänge „Verschieben, Multiplizieren und Mitteln", die in der Definitionsgleichung (1.24) enthalten sind, kann man im vereinfachten Blockschaltbild eines elektronischen Korrelators nach Bild **1**.10 erkennen. Die Signalfunktion $u_1(t)$ wird an den Eingang der Verzögerungseinheit *1* und in der Schalterstellung S_1 an den Eingang des Multiplizierers *2* gelegt. Das Produkt $u_1(t-\tau)u_1(t)$ wird im Integrierer *4* gemittelt. Die Autokorrelationsfunktion $\Phi_{11}(\tau)$ wird mit dem Registriergerät *5* aufgezeichnet. Die Vorgänge in der Verzögerungseinheit *1* im Integrierer *4* und im Registriergerät *5* werden vom Steuerteil *3* gesteuert.

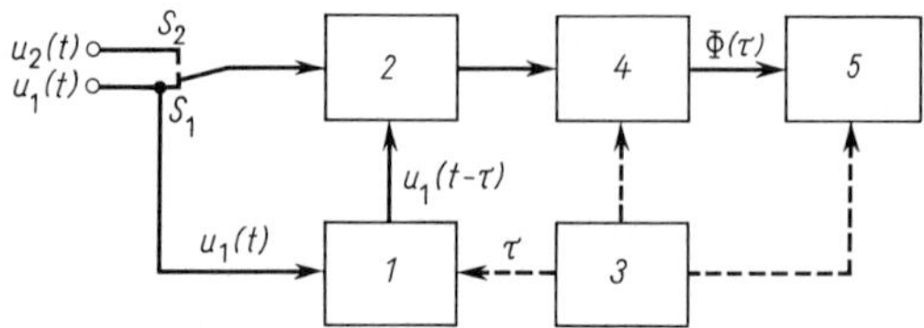

1.10 Blockschaltbild eines elektronischen Korrelators zur Auto- bzw. Kreuzkorrelationsanalyse (Schalterstellung S_1 bzw. S_2)

1 Verzögerungseinheit
2 Multiplizierer
3 Steuerteil
4 Integrierer
5 Registriergerät

Die Kreuzkorrelationsanalyse liefert gegenüber der Autokorrelationsanalyse Informationen über die Wechselbeziehungen zwischen zwei gleichzeitigen stochastischen, zeitabhängigen Vorgängen $u_1(t)$ und $u_2(t)$. Meßtechnisch wird bei der Ermittlung der Kreuzkorrelationsfunktion der Produktmittelwert der beiden um die veränderbare Verschiebungszeit τ gegeneinander verschobenen Funktionen $u_2(t)$ und $u_1(t-\tau)$ gebildet gemäß folgender Definitionsgleichung

$$\Phi_{12}(\tau) = \frac{1}{T}\int_0^T u_1(t-\tau)u_2(t)\,\mathrm{d}t = \overline{u_1(t-\tau)\cdot u_2(t)} \tag{1.25}$$

Im Blockschaltbild für den elektronischen Korrelator nach Bild **1**.10 ist auch die Wirkungsweise für die Aufnahme der Kreuzkorrelationsfunktion angedeutet.

Die Autokorrelationsfunktion erlaubt, z.B. in Schwingungsvorgängen, periodische Komponenten festzustellen, die von Störungen überdeckt sind.

Die Kreuzkorrelationsmeßtechnik ermöglicht z.B. die Untersuchung der Systemeigenschaften von Prozeßsteuerungen in Produktionsbetrieben. Allgemein werden die Übertragungseigenschaften eines linearen Systems mit Hilfe des Frequenzgangs oder der

Impulsantwort bestimmt, wobei das durch ein bestimmtes Eingangssignal hervorgerufene Ausgangssignal ermittelt wird. Das Ausmessen des Frequenzgangs nach Betrag und Phase mit einzelnen Sinusfrequenzen ist bei komplexen Prozeßsteuerungen oft sehr schwierig, und außerdem entspricht dies meist nicht den normalerweise stochastischen Betriebssignalen. Impulsfunktionen mit theoretisch unendlich großem Frequenzinhalt können für die Messungen meist auch nicht eingesetzt werden, da man sie technisch nicht erzeugen kann und da sie das zu testende System zerstören könnten. Bei der Anwendung der Kreuzkorrelation wird das zu testende System mit einem amplitudenmäßig kleinen Breitbandrauschen (mit einem Frequenzspektrum von Null Hz bis zu sehr hohen Frequenzen ähnlich wie bei einer Impulsfunktion) während des Betriebs angeregt. Die Kreuzkorrelation zwischen Anregungsrauschen und Systemantwort schaltet die Beeinflussung des Meßergebnisses durch Störsignale aus und liefert die gewünschte Impulsantwort des Systems.

2 Analoge Meßgeräte

Anzeigende und schreibende Meßgeräte bilden aus der Meßgröße eine dem Meßwert analoge Zeigerstellung oder eine analoge Markierung auf dem Registrierpapier oder auf dem Leuchtschirm.

Die ersten elektrischen Meßgeräte für Spannung und Ladung waren die elektrostatischen Elektrometer im 17. und 18. Jahrhundert. Schweigger und Poggendorff erfanden unabhängig voneinander im Jahre 1821 die ersten Meßgeräte für den elektrischen Strom nach dem Drehmagnetprinzip. Das Weicheisengerät wurde im Prinzip 1884 von Kohlrausch, das Drehspulgerät um 1880 von Deprez und d'Arsonval entwickelt. Seine moderne Form erhielt das Drehspulgerät bereits 1888 durch Weston. 1867 entwickelte Thomson den ersten Drehspulenschreiber für die Telegraphie.

2.1 Elemente der anzeigenden Meßgeräte

2.1.1 Begriffserklärungen[1])

Die Meßgröße bewirkt in anzeigenden und schreibenden Meßgeräten eine Verstellung des Systems und eine Anzeige an der Skala. Der Meßwerkteil, dessen Bewegung oder Lage von der Meßgröße abhängt, heißt bewegliches Organ. Es wird zusammen mit den übrigen, das Drehmoment und die Bewegung erzeugenden Teilen einschließlich der Skala[2]) als Meßwerk bezeichnet. Unter Meßinstrument versteht man das Meßwerk zusammen mit dem Gehäuse und gegebenenfalls eingebauten Zubehör, wie z.B. Widerständen. Schließlich wird unter Meßgerät ein Meßinstrument zusammen mit sämtlichem Zubehör, wie Nebenwiderständen, Wandlern usw. einschließlich den vom Instrument trennbaren Bauteilen, verstanden.

Der Anzeigebereich umfaßt die ganze Skala, der Meßbereich hingegen nur denjenigen Teil, für den die Genauigkeitsbedingungen der betreffenden Klasse gelten (s. Abschn. 2.2.1). Der Meßbereich wird durch Punkte an den Skalenstrichen (s. Bild **2.6**) gekennzeichnet, sofern er nicht mit dem Anzeigebereich übereinstimmt.

Empfindlichkeit. Die Empfindlichkeit ist der Quotient aus der Änderung $\Delta\alpha$ des Ausschlags (der Anzeige) und der sie verursachenden Änderung Δx der Meßgröße

$$S = \Delta\alpha/\Delta x \tag{2.1}$$

Für nichtlineare Abhängigkeit gilt entsprechend der Differentialquotient

$$S = \mathrm{d}\alpha/\mathrm{d}x \tag{2.2}$$

---

[1]) S.a. VDE 0410, Regeln für elektrische Meßgeräte, und DIN 1319.

[2]) Skala nach VDE 0410, Skale nach DIN 1319

Ein Strommesser hat z.B. die Empfindlichkeit $S = 5$ mm/μA oder $S = 2$ Skalenteile/μA. Die kleinste noch meßbare Meßgröße allein darf also nicht als Empfindlichkeit bezeichnet werden.

2.1.2 Meßwerk als Drehmomentenwaage

Elektrisches Drehmoment. Die zu messende elektrische Größe erzeugt zwischen dem beweglichen Organ und den übrigen Meßwerkteilen ein Drehmoment

$$M_e = f(i) \quad \text{oder} \quad M_e = k_e i \tag{2.3}$$

Dieses Drehmoment ist eine Funktion der elektrischen Größe, hier beispielhaft eine Funktion des elektrischen Stromes i. Meist wird Proportionalität angestrebt (Faktor k_e).

Mechanisches Gegendrehmoment. Das elektrisch erzeugte Drehmoment wird durch ein mechanisches Drehmoment

$$M_g = -D\alpha \tag{2.4}$$

ausgewogen, das meist durch die Verdrehung einer Spiralfeder erzeugt wird. Deren Drehmoment ist das Produkt aus der Drehfederkonstanten D (auch Direktionsmoment oder Winkelrichtgröße genannt) und dem Verdrehungswinkel α. Sind beide Drehmomente gleich, so herrscht Gleichgewicht

$$M_g + M_e = 0 \tag{2.5}$$

und es stellt sich ein Verdrehungswinkel α ein, der durch einen Zeiger an einer Skala abgelesen werden kann.

Dynamische Drehmomente. Bei Änderung der Meßgröße und bei Bewegung des beweglichen Organs treten zusätzliche dynamische Drehmomente auf, die der Bewegung entgegengerichtet sind.

Das Gegendrehmoment der Trägheit

$$M_t = -J\frac{d^2\alpha}{dt^2} \tag{2.6}$$

ist dem Trägheitsmoment J des beweglichen Organs und der Winkelbeschleunigung $d^2\alpha/dt^2$ (mit der Zeit t) proportional. Das Gegendrehmoment der Dämpfung

$$M_d = -p\frac{d\alpha}{dt} \tag{2.7}$$

ist dem Dämpfungsfaktor p und der Winkelgeschwindigkeit $d\alpha/dt$ proportional. Ein weiteres Gegendrehmoment ist das Drehmoment der Reibung, das immer der jeweiligen Bewegungsrichtung entgegenwirkt und einen von Winkelgeschwindigkeit und Verdrehungswinkel nahezu unabhängigen Wert $\mp M_r$ hat. Alle diese Drehmomente sind stets im Gleichgewicht

$$M_e + M_g + M_t + M_d \mp M_r = 0 \tag{2.8}$$

Hieraus folgt bei Proportionalität zwischen Strom i und Drehmoment M_e nach Gl. (2.3) die Differentialgleichung für den Verdrehungswinkel α

$$k_e i - D\alpha - J\frac{d^2\alpha}{dt^2} - p\frac{d\alpha}{dt} \mp M_r = 0 \tag{2.9}$$

2.1.3 Anzeige und Einstellvorgang

Nach abgeklungenem Einschwingvorgang sind die dynamischen Glieder M_t und M_d in Gl. (2.8) gleich Null und der Zeiger des Meßgeräts kommt zum Stillstand.

2.1.3.1 Statische Anzeige. Der Verdrehungswinkel ist bei Vernachlässigung der Reibung

$$\alpha = i k_e / D \quad \text{oder} \quad \alpha = f(i)/D \tag{2.10}$$

Die Stromempfindlichkeit beträgt nach Gl. (2.1)

$$S_i = \frac{k_e}{D} \quad \text{oder} \quad S_i = \frac{1}{D} \cdot \frac{df(i)}{di} \tag{2.11}$$

Der Reibungsfehler des Verdrehungswinkels

$$\alpha_{Fr} = \pm M_r / D \tag{2.12}$$

ist umgekehrt proportional der Federkonstanten D, bei Meßwerken mit schwachem Drehmoment also von besonderer Bedeutung.

2.1.3.2 Einstellvorgang. Die dynamischen Glieder in Gl. (2.8) bestimmen das Verhalten des Meßgeräts bei Änderungen einer Meßgröße. Bei der Lösung der Differential-Gl. (2.9), der Schwingungsgleichung, ergeben sich (mit $M_r = 0$) die folgenden charakteristischen Größen: Periodendauer und Eigenfrequenz des ungedämpften Systems

$$T_0 = 2\pi\sqrt{J/D}\,, \quad f_0 = \frac{1}{T_0} = \frac{1}{2\pi}\sqrt{\frac{D}{J}} \tag{2.13}$$

Der Dämpfungsgrad

$$\vartheta = \frac{p}{2\sqrt{JD}} \tag{2.14}$$

bestimmt das Abklingen der sich einstellenden Schwingungen.

$\vartheta < 1$ bedeutet pendelndes Einschwingen,
$\vartheta = 1$ ist der aperiodische Grenzfall,
$\vartheta > 1$ bedeutet kriechende Einstellung ohne Überschwingen.

Den Dämpfungsgrad $\vartheta < 1$ bestimmt man am einfachsten aus dem Überschwingen (α_1 in Bild **2.1**) beim Einschalten einer Meßgröße. Mit dem relativen Überschwingen $\ddot{u} = \alpha_1/\alpha_0$

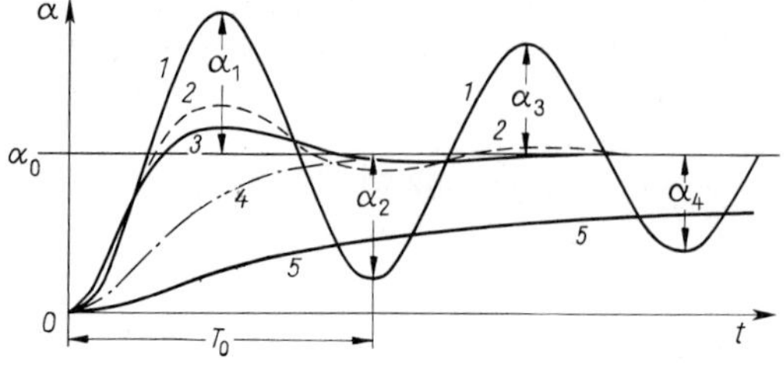

2.1
Einschwingen bei sprunghafter Änderung der Meßgröße α und verschiedenen Dämpfungsgraden ϑ (Sprungantwort)

1 schwach gedämpft, *2, 3* stark gedämpft: $\vartheta < 1$
4 aperiodisch gedämpft $\vartheta = 1$
5 kriechend gedämpft $\vartheta > 1$

errechnet man den Dämpfungsgrad mit guter Annäherung aus

$$\vartheta \approx 0{,}9 - \sqrt{\ddot{u}} \tag{2.15}$$

wenn $0{,}36 > \ddot{u} > 0$ ist.

Die *Einstellzeit* T_e benötigt der Zeiger eines Meßwerks, um nach sprunghafter Änderung der Meßgröße in den durch die Klasse (s. Abschn. 2.2.1) des Meßwerks gegebenen Toleranzbereich einzuschwingen. Beträgt z. B. die Toleranz 1,5% des Ausschlags, so ist T_e am kürzesten, wenn die Überschwingung $\ddot{u}$ gerade 0,015 beträgt. Die Einstellzeit beträgt in diesem Fall 0,6 T_0. Bei vielen Meßwerken ist die Dämpfung zu klein, so daß die Einstellzeit oft größer als T_0 ist[1]).

2.1.4 Bauelemente

2.1.4.1 Lagerung des beweglichen Organs. Die Lagerung soll die Achse des beweglichen Organs führen, ferner die durch Vibration und Transport entstehenden seitlichen und axialen Kräfte aufnehmen und bei einseitig wirkenden Dämpfungs- und Antriebskräften die entsprechende Gegenkraft aufbringen. Dabei soll das in Richtung der Achse auftretende *Reibungsmoment* M_r gegenüber den übrigen Drehmomenten in Gl. (2.8) vernachlässigbar klein sein.

Bei der *Spitzenlagerung* endet die Achse in Kegelspitzen aus gehärtetem Stahl, deren Spitzen verrundet sind. Die Spitzen sind in kegelförmigen Pfannen gelagert (Bild **2.**2).

Bei senkrecht liegender Achse ist die Reibung erheblich kleiner als bei waagerechter Lage. Der *Kippfehler* α (in Bild **2.**3a übertrieben dargestellt) wird vermieden, wenn das Lager, das das Gewicht des Meßwerks trägt, über dem Schwerpunkt des beweglichen Organs liegt (Innenspitzenlagerung nach Bild **2.**3b).

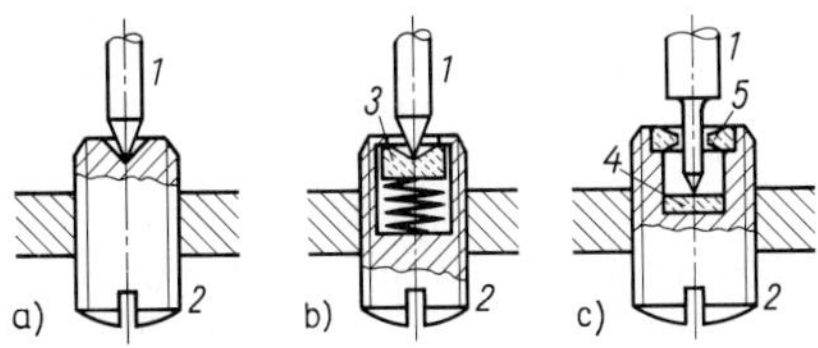

2.2 Spitzenlagerung
a) Bronzelager
b) stoßfestes Steinlager
c) Zapfenlager

1 Achse
2 Lagerschraube
3 Stein
4 Deckstein
5 Lochstein

2.3 Schematische Darstellung der Außen- (a) und Innenspitzenlagerung (b). Winkel α verursacht den Kippfehler

Zapfenlagerungen nach Bild **2.**2c werden angewandt, wenn größere radiale Kräfte auftreten, die vom Lochstein aufgenommen werden müssen, z. B. bei schreibenden Meßgeräten.

Bei *Band- und Spannbandlagerung* fixieren Metallbänder (Bild **2.**11) nicht nur die Achse, sondern bilden auch die Winkelrichtgröße (s. Abschn. 2.1.2).

Bandaufgehängte Systeme (Bild **2.**16) haben sehr kleine Winkelrichtgrößen. Sie finden daher nur bei hochempfindlichen Galvanometern Anwendung (s. Abschn. 2.3.3).

---

[1]) Beruhigungszeit nach VDE 0410 s. Abschn. 2.2.3.

2.1.4.2 Gegendrehmomente. Sie werden hervorgerufen durch die Verdrehung von Spiralfedern und Aufhängebändern sowie durch elektrodynamische oder magnetische Kräfte.

Spiralfedern sollen keine elastischen Nachwirkungen, keine Alterungserscheinungen und möglichst geringe Temperaturabhängigkeit aufweisen.

Der Temperaturkoeffizient der Drehfederkonstanten beträgt für Phosphorbronze etwa −0,35%/(10 K) und ist bei manchen Stahllegierungen nahezu Null. Bei größerem Verdrehungswinkel und bei Temperaturänderung neigen manche Federn zu Nullpunktwanderungen. Dieser Fehler kann durch zwei gleiche Federn mit entgegengesetztem Wicklungssinn kompensiert werden.

2.1.4.3 Dämpfungsvorrichtungen. Die Dämpfung des beweglichen Systems des Meßgeräts muß nach Gl. (2.7) streng proportional der Geschwindigkeit sein; es darf wegen Gl. (2.12) keine Reibungskomponente M_r vorhanden sein.

Wirbelstromdämpfung. Eine Scheibe aus Aluminium oder Kupfer bewegt sich im Feld eines starken Permanentmagneten. Die erzeugten Wirbelströme bewirken die Gegenkraft (Bild **2.**29).

Spulen- und Rahmendämpfung. Bei Meßgeräten mit Drehspulen werden in der Drehspule und dem als kurzgeschlossene Windung wirkenden Spulenrahmen aus Aluminium oder Kupfer Ströme induziert, die ein dämpfendes Gegendrehmoment bewirken (s. Abschn. 2.3.1.3 und 2.3.3).

Luftdämpfung beruht auf der bei laminarer Strömung auftretenden, der Geschwindigkeit proportionalen Reibungskraft. Meist bewegt sich ein rechteckiger, sehr leichter Aluminiumflügel mit geringem Spiel in einer segmentförmigen Dämpferkammer (Bild **2.**25).

2.1.4.4 Skala und Zeiger. Die Skalenteilung hängt von der Charakteristik des Meßwerks nach Gl. (2.3) und von der Meßschaltung ab (DIN 43802).

Drehspulgeräte und Leistungsmesser haben eine lineare Skala (Bild **2.**7). Der absolute Ablesefehler und die nach Gl. (2.1) definierte Empfindlichkeit sind über die ganze Skala konstant. Rein quadratische Skalen haben elektrodynamische Strom- und Spannungsmesser und Thermoumformer-Meßgeräte (s. Abschn. 2.5.2.3 und 2.6.4). Viele Geräte, insbesondere Effektivwert-Meßgeräte, haben am Skalenanfang eine quadratische Charakteristik, aber ab 10% oder 20% des Skalenendwerts eine nahezu lineare Teilung. Überlastskalen für überstromsichere Geräte sind am Ende des Anzeigenbereichs stark zusammengedrängt (Bild **2.**6). Skalen mit unterdrücktem Nullpunkt haben keinen Anzeigewert Null. Durch geeignete Gestaltung des Meßwerks oder durch die Eigenart der Schaltung kann man die Skalenteilung sehr verändern (z. B. eine logarithmische Skala mit konstantem relativen Ablesefehler erzielen).

Die Punkte an den Skalenstrichen in Bild **2.**6 markieren den Anfangs- und Endpunkt des Meßbereichs (s. Abschn. 2.1.1). Der Zahlenwert des Meßbereich-Endwerts soll bei Strom-, Spannungs- und Leistungsmessern vorzugsweise der Zahlenreihe

1 – 1,2 – **1,5** – 2 – **2,5** – 3 – **4** – 5 – **6** – 7,5 – 8

oder einem dekadischen Vielfachen dieser Zahlen angehören, wobei die fett gedruckten zu bevorzugen sind.

Befinden sich Zeiger und Skala in verschiedenen Ebenen, so sind Ablesefehler durch Parallaxe möglich. Bei schräger Blickrichtung ergibt sich ein Ablesefehler. Zur Vermeidung der Parallaxe verwendet man Messerzeiger und Skalen in der Ebene der Zeigerspitze. Beim Messerzeiger erkennt man den schrägen Blick durch die Breite der Zeigerspitze. Bei Spiegelunterlegung ist die Ablesung frei von Parallaxe, wenn sich die Zeigerspitze mit ihrem Spiegelbild deckt.

Zeigernullsteller sind Vorrichtungen zum Nachstellen des mechanischen Nullpunktes. Meist wird der Fixpunkt einer Rückstellfeder (nach Bild **2.**10 neben dem linken Lager) mit einem Exzenter *7* verdreht, der, mit einem Schraubenschlitz versehen, von außen verstellbar ist.

2.1.4.5 Lichtzeiger. Als Zeiger dient der masse- und trägheitslose Lichtstrahl. Er ermöglicht leichtere bewegliche Organe mit kleinem Trägheitsmoment. An die Stelle des Zeigers tritt ein Spiegel von 5 mm bis 15 mm Durchmesser oder als ein in Richtung der Achse gestrecktes Rechteck mit bis herab zu wenigen mm^2 spiegelnder Oberfläche.

Subjektive Ablesung. Der Beobachter blickt durch ein Fernrohr auf die im Meßwerkspiegel reflektierte beleuchtete Skala (Bild **2.**4). Als Marke dient ein Fadenkreuz in der Bildebene des Okulars. Eine Weiterentwicklung dieses Prinzips ist die Ablesung mit Hilfe eines Autokollimationsfernrohrs, bei dem sich die beleuchtete Skala im Inneren des Fernrohrs befindet.

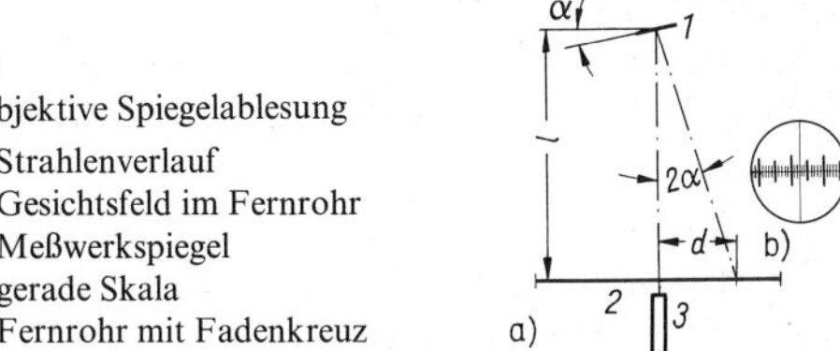

2.4
Subjektive Spiegelablesung
a) Strahlenverlauf
b) Gesichtsfeld im Fernrohr
1 Meßwerkspiegel
2 gerade Skala
3 Fernrohr mit Fadenkreuz

Objektive Ablesung. Eine feste transparente Marke wird über den Meßwerkspiegel auf eine weiße oder auch transparente Skala projiziert. Durch den Kondensor muß die Glühwendel der Lampe auf den Meßwerkspiegel abgebildet werden (Bild **2.**5). Als Objektiv dient oft eine vor dem Spiegel fest angeordnete Sammellinse (Meniskus), oder der Meßwerkspiegel ist ein Hohlspiegel.

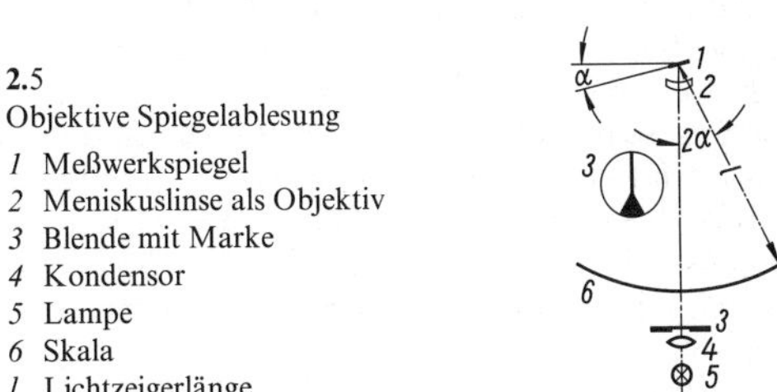

2.5
Objektive Spiegelablesung
1 Meßwerkspiegel
2 Meniskuslinse als Objektiv
3 Blende mit Marke
4 Kondensor
5 Lampe
6 Skala
l Lichtzeigerlänge

Bei ebener Skala nach Bild **2.**4 und bei größerem Ausschlagwinkel α muß mit der Zeigerlänge l die Tangentenkorrektur

$$d = l \tan 2\alpha \tag{2.16}$$

berücksichtigt werden. Eine Skalenverzerrung wird vermieden, wenn die Skala einen Zylinder oder einen Kegel bildet, dessen Achse mit der Meßwerkachse übereinstimmt.

Skalenprojektion. Anstelle einer Marke, die von der Optik über den Meßwerkspiegel projiziert wird, kann man auch eine Mikroskala über den Meßwerkspiegel auf einen kleinen Schirm mit fester Ablesemarke projizieren. Hiermit lassen sich effektive Skalenlängen von mehreren Metern erreichen.

Ablesegenauigkeit. Abgesehen von der Güte der Optik wird die Ablesegenauigkeit bei der Lichtzeigerablesung durch die Beugung des Lichtes am Meßwerkspiegel begrenzt. Als Faustregel gilt, daß bei einer erwünschten Ableseunsicherheit von 0,1 mm die Spiegelbreite in mm gleich der Lichtzeigerlänge in dm sein soll.

2.1.5 Typische Bauarten

2.1.5.1 Schalttafelmeßgeräte. Geräte zum Schalttafel-Einbau haben meist quadratische und rechteckige Frontrahmen nach den Bildern **2.**6 und **2.**7 in den nach DIN 43718 genormten äußeren Abmessungen 48, 72, 96, 144 und 192 mm. Auch die Rahmendurchmesser der weniger gebräuchlichen runden Instrumente sind genormt: 40, 50, 65, 80, 110, 168, 200 und 250 mm. Quadratische und rechteckige Geräte lassen sich zusammen mit Registriergeräten und Reglern ohne Zwischenraum montieren.

2.6 Schalttafelgerät mit 90°-Skala (Quadrantgerät), Dreheisen-Strommesser mit Überlastskala (AEG)

2.7 Schalttafelgerät mit 250°-Skala (H&B-Elima)

Für besondere Anforderungen gibt es spritz- und druckwasserfeste Gehäuse sowie Gehäuse mit druckfester Kapselung oder erhöhter Sicherheit als explosions- und schlagwettersichere Ausführung (Aufschrift Ex oder Sch nach DIN 40050).

2.1.5.2 Lichtmarkeninstrumente. Alle Elemente der objektiven Ablesung sind in ein geschlossenes Gehäuse eingebaut (Bild **2.**8). Durch mehrfache Reflexion des Lichtzeigers an festen Spiegeln lassen sich in verhältnismäßig kleinen Gehäusen Lichtzeigerlängen bis zu über einem Meter unterbringen. Beim Dachkant-Meßwerkspiegel (zwei Spiegelebenen, die einen Winkel von etwa 10° einschließen) ergeben sich zwei Lichtmarken auf zwei übereinander angeordneten Skalen, was eine effektive Verdoppelung der Skalenlänge bewirkt.

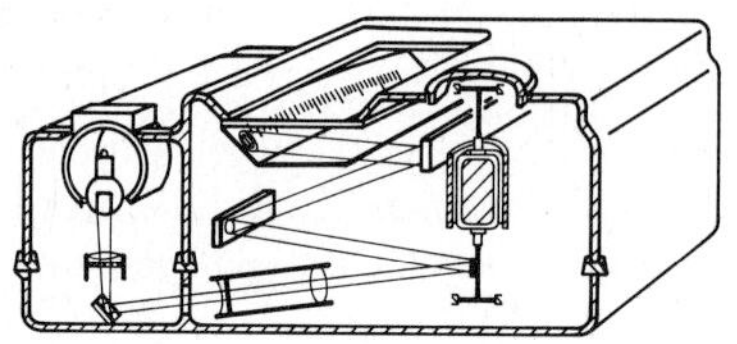

2.8
Strahlengang in einem Lichtmarkengerät mit Kernmagnetmeßwerk und Spannbandlagerung (Siemens)

2.1.5.3 Meßgeräte mit Schaltkontakten. Das Meßwerk betätigt Schaltkontakte in Abhängigkeit von der Zeigerstellung. Diese Kontakte liegen entweder fest am Ende des Ausschlagsbereichs, oder ihre Stellung ist über den Anzeigebereich von außen wählbar. Sie dienen zur Signalgabe oder zur Steuerung und Regelung. Endkontakte können auch das Meßwerk bei Überlastung abschalten.

Mechanische Kontaktgabe. Der bewegliche Kontakt ist am Zeiger oder an einem mit der Meßwerkachse verbundenen Kontaktarm befestigt. Der Kontaktdruck wird beim Erreichen des Gegenkontakts durch die Kraft des Meßwerks aufgebracht. Die Schaltleistung, das Produkt aus der Spannung am geöffneten Kontakt und dem Strom bei geschlossenem Kontakt ist dadurch auf einige mW begrenzt. Damit ist meist eine anschließende Verstärkung notwendig. Höhere Schaltleistungen ermöglichen Kontakte mit magnetischer Kontaktdruckverstärkung.

Fallbügelkontakte. Das Meßwerk hat einen langen, biegsamen Zeiger. Ein Hilfsmotor drückt in Zeitabständen von einigen s bis einige min den Zeiger mit Hilfe eines Bügels gegen die Schaltvorrichtung, die betätigt wird, wenn der Zeiger die vorgesehene Stellung erreicht hat. Die Schalterbetätigung erfolgt entweder kurzzeitig oder bleibt bis zur nächsten Abtastperiode bestehen. Als Schalter dienen häufig Quecksilberschaltröhren, die Leistungen bis zu 30 kW schalten können.

Lichtelektrische Kontaktgabe. Der Zeiger trägt eine Fahne, die den Strahlengang einer Lichtquelle unterbricht, wenn der Soll-Ausschlag erreicht ist. Als Schaltorgan dienen Photowiderstand, Photodiode oder Phototransistor.

Hochfrequente Kontaktgabe. Die Zeigerfahne trennt zwei induktiv gekoppelte Spulen eines hochfrequent schwingenden Oszillators und unterbricht somit seine Schwingungen. Die Änderung der hochfrequenten Spannung oder des Speisestroms steuert eine Kippstufe (s. Abschn. 3.3.4), die den eigentlichen Schaltvorgang bewirkt.

2.2 Normen[1])

2.2.1 Genauigkeitsklassen

Die technischen Anforderungen an anzeigende und schreibende Meßgeräte (mit Ausnahme der elektronischen Meßgeräte) nebst Zubehör sind in VDE 0410 festgelegt. Geräte, die diese Bedingung erfüllen, werden in folgende Genauigkeitsklassen eingeteilt:

Feinmeßgeräte: Klassen 0,05; 0,1; 0,2; 0,5. Betriebsmeßgeräte: Klassen 1; 1,5; 2,5 und 5.

Die Klassenzahl gibt den höchstzulässigen Fehler in Prozenten des Meßbereich-Endwerts an, und zwar bei Nenntemperatur (meist 20°C), bei Nennlage und bei Wechselstrom für die Nennfrequenz (meist 45 Hz bis 65 Hz) und eine nicht mehr als 5% des Scheitelwerts (ausgenommen bei Gleichrichter-Meßgeräten) betragende Abweichung der Kurve von der Sinusform. Bei Instrumenten ohne mechanischem Nullpunkt und bei Instrumenten mit stark nichtlinearer Skala gibt die Klassenziffer den Fehler in Prozenten der Skalenlänge an.

[1]) Nach VDE 0410 und DIN 43780

Beispiel 2.1. Zur Messung einer Spannung 67,0 V stehen zur Verfügung: a) ein Feinmeßgerät der Klasse 0,5 mit dem Meßbereich 250 V, b) ein Meßgerät der Klasse 1 mit dem Meßbereich 100 V. Welcher Fehler kann auf Grund der Genauigkeitsklasse höchstens auftreten?

Die Unsicherheit beträgt im Fall a) 0,5% von 250 V = ±1,25 V, im Fall b) 1% von 100 V = ±1,0 V. Das Gerät b) liefert also das genauere Ergebnis. Es lautet im Fall a): 67,0 V ±1,25 V, im Fall b): 67,0 V ±1,0 V. Man vermeide also Meßgeräte, deren Meßbereich-Endwert wesentlich größer als der Meßwert ist. Der Meßbereich soll möglichst so gewählt werden, daß im oberen Drittel der Skala abgelesen wird.

2.2.2 Skalenaufschriften und Sinnbilder

Sinnbilder und Kurzzeichen nach Tafel **2.**9 kennzeichnen Meßwerk, Stromart, Prüfspannung, Gebrauchslage und Genauigkeitsklasse.

Die Prüfspannung bestimmt die Spannungsfestigkeit der Isolation zwischen den elektrischen Anschlüssen und dem Gehäuse. Die Prüfung wird mit Wechselspannung von 50 Hz und mindestens 500 V, meist jedoch mit 2 kV, vorgenommen.

Gebrauchslage. Bei Meßgeräten mit Spitzenlagerung ist die Reibung bei vertikaler Achse wesentlich kleiner als bei waagerechter Achse. Daher haben Feinmeßgeräte durchweg senkrechte Achsen und horizontale Skalen (waagerechte Gebrauchslage). Die senkrechte Gebrauchslage überwiegt bei Schalttafelinstrumenten.

Überlastbarkeit. Betriebsmeßgeräte müssen eine Dauerüberlastung von 120% des Skalenendwerts bzw. der Nennspannung ohne Schäden ertragen (thermische Überlastung). Kurzzeitige Stoßüberlastungen bis zum Zehnfachen des Meßbereich-Endwerts bei Strommessern dienen zur Prüfung der mechanischen Überlastbarkeit.

2.2.3 Einflußgrößen

Lageeinfluß ist die Änderung der Anzeige, die durch die Neigung des Geräts um ±5° aus der gekennzeichneten Nennlage entsteht. Instrumente, die ein Lagezeichen mit dem Zusatz ±1° oder ±15° tragen, dürfen dann um 1° bzw. 15° geneigt werden. (Lagezeichen s. Tafel **2.**9.) Temperatureinfluß entsteht durch eine Änderung der Raumtemperatur um ±10 K gegenüber der Nenntemperatur von 20°C. Ist eine unterstrichene Temperatur angegeben, so gilt diese als Nenntemperatur. Anwärmeeinfluß entsteht beim Erwärmen des Meßgeräts durch den Meßstrom. Er ist zu bestimmen aus der Differenz zwischen der Anzeige nach 10 min und 60 min Einschaltdauer, und zwar, soweit möglich, bei Betrieb mit 80% des Meßbereichendwerts, sonst bei einem Ausschlag von 80% der Skalenlänge. Frequenzeinfluß entsteht durch eine Änderung der Frequenz innerhalb des Nennfrequenzbereichs. Lage-, Temperatur- und Frequenzeinfluß dürfen die Werte der Anzeigefehler der entsprechenden Klassen nicht überschreiten.

Fremdfeldeinfluß wird durch ein homogenes Fremdfeld von 400 A/m bei ungünstigster Stromart, Frequenz, Phasenlage und Richtung des Feldes geprüft.

Einbaueinfluß. Bei Schalttafelgeräten kann durch den Einbau des Geräts in Schalttafeln aus Stahlblech die Anzeige beeinflußt werden. Durch eine Skalenaufschrift wird auf den zur richtigen Anzeige erforderlichen Werkstoff hingewiesen. Werden Geräte nicht besonders gekennzeichnet, so darf sich beim Ein- oder Aufbau in Eisentafeln von 3 mm Dicke die Anzeige höchstens um den Wert ändern, der dem halben Klassenfehler entspricht.

Tafel **2.9** Sinnbilder und Zeichen für Meßgeräte, Stromart, Gebrauchslage und Prüfspannung (nach VDE 0410 und DIN 43802)

Bedeutung	Sinnbild	Bedeutung
Drehspulmeßwerk mit Dauermagnet, allgemein		Isolierter Thermoumformer
Drehspul-Quotientenmeßwerk		Drehspulgerät mit eingebautem Thermoumformer
Drehmagnetmeßwerk		Gleichrichter
Drehmagnet-Quotientenmeßwerk		Drehspulgerät mit eingebautem Gleichrichter
Dreheisenmeßwerk		Magnetische Schirmung
Dreheisen-Quotientenmeßwerk		Elektrostatische Schirmung
Elektrodynamisches Meßwerk, eisenlos	ast.	Astatisches Meßwerk
Elektrodynamisches Quotientenmeßwerk, eisenlos		Gleichstrom
Elektrodynamisches Meßwerk, eisengeschlossen		Wechselstrom
Elektrodynamisches Quotientenmeßwerk, eisengeschlossen		Gleich- und Wechselstrom
Induktionsmeßwerk		Drehstromgerät mit einem Meßwerk
Induktions-Quotientenmeßwerk		Drehstromgerät mit zwei Meßwerken
Hitzdrahtmeßwerk		Drehstromgerät mit drei Meßwerken
Bimetallmeßwerk		Senkrechte Gebrauchslage (Nennlage)
Elektrostatisches Meßwerk		Waagerechte Gebrauchslage
Vibrationsmeßwerk	60°	Schräge Gebrauchslage, z. B. 60°
Thermoumformer, allgemein		Zeigernullstellung
		Prüfspannungszeichen (500 V)
	2	Prüfspannung höher als 500 V, z. B. 2 kV

Eisengeschirmte Instrumente enthalten zum Abschirmen von Fremdfeldern einen oder mehrere Eisenschirme, wobei ein Gehäuse aus Eisenblech nicht als Schirm in diesem Sinne gilt.

Wird die Fehlergrenze nur für eine bestimmte Frequenz oder einen Frequenzbereich eingehalten, so werden diese dem Wechselstromzeichen beigefügt.

Beruhigungszeit und Dämpfung. Beim Einschalten einer Meßgröße von 2/3 des Skalenendwerts soll die erste Überschwingung nicht mehr als 30% der Skalenlänge betragen und die Beruhigungszeit nicht länger als 4 s dauern. Als Beruhigungszeit ist die Zeit zwischen dem Einschalten und dem endgültigen Einschwingen in einen Bereich von ±1,5% der Skalenlänge um den Endwert definiert.

2.3 Drehspulmeßgeräte

2.3.1 Aufbau und Wirkungsweise

2.3.1.1 Bauprinzip. Bild 2.10 zeigt den grundsätzlichen Aufbau mit außen liegendem Magnet *1*. In dem so erzeugten radial-homogenen Magnetfeld ist die rechteckig geformte Drehspule *4* drehbar gelagert. Ihr wird der Meßstrom über zwei gegenläufig gewickelte Spiralfedern *5* zugeführt, die gleichzeitig das Richtmoment liefern. Fließt ein Strom durch die Drehspule, so entsteht ein Drehmoment, das von den Spiralfedern ausgewogen und mit dem Zeiger *6* auf der Skala angezeigt wird.

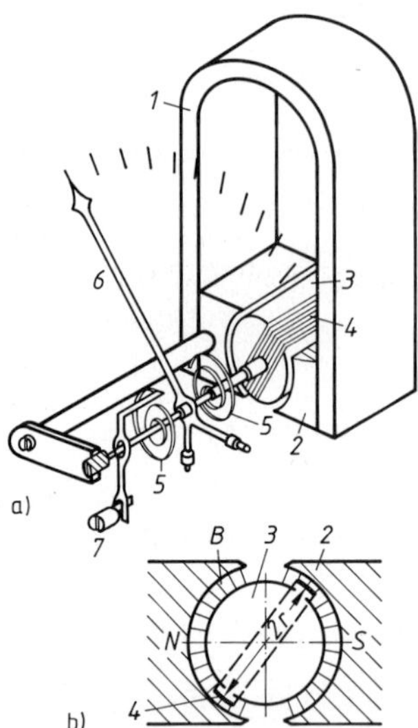

2.10
Aufbau eines Drehspulmeßwerks
a) Ansicht
b) Querschnitt
1 Permanentmagnet
2 Polschuhe
3 Polkern
4 Drehspule
5 Spiralfedern, gleichzeitig Stromzuführung
6 Zeiger
7 Zeiger-Nullstellung
B radialhomogenes Feld

2.3.1.2 Wirkungsweise und Skalengleichung. Die parallel geführten Spulendrähte haben den Abstand r von der Drehachse und verlaufen über die Länge l in einem Magnetfeld der Induktion B, das durch die Form der Polschuhe unabhängig vom Drehwinkel α stets konstant und radial gerichtet ist. Die Kraft F auf den einzelnen Spulendraht, der vom Strom i durchflossen ist, beträgt $F = Bil$ [15]. Sie steht senkrecht auf dem Magnetfeld und dem Stromleiter und bewirkt bei N Windungen ein Drehmoment

$$M_e = 2rNF = 2rlNBi = ANBi \tag{2.17}$$

A ist dabei die wirksame, von einer Windung eingeschlossene Fläche. Dieses elektromagnetisch erzeugte Drehmoment dreht die Spule, bis Gleichgewicht mit dem Drehmoment der

Feder nach Gl. (2.5) besteht. Es ergibt sich mit der Drehfederkonstanten D nach Gl. (2.4) ein Verdrehungswinkel

$$\alpha = i\,A N B/D \tag{2.18}$$

der dem Meßstrom i proportional ist. Hierin ist ANB/D die auf den Winkel bezogene Stromempfindlichkeit S_i der Gl. (2.11).

Die Richtung des Ausschlags ist von der Richtung des Stromes abhängig. Die Skaleneinteilung ist bei radial-homogenem Magnetfeld linear. Bei Wechselstrom können Drehspulmeßwerke infolge ihrer Trägheit einer raschen Änderung der Stromrichtung nicht mehr folgen, so daß sie den linearen Mittelwert des Stromes anzeigen, wenn die Schwingungsdauer des Meßwerks die Periodendauer des Wechselstromes um ein Vielfaches übersteigt. (Schnellschwingende Meßwerke für Registrierzwecke s. jedoch Abschn. 2.7.4)

2.3.1.3 Dämpfung. Drehspulgeräte werden elektrodynamisch durch die bei der Bewegung der Drehspule induzierten Ströme gedämpft. Bewegen sich N_d Windungen mit der wirksamen Fläche A mit der Winkelgeschwindigkeit $\mathrm{d}\alpha/\mathrm{d}t$ im radialhomogenen Feld mit der Induktion B, so wird die Quellenspannung

$$u_\mathrm{q} = -A N_\mathrm{d} B\,\mathrm{d}\alpha/\mathrm{d}t \tag{2.19}$$

induziert [22]. Diese Spannung erzeugt den Strom

$$i_\mathrm{d} = -\frac{A N_\mathrm{d} B}{R_\mathrm{d}} \cdot \frac{\mathrm{d}\alpha}{\mathrm{d}t} \tag{2.20}$$

der in seiner Wirkung dem Meßstrom entgegengerichtet ist und vom Schließungswiderstand R_d des Dämpfungskreises abhängt. Er verursacht ein Drehmoment der Dämpfung

$$M_\mathrm{d} = i_\mathrm{d} A N_\mathrm{d} B = -\frac{A^2 N_\mathrm{d}^2 B^2}{R_\mathrm{d}} \cdot \frac{\mathrm{d}\alpha}{\mathrm{d}t} \tag{2.21}$$

das die Bewegung der Drehspule bremst. Der Dämpfungsfaktor

$$p = A^2 N_\mathrm{d}^2 B^2/R_\mathrm{d} \tag{2.22}$$

in Gl. (2.7) steigt also quadratisch mit der Luftspaltinduktion B an.

2.3.1.4 Magnetischer Kreis. Außenmagnete nach Bild **2.**10 ermöglichen hohe Luftspaltinduktionen bei weitgehend homogenem Feld. Sie lassen sich durch einstellbare magnetische Nebenschlüsse abgleichen. Kernmagnete nach Bild **2.**11 ermöglichen infolge ihrer kleineren Streuung leichte Meßwerke mit kleinen äußeren Abmessungen bei geringem Gewicht. Den äußeren magnetischen Rückschluß bildet ein Zylinder aus weichmagnetischem Eisen. Bei homogener Magnetisierung des Kerns ist die Feldverteilung im Luftspalt in Abhängigkeit vom Winkel etwa sinusförmig. Durch angesinterte oder angeklebte Polschuhe läßt sich ein annähernd radial-homogenes Feld erzielen.

2.11
Kernmagnet-Meßwerk (H&B)

Beispiel 2.2. Zur Ermittlung der Daten eines Schalttafel-Drehspulmeßwerks, das bei dem Strom $I = 1$ mA den Ausschlag $90° \triangleq 100$ Skalenteile hat, werden gemessen: die Schwingungsdauer außerhalb des Magnetfeldes $T_0 = 0{,}55$ s, die Drehfederkonstante D durch Auflegen eines Gewichts (Reiter) mit der Gewichtskraft $F = 98{,}1$ µN im Abstand $a = 10$ cm von der horizontalen Drehachse bei horizontalem Zeiger als Hebelarm. Es ergibt sich dabei ein Ausschlag von 35 Skalenteilen $\triangleq 31{,}5°$, also $\alpha = 0{,}55$ rad. Das Überschwingen beträgt bei 100 Skalenteilen $ü = 0{,}06$. Das als homogen angenommene Magnetfeld im Luftspalt wird mit einer Hall-Sonde (s. Abschn. 6.1.3.2) zu $B = 0{,}24\,\text{T} = 0{,}24\,\text{Vs/m}^2$ bestimmt. Die Länge des Luftspalts beträgt $l = 15$ mm, der mittlere Durchmesser der Drehspule $2r = 14$ mm. Aus diesen Daten sind zu berechnen: Drehfederkonstante D, Trägheitsmoment J, Windungszahl N, Dämpfungsgrad ϑ, Dämpfungskonstante p und Widerstand R_d des als kurzgeschlossene Windung wirkenden Dämpferrahmens der Drehspule. Die Dämpfung durch den äußeren Schließungskreis bleibt dabei außer Ansatz.

Die Drehfederkonstante ergibt sich nach Gl. (2.4) aus dem Quotienten von Drehmoment $M_g = Fa$ und Verdrehungswinkel α zu

$$D = \frac{M_g}{\alpha} = \frac{Fa}{\alpha} = \frac{98{,}1\,\mu\text{N} \cdot 0{,}1\,\text{m}}{0{,}55\,\text{rad}} = 17{,}8\,\mu\,\text{Nm/rad}$$

Das Trägheitsmoment J findet man mit Drehfederkonstante D und Schwingungsdauer T_0 nach Gl. (2.13)

$$J = \frac{T_0^2 D}{4\pi^2} = \frac{0{,}55^2\,\text{s}^2 \cdot 17{,}8 \cdot 10^{-6}\,\text{kg}\,\text{m}^2/\text{s}^2}{4\pi^2} = 1{,}37\,\text{g}\,\text{cm}^2$$

Die Windungszahl N folgt aus Gl. (2.14) unter Berücksichtigung des aus dem Ausschlag von $90° = 1{,}57$ rad sich ergebenden Drehmoments $M_e = D\alpha = 17{,}8\,\mu\,\text{Nm/rad} \cdot 1{,}57\,\text{rad} = 28\,\mu\text{Nm}$

$$N = \frac{M_e}{2rlBI} = \frac{28 \cdot 10^{-6}\,\text{Nm}}{14 \cdot 15 \cdot 10^{-6}\,\text{m}^2 \cdot 0{,}24\,(\text{Vs/m}^2) \cdot 10^{-3}\,\text{A}} = 556\ \text{Windungen}$$

Den Dämpfungsgrad ϑ erhält man aus der Überschwingung $ü$ nach Gl. (2.15)

$$\vartheta = 0{,}9 - \sqrt{ü} = 0{,}9 - \sqrt{0{,}06} = 0{,}655$$

Die Dämpfungskonstante p ergibt sich aus Gl. (2.13) und (2.14)

$$p = 2\vartheta\sqrt{JD} = 2\vartheta D\frac{T_0}{2\pi} = 2 \cdot 0{,}655 \cdot 17{,}8\,\mu\text{Nm} \cdot \frac{0{,}55\,\text{s}}{2\pi} = 2{,}04\,\mu\text{Nm}\,s$$

Unter der Annahme, daß der Dämpferrahmen die alleinige Ursache der Dämpfung ist, erhält man aus Gl. (2.22) den Widerstand des Dämpferrahmens (eine Windung)

$$R_d = (2rl)^2 N_d^2 B^2 \frac{1}{p} = (14 \cdot 15 \cdot 10^{-6}\,\text{m}^2)^2 \cdot 1^2 \cdot 0{,}24^2\,\frac{\text{V}^2\text{s}^2}{\text{m}^4} \cdot \frac{10^6}{2{,}04\,\text{Nm}\,s} = 1{,}25\,\text{m}\Omega$$

2.3.2 Drehspulmeßwerke als Strom- und Spannungsmesser

Zeigermeßwerke haben in Abhängigkeit von den Spulen-, Feder- und Magnetdaten Meßbereichendwerte zwischen 10 µA und 50 mA bei Widerständen zwischen 10000 Ω und 1 Ω. Sonderkonstruktionen von Zeigermeßwerken haben Meßbereichendwerte bis unter 1 µA. (Galvanometer und Lichtzeigermeßwerke s. Abschn. 2.3.3.)

2.3.2.1 Spannungsmesser. Nach Bild **2.**12 wird ein Vorwiderstand R_{VW} mit dem Meßwerk in Reihe geschaltet. Für mehrere Meßbereiche werden mehrere Widerstände in Serie geschaltet. Für einen Spannungsmeßbereich U bei einem Meßwerkstrom I_M ergibt sich bei einem Meßwerkwiderstand R_M

$$R_{VW} = U/I_M - R_M \quad (2.23)$$

Der Gesamtwiderstand R_V des Spannungsmessers ist

$$R_V = R_{VW} + R_M = nR_M \quad (2.24)$$

mit n als Meßbereichsfaktor.

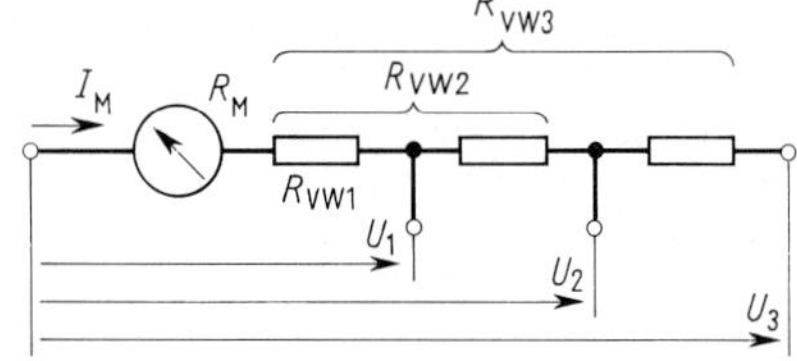

2.12 Schaltung von Vorwiderständen

Temperaturfehler. Der Spannungsabfall am Drehspulmeßwerk liegt meist zwischen 2 mV und 150 mV. Als Spannungsmesser ist das Meßwerk selbst nur bedingt verwendbar, wenn man den großen Temperaturfehler von etwa 4 %/(10 K) infolge der Widerstandszunahme der aus Kupfer oder Aluminium bestehenden Drehspule in Kauf nimmt. Das Vorschalten eines Vorwiderstands aus Widerstandsmaterial mit vernachlässigbarem Temperaturkoeffizienten z. B. aus Manganin ergibt eine Verminderung des Temperaturfehlers. Unter Berücksichtigung des positiven Fehlers von 0,02 %/K infolge der Änderung von Spiralfeder und Magnetfeld folgt bei der Temperaturänderung $\Delta\vartheta$ ein gesamter relativer Fehler

$$F_r = (0{,}02 - 0{,}4/n)\% \cdot \Delta\vartheta/\mathrm{K} \quad (2.25)$$

Vorwiderstand. Der Vorwiderstand R_{VW} wird mit dem Meßwerk in Reihe geschaltet. Für mehrere Meßbereiche wird er nach Bild **2**.12 unterteilt. Er errechnet sich mit Spannungsmeßbereich U, Meßwerkstrom I_M und innerem Widerstand R_M aus Gl. (2.23).

Der für etwaige Korrekturen nach Abschn. 4.2.1 wichtige Gesamt-Widerstand $R_V = R_{VW} + R_M$ des Spannungsmessers wird oft durch den reziproken Meßwertstrom I_M bei Vollausschlag gekennzeichnet (spannungsbezogener Widerstand $1/I_M = R_V/U$, Einheit Ω/V). Beträgt I_M beispielsweise 1 mA, wird der Spannungsmesser durch die Angabe 1000 Ω/V = 1/(1 mA) gekennzeichnet. Drehspulspannungsmesser haben 200 Ω/V bis 20000 Ω/V, in Sonderfällen bis 1 MΩ/V.

2.3.2.2 Strommesser. Bis zu Meßbereichen von 10 mA bis 50 mA kann man direkt für diese Stromstärken bemessene Meßwerke verwenden. Die Kalibrierung auf den Skalenendwert erfolgt in diesem Fall durch Änderung des Magnetfeldes mit Hilfe eines magnetischen Nebenschlusses. In der Regel schaltet man jedoch Nebenwiderstände (englisch: shunt) parallel. Eine direkte Parallelschaltung zum Meßwerk verbietet sich wegen des hierdurch entstehenden großen Temperaturfehlers infolge der Widerstandsänderung der Drehspule (s. Abschn. 2.3.2.1). Daher wird zur Drehspule stets ein Vorwiderstand aus Manganin geschaltet, so daß damit ein Spannungsmesser für beispielsweise 30 mV, 60 mV, 100 mV, 150 mV oder 300 mV entsteht. Dieser Spannungsmesser mißt den Spannungsabfall am Nebenwiderstand in der Schaltung nach Bild **2**.13.

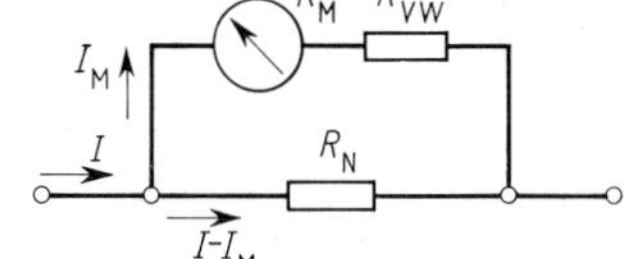

2.13
Schaltung eines Strommessers mit Nebenwiderstand

Nebenwiderstand. Mit dem gewünschten Meßbereich I, dem Meßwerkstrom I_M, dem Widerstand der Drehspule R_M und dem Vorwiderstand R_{VW} folgt für den Nebenwiderstand [17]

$$R_N = (R_M + R_{VW}) \frac{I_M}{I - I_M} \quad (2.26)$$

Mehrfach-Nebenwiderstand. Für mehrere Strommeßbereiche wird der Nebenwiderstand nach Ayrton unterteilt (Bild **2.**14). Abgesehen vom äußeren Meßkreis bilden die Widerstände R_M, R_{VW} und R_N den Schließungswiderstand R_S des Meßwerks. Mit Rücksicht auf die Dämpfung ist R_S oft vorgegeben. Die jeweiligen Nebenwiderstände R_{Ni} (für $i = 1$ bis 3) lassen sich aus den gewünschten Meßbereichendwerten berechnen. Mit

$$R_M + R_{VW} + R_{Ni} = R_S \quad \text{und} \quad (R_S - R_{Ni}) I_M = R_{Ni}(I_i - I_M)$$

folgt

$$R_{Ni} = R_S I_M / I_i \tag{2.27}$$

Für $I_i \gg I_M$ ist der Spannungsabfall in jedem Meßbereich annähernd konstant $U \approx R_S I_M$.

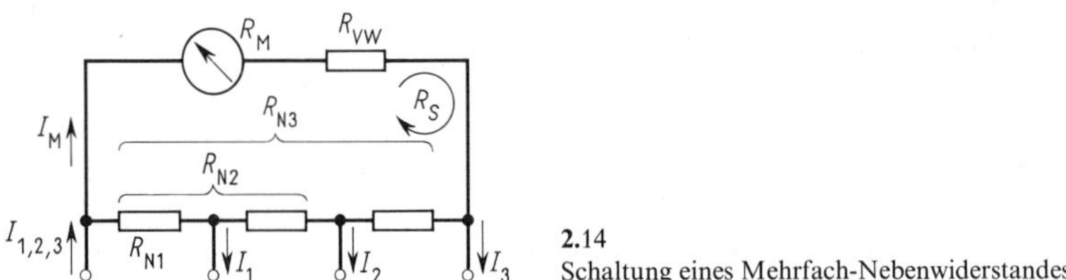

2.14
Schaltung eines Mehrfach-Nebenwiderstandes

Beispiel 2.3. Für ein Meßwerk mit dem Meßwerkwiderstand $R_M = 200\,\Omega$, dem für die Dämpfung erforderlichen Schließungswiderstand $R_S = 500\,\Omega$ und dem Strom für Vollausschlag $I_M = 0{,}2$ mA ist ein kombinierter Nebenwiderstand nach Bild **2.**15 für die Meßbereiche 1 mA, 10 mA, 0,1 A und 1 A zu berechnen. Der kleinste Strommeßbereich 1 mA soll außerdem mit einem kombinierten Vorwiderstand für die Spannungsmeßbereiche 100 mV, 1 V, 10 V und 100 V verwendet werden.

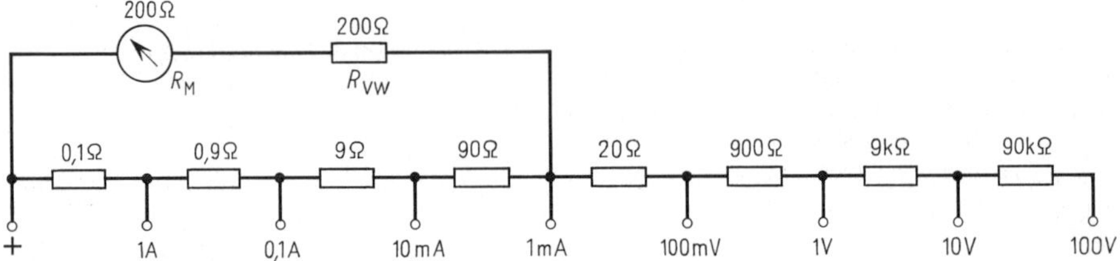

2.15 Schaltung eines Drehspulmeßwerks für mehrere Strom- und Spannungsbereiche

Die Nebenwiderstände R_{N1} bis R_{N4} bilden mit dem Widerstand des Meßwerks und dem ergänzenden Vorwiderstand R_{VW} einen geschlossenen Dämpfungskreis mit dem Schließungswiderstand R_S. Die einzelnen Strommeßbereiche ergeben sich durch die Wahl des Nebenwiderstands. An den Anschluß für 1 mA wird der Vorwiderstand angeschlossen. Den verschiedenen Spannungsmeßbereichen entsprechen die Anzapfungen. Die einzelnen Nebenwiderstände errechnen sich aus Gl. (2.27). Für den Meßbereich $I_1 = 1$ A ergibt sich der Nebenwiderstand

$$R_{N1} = R_S I_M / I_1 = 500\,\Omega \cdot 0{,}0002\,\text{A}/(1\,\text{A}) = 0{,}1\,\Omega$$

Für die Meßbereiche 0,1 A, 10 mA und 1 mA findet man in gleicher Weise die Widerstände 1 Ω, 10 Ω und 100 Ω. Da jeweils die Nebenwiderstände der größeren Meßbereiche mitverwendet werden, erhalten die Abschnitte des Nebenwiderstands der Reihe nach die Werte 0,1 Ω, 0,9 Ω, 9 Ω und 90 Ω, wie Bild **2.**14 zeigt. Zur Ergänzung des Schließungswiderstands R_S auf 500 Ω wird der Widerstand $R_{VW} = 200\,\Omega$ vorgeschaltet. Er verringert gleichzeitig den Einfluß der Temperatur infolge der Widerstandserhöhung des Innenwiderstandes R_M auf rund die Hälfte (0,2%/K).

Die Vorwiderstände zur Spannungsmessung werden an den Meßbereich 1 mA angeschlossen. Der bezogene Widerstand beträgt also für alle Meßbereiche 1/(1 mA) = 1000 Ω/V. Der Widerstand zwischen den Anschlüssen des Bereiches 1 mA ergibt sich aus der Parallelschaltung von $R_{N4} = 100\,\Omega$ und $R_M + R_{VW} = 400\,\Omega$ zu $80\,\Omega$.

Für den Meßbereich 100 mV ist somit noch ein zusätzlicher Vorwiderstand von $20\,\Omega$ erforderlich. Die Gesamtwiderstände für die Meßbereiche 1 V, 10 V und 100 V betragen 1 kΩ, 10 kΩ und 100 kΩ, so daß noch die Vorwiderstände 900 Ω, 9 kΩ und 90 kΩ vorgeschaltet werden müssen.

2.3.3 Drehspulgalvanometer

Als Galvanometer bezeichnet man Meßgeräte für sehr kleine Ströme und Spannungen. Sie werden vorzugsweise zum Feststellen der Stromlosigkeit im Nullzweig von Kompensatoren und Meßbrücken verwendet und haben daher meist keine in Strom- oder Spannungswerten abgeglichene Skala.

2.3.3.1 Emfindlichkeit und Anpassung. Hohe Empfindlichkeit erreicht man durch eine kleine Drehfederkonstante D nach Abschn. 2.1.2 und durch Lichtzeigerablesung. Damit die Periodendauer T_0 nach Gl. (2.13) nicht zu groß wird, muß das Trägheitsmoment des beweglichen Organs (s. Abschn. 2.1.2) entsprechend klein sein. Dies erreicht man durch Lichtzeiger und durch kleine und schmale Spulen. Große Stromempfindlichkeit erzielt man durch viele Windungen dünnen Drahtes. Große Spannungsempfindlichkeit erfordert die Anpassung an den Widerstand des Meßkreises unter Berücksichtigung der richtigen Dämpfung des Meßwerks. Galvanometer mit Lichtzeiger (Bild **2**.16) haben (bei 1 m Lichtzeigerlänge) Stromkonstanten $C_i = 0{,}02\,\text{nA/mm}$ bis $50\,\text{nA/mm}$ und Spannungskonstanten $C_u = 0{,}05\,\mu\text{V/mm}$ bis $100\,\mu\text{V/mm}$.

Empfindliche Galvanometer werden meist durch den in der Drehspule induzierten und durch den Meßkreis fließenden Strom gedämpft, s. Gl. (2.20). Der Dämpfungsgrad ϑ_0 bei offenem Meßkreis soll bei guten Galvanometern unter 0,1 liegen. Bei über den äußeren Widerstand R_a geschlossenem Meßkreis ist der gesamte Dämpfungsgrad nach Gl. (2.14) und (2.22)

$$\vartheta = \vartheta_0 + \frac{B^2 A^2 N^2}{2(R_M + R_a)\sqrt{DJ}} \tag{2.28}$$

2.16
Drehspul-Spiegelgalvanometer mit Bandaufhängung und zwei Zuführungsbändern (H&B)

2.3.3.2 Grenzwiderstand. Wählt man den äußeren Schließungswiderstand R_a so, daß der Dämpfungsgrad $\vartheta = 1$ wird, nennt man ihn den äußeren Grenzwiderstand R_{ag}. Der gesamte Grenzwiderstand R_{gr} ist die Summe

$$R_{gr} = R_M + R_{ag} = \frac{B^2 A^2 N^2}{2(1 - \vartheta_0)\sqrt{DJ}} \tag{2.29}$$

Bei stromempfindlichen Galvanometern mit großer Windungszahl N ist der Grenzwiderstand groß (100 kΩ und darüber), bei spannungsempfindlichen Galvanometern kann $R_{ag} = 0$ werden. Ist $R_a > R_{ag}$, so ist $\vartheta < 1$, und das Galvanometer schwingt. Ist $R_a < R_{ag}$, so kriecht der Zeiger (Bild 2.1). Galvanometer mit einstellbarem magnetischen Nebenschluß ermöglichen durch Verändern der magnetischen Induktion B die Anpassung des äußeren Grenzwiderstands R_{ag} an den Meßkreis.

2.3.4 Stromstoßgalvanometer

Die Stromstoßgalvanometer dienen zur Messung sehr kleiner Elektrizitätsmengen, wie sie bei Spannungs- und Stromstößen, beim Laden und Entladen von Kondensatoren oder bei einer Änderung des magnetischen Flusses in Spulen auftreten.

Bei diesen Vorgängen steigt der Strom nach Bild 2.17 sehr rasch an und fällt dann auf Null ab. Die Fläche unter der Stromkurve entspricht der Elektrizitätsmenge $Q = \int i \, dt$.

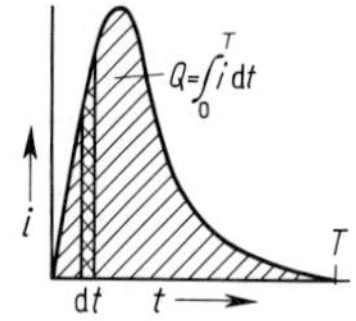

2.17
Verlauf eines Stromstoßes $i = f(t)$ der Dauer T

2.3.4.1 Ballistisches Galvanometer. Ein Stromstoß, dessen Dauer, verglichen mit der Periodendauer T_0 (Gl. 2.13), sehr kurz ist, erzeugt in der Drehspule einen Drehimpuls. Das Arbeitsvermögen, das der Elektrizitätsmenge entspricht, wird, abgesehen von der in der Spule erzeugten Wärmemenge, in Bewegungsenergie umgewandelt. Ist der Stromstoß, dessen zeitlicher Verlauf beliebig sein kann, wieder Null geworden, bevor die Drehspule ihre Nullage merklich verlassen hat, so ist nach der Theorie der Schwingungen die erste Schwingungsweite, der ballistische Ausschlag α_b, verhältnisgleich dem mechanischen Arbeitsvermögen, also auch der Elektrizitätsmenge

$$Q = \int_0^T i \, dt = C_b \alpha_b \tag{2.30}$$

während der Dauer T des Stromstoßes. Die ballistische Konstante ist von der Dämpfung und somit vom Widerstand des Schließungskreises abhängig. Im aperiodischen Grenzfall beträgt sie mit $e = 2{,}71828\ldots$, der Stromempfindlichkeit S_i nach Gl. (2.11) und der Periodendauer T_0 nach Gl. (2.13)

$$C_b = \frac{e T_0}{2\pi S_i} \quad (\text{für } T \ll T_0) \tag{2.31}$$

2.3.4.2 Kriechgalvanometer. (Flußmesser). Ein durch einen kleinen Schließungswiderstand $R_a \ll R_{ag}$ kriechend gedämpftes Drehspulgalvanometer mit vernachlässigbarem Richtmoment kann den Spannungsstoß

$$\int_{t_1}^{t_2} u \, dt = BAN(\alpha_2 - \alpha_1) = C_f(\alpha_2 - \alpha_1) \tag{2.32}$$

über die Zeit $(t_2 - t_1)$ aus der Differenz der Ausschläge $(\alpha_2 - \alpha_1)$ messen. Es dient in Verbindung mit Prüfspulen zur Messung der magnetischen Induktion oder des magnetischen Flusses (s. Abschn. 6.1.2.2). Die Konstante $C_f = BAN$ nennt man daher auch Flußmesserkonstante. Wegen der vernachlässigbar kleinen Richtkraft führt man den Zeiger mit einer meist von einem Photoelement erzeugten Hilfsspannung in seine Ausgangslage zurück.

Beispiel 2.4. Es sollen Stromstoßgalvanometer mit einem Normal der Gegeninduktivität M nach Bild **5**.39 (S. 234) kalibriert werden. Durch Unterbrechung eines Primärstroms I_1 entsteht auf der Sekundärseite ein Spannungsstoß

$$\int_0^T u_2 \, dt = M I_1, \text{ der zur Kalibrierung dient [22].}$$

a) Die Gegeninduktivität betrage $M = 1$ mH und der Primärstrom $I_1 = 1$ A. Das ballistische Galvanometer ist über einen Widerstand mit der Sekundärseite der Gegeninduktivität verbunden, der den Schließungswiderstand des Galvanometers auf seinen Grenzwiderstand $R_{gr} = 5\,\text{k}\Omega$ ergänzt. Bei Unterbrechung des Primärstroms entsteht der ballistische Ausschlag $\alpha_b = 50$ Skalenteile. Wie groß ist die ballistische Konstante C_b?

Der induzierte Spannungsstoß beträgt

$$\int u_2 \, dt = M I_1 = 1\,\text{mH} \cdot 1\,\text{A} = 1\,\text{mVs}$$

Die ballistische Konstante wird nach Gl. (2.30)

$$C_b = \frac{Q}{\alpha_b} = \frac{\int u_2 \, dt}{R_{gr} \alpha_b} = \frac{1\,\text{mVs}}{5\,\text{k}\Omega \cdot 50\,\text{Skalenteile}} = 4 \cdot 10^{-9}\,\text{As/Skalenteil}$$

b) Beim gleichen Spannungsstoß springt der Zeigerflußmesser um $\alpha_2 - \alpha_1 = 20$ Skalenteile. Wie groß ist die Flußmesserkonstante C_f?

Man erhält aus Gl. (2.32)

$$C_f = \frac{\int u_2 \, dt}{\alpha_2 - \alpha_1} = \frac{1\,\text{mVs}}{20\,\text{Skalenteile}} = 50\,\mu\text{Vs/Skalenteil}$$

2.3.5 Drehspulgeräte mit Gleichrichter

In Verbindung mit Gleichrichtern werden Drehspulmeßwerke für Wechselstrommessungen verwendet.

2.3.5.1 Gleichrichter. Als Meßgleichrichter verwendet man Halbleiterdioden, Germaniumdioden (Ge), wenn es auf deren geringeren Spannungsabfall in der Durchlaßrichtung ankommt, oder Silizium-Planardioden (Si) (Bild **2**.18), wenn deren größere Sperrspannung, ge-

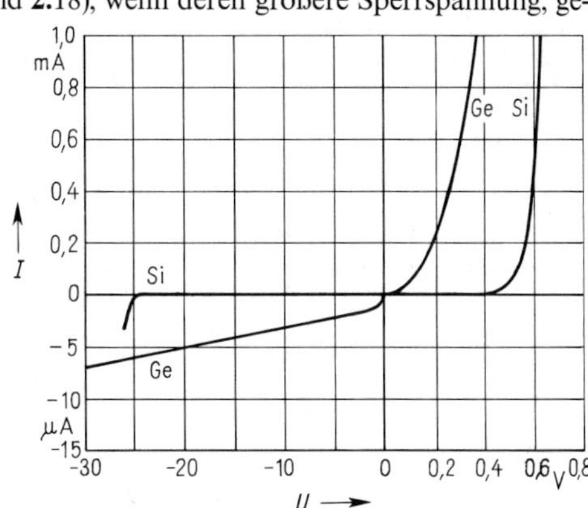

2.18
Statische Strom-Spannungs-Kennlinien von Halbleiter-Gleichrichtern

ringerer Sperrstrom und Unempfindlichkeit gegenüber höheren Temperaturen von Bedeutung sind. Meist stört der Sperrstrom wenig, dagegen bewirkt die starke Krümmung der Durchlaßkennlinie eine Nichtlinearität zwischen Spannung und Strom im Bereich kleiner Spannungen. Diese Krümmung ist einem bei abnehmender Spannung zunehmenden Widerstand des Gleichrichters äquivalent. Sie wirkt sich daher um so weniger aus, je größer der in Serie mit dem Gleichrichter liegende Widerstand R ist (Bild 2.19). Die Anfangskrümmung bewirkt bei Drehspulgeräten mit Gleichrichtern die nichtlineare Teilung am Skalenanfang. Bei höheren Frequenzen ($f \gg 10$ kHz) wirkt sich die Parallelkapazität C_g aus, indem sie den Gleichrichter für hochfrequente Ströme überbrückt und somit zum Teil unwirksam macht.

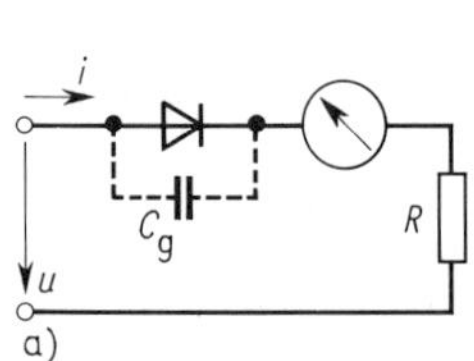

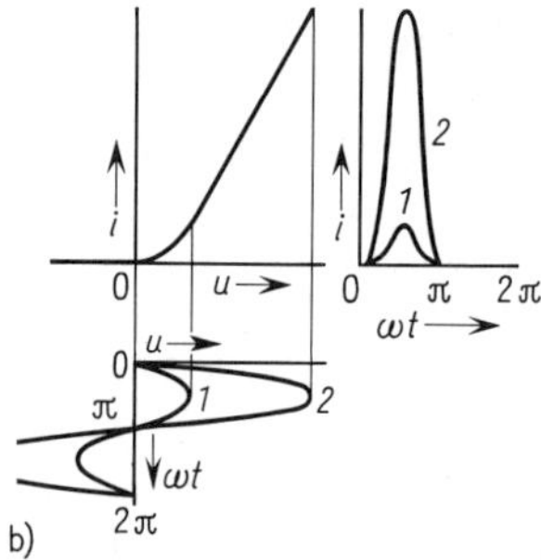

2.19 Mittelwertgleichrichtung
a) Grundschaltung
b) durch die Widerstandsgerade R gescherte Gleichrichterkennlinie und Stromverlauf bei kleinen (*1*) und größeren (*2*) Wechselspannungen, C_g Kapazität des Gleichrichters

2.3.5.2 Mittelwertgleichrichtung. Der Gleichrichter wirkt als Ventil, und das in Reihe liegende Drehspulmeßwerk mittelt infolge seiner mechanischen Trägheit die in Durchlaßrichtung wirksamen Halbschwingungen des Stromes.

Einwegschaltung (Bild 2.20a). Nur eine Halbschwingung ist wirksam, die zweite wird über die Paralleldiode abgeleitet. Das Instrument mißt bei Sinusstrom vom Effektivwert I den linearen Mittelwert einer Halbschwingung (halber Gleichrichtwert) $\overline{|i|} = 0{,}450158\, I$.

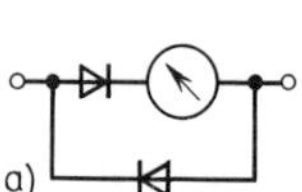

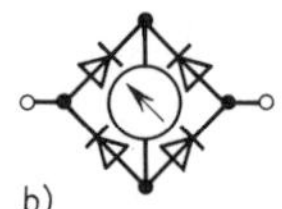

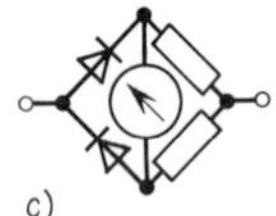

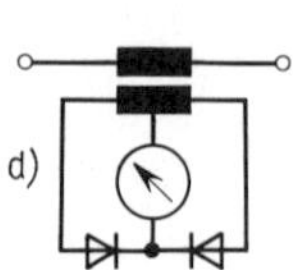

2.20 Schaltungsarten für Meßgleichrichter
a) Reihenparallelschaltung
b) Graetz-Schaltung (Brückenschaltung)
c) Brückenschaltung mit Wirkwiderständen
d) Mittelpunktschaltung (Gegentaktschaltung)

Zweiwegschaltungen. Die Brückenschaltung nach Graetz (Bild 2.20b) leitet beide Halbschwingungen in der gleichen Richtung durch das Meßwerk. Der gemessene Gleichrichtwert

$$\overline{|i|} = (2\sqrt{2}/\pi)\, I = 0{,}900316\, I = I/1{,}11072 \qquad (2.33)$$

ist bei Sinusstrom doppelt so groß wie bei der Einwegschaltung. Nachteilig bei der Graetz-Schaltung ist, daß der Strom über zwei Gleichrichter in Reihe fließt und sich somit ihre Kennlinien-Anfangskrümmung doppelt auswirkt. Diesen Nachteil vermeidet die Schaltung nach Bild **2.**20c, bei der zwei Gleichrichter durch Widerstände ersetzt werden. Ein Teil des Meßstromes fließt hier am Meßwerk vorbei.

Die Verwendung eines Stromwandlers nach Bild **2.**20d vermeidet diesen Nachteil und gestatt gleichzeitig eine Vergrößerung der Spannung am Gleichrichter auf Kosten des Stroms, so daß die Wirkung der Kennlinien-Anfangskrümmung des Gleichrichters verringert wird. Für phasenabhängig gesteuerte Gleichrichter und Kontaktgleichrichter s. Abschn. 4.4.5.

Mittelwertgleichrichtergeräte zeigen den Effektivwert bei Sinusstrom. Dazu ist der Formfaktor 1,111 von Gl. (2.33) bei der Skala berücksichtigt. Nichtsinusförmige Wechselströme haben andere Formfaktoren (s. Abschn. 4.4.1 Formfaktor). Die Anzeige muß hier entsprechend korrigiert werden. Bei Gleichstrom zeigt das Meßinstrument einen um 11,1 % zu großen Wert an.

Vor- und Nebenwiderstände zur Erweiterung des Meßbereichs werden in Serie bzw. parallel zur Gleichrichterschaltung angeordnet. Der Spannungsabfall an den Nebenwiderständen soll zur Beschränkung des nichtlinearen Teils der Skala mindestens 0,5 V für den vollen Meßbereich betragen. Bei Spannungsmessern erzielt man eine weitgehende Linearisierung der Skala durch Einbeziehung eines großen Teils des Vorwiderstands in die Brückenwiderstände nach Bild **2.**20c.

2.3.5.3 Spitzengleichrichtung. Diese Schaltung mißt den Spitzenwert einer Halbschwingung oder die Summe der absoluten Spitzenwerte beider Halbschwingungen. Sie finden vornehmlich für Wechselspannungen bei höheren Frequenzen (Hochfrequenz) Verwendung. Nach Bild **2.**21a wird ein Ladekondensator C_L durch die Meßspannung u_1 auf die Spannungsspitze $u_{1\,max}$ aufgeladen. Diese Spitzenspannung wird mit dem Spannungsmesser V (Widerstand R_V) gemessen. Die durch den Spannungsmesser verursachten Ladungsverluste werden durch kurzzeitige Ladeströme während eines kleinen Stromflußwinkels δ ausgeglichen

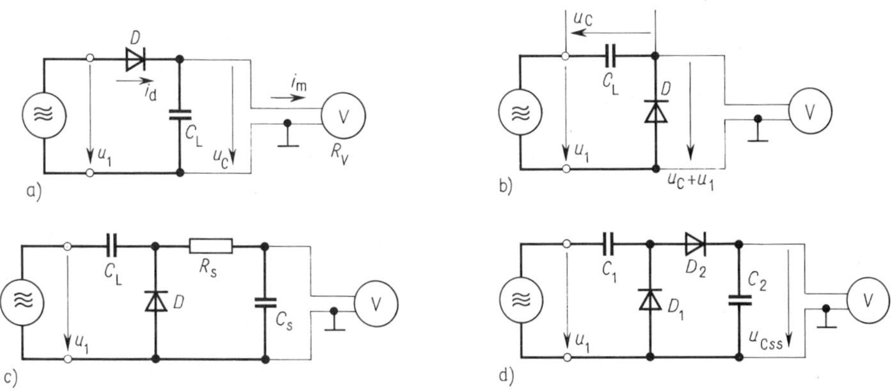

2.21 Spitzengleichrichterschaltungen

a) Diode D an der Meßspannung u_1. Meßspannungsquelle muß durchlässig für den Gleichstrom durch den Spannungsmesser V sein
b) Ladekondensator C_L an der Meßspannung
c) Siebglied R_S, C_S zusätzlich zu b)
d) Spannungsverdopplerschaltung

(Bild 2.22). Je größer der Widerstand des Spannungsmessers, um so kleiner ist der Ladungsverlust und somit die Abweichung der mittleren Kondensatorspannung u_C vom Spitzenwert der Meßspannung. Daher verwendet man hier bevorzugt Spannungsmesser mit sehr großem Widerstand, insbesondere solche mit Verstärker nach Abschn. 3.1.4.1

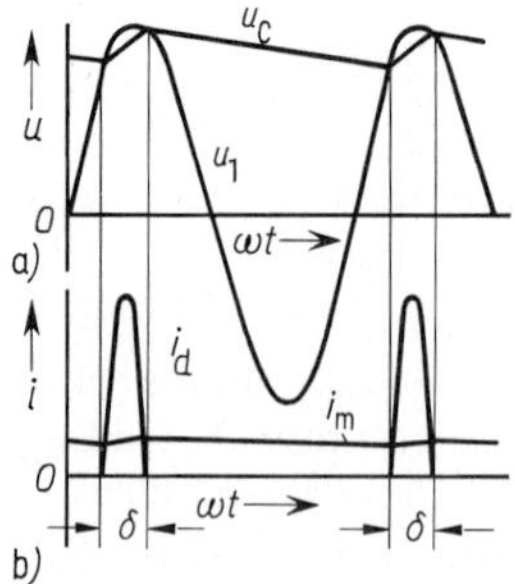

2.22
Spannungs- und Stromverlauf bei der Spitzengleichrichterschaltung nach Bild 2.21 a

a) Spannungsverlauf, Meßspannung u_1 und Spannung am Ladekondensator u_C

b) Ladestrom i_d durch die Diode und Strom i_m des Spannungsmessers V. Ladung erfolgt während des Stromflußwinkels δ

Die Schaltung nach Bild **2.**21 a erfordert einen gleichstromdurchlässigen Meßkreis; daher bevorzugt man meist Schaltungen nach Bild **2.**21 b bis d. Hier ist der Ladespannung am Kondensator u_C noch die Meßwechselspannung u_1 überlagert, so daß es sich oft empfiehlt, ein Siebglied $R_s C_s$ nach Bild **2.**21 c vorzusehen. Zur Messung von Spannungen, deren Kurvenform unsymmetrisch ist, empfiehlt sich die Schaltung nach Bild **2.**21 d mit zwei Dioden D_1 und D_2, die den Kondensator C_2 auf die Spannungsdifferenz u_{CSS} zwischen dem positiven und negativem Maximum der Meßspannung aufladen (Spitze-Spitze-Gleichrichtung).

Bei der Messung von hochfrequenten Spannungen kommt es darauf an, die kapazitive Belastung des Meßkreises durch den Gleichrichter und die Meßschaltung möglichst klein zu halten. Daher verwendet man kapazitätsarme Dioden und bringt die eigentliche Meßschaltung (Diode mit Ladekondensator) in einem separaten Tastkopf unter, der mit dem Spannungsmesser über ein nur Gleichspannung führendes Kabel verbunden ist. Eine Vergrößerung des Meßbereichs durch Änderung des Gleichspannungsmeßbereichs des Spannungsmessers ist nur soweit möglich, wie es die Sperrspannung der Dioden erlaubt. Weitere Vergrößerung des Meßbereichs ermöglichen vorgeschaltete kapazitive Spannungsteiler.

2.3.5.4 Vielfachmeßgeräte. Durch Zusammenbau eines Drehspulmeßwerks mit Gleichrichtern, Vor- und Nebenwiderständen, Meßbereichschaltern und oft auch mit batteriebetriebenen Meßverstärkern erhält man ein Universalmeßgerät für eine Vielzahl von Strom- und Spannungsmeßbereichen für Gleich- und Wechselstrom. Zusätzliche Widerstandsmeßbereiche sind mit Hilfe einer eingebauten Spannungsquelle möglich (s. Abschn. 5.2.2).

Überlastungsschutz. Bei Vielfachmeßgeräten ist die Gefahr der Überlastung des Meßwerks und der Widerstände durch falsche Bedienung und Fehlschaltungen besonders groß. Durch Parallelschalten von zwei gegeneinander geschalteten Silizium-Dioden (Klemmdioden) zum Meßwerk, oft noch in Verbindung mit Feinsicherungen, läßt sich das Meßwerk wirksam schützen (Bild **2.**23). Bei normalem

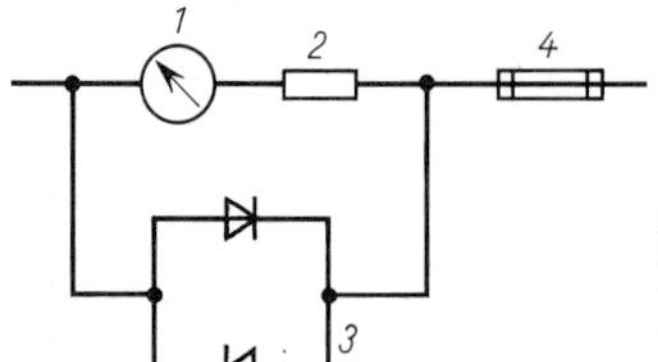

2.23
Überlastungsschutz für ein Drehspulmeßwerk

1 Meßwerk
2 Vorwiderstand
3 Klemmdioden
4 Feinsicherung

Betrieb ist der Spannungsabfall am Meßwerk so klein, daß durch die Dioden kein nennenswerter Anteil des Stromes fließt. Bei Überlast steigt der Spannungsabfall am Meßwerk an, und der Strom durch die Dioden nimmt exponentiell zu. Dadurch wird die Feinsicherung zum Ansprechen gebracht, die den Stromkreis unterbricht. Diese Schaltung schützt nicht die Nebenwiderstände gegen Überlastung. Sie können jedoch nach der gleichen Methode abgesichert werden.

2.4 Dreheisenmeßgeräte

2.4.1 Aufbau und Wirkungsweise

Im zylindrischen Hohlraum der vom Meßstrom I durchflossenen Feldspule befinden sich nach Bild **2**.24 und **2**.25 ein festes und ein bewegliches Blech aus einer Nickel-Eisenlegierung mit kleiner Koerzitivfeldstärke und hoher Sättigungsinduktion.

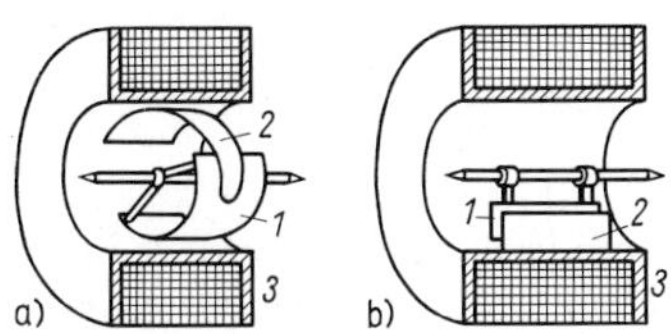

2.24 Dreheisenmeßwerk. Anordnung und Form der Bleche
a) Mantelkernmeßwerk
b) Streifenkernmeßwerk
1 drehbares Blech
2 feststehendes Blech
3 Spule

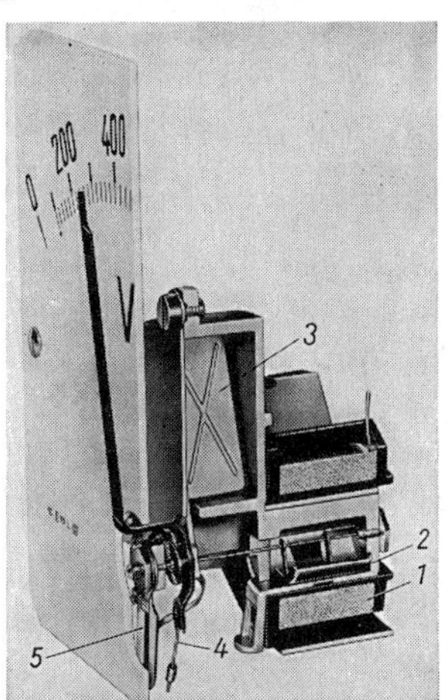

2.25 Querschnitt durch ein Dreheisenmeßwerk (Siemens)
1 Rundspule
2 bewegliches Eisen
3 Dämpferkammer mit Flügel
4 Balanziergewicht
5 Nullpunktsteller

Die Bauform nach Bild **2**.24a mit zylindrisch gebogenen Blechen wird mehr für Schalttafelgeräte, die nach Bild **2**.24b mit rechteckigen Plättchen mehr für Präzisionsgeräte verwendet. Das bewegliche Blech ist mit der Zeigerachse verbunden. Werden beide Bleche durch den Spulenstrom gleichsinnig magnetisiert, so stoßen sie sich ab und erzeugen ein Drehmoment, das bei festgehaltenem Zeiger dem Produkt der magnetischen Momente und somit dem Quadrat des Spulenstroms i proportional ist. Infolge der starken Scherung der Hystereseschleife [22] und der kleinen Koerzitivfeldstärke ist der Hysteresefehler sehr klein. Ist die Selbstinduktivität L als Funktion des Ausschlags α bekannt, so ergibt sich das Drehmoment

$$M_e = \frac{1}{2} \frac{dL}{d\alpha} i^2 \tag{2.34}$$

durch Differentiation des Ausdrucks für den Energiegehalt des magnetischen Feldes $Li^2/2$ nach dem Ausschlagwinkel α als Funktion des Meßstromes i [15]. Hiermit ist das mechanische Gegendrehmoment M_g nach Gl. (2.4) im Gleichgewicht, so daß $D\alpha = i^2(dL/d\alpha)/2$ ist. Man erhält daher die Skalengleichung

$$\alpha = \frac{1}{2D} \cdot \frac{dL}{d\alpha} i^2 \tag{2.35}$$

Wenn die Induktivitätsänderung $dL/d\alpha$ konstant ist, was am Anfang der Skala weitgehend zutrifft, ändert sich der Zeigerausschlag quadratisch mit dem Strom. Bei größerem Ausschlag kann man durch entsprechende Formgebung der Eisenbleche und durch asymmetrische Anordnung der Spule erreichen, daß $dL/d\alpha$ proportional mit dem Ausschlag abnimmt und somit der Ausschlag annähernd eine lineare Funktion des Stromes wird.

Eigenschaften. Wegen der quadratischen Stromabhängigkeit ist die Anzeige von der Stromrichtung unabhängig. Bei Wechselstrom schwankt das Drehmoment mit doppelter Frequenz. Wenn die Massenträgheit des Meßwerks groß genug ist, stellt sich der Zeiger auf den quadratischen Mittelwert ein, so daß der Effektivwert angezeigt wird. Dreheisengeräte können somit für Gleich- und Wechselstrom benutzt werden.

Für den Vollausschlag ist eine Durchflutung von 20 A bis 250 A erforderlich. Die Leistungsaufnahme der Spule beträgt bei Schalttafelgeräten etwa 0,5 W bis 1 W, bei Präzisionsgeräten mit Lichtzeigerablesung 50 mW bis 200 mW. Bei Präzisionsgeräten ist die am Endausschlag bei sinusförmigem Wechselstrom erreichte Maximalinduktion nur etwa 30% bis 40% der Sättigungsmagnetisierung, so daß auch Wechselströme mit stark verzerrter Kurvenform noch einwandfrei gemessen werden können. Bei Schalttafelgeräten nähert man sich mit den Spitzenwerten der Sättigungsinduktion des Eisens, um ein möglichst großes Drehmoment zu erzielen.

Feinmeßgeräte. Dreheisengeräte mit Blechen nach Bild **2**.24b haben wegen der großen Scherung der Hystereseschleife bei Verwendung besonderer Legierungen einen Hysteresefehler unter 0,05%, ihre Anzeigen für Gleich- und Wechselstrom stimmen dadurch praktisch vollkommen überein. Sie werden daher mit Gleichstrom kalibriert. Eine zweifache Abschirmung bietet Schutz gegen äußere Felder. Lichtmarkengeräte haben wegen der geringeren Reibung und der Verdoppelung des Ausschlags durch den Spiegel nur einen Leistungsverbrauch von etwa 0,1 W bei Vollausschlag. Es werden Geräte für die Klassen 0,2 und 0,1 gebaut.

Frequenzabhängigkeit. Wirbelströme in den Blechen des Meßwerks und in benachbarten Metallteilen bewirken einen mit zunehmender Frequenz steigenden negativen Fehler. Durch eine, mit einem RC-Glied belastete, mit der Meßspule eng gekoppelte Spule läßt sich der Frequenzfehler bis über 1000 Hz unter 0,1% halten.

2.4.2 Strommesser

Meßwerke mit Massezeiger werden für Ströme mit 0,03 A bis 300 A hergestellt, Lichtzeigermeßwerke bis herab zu Meßbereichen mit wenigen mA bei Endausschlag.

Nebenwiderstände zur Vergrößerung des Meßbereichs dürfen nicht verwendet werden, da wegen der Erwärmung und der Induktivität der Kupferspule erhebliche Temperatur- und Frequenzfehler auftreten würden. Erweitern des Meßbereichs ist nur bei Wechselstrom durch Stromwandler möglich.

Mehrere Meßbereiche erhält man durch Abzweigungen an der Spule. Dabei ändert sich die Feldverteilung, so daß jeder Meßbereich seine eigene Skala erhält. Bei Feinmeßgeräten kann man zwei bifilar miteinander gewickelte Spulen parallel oder hintereinander schalten. Man erhält dadurch bei gleichem Skalenverlauf ein Meßbereichverhältnis von 1 : 2.

Überstromsichere und kurzschlußfeste Strommesser haben Meßwerke, bei denen $dL/d\alpha$ am Skalenende gegen Null geht und in denen die Induktion so groß gewählt wird, daß die Eisenkerne bei Überstrom gesättigt sind. Die Spulen und ihre Haltung werden für die erhöhte thermische und dynamische Beanspruchung bemessen.

2.4.3 Spannungsmesser

Vorwiderstände machen den Spulenstrom der Spannung proportional. Ein solcher Vorwiderstand beträgt bei Schalttafelgeräten das 4- bis 10fache des Spulenwiderstands, um zu große Temperatur- und Anwärmfehler zu vermeiden.

Anwärmfehler. Bei 1 W Leistungsaufnahme der Meßwerkspule erwärmt sich diese um 10 K bis 20 K. Dadurch vergrößert sich ihr Widerstand um 4% bis 8%, und der bei konstanter Spannung fließende Strom verringert sich entsprechend. Je größer der Vorwiderstand aus temperaturunabhängigem Werkstoff (Manganin) gewählt wird, desto geringer ist der Einfluß der Kupferspule. Ein entsprechender Fehler tritt auch bei Erhöhung der Umgebungstemperatur auf. Zur Vermeidung des Anwärmfehlers soll man Ablesungen im letzten Drittel der Skala erst nach etwa 10 min Einschaltdauer vornehmen.

Beispiel 2.5. Ein Dreheisenstrommesser mit dem Skalenendwert $I_M = 0{,}1$ A soll durch Vorschalten eines temperaturunabhängigen Vorwiderstandes als Spannungsmesser mit dem Skalenendwert $U = 60$ V verwendet werden. Der Widerstand des Strommessers beträgt bei Raumtemperatur von 20°C $R_M = 79{,}2\,\Omega$. Nach längerem Einschalten von 0,1 A erhöht sich der Widerstand infolge der Erwärmung der Spule auf 89,3 Ω. Wie groß ist der Vorwiderstand zu wählen, und wie groß ist der Anwärmfehler bei Dauereinschaltung a) von 60 V, b) von 30 V?

Der Vorwiderstand wird auf den Kaltwiderstand bezogen. Aus dem Gesamtwiderstand $U/I_M = 60\text{ V}/(0{,}1\text{ A}) = 600\,\Omega$ ergibt sich nach Gl. (2.23) der Vorwiderstand $R_{VW} = 600\,\Omega - 79{,}2\,\Omega = 520{,}8\,\Omega$. Bei längerer Dauerbelastung durch 60 V steigt der Gesamtwiderstand um $89{,}3\,\Omega - 79{,}2\,\Omega = 10{,}1\,\Omega$. Die Anzeige geht dadurch auf $60\text{ V}/(600\,\Omega + 10{,}1\,\Omega) = 0{,}09834\text{ A} \mathrel{\hat{=}} 59{,}0\text{ V}$ zurück. Der Anwärmfehler ist somit $(59{,}0\text{ V} - 60{,}0\text{ V})/(60\text{ V}) = -1{,}7\%$.
Bei halber Spannung beträgt die Verlustleistung in der Spule nur noch ein Viertel. Die Widerstandserhöhung geht dann annähernd auf ein Viertel zurück, so daß der Anwärmfehler jetzt nur noch 0,4% beträgt. Temperaturfehler durch Erwärmung der anderen Bauteile bleiben hier außer Betracht.

Frequenzfehler. Der induktive Widerstand der Spule $2\pi f L$ bewirkt am Scheinwiderstand $Z = \sqrt{(R_M + R_{VW})^2 + (2\pi f L)^2}$ einen mit der Frequenz f steigenden zusätzlichen negativen Fehler. Bei Feinmeßgeräten kann man diesen Fehler durch Parallelkondensatoren zum Vorwiderstand bis zu Frequenzen von 500 Hz weitgehend kompensieren.

Vorwiderstände werden nur für Spannungen bis 600 V ein- oder angebaut. Für größere Spannungen werden sie in einem eigenen Gehäuse untergebracht.

2.5 Elektrodynamische Meßgeräte

2.5.1 Wirkungsweise und Skalengleichung

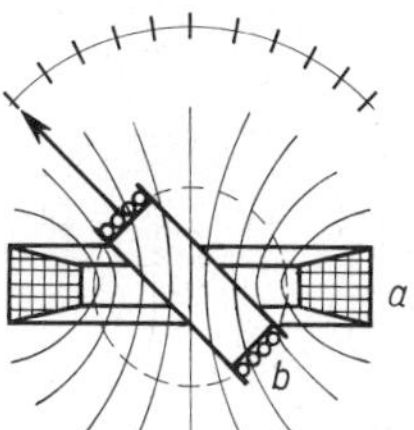

2.26 Feldverlauf einer flachen Feldspule
a feste Stromspule
b Drehspule

Die feste Spule *a* (Bild 2.26) erzeugt mit Windungszahl N_a und Strom I_a ein magnetisches Feld der Induktion $B_a = k_a N_a I_a$. Durch geeignete Bemessung der festen Spule kann es im Bereich der parallel zur Drehachse liegenden wirksamen Windungsseite der Drehspule *b* (Länge l_b, Radius r_b) über einen Winkelbereich von etwa 90° nahezu radialhomogen gemacht werden. Nach Gl. (2.17) wird dann mit N_b als Windungszahl und I_b als Strom der Drehspule das elektrische Drehmoment

$$M_e = 2 r_b l_b N_b k_a N_a I_a I_b = k_c I_a I_b \tag{2.36}$$

auf die Drehspule ausgeübt. Es verursacht eine Drehung, so daß die Spiralfedern gespannt werden und nach Gl. (2.4) das Gegendrehmoment $M_g = -D\alpha$ erzeugen. Bei dem Zigerausschlag α stellt sich mit $M_e + M_g = 0$ bzw. $k_c I_a I_b - D\alpha = 0$ Gleichgewicht zwischen elektrischem Drehmoment und Gegendrehmoment ein. Hiernach gilt mit $k = k_c/D$ für den Zeigerausschlag

$$\alpha = k I_a I_b \tag{2.37}$$

Er ist also dem Produkt der beiden Ströme proportional. Die Abweichungen der Induktion B_a vom idealen radialhomogenen Feld kann man mit einer ortsabhängigen Konstanten k, also in der Skala, berücksichtigen. Bei Wechselströmen mit den Zeitwerten i_a und i_b gilt bei Vernachlässigung der Momente durch Trägheit und Dämpfung nach Gl. (2.6 und 2.7)

$$\alpha_t = k i_a i_b \tag{2.38}$$

Fließen durch beide Spulen Sinusströme $i_a = \hat{i}_a \sin(\omega t)$ und $i_b = \hat{i}_b \sin(\omega t + \varphi)$, also mit den Scheitelwerten $\hat{i}_a$ und $\hat{i}_b$, der Kreisfrequenz ω, sowie dem gegenseitigen Phasenwinkel φ, so erhält man

$$\alpha_t = k \hat{i}_a \sin(\omega t)\, \hat{i}_b \sin(\omega t + \varphi) \tag{2.39}$$

oder mit $\sin(\omega t)\, \sin(\omega t + \varphi) = [\cos\varphi - \cos(2\omega t + \varphi)]/2$ und nach Einsetzen der Effektivwerte $I = \hat{i}/\sqrt{2}$ schließlich den Zeigerausschlag

$$\alpha_t = k I_a I_b [\cos\varphi - \cos(2\omega t + \varphi)] \tag{2.40}$$

Er muß also einer Schwingung mit doppelter Netzfrequenz $2f = \omega/\pi$ um den Mittelwert $k I_a I_b \cos\varphi$ folgen. Das können nur trägheitsarme Meßwerke (z.B. Leistungsschleifen; s. Abschn. 2.7.4.1) bei Frequenzen weit unterhalb ihrer Eigenfrequenz.

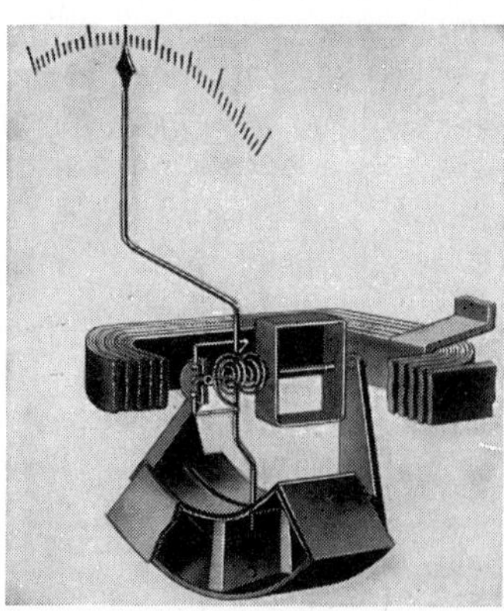

Der Zeiger eines normalen elektrodynamischen Meßwerks (Bild **2.**27) stellt sich infolge der Massenträgheit jedoch auf den Mittelwert in der Periodendauer T ein; er integriert also auf den Ausschlag

$$\alpha = \frac{1}{T} \int_0^T k \hat{i}_a \hat{i}_b \sin(\omega t) \sin(\omega t + \varphi)\, dt = k I_a I_b \cos\varphi \tag{2.41}$$

2.27
Elektrodynamisches eisenloses Meßwerk

2.5.2 Bauarten

2.5.2.1 Eisenfreie Meßwerke. Das Feld der festen Spule bildet sich in Luft aus. Jedes ferro- oder ferrimagnetische Material wird mit Ausnahme des äußeren Schirmes vermieden. Damit die Leistungsaufnahme der festen Spulen nicht zu große Werte annimmt, ist die magnetische

Induktion am Ort der drehbaren Spule auf einige mT begrenzt. Die festen Spulen werden meist paarweise angeordnet. Die Konstruktionselemente für die Halterung werden bevorzugt aus Keramik gefertigt, weil metallische Bauteile durch Wirbelströme das Feld der festen Spulen frequenzabhängig schwächen würden.

Abschirmung. Elektrodynamische Meßwerke sind wegen des verhältnismäßig schwachen Spulenfeldes gegen störende Fremdfelder empfindlich. Bei Gleichstrommessungen stört bei ungeschütztem Meßwerk schon das Erdfeld. Daher werden eisenfreie Meßwerke meist durch eine Umschließung aus hochpermeabler Legierung geschützt. Besonders wirksam ist die doppelte Schirmung. Der äußere Schirmkasten besteht aus einem Werkstoff mit großer Sättigungsinduktion und kleiner Koerzitivfeldstärke, der innere Kasten hat eine sehr große Anfangspermeabilität. Hiermit erreicht man bei Fremdfeldern der Feldstärke $H = 800$ A/m einen so wirksamen Schutz, daß der Fehler unter 0,2‰ bleibt.

Astatische Anordnung. Ordnet man zwei gleiche Meßwerke auf einer Meßwerkachse an, deren Spulenfelder entgegengerichtet, deren Drehmomente aber infolge der gleichzeitigen Umkehr der Stromrichtung in den beweglichen Spulen gleichgerichtet sind, so heben sich die Wirkungen homogener äußerer Fremdfelder auf.

Anwendung. Eisenfreie Meßwerke werden bevorzugt in Präzisionsmeßgeräten zur Leistungsmessung verwendet. Viele Bauarten erfüllen die Bedingungen der Klassen 0,2 und 0,1. Der Frequenzbereich wird nach unten durch Zeigerschwingungen, nach oben durch Wirbelstrom- und Induktivitätseinfluß begrenzt. Er liegt bei Präzisionsmeßwerken zwischen 40 Hz und 500 Hz und, wenn man Fehler entsprechend den Klassen 0,5 zuläßt, zwischen 15 Hz und 1000 Hz. Für Frequenzen bis 10 kHz sind ungeschirmte, meist astatische Sonderausführungen geeignet.

2.5.2.2 Eisengeschlossene Meßwerke. Das Feld der festen Spule wird in einem aus dünnen Blechen großer Permeabilität gebildeten magnetischen Kreis geführt (Bilder **2**.28 und **2**.29).

2.28 Eisengeschlossenes elektrodynamisches Meßwerk mit Luftkammerdämpfung (H&B)

2.29 Leistungsmeßwerk mit zwei eisengeschlossenen gekuppelten Systemen, Spannbandlagerung und Wirbelstromdämpfung (Siemens)

Der Hysteresefehler bleibt dabei infolge der Scherung der Hystereseschleife durch den Luftspalt unter den Erfordernissen der Klassen 1 oder 0,5.

Das Drehmoment ist bei sonst gleichen Bedingungen etwa zwanzigmal größer als bei eisenfreien Meßwerken. Das Meßwerk läßt sich daher kleiner und robuster bauen. Wegen des großen Drehmoments und des eisengeschlossenen Aufbaus bleibt der Einfluß äußerer magnetischer Felder auch ohne Schirm innerhalb der zulässigen Grenzen (s. Abschn. 2.2.3).

2.5.2.3 Elektrodynamische Strom- und Spannungsmesser. Beide Meßwerkspulen sind in Verbindung mit den erforderlichen Vor- und Nebenwiderständen oder Meßwandlern in Reihe geschaltet. Der Ausschlag ist dann eine quadratische Funktion des Stromes oder der Spannung. Bei eisenfreien Meßwerken stimmt die Anzeige bei Gleich- und Wechselstrom überein. Sie lassen sich daher mit Gleichspannungskompensatoren kalibrieren; ihre Anzeige gilt dann auch für Wechselstrom.

Es werden Präzisionsgeräte bis zur Klasse 0,1, auch in Verbindung mit eingebauten Vorwiderständen und Wandlern, als Universalgeräte gebaut. Bei geringeren Genauigkeitsansprüchen eignen sich diese Geräte auch für Frequenzen bis zu einigen kHz.

2.5.3 Wirkleistungsmesser

Die meisten Leistungsmesser verwenden elektrodynamische Meßwerke, Präzisionsleistungsmesser werden als eisenlose Geräte ausgeführt. Schalttafelmeßgeräte und Schreiber enthalten Meßwerke nach den Bildern **2.**28 und **2.**29.

2.5.3.1 Schaltung. Die feste Spule a nach Bild **2.**26 wird vom Meßstrom I_a durchflossen, die bewegliche Spule b wird über einen Vorwiderstand R_{VW} an die Spannung U gelegt. Mit dem Widerstand R_M der beweglichen Spule fließt im Spannungspfad der Strom $I_b = U/(R_M + R_{VW})$. Da der Spannungspfad praktisch einen reinen Wirkwiderstand hat, ist I_b auch in Phase mit U. Die Anzeige ist somit nach Gl. (2.41) der Wirkleistung proportional

$$\alpha = k\,U\,I\cos\varphi = k\,P \tag{2.42}$$

Es ergibt sich eine lineare Teilung der Skala, und Gl. (2.42) gilt auch für Gleichstrom ($\cos\varphi = 1$). Bei Umkehr der Stromrichtung im Strom- oder im Spannungspfad schlägt das Gerät entgegengesetzt aus. Präzisionsleistungsmesser haben daher häufig Schalter zum Umpolen der beweglichen Spule, um auch bei Phasenumkehr des Stromes und negativem Leistungsfaktor $\cos\varphi$ positive Ausschläge zu erhalten.

2.5.3.2 Meßbereiche. Der Strombedarf des Spannungspfades beträgt beim Nennwert 5 mA bis 30 mA. Die festen Spulen haben beim Nennstrom eine Scheinleistungsaufnahme von 0,5 VA bis 2 VA. Leistungsmesser sind im Strom- und Spannungspfad bis zweifach, bei Sonderausführungen bis zu zehnfach überlastbar. Bei Präzisionsleistungsmessern kann man meist die paarweise vorhandenen und im Grundmeßbereich in Reihe geschalteten festen Spulen im Strompfad parallel schalten. Hiermit ergibt sich eine Verdoppelung des Nennstroms. Nebenwiderstände zur Erweiterung des Strommeßbereichs sind wegen des dann großen Temperaturfehlers nicht zulässig.

Gebräuchliche Nennströme sind 0,025 A, 0,05 A, 0,5 A, 0,1 A, 0,2 A, 0,5 A, 1 A, 2 A, 5 A, 10 A, 25 A, 50 A. Leistungsmesser für kleinen Leistungsfaktor haben eine schwächere Richtkraft und den Vollausschlag bereits bei Nennstrom, Nennspannung und $\cos\varphi = 0{,}1$. Zur

Leistungsmessung bei Drehstrom (s. Abschn. 4.8.3) werden zwei oder drei Meßwerke gekuppelt, so daß der Zeiger die Summe der von den einzelnen Meßwerken gemessenen Leistungen zeigt (Bild **2**.29).

2.6 Weitere analoge Meßwerke

2.6.1 Drehmagnetmeßwerke

Drehmagnetmeßwerke haben eine oder mehrere feststehende Spulen für den Meßstrom und einen drehbar gelagerten Magneten. Das Richtmoment wird von einem festen Magneten bewirkt, der ein konstantes äußeres Feld erzeugt. Der Drehmagnet stellt sich in die Richtung der Resultierenden des Richtfeldes und des Spulenfeldes ein (Bild **2**.30). Der Drehmagnet ist eine Scheibe oder Trommel aus hochkoerizitivem Werkstoff mit diametraler Magnetisierung. Für schnellschwingende Meßwerke verwendet man auch quermagnetisierte schmale Plättchen.

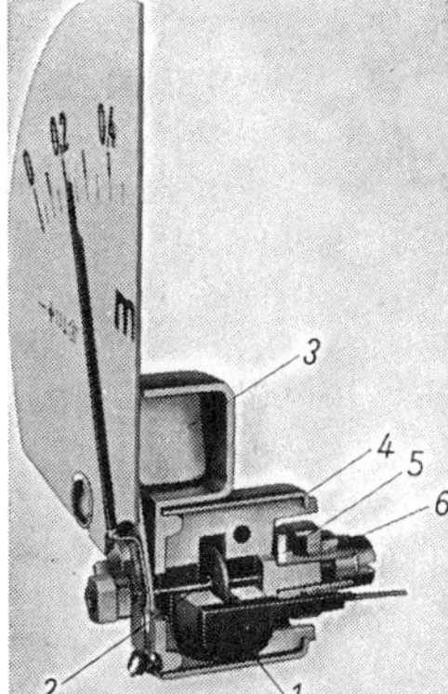

2.30
Drehmagnetmeßwerk (Siemens)

1 Feldspule
2 scheibenförmiger Drehmagnet
3 Luftdämpfung
4 Fremdfeldabschirmung
5 scheibenförmiger Richtmagnet
6 magnetischer Nebenschluß

Historisch ist das Drehmagnetgalvanometer das älteste elektromagnetische Meßgerät. Vielfach diente das magnetische Erdfeld als Richtfeld, z.B. bei der Tangentenbussole. Drehmagnetgeräte werden in Fahrzeugen als Strom- und Quotientenmeßgeräte verwendet. Ein weiteres wichtiges Anwendungsgebiet sind schnellschwingende Registriermeßwerke für Verstärkeranschluß, da sich die festen Spulen hoch belasten lassen.

Drehmagnet-Vibrationsgalvanometer. Dieses schwach gedämpfte, schnellschwingende Galvanometer hoher Eigenfrequenz dient als empfindliches Null-Galvanometer für Wechselströme von Netzfrequenz (16 Hz bis 60 Hz) zum Abgleich von Meßbrücken und Kompensatoren. Wegen der geringen Dämpfung erzeugt nur die eingestellte Grundfrequenz kräftige Resonanzschwingungen. Oberschwingungen und somit die Kurvenform des Wechselstroms beeinflussen die Messung nicht.

2.6.2 Quotientenmeßwerke

Kreuzspulmeßwerk. Zwei über Kreuz miteinander verbundene Drehspulen, deren Spulenebenen einen Winkel β einschließen, bewegen sich in einem radial inhomogenen Magnetfeld. Die Ströme werden durch Metallbänder mit vernachlässigbarem Richtmoment zugeführt, so daß bei Stromlosigkeit die Spulen in jeder Stellung in Ruhe bleiben. Die Ströme in beiden

Spulen sind nun so gerichtet, daß die Drehmomente gegeneinander wirken (Bild **2.**31). Infolge der Inhomogenität des Magnetfeldes ist die Winkelstellung α der Drehspule eine Funktion des Quotienten beider Ströme.

T-Spulmeßwerk. Hier erzeugt eine exzentrisch angeordnete Hilfsspule das Gegendrehmoment. Drehspulquotientenmesser dienen zur Widerstandsmessung (s. Abschn. 5.2.3) und zur Fernanzeige.

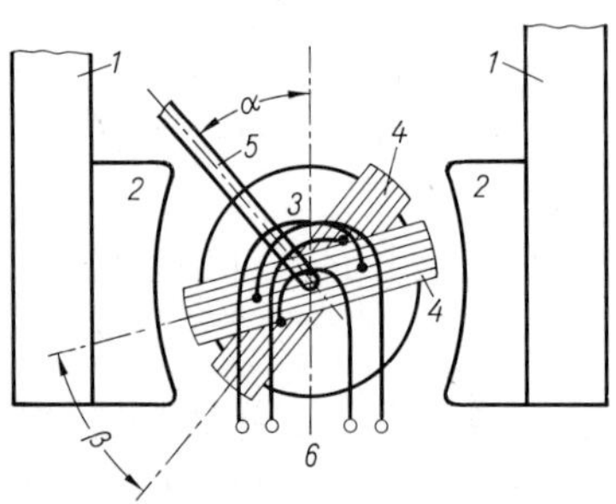

2.31
Schema eines Kreuzspulmeßwerks
1 Magnet
2 Polschuhe
3 Polkern
4 zwei unter dem Winkel β gekreuzte Drehspulen
5 Zeiger mit Ausschlagwinkel α
6 Stromzuführung

Elektrodynamische Quotientenmesser bilden das Verhältnis von zwei Wechselströmen. Bei Kreuzspulmeßwerken drehen sich zwei gekreuzte, richtkraftfreie Drehspulen in einem inhomogenen Wechselfeld ähnlich wie in Bild **2.**31. Beim Kreuzfeldmeßwerk bilden zwei gekreuzte Feldspulen das feste Feld, in dem sich eine richtkraftfreie, von Wechselstrom durchflossene Drehspule dreht. Beide Meßwerktypen finden als Leistungsfaktormesser Verwendung.

2.6.3 Induktionswerke

Eine vom Meßstrom erzeugtes magnetisches Wanderfeld übt auf eine drehbar gelagerte Scheibe oder Trommel aus Aluminium oder Kupfer ein Drehmoment aus. Es entsteht durch die Wechselwirkung des Magnetfeldes mit den in der Scheibe induzierten Ströme. Heute ist nur noch das Scheibenmeßwerk von Bedeutung.

Scheiben-Induktionsmeßwerk. Das Wanderfeld wird nach Bild **2.**32 durch zwei Magnetkreise gebildet, deren Felder die Scheibe an drei Stellen parallel zur Achse durchsetzen. Bild **2.**32 veranschaulicht die Anordnung der Magnetkreise, die Richtung der erzeugten magnetischen Induktion und die in der Scheibe induzierten Triebströme.

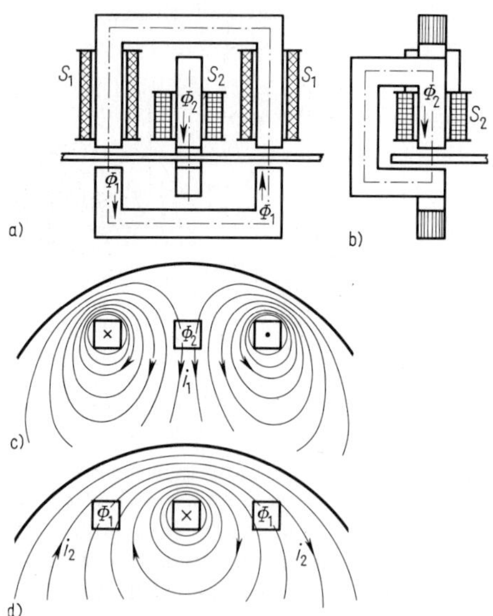

2.32 Induktionsmeßwerk (Wanderfeldmeßwerk) mit Vorderansicht (a) und Seitenansicht (b) sowie Verlauf der Triebströme in der Aluminiumscheibe, erzeugt durch Spulensysteme S_1 (c) und S_2 (d)

Anwendung. Je nach Schaltung der beiden Spulen lassen sich mit den Induktionsmeßwerken, Frequenzmesser, Blind- und Wirkleistungsmesser und Phasenmesser bauen. Nachteilig ist hier der große Frequenz- und Temperatureinfluß (bis zu $4^0/_{00}$/K ohne Kompensation), vorteilhaft die 360°-Skala. Vorzugsweise verwendet man Scheiben-Induktionsmeßwerke für Elektrizitätszähler (Abschn. 4.7).

2.6.4 Thermische Meßgeräte

Die in einem Wirkwiderstand entwickelte Joulesche Wärme ist dem Quadrat des Stromes proportional – unabhängig von Frequenz und Kurvenform, solange der Widerstand konstant bleibt. Die sich im Gleichgewicht mit der Umgebung einstellende Übertemperatur ist daher ein Maß für den Effektivwert des Stromes. Infolge der Wärmekapazität des Widerstands erfordert die Einstellung des thermischen Gleichgewichts eine Einstellzeit. Während dieser Zeit wird bei Stromschwankungen der Meßwert gemittelt. Der Einfluß der Umgebungstemperatur muß durch geeignete Maßnahmen kompensiert werden.

Hitzdrahtgeräte bilden aus der thermischen Ausdehnung eines stromdurchflossenen Drahtes den Meßwert. Ihre Einstellzeit (Integrationszeit) beträgt einige Sekunden. Sie eignen sich auch für Hochfrequenz, sind jedoch gegen Überlastung sehr empfindlich.

Bimetallmeßwerke verwenden vom Meßstrom durchflossene Spiralen aus Bimetall (zwei aufeinandergewalzte Metallbänder mit verschiedenen thermischen Ausdehnungskoeffizienten). Diese sehr robusten Meßwerke haben lange Einstellzeiten bis zu 15 Minuten. Sie zeigen daher den Mittelwert des Stromes über diese Zeit an. Sie dienen auch zur Maximum- oder Minimumanzeige durch Mitnahme eines Schleppzeigers oder durch einstellbare Kontakteinrichtungen.

Thermoumformer. Ein Thermoelement wird mit dem Heizdraht entweder direkt verschweißt (direkte Heizung) oder nach Bild **2.**33 über eine elektrische Isolierung mit dem Heizer in engen Wärmekontakt gebracht (indirekte Heizung). Die Thermospannung ist der Übertemperatur des Heizers näherungsweise proportional. Sie beträgt am Ende des Meßbereichs 5 mV bis 12 mV.

2.33
Schema eines Vakuum-Thermoumformers
1 gewendelter Heizer
2 gestrecktes Thermoelement
3 evakuierter Glaskolben
4 Glasröhre als Isolierung

Die Thermospannung wird mit einem empfindlichen, meist niederohmigen Drehspulgerät angezeigt. Der Widerstandswert der Zuleitung muß dabei auf einen genauen Wert abgeglichen und in die Messung einbezogen werden. Bei Hochfrequenzmessung muß die Meßleitung zum Anzeigegerät mit Drosseln für Hochfrequenz gesperrt werden. Die Skalenteilung der Anzeigegeräte ist nahezu quadratisch.

Eigenschaften. Trotz des geringen Wirkungsgrads ermöglichen die Thermoumformer eine recht genaue Messung des Effektivwerts bis zu hohen Frequenzen bei kleinem Leistungsverbrauch. Sie werden daher besonders auch zur Messung hochfrequenter Ströme verwendet. Erst bei Frequenzen über 1 MHz können durch Serieninduktivitäten, Parallelkapazitäten und durch Stromverdrängung größere Fehler auftreten. Thermoumformer lassen sich daher mit Gleichstrom kalibrieren. Ihre Anzeige ist dann auch für Wechselstrom gültig. Der Eigenverbrauch des Heizers beträgt bei luftleeren Umformern 2 mW bis 20 mW, bei anderen bis zu 4 W. Die Fehlergrenze liegt bei einigen Promille. Bei höheren Frequenzen (über 10^5 Hz) kommen Frequenzfehler hinzu. Sorgfältig aufgebaute Thermoumformer liefern auf 0,05% reproduzierbare Werte. Sie dienen zum Vergleich von Gleich- und Wechselstrom (Wechselstromnormal s. Abschn. 4.4.2.5).

2.6.5 Elektrostatische Meßgeräte

2.6.5.1 Wirkungsweise. Elektrostatische Meßgeräte dienen zur Spannungs- und Ladungsmessung. Sie beruhen auf der Coulombschen Anziehung zwischen zwei Ladungen. Die auf dem Meßpotential befindliche feste Elektrode und die auf niedrigem, meist Erdpotential, befindliche bewegliche Elektrode ziehen sich an. Da sich der Abstand der Elektroden ändert, ist die Kapazität C veränderlich. Die elektrostatischen Kräfte bewirken ein Drehmoment, das einen Zeiger um den Winkel α gegenüber einer Feder mit der Winkelrichtgröße D verdreht. Bei konstanter angelegter Spannung U folgt für das elektrische Drehmoment durch Differentiation des Energieinhalts des elektrischen Feldes $CU^2/2$ nach dem Ausschlagwinkel α für das Drehmoment

$$M_e = \frac{1}{2} \cdot \frac{dC}{d\alpha} U^2 \tag{2.43}$$

Der Ausschlagwinkel ist bei Gleichheit beider Drehmomente mit Gl. (2.4)

$$\alpha = \frac{1}{2D} \cdot \frac{dC}{d\alpha} U^2 \tag{2.44}$$

Das Drehmoment ist somit dem Quadrat der anliegenden Spannung U proportional. Bei Wechselspannung zeigt das bewegliche Organ infolge seiner Trägheit den Effektivwert der Meßspannung an. Durch geeignete Gestaltung der Elektroden kann man erreichen, daß die Skala ab 10% bis 20% vom Skalenendwert linear verläuft.

2.6.5.2 Elektrostatische Spannungsmesser. Für Spannungsmeßbereiche von 100 V bis zu einigen kV sind sie wie Drehkondensatoren [22] aufgebaut. Ein drehbar gelagerter Plattensatz dreht sich unter dem Einfluß der elektrostatischen Kräfte in einen festen Plattensatz hinein. Der bewegliche Plattensatz ist oft geerdet, der feste hochisoliert. Anzahl und Abstand der Platten hängen vom Meßbereichendwert ab. Spitzengelagerte Zeigermeßwerke mit horizontaler Achse dienen als Schalttafelgeräte geringer Genauigkeit. Präzisionsmeßgeräte der Klassen 0,5 und 0,2 werden mit vertikaler Lagerung und Lichtzeiger ausgeführt.

Eigenschaften. Von Isolationsströmen abgesehen haben elektrostatische Spannungsmesser keinen Wirkleistungsverbrauch. Der Isolationswiderstand beträgt bei guten Ausführungen $10^{12}\,\Omega$ bis $10^{14}\,\Omega$, bei besonders guter Isolation auch mehr, die Kapazität liegt zwischen 10 pF und 100 pF. Die Anwendbarkeit bei Hochfrequenz wird durch den mit der Frequenz ansteigenden Blindstrom $I_C = \omega C U$ und durch den Einfluß der Zuleitungsinduktivitäten begrenzt. Oft sind Schutzwiderstände vorgesehen, die den Strom bei Überschlägen begrenzen sollen. Sie sind zu Vermeidung von Fehlern durch den Spannungsabfall des Blindstroms bei der Messung hochfrequenter Spannungen zu überbrücken.

Beim Hochspannungsmesser nach Starke und Schröder (Bild **2.**34) liegt die Hochspannung an einer verschiebbaren Plattenelektrode *1*. Die feste, geerdete Plattenelektrode *2* hat in der Mitte eine Öffnung, in die durch die Kraft des elektrischen Feldes eine bewegliche Metallfahne *3* hineingezogen wird. Ein Spannband liefert die Richtkraft. Zur Anzeige dient ein Lichtzeiger. In verschiedenen Ausführungen lassen sich Meßbereiche von 15 kV bis 600 kV erzielen. Durch Änderung des Plattenabstands läßt sich der Meßbereichendwert in gewissen Grenzen ändern.

Absolute elektrostatische Hochspannungsmesser beruhen auf der Messung der Anziehungskraft zwischen parallelen Platten. Im kV-Bereich sind hohe Meßgenauigkeiten mit einer Unsicherheit bis zu 0,01 % möglich. Sie ermöglichen die Darstellung der Spannungseinheit auf Grund der gesetzlichen Festlegungen (s. Abschn. 4.1).

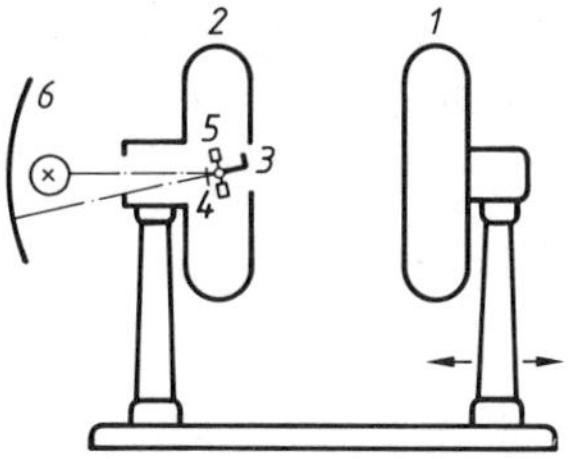

2.34
Hochspannungsvoltmeter von Starke und Schröder
1 verschiebbare Elektrode *4* drehbarer Spiegel
2 feste Elektrode *5* Luftdämpfung
3 drehbare Fahne *6* Skala

2.6.5.3 Elektrometer. Dies sind hochempfindliche Meßgeräte für kleine Spannungen und Ladungen.

Quadrant-Elektrometer (nach Thomson). Eine flache, zylindrische, nach Bild **2**.35 in vier Quadranten geteilte Dose *1* bildet die festen Elektroden. Die bewegliche Elektrode, die Nadel *2*, ist mit einem Spiegel *4* für eine Lichtzeigereinrichtung verbunden und an einem Band aufgehängt oder zwischen Spannbändern gelagert. Je zwei gegenüberliegende Quadranten sind miteinander verbunden; zwischen den Quadrantenpaaren liegt die Meßspannung u. Zur Messung kleiner Gleichspannungen erhält die Nadel ein Hilfspotential. Der Ausschlag ist der Meßspannung proportional. Spannungen unter 1 mV sind noch meßbar. Zur Messung von Wechselspannungen wird die Nadel mit einem Quadrantenpaar verbunden (idiostatische Schaltung). Der Ausschlag ist dem Quadrat der Spannung proportional.

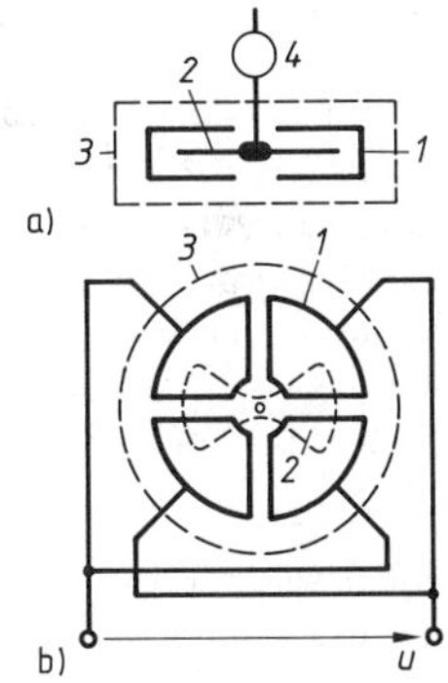

2.35
Quadrant-Elektrometer mit Seitenansicht (a) und Draufsicht (b)
1 Dose *3* Gehäuse
2 Nadel *4* Spiegel

Fadenelektrometer. An die Stelle der Quadrantenpaare treten parallele isolierte Schneiden. Zwischen ihnen ist ein leitender Faden als bewegliche Elektrode gespannt. Der Ausschlag wird mit einem Mikroskop beobachtet. Fadenelektrometer haben gegenüber den Quadrantenelektrometern eine kürzere Einstellzeit und eine kleinere Elektrodenkapazität (einige pF).

Eine Abart der Fadenelektrometer in idiostatischer Schaltung verwendet man zur Ladungsmessung in Taschendosimetern und in kleinen Ionisationskammern in Füllhalterform zur Messung der Dosis radioaktiver Strahlung.

2.6.6 Zungenfrequenzmesser

Stahlfedern unterschiedlicher Breite, Dicke und Länge mit vorne umgebogenen, weißlackierten Fahnen werden auf verschiedene Eigenschwingungszahlen mechanisch abgestimmt und nebeneinander angeordnet. Erregt man sie durch das Wechselfeld eines Elektromagneten, so wird jene Zunge durch Resonanzwirkung am stärksten schwingen, deren Eigenfrequenz mit der Frequenz der magnetischen Anziehungskraft übereinstimmt. Diese ist bei Vormagnetisierung oder Vorschalten eines Einweggleichrichters gleich der einfachen, sonst gleich der doppelten Frequenz der Meßspannung. Auch die Nachbarzungen schwingen mehr oder weniger mit, so daß je nach dem Schwingungsbild, unmittelbar abgelesen oder ein Zwischenwert gebildet werden kann (Bild 2.36).

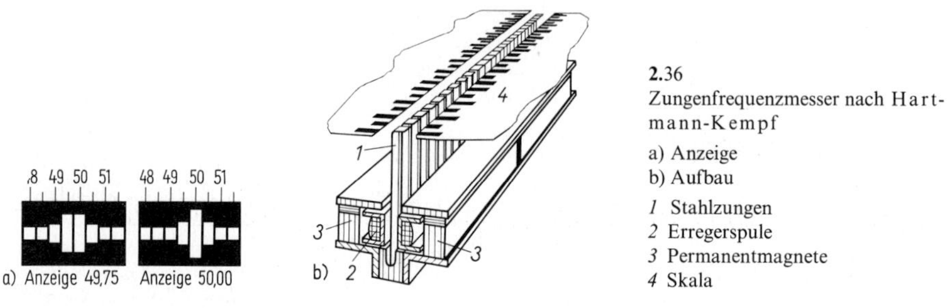

2.36
Zungenfrequenzmesser nach Hartmann-Kempf
a) Anzeige
b) Aufbau
1 Stahlzungen
2 Erregerspule
3 Permanentmagnete
4 Skala

2.7 Schreibende Meßgeräte

Schreibende Meßgeräte oder Registriergeräte zeichnen den Verlauf einer elektrischen Größe als Funktion der Zeit oder einer anderen Größe auf. Die Aufzeichnungen (Diagramme, Schriebe) bilden ein Dokument für den Ablauf einer Größe und ermöglichen so die Überwachung von Betriebsvorgängen und das Feststellen von anomalem Betriebsablauf bei Störungen oder von Extremwerten. Schnellschreiber und Oszillografen halten Vorgänge fest, die für eine unmittelbare Beobachtung durch den Menschen zu schnell ablaufen.

2.7.1 Wiedergabetreue

Ein träges Meßwerk kann nicht beliebig schnellen Änderungen der Meßgröße folgen. Wegen der Trägheits- und Dämpfungskräfte folgt der Zeiger verzögert und gibt schnelle Änderungen nur abgerundet wieder. Maßgebend für die Wiedergabetreue bei schnellveränderlichen Meßgrößen sind Eigenfrequenz f_0 bzw. Schwingungsdauer T_0 und Dämpfungsgrad ϑ des Meßwerks nach Gl. (2.13) und (2.14).

Amplitudenfaktor und Verzögerungszeit. Bei sinusförmigem Meßstrom i mit der Frequenz f ergibt sich eine sinusförmige Aufzeichnung, die um die Verzögerungszeit t_v nacheilt und deren Amplitude, verglichen mit der Anzeige eines Gleichstroms, um den Amplitudenfaktor A vergrößert oder verkleinert ist. Mit dem Frequenzverhältnis $\eta = f/f_0$ folgt aus der Differentialgleichung (2.9)

$$t_v = \frac{1}{2\pi f} \arctan \frac{2\vartheta\eta}{1-\eta^2} \tag{2.45}$$

$$A = [(1-\eta^2)^2 + (2\vartheta\eta)^2]^{-1/2} \tag{2.46}$$

Verzögerungszeit und Amplitudenfaktor sind in Bild 2.37 im logarithmischen Maßstab dargestellt. Nähert sich die Meßfrequenz der Eigenfrequenz des Meßwerks ($\eta \approx 1$), so nimmt bei zu kleiner Dämpfung der Amplitudenfaktor A rasch zu (Resonanzüberhöhung). Bei zu großer

Dämpfung fällt dagegen A auch schon vor Erreichen der Eigenfrequenz stark ab. Für $\eta = 1$ beträgt die Verzögerungszeit 0,25 T_0. Sie ändert sich stark bei Annäherung und Überschreiten der Eigenfrequenz f_0.

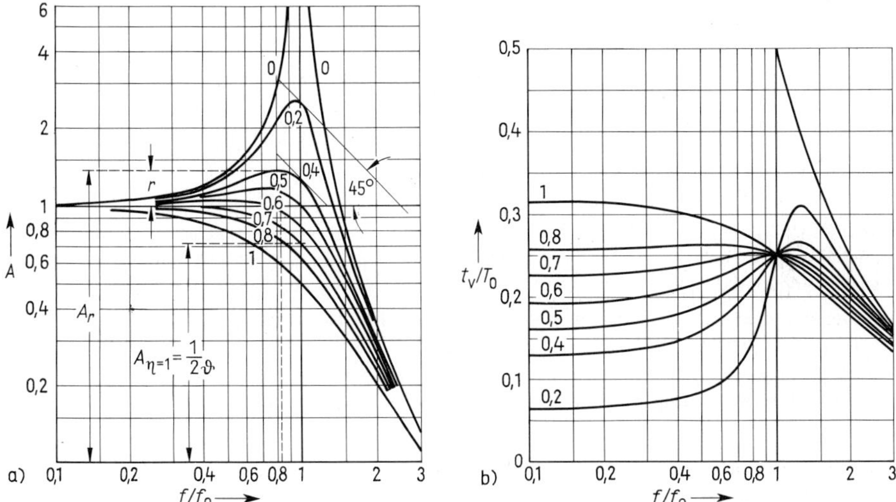

2.37 Amplitudenfaktor A (a) und relative Verzögerungszeit t_V/T_0 (b) als Funktion des Frequenzverhältnisses $\eta = f/f_0$ bei der Wiedergabe sinusförmiger Meßgrößen (Parameter: Dämpfungsgrad ϑ)

Jeder periodisch veränderliche Meßstrom läßt sich nach Fourier in sinusförmige Teilströme zerlegen (s. Fourieranalyse Abschn. 4.4.3.8). Damit die Aufzeichnung getreu erfolgt, müssen Amplitudenfaktor und Verzögerungszeit aller Teilströme gleich sein. Diese Bedingung läßt sich nur für Teilströme mit $f < f_0$ annähernd erfüllen. Nach der Methode der kleinsten Quadrate folgt für den optimalen Dämpfungsgrad der Wert $\vartheta = 1/\sqrt{2} = 0{,}707$.

Der Dämpfungsgrad eines Registriermeßwerks wird durch Kontrolle der Überschwingung beim Einschalten eines Gleichstroms geprüft. Sieht man vom Einfluß der Reibung ab, so soll das Überschwingen etwa 4% betragen (Bild **2.**38).

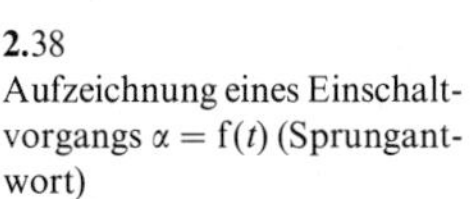

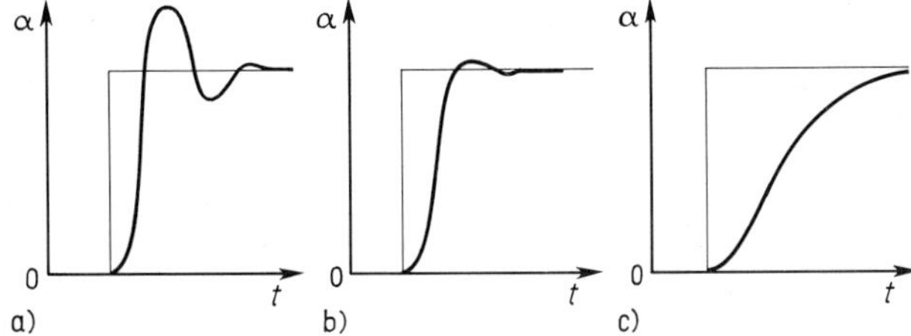

2.38
Aufzeichnung eines Einschaltvorgangs $\alpha = f(t)$ (Sprungantwort)
a) bei zu kleiner,
b) bei richtiger und
c) bei zu starker Dämpfung des Meßwerks

Der einfachste Weg für eine getreue Wiedergabe, die Wahl einer möglichst hohen Eigenfrequenz, ist oft nicht möglich, weil die Steigerung der Eigenfrequenz eine quadratische Steigerung der Richtkraft, eine quadratische Steigerung des Stromverbrauchs und eine Steigerung der Leistungsaufnahme in der vierten Potenz bedeutet. Auch nimmt die Wirkung der elektrodynamischen Dämpfung mit steigender Eigenfrequenz stark ab.

Effektivwertschreiber. Strom-, Spannungs- und Leistungsschreiber bei Wechselstrom sollen nicht den momentanen Schwankungen des Meßwerts, sondern nur wie bei den Anzeigegeräten der Änderung des quadratischen Mittelwerts folgen. Diese Integration wird durch die Trägheit des Meßwerks bewirkt, dessen Eigenfrequenz 5% der Schwankungsfrequenz nicht übersteigen darf. Meist liegt die Eigenfrequenz der Effektivwertschreiber unter 1 Hz, so daß diese Bedingung bei Netzwechselstrom erfüllt ist. Man darf aber von einem Effektivwertschreiber auch nicht verlangen, daß er den genauen Stromverlauf im Störungsfall, z.B. bei Kurzschluß, richtig aufzeichnet. Diese Aufgabe erfüllen Störungsschreiber mit schnellschwingenden Meßwerken.

Beispiel 2.6. Zur Untersuchung der Verzerrung einer Wechselspannung von 50 Hz Grundfrequenz wird die Spannungskurve mit dem Lichtstrahloszillograf (vgl. Abschn. 2.7.4) aufgezeichnet. Zur Verfügung steht ein Meßwerk mit der Eigenfrequenz $f_0 = 350$ Hz und dem Dämpfungsgrad $\vartheta = 0{,}707$.

Welcher Amplitudenfehler ist bei der Aufzeichnung der Grundschwingung und der ungeradzahligen Oberschwingungen zu erwarten?

Für die Grundschwingung $f_1 = 50$ Hz und die ungeradzahligen Oberschwingungen f_3 bis $f_9 = 150$ Hz bis 450 Hz ergeben sich die in Tafel **2**.39 eingetragenen Frequenzverhältnisse $\eta = f/f_0 = 1/7$ bis $9/7$. Setzt man diese Verhältnisse mit $(2\vartheta)^2 = (2 \cdot 0{,}707)^2 = 2$ in Gl. (2.46) ein, so ergibt sich z.B. für $\eta_9 = 9/7$ der Amplitudenfaktor

$$A_9 = [(1 - \eta^2)^2 + (2\vartheta\eta)^2]^{-\frac{1}{2}} = \left[\left\{1 - \left(\frac{9}{7}\right)^2\right\}^2 + 2\left(\frac{9}{7}\right)^2\right]^{-\frac{1}{2}} = 0{,}518$$

Die übrigen Werte und die relativen Amplitudenfehler $(A - 1)$ sind in Tafel **2**.39 angegeben.

Tafel **2**.39 Ergebnisse zu Beispiel 2.6

Ordnungszahl	1	3	5	7	9
Frequenz f in Hz	50	150	250	350	450
Frequenzverhältnis $\eta = f/f_0$	1/7	3/7	5/7	1	9/7
Amplitudenfaktor A	0,9998	0,984	0,891	0,707	0,518
Fehler $(A-1)$ in %	−0,02	−1,6	−10,9	−29,3	−48,2

Man erkennt, daß bei Annäherung und Überschreiten der Eigenfrequenz die Fehler trotz der optimalen Dämpfung rasch zunehmen.

Als Vorschubgeschwindigkeit des Photopapiers wählt man etwa 1 mm/s pro Hz der Meßwerkeigenfrequenz. Es ergibt sich ein für die Auswertung ausreichender Vorschub von 350 mm/s.

2.7.2 Linienschreiber

Eine Schreibfeder an der Spitze des Meßwerkzeigers zeichnet auf einem mit konstanter Geschwindigkeit vorbeigeführten Registrierpapier einen fortlaufenden Kurvenzug.

2.7.2.1 Schreibarten. Schreibgeschwindigkeit ist die Geschwindigkeit des Schreibstiftes oder des schreibenden Lichtpunktes auf dem Papier. Die maximale Schreibgeschwindigkeit eines Linienschreibers hängt von der Art der Aufzeichnung sowie von der Eigenfrequenz und Scheibamplitude des Meßwerks ab. Sie läßt sich durch die Aufzeichnung einer Sinuskurve prüfen.

Beim Scheitelwert $\hat{x}$ der Aufzeichnung, der Frequenz f und der Vorschubgeschwindigkeit des Schreibpapiers v_v beträgt die maximale Schreibgeschwindigkeit beim Nulldurchgang der Sinuslinie

$$v_{s\,max} = \sqrt{v_v^2 + (2\pi f \hat{x})^2} \tag{2.47}$$

Die Aufzeichnung soll dabei noch deutlich erkennbar und nicht unterbrochen sein.

Tintenschrift. Die Registriertinte besteht aus einer Glyzerin-Wassermischung mit einer Anilinfarbe, z. B. Methylviolett. Als Schreibfedern dienen meist Kapillarrohre aus Glas oder Metall, die die Tinte einem Vorratsgefäß entnehmen. Bei feststehendem Vorratsgefäß wird die Tinte über den hohlen Schreibarm oder einen flexiblen Schlauch der Feder zugeführt oder das Gefäß wird mit der Feder mitbewegt. Andere Schreiber verwenden austauschbare Kugelschreiberminen oder Faserstifte. Letztere ermöglichen auch die Aufzeichnung von Graphen und Schriften in verschiedenen Farben, insbesondere bei Schreibern mit mehreren Meßkanälen (Mehrfachschreibern).

Tintenstrahlschreiber, besser eigentlich Tropfenschreiber genannt, zeichnen Graphen und Schriften mit einer dichten Folge von Tintentropfen auf Normalpapier. Bis zu 2500 Tropfen pro Sekunde werden durch thermische oder piezoelektrische Druckelemente erzeugt. Bild **2**.39 zeigt das Prinzip eines thermischen Druckverfahrens. Durch plötzliches Erhitzen eines Halbleiterelements entsteht eine Dampfblase, die einen Tropfen von 0,1 mm Durchmesser aus einer feinen Düse schleudert. Viele derartiger Düsen sind nebeneinander angeordnet.

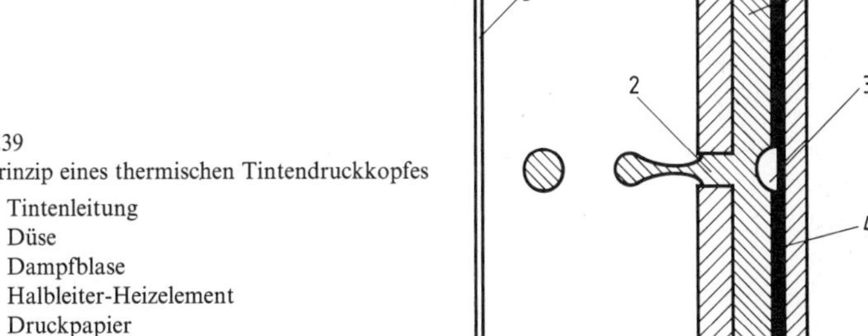

2.39
Prinzip eines thermischen Tintendruckkopfes
1 Tintenleitung
2 Düse
3 Dampfblase
4 Halbleiter-Heizelement
5 Druckpapier

Piezoelektrische Druckelemente erzeugen die Tropfen durch die mit einem elektrischen Impuls verursachte Kontraktion einer Kapillare. Andere Schreibverfahren benutzen elektrisch geladene oder paramagnetische Tropfen, die durch ein elektrisches oder magnetisches Feld abgelenkt werden. Vorteile dieses Verfahrens sind die geräuschlose Funktion, die fehlende Reibung und die Verwendung von normalem Papier.

Laserdrucker erzeugen mit Hilfe eines durch einen Spiegeltrommel in einem Zeilenraster abgelenkten und digital in seiner Helligkeit gesteuerten Laserstrahls Graphen oder Schriften als Ladungsverteilung auf einer Druckwalze mit einer Halbleiteroberfläche. Auf die Druckwalze wird ein Farb-Toner aufgebracht, der entsprechend der Ladungsverteilung haftet und im Offsetdruckverfahren auf das Papier gebracht wird.

Metallpapierschrift. Auf das Registrierpapier ist eine dünne Schicht (0,1 µm) einer Zink-Cadmiumlegierung aufgedampft. An die Stelle der Schreibfeder tritt eine Stiftelektrode, an der eine Gleichspannung von etwa 20 V gegenüber dem Papier liegt. Aus der Metallschicht wird eine feine Linie von rund 0,1 mm Breite herausgedampft. Für digitale Ansteuerung verwendet man einen Kamm mit bis zu 200 einzeln angesteuerten Nadelelektroden. Die Schriebe sind sehr genau auszuwerten und gut zu kopieren, lassen sich aber aus der Entfernung schlechter erkennen als die gröbere Tintenschrift.

Wachspapierschrift. Ein farbiges Grundpapier trägt eine helle, dünne Wachsschicht, die von dem Schreibstift geritzt oder zur Verringerung der Reibung mit einem elektrisch geheizten Schreibstift oder einer Schreibschneide angeschmolzen wird. Diese Schreibart findet man bei kleinen tragbaren Punktschreibern und bei Schnellschreibern.

Wärmeempfindliches Papier enthält einen Stoff, der sich bei kurzzeitigem Erhitzen färbt. Dieses Papier verwendet man bei Linienschreibern, Punktdruckern und Matrix-Druckern. Als „Schreibstifte“ dienen Halbleiterwiderstände, die durch Stromimpulse erhitzt werden.

2.7.2.2 Schreibfläche und Antrieb. Der Kreisblattschreiber hat nach Bild **2.**40a Kreisblätter, für die nach DIN 1510 die äußeren Durchmesser 150 mm, 205 mm, 275 mm und 330 mm üblich sind. Das Kreisblatt wird auf einer in 24 h, 7 Tagen oder 30 Tagen einmal umlaufenden, von einem Synchronmotor angetriebenen Scheibe befestigt. Die Meßwerkachse ist der Zeitachse parallel; der Schreibarm trägt an seiner Spitze die Schreibfeder, die die Meßwerte in Bogenkoordinaten aufzeichnet. Vorteile sind einfacher Aufbau und Antrieb, bequeme Übersicht und leichter Wechsel des Registrierpapiers. Auch ohne Wechsel des Schreibpapiers geht die Registrierung weiter, die Kurven werden lediglich übereinandergeschrieben. Die Nachteile liegen in der erschwerten Auswertung und im bei kleinen Meßwerten gedrängten Zeitmaßstab.

Der Trommelschreiber nach Bild **2.**40b wird in der elektrischen Meßtechnik vorzugsweise bei Schnellschreibern verwendet (s. Abschn. 2.7.2.5).

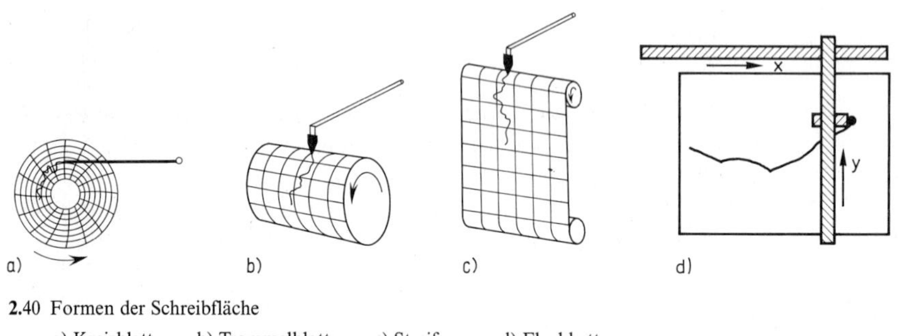

2.40 Formen der Schreibfläche
a) Kreisblatt b) Trommelblatt c) Streifen d) Flachbett

Streifenschreiber oder Bandschreiber nach Bild **2.**40c verwenden mit Koordinaten bedruckte Registrierstreifen nach DIN 16230 bei Schreibbreiten von 50 mm, 100 mm, 120 mm und 250 mm. Das Papier wird über ein Wechselgetriebe mit Synchronmotor oder drehzahlgeregeltem Gleichstrommotor für Batterieantrieb, Schrittschaltwerk oder Uhrwerk angetrieben. Neuere Antriebe verwenden Schrittmotore, die von periodischen Impulsfolgen angetrieben werden. Die Impulsfrequenz entsteht durch Teilung der Frequenz eines Quarzoszillators. Die Transportwalze greift dabei in seitliche Löcher von 5 mm Abstand ein. Das beschriebene Papier wird auf einer über Reibradgetriebe bewegten Rolle wieder aufgewickelt, von der es bei Bedarf entnommen werden kann. Vorschübe für Streifenschreiber sind zwischen 5 mm/h und 9600 mm/h gebräuchlich.

Flachbettschreiber oder Plotter haben ebene Schreibflächen, häufig im DIN-Format A4–A0. Das Schreibpapier wird pneumatisch oder elektrostatisch auf einer ebenen Unterlage festgehalten. Schreibfeder oder Schreibstift befinden sich auf einem Schreibwagen, der mit Hilfe von Schrittmotoren oder Gleichstrommotoren in X- und Y-Richtung bewegt wird. Schreiben oder Nichtschreiben wird elektromagnetisch gesteuert.

2.7.2.3 Federführung. Bogenkoordinaten ergeben sich, wenn der Schreibstift direkt an der Spitze des Schreibarms eines Meßwerks befestigt ist. Sie sind bei Kreisblattschreibern und manchen Schnellschreibern üblich. Rechtwinklige Koordinaten erfordern Geradführungen, die die Drehbewegung des Meßwerks in eine lineare Bewegung der Schreibfeder verwandeln. Beim Ellipsenlenker und bei der Kulissengeradführung nach Bild **2.**41 hat das Meßwerk nur einen kurzen Arm, an den der Schreibarm als Doppelhebel angelenkt ist. Das eine Ende des Hebels trägt die Schreibfeder, das andere gleitet in einer linearen oder gekrümmten Kulisse.

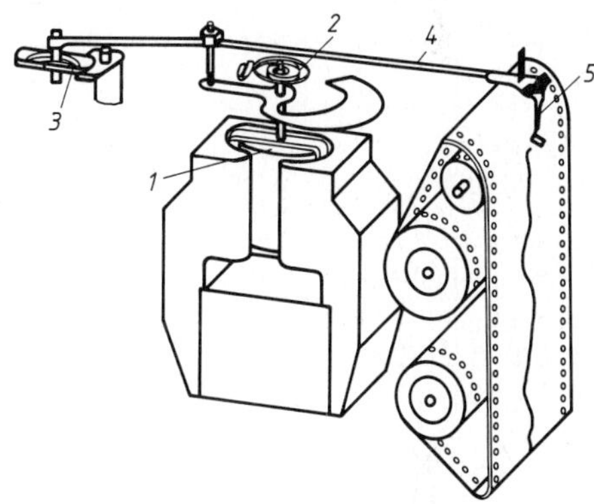

2.41
Schreibermeßwerk mit Kulissengeradführung
1 Drehspulmeßwerk
2 Meßwerkachse
3 Kulisse
4 Schreibarm
5 Schreibfeder

2.7.2.4 Meßwerk. Das Drehmoment des Meßwerks muß mindestens hundertmal größer sein als das größte durch die Reibung verursachte Drehmoment M_r in Gl. (2.8) und (2.12). Daher werden für Direktschreiber nur kräftige Meßwerke verwendet: Drehspulmeßwerke (*1* in Bild **2.**41) mit und ohne Gleichrichter, eisengeschlossene elektrodynamische Meßwerke, Kreuzspulmeßwerke und elektrodynamische Quotientenmeßwerke. Bimetallmeßwerke werden für Mittelwertschreiber eingesetzt, die über eine größere Meßperiode mitteln sollen. Direktschreiber erfüllen meist die Bedingungen der Klassen 1 oder 1,5. Die Einstellzeit liegt bei 1 s bis 2 s (Einstellzeit s. Abschn. 2.1.3.2).

2.7.2.5 Schnellschreiber. Schnellschreiber mit mechanischer Aufzeichnung ververwenden kräftige Drehspul- und Drehmagnetmeßwerke mit Eigenfrequenzen bis 100 Hz bei kleiner Schreibbreite (maximal 50 mm). Neben der Aufzeichnung mit Tintenschrift, bei der die Tinte durch den hohlen Schreibarm zugeführt wird, finden auch Wachspapier- und Metallpapieraufzeichnung Anwendung. Wegen der hohen Leistungsaufnahme der Meßwerke von einigen W werden oft Meßverstärker vorgeschaltet (s. Abschn. 3.1).

Strahlschreiber sind Schnellschreiber, bei denen die Tinte unter hohem Druck aus einer feinen Kapillare an der Meßwerkachse auf das Registerpapier gespritzt wird. Das Verfahren läßt Eigenfrequenzen des Meßwerks bis 1000 Hz zu.

Bei Strahlschreibern mit elektrostatischer Ablenkung wird der mit hoher Geschwindigkeit aus einer festen Düse austretende elektrisch geladene Strahl in einem Kondensatorfeld von der verstärkten Meßspannung abgelenkt.

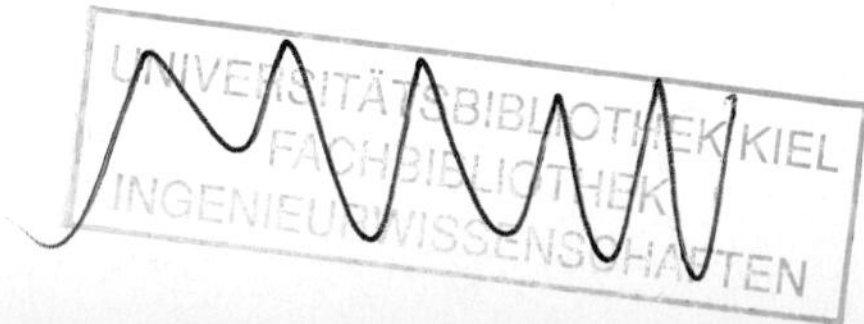

Störungsschreiber zeichnen Betriebsstörungen (Erdschlüsse, Kurzschlüsse, Überströme usw.) in elektrischen Netzen auf. Der im normalen Betrieb kleine Papiervorschub wird im Störungsfall stark erhöht, z.B. von 2 cm/h auf 2 cm/s, damit auch schnell verlaufende Vorgänge noch analysiert werden können. Als Meßwerke dienen schnell schwingende Drehspulmeßwerke mit Gleichrichter zur Anzeige des Mittelwerts oder oszillografische Meßwerke. Die Aufzeichnung erfolgt in Tintenschrift, auf Metallpapier oder auf Photopapier (s. Abschn. 2.7.4).

2.7.2.6 Mehrfach-Linienschreiber. Sie nehmen mehrere Meßgrößen auf einer Papierbahn nebeneinander auf und bestehen aus zwei bis vier nebeneinander angeordneten Meßwerken und Schreibvorrichtungen, von denen jede einen fortlaufenden Linienzug aufzeichnet.

Zeitschreiber sind Mehrfachlinienschreiber mit Schreibrelais, die nach Bild **2.**42 nur zwei Stellungen zur Überwachung des zeitlichen Verlaufs von Schaltvorgängen haben.

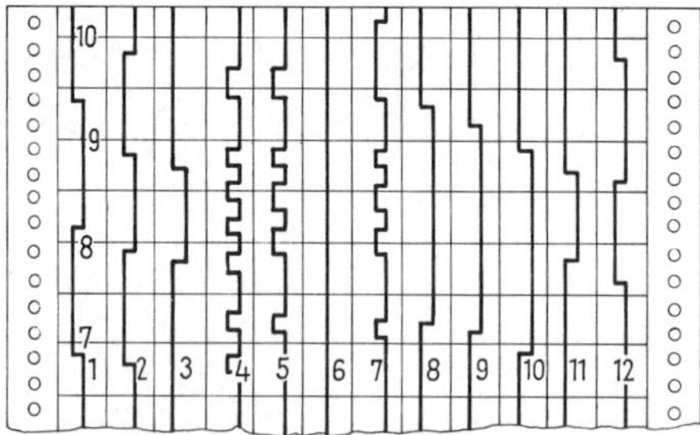

2.42
Schreibstreifen mit Aufzeichnungen von zwölf Zeitschreibermeßwerken

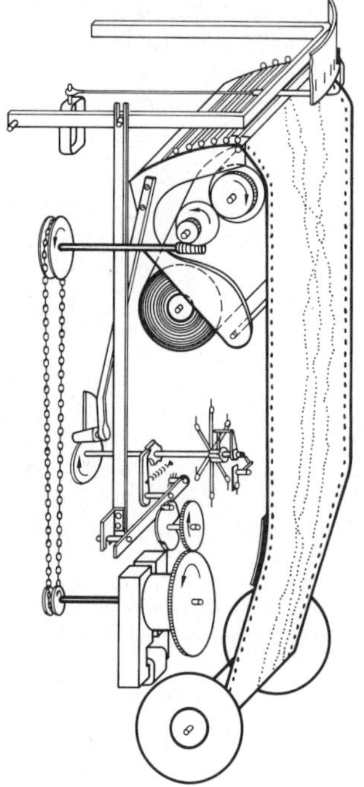

2.7.3 Punktdrucker

Reicht das Drehmoment des Meßwerks für den Antrieb eines Tintenschreibers nicht aus oder sollen mehrere Meßgrößen auf einem Papierband mit demselben Meßwerk aufgenommen werden, so verwendet man bei langsam veränderlichen Meßgrößen Punktdrucker nach Bild **2.**43, früher auch Punktschreiber genannt.

Fallbügelaufzeichnung. Das Meßgerät besteht nach Bild **2.**43 aus dem Meßwerk mit Spitzen- oder Spannbandlagerung, einem Fallbügel und einem Farbband. Der Zeiger ist vorn messerförmig erweitert und am Ende mit einer aufwärts gerichteten Zeigerfahne zur Ablesung an einer Skala versehen. Ein Fallbügel drückt in Zeitabständen von 1 s bis 60 s den frei spielenden Zeiger für einen Augenblick gegen Papier und Farbband. Nach der Aufzeichnung wird der Fallbügel wieder gehoben, und der Zeiger kann sich in eine neue Lage frei einstellen, so daß kein größeres Drehmoment nötig ist. Dicht hintereinander aufgezeichneten Punkte ergeben eine geschlossene Kurve. Die Anzeigetoleranz beträgt etwa 1 % vom Skalenendwert.

2.43
Sechsfarben-Punktdrucker (H&B)

Mehrfachpunktdrucker. Sollen mit demselben Meßgerät mehrere Kurven auf einem Papierband aufgenommen werden, so schaltet ein Umschalter (in der Mitte von Bild **2.**43) die einzelnen Meßstellen nacheinander an das Meßwerk. Aufgezeichnet wird in verschiedenen Farben. Die sechs Farbbänder sind oben in Bild **2.**43 zu erkennen; sie werden zusammen mit dem Meßstellenumschalter verstellt. Die Mehrfachgeräte werden oft als selbstabgleichende Kompensations-Punktdrucker nach dem in Abschn. 4.3.3.2 beschriebenen Prinzip gebaut. Solche Geräte haben dann meist eine verbleibende Unsicherheit von nur 0,25%, entsprechen also fast der Klasse 0,2.

2.7.4 Lichtstrahloszillografen

Lichtstrahloszillografen benutzen als Schreibarm den trägheitslosen Lichtzeiger. Die Spiegelmeßwerke haben Eigenfrequenzen von 10 Hz bis 20000 Hz. Die Aufzeichnung erfolgt auf lichtempfindlichem Photopapier.

2.7.4.1 Schleifenschwinger. Eine Schleife aus Phosphorbronzeband befindet sich im Luftspalt eines Ringmagneten (Bild **2.**44). Eine Meßschleife mit Dauermagnet zeigt den Zeitwert eines Stromes an. Eine Meßschleife mit Elektromagnet, dessen Wicklung vom Meßstrom durchflossen ist und dessen Luftspaltinduktion infolge genügender Scherung der Hystereseschleife diesem proportional ist, zeigt bei einem der Meßspannung proportionalen Schleifenstrom den Zeitwert der Leistung an.

2.7.4.2 Spulenschwinger. Durch Verkleinerung der Abmessung von Drehspulspannband-Galvanometern erhält man Spulenschwinger mit Eigenfrequenzen bis herauf zu 16 kHz, deren Empfindlichkeit bei kleineren Abmessungen wesentlich größer sind als die von vergleichbaren Schleifenschwingern. Meßwerke bis herab zu Streichholzgröße nach Bild **2.**45 befinden sich

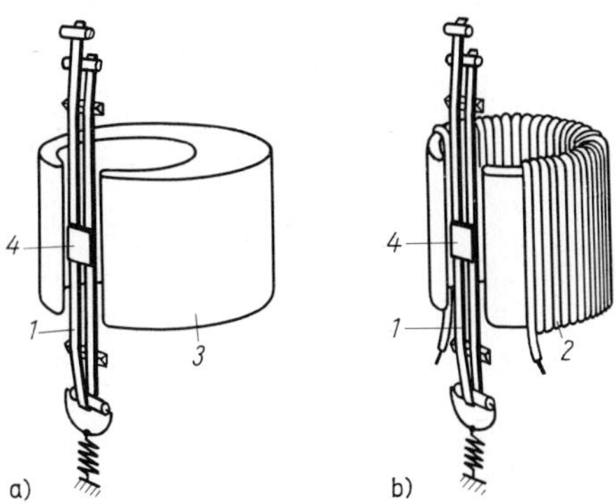

2.44 Schleifenschwinger (Siemens)
a) Meßschleife mit Dauermagnet für Strom- und Spannungsmessungen
b) Schleifenschwinger mit Elektromagnet für Leistungsmessungen
1 Stromschleife
2 Feldwicklung (Strompfad)
3 Magnet
4 Spiegel

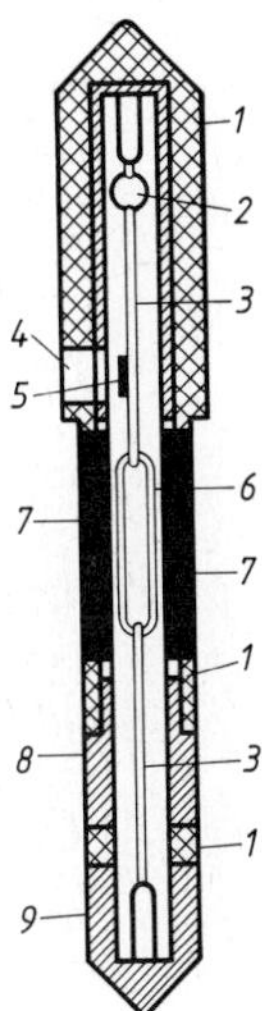

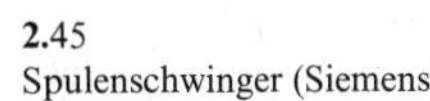

2.45 Spulenschwinger (Siemens)
1 Gehäuse (Isolierstoff)
2 Spannfeder
3 Spannband
4 Fenster
5 Spiegel
6 Drehspule
7 Polschuhe
8 oberer Kontaktring
9 unterer Kontaktring

in Gruppen bis zu 50 Stück in einem gemeinsamen Magnetblock, der im Luftspalt Induktionen bis zu 1 T erzeugt. Mit dieser Luftspaltinduktion lassen sich noch Meßwerke mit Eigenfrequenzen bis zu 1 kHz elektrodynamisch dämpfen. Bei höheren Eigenfrequenzen erfolgt die Dämpfung durch eine Ölfüllung des Meßwerkrohres.

2.7.4.3 Aufnahmetechnik. Bild **2.**46 zeigt den Strahlengang für Schleifen- und Spulenschwinger. Die möglichst punktförmige Lichtquelle *1*, Halogenglühlampe, Xenon- oder Quecksilber-Höchstdruckbogenlampe, wird mit der Optik *2*, *3* und *4* über den Meßwerkspiegel *5* und das Teilerprisma *6* einmal über das Umlenkprisma *7* und den Polygonspiegel *8* auf die Mattscheibe *9* und auch über die Zylinderlinse *10* auf den Film *11* als Lichtpunkt abgebildet. Eine Auslenkung des Meßwerkspiegels bewirkt eine seitliche Ablenkung dieses Lichtpunkts. Durch den Polygonspiegel wird zur direkten Beobachtung die zeitliche Ablenkung verursacht. Der Lichtpunkt wird auf einen in einer lichtdichten Kassette *11* gleichförmig ablaufenden Film projiziert. Dieser wird nach der Aufnahme entwickelt. Bei Verwendung von Quecksilber-Höchstdrucklampen mit großem Anteil an intensiver Ultraviolett-Strahlung ist die direkte Photoschrift ohne Entwicklung bei geringer Tageslichtempfindlichkeit möglich. Zur Vermeidung von Film- oder Papiervergeudung besitzen manche Oszillografen eine Ablaufsteuerung. Damit werden Start- und Stopzeitpunkt der Aufnahme durch den Meßvorgang selbst gesteuert und der Verbrauch des Photopapiers auf vorgegebene Werte begrenzt. Die Vorschubgeschwindigkeit ist so zu wählen, daß pro Hz Meßwerkeigenfrequenz der Filmvorschub etwa 1 mm/s beträgt. Bild **2.**47 zeigt einen solchen Oszillografen für Direktschrift.

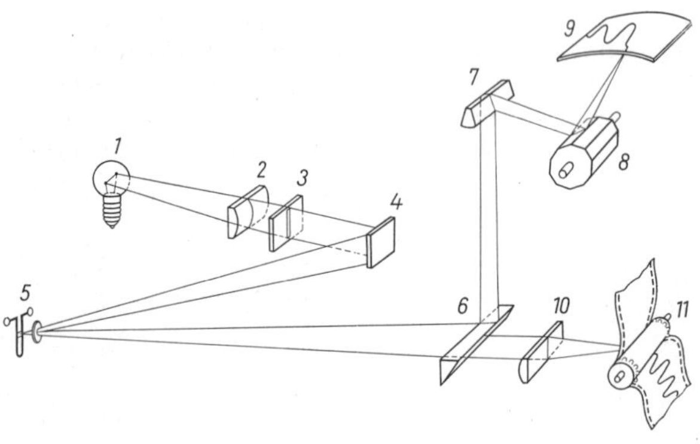

2.46
Strahlengang in einem Lichtstrahloszillografen

1 Einfadenlampe
2 Kondensor, Zylinderlinse
3 Schlitzblende
4 Umlenkspiegel
5 Meßwerkspiegel mit Abbildungslinse
6 Strahlteilerprisma
7 Umlenkprisma
8 Polygonspiegel
9 Beobachtungsfenster
10 Zylinderlinse
11 Film mit Transportwalze

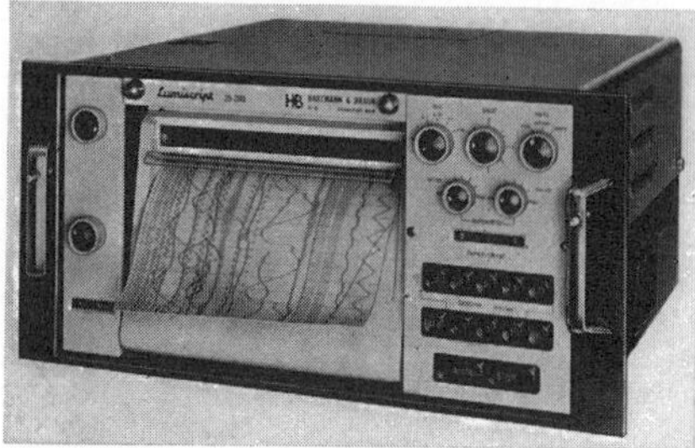

2.47
Lichtpunktschreiber für 25 Meßstellen als Gestelleinschub (H&B)

3 Elektronische Meßtechnik

Die Elektronik umfaßt die Steuerung von elektrischen Ladungsträgern im Vakuum, in Gasen und Halbleitern. In der Meßtechnik dient die Elektronik zur Verstärkung, zur Verarbeitung und Speicherung, zur Anzeige und Sichtbarmachung von Meßdaten. Einerseits ergänzt sie damit die herkömmliche Meßtechnik des Abschnitts 2, andererseits ermöglicht sie Meßverfahren ohne jede Mechanik [39].

Durch Halbleitertechnologien ist es möglich, auf kleinstem Raum sehr komplexe Schaltungskonzepte zu verwirklichen, deren ins Einzelne gehende Beschreibung den Rahmen des Buches übersteigt. So sind die in den folgenden Abschnitten beschriebenen Verstärker, Logik-Bausteine, Zähler, Speicher, A/D- und D/A-Umsetzer usw. oft hochintegrierte Halbleiterbausteine [41]. Mit der Stromversorgung und einigen zusätzlichen passiven Bauelementen wie Widerständen, Kondensatoren, Schaltern usw. ermöglichen sie den Bau sehr komplexer elektronischer Meßgeräte [47].

3.1 Meßverstärker

Elektromechanische Meßwerke benötigen elektrische Energie, die sie dem Meßkreis entziehen. Die für einen Dauerausschlag erforderliche elektrische Leistung (Eigenverbrauch) der Meßwerke liegt zwischen einigen μW bei empfindlichen Drehspulmeßwerken bis zu einigen W bei Schreibern (Bild 3.1). Viele Meßkreise sind nicht in der Lage, diese Meßleistung zu liefern. Bei direktem Anschluß eines anzeigenden Meßgeräts ändert sich die Meßgröße; die Spannung oder der Strom verkleinern sich, und es treten Meßfehler auf. Der Meßverstärker hat hier

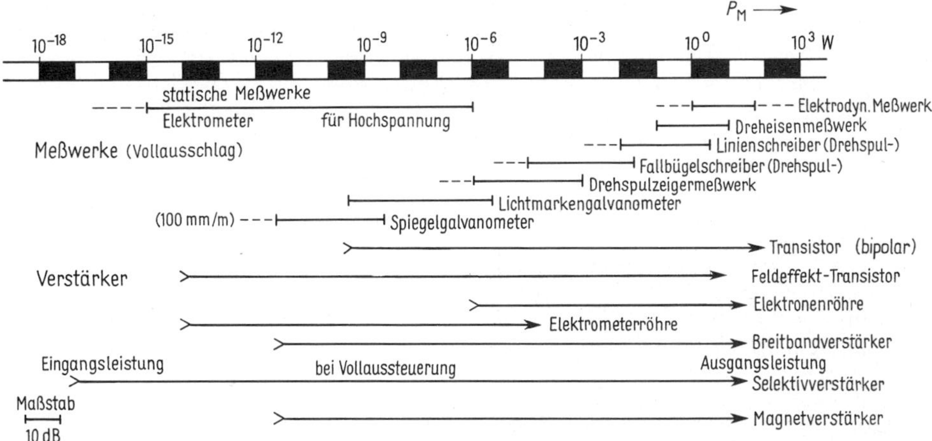

3.1 Leistungsbedarf P_M von Meßwerken für dauernden Vollausschlag und Leistungsverstärkung einzelner Verstärkertypen bei Vollaussteuerung (Übersicht)

die Aufgabe, den der Meßgröße proportionalen Strom für Anzeige- und Schreibgeräte zu liefern, ohne durch Entnahme der Steuerleistung die Meßgröße zu beeinflussen.

Verstärker werden weiter benötigt, wenn Meßwerte gespeichert oder weiterverarbeitet werden sollen. Mit Verstärkern kann man Meßwerte addieren, subtrahieren, logarithmieren, integrieren oder einer anderen mathematischen Operation unterwerfen. Über Verstärker können die Meßwerte in Steuer- und Regelschaltungen in den Ablauf eines technischen Vorgangs eingreifen.

Ein Meßverstärker soll

a) eine der Meßgröße proportionale Spannung oder einen proportionalen Strom von bestimmter Leistung liefern,
b) so wenig Steuerleistung wie möglich erfordern,
c) jeder Änderung des Meßwerts mit möglichst geringer zeitlicher Verzögerung folgen,
d) möglichst wenig Hilfsenergie verbrauchen,
e) lange Lebensdauer und ein hohes Maß von Betriebssicherheit aufweisen.

Meßverstärker enthalten aktive Bauelemente, in denen eine Spannung oder ein Strom als Eingangsgröße einen zweiten Stromkreis steuern. Aktive Bauelemente sind z. B. Transistoren, Elektronenröhren, nichtlineare magnetische Kreise und lichtelektrisch steuerbare Widerstände. Sie enthalten weiter passive Bauelemente, wie Widerstände, Kondensatoren, Induktivitäten, Dioden usw. [47]. Sie werden aus einzelnen diskreten Bauelementen auf Printplatten oder Keramiksubstraten oder als integrierte Schaltkreise auf einem Silizium-Chip hergestellt [41].

Die Eigenschaften von Meßverstärkern werden schließlich durch die Art und Dimensionierung der äußeren Schaltung, vor allem durch die Gegenkopplung, festgelegt. Speziell für die Anwendung mit Gegenkopplung bestimmt sind die Operationsverstärker.

3.1.1 Eigenschaften von Meßverstärkern

3.1.1.1 Ströme und Spannungen am Meßverstärker. Ein Meßverstärker läßt sich nach Bild 3.2 vereinfacht als Zweitor darstellen. An die Eingangsklemmen ist hier als Beispiel ein Thermoelement angeschlossen, das die (zeitabhängige) Eingangsspannung u_1 und den (zeitabhängigen) Eingangsstrom i_1 liefert. Der Eingangswiderstand ist $R_1 = u_1/i_1$, die (zeitabhängige) Eingangs- oder Steuerleistung $P_{t1} = u_1 i_1$. An die Ausgangsklemmen des Verstärkers ist der Verbraucher angeschlossen, hier z. B. ein Linienschreiber. Ausgangsspannung u_2 und Ausgangsstrom i_2 bilden die (zeitabhängige) Ausgangsleistung P_{t2}. Der Widerstand des Verbrauchers ist $R_2 = u_2/i_2$. Beim rückwirkungsfreien Verstärker beeinfluß R_2 die Eingangsdaten des Verstärkers nicht. Die zum Betrieb des Verstärkers einer Batterie oder dem Netz entnommene Hilfsleistung P_h bleibt bei der Betrachtung der Vierpoleigenschaften des Verstärkers außer Betracht.

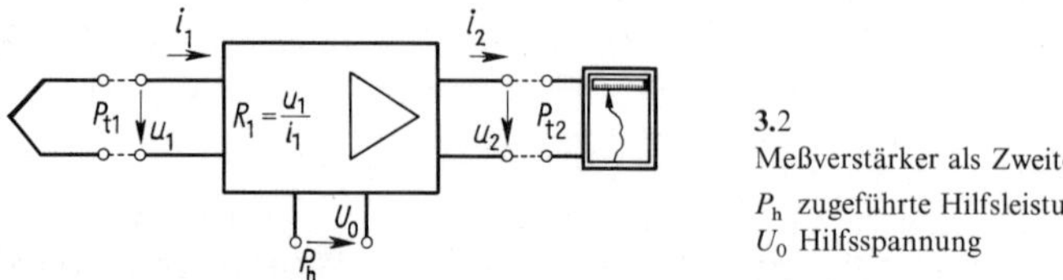

3.2 Meßverstärker als Zweitor
P_h zugeführte Hilfsleistung
U_0 Hilfsspannung

3.1.1.2 Verstärkung und Verstärkungsmaß. Die Spannungsverstärkung ist das Verhältnis von Ausgangsspannung u_2 zu Eingangsspannung u_1

$$V_u = u_2/u_1 \tag{3.1}$$

Die Stromverstärkung ist das Verhältnis der entsprechenden Ströme

$$V_i = i_2/i_1 \tag{3.2}$$

Die Leistungsverstärkung beträgt somit

$$V_p = P_{t2}/P_{t1} = u_2 i_2/(u_1 i_1) = V_u V_i \tag{3.3}$$

Spannungs- und Stromverstärkung V_u und V_i hängen oft vom Lastwiderstand R_2 ab. Kehrt der Verstärker die Richtung von Spannung oder Strom um, so erhält die Verstärkung ein negatives Vorzeichen.

Logarithmisches Verstärkungsmaß. Ein gebräuchliches Maß für die Verstärkung ist der zehnfache Betrag des dekadischen Logarithmus der Leistungsverstärkung. Diese Zahl wird durch den Zusatz Dezibel, abgekürzt dB, gekennzeichnet (s. DIN 5493).

In übertragenem Sinn kennzeichnet man auch Strom- und Spannungsverstärkung durch den zwanzigfachen dekadischen Logarithmus ihres absoluten Betrages. Es sind daher

Verstärkungsmaß für die Leistung $v_p = 10 \lg |P_{t2}/P_{t1}|$ in dB (3.4)

Verstärkungsmaß für die Spannung $v_u = 20 \lg |u_2/u_1|$ in dB (3.5)

Verstärkungsmaß für den Strom $v_i = 20 \lg |i_2/i_1|$ in dB (3.6)

Diese logarithmischen Verhältnisgrößen stimmen bei einem gegebenen Verstärker nur überein, wenn Eingangswiderstand R_1 gleich Lastwiderstand R_2 ist.

Aus diesen Definitionen folgt unter Berücksichtigung von $P = U^2/R$ das Leistungsverstärkungsmaß

$$v_p = 10 \lg V_p = 10 \lg \frac{u_2^2 R_1}{u_1^2 R_2} = 20 \lg \frac{u_2}{u_1} + 10 \lg \frac{R_1}{R_2} \tag{3.7}$$

Ist die Verstärkung $|V| < 1$ (Abschwächung), wird das Verstärkungsmaß v negativ.

Aussteuerungsgrenze und Linearität. Gl. (3.1) bis (3.3) gelten nicht für beliebige Eingangsleistungen, Spannungen und Ströme. Übersteigen diese eine bestimmte Grenze, so besteht die Proportionalität nach Gl. (3.1) zwischen Eingangs- und Ausgangsgröße nicht mehr, weil die Speisespannungen und die Bauelemente Grenzen setzen. Die Grenze ist gegeben durch den zulässigen Proportionalitätsfehler, der bei Meßverstärkern sehr klein ist und in der Größenordnung von 0,01% bis 1% von V_u liegt. Die Aussteuerungsgrenzen sind oft für positive und negative Eingangsspannungen verschieden. Beide Grenzen kennzeichnen den Aussteuerbereich. Auch innerhalb des Aussteuerbereichs treten Abweichungen von der Linearität auf, die in % oder dB angegeben werden.

3.1.1.3 Frequenzgang. Kein Verstärker kann beliebig schnelle Änderungen der Eingangsgröße übertragen. Viele Verstärker sind auch nicht in der Lage, beliebig langsamen Änderungen zu folgen. Diese Eigenschaft beschreibt der Amplitudengang, der die Verstärkung als Funktion der Frequenz bei sinusförmiger Eingangsspannung angibt.

Gleichspannungsverstärker. Sie haben eine obere Frequenzgrenze (Eckfrequenz) f_e (Bild **3.3**), bei der das Verstärkungsmaß um 3 dB abgefallen ist. −3 dB bedeutet eine Verkleinerung der Verstärkung auf 50% der Leistung und 70,7% der Spannung. Kennzeichnend für die obere Frequenzgrenze ist weiter die Anstiegszeit $t_r = 0{,}35/f_e$; das ist die Zeit, innerhalb der ein Rechtecksignal am Eingang des Verstärkers einen Anstieg der verstärkten Spannung am Ausgang von 10% auf 90% des bleibenden Signals bewirkt (Bild **3.4**). Beliebig langsame Änderungen der Eingangsspannung werden dagegen proportional verstärkt.

Wechselspannungsverstärker. Neben der oberen gibt es auch eine untere Frequenzgrenze f_u, an der die Verstärkung zu tiefen Frequenzen hin ebenfalls um 3 dB abfällt (Bild 3.3). Langsame Änderungen der Eingangsspannung bleiben ohne Wirkung auf die Ausgangsspannung. Die Begrenzung der Bandbreite des Verstärkers nach tiefen Frequenzen hin bewirkt auf einfache Weise einen stabilen Nullpunkt. Die bei Gleichspannungsverstärkern oft auftretenden langsamen Veränderungen der Ausgangsspannung (Drift, s. Abschn. 3.1.2.1) werden hierdurch vermieden.

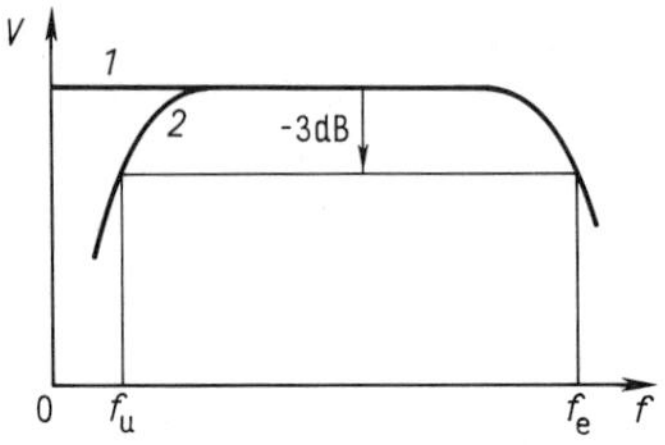

3.3
Verstärkung V als Funktion der Frequenz f (Amplitudengang)
1 Gleichspannungsverstärker
2 Wechselspannungsverstärker

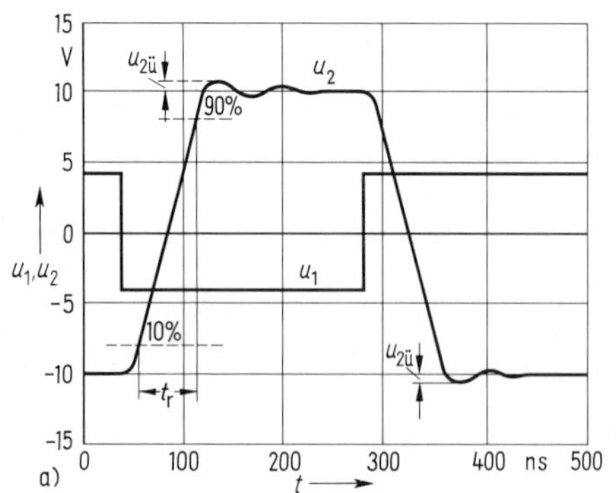

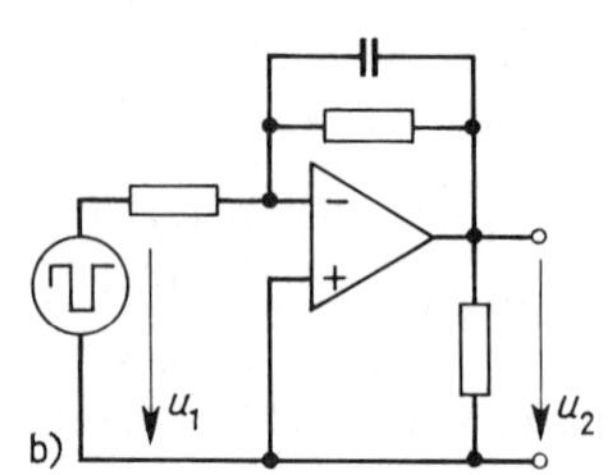

3.4 Übertragung einer Rechteckspannung u_1 (a) mit Meßschaltung (b)
t_r Anstiegszeit $u_{2ü}$ Überschwingung

Bei einem Breitbandverstärker ist die Bandbreite $f_e - f_u$ größer als die untere Frequenzgrenze f_u. Bei sehr kleiner Bandbreite $f_e - f_u \ll f_u$ spricht man von einem Selektivverstärker. Gleichzeitig mit der Verringerung der Verstärkung an den Enden des Übertragungsbereichs tritt eine Phasendrehung auf, die bei den Frequenzgrenzen f_e und f_u meist $\mp 90°$ beträgt. Die Bandbreite bestimmt wegen des Verstärkerrauschens auch die noch sinnvolle Verstärkung. Es sind um so größere Verstärkungen möglich, je kleiner die Bandbreite gewählt wird. Bei vergleichbaren Verstärkern ist das Produkt aus maximaler Leistungsverstärkung und Bandbreite konstant.

3.1.1.4 Verstärkerrauschen. Auch bei der Eingangsspannung $u_1 = 0$ tritt am Ausgang eine Rauschspannung u_{2r} auf, die einen statistisch unregelmäßigen Verlauf hat und die alle Frequenzen innerhalb der übertragenen Bandbreite enthält. Kleine Signale verschwinden in dieser Rauschspannung und lassen sich nicht mehr identifizieren. Daher begrenzt die Rauschspannung die sinnvoll mögliche, größte Verstärkung. Diese Rauschspannung erzeugt im Ausgangswiderstand eine Rauschleistung P_{2r}. Es ist üblich, Rauschspannung und Rauschleistung auf den Eingang zu beziehen und mit dem Verstärker-Eingangswiderstand R_1 sowie der Leistungsverstärkung V_p zu definieren

$$P_{1r} = P_{2r}/V_p \qquad \text{und} \qquad u_{1r} = \sqrt{P_{1r}R_1} \tag{3.8}$$

Widerstandsrauschen. Jeder Widerstand R hat infolge der statistischen Bewegung seiner Ladungsträger (Elektronen) zwischen seinen Anschlüssen eine Rauschspannung mit dem Effektivwert

$$U_r = \sqrt{P_r R} \tag{3.9}$$

Die Rauschleistung P_r errechnet sich aus der Breite des durch die Messung erfaßten Frequenzbandes Δf zu

$$P_r = 4k\Theta\,\Delta f \text{ [1]} \tag{3.10}$$

mit der absoluten Temperatur Θ und der Boltzmann-Konstanten $k = 1{,}38 \cdot 10^{-23}$ J/K. Bei Raumtemperatur $\Theta = 290$ K ist die Rauschleistungsdichte $4k\Theta = 1{,}6 \cdot 10^{-20}$ J.

Rauschen von aktiven Bauteilen. Dioden, Transistoren und Elektronenröhren erzeugen zusätzliche Rauschspannungen: das Stromverteilungs- oder Schottky-Rauschen, dessen Rauschleistungsdichte über das Frequenzintervall konstant ist (weißes Rauschen) und das Funkel- oder Flicker-Rauschen, dessen Rauschleistungsdichte der Frequenz umgekehrt proportional ist ($1/f$-Rauschen oder rotes Rauschen). Bei sehr hohen Frequenzen (im GHz-Bereich und darüber) nimmt die Rauschleistungsdichte durch Quanteneffekte wieder zu. Wegen Gl. (3.9) und (3.10) steigt die Rauschspannung von Verstärkern (auf den Eingang bezogen) mit der Wurzel aus der Frequenz. Man gibt daher eine Rauschgröße an, die noch mit der Wurzel aus der Frequenz zu multiplizieren ist. Zum Beispiel hat der auf S. 63, Bild **3.**10b näher beschriebene Verstärker eine Rauschgröße (bei 1 kHz) von 13 nV/$\sqrt{(\text{Hz})}$. Bei 1 Hz beträgt damit die Rauschspannung 13 nV, bei 1 kHz dagegen ca. $(13\,\text{nV}/\sqrt{\text{Hz}})\sqrt{1000\,\text{Hz}} = 430$ nV.

Rauschmaß. Die Rauschleistung P_{1r} am Verstärkereingang ist um den Rauschfaktor $n = P_{1r}/P_r$ größer als das Rauschen eines Widerstandes mit dem Wert R_1 des Eingangswiderstands des Verstärkers nach Gl. (3.10). Als Rauschmaß

$$F = 10 \lg n = 10 \lg (P_{1r}/P_r) \quad \text{in dB} \tag{3.11}$$

bezeichnet man den zehnfachen dekadischen Logarithmus des Rauschfaktors. Meßsignale, die kleiner sind als die Rauschspannung, gehen im Rauschen unter. Falls jedoch Meßsignale sich periodisch wiederholen, lassen sie sich durch Autokorrelation (s. Abschn. 1.4.4) noch nachweisen. Dabei wird das Ausgangssignal um die Periodendauer phasenverschoben, das Produkt zwischen der verschobenen und der unverschobenen Ausgangsgröße gebildet und diese Produkte werden über mehrere Perioden summiert (s. Abschn. 3.4.5).

Störspannungen. Sie entstehen einmal durch äußere Einflüsse, mangelhafte Isolation, Induktion, Influenz und über ungenügend gesiebte Versorgungsspannungen. Diese Störspannungen lassen sich durch geeignete Abschirmungen und Siebglieder vermeiden (s. Abschn. 3.4.4.2).

---

[1]) Diese Gl. ist wegen der Außerachtlassung der Energiequantelung nur in einem Frequenzbereich $\Delta f < 100$ GHz gültig.

Beispiel 3.1. Ein Breitbandverstärker mit der Bandbreite $\Delta f = 10$ MHz hat das Rauschmaß $F = 12$ dB. Der Eingangswiderstand beträgt $R_1 = 10$ kΩ, das Spannungsverstärkungsmaß $v_u = 66$ dB. Wie groß ist die Rauschspannung?

Die Rauschspannung U_r an dem Widerstand $R_1 = 10$ kΩ ist bei der absoluten Temperatur $\Theta = 290$ K und der Frequenzbandbreite $\Delta f = 10^7$ Hz nach Gl. (3.10)

$$U_r = 2\sqrt{R_1 k \Theta \Delta f} = 2\sqrt{10^4\,\Omega \cdot 1{,}38 \cdot 10^{-23}\,\mathrm{J\,K^{-1}} \cdot 290\,\mathrm{K} \cdot 10^7\,\mathrm{s^{-1}}} = 40\,\mu\mathrm{V}$$

Den Rauschfaktor n erhält man aus dem Rauschmaß F in dB nach Gl. (3.11)

$$n = 10^{F/10\,\mathrm{dB}} = 10^{12/10} = 10^{1,2} = 16$$

Die tatsächliche Rauschleistung ist also 16mal größer. Die Rauschspannung U_{r1} bezogen auf den Verstärkereingang ist somit 4mal größer als U_r. Es ist $U_{r1} = 4 \cdot 40\,\mu\mathrm{V} = 160\,\mu\mathrm{V}$. Für den Spannungsverstärkungsfaktor folgt $V_u = 10^{66/20} = 10^{3,3} = 2000$. Am Ausgang beträgt somit die Rauschspannung $U_{r2} = 0{,}32$ V.

3.1.2 Operationsverstärker

Operationsverstärker sind Gleichspannungsverstärker mit großem Verstärkungsmaß, die durch geeignete Gegenkopplung (s. Abschn. 3.1.4) mathematische Beziehungen zwischen den Eingangsspannungen und der Ausgangsspannung herstellen. Sie werden meist durch eine symmetrische stabilisierte Gleichspannungsquelle gespeist (z.B. +15 V/0/−15 V), deren Mitte das Bezugspotential für die Eingangs- und Ausgangsspannungen ist. Die Ausgangsspannung kann sowohl positive als auch negative Werte annehmen; ihre Größe und somit der Aussteuerbereich sind durch die Speisespannung begrenzt.

3.1.2.1 Eingangsgrößen. Meist sind zwei symmetrische Eingänge vorhanden, der nichtinvertierende (+) Eingang und der invertierende (−) Eingang. Bezeichnet man die Spannungen an den Eingängen nach Bild **3.**5 mit u_{1+} und u_{1-}, so gilt für den idealen Operationsverstärker

$$u_2 = V_u(u_{1+} - u_{1-}) \tag{3.12}$$

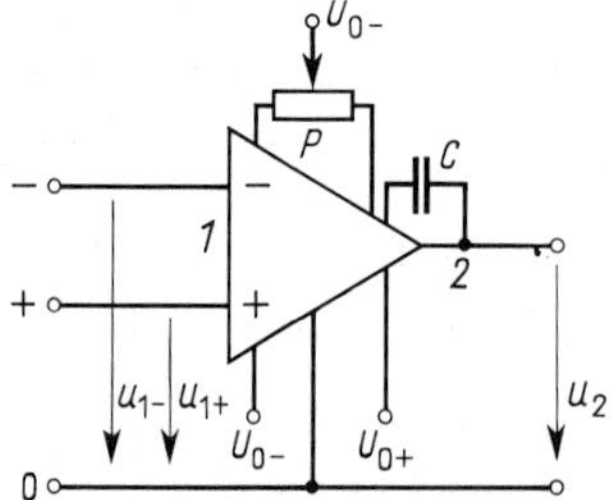

3.5
Anschlußschema eines Operationsverstärkers mit Differenzeingang − und +, Speisespannungsanschluß U_0, 0, Offsetspannungskompensation durch Potentiometer P und Frequenzgangbegrenzung durch Kondensator C

Die Ausgangsspannung ist also der Differenz der Eingangsspannungen proportional. Beim idealen Operationsverstärker ist die Spannungsverstärkung V_u sehr groß und unabhängig von der Frequenz, und die Eingangsströme sind Null. Sie ist auch unabhängig von der Gleichtaktspannung

$$u_g = (u_{1+} + u_{1-})/2 \tag{3.13}$$

dem arithmetischen Mittel beider Eingangsspannungen.

Offsetspannung. Beim realen Verstärker ist die Ausgangsspannung in erster Näherung

$$u_2 = V_u(u_{1+} - u_{1-} + u_{os}) \quad (3.14)$$

innerhalb des Aussteuerungsbereichs $U_{2min} < u_2 < U_{2max}$ (Bild 3.6). Für die Ausgangsspannung $u_2 = 0$ ist die Offsetspannung (oder Eingangsnullspannung)

$$u_{os} = u_{1-} - u_{1+} \quad (3.15)$$

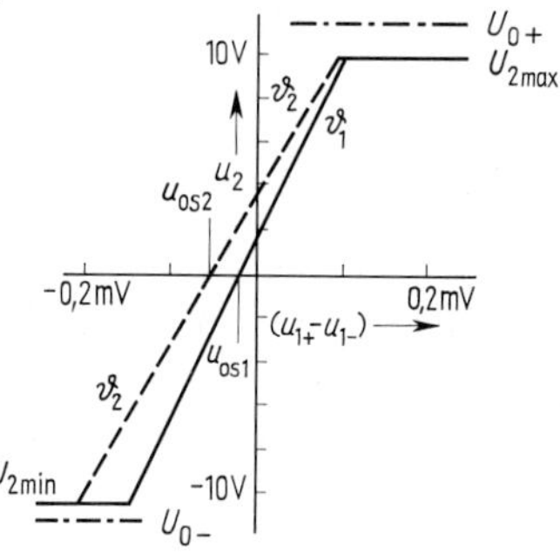

3.6
Aussteuerkennlinie eines Operationsverstärkers mit unkompensierter Offsetspannung u_{os} für verschiedene Temperaturen ϑ_1 und ϑ_2

Oft läßt sich u_{os} mit einem Abgleichpotentiometer (z.B. P in Bild 3.5) auf Null abgleichen. Die Offsetspannung ist aber einmal eine Funktion der Temperatur ϑ des Verstärkers und seiner Bauelemente, zum andern ist sie unregelmäßigen zeitlichen Änderungen unterworfen. Man bezeichnet die erste (lineare) Näherung $\partial u_{os}/\partial\vartheta$ als Temperaturdrift der Offsetspannung. Die zeitlichen Änderungen kennzeichnet man durch die maximal beobachteten Änderungen in einem bestimmten Zeitraum, z.B. eine Stunde oder einem Monat, und nennt diese Größe Zeitdrift. Die Offsetspannung ist weiter abhängig von den Speisespannungen und der Gleichtaktspannung.

Gleichtaktdämpfung. Die Abhängigkeit der Offsetspannung von der Gleichtaktspannung Gl. (3.13) (auch CMR = Common Mode Rejection genannt) gibt das Verhältnis u_g/u_{os} oder der 20fache dekadische Logarithmus dieses Verhältnisses in dB an (Gleichtaktdämpfungsmaß). (u_{os} ist hier nur die von u_g verursachte Offsetspannung.)

Eingangsströme. Die Eingangsströme sind selten lineare Funktionen der Eingangsspannungen, so daß der Eingangswiderstand nur als lineare Näherung betrachtet werden darf. Bei vielen Operationsverstärkern ist auch bei Abgleich $u_{os} = 0$ ein Eingangsstrom, z.B. zur Einstellung des Arbeitspunkts der Eingangstransistoren, erforderlich. Dieser mittlere Eingangsruhestrom ist das Mittel aus beiden Eingangsströmen $i_1 = (i_{1-} + i_{1+})/2$ für $u_2 = 0$. Die Differenz der Ruheströme $i_{os} = i_{1+} - i_{1-}$ ist der Offsetstrom. Auch dieser ist wie seine Temperaturdrift $\partial i_{os}/\partial\vartheta$ ein Maß für die Güte des Verstärkers.

3.1.2.2 Frequenzverhalten. Operationsverstärker werden meist mit starker Gegenkopplung betrieben. Infolge der unvermeidlichen Phasendrehung durch die Schaltungselemente der Gegenkopplung verwandelt sich diese bei genügend hohen Frequenzen in eine Mitkopplung, die bei 180° Phasendrehung und der Gesamtverstärkung 1 in der Schleife die Schaltung zu Schwingungen erregt. Zur Vermeidung der Selbsterregung wird die Spannungsverstärkung V_u, die von niedrigen Frequenzen bis nahe zur oberen Grenzfrequenz (Eckfrequenz) f_e den konstanten Wert V_{umax} hat, durch zusätzliche Schaltglieder bei Frequenzen $f > f_e$ umgekehrt proportional zur Frequenz verkleinert (Bild 3.7)

$$V_u = V_{umax} f_e/f \quad \text{für} \quad f > f_e \quad (3.16)$$

Im logarithmischen Maß bedeutet dies eine Absenkung um 6 dB/Oktave (bei Frequenzverdopplung) oder um 20 dB/Dekade (bei Frequenzverzehnfachung). Bei der Grenzfrequenz $f_1 = V_{\text{umax}} f_e$ wird die Verstärkung $V_u = 1$.

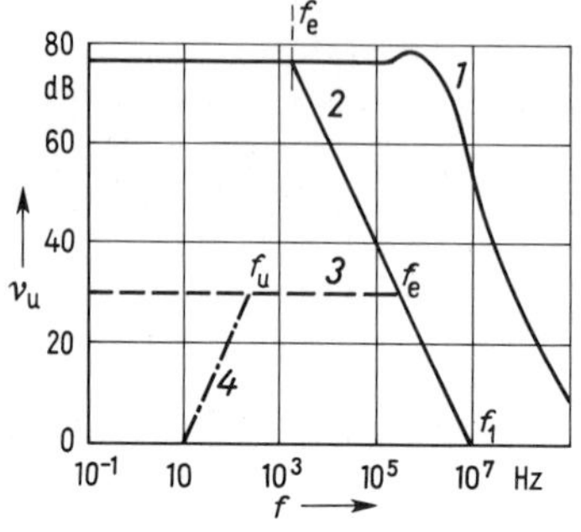

3.7
Spannungsverstärkungsmaß $v_u = 20 \lg V_u$ eines Operationsverstärkers als Funktion der logarithmisch aufgetragenen Frequenz f (Amplitudengang)

1 ohne Frequenzbegrenzung durch zusätzliche Schaltglieder
2 mit Frequenzbegrenzung (−6 dB/Oktave = −20 dB/Dekade)
3 Verminderung der Verstärkung durch Gegenkopplung nach Bild **3**.18 auf 30 dB
4 Verstärkungsabfall zu tiefen Frequenzen durch RC-Eingang
f_e Eckfrequenz, f_1 Grenzfrequenz für 0 dB

3.1.3 Schaltung von Meßverstärkern

3.1.3.1 Wechselspannungsverstärker [27]. Die aktiven Verstärkungselemente (bipolare oder Feldeffekttransistoren) sind durch Kondensatoren, seltener durch Übertrager, galvanisch voneinander getrennt. Bild **3**.8 zeigt eine solche Verstärkerstufe, bei der die Eingangsspannung u_1 durch den Kondensator C_{k1} eingekoppelt und die Ausgangsspannung durch den Kondensator C_{k2} ausgekoppelt wird. Durch diese Kondensatoren wird zusammen mit den Widerständen die untere Frequenzgrenze bestimmt. Dadurch ist die Übertragung langsam veränderlicher Spannungen, vor allem auch der Driftspannungen, ausgeschlossen. Die untere Frequenzgrenze (s. Abschn. 3.1.1.3) wird durch die Koppelglieder bestimmt. Bei einem RC-Glied ist z. B. $f_u = 1/(2\pi RC)$. Wegen der Rausch- und Störspannungen, die von der Bandbreite abhängen (s. Abschn. 3.1.1.4), kann die Verstärkungen um so größer sein, je kleiner die Bandbreite ist. Höchste Verstärkungen ($v > 160$ dB) haben Selektivverstärker mit elektrischen und mechanischen Resonatoren als Koppelglieder.

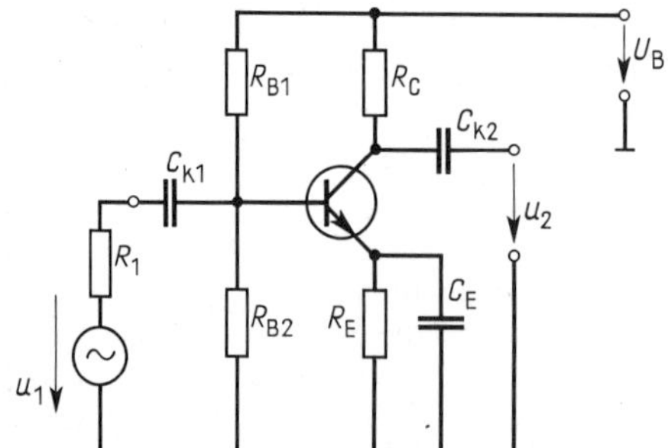

3.8
Verstärkerstufe mit kapazitiver Ein- und Auskopplung
u_1 Eingangsspannung, u_2 Ausgangsspannung, U_B Betriebsspannung, C_{k1} und C_{k2} Koppelkondensatoren, R_{B1} und R_{B2} Spannungsteiler zur Erzeugung der Basisvorspannung, R_C Kollektorwiderstand, R_E Emitterwiderstand mit Überbrückungskondensator C_E

Anwendung. Um frei von Driftspannungen zu sein, empfiehlt sich die Anwendung von Wechselspannungsverstärkern bei der elektrischen Messung nichtelektrischer Größen (s. Abschn. 7). Beim Trägerfrequenzverstärker nach Bild **3**.9 speist ein Oszillator mit sinus- oder trapezförmiger Wechselspannung einen Meßaufnehmer, z. B. eine Meßbrücke oder einen induktiven Meßfühler. Die von diesem abgegebene Spannung wird von einem selektiven Wechselspannungsverstärker verstärkt und zur Anzeige der Meßgröße gleichgerichtet, oft mit einer durch den Oszillator gesteuerten phasenabhängigen Gleichrichtung.

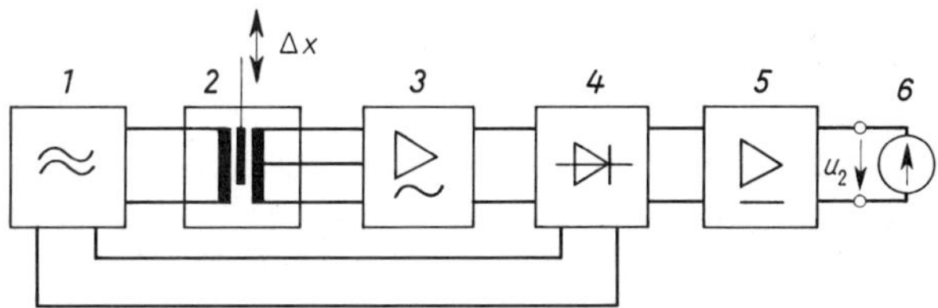

3.9 Blockschaltung eines Trägerfrequenzverstärkers für Meßwertaufnehmer
1 Oszillator
2 Meßwertaufnehmer, hier Differentialtransformator nach Abschn. 7.2
3 Wechselspannungsverstärker
4 phasenabhängig gesteuerter Gleichrichter
5 Gleichspannungsverstärker
6 Anzeigegerät oder Schreiber
Δx Eingangsgröße
u_2 Ausgangsspannung

3.1.3.2 Gleichspannungsverstärker [27]. Diese können auch beliebig langsamen Änderungen der Eingangsspannung folgen. Sie haben keine untere Frequenzgrenze. Der Prototyp des Gleichspannungsverstärkers ist der gegengekoppelte Operationsverstärker. Die Gegenkopplung (s. Abschn. 3.1.4) bestimmt die Verstärkungseigenschaften. Die Verstärkerstufen sind galvanisch direkt gekoppelt. Als Eingangsstufe verwendet man in der Regel einen symmetrisch gebauten Differenzverstärker (Bild **3.**10a). Der hier gezeichnete gemeinsame Emitterwiderstand R_E wird in der Regel durch eine Konstantstromquelle ersetzt. Bei bipolaren Eingangstransistoren erzielt man Eingangsströme von einigen nA durch Emitterströme in der Größenordnung von µA. Noch kleinere Eingangsströme in der Größenordnung von pA erzielt man durch Feldeffekttransistoren in der Eingangsstufe. Die zweite Verstärkungsstufe faßt die symmetrischen Ausgangsspannungen der ersten Stufe zusammen. Durch einen Gegenkopplungskondensator C (Bild **3.**5) wird hier die obere Frequenzgrenze festgelegt. Die Ausgangsstufe ist in der Regel als Gegentaktverstärker wieder symmetrisch aufgebaut.

Dies ist auch die Grundschaltung der in vielen Meßverstärkern verwendeten integrierten Operationsverstärker, deren Bauelemente, Transistoren, Dioden und Widerstände sowie auch oft der den Frequenzgang bestimmenden Kondensator in einem Silizium-Kristall von weni-

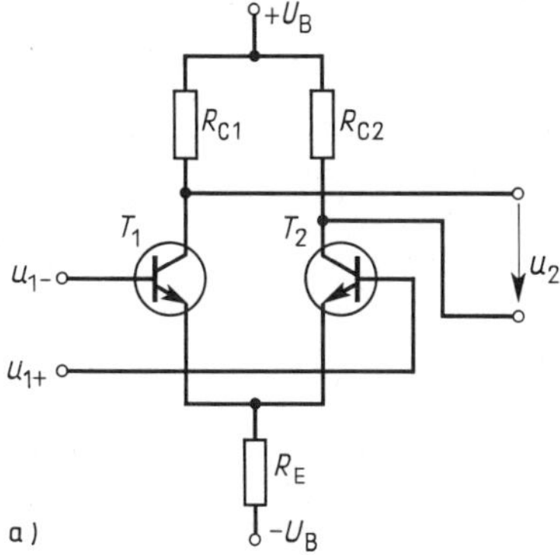

3.10a
Symmetrieprinzip bei Gleichspannungsverstärkern
a. Symmetrische Eingangsstufe mit bipolaren Transistoren
u_{1+} und u_{1-} Eingangsspannungen, T_1 und T_2 bipolare Transistoren mit großem Stromverstärkungsfaktor β, R_{c1} und R_{c2} Kollektorwiderstände an denen die Ausgangsspannung abgenommen wird, R_E gemeinsamer Emitterwiderstand, in der Regel durch eine Konstantstromquelle ersetzt

gen mm² Oberfläche und einigen zehntel mm Dicke integriert sind. Als Beispiel sollen die Daten eines solchen Operationsverstärkers genannt werden. Die Speisespannung ist symmetrisch +15 V und −15 V. Der Spannungsnullpunkt ist das Bezugspotential für die Eingangs- und Ausgangsspannungen. Die Spannungsverstärkung beträgt $2 \cdot 10^5$ (106 dB), die Offsetspannung liegt bei 1 mV und der Eingangsruhestrom bei 100 nA. Die Temperaturabhängigkeit der Eingangsoffsetspannung beträgt um 5 μV/K, die Gleichtaktdämpfung 90 dB. Mit Feldeffekttransistoren in der Eingangsschaltung läßt sich der Eingangsruhestrom auf unter 0,1 pA vermindern. Allerdings ist dieser Eingangsstrom stark temperaturabhängig; er nimmt bei 10 K Temperaturzunahme um eine Zehnerpotenz zu.

Die Blockschaltung eines Differenzverstärkers zeigt Bild **3.**10 b. Drei monolitisch integrierte Operationsverstärker mit Differenzeingängen sind mit Präzisionswiderständen verbunden. Die Eingänge der Verstärker 1 und 2 sind mit gegeneinander geschalteten Dioden gegen Überspannungen gesichert. Der 1:1-Verstärker 3 faßt die symmetrischen Signale zusammen und bildet ein unsymmetrisches Ausgangssignal. Die Chrom-Nickel-Metallfilmwiderstände werden durch Laser auf 0,01% abgeglichen. Der Widerstand R_v dient zur Einstellung des Verstärkungsfaktors. Die Gesamtverstärkung ergibt sich aus:

$$u_2 = (1 + 2R_1/R_g)(u_{1+} - u_{1-}) \tag{3.17}$$

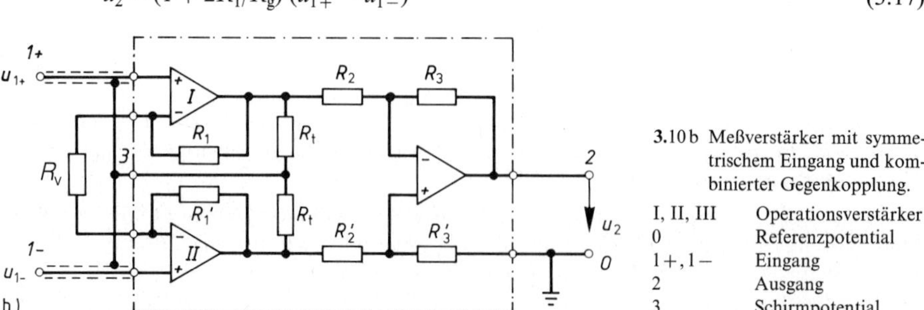

3.10 b Meßverstärker mit symmetrischem Eingang und kombinierter Gegenkopplung.
I, II, III Operationsverstärker
0 Referenzpotential
1+, 1− Eingang
2 Ausgang
3 Schirmpotential

Das Ergebnis ist ein Verstärker mit $10^{10}\,\Omega$ Eingangswiderstand, Linearitätsabweichung von max. 0,002%, einer Spannungsdrift von 0,25 μV/K und einer Gleichtaktdämpfung von 105 dB bei 50 Hz. Für die Schirmung der Eingänge ist ein Potentialanschluß vorhanden, der den Mittelwert der Ausgangsspannungen der Eingangsverstärker und damit das Gleichtaktsignal liefert.

Wegen der hohen Gleichtaktdämpfung dieser Schaltung läßt sich der Referenzanschluß auch auf ein anderes Potential legen, z. B. den Ausgang eines weiteren Verstärkers, so daß die Ausgangsspannungen der Verstärker summiert werden.

3.1.3.3 Verstärker mit Modulation der Eingangsspannung. Dieser Schaltungstyp vermindert die Offsetspannung durch Umformung der Eingangsspannung in eine Wechselspannung mit Hilfe eines taktgesteuerten Modulators. Die Wiedergleichrichtung des verstärkten Wechselstromsignals erfolgt durch einen phasengesteuerten Gleichrichter (Bild **3.**11). Offsetspannung und ihre Drift sowie der Eingangsstrom des Verstärkers werden durch die Art des Modulators bestimmt.

Als Modulatoren verwendet man Feldeffekttransistoren mit einer Zerhackerfrequenz von einigen MHz, Varaktoren (spannungsgesteuerte Kondensatoren) und mechanisch veränderbare Kondensatoren (Schwingkondensatoren, Bild **3.**12), letztere besonders für Elektrometerverstärker mit Eingangswiderständen über 100 TΩ.

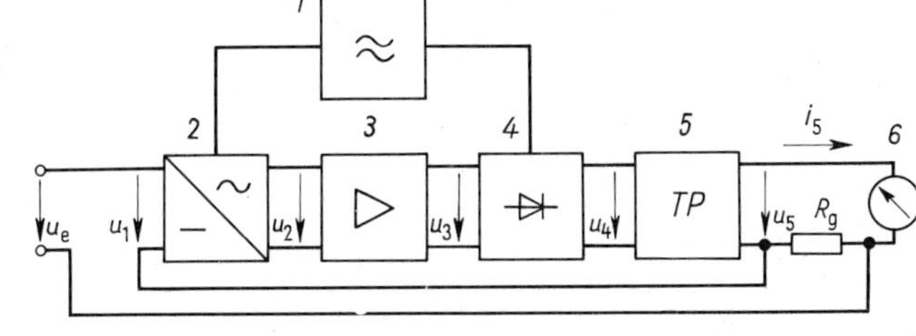

1 Oszillator
2 Modulator
3 Wechselspannungsverstärker
4 Demodulator
5 Tiefpaß
6 Anzeigegerät
R_g Gegenkopplungswiderstand
u_e Meßspannung
u_1 bis u_4 interne Spannungen
i_5 Ausgangsstrom

3.11 Blockschaltung eines Modulator-Gleichspannungsverstärkers mit Stromgegenkopplung nach Abschn. 3.1.4.1

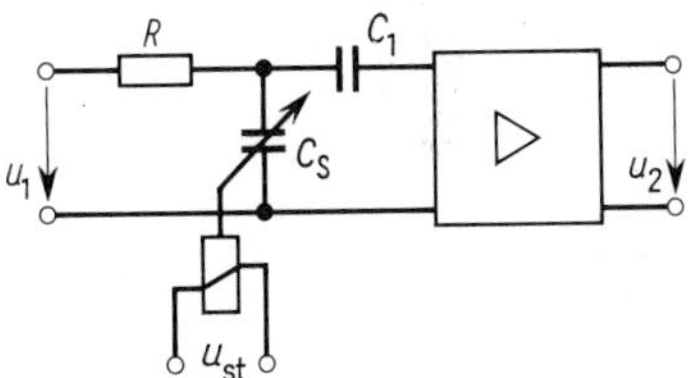

3.12
Eingangsschaltung eines Schwingkondensator-Modulators
R Eingangswiderstand
C_s Schwingkondensator
C_1 Eingangskondensator
u_1 Meßspannung
u_2 Ausgangsspannung
u_{st} Steuerspannung

Zerhackerstabilisierte Verstärker kompensieren die Offsetspannung durch besondere Verstärker. Bei der Schaltung nach Bild **3.**13 dienen Feldeffekttransistoren als Schalter zur Modulation und Demodulation der Meßspannung wie auch zur Kompensation der Offsetspannung. Der Steueroszillator O liefert zwei gegenphasige Rechteckspannungen an den Ausgängen A und $\bar{A}$, die die Feldeffekttransistoren T_1 und T_2 sowie T_2 und T_4 abwechselnd öffnen. T_1 und T_2 verbinden den Eingang des Verstärkers V_1 abwechselnd mit der Meßspannung u_1 und mit Meßnull. Ist die Spannung u_1 angeschlossen, verbindet T_3 den Ausgang des Verstärkers V_1 mit dem Eingang des Endverstärkers V_2 und lädt den Kondensator C_2 für die folgende Schaltpause auf. V_2 liefert die verstärkte Ausgangsspannung. Tritt im zweiten Takt eine Offsetspannung auf, so wird diese in V_3 verstärkt und über T_4 auf den invertierenden Eingang von V_1 geschaltet. In den Schaltpausen hält hier die Kapazität C_1 die Spannung. Die Offsetspannung wird daher kompensiert. Bei einem Verstärker dieser Art beträgt die Schaltfrequenz etwa 5 MHz, die Bandbreite somit 3 MHz, die Verstärkung $V_u = 5 \cdot 10^8 \triangleq 174$ dB, der Temperaturbeiwert der Offsetspannung 50 nV/K und die Langzeitdrift maximal 0,4 µV/Jahr.

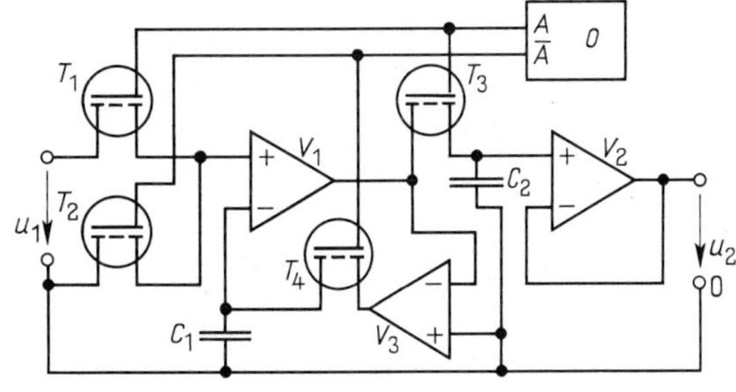

3.13
Zerhackerstabilisierter Verstärker mit Feldeffekttransistoren als Schalter
T_1 bis T_4 Feldeffekttransistoren
V_1 bis V_3 Operationsverstärker
O Oszillator für die gegenphasigen Rechteck-Steuerspannungen
C_1 und C_2 Speicherkondensatoren
u_1 Eingangs- und u_2 Ausgangsspannung

Ein weiteres Beispiel zeigt das Blockschaltbild **3**.14. Zur Verdeutlichung der Wirkungsweise ist hier eine Gegenkopplung nach Abschn. 3.1.4.2 durch die Widerstände R_1 und R_g vorgesehen. Schnelle Spannungsänderungen werden über den Hochpaß *HP* auf den invertierenden Eingang, langsame Änderungen über den Tiefpaß *TP* und einen umkehrenden Modulationsverstärker *M* auf den nichtinvertierenden Eingang des Verstärkers *H* gegeben. Die sehr langsamen Änderungen der Offsetspannung werden über die Gegenkopplung zurückgeführt und durch Gegenschaltung kompensiert. Mit solchen Schaltungen erreicht man Temperaturbeiwerte der Drift unter 50 pV/K und Langzeitstabilitäten 1 μV/Monat oder 2 μV/Jahr. Temperaturfehler entstehen hier meist durch Thermospannungen, so daß Verbindungen mit Silberlot ausgeführt werden müssen.

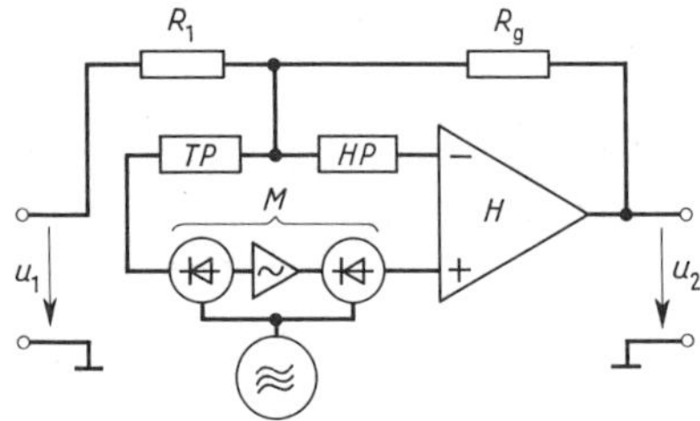

3.14
Blockschaltung eines zerhackerstabilisierten Operationsverstärkers mit Gegenkopplung durch Widerstände R_1 und R_g
TP Tiefpaß, *HP* Hochpaß, *M* Modulationsverstärker für tiefe Frequenzen, *H* Hauptverstärker, u_1 Eingangsspannung, u_2 Ausgangsspannung

3.1.4 Gegenkopplung

Die Gegenkopplung bewirkt durch Rückführung eines Teils der Ausgangsspannung oder des Ausgangsstroms auf den Verstärkereingang eine Verkleinerung der Gesamtverstärkung. In gleichem Maß wird der Verstärkungsfaktor stabilisiert und linearisiert und somit unabhängig von äußeren Einflüssen.

3.1.4.1 Rückführung einer Spannung. Ein Teil $k < 1$ der Ausgangsspannung u_2 wird auf den invertierenden Eingang (u_{1-} in Bild **3**.5) geschaltet. Der zur Steuerung der Eingangstransistoren erforderliche Strom ist dabei in der Regel vernachlässigbar klein. Die Eingangsspannung u_1 steuert den nichtinvertierenden Eingang (u_{1+}).

Spannungsgegenkopplung (Bild **3**.15a). Die Ausgangsspannung wird hier durch den Spannungsteiler R_{t1} und R_{t2} im Verhältnis

$$k = R_{t1}/(R_{t1} + R_{t2}) \tag{3.17}$$

geteilt und die Teilspannung ku_2 auf den invertierenden Eingang geschaltet. Sie wirkt damit der auf den nichtinvertierenden Eingang geschalteten Spannung u_1 entgegen, und es folgt aus Gl. (3.12)

$$u_2 = V_u(u_1 - ku_2) \quad \rightarrow \quad u_2 = u_1/(k + 1/V_u) \tag{3.18}$$

Die Verstärkung V'_u des Verstärkers mit Gegenkopplungsschaltung beträgt somit

$$V'_u = u_2/u_1 = 1/(k + 1/V_u) \tag{3.19}$$

Sie ist stets kleiner als V_u. Eingangs- und Ausgangsspannung haben das gleiche Vorzeichen. Ist $1/V_u$ gegenüber k vernachlässigbar klein, so wird

$$V'_u \approx 1/k = (R_{t1} + R_{t2})/R_{t1} \tag{3.20}$$

(bei $k \gg 1/V_u$)

Die Verstärkung V'_u ist somit entscheidend nur noch vom Teilerverhältnis k und nicht mehr wesentlich von den Eigenschaften des Verstärkers abhängig. Die Ausgangsspannung u_2 ist von dem Belastungswiderstand, der Bürde R_2 (Bild **3**.2), weitgehend unabhängig. Man spricht von einer eingeprägten Spannung.

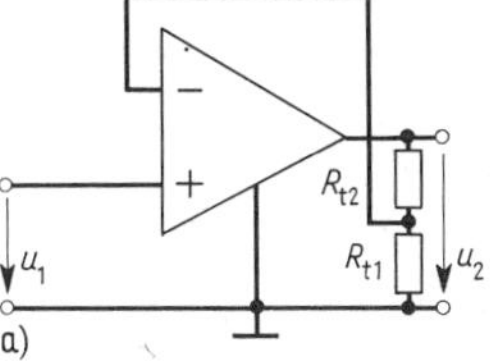

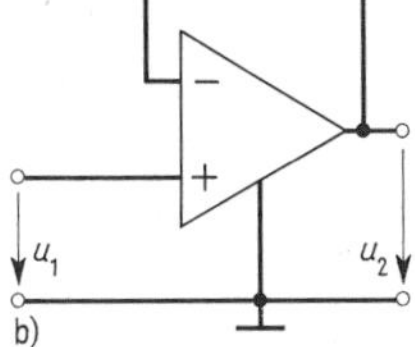

3.15
Spannungsgegenkopplung bei Differenzeingang
a) mit Spannungsteiler R_{t1} und R_{t2}
b) Spannungsfolger

Beispiel 3.2. Ein Verstärker, dessen Spannungsverstärkung V_u durch Änderung der Bauelemente wie auch durch die Laständerung zwischen $V_{u1} = 10^5$ und $V_{u2} = 10^6$ schwanken kann, soll durch Spannungsgegenkopplung auf einen Verstärkungsfaktor $V'_u = 100$ stabilisiert werden.

a) Gegenkopplungsfaktor bzw. Teilerverhältnis k sind zu bestimmen.

Nach Gl. (3.20) ist $k = 1/V'_u = 1/100 = 0{,}01$.

b) Die für die beiden Extremwerte von V_u geltenden tatsächlichen Verstärkungen der Schaltung V'_u sind zu berechnen.

Nach Gl. (3.19) ergeben sich

$$V'_{u1} = \frac{1}{k + 1/V_{u1}} = \frac{1}{0{,}01 + 1/10^5} = 99{,}90$$

und entsprechend

$$V'_{u2} = \frac{1}{0{,}01 + 1/10^6} = 99{,}99$$

Spannungsfolger. Einen gegengekoppelten Verstärker mit dem Gegenkopplungsfaktor $k = 1$ bezeichnet man als Spannungsfolger. Bei großem V_u wird $V'_u = 1$. Der invertierende Eingang wird direkt mit dem Ausgang verbunden (Bild **3**.15b). Bei dieser Schaltung ist die Ausgangsspannung gleich der Eingangsspannung u_{1-} und bis auf die kleine Differenz u_2/V_u gleich der Eingangsspannung $u_1 = u_{1+}$. Daher muß ein solcher Operationsverstärker eine große Gleichtaktdämpfung haben.

Der Eingangswiderstand dieser Schaltungen hängt von der Eingangsstufe des Verstärkers ab. Er liegt bei bipolaren Transistoren meist über 10 MΩ und kann bei speziellen Verstärkertypen über 10^{15} Ω betragen. Es ergibt sich daher auch bei der Verstärkung $V'_u = 1$ eine große Leistungsverstärkung V_p.

Stromproportionale Gegenkopplung (Bild **3**.16). Die rückgeführte Spannung ist hier dem Ausgangsstrom i_2 proportional. Änderungen der Bürde R_2 sind ohne Einfluß auf den Ausgangsstrom, solange die Ausgangsspannung $u_2 = i_2(R_2 + R_g)$ die Aussteuerungsgrenze nicht übersteigt. Man spricht von einem eingeprägten Strom. Diese Schaltung wird in der Meßtechnik überall dort bevorzugt, wo der Bürdenwiderstand R_2 durch wechselnde Last und Leitungswiderstände Änderungen unterworfen ist (s. Abschn. 8.1.2.2).

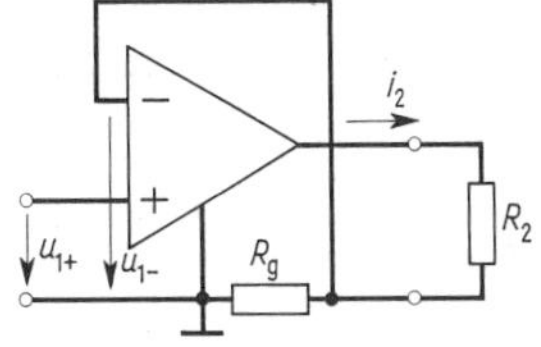

3.16
Stromgegenkopplung mit Differenzeingang
R_g Gegenkopplungswiderstand

In Serie mit dem Bürdenwiderstand R_2 schaltet man dazu den Gegenkopplungswiderstand R_g, an dem der Ausgangsstrom den Spannungsabfall $R_g i_2$ hervorruft, der wiederum dem invertierenden Eingang als u_{1-} zugeführt wird. Nach Gl. (3.12) folgt mit $u_1 = u_{1+}$

$$u_2 = V_u(u_1 - i_2 R_g) = i_2(R_g + R_2) \tag{3.21}$$

Daraus folgt für das Verhältnis von i_2/u_1, die Steilheit S

$$S = i_2/u_1 = \frac{1}{(R_2 + R_g)/V_u + R_g} \tag{3.22}$$

Wenn V_u wiederum so groß ist, daß $(R_g + R_2)/V_u$ gegenüber R_g vernachlässigbar ist, so gilt näherungsweise

$$S \approx 1/R_g \tag{3.23}$$

Beispiel 3.3. Ein Operationsverstärker mit V_u zwischen $2 \cdot 10^5$ und 10^6 soll so mit einem Gegenkopplungswiderstand R_g beschaltet werden, daß ein Spannungsintervall der Meßspannung u_1 am Eingang von 0 bis 2 mV am Ausgang einen eingeprägten Ausgangsstrom von 0 bis 20 mA liefert. Der Bürdenwiderstand soll zwischen 0 und 500 Ω liegen.

Wie groß ist R_g zu wählen und wie groß sind die Abweichungen vom Sollwert der Steilheit $S = 20$ mA/2 mV = 10 S[1]) bei folgenden (extremen) Kombinationen: a) $R_2 = 0\,\Omega$ und $V_u = 10^6$ und b) $R_2 = 500\,\Omega$ und $V_u = 2 \cdot 10^5$?

Aus $S = 10$ S ergibt die Näherungsformel Gl. (3.23) $R_g = 1/10\,\text{S} = 0{,}1000\,\Omega$. Mit diesem Wert von R_g ergeben die Kombinationen a): $S_a = 1/\{(0{,}1\,\Omega + 0)/10^6 + 0{,}1\,\Omega\} = 9{,}99990$ S und
b): $S_b = 1/\{0{,}1\,\Omega + 500\,\Omega)/(2 \cdot 10^5) + 0{,}1\,\Omega\} = 9{,}75605$ S

Während bei kleiner Bürde und großer Verstärkung die Abweichung vom Sollwert 10 S vernachlässigbar ist, beträgt der Fehler bei großer Bürde und kleiner Verstärkung über 2,4%.

Daher ist für solche Anwendungen ein Operationsverstärker mit größerem V_u erforderlich.

Konstantstromquelle. Legt man an den nichtinvertierenden Eingang in Bild **3**.16 eine konstante Spannung u_1, die z.B. durch eine Referenz-Z-Diode nach Abschn. 4.1.2 gebildet wird, so liefert die Schaltung dem Bürdenwiderstand R_2 einen konstanten Strom $i_2 = u_1/R_g$.

3.1.4.2 Rückführung eines Stromes. Bei diesen Rückführungsschaltungen fließen nicht vernachlässigbare Ströme im Gegenkopplungskreis und im Eingang der Schaltung.

Eine oder mehrere Eingangsspannungen und die Ausgangsspannung sind über Widerstände, Kondensatoren oder Netzwerke aus Kondensatoren und Widerständen und nichtlinearen Gliedern mit dem invertierenden Eingang eines Operationsverstärkers, dem Summationspunkt *1*, verbunden (Bild **3**.17). Der Eingang u_{1+} liegt über einen Widerstand R_k am Potential 0. Im Idealfall ist die Spannung am Eingang u_{1-} vernachlässigbar klein und der Eingangsstrom $i_{1-} = 0$. Dann muß die Summe der Ströme am Punkt *1* Null sein.

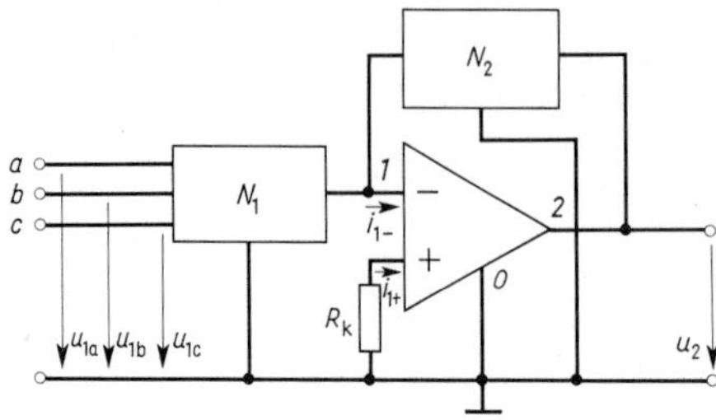

3.17
Grundschaltung für Stromrückführung
N_1, N_2 Netzwerke
u_{1a}, u_{1b}, u_{1c} Eingangsspannungen
u_2 Ausgangsspannung
R_k Driftkompensationswiderstand

[1]) S = Siemens = Ω^{-1}.

Offsetspannungen und Ströme sowie die Eingangsvorströme verursachen Fehler. Zur Verkleinerung dieser Fehler ist es zweckmäßig, nach Kompensation der Offsetspannung einen Widerstand R_k zwischen nichtinvertierendem Eingang und dem Bezugspotential zu schalten, der so bemessen ist, daß der Strom i_{1+} den gleichen Spannungsabfall an ihm hervorruft wie der Strom i_{1-} am Eingangs- und Gegenkopplungsnetzwerk. Im einfachsten Fall entspricht dieser Widerstand der Parallelschaltung aller an den invertierenden Eingang angeschlossener Widerstände einschließlich des Gegenkopplungswiderstands. Bei den folgenden Schaltungen ist zur Vereinfachung dieser Kompensationswiderstand Null gesetzt, d.h., der nichtinvertierende Eingang ist direkt mit dem Bezugspotential verbunden.

Inverter- und Summierschaltung. Diese Schaltung liefert die mit umgekehrtem Vorzeichen versehene Summe aus beliebig vielen, mit konstanten Faktoren multiplizierten Eingangsspannungen. Bild **3.**18 zeigt eine Inverterschaltung für drei Eingänge *a*, *b* und *c*. Die Eingangsspannungen u_{1a}, u_{1b} und u_{1c} sind über die Widerstände R_a, R_b und R_c mit dem Summationspunkt *1* des Verstärkers, der Ausgang *2* über den Rückführungswiderstand R_g mit dem Summationspunkt verbunden.

Ist der Eingangsstrom i_{1-} vernachlässigbar klein, so ist die Summe der Ströme $i_{1a} + i_{1b} + i_{1c} + i_g = 0$ und daher

$$\frac{u_{1a} - u_{1-}}{R_a} + \frac{u_{1b} - u_{1-}}{R_b} + \frac{u_{1c} - u_{1-}}{R_c} + \frac{u_2 - u_{1-}}{R_g} = 0 \tag{3.24}$$

Mit $u_{1-} = -u_2/V_u$ wird

$$-u_2 \frac{1}{R_g} - \frac{u_2}{V_u}\left(\frac{1}{R_g} + \frac{1}{R_a} + \frac{1}{R_b} + \frac{1}{R_c}\right) = \frac{u_{1a}}{R_a} + \frac{u_{1b}}{R_b} + \frac{u_{1c}}{R_c} \tag{3.25}$$

Ist die Spannungsverstärkung V_u sehr groß, so läßt sich das zweite Glied vernachlässigen, und man erhält für die Ausgangsspannung

$$u_2 = -\left(u_{1a}\frac{R_g}{R_a} + u_{1b}\frac{R_g}{R_b} + u_{1c}\frac{R_g}{R_c}\right) \tag{3.26}$$

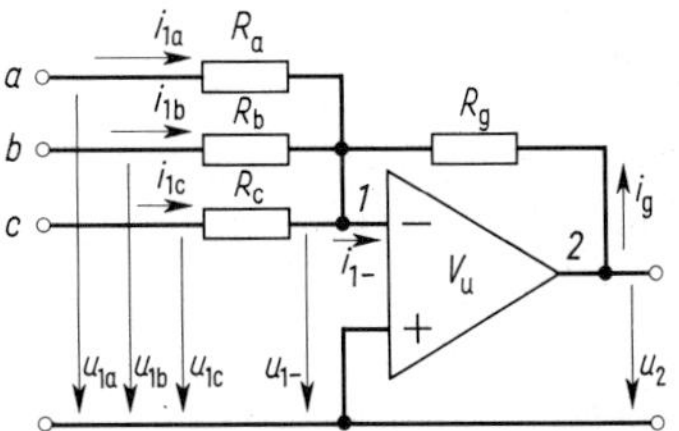

3.18
Inverter- und Summierschaltung für drei Eingangsspannungen u_{1a}, u_{1b}, u_{1c}

Integrationsschaltung. An die Stelle des Gegenkopplungswiderstandes R_g tritt in der Schaltung nach Bild **3.**19 der Gegenkopplungskondensator C_g. Auch hier sind beliebig viele Eingänge möglich. Die Spannung U_{20} ist eine innerhalb der möglichen Ausgangsspannungen des Verstärkers beliebig einstellbare Gleichspannung. Sie hält über den Schalter *S* die Ausgangsspannung so lange auf den Wert U_{20}, bis die Integration durch Öffnen von *S* im Zeitpunkt t_1 beginnen soll.

Die Spannung U_{20} liefert somit die Integrationskonstante. Bei Vernachlässigung von i_{1-} ist wiederum die Summe der Ströme an Punkt *1*

$$i_{1a} + i_{1b} + i_g = \frac{u_{1a} - u_{1-}}{R_a} + \frac{u_{1b} - u_{1-}}{R_b} + C_g\frac{\mathrm{d}(u_2 - u_{1-})}{\mathrm{d}t} = 0 \tag{3.27}$$

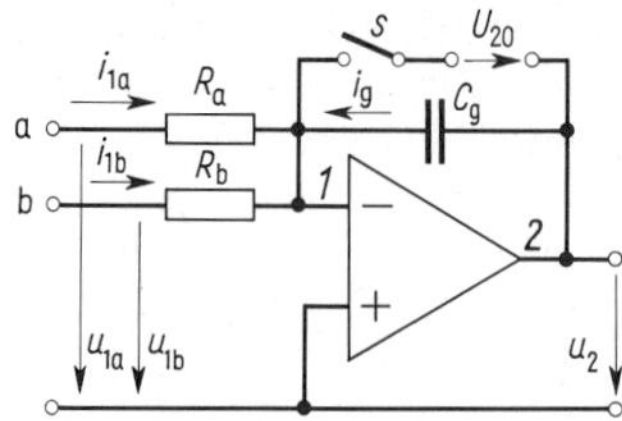

3.19
Integrationsschaltung für zwei Eingangsspannungen u_a und u_b, U_{20} Integrationskonstante, S Schalter (zum Integrationsbeginn zu öffnen)

Setzt man wiederum $u_{1-} = -u_2/V_u$ und vernachlässigt diese Glieder bei großer Spannungsverstärkung V_u, so folgt durch Integration für die Ausgangsspannung u_2 als Funktion der Zeit t

$$u_2 = -\frac{1}{C_g}\int_{t_1}^{t}\left(\frac{u_{1a}}{R_a} + \frac{u_{1b}}{R_b}\right)\mathrm{d}t + U_{20} \tag{3.28}$$

Durch Parallelschalten eines Widerstands R_g zum Kondensator C_g in Bild **3**.19 erhält man eine Integrationsschaltung mit Ausgleich. Die Schaltung wirkt bei langsam veränderlichen Eingangsspannungen wie die Summierschaltung nach Bild **3**.18. Schnelle Änderungen der Eingangsspannungen werden jedoch durch den Kondensator C_g gemittelt, so daß die Schaltung wie ein Verstärker nach Bild **3**.18 mit einem nachgeschalteten Siebglied (Tiefpaß) mit der Zeitkonstanten $\tau = R_g C_g$ wirkt. Der Frequenzgang verläuft, wie in Bild **3**.7 unter *2* mit der Eckfrequenz $f_e = 1/(2\pi C_g R_g)$ dargestellt.

Differentiationsschaltung. Bild **3**.20 zeigt die weniger gebräuchliche Differentiationsschaltung mit einem Eingang *a*. Durch den Kondensator C_a im Eingang ist bei Vernachlässigung von i_{1+} und u_{1-}

$$-\frac{u_2}{R_g} = C_a\frac{\mathrm{d}u_{1a}}{\mathrm{d}t} \qquad \text{oder} \qquad u_2 = -R_g C_a \frac{\mathrm{d}u_{1a}}{\mathrm{d}t} \tag{3.29}$$

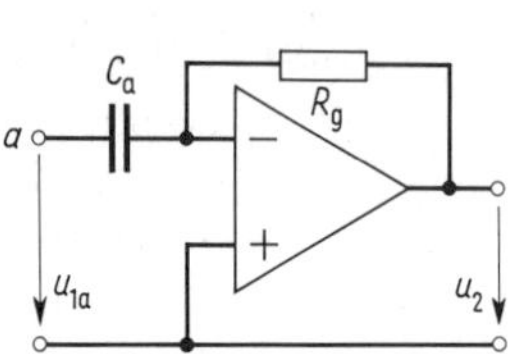

3.20
Differentiationsschaltung mit einem Eingang
C_a Eingangskondensator, R_g Rückführwiderstand

Wegen der vergrößernden Wirkung der Differentiation auf Stör- und Rauschspannungen hoher Frequenz muß hier der Frequenzbereich nach oben begrenzt werden, z.B. durch einen Kondensator C_g parallel zum Widerstand R_g.

Kopplung und Gegenkopplung mit linearen Netzwerken. Mit aus Kapazitäten und Widerständen bestehenden Netzwerken, die nach Bild **3**.17 zwischen eine oder mehrere Eingangsspannungen mit dem Summationspunkt *1* und die Ausgangsspannung geschaltet sind, erzielt man Funktionen zwischen Eingangsspannungen und Ausgangsspannung, die sich durch lineare Differentialgleichungen darstellen lassen. Solche Schaltungen können die Eigenschaften von Hoch-, Tief- und Bandpässen haben, verbunden mit einer linearen Verstärkung. Hiermit kann man aus Frequenzgemischen am Eingang die gewünschten Frequenzbänder aussieben oder unerwünschte Frequenzen unterdrücken.

3.1.5 Nichtlineare Verstärkerschaltungen

3.1.5.1 Spannungskomparator. Komparatorschaltungen dienen zum Vergleich zweier Spannungen u_{1a} und u_{1b}. Der Verstärker arbeitet hier als empfindliches Nullgerät (s. Abschn. 4.3.1

und 5.2.4). Verbindet man nach Bild **3.**21a beide Spannungen direkt mit den Eingängen eines Operationsverstärkers, so erhält man die einfachste Komparatorschaltung. Unter der Voraussetzung, daß die zulässige Gleichtaktspannung nicht überschritten wird (s. Abschn. 3.1.2.1) und die Gleichtaktdämpfung ausreichend ist, zeigt der Ausgang bei $u_{1a} > u_{1b} + \Delta u$ einen negativen, bei $u_{1b} > u_{1a} + \Delta u$ einen positiven Höchstwert. Δu ist die Differenzspannung, die zur Vollaussteuerung des Verstärkers nötig ist; sie ist bei abgeglichener Offsetspannung $u_{2\max}/V_u$. Im Idealfall ist $\Delta u = 0$, die Spannungsverstärkung V_u muß also möglichst groß, und die Offsetspannung und ihre Drift müssen möglichst klein sein.
Bei der Schaltung nach Bild **3.**21b ist die Abgleichbedingung erfüllt, wenn u_{1a} und u_{1b} entgegengesetzt gleich sind. Ist der Vergleich von zwei Spannungen mit gleichem Vorzeichen gewünscht, so muß eine der Spannungen durch einen Inverter umgekehrt werden. Bei verschieden großen Widerständen R_a und R_b herrscht Abgleich bei Erfüllung der Bedingung $u_{1a}/u_{1b} = -R_a/R_b$.

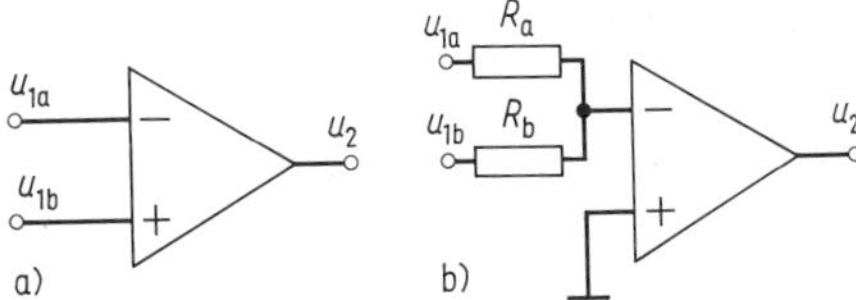

3.21
Komparatorschaltungen
a) für Spannungen gleichen Vorzeichens
b) für Spannungen ungleichen Vorzeichens und dem Verhältnis $-R_a/R_b$

3.1.5.2 Gegenkopplung mit Gleichrichtern. Die Schaltung nach Bild **3.**22 mit Siliziumdioden im Gegenkopplungszweig bewirkt eine nahezu ideale Einweggleichrichtung der Eingangswechselspannung bei gleichzeitiger Spannungsverstärkung im Verhältnis R_g/R_a. Die Verstärkung ist nur für die negative Halbschwingung wirksam. Die Diode D_1 ist gesperrt, die Diode D_2 durchlässig. In der positiven Halbschwingung wird der Gleichrichter D_1 durchlässig und verhindert ein Ansteigen der Ausgangsspannung. Da die Diode D_2 gesperrt ist, wird auch die kleine Durchlaßspannung von D_1 vom Ausgang ferngehalten und u_2 ist Null. Die durch die Anfangskrümmung der Gleichrichterkennlinie nach Bild **2.**18 verursachte Nichtlinearität am Anfang des Meßbereichs läßt sich mit dieser Schaltung praktisch völlig aufheben.

Zweiwegschaltungen lassen sich durch zwei Einwegschaltungen mit Summenbildung durch einen dritten Verstärker oder auch durch Addition des Ausgangs einer Einwegschaltung zur Wechselspannung mit halber Amplitude herstellen.

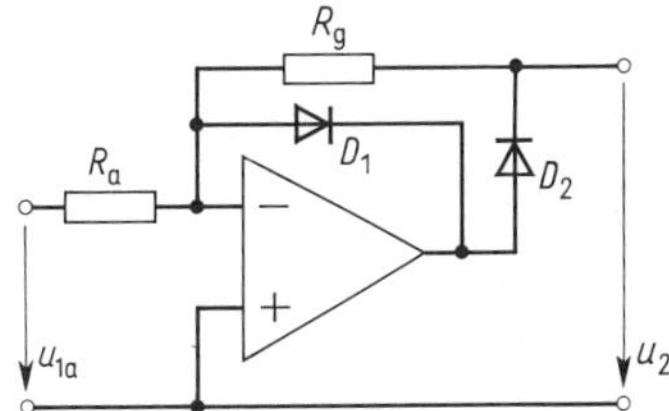

3.22
Verstärkerschaltung für eine Halbschwingung durch Gegenkopplung über Diode D_1 (Einweggleichrichter)

Funktionsgeneratoren. Beliebige Verstärkerkennlinien kann man mit Hilfe von Dioden, Widerständen und einstellbaren Spannungen im Gegenkopplungszweig verwirklichen. Die Kennlinien setzen sich aus geraden Strecken zusammen; für jeden Knickpunkt mit praktisch gerundetem Übergang sind eine Diode und eine einstellbare Spannung erforderlich, durch die der Ort des Knickpunkts festgelegt wird. Die Steigung der Geraden wird durch die Kopplungs- und Gegenkopplungswiderstände bestimmt.

Die Schaltung nach Bild 3.23a bewirkt eine Begrenzung der Ausgangsspannung, die sich getrennt für positive und negative Ausgangsspannung durch die Spannungen U_d und U'_d einstellen läßt. Schaltet man Widerstände in Reihe mit den Dioden, so erhalten die in Bild 3.23b gezeichneten horizontalen Strecken eine vom Widerstandswert abhängige Neigung.

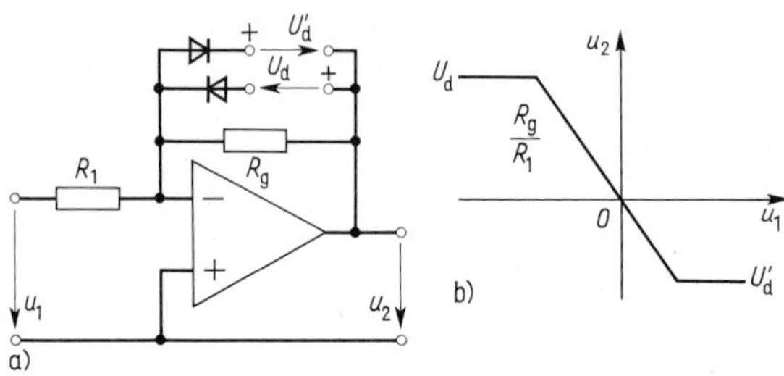

3.23
Begrenzerschaltung (a) mit Spannungsfunktion (b)

3.1.5.3 Logarithmierende Verstärker. Zur Erzielung einer logarithmischen oder exponentiellen Funktion verwendet man die exponentielle Abhängigkeit des Durchgangsstroms von der Durchgangsspannung bei einer Diode oder der Emitterdiodenstrecke eines Transistors. Wegen der starken Temperaturabhängigkeit der Durchgangsspannung muß die Temperatur der Diodenstrecke ausreichend konstant gehalten werden, was meist durch einen in die Halbleiterplatte integrierten Thermostaten bewirkt wird.

Eine einfache, aber recht wirksame Schaltung zeigt Bild 3.24, bei der ein in einem Thermostaten befindlicher Transistor T den Gegenkopplungszweig bildet. Die Ausgangsspannung der Schaltung ist für $10\,\text{pA} < i_1 < 10\,\mu\text{A}$

$$u_2 \approx U_{20} \lg(i_1/I_0) \tag{3.30}$$

mit den konstanten Größen I_0 und U_{20}. Man erreicht selbst mit dieser einfachen Schaltung eine Logarithmierung über nahezu 8 Zehnerpotenzen, wenn Offsetspannung und -strom des Operationsverstärkers eine genügend kleine Drift haben (Bild 3.25). In Verbindung mit Multiplikatoren, Summationsverstärkern und Exponentialschaltungen lassen sich Exponential- und Potenzfunktionen mit beliebigen Exponenten und Koeffizienten verwirklichen.

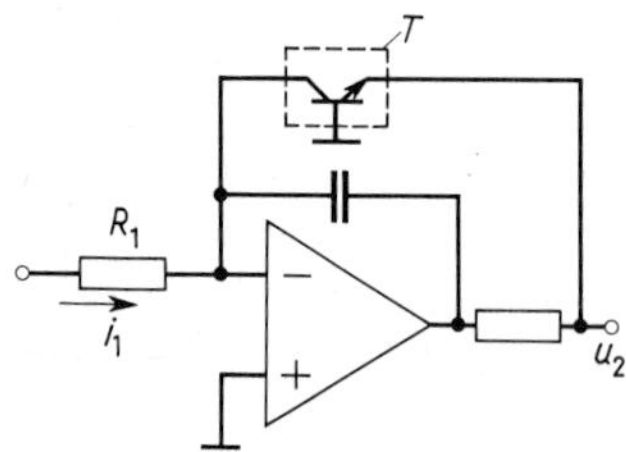

3.24 Logarithmierverstärker mit Transistor T im Gegenkopplungszweig (im Thermostaten)

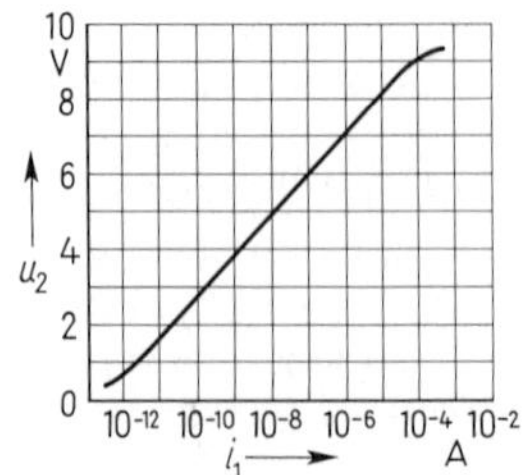

3.25 Kennlinie eines Logarithmierverstärkers mit Ausgangsspannung u_2 als Funktion des Eingangsstroms i

3.1.5.4 Speicherschaltungen. Speicherschaltungen (sample-hold) halten einen kurzzeitig auftretenden Meßwert für eine längere Zeit fest. Dies ist häufig in Meßeinrichtungen nötig, in denen viele Meßstellen zyklisch nacheinander abgefragt werden. Der Speicher dient hier als Meßwertpuffer. Als Speicher verwendet man hochwertige Kondensatoren in Verbindung mit Operationsverstärkern.

In der Schaltung nach Bild **3**.26 wird der Kondensator *C* bei Öffnung der Feldeffekttransistoren durch die Steuerspannung u_{st} auf den Zeitwert der Spannung u_1 aufgeladen. Der Operationsverstärker dient lediglich als Spannungsfolger mit hochohmigem Eingang. Mit dieser Schaltung sind Speicherzeitkonstanten bis 10^5 s möglich.

Spitzenwertspeicher. Bild **3**.27 zeigt eine Schaltung mit dem Speicherkondensator *C* im Gegenkopplungszweig. Bei allerdings kleinerem Eingangswiderstand wird die Zeitkonstante um den Faktor V_u vergrößert. In dieser Schaltung wird der Spitzenwert der Eingangsspannung u_1 festgehalten, der nach Öffnung des Schalters *S* auftritt. Als Ladeschalter dient eine Silizium-Diode D_1.

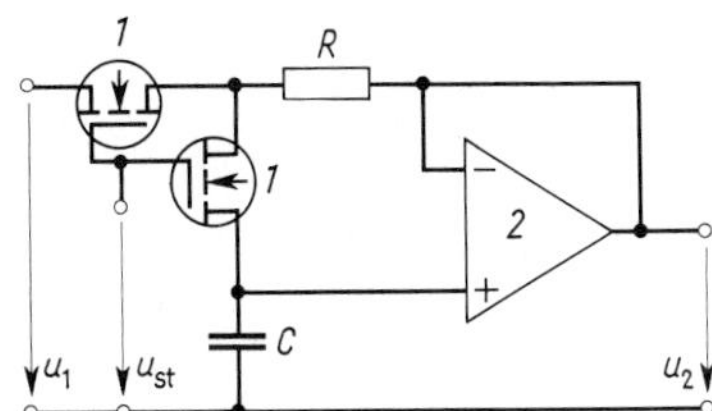

3.26 Speicherschaltung mit MOS-FET als Schalter

u_1 Eingangsspannung
u_{st} Steuerspannung, bewirkt Speicherung des Zeitwertes u_1
u_2 Ausgangsspannung, gespeicherter Spannungswert
1 Schalttransistoren
2 Operationsverstärker
R Entladewiderstand,
C Ladekondensator

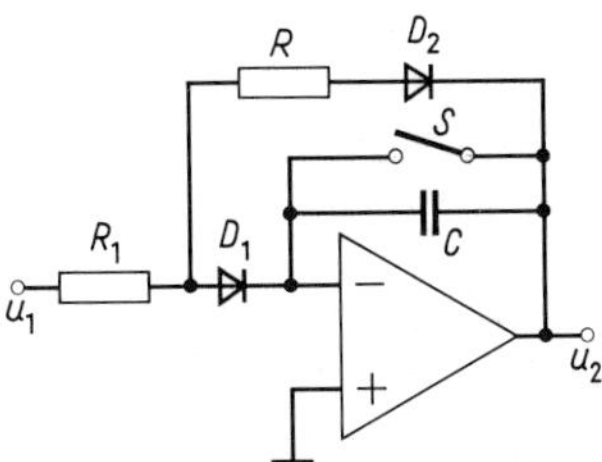

3.27 Speicherschaltung für Spitzenwerte von u_1, zum Öffnungszeitpunkt von Schalter *S*

3.1.5.5 Multiplizierer. Sie bilden das Produkt aus zwei veränderlichen Eingangsspannungen u_x und u_y. Beim Servomultiplizierer steuert eine Eingangsspannung u_x über einen Servomotor den Abgriff an einem Spannungsteiler, an dem die andere Spannung u_y liegt. Der Schleifkontakt greift somit am Spannungsteiler eine dem Produkt proportionale Spannung ab. Da die Einstellung des Schleifkontakts eine gewisse Zeit (z.B. 1 s) benötigt, darf sich die Spannung u_x nur langsam ändern. Diese Multiplizierer finden oft Verwendung in Verbindung mit Kompensationsanzeige- und Schreibgeräten (s. Abschn. 4.3.3.1), die gleichzeitig die Größe u_x anzeigen oder registrieren. Parallel zum Kompensationsspannungsteiler R_k in Bild **4**.13 wird der zweite für die Produktbildung angeordnet. Die beiden elektrisch getrennten Schleifkontakte werden gemeinsam vom Servomotor der Kompensationsschaltung eingestellt.

Wesentlich schneller und sehr genau arbeitet der Impulsmultiplizierer. Er erzeugt periodische Rechteckimpulse nach Bild **3**.28, deren Höhe der Spannung u_x und deren Dauer t_y der Spannung u_y proportional sind. Die Fläche des Impulses ist somit dem Produkt $u_x u_y$ proportional. Die Impulse werden durch eine Tiefpaßschaltung gemittelt. Die Impulsfrequenz kann bis zu 1 MHz betragen, so daß für u_x und u_y Frequenzen bis zu einigen 100 kHz zulässig sind. Impulsmultiplizier werden oft für Leistungsmeßschaltungen und digitale Elektrizitätszähler verwendet (Time-Division-Verfahren).

Der **Transistormultiplizierer** nutzt die Abhängigkeit der Steilheit von Transistoren vom Emitterstrom aus. In der Schaltung nach Bild **3.**29 bilden zwei im Gegentakt geschaltete bipolare Transistoren das Multiplizierglied. Der Emitterstrom beider Transistoren wird durch die Eingangsspannung u_y gesteuert. Die Eingangsspannung u_x steuert die Basis eines der beiden Transistoren. Ein Differenzverstärker bildet die Differenz der Kollektorspannungen, die dem gewünschten Produkt $u_x u_y$ proportional ist.

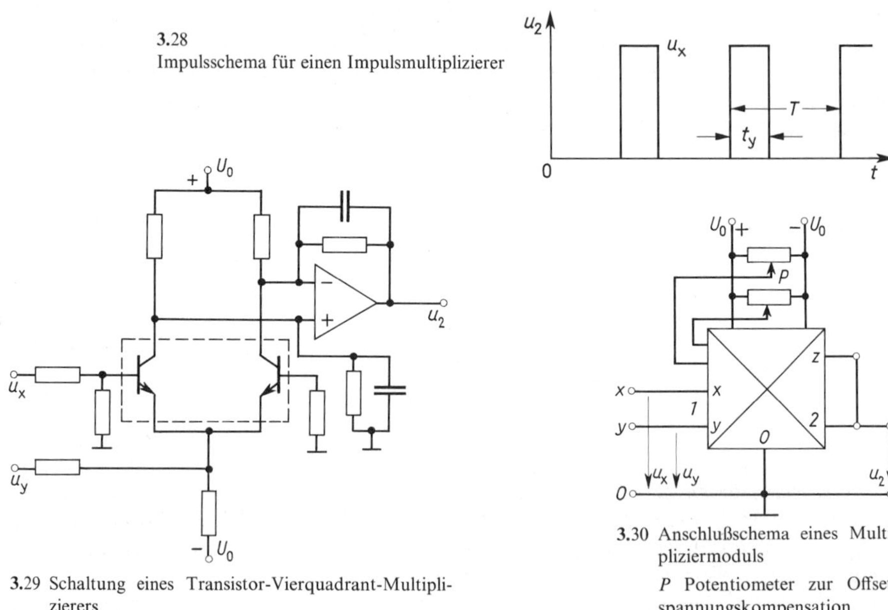

3.28 Impulsschema für einen Impulsmultiplizierer

3.29 Schaltung eines Transistor-Vierquadrant-Multiplizierers

3.30 Anschlußschema eines Multipliziermoduls
P Potentiometer zur Offsetspannungskompensation

Man verbindet derartige Multiplizierglieder mit Operationsverstärkern zu einem **Multipliziermodul** nach Bild **3.**30, das neben den Eingängen *1* für u_x und u_y und dem Ausgang *2* für das Produkt noch einen weiteren Eingang *z* hat, mit dessen Hilfe auch Quotienten und Quadratwurzeln gebildet werden können. Die Offsetspannungen müssen getrennt für u_x und u_y mit externen Potentiometern *P* abgeglichen werden. Der Eingang *z* führt zur Rückführung, er wird bei der Produktbildung nach Bild **3.**30 und **3.**31a mit dem Ausgang verbunden. Mit einer internen Bezugsspannung U_1 (meist 10 V) ist dann $u_2 = -(u_x u_y)/U_1$ bzw. $u_2 = -u_x^2/U_1$. Die Schaltung nach Bild **3.**31b bildet den Quotienten mit $u_2 = -(U_1 u_z)/u_x$, die Quadratwurzel erhält man nach Schaltung **3.**31c mit $u_2 = -\sqrt{U_1 u_z}$.

Anwendungsbeispiel für die Verwendung schneller Multiplizierer ist die Bildung von Effektivwerten bei Digitalspannungsmessern (Abschn. 3.4.4.2).

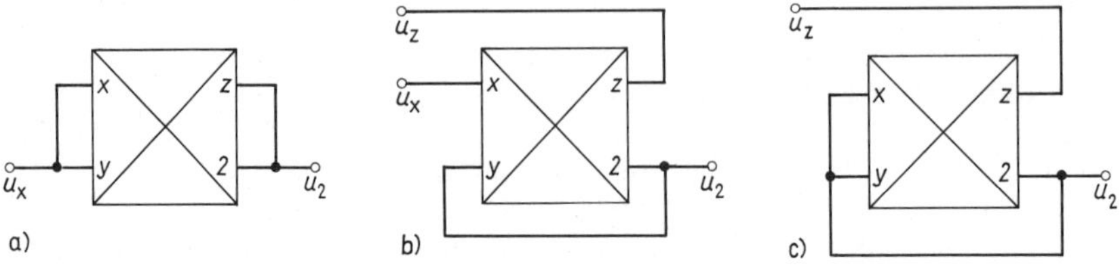

3.31 Schaltungsmöglichkeiten für ein Multipliziermodul. a) Quadrierung, b) Division, c) Quadratwurzel

3.1.5.6 Multivibratoren. Durch Mitkopplung eines Teils der Ausgangsspannung nach Bild 3.32 über die Widerstände R_t und R_q auf den nichtinvertierenden Eingang und durch Gegenkopplung mit dem Widerstand R_g auf den über einen Kondensator C mit dem Nullpotential verbundenen invertierenden Eingang entsteht ein astabiler Multivibrator.

Dieser liefert eine periodische trapezförmige Ausgangsspannung, deren Frequenz der Zeitkonstante R_gC proportional ist und deren Flankensteilheit von der Anstiegszeit des Operationsverstärkers abhängt.

Wird der Kondensator C mit einer Diode D überbrückt, so erhält man einen monostabilen Multivibrator, der nach Ansteuerung durch einen beliebig geformten Impuls auf den invertierenden Eingang am Ausgang einen einmaligen Trapezimpuls mit einer vom Produkt R_gC abhängigen Dauer liefert (s. Abschn. 3.3.4).

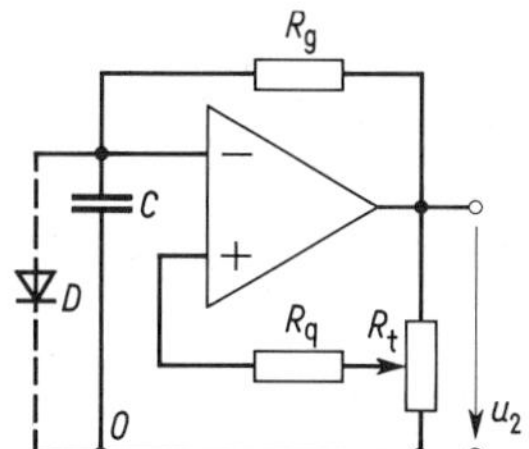

3.32
Schaltung eines astabilen Multivibrators

3.1.5.7 Sinusoszillator. Durch Mitkopplung eines Operationsverstärkers über ein frequenzbestimmendes Netzwerk und Begrenzung der Schwingungsweite mit einem nichtlinearen Glied lassen sich Sinusschwingungen erzeugen. Bei der Schaltung nach Bild 3.33 dient als frequenzbestimmendes Glied eine Wienbrücke (s. Abschn. 5.4.8.5). Widerstand R und Kapazität C sind einmal in Reihe und einmal parallel geschaltet. Die Serienschaltung dieser RC-Glieder teilt eine Wechselspannung der Frequenz $f = 1/(2\pi RC)$ phasenrichtig im Verhältnis 3:1. Legt man nun den Teilerpunkt auf den nichtinvertierenden Eingang eines Operationsverstärkers mit der Spannungsverstärkung $V_u = 3$ und verbindet den Ausgang mit dem Eingang der Wienbrücke, so wird eine sinusförmige Schwingung mit der Frequenz f und konstanter Amplitude aufrechterhalten. Der Gegenkopplungswiderstand R_g ist so bemessen, daß die Verstärkung V_u etwas größer als 3 ist, so daß die Amplitude der Schwingung zunimmt. Erreicht die Schwingungsamplitude den Sollwert, so werden die Z-Dioden durchlässig und schalten R_g' zu R_g parallel, wodurch V_u unter 3 sinkt. Hierdurch wird die Amplitude konstant gehalten.

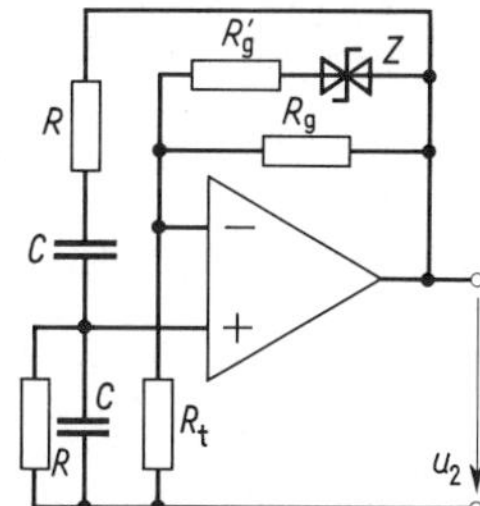

3.33
Wienbrücken-Oszillator

R, C Wienbrückenzweige
R_g, R_g' Rückführungswiderstände
R_t Teilerwiderstand
Z Z-Diodenpaar als Spannungsbegrenzer

3.2 Elektronenstrahl-Oszilloskope

Elektronenstrahl-Oszilloskope (DIN 43740 und DIN IEC 351, früher auch Elektronenstrahl-Oszillografen genannt) dienen zur analogen Darstellung von Spannungsverläufen als Funktion der Zeit oder als Funktion einer weiteren Spannung auf einem Bildschirm. Durch Verwendung der trägheitsarmen Elektronen sind Schreibgeschwindigkeiten (s. Abschn. 2.7.2.1) bis über 10^8 m/s (10^4 cm/µs) und damit die Darstellung schnell veränderlicher Vorgänge bis zu Frequenzen über 500 MHz möglich [4], [37].

3.2.1 Oszilloskop-Elektronenstrahlröhren

3.2.1.1 Wirkungsweise. Für Meßzwecke werden überwiegend Oszilloskop-Röhren mit elektrostatischer Ablenkung verwendet. Diese Röhren enthalten nach Bild **3**.34 in einem hochevakuierten Glaskolben das Strahlerzeugungssystem *1*, die Ablenkelektroden *2* und den Bildschirm *3*. Die von der indirekt geheizten Oxydkathode *K* ausgehenden Elektronen werden durch den Wehneltzylinder *G1* in ihrer Intensität gesteuert und durch das Anodensystem *A1*, *A2* beschleunigt und gebündelt. Die beiden Anoden wirken hierbei als elektrische Linse und erzeugen auf dem Bildschirm einen Bildpunkt.

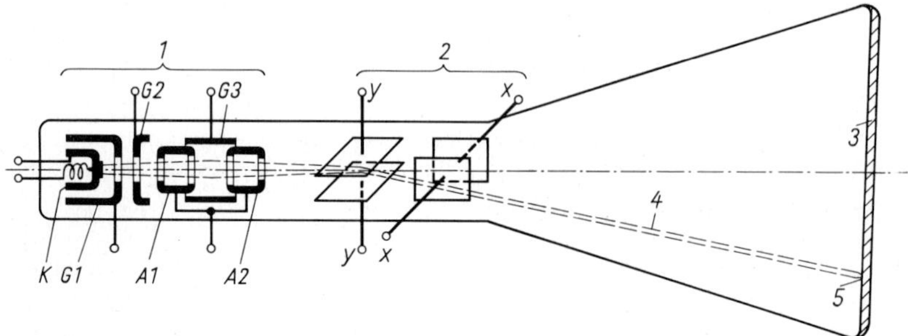

3.34 Elektronenstrahlröhre mit elektrostatischer Fokussierung und elektrostatischer Ablenkung

1 Strahlerzeugungssystem
2 Ablenkteil
3 Leuchtschirm
4 Elektronenstrahl
5 Leuchtfleck
A1, *A2* zylindrische Anoden
G1 Wehneltzylinder
G2, *G3* zylindrische Elektroden (Fokussierungs-Elektroden)
K Kathode
xx, *yy* Ablenksysteme

Die Geschwindigkeit v_e der Elektronen erhält man durch Gleichsetzen der elektrischen Elektronen-Energie eU mit der kinetischen Energie $mv_e^2/2$ mit e als Ladung, m als Masse eines Elektrons und U als durchlaufener Spannung (Strahlspannung)

$$eU = \frac{m}{2} v_e^2 \qquad v_e = \sqrt{2U \frac{e}{m}} \tag{3.31}$$

Nach Einsetzen der Werte $e = 1{,}602 \cdot 10^{-19}$ As und $m = 9{,}108 \cdot 10^{-31}$ kg folgt

$$v_e = 593\sqrt{U/\mathrm{V}}\ \mathrm{km/s} \tag{3.32}$$

Das Elektronenbündel (der Elektronen-„Strahl") durchläuft nun das Feld des Ablenksystems. Es besteht aus den elektrischen Feldern von zwei Plattenpaaren x (horizontal) und y

(vertikal). Die elektrischen Feldstärken bewirken eine Querbeschleunigung, also eine Ablenkung der Elektronen. Der Elektronenstrahl kann bis zu maximalen Meßfrequenzen von $\approx$ 100 kHz auch magnetisch abgelenkt werden. Dann durchfließt der Meßstrom außerhalb des Röhrensystems gelegene Spulen. Der Elektronenstrahl wird senkrecht zur Richtung der magnetischen Feldlinien abgelenkt. Die elektrostatische Ablenkung wird jedoch bevorzugt, da sie praktisch keine Steuerleistung benötigt und bis zu Frequenzen brauchbar ist, bei denen eine Ablenkung durch Spulen wegen deren Selbstinduktivität nicht mehr möglich ist.

Magnetische Schirmung. Um magnetische Störungen des Elektronenstrahls (z. B. durch das Wechselfeld streuender Transformatoren) zu vermeiden, wird die Röhre von einem magnetischen Schirm aus einem Blech großer Permeabilität umschlossen.

3.2.1.2 Ablenkempfindlichkeit. Der Ableitung der Gleichung der Ablenkempfindlichkeit werden einige Vereinfachungen zugrunde gelegt. Das Ablenkfeld entsteht im planparallelen Ablenkkondensator *1* von Bild **3.**35 mit der Ablenkspannung U_y, dem Plattenabstand d und der Plattenlänge l. Die Verzerrungen im Randfeld bleiben hier unberücksichtigt. Der Elektronenstrahl tritt in der Mitte des Kondensators in z-Richtung ein (Koordinatenanfangspunkt). Seine Eintrittsgeschwindigkeit v_{z0} ist die Elektronengeschwindigkeit v_e in Gl. **3.**31 mit $U = U_0$ als Strahlspannung. Der Schirm *2* sei eben und wird im Abstand z_s senkrecht auf der z-Achse angenommen. Zu berechnen ist die Ablenkung des Strahls y_s auf dem Schirm.

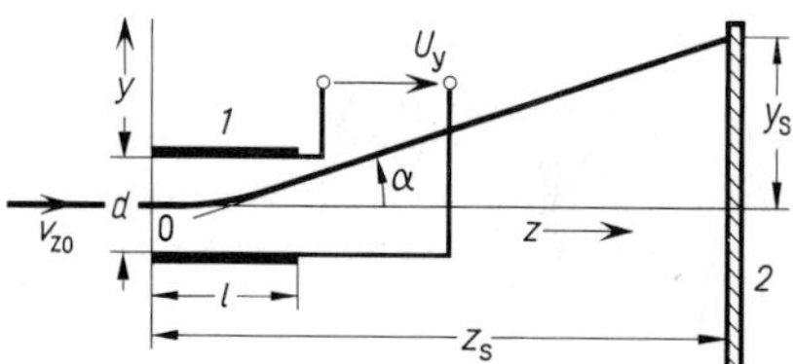

3.35
Zur Berechnung der Ablenkempfindlichkeit
1 y-Platten
2 Leuchtschirm

Innerhalb und außerhalb des Kondensators bleibt die Geschwindigkeitskomponente v_z ungeändert, da beschleunigende Felder in z-Richtung fehlen. Innerhalb des Kondensators werden die Elektronen mit der Masse m und der Ladung e aber in y-Richtung beschleunigt. Die Feldstärke U_y/d übt auf die Elektronen die Kraft $e\,U_y/d$ aus. Daher ist die Beschleunigung

$$\ddot{y} = \frac{e\,U_y}{d\,m} \tag{3.33}$$

Die Parametergleichung

$$y = \frac{e\,U_y}{2\,d\,m}\,t_1^2 \tag{3.34}$$

der Bahnkurve ergibt sich unter Berücksichtigung der Anfangsbedingungen $z = 0$, $y = 0$, $\dot{y} = 0$ zur Zeit $t = 0$ durch Integration mit t_1 als Laufzeit zwischen den Platten. Durch Eliminieren des Zeitparameters erhält man mit $z = v_{z0}\,t_1$ mit v_{z0} als Eintrittsgeschwindigkeit nach Bild **3.**35 innerhalb des Kondensators die Parabelbahn

$$y = \frac{e\,U_y\,z^2}{2\,d\,m\,v_{z0}^2} = \frac{U_y}{U_0 \cdot 4d}\,z^2 \tag{3.35}$$

Die Bahnsteigung (Bild **3.**35) ist dann beim Austritt des Strahls aus dem Kondensatorfeld bei $z = l$

$$\tan\alpha = \left(\frac{dy}{dz}\right)_{z=l} = \frac{U_y l}{U_0 \cdot 2d} \tag{3.36}$$

Mit dieser Steigung setzt der Strahl seinen Weg geradlinig bis zum Leuchtschirm fort. Die gesamte Ablenkung y_s am Leuchtschirm ist dann die Summe aus der Ablenkung zwischen den Ablenkplatten und der Ablenkung längs des Weges $(z_s - l)$

$$y_s = \frac{U_y l^2}{U_0 \cdot 4d} + (z_s - l)\frac{U_y l}{U_0 \cdot 2d} = \frac{U_y l}{U_0 \cdot 2d}\left(z_s - \frac{l}{2}\right) \tag{3.37}$$

Die Ablenkung ist also der Ablenkspannung proportional.

Die Ablenkempfindlichkeit

$$\frac{y_s}{U_y} = \frac{1}{U_0} \cdot \frac{l}{2d}(z_s - l/2) \tag{3.38}$$

ist das Verhältnis der Ablenkung y_s zur Ablenkspannung U_y. Sie ist der Spannung U_0 (im wesentlichen also der Anodenspannung) umgekehrt proportional. Die meisten Oszilloskop-Röhren haben Anodenspannungen zwischen 1 kV und 6 kV. Eine kleinere Anodenspannung empfiehlt sich wegen der dann stark absinkenden Punkthelligkeit nicht. Die Ablenkempfindlichkeit liegt meist zwischen 0,2 mm/V und 2 mm/V.

3.2.1.3 Laufzeiteinfluß und Frequenzgrenze. Bei der Ableitung von Gl. (3.37) und (3.38) wurde die Ablenkspannung während des Durchlaufs der Elektronen durch das Ablenkfeld als konstant angesehen. Ändert sich die Ablenkspannung aber während der Laufzeit der Elektronen $t_1 = l/v_z$ zwischen den Platten, so vermindert sich die Ablenkempfindlichkeit. Eine obere Grenzfrequenz f_{gr} kann man so definieren, daß die Laufzeit gleich einem Viertel der Periodendauer T der Ablenkspannung ist

$$t_1 = \frac{l}{v_z} = \frac{T}{4} = \frac{1}{4f_{gr}} \qquad \text{und} \qquad f_{gr} = \frac{v_z}{4l} \tag{3.39}$$

Durch Unterteilung der Ablenkplatten in mehrere Abschnitte in Strahlrichtung und Einspeisung der Meßspannung über einen Kettenleiter mit einer der Elektronengeschwindigkeit entsprechender Laufzeit kann man erreichen, daß die Ablenkspannung dem Elektronenstrahl parallel nachläuft. Dadurch lassen sich Oszilloskop-Röhren bauen, die noch Frequenzen bis 1 GHz amplitudengetreu anzeigen.

Beispiel 3.4. Eine Elektronenstrahl-Oszilloskop-Röhre hat nach Bild **3.**35 die Abmessungen: $d = 1{,}2$ cm, $l = 5{,}0$ cm, $z_s = 25$ cm.

a) Wie groß ist die Ablenkempfindlichkeit bei der Strahlspannung $U_0 = 2$ kV?

Nach Gl. (3.38) ist die Ablenkempfindlichkeit

$$y_s/U_y = l(z_s - l/2)/(2U_0 d) = 5\,\text{cm}\,(25\,\text{cm} - 5\,\text{cm}/2)/(2 \cdot 2000\,\text{V}\;\;1{,}2\,\text{cm}) = 0{,}0234\,\text{cm/V}$$

b) Wie groß ist die Geschwindigkeit des Elektronenstrahls?

Man erhält nach Gl. (3.32)

$$v_e = 593\sqrt{U/V}\,\text{km/s} = 593\sqrt{2000\,\text{V/V}}\,\text{km/s} = 26\,500\,\text{km/s}$$

c) Wo liegt die obere Frequenzgrenze?

Nach Gl. (3.39) ist (bei dem Amplitudenfehler von 10%)

$$f_{gr} = v_z/(4\,l) = (26{,}5 \cdot 10^6 \text{ m/s})/(4 \cdot 5 \text{ cm}) = 133 \text{ MHz}$$

3.2.1.4 Leuchtschirm und Nachbeschleunigung. Der Leuchtschirm ist meist als Planschirm (Durchmesser 30 mm bis 150 mm) ausgeführt. Der Leuchtstoff fluoresziert beim Auftreffen der Elektronen in der Regel gelbgrün. Für vorwiegend photographische Auswertung sind auch blaue Leuchtstoffe üblich. Die Nachleuchtzeit der Leuchtstoffe (Phosphoreszenz) liegt für einen Helligkeitsabfall auf 10% der Anfangshelligkeit zwischen 0,1 µs bis 1 s.

Zur Vergrößerung der Helligkeit, insbesondere bei großen Schreibgeschwindigkeiten (z. B. bei Frequenzen über 10 MHz, s. Abschn. 2.7.2.1) und zur photographischen Aufnahme des Leuchtschirmbildes, läßt sich bei vielen Oszilloskop-Röhren an den (metallisierten) Leuchtschirm oder an spezielle Elektroden eine Nachbeschleunigungsspannung legen, die die kinetische Energie der auftreffenden Elektronen stark erhöht, ohne daß die Ablenkempfindlichkeit wesentlich verringert wird. Man vermeidet damit auch zu hohe Spannungen innerhalb des Ablenksystems und eine hohe Spannung der Kathode gegen Erde. Die Nachbeschleunigungsspannung beträgt bei handelsüblichen Röhren 3 kV bis 10 kV. Bei manchen Röhren sorgt ein spiralförmiger Widerstandsbelag im Inneren des Kolbens, bei andern ein im Strahlengang befindliches Metallnetz, für den gleichmäßigen Potentialanstieg zwischen Ablenkelektroden und Leuchtschirm.

3.2.1.5 Speicherröhren ermöglichen die Speicherung eines einmal geschriebenen Oszillogramms für Stunden oder Tage. Hiermit können langsam verlaufende Vorgänge als geschlossene Kurve sichtbar gemacht, aber auch schnell verlaufende einmalige Vorgänge beliebig lange im Bild festgehalten werden. Auch bei großen Schreibgeschwindigkeiten (bis 4 cm/ns) ist eine Speicherung noch möglich. Ebenso lassen sich intensitätsmodulierte Aufzeichnungen speichern. Die Speicherdauer ist bei manchen Röhren einstellbar.

Bei einem dieser Speicherverfahren besitzt die Röhre einen Leuchtschirm, der aus einer isolierenden Schicht mit eingelagerten Leuchtstoffkörnern besteht. Diese Schicht speichert das Bild. Indem der Leuchtschirm in seiner ganzen Ausdehnung von einem starken Strom von Elektronen niedriger Geschwindigkeit „berieselt" wird, wird das Bild sichtbar und gleichzeitig durch Sekundäremission aufrechterhalten.

Andere Speicherröhren haben dicht am Ablenksystem ein feines Speichernetz von Briefmarkengröße, das das Bild als Ladungsverteilung speichert. Dieses wird mit einer Flutkathode mit Elektronen berieselt; das sich ergebende Emissionsbild wird elektronenoptisch vergrößert auf den Bildschirm projiziert.

3.2.2 Schaltung und Baugruppen

Der Betrieb des Oszilloskops erfordert einige elektronische Baugruppen, die mit der Röhre zu einem abgeschlossenen Gerät vereinigt sind. Die wichtigsten sind Netzteil, Verstärker und Zeitablenkgerät. Ausbaufähige Oszilloskope bestehen aus einem Grundgerät, das die Röhre und das Netzteil enthält, und austauschbaren Einschüben für verschiedene Meßaufgaben. Bild **3**.36 zeigt das Blockschema eines einfachen Oszilloskops. Die Bedienungselemente sind besonders hervorgehoben. Das Netzteil liefert die erforderlichen Spannungen zum Betrieb der Oszilloskop-Röhre und der übrigen Baugruppen. Durch Änderung der Vorspannung des Wehneltzylinders *G1* wird der Strahlstrom und somit die Helligkeit (bzw. Intensität), durch Ändern der Spannung der Elektrode *G2* die Punktschärfe (bzw. Fokussierung) eingestellt (s. Bild **3**.34).

Warnung: Im Gegensatz zu Verstärkerschaltungen mit Elektronenröhren führen Kathode, Heizung und Wehneltzylinder Hochspannung gegen das Gehäuse.

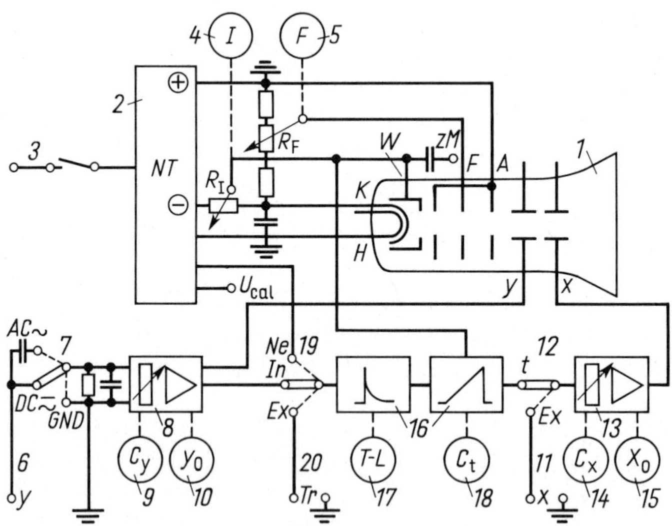

3.36 Prinzipschaltung eines einfachen Elektronenstrahl-Oszilloskops

1 Oszilloskop-Röhre mit Heizung *H*, Kathode *K*, Wehneltzylinder *W*, Fokussierelektrode *F*, Anode *A* und Strahlenmodulation *zM* sowie *y*- und *x*-Ablenkplatten
2 Stromversorgungs-Netzteil *NT* für Oszilloskop-Röhre, Verstärker und Zeitablenkung mit Rechteckgenerator für die Kalibrierspannung U_{cal}
3 Anschluß der Stromversorgung (Netz oder Batterie)
4 Stellmöglichkeit für Helligkeit *I* (Intensität mittels R_I) und *5* Schärfe *F* (Fokussierung mittels R_F) des Schirmbildpunktes
6 Eingang der *y*-Ablenkspannung mit Verstärkereingangsumschalter *7* für Wechselspannung *AC*, Gleichspannung *DC* und Erdung *GND* (Ground)
8 *y*-Verstärker und Abschwächer mit Einstellung für *9* Ablenkkoeffizienten C_y und *10* vertikale Bildpunktlage y_0 (Position)
11 Eingang der *x*-Ablenkspannung mit Verstärkereingangsumschalter *12* für externe Eingangsspannung an *Ex* oder für Zeitablenkung *t*
13 *x*-Verstärker und Abschwächer mit Einstellung für *14* Ablenkkoeffizienten C_x und *15* horizontale Bildpunktlage x_0 (Position)
16 Triggerteil und Sägezahngenerator mit Einstellung für *17* Triggerniveau *T–L* (Level) und *18* Zeitkoeffizient C_t
19 Umschalter für Triggerung durch das Meßsignal intern *In*, durch die Netzspannung *Ne* oder durch eine Fremdspannung an *20* Trigger-Extern *Tr–Ex*

3.2.2.1 Verstärker. Die Meßspannungen werden über Breitbandverstärker den Ablenkelektroden zugeführt (s. Abschn. 3.1.1). Oft ist der „tiefliegende" Anschluß (Potential Null) mit dem Schutzleiter des Netzes und mit dem Gehäuse verbunden, der andere „hochliegende" Anschluß ist sorgfältig geschirmt. Der Eingangswiderstand liegt normalerweise bei 1 MΩ, die Eingangskapazität bei 20 pF. Differenzverstärker haben zwei erdfreie Eingänge. Das Potential gegenüber der Erde ist dabei aber begrenzt. Die Übertragungseigenschaften der Verstärker werden durch die obere Grenzfrequenz charakterisiert, bei denen die Spannungsverstärkung auf 70,7% (−3 dB) des Sollwerts absinkt. Diese liegt, abhängig vom Schaltungsaufwand zwischen einigen MHz und 1 GHz. Entsprechend liegt die Anstiegszeit nach Abschn. 3.1.1.3 bei etwa 100 ns bis 0,35 ns. Mit einem Trennkondensator vor dem Verstärkereingang läßt sich die Gleichspannungskomponente der Meßspannung von der anzuzeigenden Wechselspannungskomponente trennen. Der Verstärker bekommt dadurch auch eine untere Frequenzzgrenze, die meist bei einigen zehntel Hz liegt.

Die Meßspannungen werden über Eingangsabschwächer dem Verstärkereingang zugeführt. Dies sind präzise Spannungsteiler, die die Eingangsspannungen in Stufen auf die für die Verstärker zulässigen Spannungen herunterteilen. Es sind in der Regel Widerstandsteiler ähnlich Bild **4.**12a, deren Einzelwiderständen Kondensatoren, zuweilen abgleichbare Trimmerkondensatoren, parallelgeschaltet werden, um das kapazitive Teilerverhältnis abzugleichen. Das Teilerverhältnis ist in der Regel dekadisch mit Zwischenstufen z.B. 1:2:5:10ff., zur Feineinstellung läßt sich die Verstärkung innerhalb einer Stufe ändern (Einstellung Bildhöhe).

Aus der Einstellung des Eingangsabschwächers und der Verstärkungseinstellung ergibt sich der Vertikal-Ablenkkoeffizient. Dieser ist das Verhältnis aus der Eingangsspannung und der von ihr bewirkten vertikalen Ablenkung in Längeneinheiten (cm oder Teil) des Bildschirmrasters. Kleinste Ablenkkoeffizienten liegen bei 0,1 mV/cm oder 0,1 mV/Teil.

3.2.2.2 Zeitablenkung. Zur Darstellung der auf den y-Eingang geschalteten Meßspannung als Funktion der Zeit wird auf die x-Platten ein proportional mit der Zeit zunehmende Spannung gelegt, so daß sich der Leuchtpunkt mit konstanter Geschwindigkeit von links nach rechts bewegt. Der Zeitmaßstab wird durch den Zeitablenkkoeffizienten, den Quotienten Zeit/Weg oder Zeit/Teil, festgelegt. Der Zeitablenkkoeffizient ist der reziproke Wert der horizontalen Punktgeschwindigkeit v_x, er liegt zwischen 10 s/Teil (1 Teil ist meist 1 cm) und 0,5 ns/Teil; er ist in kalibrierten Stufen 1:2:5:10 usw. wählbar und meist noch durch Dehnung der x-Ablenkung fein einstellbar. Die Ablenkung erfolgt in der Regel periodisch, um periodische Vorgänge als stehendes Bild darzustellen. Nur in Sonderfällen, z.B. zur photographischen Aufnahme einmaliger Vorgänge oder bei Speicheroszilloskopen, erfolgt die Zeitablenkung unperiodisch.

Die Zeitablenkspannung wird im Zeitablenkgerät durch Integration einer konstanten Spannung erzeugt (s. Abschn. 3.1.4.2). Nach Erreichen des Endwerts springt die Spannung wieder auf den Anfangswert zurück. Bei der einfachen Kippschaltung beginnt dann sofort wieder ein neuer Durchgang. Die Spannungs-Zeit-Kurve hat die Form eines Sägezahns (Bild **3.**37). Die Kippfrequenz mit der Periodendauer T_k und die Kippamplitude Δu_x bestimmen den Zeitablenkkoeffizienten.

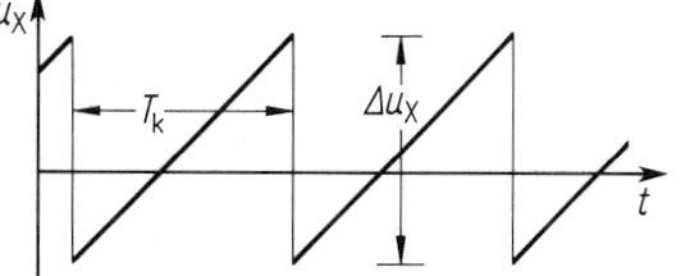

3.37
Idealer Verlauf einer Sägezahnspannung
T_k Kipp-Periode ($1/T_k$ Kippfrequenz)
ΔU_x Kippamplitude

Synchronisation. Ein stehendes Bild einer periodischen Meßspannung nach Bild **3.**38b entsteht nur dann, wenn die Frequenz der Meßspannung gleich oder ein ganzzahliges Vielfaches der Kippfrequenz ist. Durch Aufzwingen einer von der Meßspannung (bei Eigensynchronisation) oder einer fremden Wechselspannung (Fremdsynchronisation) abgeleiteten Teilspannung auf den Kippkreis erreicht man ein rechtzeitiges Abbrechen des Sägezahnanstiegs und erzwingt somit das gewünschte ganzzahlige Verhältnis. Diese Synchronisation muß genau eingestellt werden. Eine zu starke Synchronisation stört Kippfrequenz und Amplitude sowie die Linearität des Sägezahns, eine zu geringe Synchronisationsspannung erzwingt keinen Gleichlauf. Die Synchronisation versagt auch bei einem zu großen Verhältnis von Meßfrequenz zu Kippfrequenz, bei Impulsspannungen und bei nicht genau konstanter Periode der Meßspannung.

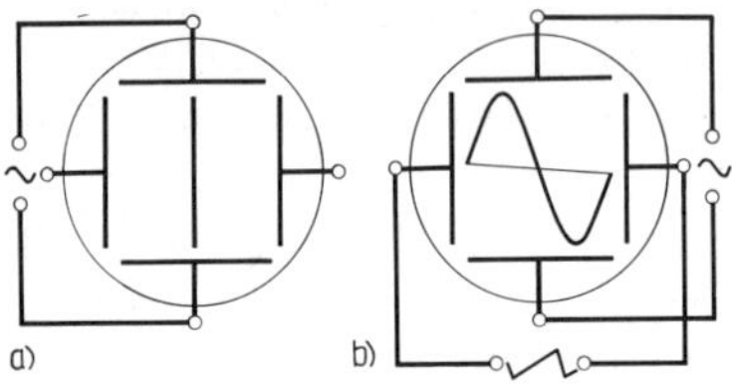

3.38
Wechselspannung am y-Plattenpaar, wobei x-Plattenpaar
a) ohne Spannung
b) mit Sägezahnspannung

Getriggerte Zeitablenkung. Bei der Triggerung wird jede einzelne Zeitablenkung durch einen Triggerimpuls als Steuerspannung ausgelöst. Der Strahl läuft mit konstanter Geschwindigkeit von links nach rechts bis zum Erreichen eines vorgegebenen Endwerts, springt dann zurück und geht in Wartestellung, bis ein neuer Triggerimpuls die Ablenkspannung wieder auslöst. Beim Rücklauf und in Wartestellung wird der Strahl durch eine hohe negative Vorspannung am Wehnelt-Zylinder dunkel gesteuert.

Der Triggerimpuls wird von der Meßspannung oder einer fremden Steuerspannung abgeleitet. Dies wird in Bild **3**.39 veranschaulicht. Durch ein Stellpotentiometer wird eine konstante Spannung mit positivem oder negativem Vorzeichen, das Triggerniveau oder der Triggerpegel eingestellt. Diese Spannung wird mit Hilfe eines Komparators nach Abschn. 3.1.5.1 mit der (verstärkten) Meßspannung oder der fremden Steuerspannung verglichen. Beim Durchgang der Meßspannung durch den Triggerpegel wird ein kurzdauernder Impuls erzeugt, dessen Vorzeichen bei ansteigender Meßspannung positiv, bei abfallender Meßspannung negativ (oder umgekehrt) ist. Durch einen Schalter kann man wählen, welcher Durchgang den Start der Zeitablenkung auslöst. Dieser erfolgt aber nur, wenn sich der Elektronenstrahl in Wartestellung befindet. Während des Durchlaufs bleibt der Triggerimpuls unwirksam. Erreicht die Meßspannung den Triggerpegel nicht, bleibt der Bildschirm dunkel. Dies kann man durch die Triggerautomatik verhindern. Entweder wird die Meßspannung für die Triggerung vorverstärkt, bis die Spitzen das Triggerniveau erreichen, oder der Strahl wird mittelbar nach dem Rücklauf wieder erneut gestartet (freilaufende Zeitablenkung).

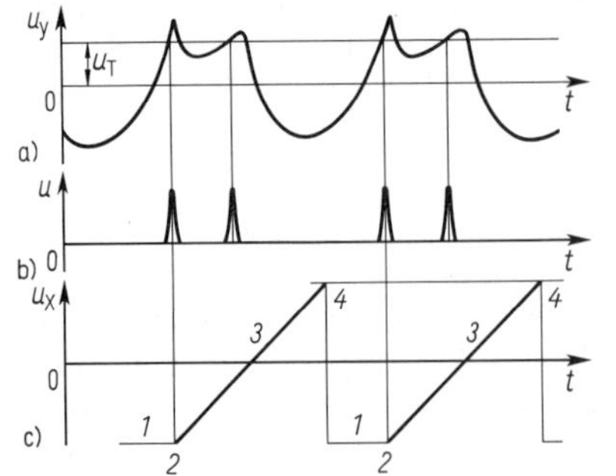

3.39
Getriggerte Zeitablenkung
a) Verlauf der Meßspannung (u_T Triggerpegel)
b) Triggerimpulse
c) Zeitablenkspannung
1 Wartestellung (verdunkelt)
2 Auslösung durch den Triggerimpuls
3 linearer Anstieg bis zur eingestellten Maximalspannung
4 verdunkelter Rücklauf in die Wartestellung; Triggerimpulse während des Anstiegs *3* bleiben unwirksam

Störspannungen, die die Meßspannung überlagern, können unerwünscht vorzeitig die Triggerung auslösen. Die Ablenkung erfolgt dann nicht mehr so, daß sich die folgenden Bilder decken, sondern diese zittern nach rechts und links (Jitter). Dies läßt sich verhindern, indem man die Meßspannung vor dem Vergleich mit dem Triggerniveau durch ein Tiefpaßfilter von den Störschwingungen befreit. Dadurch lassen sich natürlich sehr hochfrequente Vorgänge nicht mehr triggern, so daß hier das Filter abgeschaltet werden muß.

Bei einer Doppelzeitbasis wird bei einem Durchlauf die Ablenkgeschwindigkeit umgeschaltet, so daß man den Kurvenverlauf mit großer und kleiner Zeitauflösung gleichzeitig beobachten kann. Bei mehrkanaliger Darstellung (s. Abschn. 3.3.2.3) ist es auch möglich, abwechselnd einen Durchlauf mit kleiner und mit großer Geschwindigkeit sichtbar zu machen.

3.2.2.3 Mehrkanal-Oszilloskope. Diese ermöglichen die gleichzeitige Darstellung mehrerer Vorgänge auf dem Bildschirm. Jeder y-Kanal hat hier einen eigenen Eingang mit Eingangsabschwächer und Vorverstärker. Mit einem Wahlschalter kann man einstellen, nach welchem Kanal die Triggerung erfolgt. Nur wenige Zweikanal-Oszilloskope verwenden eine Zweistrahlröhre, bei denen jeder Strahl eine eigene Strahlenkanone und y-Ablenkung für die beiden Kanäle, aber eine gemeinsame x-Ablenkung besitzen.

In den meisten Fällen verwendet man elektronische Schalter, bei denen die einzelnen y-Kanäle nacheinander auf die y-Ablenkung geschaltet werden, dem Beobachter aber durch die Trägheit des Auges als gleichzeitig erscheinen.

Elektronische Schalter schalten die y-Kanäle periodisch nacheinander auf die y-Ablenkplatten: bei größeren Ablenkgeschwindigkeiten (10 cm/ms) bei jedem x-Durchlauf auf den nächsten Kanal, so daß alle Kanäle nacheinander auf dem Bildschirm erscheinen (alternating mode), bei kleineren Ablenkgeschwindigkeiten mehrere Male innerhalb eines Durchlaufs (Bild **3.**40, chopping mode). Beim letztgenannten Verfahren ist es wichtig, daß die „Chopping-Frequenz" kein ganzzahliges Vielfaches der Frequenz eines der Meßsignale ist, damit sich die Lücken beim mehrmaligen Durchlauf vollständig überdecken.

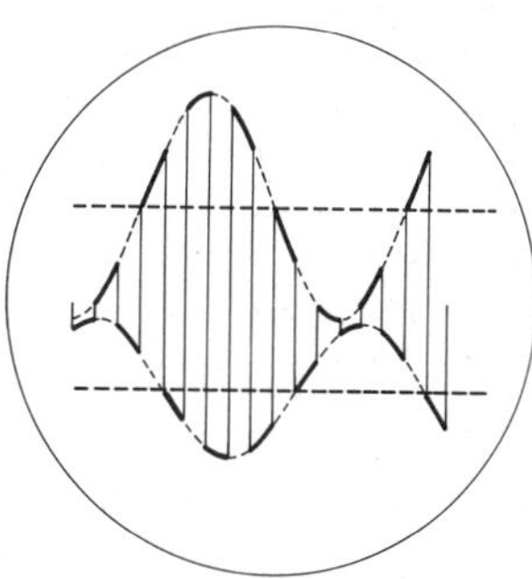

3.40
Darstellung zweier phasenverschobener Sinusschwingungen auf einer Einstrahl-Oszilloskop-Röhre mit Hilfe eines elektronischen Schalters im chopping mode

3.2.2.4 Zubehör und weitere Funktionsgruppen. Tastköpfe verwendet man zum Abgriff von Meßspannungen in Schaltungen. Sie haben oft umschaltbare Spannungsteiler und sind mit einem abgeschirmten Kabel mit dem Oszilloskop verbunden. Speziell für die Messungen an Fernsehröhren gibt es Tastköpfe für Hochspannungen bis 30 kV, aktive Tastköpfe enthalten Vorverstärker und/oder Spitzengleichrichter zur Demodulation amplitudenmodulierter Hochfrequenz.

Summen-, Differenz- und Produktbildung. Bei einigen Oszilloskopen mit Zwei- und Mehrkanal-Eingängen ist es möglich, Summe oder Differenz der Signale auf dem Bildschirm darzustellen, seltener sind die Bildung von Produkten oder Quotienten der Meßspannungen.

Koordinaten-, Marken-, Ziffern-, und Buchstabendarstellung. Nicht nur für die photographische Auswertung ist es hilfreich, die am Oszilloskop eingestellten Daten auf dem Bildschirm ablesen zu können. Weiter ist die Darstellung von Koordinaten und Marken wünschenswert. Einige Oszilloskope verwenden dazu einen besonderen Zyklus zwischen den Darstellungen der Meßgröße. Die dafür notwendigen Ablenkdaten sind digital gespeichert.

Einschub-Oszilloskope. Sie bestehen aus einem Grundgerät mit Elektronenstrahlröhre, Netzteil und Zeitablenkgerät und aus Einschüben für verschiedene Meßaufgaben.

Zähler, Zeitmesser und digitale Spannungsmesser sind oft Bestandteile solcher Meßsysteme. Spannungs- und Zeitmarken werden dabei durch Cursoren, aufgehellte Punkte, horizontale und vertikale Strecken markiert.

Rechteckgeneratoren mit bekannter Amplitude und Frequenz dienen zur Überprüfung der Kalibrierung und zur Einstellung des Frequenzgangs von Spannungsteilern.

3.2.3 Besondere Ausführungen

Speicher-Oszilloskope. Langsam ablaufende Vorgänge wie auch einmalige, nicht periodische Vorgänge auf dem Bildschirm bedürfen der Speicherung zur Beobachtung und Messung. Diese Speicherung erfolgt entweder analog in der Bildröhre nach Abschn. 3.2.1.5 oder digital in einem Digital-Speicher mit wiederholter analoger Darstellung der gespeicherten Daten auf dem Bildschirm. Die digitale Speicherung wird im Abschnitt 3.4.5.1 behandelt.

Eine analoge Speicherung liegt bereits vor, wenn der Bildschirm eine längere Nachleuchtdauer hat. Auch auf die Möglichkeit der Fotografie des Bildschirmes sei hier verwiesen. Im allgemeinen verwendet man jedoch Speicherröhren nach Abschn. 3.2.1.5, in denen sich der Bildschirminhalt über Wochen speichern, beliebig oft löschen und der Bildschirm wieder beschreiben läßt. Die maximale Schreibgeschwindigkeit, bei der noch eine analoge Speicherung möglich ist, liegt bei 4 cm/ns. Dies ist die Strahlgeschwindigkeit beim Nulldurchgang eines Sinusschwingung von 200 MHz und 3 cm Schreibamplitude. Hierin ist die analoge Speicherung der digitalen Speicherung überlegen. Manche Oszilloskopröhren haben zwei getrennt beschreibbare Speicherbereiche auf der oberen und der unteren Hälfte des Bildschirms. Der Speicher- wie auch der Löschbefehl werden im allgemeinen durch Triggerimpulse gegeben, können aber auch vom Beobachter bewirkt werden.

Abtast-Oszilloskope (Sampling-Oszilloskope) ermöglichen die Darstellung periodischer Vorgänge mit Frequenzen bis über 10 GHz. Oszilloskop-Röhren funktionieren bei diesen Frequenzen wegen der Elektronenlaufzeit nicht mehr (s. Abschn. 3.2.1.3). In einer Dioden-Brückenschaltung wird daher die Meßspannung mit sehr steilen, mit Tunnel-Dioden erzeugten Nadelimpulsen (Anstiegzeit 0,1 ns) über viele Perioden hinweg punktweise abgetastet. Die hieraus resultierenden Impulse werden durch Kapazitäten verflacht und auf der Oszilloskop-Röhre zu einem der Meßspannung geometrisch ähnlichen Bild zusammengesetzt. Dieses Verfahren ist vergleichbar der stroboskopischen Beobachtung schneller periodischer Vorgänge.

Stoßspannungs-Oszilloskope dienen der Untersuchung einmaliger, sehr schnell verlaufender Schaltvorgänge bei hohen Spannungen. Die Spezialröhre hat seitlich herausgeführte Ablenkplatten, auf die die Meßspannung direkt oder über kapazitive Spannungsteiler aufgeschaltet wird. Gleichzeitig wird stoßartig ein Kathodenspannungsimpuls aufgegeben. Durch die hohe Spannung und die kurzzeitig große Strahlstromstärke entsteht ein sehr helles Bild, das photographische Aufnahmen bei Schreibgeschwindigkeiten bis 5 cm/ns ermöglicht.

Raster-Oszilloskope verwenden Fernsehbildröhren. Auf das genormte Bildraster werden die Meßdaten in Helligkeitsmodulation aufgeprägt. Hiermit lassen sich auf einem Bildschirm viele Vorgänge gleichzeitig darstellen.

Polarkoordinaten-Oszilloskope verwenden meist normale Oszilloskop-Röhren, die mit Hilfe zweier frequenzgleicher, um 90° phasenverschobener sinusförmiger Wechselspannungen einen Lissajous-Kreis (s. Abschn. 4.4.4.2) auf dem Schirm erzeugen. Die Meßspannung wird auf beide Wechselspannungen derart aufgeprägt, daß der Strahl durch sie in seiner Kreisbahn radial abgelenkt wird.

3.3 Arbeitsweise digitaler Meßgeräte[1])

Die besonders in Abschn. 2 behandelten anzeigenden Meßgeräte geben den Meßwert durch einen Zeigerausschlag, also eine Strecke oder einen Winkel an, der der gemessenen elektrischen Größe analog ist und meist linear entspricht. Demgegenüber zeigen Digitalgeräte den Meßwert als Dezimalzahl an. Hierzu wird der analoge Wert in entsprechende Teilbeträge unterteilt (quantisiert), was prinzipiell bis zu vielen Dezimalstellen möglich ist. Die Aufgabe des digitalen Meßgeräts ist es dann festzustellen, in welchem Abschnitt der Unterteilung der Meßwert liegt. Der Meßwert läßt sich also immer nur als ganzzahliges Vielfaches der bei der Unterteilung gewählten, als Meßquant bezeichneten, kleinsten Einheit angeben. Der Meßvorgang wird hierdurch zurückgeführt auf ein Zählen der vorhandenen Meßquanten. Dieses digitale Messen wird in diesem Abschnitt behandelt.

Indem man mehrere Dezimalstellen (Quantisierungen der Einheit der jeweils vorhergehenden Dezimalstelle) hintereinander schaltet, kann man die Ablesegenauigkeit beliebig vergrößern. Sinnvoll ist das aber nur im Rahmen der vorhandenen Meßgenauigkeit. Diese ist bei digitalen Geräten ebenso wie bei analogen durch die Genauigkeit der Widerstände, des Spannungsnormals, eventueller Meßwertumformer und sonstiger Schaltelemente bestimmt und kann durch die Umsetzung in Digitalwerte nicht vergrößert werden. Digitale Meßgeräte für elektrische Größen sind daher prinzipiell nicht genauer als anzeigende, schreibende oder zählende Meßwerke oder als manuell bediente Brücken oder Kompensatoren. Auch für Digitalgeräte gilt, daß die Ablesegenauigkeit größer als die Meßgenauigkeit sein soll, um durch das Ablesen nicht zusätzliche Fehler zu bekommen; ein digital angezeigter Wert ist aber in der letzten Stelle um ein Meßquant unsicher (s. Abschn. 3.4.1.1).

Die Vorteile der Digitalanzeige gegenüber der analogen Anzeige sind erheblich. So arbeiten digitale Meßgeräte zunächst schneller und können automatisiert werden. Sie ermöglichen eine Anzeige auch noch bei genauesten Messungen mit Kompensatoren oder Meßbrücken, da bei analog anzeigenden Meßgeräten kaum genauer als 10^{-3} der Skalenlänge abgelesen werden kann. Digitalwerte lassen sich ihrer Quantisierung wegen leichter an Speicher, Drucker und andere datenverarbeitende Einrichtungen weitergeben. Dadurch kann der Mensch vom Ablesen, Notieren und Umrechnen der Meßdaten entlastet werden. Erst so ist ein sinnvolles Auswerten der Vielzahl von in großen Anlagen heute oft anfallenden Meßwerten möglich. Digitalgeräte sind unempfindlicher gegen Temperaturänderungen, Schwingungs- und Stoßbeanspruchungen sowie andere äußere Einflüsse als die elektromechanischen Geräte. Die Digitaltechnik findet deshalb zunehmende Anwendung, besonders auch in Prozeßsteuerungen und Regelungen.

---

[1]) Grundlagen zu diesem Abschnitt s. [3], [4], [17].

3.3.1 Quantisieren

Impulse. Viele Digitalmeßgeräte zählen gleichartige Impulse in Form kurzdauernder Strom- oder Spannungsstöße. Ideale Nadelimpulse oder Rechteckimpulse lassen sich physikalisch nicht verwirklichen. Jeder Strom benötigt zum Anstieg und Abfall eine endliche Zeit, die von den Induktivitäten und Kapazitäten, wie auch von den aktiven Bauelementen (Transistoren, Dioden usw.) abhängt. Als Anstiegszeit t_r definiert man diejenige Zeit, in der die Impulsamplitude von 10% auf 90% des Scheitelwerts $\hat{i}$ anwächst. Für die Abfallzeit t_f gilt entsprechendes (Bild 3.41).

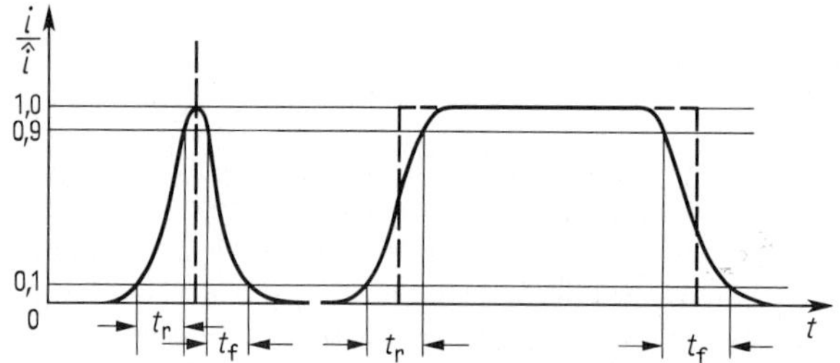

3.41
Anstiegszeit t_r und Abfallzeit t_f eines realen Nadelimpulses und eines Rechteckimpulses (ideale Impulsform gestrichelt)

Quantisieren bedeutet Aufteilen des Meßwerts in eine Anzahl gleichgroßer Abschnitte (Meßquanten), so daß einem bestimmten Meßwert immer eine ganz bestimmte Anzahl dieser Meßquanten entspricht. Da einerseits der als analoge Größe vorliegende Meßwert innerhalb seines Amplitudenbereichs unendliche viele Werte annehmen kann, andererseits aber beim Quantisieren nur eine endliche Zahl von Werten zu verwirklichen ist, muß bei allen digitalen Meßgeräten immer mit einem Quantisierungsfehler gerechnet werden. Infolge einer endlichen Ansprechschwelle des Ausgangsgeräts ist der Übergang von einer Stufe zur nächsten stets mit einem Unsicherheitsbereich behaftet; somit beträgt der Quantisierungsfehler ± 1 Meßquant und wird im Betrag um so kleiner, je größer die Anzahl der Meßquanten ist, in die der Amplitudenbereich unterteilt ist.

Viele digitale Meßgeräte arbeiten mit der Momentanwertquantisierung (Bild 3.42), bei der der Zeitwert der Meßgröße in festen oder durch ein Programm vorgegebenen Abtastintervallen Δt durch Aufsummieren der Meßquanten Δy gebildet wird. Da bei diesem Verfahren nur zu bestimmten diskreten Zeiten gemessen wird, kann man hier auch noch von einer zusätzlichen Quantisierung der Zeit durch Abschnitte Δt sprechen. Der Zähler zeigt, vom Quantisierungsfehler abgesehen, den Zeitwert der Meßgröße an und hält ihn meist bis zur nächsten Messung fest. Sehr häufig wird auch ein Mittelwert der Meßgröße über ein Meßintervall Δt gebildet.

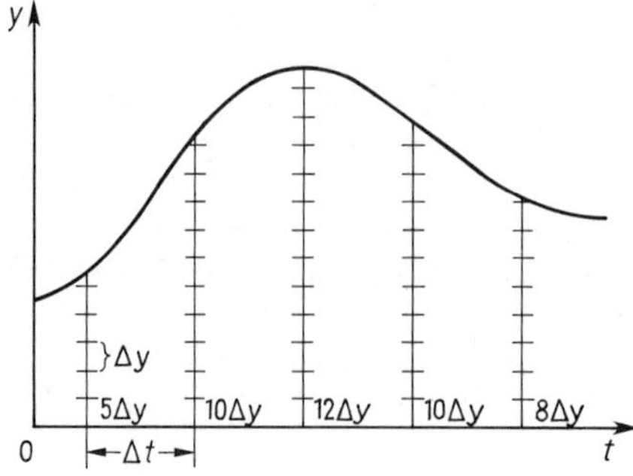

3.42
Momentanwertquantisierung einer Meßgröße y durch Zählen der Quanten Δy in Zeitabständen Δt

Eine weitere Möglichkeit der Quantisierung ergibt sich durch Erfassen der Änderung des bestehenden Zustands; es wird dabei nicht zu vorgegebenen Zeiten gemessen, sondern ein neuer Meßwert wird jeweils nur dann gewonnen, wenn sich der bestehende Meßwert um 1 Meßquant geändert hat. Da die Quantisierung von der vorgegebenen festen Menge abhängt, spricht man auch von einer Festmengenquantisierung nach Bild **3**.43. Ausgehend von einem Anfangswert y_0 der Meßgröße, gibt die Meßeinrichtung beim Zuwachs der Meßgröße um ein Meßquant Δy einen Zuwachsimpuls Z, bei der Abnahme entsprechend einen Abnahmeimpuls A. Der angeschlossene Zähler addiert die Zuwachsimpulse und subtrahiert die Abnahmeimpulse.

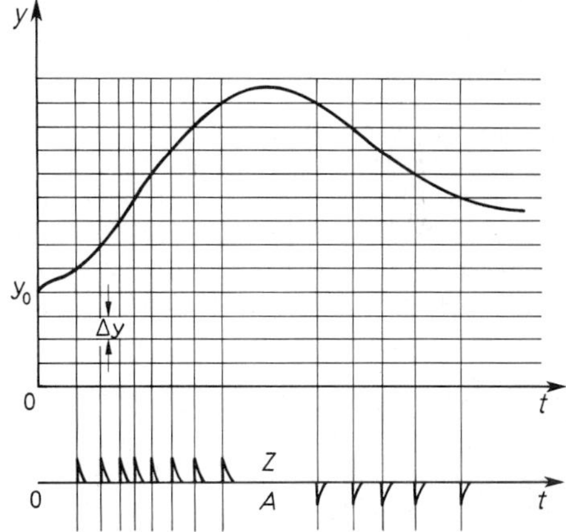

3.43
Festmengenquantisierung der Meßgröße y mit Meßquanten Δy durch Zuwachsimpulse Z bzw. Abnahmeimpulse A (Meßgerätanzeige y_0 zur Zeit $t = 0$)

Beispiele für diese Quantisierungsart geben alle Umdrehungszähler, wie sie bei Elektrizitätszählern und Mengenzählern Verwendung finden. Kann eine Meßgröße nicht abnehmen, wie z.B. der Bezug elektrischer Arbeit durch einen Verbraucher, so ist eine Rückwärtszählung nicht erforderlich.

Soll die Größe y in verschiedenen Amplitudenbereichen mit unterschiedlicher Ablesegenauigkeit angegeben werden, nimmt man bei der Aufteilung des Meßwerts Meßquanten verschiedenen Betrags. Es ist dann also der Meßquant Δy eine Funktion der Meßgröße y; beispielsweise besteht sehr häufig zwischen beiden Größen ein logarithmischer Zusammenhang.

3.3.2 Codieren

Aufgabe des Codierens ist es, die dem Meßwert entsprechende Zahl der Meßquanten in einem bestimmten Zahlensystem darzustellen, d.h. den vorgegebenen Wert in eine Folge von Zeichen umzusetzen. Die Übersetzungsvorschrift ist der Code. Bei dem üblichen Dezimalsystem ergeben sich die einzelnen Ziffern 0 bis 9 als Faktoren der Potenzen von 10 und die Dezimalzahl selbst als Summe der Potenzen zur Basis 10. So ist z.B. die Dezimalzahl 13 darzustellen als $1 \cdot 10^1 + 3 \cdot 10^0$. Zur Angabe eines Zahlenwertes sind somit in jeder Dekade 10 Ziffern, die Dezimalziffern, erforderlich. In der digitalen Meßtechnik wird aus Gründen der schaltungstechnisch leichteren und zuverlässigeren Darstellbarkeit durch Bauelemente mit nur zwei möglichen Betriebszuständen das Dualsystem bevorzugt; es enthält nur die zwei Ziffern 0 und 1, aus denen die Dualzahl gebildet wird. Die ausschließlich möglichen Ziffern 0 und 1 heißen Dualziffern. Im Dualsystem ist eine Zahl als Summe der Potenzen zur Basis 2 anzugeben. Bei n Binärstellen sind 2^n Kombinationen, also 2^n verschiedene Zeichen darstellbar, somit bei vier Binärstellen $2^4 = 16$ Zeichen, bei sechs Binärstellen $2^6 = 64$ Zeichen usw.

Gegenüber dem Dezimalsystem werden also wesentlich mehr Stellen benötigt. Die Dezimalzahl 13 ist jetzt darzustellen als $1 \cdot 2^3 + 1 \cdot 2^2 + 0 \cdot 2^1 + 1 \cdot 2^0$.

Es ergeben sich viele Möglichkeiten der Codierung; je nach Aufbau des Codes überwiegen die rechentechnischen oder die schaltungstechnischen Vorteile. Der einfachste Code ist der Dualzahlencode, auch 8-4-2-1-Code genannt, bei dem der umzuwandelnden Dezimalzahl die ihr entsprechende Dualzahl zugeordnet wird. Tafel **3**.44 zeigt die für 16 Werte (0–15) geltende Codierung, für die vier Binär-Stellen erforderlich sind. Da Dualzahlen wegen ihrer Stellenzahl schwierig zu lesen und auch zu merken sind, ist es in der Datenverarbeitung üblich, je vier binäre Stellen zu einer Hexadezimalziffer (Sedezimalziffer) zusammenzufassen und die Zahlen als Summe von Faktoren zur Basis 16 darzustellen (Tafel **3**.44).

Beispiel 3.5. Die Dualzahl 10100101 ist in eine Dezimalzahl und eine Hexadezimalzahl umzuwandeln. Da die Ziffern 0 und 1 die Faktoren der Potenzen zur Basis 2 angeben und die gesuchte Dezimalzahl die Summe der mit 1 multiplizierten Zweierpotenzen darstellt, gilt $1 \cdot 2^7 + 0 \cdot 2^6 + 1 \cdot 2^5 + 0 \cdot 2^4 + 0 \cdot 2^3 + 1 \cdot 2^2 + 0 \cdot 2^1 + 1 \cdot 2^0 = 128 + 0 + 32 + 0 + 0 + 4 + 0 + 1 = 165$.

Einfacher geht's mit der Hexadezimalzahl. Man teilt die Dualzahl in Gruppen zu 4 binäre Stellen und erhält nach Tafel **3**.44: 1010|0101 = A5.

Tafel **3**.44 Dualcode und Hexadezimalziffern

Dezimalzahl	4 Binärstellen für die Faktoren der Potenzen				Hexadezimalziffer Basis 16
	$2^3 = 8$	$2^2 = 4$	$2^1 = 2$	$2^0 = 1$	
0	0	0	0	0	0
1	0	0	0	1	1
2	0	0	1	0	2
3	0	0	1	1	3
4	0	1	0	0	4
5	0	1	0	1	5
6	0	1	1	0	6
7	0	1	1	1	7
8	1	0	0	0	8
9	1	0	0	1	9
10	1	0	1	0	A
11	1	0	1	1	B
12	1	1	0	0	C
13	1	1	0	1	D
14	1	1	1	0	E
15	1	1	1	1	F

Digitale Meßgeräte zeigen den Meßwert stets in Dezimalzahlen an. Um auch bei digitaler Darstellung einer Zahl die Dezimaltechnik beibehalten zu können, muß in jeder Dekade jede einzelne Dezimalziffer für sich allein verschlüsselt werden. Bei diesem Binärcode für Dezimalziffern BCD-Code benötigt man für die Darstellung der Dezimalzahlen 0 bis 9 jeweils 4 Binärstellen (Tetrade). So führt z.B. eine tetradische Codierung der Dezimalzahl 165 zu 0001 0110 0101 (Tafel **3**.44). BCD-Codes sind redundante Codes, bei denen von den möglichen $2^4 = 16$ Kombinationen einer Tetrade nur 10 Kombinationen benutzt werden.

Durch Codieren wird der Meßwert weitgehend unabhängig gegen Störungen im Gerät selbst oder auf dem Übertragungsweg, da bei den in nur zwei Betriebszuständen arbeitenden Bauelementen die zulässige Toleranz der Signalgrößen sehr groß sein kann. Bei speziellem Aufbau der Codes können Fehler erkannt und evtl. sogar korrigiert werden (s. Abschn. 8.3).

3.3.3 Logische Schaltungen

Logische Schaltungen verknüpfen in digitalen Systemen Nachrichten unterschiedlicher Herkunft zu neuen Nachrichten. Zwischen dem Ausgangssignal und den Eingangssignalen besteht dann ein Zusammenhang, der durch „logische" Begriffe wie „NICHT", „UND", „ODER" usw. wiedergegeben wird.

3.3.3.1 Kennzeichnung der Dualziffern durch Spannungswerte. Sollen in einer logischen Schaltung die Dualziffern 0 und 1 durch Spannungswerte gekennzeichnet werden, dürfen diese nur zwei Zustände annehmen, den High-Zustand mit dem algebraisch höheren Spannungswert U_H und den Low-Zustand mit dem algebraisch niedrigerem Spannungswert U_L. Die Zuordnung der Dualziffern 0 und 1 zu den beiden Spannungswerten ist frei wählbar. Wird die höhere Spannung U_H der binären 1 und die niedrigere Spannung U_L der binären 0 zugeordnet, so spricht man von einer positiven Logik oder H-Verknüpfung. Ordnet man dagegen die höhere Spannung U_H der binären 0 und die niedrigere Spannung U_L der binären 1 zu, erhält man die negative Logik oder L-Verknüpfung. Bild 3.45 zeigt innerhalb der Spannungswerte $-U > 0 > +U$ Beispiele für positive (PL) und negative (NL) Logik entsprechend der Zuordnung der Dualziffern 0 und 1 zum High-Zustand U_H und zum Low-Zustand U_L. Bei der häufig verwendeten TTL-Logik liegt U_L zwischen $-0{,}2$ V und $+2{,}4$ V und U_H zwischen 3,2 V und 6,2 V (Sollwerte $U_L = 0$ V und $U_H = 4{,}8$ V). Dieser große Toleranzbereich ist wesentlich für die Störsicherheit der Logikschaltungen.

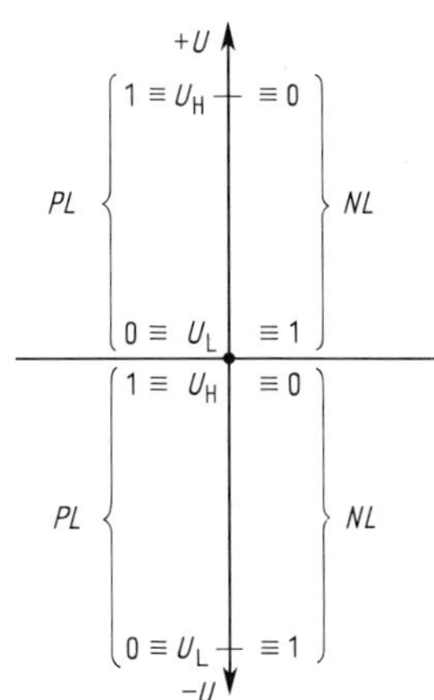

3.45
Beispiele für positive (PL) und negative (NL) Logik entsprechend der Zuordnung der Dualziffern 0 und 1 zum High-Zustand U_H und Low-Zustand U_L innerhalb der Spannungswerte $-U > 0 > +U$

3.3.3.2 Verknüpfung binärer Veränderlicher. Das Zählen, Codieren und Verarbeiten digitaler Daten erfordert immer wiederkehrende, gleichartige Schaltoperationen, die sich mit wenigen elementaren Grundschaltungen ausführen lassen. Die mathematische Grundlage liefert die Boolesche Algebra, deren Teilgebiet die Schaltalgebra oder logische Algebra ist.

Man spricht daher von logischen Schaltungen oder Gattern. Ihre Aufgabe ist es, aus einem oder mehreren Eingangssignalen nach vorgegebenen Beziehungen ein Ausgangssignal zu bilden.

Der Zusammenhang zwischen Ausgangs- und Eingangsgrößen wird als Verknüpfung bezeichnet. Die am häufigsten auftretenden binären logischen Verknüpfungen (Schaltzeichen s. Anhang S. 318) bei zwei Eingangssignalen sind:

Negation, auch NICHT-Verknüpfung, Umkehr-Funktion oder Komplement genannt (die Variable am Ausgang nimmt nur dann den Wert 0 an, wenn die Variable am Eingang den Wert 1 hat).

UND-Verknüpfung, auch als Konjunktion bezeichnet (die Variable am Ausgang nimmt nur dann den Wert 1 an, wenn die Variablen an allen Eingängen den Wert 1 haben),

ODER-Verknüpfung, auch als Disjunktion bezeichnet (die Variable am Ausgang nimmt nur dann den Wert 1 an, wenn an mindestens einem Eingang die Variable den Wert 1 hat),

NAND-Verknüpfung als Negation der UND-Verknüpfung (die Variable am Ausgang nimmt nur dann den Wert 0 an, wenn die Variablen an allen Eingängen den Wert 1 haben),

NOR-Verknüpfung als Negation der ODER-Verknüpfung (die Variable am Ausgang nimmt nur dann den Wert 0 an, wenn an mindestens einem Eingang die Variable den Wert 1 hat).

Diese Verknüpfungsglieder spielen zum Aufbau digitaler Meßgeräte eine wichtige Rolle.

3.3.3.3 Ausführungen. Als Schaltelemente der Verknüpfungsglieder verwendet man mechanische Relais oder elektronische Schalter aus Dioden und Transistoren.

Verknüpfungsglieder mit Relais. Die Eingangsgrößen erregen elektromagnetische Relais über je eine oder mehrere Wicklungen, in manchen Fällen auch über vorgeschaltete Dioden. Arbeits- und Ruhekontakte steuern die Ausgangsgröße. Relais-Kontakte haben große Öffnungswiderstände ($>1\ \mathrm{M\Omega}$) und kleine Schließungswiderstände ($<20\ \mathrm{m\Omega}$). Sie sind galvanisch von der Erregerseite getrennt. Die Verstärkerwirkung, das Verhältnis der gesteuerten zur steuernden Leistung (fan out), ist sehr groß (>100). Maximal können 50 Schaltungen je s ausgeführt werden.

Diodenschaltungen. Dioden ermöglichen hohe Schaltfrequenzen (bis 100 MHz), haben aber keine Verstärkerwirkung. Mit einem Diodenausgang kann man höchstens ein Folgeglied steuern.

Transistorschaltungen. Der Eingangsstrom von bipolaren Transistoren wird entsprechend dem Stromverstärkungsfaktor 20- bis 100fach verstärkt. An einen Transistor-Schaltkreis lassen sich daher viele andere Schaltkreise anschließen (großes „fan out"). Schnellschaltende Hochfrequenztransistoren ermöglichen Schaltfrequenzen bis über 500 MHz.

Feldeffekttransistoren, insbesondere MOS-FETs, ermöglichen die Herstellung von logischen Schaltkreisen auf kleinstem Raum in integrierten Schaltungen bei kleinstem Leistungsverbrauch und Schaltfrequenzen bis über 20 MHz.

Weitere logische Schaltkreise lassen sich mit Vierschichtdioden, Tunneldioden, steuerbaren Widerständen, spannungsabhängigen Kapazitäten (Varaktoren), Magnetkernen, Magnetschichten und anderen Elementen aufbauen [39], [47].

3.3.4 Speicher für binäre Informationen

In digitalen Meßgeräten sind häufig Zwischenwerte oder Endwerte zu speichern. Von besonderer Bedeutung sind dabei Schaltungen mit zwei stabilen Zuständen am Ausgang, allgemein bistabile Kippstufen oder Flipflop genannt. Die Speicherwirkung bistabiler Kippstufen wird durch eine Rückkopplung vom Ausgang zum Eingang hervorgerufen, die bewirkt, daß einer der beiden Ausgänge den der „1" zugeordneten Spannungswert, der andere Ausgang hingegen „0" zeigt. Erst ein neues Eingangssignal „kippt" den bestehenden binären Ausgangszustand in den entgegengesetzten binären Ausgangszustand. Am Ausgang des Flipflops treten somit stets antivalente Signale auf. Das Speicherverhalten eines Flipflops besteht also darin, daß das binäre Ausgangssignal auch nach Fortnehmen des Eingangssignals so lange bestehen bleibt, bis neue Eingangszustände auftreten. Das Ausgangssignal des Flipflops ist daher von Signalzuständen abhängig, die vor der Auslösung vorhanden waren. Schaltungen mit diesem Verhalten heißen sequentielle logische Schaltungen (Zeitfolgeschaltungen).

Die wichtigsten Ausführungsformen bistabiler Kippstufen sind SR-Flipflop, getaktetes SR-Flipflop und JK-Flipflop. Während das SR-Flipflop mit den beiden Eingängen für Setzen (set) und Rücksetzen (reset) unmittelbar nach dem Eintreffen der Eingangssignale den Ausgangszustand umschaltet, wird der Speicherzustand eines getakteten SR-Flipflops erst beim Auftreten eines Takt- oder Trigger-Impulses an einem weiteren Eingang (Takteingang, clock) geändert. Bei Anwendung getakteter SR-Flipflops können daher in größeren logischen Netzwerken viele Flipflops gleichzeitig geschaltet werden: Der neu einzustellende Zustand wird ohne Zuordnung der zeitlichen Folge „vorbereitend" an die Eingänge für Setzen und Rücksetzen aller beteiligten Flipflops gelegt, die dann durch den gemeinsamen Taktimpuls zeitlich synchron in den neuen Ausgangszustand überführt werden.

Der zur synchronen Arbeitsweise erforderliche Taktimpuls wird oft einem astabilen Multivibrator (s. Abschn. 3.1.5.6) entnommen, der auch aus zwei über zwei Kondensatoren gekoppelten Verstärkerstufen bestehen kann. Diese Schaltung hat keinen stabilen Zustand und kippt daher mit einer von den Zeitkonstanten des Lade- und Entladevorgangs beider Kondensatoren abhängigen Frequenzen periodisch von einem Schaltzustand in den anderen. Meist verwendet man jedoch quarzgesteuerte Taktgeneratoren.

Das heute in größerem Umfang eingesetzte JK-Flipflop speichert nicht nur Signale, sondern verarbeitet sie auch: Bei gemeinsamer Ansteuerung beider Eingänge ($J = K = 1$) kippt jeder Taktimpuls das JK-Flipflop in den entgegengesetzten Zustand; der bisherige Zustand wird also invertiert, das Ausgangssignal ist abhängig vom vorherigen Vorgang. Ein wichtiges Anwendungsgebiet des JK-Flipflops ist die binäre Unterteilung von Impulsfolgefrequenzen für Zählschaltungen (Abschn. 3.4.1). Diese Unterteilung ergibt sich für $J = K = 1$ in einfacher Weise dadurch, daß beim Anlegen einer Impulsfolge an den auch hier vorhandenen Takteingang an den Ausgängen des JK-Flipflops Impulsfolgen auftreten, die gegenüber der Taktimpulsfrequenz um den Faktor 2 untersetzt sind.

Zur Speicherung logischer Informationen über einen begrenzten, meist kurzen Zeitraum werden monostabile Kippstufen, auch Monoflop genannt, benutzt. Ein Eingangsimpuls kippt die Anordnung für eine von einer Kondensatorauf- und -entladung abhängigen Zeitdauer in einen quasistabilen Zustand, aus dem die Kippstufe dann selbständig in den stabilen Zustand zurückkehrt.

Kombinationen aus mehreren Speicherelementen nennt man Register. Sie dienen zur kurzzeitigen Zwischenspeicherung ganzer Codewörter. Schieberegister bestehen aus hintereinandergeschalteten Flipflops; die in jedem einzelnen Flipflop gespeicherte Information wird bei jedem Taktimpuls innerhalb des Registers um eine Stelle weitergeschoben, so daß zeitlich nacheinander Binärstelle für Binärstelle des eingespeicherten Codeworts am Ausgang des Registers erscheint.

Mitunter müssen vor der Speicherung binärer Informationen Impulse mit flach verlaufenden Flanken in Impulse mit steilen Flanken umgewandelt werden. Zur Impulsformung wird der als Schwellwertschalter arbeitende Schmitt-Trigger benutzt. Da bei dieser quasistabilen Kippstufe die Ausgangsspannung in Abhängigkeit von der Größe der Eingangsspannung oberhalb und unterhalb eines Schwellenwerts nur zwei definierte Werte annehmen kann, formt der Schmitt-Trigger beispielsweise eine Sinusschwingung in eine Rechteckschwingung um.

3.3.5 Zählschaltungen

Zum Aufbau elektronischer Zähler werden Zählschaltungen eingesetzt, die als Zählketten, Zählringe oder Zählröhren ausgeführt sind. Durch eine Ziffernanzeige wird das Meßergebnis sichtbar gemacht.

3.3.5.1 Zählketten. Zählketten können mit Relais, mit Flipflops und mit Magnetkernen aufgebaut werden. Wir beschränken uns auf die Behandlung von Zählketten mit Flipflops, die in der digitalen Meßtechnik vorwiegend benutzt werden.

Wie schon in Abschn. 3.3.4 angegeben, liefert ein JK-Flipflop, bei dem ständig $J = K = 1$ ist, eine binäre Unterteilung einer Impulsfrequenz. In Bild 3.46 ist aus dem zeitlichen Verlauf des Ausgangssignals Q_1 die Arbeitsweise eines derartigen Binäruntersetzers zu erkennen, bei dem die $1 \rightarrow 0$-Flanke (Übergang vom Zustand „1" in den Zustand „0") die den Kippvorgang auslösende (aktive) Flanke der an den Takteingang C gelegten Pulsfolge ist. Von den $2n$ Impulsen am Eingang erscheinen nur noch n Impulse am Ausgang. Da jeder der aufeinanderfolgenden Pulse unabhängig von dem gerade bestehenden Zustand einen Kippvorgang einleitet, spricht man von einer symmetrischen Auslösung der Binärstufe. Sie tritt immer bei symmetrischer Tastung des Flipflops auf, bei der die beiden Eingänge zu einem einzigen zusammengefaßt sind.

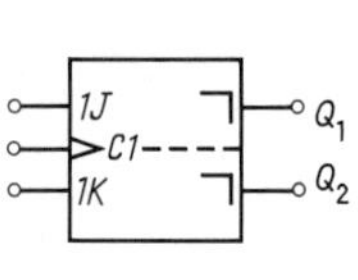

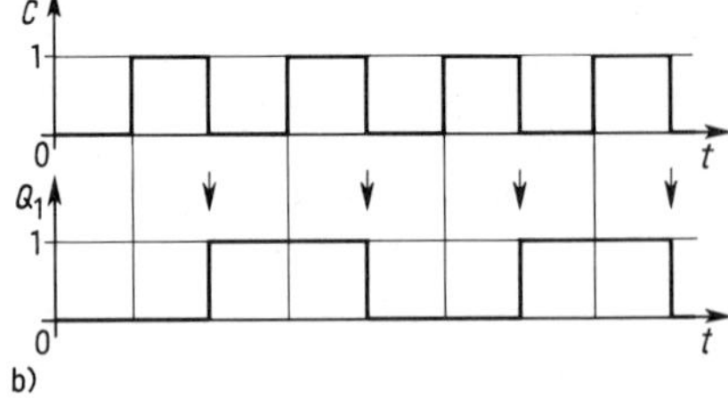

3.46 Binäruntersetzer als JK-Flipflop

a) Schaltzeichen bei Takteingang mit Flankensteuerung und retardiertem Ausgang (Zustandswechsel wird erst wirksam, wenn die zugehörige Eingangsvariable wieder zu ihrem ursprünglichen Wert zurückkehrt.)

b) zeitlicher Verlauf der Signale am Takteingang C und am Ausgang Q_1

Mehrstufige Zähler. Sie ergeben sich z.B. als asynchrone Zähler durch Hintereinanderschalten mehrerer Flipflops, wobei von Stufe zu Stufe die an einem Ausgang entstehende Signalform stets das folgende Flipflop steuert. Bild 3.47 zeigt den logischen Aufbau (a) und den zeitlichen Verlauf (b) der Signale C, Q_{10}, Q_{11}, Q_{12}, Q_{13} eines mehrstufigen Dualzählers mit der

Hintereinanderschaltung der Flipflops F_0, F_1, F_2, F_3. Jede am Eingang eines Flipflops auftretende $1 \rightarrow 0$-Flanke löst eine Umschaltung aus. Z hintereinandergeschaltete Flipflops ergeben somit einen Untersetzer im Verhältnis $2^Z : 1$.

Wie sich aus Bild **3**.47b sofort erkennen läßt, gibt der nach jedem Eintreffen eines Impulses eingenommene Zustand des Zählers unmittelbar die Anzahl der Eingangsimpulse im dualen Zahlensystem an. Voraussetzung hierfür ist, daß alle Flipflops vor Beginn der Zählung durch einen Rücksetzimpuls auf Null gesetzt werden, beispielsweise durch Anlegen an eine gemeinsame Spannungsquelle über den Anschlußpunkt R in Bild **3**.47a. Für die einzelnen Stufen läßt sich dann der z.B. durch Lampen sichtbar zu machende Signalzustand ablesen (s. Tafel **3**.48).

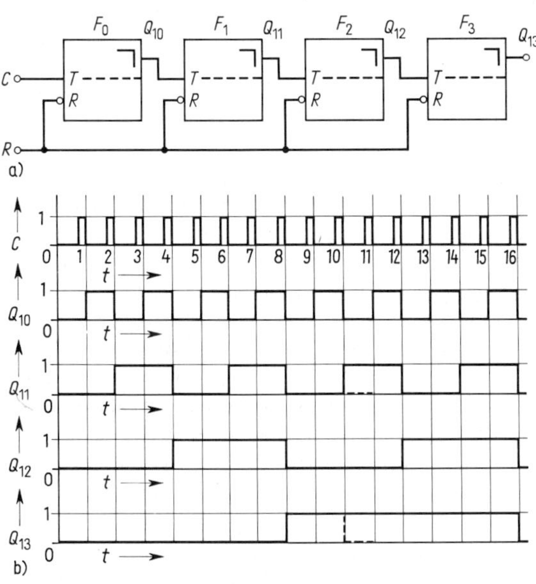

3.47 Logische Schaltung (a) und zeitlicher Verlauf (b) der Signale C, Q_{10}, Q_{11}, Q_{12}, Q_{13} an den hintereinandergeschalteten als T-Kippglied (Binärteiler) aufgebauten Flipflops F_0, F_1, F_2, F_3 eines mehrstufigen Dualzählers. Der T-Eingang bewirkt jedesmal einen Zustandswechsel, wenn seine Variable den Wert 1 annimmt.

C Takteingang, R Eingang zum Nullsetzen aller Flipflops, Q_{13} Ausgang für Übertrag
(Der für die Signale Q_{11} und Q_{13} zwischen dem 10. und 11. Impuls gestrichelt eingezeichnete Verlauf gilt für die Schaltung mit Rückkopplung in Bild **3**.49)

Tafel **3**.48 Signalzustand der Stufen der Schaltung in Bild **3**.47

Impuls-Nr.	Signalzustand nach Eintreffen des Impulses an den Ausgängen Q_{13}	Q_{12}	Q_{11}	Q_{10}
0	0	0	0	0
1	0	0	0	1
2	0	0	1	0
3	0	0	1	1
4	0	1	0	0
5	0	1	0	1
6	0	1	1	0
7	0	1	1	1
8	1	0	0	0
9	1	0	0	1
10	1	0	1	0
11	1	0	1	1
12	1	1	0	0
13	1	1	0	1
14	1	1	1	0
15	1	1	1	1
16	0	0	0	0

Nach 16 Impulsen ist bei 4 hintereindergeschalteten Flipflops der ursprüngliche Zustand wiederhergestellt. Da alle Zwischenwerte gespeichert werden können, kann der mehrstufige Dualzähler auch Impulse verarbeiten, die in beliebiger zeitlicher Folge ankommen. Der Ausgang Q_{13} liefert jeweils nach 16 Eingangsimpulsen eine $1 \rightarrow 0$-Flanke als Übertrag, mit dem weitere Stufen angesteuert werden können. Soll der Zähler als Frequenzunterteiler arbeiten, bei dem die Frequenz des periodischen Ausgangssignals Q_{13} um den konstanten Faktor Z

kleiner ist als die Pulsfolgefrequenz am Eingang, dann muß der Zähler mit einer gleichmäßig eintreffenden Impulsfolge angesteuert werden.

Bei Vorwärts-Rückwärts-Zählern wird die Zählrichtung durch zusätzliche Steuersignale eingestellt, durch die über eine aus Gattern aufgebaute Torschaltung das Ausgangssignal eines Flipflops wahlweise von dem Q_1- oder von dem Q_2-Ausgang abgenommen werden kann. Beim Vorwärtszählen (Addieren von Impulsen) wird entsprechend Bild **3.**49 das jeweils nachgeschaltete Flipflop von der 1 → 0-Flanke umgekippt, beim Rückwärtszählen (Subtrahieren von Impulsen) wird dagegen das Umkippen des Flipflops von der 0 → 1-Flanke des Ausgangssignals der vorhergehenden Stufe ausgelöst.

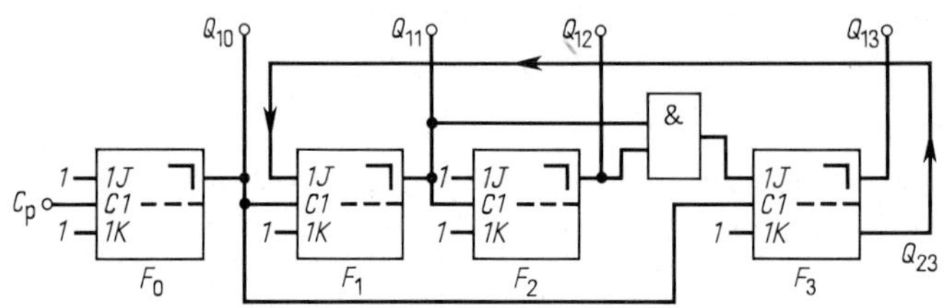

3.49 Asynchroner 8–4–2–1–BCD-Zähler mit zustandsgesteuerten JK-Flipflops

Dezimalzähler. Sie können als dekadische Dualzähler aus 4 Flipflops aufgebaut werden, wenn von deren 16 möglichen Stellungen durch Rückkopplung innerhalb der Schaltung 6 Stellungen übersprungen werden. Die Rückkopplung kann auf viele verschiedene Arten durchgeführt werden. Sehr gebräuchlich ist eine in Bild **3.**49 angegebene Rückkopplung vom Ausgang Q_{23} des JK-Flipflops F_3 auf den J-Eingang des zweiten zustandsgekoppelten JK-Flipflops F_1, dessen Takteingang C am Ausgang Q_{10} des Eingangsflipflops F_0 und dessen K-Eingang auf 1 liegt. Da in der Ausgangsstellung des Zählers am Ausgang Q_{23} bis zum Eintreffen des 8. Impulses das Signal 1 liegt, bleibt bis zu diesem Zeitaugenblick die in Bild **3.**47b dargestellte Signalfolge des normalen Dualzählers unverändert erhalten. Unmittelbar nach dem Eintreffen des 8. Impulses wird durch Ansprechen des letzten JK-Flipflops F_3 das Ausgangssignal $Q_{23} = 0$ und damit die Verbindung zwischen den JK-Flipflops F_0 und F_1 unterbrochen. Während der dann eintreffende 9. Impuls wie bei einem normalen Dualzähler das JK-Flipflop F_0 umkippt, gelangt der 10. Impuls nun nicht mehr auf den Eingang des Flipflops F_1, sondern setzt über eine zusätzliche Leitung direkt das folgende JK-Flipflop F_3 wieder in die Ruhelage zurück. Nach dem Eintreffen des 10. Impulses ist also weiterhin das Ausgangssignal $Q_{11} = 0$, während sich das Ausgangssignal Q_{13} bereits jetzt von 1 nach 0 ändert (s. gestrichelt eingezeichneten Verlauf der Signalfolge in Bild **3.**47b). Nach dem Eintreffen des 10. Impulses haben hiermit sämtliche Flipflops die vor Beginn der Zählung einzustellende Nullstellung wieder erreicht.

Da jede dezimale Stufe nach dem 10. Eingangsimpuls ein als Übertrag ausnutzbares Ausgangssignal Q_{13} abgibt, lassen sich in einfachster Form mehrstufige Dezimalzähler durch Hintereinanderschalten 4stufiger Dualzähler aufbauen. Durch das asynchrone Zusammenschalten der Dezimalstufen nach dem auch innerhalb der Stufen benutztem asynchronen Prinzip, bei dem jeweils der Übertrag der vorangehenden Stufe den Takt für die nachfolgende Stufe bildet, ist die maximale Zählfrequenz verhältnismäßig klein. Große Zählgeschwindigkeiten erreicht man durch synchrones Zusammenschalten der Dezimalstufen bei paralleler Berücksichtigung aller Überträge (Parallelbetrieb).

Bei Dezimalzählern mit Vorwahlbetrieb werden die Ziffern der vorzuwählenden Zahl über Vorwahlschalter eingestellt. Sobald der Zähler diese Stellung erreicht hat, gibt er einen Übertragungsimpuls ab, mit dem er sich selbst (vor Eintreffen des nächsten Zählpulses) in seine Ausgangslage zurückstellt oder in der Vorwahllage stoppt.

3.3.5.2 Zählringe. Für den Aufbau eines Dezimalzählers, der nach 10 Eingangsimpulsen einen Ausgangsimpuls abgeben soll, können auch 10 Flipflops zu einem Ring zusammengeschaltet werden. Nur jeweils eins der 10 Flipflops des Ringes speichert eine 1, alle anderen Flipflops befinden sich in der Lage 0. In der Nullstellung des Zählers liegt das 1-Signal im „ersten" Flipflop. Mit jedem eintreffenden Impuls wird es zum nächsten Flipflop weitergegeben und erscheint nach 10 Eingangsimpulsen am Ende des Zählringes. Beim Eintreffen des 11. Zählimpulses wird das 1-Signal über eine den Ring schließende Rückleitung in das erste Flipflop zurückgesetzt, und es kann ein erneuter Umlauf im Zählring ablaufen. Durch die jeweilige, beispielsweise durch Signallampen sichtbar zu machende Lage des 1-Signals innerhalb des Zählrings ist die Zahl der eingetroffenen Zählpulse zu erkennen.

Da mit dem nach 10 Eingangsimpulsen auftretenden Ausgangssignal jeweils ein weiterer Ring angesteuert werden kann, lassen sich mit Zählringen Zähler für viele Dekaden aufbauen. Dem Vorteil einfachen Aufbaus und hoher Zählgeschwindigkeit bis etwa 10^8 Impulsen/s steht der Nachteil hohen Aufwands gegenüber, da je Dekade 10 Flipflops benötigt werden (gegenüber 4 Flipflops beim dekadischen Dualzähler). In abgewandelter Schaltung lassen sich Zählringe auch mit Schieberegistern aufbauen; die Dezimalstufe besteht dabei aus 5 Flipflops mit invertierter Rückführung.

3.3.6 Übertragung digitaler Daten

Digitale Daten sind Meßwerte, Zeichen, Befehle, Adressen und Texte, die durch einen Code nach Abschn. 3.3.2 gegeben sind und die durch eine Datenquelle, z. B. einem elektronischen Zähler, einem Datenspeicher oder durch Schalterstellungen (Tastatur!) bereitgestellt werden. Meßwerte sind dabei die Ergebnisse von Messungen; Zeichen und Texte geben Hinweise und Erläuterungen; Befehle bewirken Aktivitäten im Datenempfänger; Adressen kennzeichnen Geräte und Speicherplätze, für die Daten und Befehle bestimmt sind.

3.3.6.1 Übertragungsverfahren. Die Übertragung der Daten von einem Bauelement zum anderen oder von einem Gerät zum andern erfolgt über isolierte Leiter oder Leiterbahnen durch Spannungs- und Stromimpulse. Die Impulse haben Rechteckform (Bild **3.**50) und folgen im allgemeinen unmittelbar aufeinander. Die Dauer der Impulse T und die Übertragungsfrequenz $1/T$ werden in der Einheit Baud[1]), Kurzzeichen Bd, angegeben. 1 Bd ist 1 Impuls/Sekunde. Die maximale Spannung des Impulses, der Pegel, beträgt häufig 5 V (TTL-Pegel). Alphanumerische Daten, Ziffern, Zeichen, Buchstaben und Befehle werden in Form von Datenworten übertragen. Ein Datenwort umfaßt 4, 8, 12, 16, 24, 32 oder 64 binäre Stellen. 8 binäre Stellen bezeichnet man als ein Byte.

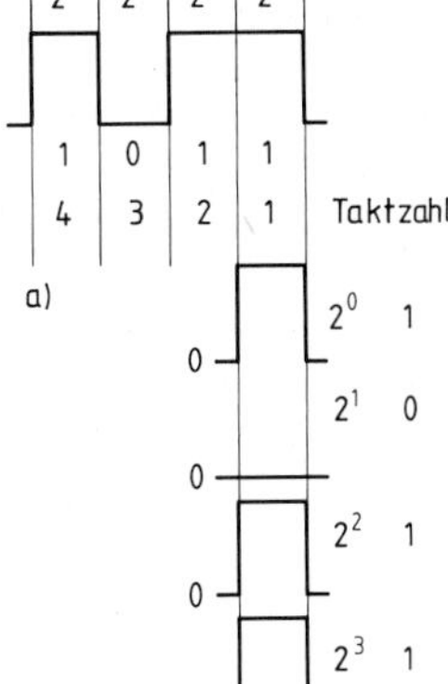

3.50
Übertragung der Dezimalzahl 13 im Dualcode
a) Serienübertragung (4 Binärstellen 2^0 bis 2^3 nacheinander)
b) Parallelübertragung (4 Binärstellen gleichzeitig auf 4 Leitungen)

[1]) Nach J. Baudot (1845–1903).

Parallel-Übertragung. Das Datenwort wird gleichzeitig durch parallel liegende Leitungen übertragen (Bild **3.**50b). Diese Art der Übertragung bevorzugt man für die Übertragung von Daten innerhalb eines Gerätes oder zwischen unmittelbar benachbarten Geräten. Die Zahl der Leitungen entspricht der Stellenzahl des Datenworts. Die gemeinsame Rückleitung (Digital-Null) wird dabei nicht mitgezählt; sie ist oft mehrfach vorhanden.

Serien-Übertragung. Diese Übertragung wird für Fernleitung von Daten bevorzugt. Die binären Stellen werden nacheinander übertragen (Bild **3.**50a). Zuerst kommt das höchststellige Bit des Datenwortes, zuletzt das niedrigststellige. Anschließend folgen häufig zusätzliche Impulse, die die Übertragung kontrollieren und die Korrektur von Übertragungsfehlern ermöglichen (Abschn. 8.3). Die Übertragung auf dem Funkwege durch elektromagnetische Wellen oder über Glasfasern durch Lichtimpulse erfolgt in der Regel seriell.

Serienparallel-Übertragung. Diese Übertragung findet Anwendung bei der Weitergabe von Daten von einem Meßgerät zu einem Empfänger und bei der Datenübertragung über einen Datenbus.

Die zu übertragenden Daten werden geteilt und die Teile parallel nacheinander übertragen. Bei der Übertragung von Meßwerten im BCD-Code, zum Beispiel bei der Übertragung der Daten von Meßgerät zu einem Drucker, verwendet man häufig 8 Leitungen (1 Byte). 4 Leitungen übertragen die Dezimalzahl, vier weitere Leitungen geben die Stelle, das Vorzeichen oder auch den Druckbefehl (Bild **3.**53).

Datenbus. Mit Datenbus bezeichnet man ein Leitungsbündel, an das eine Vielzahl von Geräten angeschlossen ist. Die Daten und Befehle werden serienparallel übertragen. Ein weiterer Bus, der Adreßbus, gibt an, für welchen Empfänger die Daten bestimmt sind. Durch Steuerleitungen kann man aber auch Daten und Adressen nacheinander über den gleichen Bus übertragen (s. Abschn. 8.5).

3.3.6.2 Physikalische Datenwege. Die Übertragung von Daten über Leiterbahnen, Rund- oder Bandkabel, Kontakte und Stecker der verschiedensten Normen ist die Regel. Eine wichtige Ergänzung dieser Übertragungsmöglichkeiten bieten optische Hilfsmittel, magnetische Felder und die elektromagnetischen Wellen.

Opto-Koppler [19] nach Bild **3.**51 dienen zur optischen Übertragung digitaler Daten. Sie bestehen aus einer Infrarot-Lumiszenzdiode (s. Abschn. 3.3.7), einem Lichtleiter und einem Lichtempfänger. Der Empfänger besteht aus einem lichtgesteuerten bipolaren Transistor, der oft zu einem Schmitt-Trigger ergänzt wird, um die Rechteckform der Signale wiederherzustellen. Für größere Steuerleistung verwendet man optisch gesteuerte Thyristoren oder Triacs [11] in der Ausgangsschaltung. Für Serienparallel-Übertragung werden 4 bis 8 Optokoppler zu einem Bauelement zusammengefaßt. Durch Optokoppler werden die Teile der Schaltung galvanisch voneinander getrennt. Die Isolation trennt auch Hochspannungskreise bis zu einigen kV und vermeidet den Übergang von Störungen, insbesondere von Störimpulsen, die häufig die Daten verfälschen.

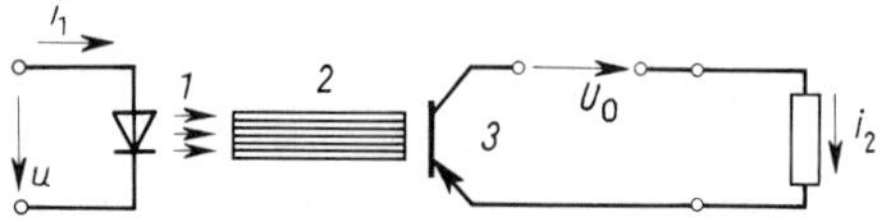

3.51
Opto-elektronisches Übertragungsglied aus einer GaAs-Diode *1* als steuerbarem Leuchtelement, Glasfaser-Lichtleiter *2* und Phototransistor *3*

Magnetische Trennung von Datenwegen, meist die Übertragung über Transformatoren, verwendet man, wenn zu der Meßkreistrennung die Forderung hinzukommt, größere Energien zu steuern. Die hier angewandte Technik ist in Abschn. 4.3.4 beschrieben.

3.3.7 Anzeige und Ausdruck von Daten

3.3.7.1 Optische Anzeige. Buchstaben, Zeichen und Ziffern werden mit elektrisch ansteuerbaren Bauelementen optisch angezeigt. Meßwerte werden als mehrstellige Zahlen mit Dezimalpunkt und Vorzeichen, oft auch mit Einheitszeichen dargestellt. Die Zeichen sind dabei meist aus Rasterelementen zusammengesetzt. Bei Ziffern bevorzugt man das 7-Strich-Raster (Bild **3.**52a) mit vor- oder nachgestelltem Dezimalpunkt. Für alphanumerische Anzeigen (Ziffern, Buchstaben und Sonderzeichen) verwendet man Anzeigen mit 14 Sektoren oder mit Punktraster, vorzugsweise im 5×7 Raster (Bild **3.**52b und c). Die Ansteuerung der Rasterelemente erfolgt entweder statisch oder dynamisch.

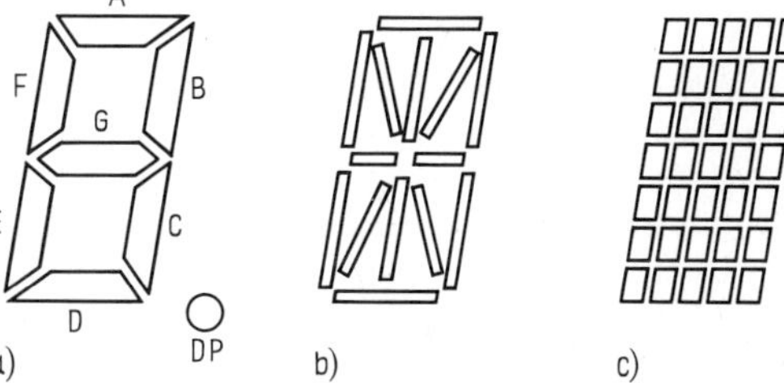

3.52
Rasteranzeigen für Dezimalziffern (a) und Ziffern, Zeichen und Buchstaben (b und c)

Bei der statischen Ansteuerung wird jeder Sektor unabhängig von anderen angesteuert. Überwiegend werden jedoch die Rasterelemente dynamisch angesteuert. Nach Bild **3.**53 sind die Rasterelemente der gleichen Position aller Stellen miteinander verbunden und werden gleichzeitig über einen Dekoder angesteuert. Die einzelnen Stellen werden jedoch nacheinander, seriell angesteuert, so daß nur jeweils eine Stelle aufleuchtet. Durch die Trägheit des beobachtenden Auges erscheint dennoch ein ruhiges Bild, da die Frequenz der Aufeinanderfolge einige kHz beträgt. In Bild **3.**53 wird der Meßwert serienparallel (s. Abschn. 3.3.6.1) über 8 Leitungen (1 Byte) dem Decoder zugeführt. Vier Binärstellen geben den Ziffernwert im Dualcode, drei Binärstellen, die Dezimalstelle (1 bis 8) und eine Stelle das Vorzeichen. Die Dezimalpunkte werden in diesem Beispiel durch separate Leitungen angesteuert. Der Decoder liefert die Ansteuerspannungen für die 7 Rasterstriche *A* bis *G*, nötigenfalls über eine Treiberstufe, die die nötige Ansteuerleistung liefert. Dezimalpunkt und Einheitsanzeige kann hier separat z.B. durch den Meßbereichschalter angesteuert werden. Es ist aber auch möglich, die hier im Beispiel nicht benötigten Sedezimalzahlen *A* bis *F* (s. Tafel **3.**44) zur Ansteuerung der einzelnen Dezimalpunkte zu nutzen. Die Rasterelemente werden als selbstleuchtende Lumi-

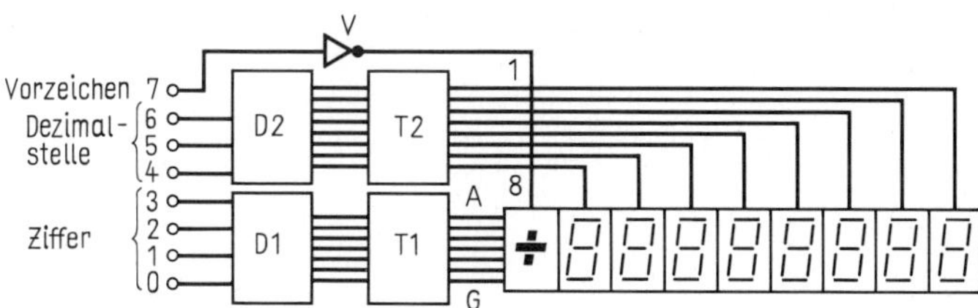

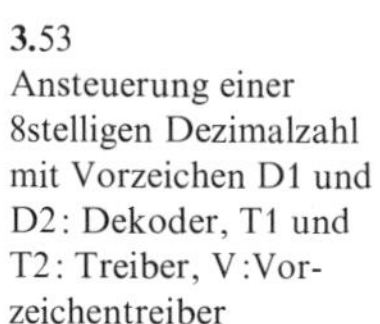
3.53
Ansteuerung einer 8stelligen Dezimalzahl mit Vorzeichen D1 und D2: Dekoder, T1 und T2: Treiber, V: Vorzeichentreiber

niszenzdioden, Fluoreszenz-Anoden, Glühfäden oder als im Fremdlicht sichtbare Flüssigkristall-Zellen ausgeführt.

Lumineszenz-Dioden [47] (LED[1])-Anzeige). PN-Übergänge aus einigen Halbleitern senden bei Stromdurchgang in Durchlaßrichtung einfarbiges Licht aus: Galliumarsenidphosphid (GaAsP) rotes Licht von 660 nm Wellenlänge, Galliumphosphid (GaP) grünes und gelbes Licht. (Für Optokoppler, natürlich nicht für Anzeigen, verwendet man auch Galliumarsenid-Dioden (GaAs), die infrarotes Licht aussenden.) Der Spannungsabfall liegt zwischen 1,5 V und 2 V, die Stromstärke liegt um 1 mA bei statischem und bis zu 200 mA bei dynamischem Betrieb.

Elektronenstrahl-Fluoreszenz-Anzeige. Diese Anzeigen sind flache Vakuum-Elektronenröhren mit einer gemeinsamen Kathode (Heizfaden) für alle Stellen, Gittersteuerung für die einzelnen Stellen und mit Fluoreszenmasse bedeckten Rasterelementen als Anoden. Die Gittersteuerung bewirkt die Freigabe der einzelnen Stellen, die jeweilig angesteuerten Anodensegmente leuchten durch die auftreffenden Elektronen. Die Heizspannung beträgt einige V, die Anodenspannungen liegen zwischen 12 V und 60 V bei einigen mA Anodenstrom.

Flüssigkristall-Anzeihe (LCD[2])-Anzeige). Eine dünne Schicht einer organischen Substanz ist eingeschlossen zwischen Glasplatten, die durchsichtige, die Sektoren bildende Elektroden tragen. Unter dem Einfluß des elektrischen Feldes ändert die Substanz ihren Ordnungszustand: sie wird entweder milchig trübe, oder sie dreht die Polarisationsebene des durchfallenden Lichtes, was durch vorgeschaltete Polarisationsfilter erkennbar wird. Diese Anzeigen leuchten nicht selbst, sondern sind nur in durchfallendem oder auffallendem Licht sichtbar, und zwar im Gegensatz zu den selbstleuchtenden Anzeigen um so besser, je heller das auffallende Licht ist. Sie benötigen zur Ansteuerung sehr wenig Leistung (um 0,1 mW/cm^2) und sind daher besonders für batteriebetriebene Geräte geeignet.

Glühfaden-Anzeige. Die Sektoren werden aus direkt stromdurchflossenen Glühfäden gebildet. Typische Betriebsdaten sind 1 V und 50 mA pro Rasterelement. Bei Großanzeigen werden die Sektoren durch einzelne Glühlampen in entsprechend geformten Lichtschächten gebildet.

Glimmlicht-Anzeige. Gasentladungsröhren enthalten hintereinander angeordnete, in Ziffernform gebogene Kathodendrähte. Die Betriebsspannung von etwa 150 V wird über einen Vorwiderstand an die jeweilige Kathode und eine oder zwei gemeinsame Anoden gelegt. Bei einem Strom bis zu einigen mA überzieht sich die angesteuerte Kathode mit einem Schlauch von meist orangefarbenem negativem Glimmlicht. Zu jeder Dezimalstelle gehört eine Einzelröhre, die auch meist eine Kathode für einen Dezimalpunkt enthält.

3.3.7.2 Bildschirm-Anzeige. Die Daten werden als Zahlen, Text und Graphen, z. B. als Funktionen nach Abschn. 1.4.1 oder Histogramme (Säulendarstellung) nach Abschn. 1.4.3 auf dem Bildschirm einer Elektronenstrahlröhre dargestellt. Dabei verwendet man entweder Oszilloskopröhren nach Abschn. 3.2.1 mit elektrostatischer Ablenkung oder Fernseh-Bildröhren mit elektromagnetischer Ablenkung, die wegen des größeren Bildschirms und der Möglichkeit der farbigen Darstellung bevorzugt werden.

Die Ablenkprogramme für die alphanumerischen Zeichen und die graphischen Elemente sind in einem Datenspeicher (ROM[3])) niedergelegt und können durch ihre Adresse abgerufen wer-

---

[1]) Light-Emitting-Diode. [2]) Liquid-Cristal-Display.

[3]) ROM: Read Only Memory: Nur-Lese-Speicher.

den. Auch der Ort auf dem Bildschirm ist in Rasterpunkte aufgeteilt und adressierbar. Der Bildschirminhalt ist in einem Bild-Wiederholspeicher niedergelegt (RAM[1])). Jedem Rasterelement ist hier eine Adresse zugeordnet, in der die zugehörigen Zeichen oder Bildelemente gespeichert sind. Nach einem ebenfalls im Programmspeicher (RAM) niedergelegten Darstellungsformat werden die eingehenden Meßdaten im Bildwiederholspeicher niedergelegt. Der gesamte Inhalt des Bildschirmwiederholspeichers wird nun 50 oder 100mal in der Sekunde vom Elektronenstrahl aufgezeichnet.

3.3.7.3 Datendrucker. Durch ein Druckwerk werden die einlaufenden Daten auf normales Schreibpapier oder auf Spezialpapier abgedruckt (s. a. Abschn. 2.7.2.1).

Streifendrucker verwenden Papierrollen nach DIN 6747 und drucken meist numerische Daten fortlaufend untereinander.

Blattdrucker verwenden breites Schreibpapier z. B. im Format DIN A4 oder mit Randlochung versehene „endlos" aneinanderhängende Stapelbögen (DIN 6720).

Bei Rasterdruckwerken wird jedes Zeichen aus 5 × 5, 7 × 9 oder mehr Rasterelementen zusammengesetzt. Thermodrucker verwenden eine aus den Rasterelementen bestehende Diodenmatrix, deren Elemente, durch Stromimpulse erwärmt, auf wärmeempfindlichem Papier Farbflecke erzeugen, aus denen die Zeichen gebildet werden. Vorteilhaft ist der geräuscharme Druck und das unkomplizierte Druckwerk, nachteilig die Verwendung von teurem Thermopapier oder Thermofarbbändern. Bei Nadeldruckern werden 8 bis 24 einzelne Drucknadeln elektromagnetisch angesteuert, die in einem austauschbaren Druckkopf vereinigt sind. Der kräftige Anschlag ermöglicht die Anfertigung von Durchschlägen. Als Farbträger dienen Farb- oder Kohlebänder. Die Druckgeschwindigkeit beträgt 100 bis 200 Zeichen pro Sekunde. Störend ist das Druckgeräusch von 55 bis 60 dB. Der Transport des Druckwerks und des Papiers erfolgt über Schrittmotoren. Die Transport- und Druckbefehle errechnet ein Mikroprozessor auf Grund der in einem Zwischenspeicher abgelegten Daten, in den zeilen- bis seitenweise die über ein Bus-System angelieferten Daten zwischengespeichert werden (s. Abschn. 8.5.1).

Typenraddrucker haben ein für verschiedene Schriftarten austauschbares Typenrad, das von einem Schrittmotor digital angesteuert wird. Die Druckgeschwindigkeit beträgt 10–50 Zeichen pro Sekunde. Sie erzeugen ein Schriftbild in Korrespondenzqualität.

Rollendruckwerke verwendet man für den Ausdruck numerischer Daten bei Streifendruckern. Die Druckrolle trägt auf dem Umfang die Zifferntypen von 0 bis 9 und einige wenige Zeichen. Entweder ist jeder Druckposition eine Rolle zugeordnet, oder die Rolle wird seitlich verschoben.

Schnelldrucker, wie sie in der Datenverarbeitung benutzt werden, finden auch in der Meßtechnik Verwendung. Dazu gehören auch die Farbstrahl-Drucker und die Laser-Drucker, die in Abschn. 2.7.2.1 näher beschrieben sind.

3.3.7.4 Quasianaloge Leuchtsäulen-Anzeige. Elektrisch ansteuerbare Leuchtelemente, meist Leuchtdioden mit Plastik-Lichtleiter mit rechteckigem Lichtaustritt von z. B. 6 mm × 1,5 mm, sind zu Säulen von 50 bis 100 Stück aufeinandergeschichtet. Durch entsprechende Codierung wird der untere Teil der Säule derart angesteuert, daß die Höhe der leuchtenden Elemente der

[1]) RAM: Random Access Memory: Schreib- und Lesespeicher.

Meßgröße proportional ist. Auf diese Weise ergibt sich eine analoge Anzeige ohne Mechanik mit digitaler Ansteuerung. Die Auflösung der Anzeige ist dabei von der Anzahl der Säulenelemente abhängig.

3.4 Digital-Meßgeräte und Meßverfahren

Digital-Meßgeräte für elektrische Größen haben in der Regel eine Eingangsschaltung zur Normierung der elektrischen Größen und zur Umsetzung in elektrische Spannungen oder Impulse in verarbeitbarer Form. Darauf folgt die analoge Signalverarbeitung, z.B. Verstärkung, Gleichrichtung, Integration, der Übergang zu digitalen Signalen, falls die Meßgröße noch nicht digital vorliegt, und die digitale Verarbeitung der Signale bis zur Ausgabeschaltung für die Anzeige und Datenübertragung nach Abschn. 3.3.6 und 3.3.7. Der zeitliche Ablauf der Funktionen wird durch eine digitale Steuerschaltung festgelegt, deren Taktfrequenz durch einen Taktgenerator bestimmt wird. Bis auf die Eingangsschaltung, die Bedienelemente, die Stromversorgung, einige Kondensatoren und Lastwiderstände und den Steuerquarz läßt sich der größte Teil der Schaltelemente in integrierten Festkörperschaltkreisen zusammenfassen. Aufbau und Technologie dieser Schaltkreise sind nicht Gegenstand dieses Buches.

3.4.1 Elektronische Zähler

Elektronische Zähler sind Einrichtungen zur Zählung und dekadischen Anzeige von Impulsfolgen. Als Universalzähler dienen sie auch zur Frequenz- und Frequenzverhältnismessung und zur Zeitmessung durch Zählung von Impulsen mit genau definierter Folgefrequenz. Viele digitale Meßgeräte, z.B. Analog-Digitalumsetzer, enthalten elektronische Zähler (s. Abschn. 3.4.3).

3.4.1.1 Funktionsgruppen. Ein Universalzähler besteht aus Funktionsgruppen, die in Bild **3.**54 schematisch dargestellt sind. Diese Gruppen werden durch den Funktionswahlschalter *1* direkt über Schaltkontakte oder über die Schaltlogik *2* für die verschiedenen Meßaufgaben verbunden. Kerngruppe ist der Dezimalzähler *3* mit 4 bis 9 Dezimalstellen (s. Abschn. 3.3.5) in Verbindung mit Zählwertspeicher *4* und Ziffernanzeige *6*. Die meisten Zähler haben zusätzlich eine Überlaufanzeige *7*, die Anzeige des Dezimalpunktes[1]) *8* und eine Einheitenanzeige *9*.

Vor Zählbeginn wird der Zähler *3* durch den Schalttaster *10*, einen Nullstellimpuls über den Anschluß *D* oder durch die Schaltlogik *2* auf Null gestellt. Die Zählung wird durch das Tor *12* gesteuert. Es wird für die über *a* einlaufenden Impulse durch die Torspannung bei *b* geöffnet und geschlossen (Bild **3.**55). Die Torspannung am Anschluß *G* ermöglicht Messung und Kontrolle der Torzeit T_T, während der das Tor geöffnet ist. Der Zählwertspeicher *4* übernimmt den Zählwert vom Zähler, speichert ihn für eine durch den Speicherzeitsteller *5* gegebene Zeit (zwischen 10 ms und 10 s und Daueranzeige) und gibt ihn an die Ziffernanzeige und den Ausgabecoder weiter. Während der Speicherzeit kann der Zähler *3* eine neue Messung durchführen. Bei Zählerüberlauf (alle Zählstellen enthalten nach der vorletzten Zählung eine 9) gibt dieser eine Überlaufanzeige *7* über den Überlaufspeicher und ein Überlaufsignal bei *H*, zeigt Nullen in allen Stellen und zählt weiter, bis das Tor geschlossen ist.

---

[1]) Elektronische Zähler zeigen anstelle des Dezimalkommas nach DIN 1333 den international bevorzugten Dezimalpunkt.

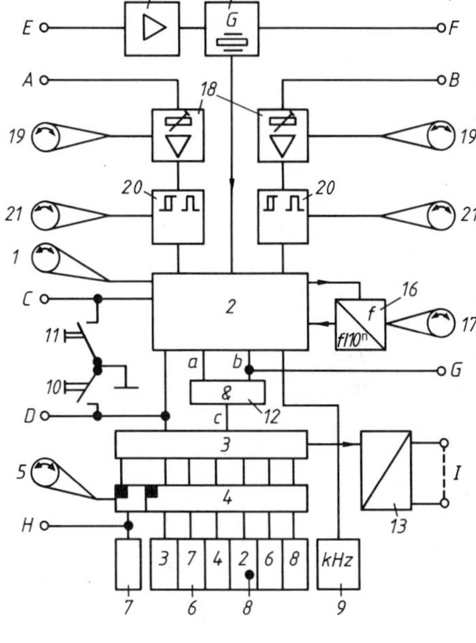

3.54
Blockschaltung eines elektronischen Universalzählers

1 Funktionswahlschalter, *2* Schaltlogik, *3* Dezimalzähler, *4* Zählwertspeicher, *5* Speicherzeitsteller, *6* Ziffernanzeige, *7* Überlaufanzeige, *8* Dezimalpunkt, *9* Einheitenanzeige, *10* Nullstelltaster, *11* Torsteuertaster, *12* Zählertor, *13* Ausgabecoder, *14* Zeitbasisgenerator, *15* Synchronisierverstärker, *16* dekadischer Untersetzer, *17* Teilersteller, *18* Eingangsabschwächer mit Vorverstärker, *19* Eingangssteller, *20* Eingangstrigger, *21* Triggersteller

A, *B* Meßspannungseingänge, *C* Torsteuereingang, *D* Nullstelleingang, *E* Zeitbasiseingang, *F* Zeitbasisausgang, *G* Torzeitausgang, *H* Überlaufausgang, *I* Codeausgabe, *a*, *b*, *c* s. Bild **3.55**

3.55
Impulse und Spannungen am Zählertor

a Eingangsimpulse, *b* Torspannung mit Torzeit T_T, *c* Ausgangsimpulse, *b'* und *c'* zeitlich verschobene Torzeit mit Ausgangsimpulsen

Viele Zähler zeigen den Überlauf in Form einer 1 als höchste Dezimalstelle. Dadurch wird die Zählkapazität verdoppelt. Es besteht dabei die Gefahr, daß ein mehrfacher Überlauf übersehen und die Anzeige falsch gedeutet wird. Zeigt z. B. ein dreistelliger Zähler mit Überlauf 1 die Zahl 1999, so kann das bei mehrfachem Überlauf auch 2999 usw. Zählungen bedeuten. Zählt man die Überlaufimpulse mit einem an den Anschluß *H* angeschlossenen weiteren Zähler, so läßt sich die Zählkapazität (Stellenzahl) beliebig erweitern. Da bei Überlauf die Zählgenauigkeit nicht beeinträchtigt wird, kann man bei der Messung konstanter Frequenzen die Zählkapazität durch zweifache Messung bei verschiedener Zeitbasis vergrößern. Um z. B. mit einem vierstelligen Zähler die Frequenz 234 567,8 Hz genau zu messen, wählt man zuerst die Meßzeit 10 ms und erhält die Anzeige 234,5 kHz. Bei der zweiten Messung zählt man 10 s lang und erhält die Anzeige (Überlauf) 567,8 Hz. Zusammengesetzt ergibt sich der richtige Wert.

Der Ausgabecoder *13* liefert den im Zählspeicher *4* gespeicherten Zahlenwert und den durch die Wahl der Untersetzerstufe festgelegten Exponenten *n* in Form eines Codes an externe Geräte, wie Drucker, Digital-Analog-Umsetzer oder Rechner (s. Abschn. 3.3.6).

Der Zeitbasisgenerator *14* liefert Rechteckimpulse der genauen Frequenz 0,1 MHz, 1 MHz oder 10 MHz. Sie dienen zur Zeitmessung und zur Herstellung der Torzeiten mit dem dekadischen Untersetzer *16*. Nur einfachste Zähler verwenden als Zeitbasis die Netzfrequenz oder einen von ihr synchronisierten Multivibrator. Im Verbundnetz kann man dann mit dem relativen Zeitfehler 10^{-4} rechnen. Quarzgesteuerte Zeitbasisgeneratoren liefern in einfacher Ausführung schon relative Frequenzfehler von 10^{-6}, bei Schwingquarzen in Thermostaten erreicht man relative Fehler bis herab zu 10^{-10}. Die Zeitbasisfrequenz läßt sich über den Anschluß *F* kontrollieren und gegebenenfalls etwas nachstellen. Durch den Anschluß externer Zeitnormale an *E* läßt sich über eine Synchronisationsschaltung *15* der Fehler der externen Normale übernehmen.

Der dekadische Untersetzer *16* teilt die Frequenz der einlaufenden Impulse durch einen mit dem Teilungsteller *17* wählbaren dekadischen Wert 10^n mit n zwischen 1 und 9. Für die Frequenzmessung liefert der Untersetzer die Torzeit T_T von meist 0,01 s, 0,1 s, 1 s oder 10 s; bei der Zeitmessung erzeugt er Impulse in Zeitabständen von 1 µs bis 1 s durch Teilung der Zeitbasisfrequenz. Er dient weiter zur Teilung der Impulsfolgen der Eingangsschaltungen. Der eingestellte Teilungsexponent bewirkt weiter in Verbindung mit der Stellung des Wahlschalters *1* die richtige Anzeige der Einheit und des Dezimalpunkts.

Eingangsschaltung. Viele Zähler haben zwei Eingänge für Meßspannungen, *A* und *B*, und weitere Steuereingänge zur Nullsetzung des Zählers und zur direkten Steuerung des Tores. Für Meßspannungen mit Frequenzen bis 50 MHz ist der Eingangswiderstand meist hochohmig (z.B. 1 MΩ ‖ 10 pF), für höhere Frequenzen wird zum reflektionsfreien Anschluß der Eingangswiderstand 50 Ω bevorzugt. Mit einem Spannungsteiler (Abschwächer) und einem Verstärker *18* wird die Größe der Eingangsspannung normalisiert und dem Trigger *20* zugeführt. Der Trigger liefert die zur Zählung und Torsteuerung nötigen kurzdauernden Impulse. Dazu wird mit dem Triggersteller *21* eine positive oder negative Spannung, also Triggerpegel oder Triggerniveau, eingestellt (Bild **3**.56). Erreicht die Meßspannung das Triggerniveau, so wird ein steiler Impuls erzeugt. Mit einem Wahlschalter kann bestimmt werden, ob der Impuls bei ansteigendem oder bei fallendem Durchgang weitergegeben wird.

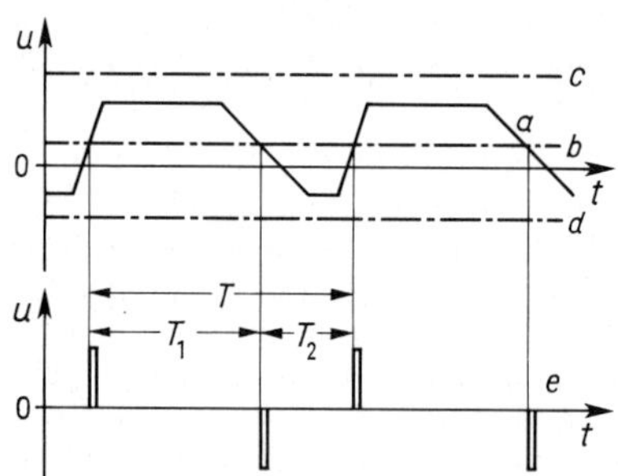

3.56
Eingangsspannung *a* mit richtigem *b* und falschen Triggerniveaus *c* und *d*; *e* Triggerausgangsimpulse
T Periodendauer unabhängig und Teilzeiten T_1 und T_2 abhängig vom Triggerniveau *b*

Frequenzgrenze. Die obere Frequenzgrenze eines Zählers gibt an, welche Folgefrequenz äquidistanter Triggerimpulse noch fehlerfrei gezählt werden kann. Sie wird entscheidend durch die Schaltzeiten der Zählerlogik festgelegt. Die Schaltgenauigkeit des Triggers hängt von der Größe und dem Meßsignal-Störsignal-Abstand der Eingangsspannung ab. Mit MOS-Logik-Schaltungen lassen sich noch Frequenzen bis über 50 MHz zählen; für höhere Frequenzen bis über 1 GHz sind Zählschaltungen aus bipolaren Transistoren oder Tunnel-Dioden erforderlich.

Fehler. Da die Torzeiten und die Triggerimpulse nicht synchronisiert sind, ergibt sich grundsätzlich eine Unsicherheit um eine Einheit in der letzten Zählstelle. Je nach Beginn der Toröffnung in Bild **3**.55 zeigt der Zähler 6 oder 7 als Zählergebnis. Der absolute Zählfehler wird daher mit ± 1, der relative Zählfehler mit $\pm 1/n$ mit n als Zählwert angegeben. Der Triggerfehler ist vor allem bei der Zeitmessung von Bedeutung. Entscheidend ist die richtige Wahl des Triggerpegels und des Vorzeichens des Triggerdurchgangs nach Bild **3.**56. Bei manchen Messungen empfiehlt sich daher, Meßspannung und Triggerpegel oszilloskopisch zu überwachen. Bei der Messung der Dauer einer Sinusperiode liegt der Schaltfehler des Triggers bei 0,3% der Periodendauer. Als weiterer Fehler kommt der Fehler der Zeitbasis hinzu.

Prüfschaltung. Der Zähler zählt die Schwingungen seiner eigenen Zeitbasis. Dadurch prüft er den Zähler mit Anzeige und Speicher, den Untersetzer und das Tor, aber nicht die Genauigkeit der Zeitbasis und die Eingangsschaltungen.

3.4.1.2 Impuls- und Ereigniszählung. Die über einen Eingang A oder B laufenden Impulse oder Schwingungen werden durch den Trigger in kurzdauernde Impulse umgeformt und über die Schaltlogik auf den Zähleingang des Tores gegeben. Das Tor wird durch den Taster *11* über den Anschluß C oder durch Triggersignale aus den Eingängen A und B geöffnet und geschlossen. Die Nullsetzung erfolgt durch den Taster *10* oder den Anschluß D.

Zähler mit Vorwahl haben ein Vorwahlregister zur Vorgabe einer beliebigen Dezimalzahl. Der Zähler meldet das Erreichen der voreingestellten Zahl über einen getrennten Ausgang und beginnt von neuem zu zählen. Bei der Zählung von Kontaktschlüssen ist zu beobachten, daß nahezu alle mechanischen Kontakte zu Prellungen neigen. Der Kontakt wird insbesondere beim Schließen mehrfach kurzzeitig geöffnet und geschlossen. Um Mehrfachzählungen zu vermeiden, haben manche Zähler ein einstellbares Zeitglied zwischen Trigger und Schaltlogik, das bei kurz aufeinander folgenden Triggerimpulsen nur den ersten Impuls durchläßt und die innerhalb der Sperrzeit folgenden Impulse nicht weitergibt (Entprellschaltung).

3.4.1.3 Frequenzmessung. Es werden die steigenden oder fallenden Durchgänge der Meßspannung durch den Triggerpegel innerhalb einer einstellbaren Zeit, meist 10 ms, 0,1 s, 1 s oder 10 s, gezählt. Bei sinusförmigen Meßspannungen wird der Triggerpegel 0 V, bei positiven oder negativen Impulsen eine über dem Störpegel liegende positive oder negative Spannung gewählt. Nach Übernahme des Zählwerts durch den Zählwertspeicher wird die Messung periodisch wiederholt und der angezeigte Wert nach Ablauf der Speicherzeit korrigiert. Abhängig von der Schaltungstechnik sind Frequenzen bis über 1 GHz direkt zählbar. Viele Zähler haben in der Eingangsschaltung Vorteiler (z.B. auf $^1/_4$ oder $^1/_{100}$) zur Reduktion der Frequenz der Meßspannung und zur Anpassung an die obere Frequenzgrenze des Zählers.

Meßbereichautomatik. Sie sorgt selbsttätig für die richtige Wahl der Untersetzerstufe, so daß die Zählkapazität voll genutzt, aber ein Überlauf vermieden wird. Dies kann z.B. bei der Frequenzmessung auf folgende Weise geschehen: Die Zeitbasis wird erst nach dem Start des Zählers in Abhängigkeit vom Zählerstand festgelegt. Dazu gibt der Untersetzer nach dem Start eine Folge von Stopimpulsen nach 10 ms, 100 ms und 1 s ab.

Diese Impulse werden erst dann zum Stop freigegeben, wenn der Zähler die 9 in der vorletzten Stelle überschritten hat. Ein 6stelliger Zähler mit Automatik mißt z.B. eine Frequenz von 4 MHz. Nach 22,5 ms hat die 5. Zählstelle eine 9. Dadurch wird der Stop für den nächsten Impuls des Untersetzers freigegeben. Dieser folgt nach 100 ms Zählzeit. Die Anzeige ist dann 4000.00 kHz, die Stellenzahl ist voll genutzt.

Frequenzen im GHz-Bereich lassen sich nicht mehr direkt zählen. Verschiedene Verfahren und Zusatzeinrichtungen ermöglichen es jedoch, auch diese Frequenzen mit der vollen Genauigkeit eines Zählers zu messen. Bild **3.**57 zeigt das Blockschaltbild einer solchen Meßeinrichtung. Grundeinheit ist der Zähler *1*, der noch Frequenzen bis 50 MHz zu zählen gestattet. Von dessen Zeitbasisfrequenz 10 MHz wird mit einem Frequenzvervielfacher *2* eine Wechselspannung von 200 MHz gebildet. Diese wird mit dem Oberschwingungsgenerator *3* so verzerrt, daß noch Oberschwingungen im Bereich zwischen 3 GHz und 18 GHz vorhanden sind, die sich als ganzzahlige Vielfache von 200 MHz darstellen lassen. Mit dem Hohlraumresonator *4* läßt sich durch Abstimmung eine dieser Oberschwingungen $f_v = n \cdot 200$ MHz herausfiltern. Im Mischer *5* wird diese Oberschwingung mit der Meßfrequenz f_x gemischt. Dadurch bildet sich die Differenzfrequenz $f_x - f_v$, die mit dem abstimmbaren Verstärker *6* mit Resonanzanzeige *7* herausgefiltert wird. Die Differenzfrequenz wird durch den Untersetzer *8* durch 4 geteilt und liegt somit im Bereich des Zählers *1*. Damit der Zähler die richtige Differenzfrequenz anzeigt, wird die Zeitbasis durch den Zeitbasisexpander *9* um den Faktor 4 vergrößert. Zu der angezeigten Frequenz $f_x - f_v$ ist dann lediglich die am Resonator ablesbare Frequenz f_v zu addieren, um f_x zu erhalten.

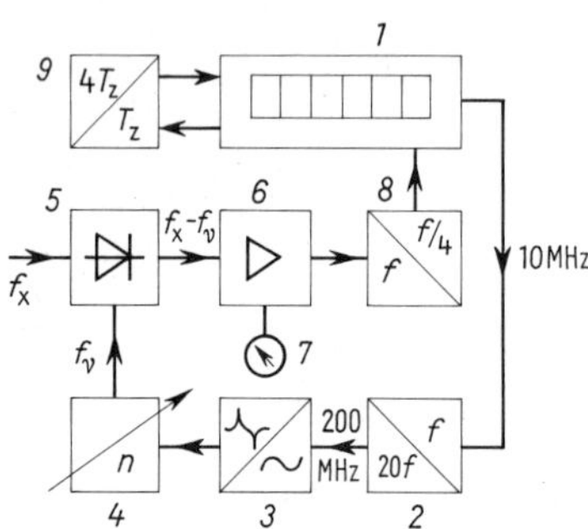

3.57
Meßeinrichtung für Frequenzen im GHz-Bereich

1 50-MHz-Universalzähler, *2* Frequenzvervielfacher, *3* Oberschwingungsgenerator, *4* abstimmbarer Hohlraumresonator, *5* Mischer, *6* Resonanzverstärker, *7* Abstimmanzeige, *8* Frequenzteiler, *9* Zeitbasisexpander

f_x Meßfrequenz, $f_v = n \cdot 200$ MHz Vergleichsfrequenz, T_z Zählzeit

Frequenzverhältnismessung. Die beiden Meßspannungen mit den Frequenzen f_a und f_b werden auf die Eingänge *A* und *B* (Bild **3.**54) geschaltet. Die Triggersignale des Eingangs *A* werden gezählt, die Triggersignale des Eingangs *B* mit dem Untersetzer durch 10^n geteilt; sie steuern das Tor. Der Zähler zeigt $10^n f_a/f_b$.

3.4.1.4 Zeitmessung. Die Impulse des Zeitbasisgenerators oder seine durch den Untersetzer durch 10^n geteilte Impulsfolge werden während der zu messenden Zeit gezählt. Diese steuert das Tor entweder über den Taster *11* (Bild **3.**54), Impulse über den Anschluß *C* oder durch Triggerimpulse aufgrund von Spannungsänderungen an den Anschlüssen *A* und *B*. Zeiteinheit und Kommastellung werden durch die Einstellung des Untersetzers *16* bestimmt. Periodendauer, Impulslänge und Impulsabstand werden in gleicher Weise durch entsprechende Wahl des Triggerpegels nach Bild **3.**56 und der Auswahl der Triggerimpulse gemessen. Zur Messung der durchschnittlichen Periodendauer wird der Untersetzer durch die Schaltlogik zwischen die Triggerschaltung und die Torsteuerung bei *c* geschaltet, die dafür sorgt, daß die Zeitzählung erst nach 10^n Perioden gestoppt wird.

Bei niedrigen konstanten Frequenzen ergibt die Messung der durchschnittlichen Periodendauer genauere Werte als die Frequenzmessung in kürzerer Zeit. Bei der Messung von 1000 Hz gibt bei der Frequenzmessung der Zähler nach 1 s die Anzeige 1000 Hz, nach 10 s die Anzeige 1000.0 Hz. Bei der Messung der durchschnittlichen Periodendauer von 1000 Schwingungen zeigt der Zähler 1000.000 µs, eine um 2 Dezimalstellen genauere Anzeige bei kürzerer Meßzeit.

3.4.2 Digital-Analog-Umsetzer

Umsetzer sind Einrichtungen zur Änderung der Art eines Meßsignals. Digital-Analog-Umsetzer (D/A-Umsetzer) bilden aus einer in digitalem Code gegebenen Meßgröße ein analoges Spannungs- und Stromsignal.

Funktionsprinzipien. D/A-Umsetzer benötigen zur gleichzeitigen Steuerung der Bewertungsstromkreise parallel und gleichzeitig vorhandene binäre Daten. Ein seriell ankommendes Signal wird daher durch ein Schieberegister in ein Parallelsignal umgesetzt. Gleichzeitig werden daraus, nötigenfalls durch Umcodierung, die für die Steuerung der Stromkreise nötigen Impulse gebildet. Bild **3.**58a zeigt schematisch die Bildung des Analogsignals. Eine Referenzspannungsquelle *4* bildet zusammen mit den Bewertungswiderständen R_1 bis R_n Stromkreise, die durch vom Eingangssignal gesteuerte Schalter geöffnet und geschlossen werden können. Die Ströme, die sich z.B. bei binärem Ansteuerungscode wie $1:2^1:2^2:\ldots:2^n$ verhalten, bilden über den Summierverstärker *6* (vgl. Abschn. 3.1.4.2) mit dem Rückführungswiderstand R_g am Ausgang *2* eine der Summe der Ströme i_n proportionale Spannung $u_2 = -R_g \Sigma i_n$.

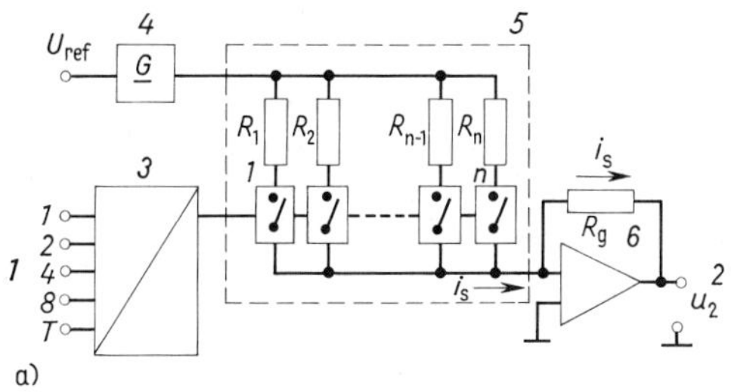

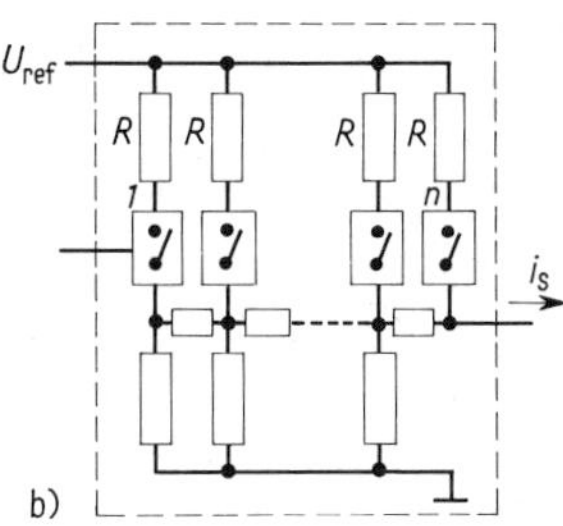

3.58 Blockschema eines Digital-Analog-Umsetzers (a) und Bewertungsstromkreise mit verändertem Bewertungsnetzwerk (b)

1 Codeeingang mit Takteingang *T*, *2* Analogausgang, *3* Steuercoder, *4* Referenzspannungsquelle mit Kontrollanschluß U_{ref}, *5* Bewertungsstromkreise mit Ausgangsstrom i_s, *6* Summierverstärker mit Rückführwiderstand R_g liefert die Ausgangsspannung $u_2 = R_g i_s$

Bei großer Stellenzahl unterscheiden sich größter und kleinster Strom um viele Größenordnungen. Das vermeidet eine Abart dieser Schaltung nach Bild **3.**58b. Alle Bewertungsstromkreise führen hier den gleichen Strom *i*. Durch Stromteilung in einem Widerstandsnetzwerk wirkt jedoch nur der gewünschte Teil des Stromes am Eingang des Summationsverstärkers. Als Schalter verwendet man vorwiegend Feldeffekttransistoren, deren Durchgangswiderstand wegen der Speisung durch konstante Ströme keinen Einfluß auf die Umsetzung hat.

Zur Darstellung der Helligkeit von Bildpunkten aus digitalen Daten benötigt man sehr schnelle D/A-Umsetzer. Bild **3.**58c zeigt das Blockschaltbild eines Umsetzers, der über

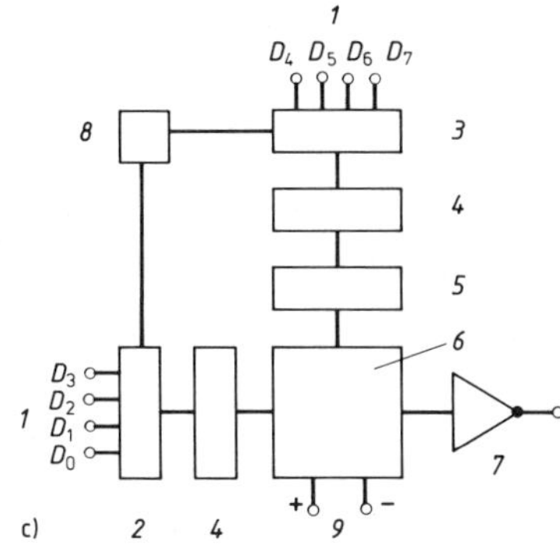

3.58c
Blockschaltbild eines monolithischen 8 Bit D/A-Umsetzers

1 Eingänge D0 bis D7
2 Zeilen-Register
3 Spalten-Register
4 Dekoder
5 Puffer
6 Widerstands- und Schalter-Matrix
7 Video-Ausgangsverstärker
8 Steuerlogik mit Takteingang
9 Referenz-Spannungseingänge

20 Millionen 8-bit Daten in der Sekunde in Analogwerte umsetzen kann. Die Daten D0 bis D3 werden im Zeilen-Register, die Daten D4 bis D7 im Spalten-Register gespeichert. Von dort steuern sie über Decoder und Puffer die FET-Schalter einer Matrix mit 257 Widerständen, die von Konstantspannungen gespeist werden. Die 4 höherwertigen Bit bestimmen die Spalte, die niederwertigen Bits die Knotenpunkte der Matrix, die mit dem schnellen Ausgangsoperationsverstärker verbunden werden. Dieser Verstärker wird als integrierter Schaltkreis auf einer aktiven Siliziumfläche von 1,2 mm^2 realisiert.

3.4.3 Analog-Digital-Umsetzer

3.4.3.1 Quantisierung von Spannungen. Analog-Digital-Umsetzer (A/D-Umsetzer) bilden aus einer Spannung innerhalb eines vorgegebenen (normierten) Intervalls (z.B. von 0 bis 10 V oder von -2048 mV bis $+2048$ mV) ein digitales Ausgangssignal, die Spannung wird quantisiert (s. Abschn. 3.3.1). Beginn und Ende der Quantisierung und die Dauer der Ausgangsimpulse werden von einem Taktgenerator bestimmt, der von außen zugeschaltet, aber auch Bestandteil des A/D-Umsetzers sein kann.

Schnelle A/D-Umsetzer bevorzugen als Ausgangsgröße den Dualcode mit $n = 4$ bis 12 binären Stellen. Der Quantisierungsfehler beträgt dabei eine Einheit in der letzten Stelle entsprechend einem relativen Fehler von $\pm 2^{-n}$. Die Umsetzungsfrequenz ist von der Stellenzahl abhängig. Bei $n = 6$ kann sie über 100 MHz betragen. Schnelle A/D-Umsetzer dienen daher vor allem zur Quantisierung sehr schnell (hochfrequent) veränderlicher Meßwerte (s. Abschn. 3.4.5) und auch zur Quantisierung der Ausgangsgrößen einer größeren Anzahl von Meßwertgebern für normierte Signale mit Meßwertumschaltern (Multiplexer, s. Abschn. 8.4.2).

Langsame A/D-Umsetzer mit Umsetzungsfrequenzen von 1 bis 20 Meßwerten pro s werden vorzugsweise zur digitalen Spannungsmessung mit Dezimalanzeige und BCD-Ausgabecode verwendet.

Referenzspannungsquelle. Als Spannungsnormal wird meist eine Z-Diodenschaltung (s. Abschn. 4.1.2) eingesetzt. Bei Präzisionsgeräten ist es oft möglich, eine externe, oft temperaturstabilisierte Referenzspannungsquelle oder ein Normalelement anzuschließen. Der relative Fehler der Referenzspannung bestimmt die untere Grenze des Fehlers der A/D-Umsetzung.

3.4.3.2 Stufenkompensatoren. Wie beim Kompensator nach Abschn. 4.3.3.1 wird die Meßspannung u_1 mit der Vergleichsspannung u_v verglichen. Beim Verfahren der sukzessiven Approximation nach Bild **3.**59 wird die Vergleichsspannung u_v durch einen Parallelver-

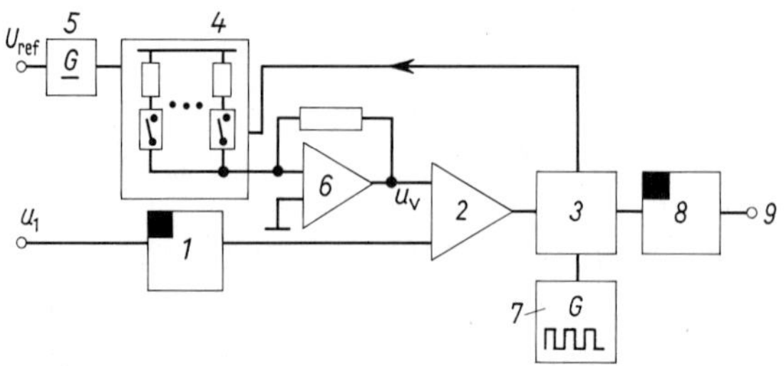

3.59 Blockschaltung eines Analog-Digital-Umsetzers nach dem Verfahren der sukzessiven Approximation

1 analoger Speicher für die Eingangsspannung u_1, *2* Spannungskomparator, *3* Steuerlogik für *4*, Parallel-Verschlüßler *4* bildet aus der Referenzspannung *5* mit dem Summierverstärker *6* die Vergleichsspannung u_v, *7* Taktgenerator, *8* Speicher und Anzeige für den Digitalwert, *9* Digitalwert-Ausgabe

schlüßler nach Bild **3.**58 erzeugt. Der Komparator *2* steuert abhängig vom Vorzeichen der Spannungsdifferenz $(u_1 - u_v)$ die Schaltlogik *3*, die den Parallelverschlüßler *4* stufenweise schaltet, bis die Spannungsdifferenz eine gegebene Schwelle unterschreitet. Die Schalterstellungen des Stufenverschlüßlers ergeben dann das Meßergebnis.

Parallelumsetzer vergleichen das Meßsignal gleichzeitig mit allen möglichen Quantisierungsstufen, d.h., bei 6-Bit-Auflösung wird das Meßsignal gleichzeitig mit 64 Spannungsstufen verglichen. Bild **3.**60 zeigt eine solche hier stark vereinfachte Schaltung. Es sind hier 64 Komparatoren vorhanden, die die Meßspannung u_1 mit der durch den Spannungsteiler in 64 Teilspannungen geteilten Referenzspannung U_{ref} vergleichen. Sie haben bivalente Ausgänge und sind durch einen gemeinsamen Takt gesteuert. Der invertierende Ausgang eines Komparators wird zusammen mit dem nichtinvertierten Ausgang des nächsten Komparators durch ein NOR-Gatter verknüpft. Dieses hat am Ausgang nur dann eine 1, wenn beide Eingänge 0 sind. Dies ist aber nur der Fall, wenn der Wert der Meßspannung zwischen den Spannungen der benachbarten Komparatoren liegt. Das Meßergebnis liegt also am Ausgang der NOR-Glieder als 1-aus-64-Wort vor (eine 1 und 63 × 0). Durch einen schnellen Dekoder wird dieses Wort in den gewünschten Code (meist binär, seltener BCD) gebracht. Als integrierte Schaltung ausgeführt, hat ein solcher Parallelwandler die Umsetzungsfrequenz 18 MHz. Er läßt sich mit einem weiteren Umsetzer zur 7-Bit-Auflösung oder mit 3 weiteren zur 8-Bit-Auflösung erweitern.

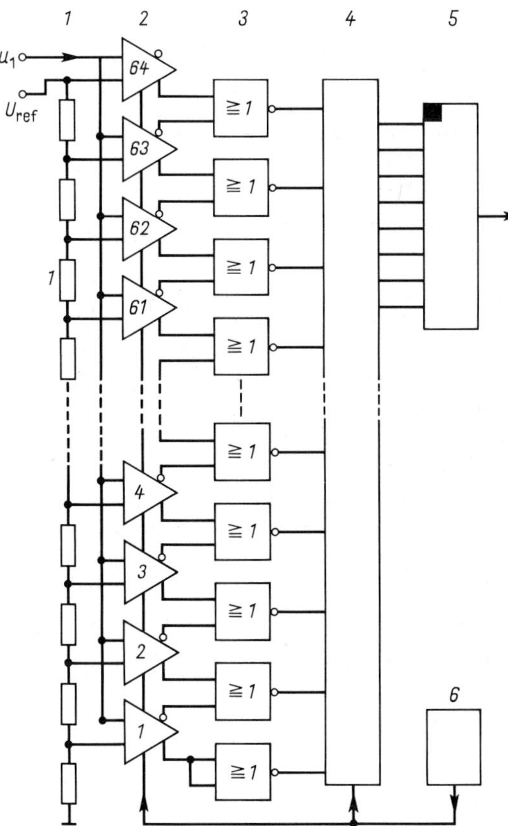

3.60
Parallel-Umsetzer

1 Spannungsteiler für Referenzspannung U_{ref}
2 64 Komparatoren mit bivalentem Ausgang
3 64 NOR-Gatter
4 Umcodierer
5 Digitaler Ausgabespeicher
6 Taktgenerator

3.4.3.3 Spannungs-Zeit-Umsetzer. Sie verwandeln den Meßwert in ein Zeitintervall, das mit einem Zeitintervallzähler gemessen und angezeigt wird. Bild **3.**61 zeigt als Beispiel den Spannungsverlauf eines Sägezahnverschlüßlers. Eine Integrationsschaltung erzeugt eine mit der Zeit proportional ansteigende Spannung u. Der Anstieg beginnt z.B. bei -50 mV, steigt mit einer Anstiegsgeschwindigkeit von 1 V/ms auf 1,1 V und springt dann wieder auf -50 mV zurück. Beim Nulldurchgang des Sägezahns wird durch einen Spannungskomparator ein Startimpuls sowie bei Gleichheit von Meßspannung u_1 und Sägezahnspannung u_v ein Stopimpuls auf einen Zähler gegeben, der die Schwingungen eines 1-MHz-Oszillators zählt. Der Zahlenwert der gezählten Schwingungen ist dann gleich der Meßspannung in mV. Die Umformung wird unabhängig von der Zeitgenauigkeit des Oszillators, wenn der Sägezahn durch Integration gleich großer Impulse mit der Oszillatorfrequenz gebildet wird. Der Nachteil des einfachen Sägezahn- oder Rampenverfahrens liegt darin, daß mit der Meßspannung nur während einer sehr kurzen Zeit verglichen wird, so daß überlagerte Störwechselspannungen Meßfehler verursachen.

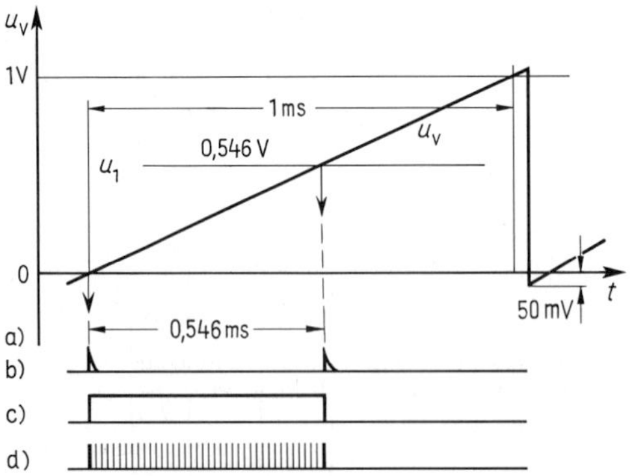

3.61
Spannungsverlauf eines Sägezahnverschlüßlers
a) Sägezahnrampe u_v, b) Steuerimpulse, c) Torspannung, d) Zählimpulse

3.4.3.4 Integrierende Spannungs-Zeit-Umsetzer. Diese bewirken eine Verminderung des Störeinflusses durch Mittelwertbildung über die Integrationsperiode. Bei dem heute überwiegend für Digital-Spannungsmesser üblichen Zwei-Rampen-Verfahren (Dual-Slope) nach Bild **3.**62a und b liegt die Meßspannung über einen Spannungsfolger *2* und dem Umschalter *3* am Eingang eines Integrierers *4*. Die zu Beginn auf 0 gestellte Ausgangsspannung u_2 steigt während der vorgegebenen Integrationszeit T_1 auf den Scheitelwert u_{2m} an. Nun bewirkt die Schaltlogik *6* die Umschaltung des Integrierereingangs mit dem Schaltglied *3* auf die feste, vom Generator G bereitgestellte Referenzspannung U_{ref}, die der Meßspannung u_1 entgegengerichtet ist und über den Integrierer die Spannung u_2 wieder auf 0 abbaut. Der Spannungsdetektor *5* meldet über die Schaltlogik *6* den Umschaltzeitpunkt dem Zähler *9* und bewirkt nach Ablauf der Zeit T_3 eine Wiederholung des Vorgangs. Mit der zweiten Integrationszeit T_2 ergibt sich für den Spannungsscheitelwert

$$\hat{u}_2 = \frac{1}{RC}\int_0^{T_1} u_1\,\mathrm{d}t = -\frac{1}{RC}\int_0^{T_2} U_{ref}\,\mathrm{d}t = -\frac{U_{ref}T_2}{RC} \qquad (3.40)$$

Hieraus folgt für den zeitlichen Mittelwert der Meßspannung in der Integrationsperiode T_1

$$\bar{u}_1 = \frac{1}{T_1}\int_0^{T_1} u_1\,\mathrm{d}t = -U_{ref}\frac{T_2}{T_1} \qquad (3.41)$$

Als Zeitbasis dient ein Multivibrator *8*, der meist mit dem Netz synchronisiert ist. Die Zeitbasisfrequenz (z.B. 1 MHz) wird durch den Zähler *9* untersetzt und steuert über die Schaltlogik *6* die Dauer T_1 der ersten Integration. Macht man U_{ref}/T_1 konstant, so ist $\bar{u}_1$ der Zeit T_2 proportional. Der Zahlenwert von T_2 wird vom Anzeigespeicher *10* übernommen und als digitaler Wert angezeigt und ausgegeben. Da es nur auf das exakt zählbare Zeitverhältnis ankommt, ist die Meßgenauigkeit nur von der Genauigkeit der Referenzspannung U_{ref} abhängig. Durch die Integration werden Störspannungen weitgehend ausgeschaltet. Insbesondere wirkt sich überlagertes Netzbrummen nicht aus, wenn die Zeit T_1 ein ganzzahliges Vielfaches der Periodendauer der Netzspannung ist.

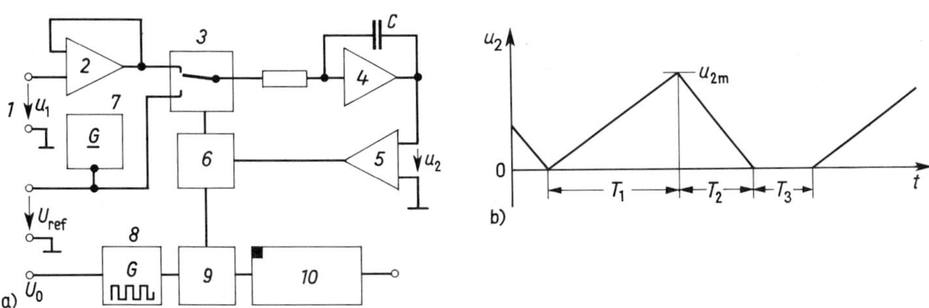

3.62 Blockschaltung eines Analog-Digital-Umsetzers nach dem Zwei Rampen-Verfahren (Dual-Slope) (a) sowie Verlauf der Spannung $u_2 = f(t)$ (b)

1 Analogeingang, *2* Entkopplungsverstärker, *3* Schaltglied, *4* Integrierer, *5* Nullspannungsdetektor, *6* Schaltlogik, *7* Referenzspannungsgenerator, *8* Multivibrator mit Netzsynchronisation, *9* Dezimalzähler, *10* Ausgabespeicher und Coder; T_1, T_2 Integrationszeiten

Die Zeit T_3 zwischen zwei Integrationsperioden kann dazu benutzt werden, den Nullpunkt zu korrigieren. Dazu wird die in dieser Zeit auftretende Nullfehlerspannung in einem Kondensator gespeichert und damit der Nullfehler in der folgenden Integrationsperiode korrigiert. Eine Fehlerquelle dieses Verfahrens liegt in den dielektrischen Nachwirkungen des Integrationskondensators. Durch Eindringen von Ladungsträgern in das Dielektrikum entlädt sich ein Kondensator nicht vollständig. Es bleibt eine Restladung, die langsam abgegeben wird. Diese Restladung verursacht einen Fehler, der bei Geräten der höheren Genauigkeitsklassen trotz Verwendung hochwertiger Kondensatoren ins Gewicht fällt.

3.4.3.5 Ladungs-Kompensationsverfahren (Charge balance) (Bild 3.63). Die Meßspannung u_1 wird über eine Zeit T_1 durch den Integrierer *2* integriert. Durch die Schaltlogik *5* werden während der Integrationszeit n kurze Impulse der Dauer ΔT auf den Integrierer gegeben, so daß die Spannung u_2 nicht über den durch den Komparator *3* festgelegten Schwellwert U_s ansteigt. Die Komparatorausgangsspannung u_2 erhält dadurch einen sägezahnförmigen Wechselspannungsanteil mit kleiner Amplitude. Die Spannungsschwankungen und die dadurch verursachten dielektrischen Rückstandsbildungen bleiben klein. Am Ende der Integrationsperiode erfolgt dann mit Hilfe des Komparators *4* der Endabgleich auf $u_2 = 0$. Daraus folgt

$$\bar{u}_1 = \frac{1}{T_1}\int_0^{T_1} u_1\,\mathrm{d}t = (n\Delta T\,U_{ref})/T_1 + (T_2 - T_1)\,U_{ref}/T_1 \qquad (3.42)$$

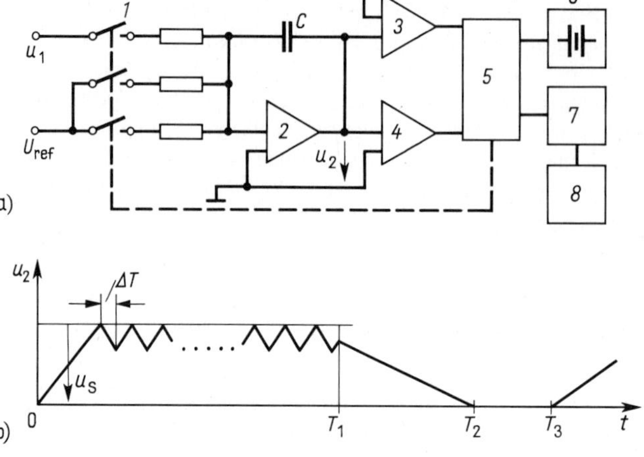

3.63 Ladungs-Kompensationsverfahren

a. Blockschaltung

1 von der Schaltlogik *5* gesteuerte Schalter, *2* Integrierer mit Integrationskapazität *C*, *3* und *4* Komparatoren, *5* Schaltlogik, *6* Taktgenerator, *7* digitaler Zwischenspeicher, *8* Datenausgabe.

b. Spannungsverlauf $u_2 = f(t)$ am Ausgang des Integrierers

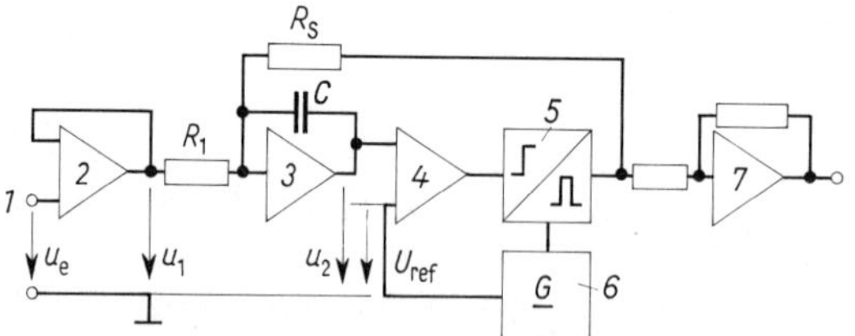

3.64 Blockschaltung eines Spannungs-Frequenz-Umsetzers

1 Analogeingang, *2* Entkopplungsverstärker, *3* Integrierer, *4* Spannungskomparator, *5* Impulsgeber, *6* Referenzspannungsquelle, *7* Ausgabeverstärker

3.4.3.6 Spannungs-Frequenz-Umsetzer. Mit ihnen wird die Meßspannung in einen analogen Frequenzwert umgesetzt. Dieser wird mit einem zählenden Frequenzmesser gemessen und in den gewünschten Code gebracht. Bild **3.**64 zeigt das Blockschaltbild eines integrierenden Spannungs-Frequenz-Umsetzers. Die Meßspannung u_e liegt über einen Spannungsfolger *2* am Eingang des Integrierers *3*. Dessen Ausgangsspannung u_2 wird mit dem Komparator *4* mit der Referenzspannung U_{ref} verglichen. Erreicht u_2 die Referenzspannung U_{ref}, so bewirkt der Spannungssprung am Ausgang des Komparators die Erzeugung eines Spannungsimpulses mit der Spannungshöhe u_s und der Zeitdauer T_s durch den angeschlossenen Impulsgeber *5*. Der Spannungsimpuls wirkt über einen Widerstand R_s so auf den Eingang des Integrierers zurück, daß die Spannung annähernd auf 0 zurückgeht. Werden innerhalb der Zeit T auf diese Weise n Impulse erzeugt, so ist die durch die Eingangsspannung u_e übertragene Ladung entgegengesetzt gleich der von den Impulsen gelieferten Ladung

$$Q_t = n\frac{u_s T_s}{R_s} = -\frac{1}{R_1}\int_0^T u_e \mathrm{d}t \tag{3.43}$$

Da n/T die Impulsfrequenz f darstellt, ergibt sich für den linearen Mittelwert

$$\bar{u}_e = \frac{1}{T}\int_0^T u_e \mathrm{d}t = -u_s\frac{R_1 T_s}{R_s}f \tag{3.44}$$

Der Mittelwert der Meßspannung $\bar{u}_e$ ist somit der Impulsfrequenz proportional. Wählt man hier wieder die Integrationszeit T, die Zeitbasis für die Impulszählung, so, daß sie ein ganzzahliges Vielfaches der Periodendauer überlagerter Störspannungen ist, wird deren Einfluß eliminiert. Die üblichen Impulsfrequenzen liegen zwischen 0 und 20 kHz, so daß nach Abschn. 3.4.1.1 bei der Zeitbasis $T = 0{,}1$ s der Quantisierungsfehler $\pm 1/2000 = \pm 0{,}05\,\%$ des Meßbereichendwerts entsteht.

3.4.4 Digitale Spannungs-, Strom- und Widerstandsmeßgeräte

Analog-Digital-Umsetzer nach Abschn. 3.4.3 bilden den Kern der digitalen Meßgeräte. Die Schnelligkeit und Art der Umsetzung ist entscheidend für Umsetzungsfrequenz und Fehler.

Digitale Schalttafelgeräte (DPM: Digital Panel Meter) haben in der Regel nur einen Meßbereich und wenige Umsetzungen pro Sekunde. Manchmal haben sie einen Druckerausgang oder einen Datenbus (Absch. 8.5.2).

Digital-Multimeter (DMM) sind für das Labor bestimmt, oft als batteriebetriebene Geräte vom Netz unabhängig und mit vielen Meßbereichen für Spannung, Strom und Widerstand versehen. Auch sie verwenden langsame D/A-Umsetzer.

System-Multimeter haben darüber hinaus noch vielfältige weitere Möglichkeiten für Datenerfassung- und Verarbeitung.

Schnelle Meßdatenerfassungsgeräte erlauben die Erfassung von bis zu $2 \cdot 10^8$ Meßwerten in der Sekunde. Sie werden in Verbindung mit Multiplexern, Speichern und Computern für die schnelle Meßdatenerfassung verwendet (Abschn. 8.5). Sie werden oft als Einsteckkarten zum Einbau in Meßsysteme oder in Computer gebaut. Viele Bauelemente sind allen Digitalmeßgeräten gemeinsam und sie werden am Beispiel eines *System-Multimeters* erläutert.

3.4.4.1 Aufbau eines Systemmultimeters (Bild **3.**65). Die Meßbereiche für Spannungen U werden mit Hilfe eines Spannungsteilers *1*, die Meßbereiche für Ströme I mit Hilfe von Nebenwiderständen *2* nach Abschn. 2.3.2.2 gewählt. Vor- und Nebenwiderstände normieren die Meßgrößen auf ein Spannungsintervall von 0 bis 200 mV oder 300 mV. Ein Widerstands-Spannungsumsetzer *3* dient zur Messung Ohmscher Widerstände R. Die normierten Spannungen werden über Meßgrößenumschalter auf den Trennverstärker *4* geschaltet. Die Ausgangsspannungen des Trennverstärkers werden bei Gleichspannung auf ihre Polarität geprüft und gegebenenfalls umgepolt (Inverter *5*) oder bei Wechselspannungen in eine Gleichspannung umgesetzt (*6* und *7*). Der A/D-Umsetzer *8* setzt den Gleichspannungswert in ein digitales Wort um. Bei Schalttafelgeräten und einfacheren Laborgeräten ist die Anzeige *14* unmittelbar mit dem A/D-Umsetzer verbunden. Die Schaltung der Meßbereiche erfolgt dort von Hand oder durch Lötbrücken.

Bei dem Systemmultimeter nach Bild **3.**65 erfolgt die Weiterverarbeitung der digitalen Daten durch einen Mikroprozessor *11*, der auch die Steuerung der Funktionen des Gerätes übernimmt. Um den digitalen Teil galvanisch von den Meßkreisen zu trennen, werden die Daten vom A/D-Umsetzer und die Steuerdaten vom Mikroprozessor über Optokoppler *9* übertragen. Als Sammelleitung für Befehle und Daten dient hier der Systembus *12*, an den auch die Anzeige *14*, die Datenausgabe oder das Interface für den externen Datenbus *15*, der Datenspeicher *16* und der Programmspeicher *17* angeschlossen sind (s. a. Abschn. 3.4.5.4). Auch die Steuerung durch die Handbedienung *13* erfolgt hier über den internen Bus *12* und die Steuerleitung *10*.

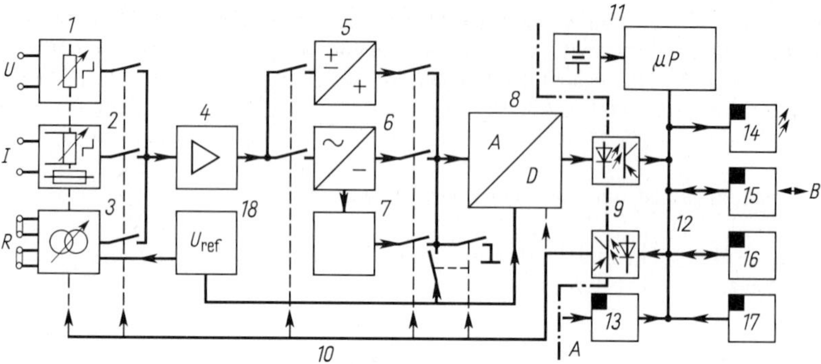

3.65 Blockschaltung eines digitalen Systemmultimeters

U, *I* Eingänge für Strom und Spannung, *R* Eingang für 4polige Widerstandsmessung mit Brücken für zweipoligen Anschluß, *A* Handsteuerung, *B* Anschluß für externen Bus,

1 Spannungsteiler
2 Ayrton-Nebenwiderstand mit Sicherung
3 Widerstands-Spannungs-Umsetzer mit Konstantstromquelle
4 Zwischenverstärker
5 Vorzeichendetektor mit Inverter
6 Wechselspannungs-Gleichspannungs-Umsetzer
7 Tiefpaß, wahlweise einschaltbar
8 Analog-Digital-Umsetzer
9 Optodiodenkoppler
10 Systemsteuerung
11 Mikroprozessor
12 interner Daten- und Befehlsbus
13 Handsteuerung
14 Datenanzeige
15 Verbindungsschaltung (Interface) für externen Bus
16 Datenspeicher
17 Befehlsspeicher
18 Referenzspannungsquelle

3.4.4.2 Baugruppen. Der Eingangsspannungsteiler *1* in Bild **3.**65 hat in der Regel einen Widerstand um 10 MΩ für alle Bereiche. Durch einen Schutzwiderstand und eine Gleichrichterbrückenschaltung (s. Abschn. 2.3.5.4) ist er bei Überlastung bis zur zulässigen Höchstspannung (um 1 kV bis 2 kV) geschützt. Die Nebenwiderstände *2* sind in der Regel durch eine Schmelzsicherung geschützt. Bei Strömen über 0,1 A ist der Spannungsabfall an dieser Sicherung zu beachten. Strommeßbereiche über 2 A haben meist separate Klemmen, wenn man nicht vorzieht, größere Ströme mit dem Spannungsmeßbereich 200 mV über externe Nebenwiderstände zu messen. Der Polaritätsdetektor *5* prüft die Polarität der Gleichspannung und sorgt bei falscher Polung für die Invertierung und für die Anzeige der Polarität.

Wechselspannungen und -ströme werden hier mit den gleichen Vor- und Nebenwiderständen gemessen. Voraussetzung ist dabei, daß der Spannungsteiler auch für höhere Frequenzen durch parallel geschaltete Kondensatoren kompensiert ist. Die Umsetzung der Wechselspannung in eine Gleichspannung erfolgt hier mit dem Umsetzer *6*. Dies ist entweder eine Schaltung zur Bildung des Gleichricht-Mittelwertes nach Abschnitt 3.1.5.2 oder eine Schaltung zur Bildung des echten Effektivwertes.

Die Fehler bei der Bildung des Gleichricht-Mittelwertes lassen sich unter 0,1% halten und sind damit kleiner als die Fehler bei der Bildung des echten Effektivwertes. Die Anzeige erfolgt unter Berücksichtigung des Formfaktors für Sinusschwingungen ($F_s = 1{,}11072$). Daher ist bei nichtsinusförmigen Größen die Anzeige mit dem Verhältnis des tatsächlichen Formfaktors F zum Formfaktor F_s zu multiplizieren.

Zur Messung des echten Effektivwertes wird die Gl. (4.13) analog nachvollzogen. Bild **3.**66a zeigt eine solche Schaltung. Die normierte Meßspannung u_1 wird mit einem Multiplizierer nach Abschn. 3.1.5.5 quadriert und dann durch eine Integrationsschaltung mit Ausgleich nach Abschn. 3.1.4.2 mit der Zeitkonstanten RC gemittelt. Mit einem als Radizierglied geschalteten Multiplizierer wird dann der Effektivwert gebildet. Solche Schaltungen haben Fehler um 0,5%.

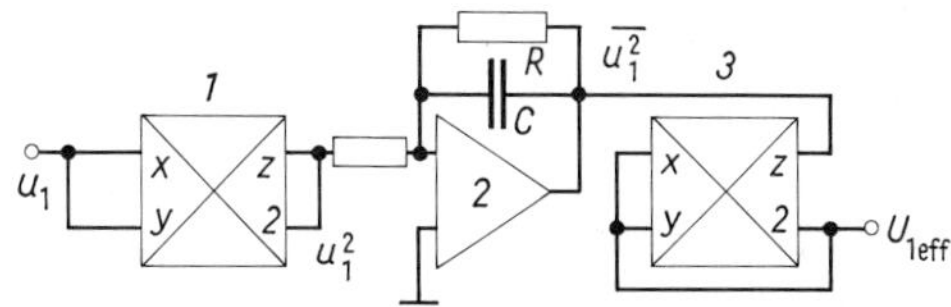

3.66a
Blockschaltung eines Effektivwertumformers
u_1 Eingangswechselspannung
U_{1eff} Effektivwert (Gleichspannung)
1 Quadrierverstärker
2 Mittelwertintegrierer mit der Zeitkonstanten RC
3 Radizierverstärker

Sehr genau und bis zu sehr hohen Frequenzen brauchbar sind Geräte mit Thermoumformerkomparatoren nach Abschn. 4.4.2.5 und 4.4.3.4. Bild **3.**66b zeigt eine gebräuchliche Schaltung, die sich für Frequenzen bis 100 MHz eignet. Die Meßspannung wird mit einem Breitbandverstärker *2* an den Widerstand des Heizers *3* angepaßt. Dieser heizt eine Thermobatterie *5*. Die Thermospannung wird verstärkt und heizt über einen zweiten Widerstand *4* eine gleichartige Thermobatterie *6*, deren Spannung auf den positiven Eingang des Operationsverstärkers *7* so wirkt, daß sie die Wirkung der Spannung der Thermobatterie *5* nahezu aufhebt. Ist die Verstärkung groß und die Offsetspannung des Verstärkers vernachlässigbar, so sind die Thermospannungen bis auf eine vernachlässigbare Regelabweichung gleich. Bei vollkommen symmetrischem Aufbau der beiden Heizer und der Thermobatterien sind somit die Effektivwerte der Heizspannungen gleich. Somit ist die Ausgangsspannung des Verstärkers dem Effektivwert der Meßspannung proportional. Der Fehler dieses Verfahrens liegt unter 0,1%.

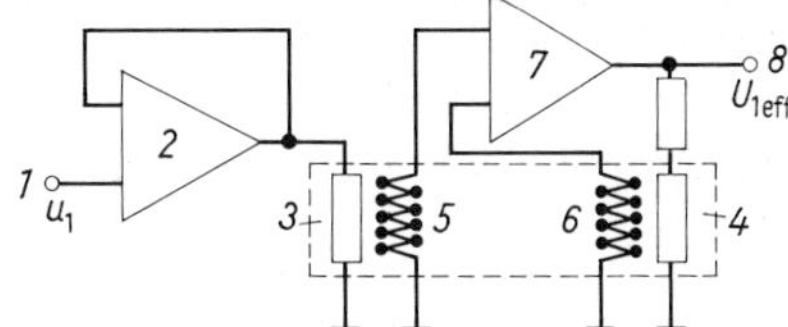

3.66b
Effektivwertumformer für 10 Hz bis 100 MHz
1 Eingang, *2* Breitbandverstärker, *3*, *4* Heizwiderstände, *5*, *6* Thermobatterien, *7* Operationsverstärker, *8* Ausgang

Im Anschluß an die Umwandlung der Wechselspannung in Gleichspannung sorgt ein Tiefpaßfilter für die Beseitigung von Resten der Wechselspannung. Da diese Filter eine Einschwingzeit von einigen Zehntelsekunden bis zu einigen Sekunden haben, werden Wechselspannungswerte verzögert angezeigt. Besonders bei Geräten mit 4 und mehr Stellen dauert es oft einige Sekunden, bis die letzte Stelle den endgültigen Wert zeigt. Man kann diese Verzögerung verkürzen, wenn das Filter erst gegen Ende der Meßperiode zugeschaltet wird.

Widerstandmessung. Universalmeßgeräte enthalten stets auch mehrere Widerstandsmeßbereiche. Dazu ist in der Regel im Gerät eine Konstantstromquelle *3* (Bild **3.**65) vorhanden, die für die verschiedenen Meßbereiche dekadisch abgestufte Meßströme (z. B. 0,1 µA, 1 µA, 10 µA, 100 µA, 1000 µA) liefert. Diese Konstantstromquelle ist entweder bei der Widerstandsmessung direkt mit den Eingangsklemmen verbunden (Zweidraht-Methode) oder an zwei besondere Anschlüsse geführt und ermöglicht so die Messung nach der Vierdrahtmethode (s. Abschn. 5.2.1). Die Vierdrahtmethode ist stets erforderlich, wenn der Meßfehler kleiner als 0,1 Ω sein soll.

Andere Geräte verwenden die Schaltung von Bild **3.**18, wobei der zu messende Widerstand in den Gegenkopplungszweig geschaltet wird und die für die verschiedenen Meßbereiche umschaltbaren Eingangswiderstände (R_a in Bild **3.**18) an die Referenzspannung gelegt werden (Ohm-Konverter-Schaltung).

Analog-Digital-Umsetzer. (*8* in Bild **3.**65, s. Abschn. 3.4.3) Die Umsetzfrequenz liegt bei 3 bis 10 Umsetzungen pro Sekunde, kann aber bei schnellen System-Multimetern auch einige 100 Umsetzungen pro Sekunde betragen. Das Ergebnis wird in der Regel im BCD-Code ausgegeben; die Anzeige erfolgt stets dezimal. Die Auflösung wird durch die Zahl der Dezimalstellen bestimmt, sie beträgt eine Einheit in der letzten Stelle. Die 3stellige Anzeige hat einen maximalen Anzeigewert 999; bei der sogenannten 3½stelligen Anzeige beträgt der maximale Wert der Anzeige 1999 oder 2999. Bei 4-, 5- und 6stelligen Anzeigen kommen weitere Stellen hinzu. Der direkt umgesetzte Spannungsbereich beträgt in der Regel 100 mV bis 300 mV, bei einigen Geräten auch bis zu 10 V. Zur Messung kleinster Spannungen werden diese mit dem Vorverstärker *4* (z. B. mit $V_u = 10$, 100 oder 1000) vor der A/D-Umsetzung verstärkt.

3.4.4.3 Datenausgabe. Im einfachsten Fall gibt der A/D-Umsetzer die Daten über einen Pufferspeicher direkt an die Anzeige und einen Ausgang, wie in Abschn. 3.3.7.1 und Bild **3.**53 näher beschrieben ist. Kommastellung und Angabe der Einheit erfolgt hier durch die handbedienten oder automatischen Meßbereich-Umschalter. Bei dem in Bild **3.**65 schematisch dargestellten System-Multimeter erfolgt die Übergabe der Daten und Befehle über eine interne vielpolige Sammelleitung, den System-Bus *12*, an den alle Eingabe- und Ausgabeelemente parallel angeschlossen sind. Der Mikroprozessor *11* nimmt die Daten vom A/D-Umsetzer *8* über den Opto-Koppler *9*, in Sonderfällen auch Daten und Befehle über die manuelle Eingabe *13* und den externen Bus *15* entgegen. Die Daten werden entweder direkt angezeigt *(14)* oder mit dem im Programmspeicher *17* niedergelegten Programm verarbeitet. Dazu werden sie im Datenspeicher *16* zwischengespeichert. Der Datenspeicher kann 100 oder auch 1000 und mehr Daten speichern. Über das Bus-Interface *15* kann das Gerät mit externen Geräten kommunizieren: Daten ausgeben und Befehle, z. B. Wahl der Meßart, des Programms oder des Meßbereichs, entgegennehmen (Einzelheiten im Abschn. 8.5).

3.4.4.4 Selbsttätige Messung und Datenverarbeitung. Ein nach Bild **3.**65 ausgestattetes System-Multimeter kann auf Grund der intern gespeicherten Befehle selbsttätig Messungen, z.B. in vorgegebenen Zeitabständen, ausführen und die Daten speichern; es vermag externe Meßbefehle entgegenzunehmen und so Messungen aufgrund von Fernsteuerbefehlen durchzuführen. Die interne Datenverarbeitung vermag Extremwerte zu melden, prozentuale Abweichungen von einem Sollwert zu berechnen, Meßwerte nach einer linearen oder nichtlinearen Funktion umzurechnen, aus vielen Meßwerten statistische Daten, z. B. Mittelwert und Standardabweichung nach Abschn. 1.3.3 oder Regression und Korrelation nach Abschn. 1.4.2 zu berechnen und die Ergebnisse auszugeben.

3.4.4.5 Stromversorgung. Für den Anwender am einfachsten ist die Stromversorgung durch eine eingebaute Batterie oder einen wiederaufladbaren Akku. Entscheidend für den Stromverbrauch ist die Anzeige. Daher verwenden batteriebetriebene Geräte in der Regel die sparsame LCD-Anzeige (Abschn. 3.3.7.1). Wesentliche Bauelemente, so z. B. A/D-Wandler, haben einen so geringen Stromverbrauch, daß mit einer Batterieladung ein monatelanger Betrieb möglich ist.

Bei Strommeßgeräten ist es möglich, die Betriebsenergie ab Strömen von 0,3 mA dem Meßstrom auf Kosten eines kleinen zusätzlichen Spannungsabfalls zu entnehmen.

Bei netzbetriebenen Geräten ist es nötig, Versorgungsnetz und Gerät kapazitiv weitgehend zu entkoppeln. Um auch den schweren Netztrafo und große Siebkondensatoren zu sparen wird oft die Netzspannung in eine Gleichspannung umgesetzt. Daraus wird eine Wechselspannung von z. B. 50 kHz erzeugt und aus dieser werden über kapazitätsarme HF-Übertrager mit Gleichrichtern Stabilisations- und Siebschaltung die Betriebsspannungen hergestellt. Diese sind in der Regel 5 V – für digitale Bauelemente, für Operationsverstärker und Datenausgang + 12 V und – 12 V und gegebenenfalls höhere Spannungen für die Anzeige.

3.4.4.6 Fehler und Kalibrierung. Entscheidend für die internen Fehler sind die Konstanz der Referenzspannung, die Fehlerfreiheit der Widerstandsverhältnisse von Spannungsteilern und einzelner Widerstände. Bei guten Meßgeräten kann man davon ausgehen, daß die Stellenzahl der Anzeige in einem vernünftigen Verhältnis zu der Größe der Meßfehler steht. Bei Gleichspannungs- und Widerstandsmeßbereichen liegt damit der Fehler bei 2 bis 5 Einheiten der letzten Stelle. Bei Strommeßbereichen kommt der Fehler der Nebenwiderstände hinzu.

Wechselspannungsumsetzer bringen zusätzliche Fehler. Der relative Fehler hängt von der Art der Umsetzung (Abschn. 3.4.4.2), dem Scheitelfaktor und dem Formfaktor ab. Bei höheren Frequenzen nimmt der Fehler durch den Frequenzgang der Verstärker und der Spannungsteiler zu. Im allgemeinen lassen sich Universal-Labormeßgeräte (DVM) bis 50 kHz verwenden.

Die Kalibrierung der DVMs erfolgt im einfachsten Fall durch Vergleich mit äußeren oder eingebauten Normalen mit Hilfe interner Potentiometer und kapazitiver Trimmer. Dies hat den Nachteil, daß durch Öffnen des Gehäuses die Temperaturverteilung der Bauelemente geändert wird. Daher haben gute DVMs interne Kalibrierschaltungen, die selbsttätig oder auf äußeren Befehl arbeiten. In der Regel haben die A/D-Umsetzer in jedem Integrationszyklus einen Kalibrierabschnitt, in dem interne Offsetfehler gespeichert und anschließend korrigiert werden. Die Kalibrierung der Teilverhältnisse erfolgt in längerfristigen Zyklen. Die Teilerverhältnisse werden intern miteinander verglichen, die Ergebnisse abgespeichert und als Korrektursummanden und -faktoren intern digital gespeichert. Jeder Meßwert wird in der Folge mit diesen Daten automatisch korrigiert. Zum Abgleich des Frequenzgangs bei Spannungsteilern erfolgt die Korrektur durch steuerbare Kapazitätsdioden.

3.4.5 Praktisches Messen mit digitalen Meßgeräten

Der große Eingangswiderstand und die Breite des Frequenzbandes von digitalen Meßgeräten erfordern im Vergleich mit analogen Messungen besondere Vorkehrungen, um Fehlmessungen zu vermeiden.

3.4.5.1 Masse und Erde. Man unterscheidet bei Meßgeräten verschiedene Bezugspotentiale (Bild **3**.67):

Analog-Masse führt das Bezugspotential der analogen Eingangsschaltung, bei unsymmetrischen Eingang damit auch das Potential des oft mit LO (Low) oder einem der Erdungszeichen gekennzeichneten Eingangsanschlusses. Sind Vorzeichen angegeben, so führt in der Regel der mit „ – “ gekennzeichnete Anschluß das Analog-Bezugspotential.

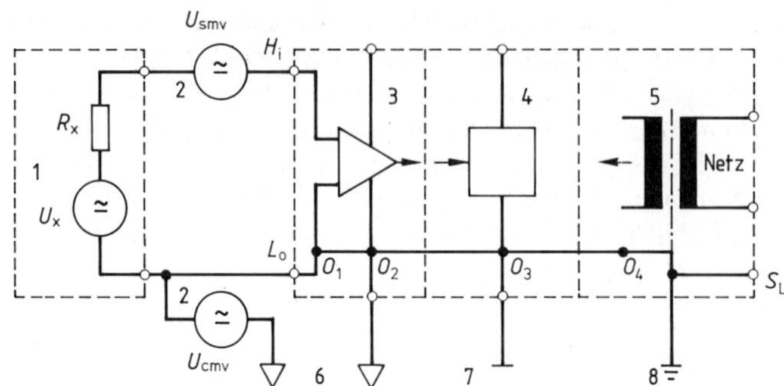

3.67 Störspannungen und Bezugspotentiale bei digitalen Meßgeräten

1	Meßobjekt mit der Meßspannung u_x	*6*	Analogerde
2	Störspannungen:	*7*	Digitalerde
	u_{smv} Serienstörspannung	*8*	Schutzerde
	u_{cmv} Gleichtakt-Störspannung	0_1-0_2-0_3-0_4	wahlweise Verbindung
3,4,5	Analog-, Digital- und Netzteil des Meßgerätes		

Digital-Masse führt das Bezugspotential des digitalen Ausgangs. Manche Meßgeräte, insbesondere solche mit Bus-Ausgängen, haben unterschiedliche digitale Bezugspotentiale.

Schutzerde führt bei Netzgeräten das Potential des Schutzleiters. Bei Hochspannungsmeßgeräten führt sie zu einem besondern Anschluß, der vor Inbetriebnahme des Gerätes mit einer geeigneten Schutzerde nach DIN 40011 zu verbinden ist. Bei Geräten mit Metallgehäusen führt in der Regel dieses das Potential der Schutzerde.

Analog- und Digital-Masse sind bei manchen Geräten miteinander verbunden. Oft sind sie aber galvanisch voneinander getrennt. Der Signalfluß erfolgt hier über Opto-Koppler nach Abschn. 3.3.6.2 oder über induktive Koppler.

Vor allem bei älteren Geräten ist oft die Analog-Masse mit der Schutzerde verbunden. Solche Geräte sollte man aus Sicherheitsgründen nur über einen Trenntrafo mit dem Netz verbinden.

3.4.5.2 Störspannungen. Dem Meßwert überlagerte Störspannungen, insbesondere kapazitiv oder induktiv in den Meßkreis eingestreute Wechselspannungen, können zu Fehlmessungen führen. Häufig tritt eine Störspannung mit der Netzfrequenz von 50 Hz auf. Starke Störspannungsspitzen werden auch durch Einschaltvorgänge, Motoren mit Kollektoren und Schleifringen, Gasentladungslampen und Zündgeräte in der Nachbarschaft der Meßspannungsquelle erzeugt. Auch Hochfrequenzgeneratoren aller Art führen häufig zu Störspannungen. Ausgehend von ihrer Entstehung unterscheidet man nach Bild **3.**67 zwei Arten von Störspannungen:

Serienstörspannung (Serial Mode Voltage) u_{smv}. Diese wirkt wie eine zusätzliche Spannung in Reihe mit der Meßspannung und sie addiert sich zu dieser.

Gleichtaktstörspannung (Common Mode Voltage) u_{cmv}. Diese liegt zwischen der Meßspannungsquelle und der mit ihr verbundenen Leitungen und dem Bezugspotential der Eingangsschaltung, der Analog-Erde. Sie wirkt bei symmetrischer Eingangsschaltung auf beide Meßleitungen im gleichen Takt und bewirkt Fehlmessungen durch die nicht ideale Wirkungsweise des Eingangsverstärkers (s. Abschn. 3.1.2.1). Durch Verbindung des mit LO gekennzeichneten Anschlusses mit der Analog-Erde wird die Gleichtaktstörspannung unwirksam, der Eingang wird damit unsymmetrisch.

Zur Vermeidung von Störspannungen werden Meßobjekt und die das Meßpotential führenden Leitungen elektrostatisch, seltener auch magnetisch abgeschirmt. Die Abschirmung soll lückenlos und vollständig sein. Gekennzeichnet wird die Lückenlosigkeit durch die Durchgriffskapazität C_d (s. Bild **4.**7). Die Kapazität der Abschirmung zum Meßobjekt oder zum Meßspannungsleiter soll möglichst klein sein. Das Potential der Abschirmung soll sich möglichst wenig vom Meßpotential unterscheiden. Digitale und analoge Meßgeräte mit hochohmigen Eingang haben daher häufig einen Anschluß für das Abschirmpotential (Bild **3.**10b).

3.4.5.3 Unsymmetrische und symmetrische Eingangsschaltung. Die meisten DVM haben eine unsymmetrische Eingangsschaltung, bei der der LO-Anschluß mit der Analog-Masse verbunden ist. Bei netzunabhängigen, batteriebetriebenen Geräten hat der LO-Eingang eine größere Kapazität gegenüber der Umgebung. Bei netzbetriebenen Geräten kommt noch die Kapazität oder der Fehlleitwert zum Netz hinzu. Diese Unsymmetrie kann insbesondere bei kleinen Strömen und Spannungen und bei Wechselspannungen unter dem Einfluß von Störspannungen zu Fehlmessungen führen. Mit Hilfe einer symmetrisch aufgebauten Eingangsschaltung nach Bild **3.**10b lassen sich diese Störeinflüsse verkleinern. Bei Analog-Verstärkerkarten mit mehreren Kanälen für die Meßdatenerfassung nach Abschn. 8.5.1 lassen sich oft zwei unsymmetrische Analog-Eingänge zu einem symmetrischen Eingang zusammenschalten. Dabei ist jedoch der Einfluß der Gleichtaktspannung U_{cmv} zu beachten. Diese darf einen gegebenen Grenzwert nicht übersteigen, um die Eingangsverstärker nicht zu übersteuern.

3.4.5.4 Datenausgabe. Die Meßdaten von digitalen Meßgeräten werden analog für Schreiber und Oszilloskope und digital für Drucker, Plotter, die Weiterverarbeitung und Speicherung der Meßdaten ausgegeben. Die Analogausgabe erfolgt oft als eingeprägte Spannung z. B. von ± 10 V, seltener als eingeprägter Strom von 0–20 oder 4–20 mA für die Fernmessung (Abschn. 8.2.1).

Die digitale Ausgabe erfolgt über genormte Datenbusse, z. B. den IEC-Bus (Abschn. 8.5.2). Im einfachsten Fall erfolgt die Datenausgabe als BCD-Ausgang zum Anschluß von Druckern oder Digital-Anzeigegeräten. Die Anschlüsse sind dazu in der Regel an eine 25polige Submiatur-D-Steckbuchse geführt. Leider sind die Anschlüsse nicht genormt.

Paralleler BCD-Ausgang. Für jede Dezimalstelle sind 4 Ausgänge mit den Wertigkeiten 1, 2, 4 und 8 (bzw. 10, 20, 40 und 80, usw.) vorhanden. Zusätzliche Stellen geben das Vorzeichen und zeigen den Überlauf an. Zur Synchronisation des Datenempfängers dienen weitere Signale (Hand-Shake-Verfahren):

EOC: End of conversion oder DR: Data ready; der Umsetzungszyklus ist beendet, die Daten können übernommen werden.

Print: Drucken wird freigegeben.

Busy: beschäftigt. Umsetzungszyklus läuft, keine Datenübernahme.

Hold: Über diesen Eingang kann das angeschlossene Gerät die Daten im Ausgabespeicher festhalten.

Multiplex-BCD-Ausgang. Die BCD-Daten stehen pro Dezimalstelle nacheinander, d. h. Zeitmultiplex (Abschn. 8.4.2) zur Verfügung. Die Stellenauswahl wird mit weiteren

4 Anschlüssen angezeigt. Da vier Binärstellen die Zahlen 0 bis 15 darstellen, könnte man damit 15 Dezimalstellen anwählen oder einige dieser Anzeigen zur Weitergabe von Vorzeichen, Einheit, Befehlen oder sonstigen Daten nutzen.

Isolierte Ausgänge: Die Ausgänge sind durch Optokoppler von den übrigen Elementen des Meßgeräts getrennt (Abschn. 3.3.6.2).

Tri-State-Ausgang. Die Datenausgänge können neben den Zuständen High und Low (Abschn. 3.3.3.1) auch einen dritten hochohmigen Zustand annehmen. Auf diese Weise kann man mehrere Ausgänge auf einem gemeinsamen „Bus" parallelschalten. Mit dem Eingang „Enable" können die Ausgänge eines jeden Meßgeräts einzeln aktiviert werden. Die Ausgänge der anderen am Bus angeschlossenen Geräte bleiben dabei hochohmig.

3.4.6 Transientenspeicher und Digital-Speicheroszilloskop

Schnell veränderliche Meßdaten müssen zur Auswertung gespeichert werden. In analoger Form ist dies im Speicher-Oszilloskop nach Abschn. 3.2.3, in digitaler Form im Transientenspeicher[1]) möglich. Zur analogen Auswertung der gespeicherten Daten wird der Transientenspeicher mit einem normalen Oszilloskop nach Abschn. 3.2.2 verbunden. Diese Geräteverbindung ist das Digital-Speicheroszilloskop.

3.4.6.1 Funktionsschema. Bild **3**.68 zeigt die Blockschaltung eines Transientenspeichers (Baugruppen *1* bis *18*) in Verbindung mit einem Oszilloskop (Baugruppe *19* bis *24*). Es sind 2 Eingänge *A* und *B* für die Meßdaten, und ein Eingang *T* für Triggersignale vorhanden. Die Ausgabe der gespeicherten Daten erfolgt analog an das Oszilloskop zur direkten Beobachtung und über einen Pufferverstärker *18* zur Weitergabe an Linienschreiber nach Abschn. 2.7 am Anschluß *D* sowie digital über einen Ausgabeinterface *14* zur Schnittstelle *C* zur Weitergabe an externe digitale Geräte (s. Abschn. 8.5).

Die als veränderliche elektrische Spannungen gegebenen Meßwerte werden mit dem kalibrierten Spannungsteiler *1* und *2* und mit den Vorverstärkern *3* und *4* (vgl. Abschn. 3.2.2.1) auf ein verarbeitbares Intervall (z.B. zwischen +10 V und −10 V) normiert. Über den Betriebsartenschalter *6* und den durch die Taktsteuerung *11* beeinflußten Meßkanal-Umschalter *7* werden die Meßdaten in dem durch die Taktsteuerung bestimmten Takt in dem Analogspeicher *8* festgehalten und in dem schnellen Analog-Digitalumsetzer *9* in Digital-Worte umgesetzt. Diese werden in dem Digital-Hauptspeicher *10* gespeichert. Die Speicheradresse wird durch die von der Taktsteuerung und dem Trigger *12* beeinflußten Adreßsteuerung 13 bestimmt. Die Ausgabe der Daten erfolgt über den Interpolator *15*, der für das Intervall zwischen den gespeicherten Meßdaten interpolierte Zwischenwerte liefert, und den Digital-Analog-Umsetzer *16* an den Analog-Ausgang *18* und das aus den Baugruppen *19* bis *24* bestehende Oszilloskop.

3.4.6.2 Baugruppen. Der Kern des Transientenspeichers ist der Analog-Digital-Umsetzer und der Digital-Speicher. Der A/D-Umsetzer bildet aus den vom Analog-Speicher angebotenen analogen Meßdaten einen binären Zahlenwert von 6 bis 12 binären Stellen, ein Datenwort; der analoge Meßwert wird quantisiert (Abschn. 3.3.1). Der Quantisierungsfehler beträgt bei einer n-stelligen Binärzahl 2^{-n}, bei 10 Stellen z. B. $2^{-10} = 1/1024$, rund 1‰.

[1]) Transienten: Übergangsfunktionen bei Schaltvorgängen.

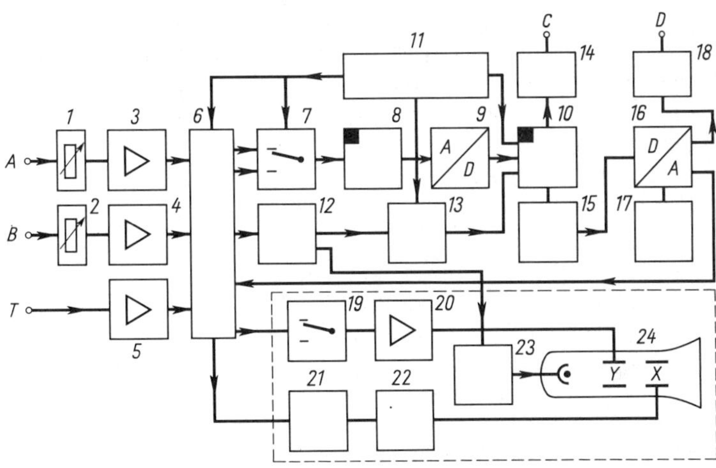

3.68 Vereinfachte Blockschaltung eines Transientenrekorders und eines Digitalspeicher-Oszilloskops

A, *B* Eingänge für Meßdaten, *T* Triggereingang, *C* Digitalausgang, *D* Analogausgang
1, *2* Eingangsabschwächer, *3*, *4*, *5* Eingangsverstärker, *6* Funktions- und Betriebsschalter, *7* Meßkanal-Umschalter, *8* Kurzzeit-Analogspeicher (Sample-Hold), *9* Analog-Digital-Umsetzer, *10* Digital-Speicher, *11* Taktsteuerung, *12* Trigger, *13* Adreßsteuerung, *14* Digital-Ausgabeinterface, *15* Interpolator, *16* Digital-Analog-Umsetzer, *17* Ausgabe-Taktgenerator, *18* Analog-Ausgabe-Pufferverstärker, *19* Meßkanal-Umschalter, *20* *Y*-Verstärker, *21* Trigger, *22* Rampengenerator, *23* Intensitätssteuerung, *24* Oszilloskop-Röhre, gestrichelter Rahmen: Oszilloskop-Baugruppe

Die Umsetzung muß sehr schnell erfolgen, um raschen zeitlichen Änderungen der Meßgröße zu folgen. Nach dem Abtasttheorem ist zur Darstellung einer Fourier-Komponente des Meßwertes von der Frequenz f eine Abtastrate (Sample-Frequenz) von mindestens $2f$ erforderlich. Eine gebräuchliche Abtastrate ist z.B. 5 MHz, das heißt, die Zeit für die D/A-Umsetzung ist kleiner als 0,2 µs. Damit kann man als höchste Frequenz noch Komponenten von 2,5 MHz darstellen. Als A/D-Umsetzverfahren verwendet man meist das Verfahren der sukzessiven Approximation oder Parallelumsetzer nach Abschn. 3.4.3.2, für Abtastraten über 10 MHz bis 500 MHz sind aufwendigere Verfahren üblich, die hier nicht beschrieben werden können. Je größer die Abtastrate, desto kleiner ist die mögliche Zahl der binären Stellen (bei 500 MHz sind noch 6 binäre Stellen möglich).

Der Digital-Speicher umfaßt 2^m Datenworte mit $m = 9$ bis 13 (256 bis 8192 Worte). Der Speicher ist oft teilbar zur Speicherung mehrerer Meßdatenfolgen; z.B. läßt sich ein Speicher mit 1024 10-bit-Worten in 2 Speicher zu je 512 10-bit-Worten aufteilen, um damit z.B. 2 Meßgrößen (*A* und *B* in Bild **3.**68) oder die gleiche Meßgröße zu aufeinanderfolgenden Zeiten zu speichern. Der Speicher ist oft als Schieberegister (s. Abschn. 3.3.4) ausgebildet: Das neu eingespeicherte Datenwort verschiebt alle vorher gespeicherten Worte um eine Adreßposition; das am längsten gespeicherte Datenwort geht verloren. Die Taktsteuerung bestimmt, in welchen Zeitabständen die Speicherung erfolgt. Soll z.B. bei einer Abtastrate von 5 MHz und einem Speicher von 1024 Worten eine Folge von Meßwerten in einem Zeitabschnitt von 100 ms Dauer gespeichert werden, so wird von 500 vom A/D-Umsetzer angebotenen Worten nur 1 Wort gespeichert. Die Adreßsteuerung bestimmt die Startadresse und die Stopadresse der Speicherung, meist als Funktion des von der Eingangsgröße abhängigen Triggerzeitpunktes.

Externe Speicherung. Sowohl der Inhalt des Digitalspeichers als auch die vom A/D-Umsetzer angebotenen Daten können über ein Daten-Interface an externe Speicher abgegeben werden. Auch die in das Gerät integrierten Speicher mit größerem Speicherinhalt (wie Magnetplattenspeicher, Magnetblasenspeicher usw.) gelten in diesem Sinne als externe Speicher.

Datenausgabe auf dem Bildschirm. Diese erfolgt unabhängig vom Speichertakt etwa 25 bis 60mal in der Sekunde. Die im Speicher niedergelegten Daten werden hierzu mit einem D/A-Umsetzer wieder in analoge Daten zurückverwandelt und diese dann mit dem Ausgabe-Taktgenerator an ein normales Oszilloskop nach Abschn. 3.2.2 zur Darstellung auf dem Bildschirm übergeben. Die Zeitablenkung wird dabei durch den Ausgabetaktgenerator über den Trigger des Oszilloskops gesteuert. Auf diese Weise entsteht für jeden Speicherwert auf dem Bildschirm ein Leuchtpunkt; bei genügender Dichte bilden die Leuchtpunkte einen Linienzug. Häufig führt diese Darstellung jedoch zu unbefriedigenden Bildern, wie Bild **3.**69a zeigt. Das Auge erkennt hier eine Schar ungetriggerter Sinusschwingungen mit 12 Skalenteilen Periodenlänge. Daß dieser Eindruck falsch ist, ergibt sich aus Bild **3.**69b, wo der Speicherinhalt mit 10facher Dehnung dargestellt ist. Man erkennt jetzt eine Sinusschwingung mit 5/3 Skalenteilen Periodendauer entsprechend einer Periodendauer von 1/6 Skalenteil auf Bild **3.**69a. Die Ursache dieser auch scheinbarer Aliasing-Effekt genannten Erscheinung ist darin zu sehen, daß der Beobachter stets die nahe beieinander liegenden Punkte als zusammengehörig und aufeinanderfolgend betrachtet.

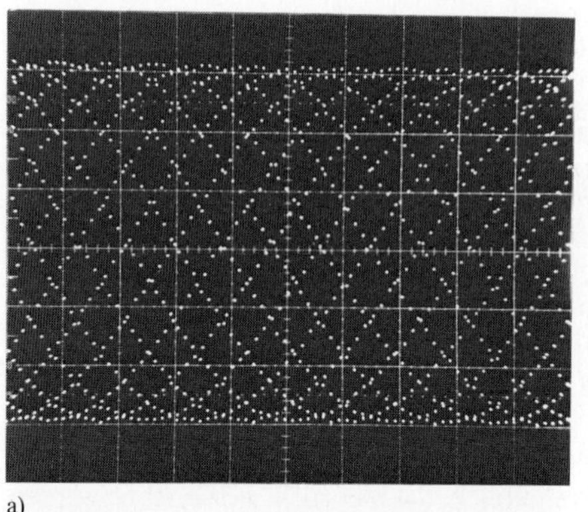
a)

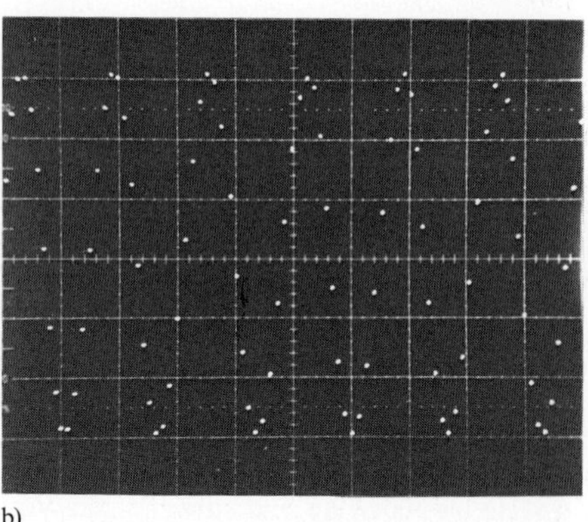
b)

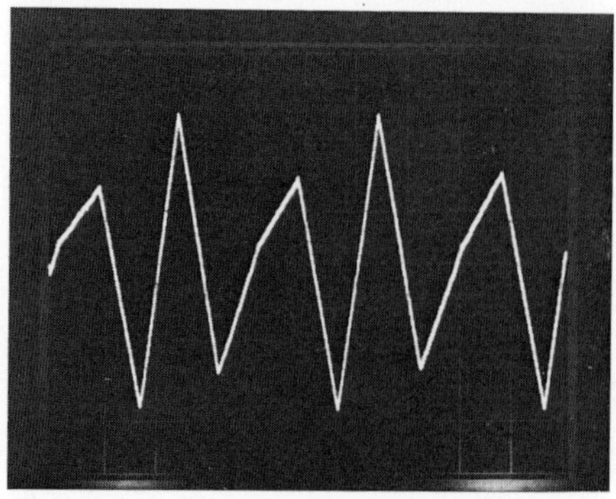
c)

3.69
Schirmbilder eines Digital-Speicheroszilloskops

a) Scheinbarer Aliasing-Effekt. Darstellung einer Sinusschwingung durch 14 Einzelpunkte pro Periode

b) Der gleiche Speicherinhalt wie bei a, nur mit 10facher Dehnung des Schirmbildes

c) Envelope-Effekt: Darstellung einer Sinuskurve mit konstanter Amplitude bei 3 Stützpunkten pro Periode und linearer Interpolation zwischen den Stützpunkten

Interpolationsarithmetik. Sie vermeidet den scheinbaren Aliasing-Effekt und verbessert das Bild bei wenigen Speicherpunkten durch Interpolation zwischen den Meßwerten. Die einfachste und meist angewandte Methode ist die lineare Interpolation, bei der zwei aufeinanderfolgende Punkte (Stützpunkte) durch eine Gerade miteinander verbunden werden. Es entsteht ein geschlossener Kurvenzug aus geraden Abschnitten (Bild **3.**69c). Auch dieser gibt besonders bei Sinusfunktionen mit kleiner Stützpunktzahl unbefriedigende Ergebnisse, den Envelope-Fehler. In solchen Sonderfällen ist es vorteilhaft, andere Interpolationsalgorithmen, z.B. kubische Parabeln oder Sinusfunktionen, anzuwenden.

3.4.6.3 Betriebsarten. Triggersteuerung. Durch ein Triggersignal, das entweder von einem Meßsignal abgeleitet oder von einer externen Quelle geliefert wird, wird der Zeitpunkt des Speicherstops bestimmt. Ein Teil der gespeicherten Daten wird dabei vor dem Trigger-Zeitpunkt, der Rest nach dem Triggerpunkt gespeichert (Pre-Trigger und Post-Trigger). Da diese Art von Steuerung auch in Abwesenheit eines Operators erfolgt, spricht man von Baby-Sitting. Mit dem Speicherinhalt kann dann beliebig verfahren werden. Er kann geteilt (gesplittet), teilweise gedehnt und abschnittsweise auch übereinander auf dem Bildschirm dargestellt werden.

Roll-Mode. Dieses Verfahren ist bei langsamen Vorgängen sinnvoll. Das Bild erneuert sich ständig am linken Bildschirmrand und wandert über den Bildschirm, um am rechten Rand zu verschwinden.

Summierungs-Verfahren. Die neu eingespeicherten Daten löschen nicht die vorher gespeicherten Daten, sondern werden zu diesen addiert. Hierzu müssen dem gesamten Speicher eine oder mehrere Perioden der Meßgröße zugeordnet werden. Auf diese Weise kann man verrauschte periodische Signale sichtbar machen oder Autokorrelationsanalysen nach Abschn. 1.4.4 durchführen. Bild **3.**70 zeigt ein verrauschtes Rechtecksignal, das durch 264fache Überlagerung deutlich sichtbar wird.

Die Adreßsteuerung (Kanal-Nr.) kann beim Summationsverfahren auch durch eine zweite Eingangsgröße gesteuert werden, z.B. bei der Darstellung von Energiespektren in der Kernstrahlungsmeßtechnik. Von den Kernstrahlungsdetektoren werden Impulse unterschiedlicher Maximalspannung in Abhängigkeit von der Energie des Strahlungsquants geliefert. Diese werden nach ihrer Amplitude sortiert in z.B. 1024 Speichern gezählt und damit aufsummiert. Die Größe der Summe wird als y-Wert als Funktion der Amplitude (x-Wert) auf dem Bildschirm angezeigt (γ und α-Spektrometer).

Kursor-Meßverfahren. Durch intern einstellbare Referenzspannungen und Zeitintervalle lassen sich auf dem Bildschirm Marken und Linien für bestimmte Spannungs- und Zeitwerte erzeugen (Kursoren), die zur genauen Ausmessung der Meßgrößen verwendet werden können. Man erzielt auf diese Weise Fehler unter 1‰. Üblicherweise wird auch der Triggerzeitpunkt durch eine Kursormarke angezeigt, oft durch Hellsteuerung des betreffenden Bildpunktes.

Hüllverfahren (Envelope-mode). Tritt z.B. in einem Zeitraum von 0,1 s eine kurzzeitige Störspannungsspitze von z.B. 1 µs Dauer auf, so wird zwar der Trigger ausgelöst, die Spannungsspitze auch digitalisiert, aber nach den Regeln der Wahrscheinlichkeit nur selten gespeichert. Bei 1024 Speicherplätzen und der Quantisierungszeit 0,2 µs werden zwar von dieser Spitze 5 Werte digitalisiert. Da aber bei einer Gesamtzeit von 0,1 s nur ein Wert von 500 gespeichert wird, ist die Wahrscheinlichkeit der Speicherung nur 5:500, d.h. 1%. Durch Überwachung der Maxima und der Minima der digitalisierten Daten kann dafür Sorge getragen werden, daß derartige „besondere" Meßwerte dennoch gespeichert und damit angezeigt werden.

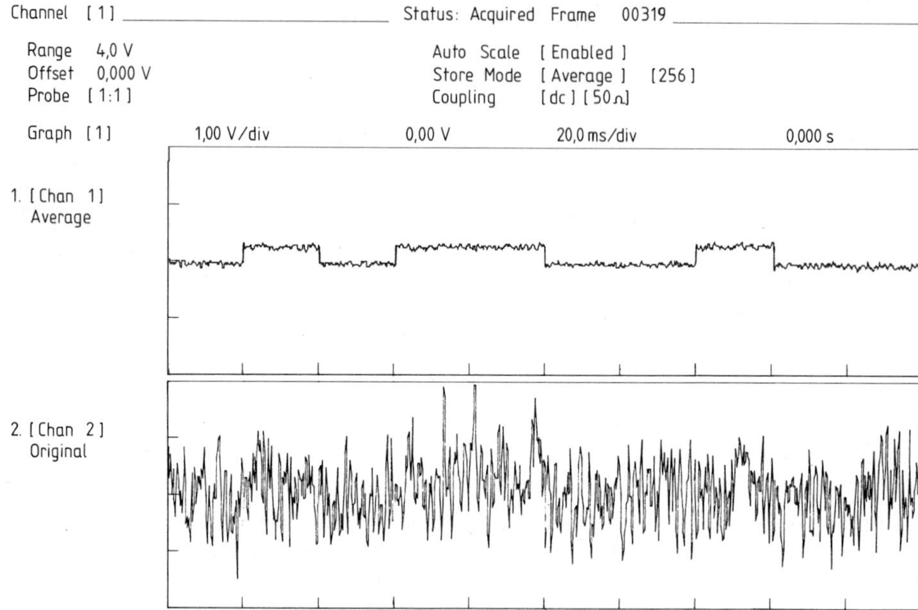

3.70 Schirmbild eines Digital-Speicher-Oszilloskops mit Anzeige von Betriebsdaten und 2 Meßkanälen (als Hardcopy digital übertragen)
Kanal 2: Datenwort 0101100100, durch überlagertes Rauschen nicht lesbar.
Kanal 1: Das gleiche Signal, 256fach übertragen, addiert und durch 256 geteilt (gemittelt).

Die verschiedenen Verfahren lassen sich ergänzen durch digitale Spannungs- und Zeitmesser und Zähler, die ihre Ergebnisse als Texte auf dem Bildschirm direkt anzeigen. Durch Tastendruck oder entsprechende Triggerbefehle lassen sich Speicher und Bildschirminhalt auf externe Speicher übertragen und mit Hilfe eines Druckers aufzeichnen. Mit Hilfe eines Prozessors mit Programmspeicherung lassen sich die vielfältigen Funktionen automatisch oder durch Tastendruck wählen und steuern (Bild **3.**70).

3.4.7 Logik-Analysatoren

Logik-Analysatoren (LA) dienen der Überwachung, Prüfung und Entwicklung von Datenkanälen. Dabei ist es erforderlich, den Spannungsverlauf auf vielen Datenleitungen (16 bis zu einigen 100) gleichzeitig als Funktion der Zeit auf einem Bildschirm sichtbar zu machen. Damit besteht die Möglichkeit zur Überprüfung der gleichzeitigen Logik-Zustände, zum anderen bei sehr schnellen Analysatoren zur Überprüfung der Schaltflanken (Übergänge von einem Logik-Zustand zum anderen) wie auch zur Überprüfung auf Störimpulse, die manchmal von extrem kurzer Dauer sind (wenige ns).

In einer weiteren Betriebsart werden die Datenworte in binärer, oktaler oder hexadezimaler Codierung in zeitlicher Reihenfolge auf dem Bildschirm oder über Drucker dargestellt. Hinzu tritt die Möglichkeit, diese Datenworte zur Überprüfung der Software in lesbare Abkürzungen (Mnemonics) einer Assembler-Sprache zu übersetzen. Dazu ist für die vielen Varianten der Assembler-Sprache der entsprechende Übersetzer (Compiler) in Form eines Datenspeichers (ROM) einzusetzen.

Zur richtigen Wahl des zu überprüfenden Bereiches dient ein komplizierter Trigger, der auf bestimmte Schlüsselworte anspricht, die der Operator vorher einstellen muß. Das Ansprechen des Triggers wird dann noch zusätzlich durch eine UND-Schaltung ausgelöst, auf die weitere Datenkanäle geschaltet werden können.

Der Anschluß an die Meßschaltung erfolgt meist unmittelbar an den integrierten Schaltkreisen durch spezielle Adapter. Wegen des schnellen Datentransfers in der Größenordnung zwischen 1 MHz und 10 MHz müssen Logik-Analysatoren außerordentlich schnell arbeiten. Für die Überwachung der Flanken sind oft Frequenzgrenzen über 100 MHz wünschenwert. Für die analoge Überwachung sind Logik-Analysatoren manchmal mit einem Transienten-Rekorder (s. Abschn. 3.4.5) verbunden.

3.4.8 Digitale Arbeits- und Leistungsmessung bei Wechselstrom

Arbeit W und mittlere Wirkleistung P bei Wechselstrom sind definiert durch

$$W = \int u i \mathrm{d}t \qquad \text{und} \qquad P = \frac{1}{T} \int_T W \mathrm{d}t = \frac{1}{T} \int_T u i \mathrm{d}t \tag{3.45}$$

T ist dabei die Integrationszeit über die mit der doppelten Frequenz des Wechselstroms schwingende elektrische Leistung, u und i sind die Zeitwerte von Spannung und Strom. Durch Wandler nach Abschn. 4.6 sowie durch Vor- und Nebenwiderstände werden diese Zeitwerte in proportionale Wechselspannungen in einem begrenzten Intervall, z.B. ± 10 V als Maximal- und Minimalwert umgesetzt (normiert). Die Digitalisierung kann nun bereits vor der Produktbildung, vor der Integration oder nach der Integration erfolgen.

3.4.8.1 Digitalisierung der mittleren Wirkleistung. Die Bildung der Zeitwerte von Strom und Spannung und die Integration des Zeitwertes der Leistung erfolgen durch elektronische Multiplizierer und Integrierer. Bild **3.71** zeigt die Blockschaltung eines elektronischen Arbeitszählers für Dreileiter-Drehstrom. Für jeden der 3 Stränge *L1*, *L2* und *L3* sind ein Spannungs-

1 Spannungswandler
2 Stromwandler mit Bürdenwiderstand R_B
3 Multiplizierer
4 Integrierer
5 Spannungs-Frequenz-Umsetzer
6 Leuchtdiode zur Impulsanzeige
7 Untersetzer
8 Vorzeichendetektor mit Schaltrelais
9 Zähler für Bezug
10 Zähler für Lieferung
11, *12*, *13* Ausgänge für Kalibrierung und Fernmessung

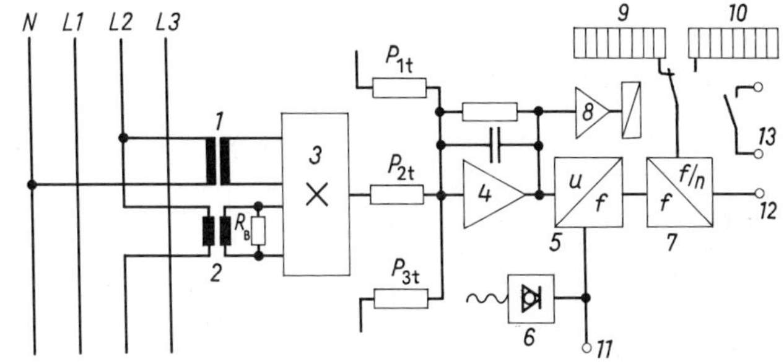

3.71 Blockschaltung eines elektronischen Arbeitszählers
N, *L1*, *L2*, *L3* Drehstromnetz

wandler *1*, ein Stromwandler *2* und ein Multiplizierer *3* vorhanden. Spannungswandler und Stromwandler, dieser über den Bürdenwiderstand R_B, liefern dem Multiplizierer Spannungen, die den Zeitwerten u und i proportional sind. Der Multiplizierer bildet aus ihnen den Zeitwert der Leistung $P_t = ui$. Für Präzisionszähler verwendet man hierzu beispielsweise das Pulsmultiplikationsverfahren nach Abschn. 3.1.5.5. Der Multiplizierer bildet hierzu eine Folge von Impulsen, deren Höhe dem Strom i und deren Dauer der Spannung u proportional sind (Time-Divison-Verfahren). Die Pulsfrequenz wird mit 70 kHz so hoch gewählt, daß auch die Oberschwingungen des Netzes noch erfaßt werden.

Der Pulsmultiplizierer arbeitet in allen vier Quadranten vorzeichenrichtig, so daß auch bei beliebiger Phasenverschiebung ein vorzeichenrichtiges Produkt gebildet wird. Aus den Impulsen der drei Multiplizierer wird mit einem summierenden und mittelwertbildenden Integrierer *4* nach Abschn. 3.1.4.2 eine der Gesamtleistung P proportionale Ausgangsspannung gebildet. Das Vorzeichen dieser Ausgangsspannung gibt das Vorzeichen des Leistungsflusses (Bezug oder Abgabe von Leistung) an. Ein Spannungs-Frequenz-Umsetzer *5* nach Abschn. 3.4.3.6 bildet aus diesem Spannungswert eine der Gesamtleistung P_t proportionale Impulsfrequenz.

Die Anzahl der Impulse ist der Arbeit $W = \int P_t \mathrm{d}t$ proportional. Die Impulse werden durch eine GaAsP-Leuchtdiode *6* zur Kontrolle und Kalibrierung angezeigt. Zur Zählung und Fernmessung werden sie mit dem Untersetzer *7* (s. Abschn. 3.3.5.1) untersetzt. Das Vorzeichen der Leistungsrichtung am Ausgang des Integrierers *4* steuert über einen Vorzeichendetektor *8*, das ist ein Spannungskomparator nach Abschn. 3.1.5.1, die Schaltung der Impulsfolge auf die Zähler für Bezug *9* oder Lieferung *10*. Der Eigenverbrauch eines solchen Zählers liegt pro Strom- und Spannungspfad bei 0,1 VA, der relative Fehler in einem weiten Lastbereich unter 0,1%. Aus Sicherheitsgründen wird die Elektronik mit Hilfsspannungen aus einem getrennten Netz gespeist.

Thermische Produktbildung. Bei dem auf Bild **3.**72 schematisch dargestellten Verfahren erfolgt die Produktbildung thermisch nach dem in Abschn. 4.8.2.6 näher beschriebenen Verfahren durch eine Heizleiterbrücke. Spannung und Strom werden in die Brücke *B1* eingespeist und bewirken eine vom Zeitwert der Leistung abhängige unterschiedliche Erwärmung der Heizleiter *H1* und *H2*. Diese erwärmen die Widerstandsthermometer R_1 und R_2, die die Hälfte einer zweiten, mit Wechselstrom gespeisten Brücke *B2* bilden. Durch die unterschiedliche Erwärmung von R_1 und R_2 entsteht eine Brückenspannung im Nullzweig. Diese wird verstärkt und veranlaßt eine Kippstufe *K* zur Erzeugung von Impulsen konstanten Energieinhalts. Diese werden auf den Heizleiter H_2 zurückgeführt, erwärmen diesen zusätzlich, bis die Brücke B2 abgeglichen ist. Durch diese Regelschaltung wird bewirkt, daß die durch die

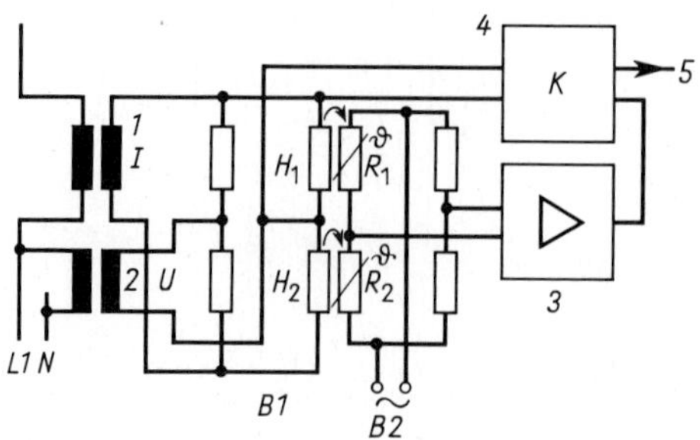

3.72
Digitale Arbeits- und Leistungsmessung mit Hilfe einer Thermobrücke

1 und *2* Strom- und Spannungswandler, *B1* Heizleiter-Brücke mit Heizleiter H_1 und H_2, *B2* Detektorbrücke mit Wechselstromspeisung, *3* Nullspannungsverstärker, *4* Kippstufe, *5* Impulsausgang

Impulse der Brücke zugeführte Energie der elektrischen Arbeit proportional ist. Die Anzahl der Impulse ist somit der Arbeit, die Frequenz der Leistung proportional.

Bei mehrphasigen Systemen ist für jeden Außenleiter ein solcher Wandler vorhanden. Die Summe der Impulse ergibt die Gesamtleistung des Systems.

Bei ausgeführten Geräten beträgt die Impulsfrequenz bei einer Phase und Nennlast 1000 Hz, als Fehler werden angegeben 0,15% bei $\cos\varphi = 1$ und $\pm 0{,}3\%$ bei $\cos\varphi = 0{,}25$.

3.4.8.2 Digitale Produktbildung. Die Strom- und Spannungswerte werden nach Bild **3.**73 mit einem schnellen A/D-Umsetzer quantisiert. Die Umsetzungsfrequenz beträgt mindestens 10 kHz. Es genügt daher ein Umsetzer, der nacheinander Spannungs- und Stromwerte quantisiert und die binären Daten zwei digitalen Zwischenspeichern zuführt. Ein Mikroprozessor bildet nun aus diesen Daten die Leistungs- und Arbeitswerte. Bei mehrphasigen Systemen sind nur die Eingangswandler mehrfach vorhanden, der Eingangsumschalter muß nacheinander dann mehrere Phasen abfragen. Durch entsprechende Programme können damit alle interessierenden Daten, Spannungen, Ströme, Phasenwinkel, Leistungen bei verschiedenen Integrationszeiten T, Wirk-, Blind- und Scheinarbeit errechnet, digital angezeigt und gespeichert werden. Die oft unter 0,1% liegenden Fehler dieses Verfahrens können nötigenfalls noch durch einen Korrekturalgorithmus verkleinert werden. Dieses Verfahren bietet sich besonders an zur Kalibrierung der Elektrizitätszähler nach Abschn. 4.9.3.

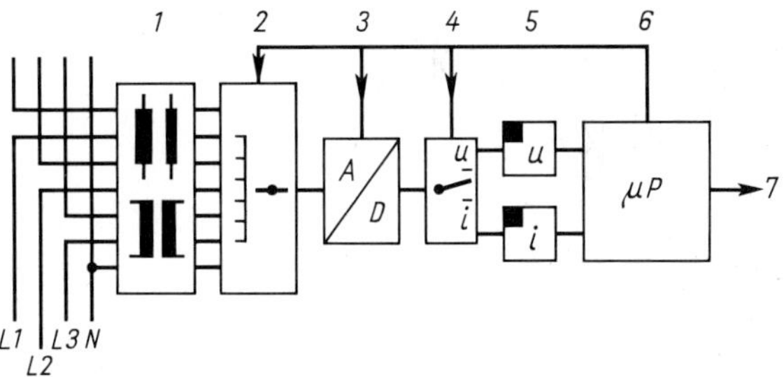

3.73 Leistungs- und Arbeitsmesser für Drehstrom mit digitaler Produktbildung

1 Strom- und Spannungswandler, *2* Meßstellenumschalter (Multiplexer), *3* Analog-Digital-Umsetzer, *4* Meßgrößenumschalter, *5* digitale Zwischenspeicher, *6* Mikroprozessor, *7* Datenausgabe

3.4.9 Digitale Punkt- und Linienschreiber

Analoge Meßwerte werden normiert und digitalisiert wie in Abschn. 3.4.4 beschrieben. Die Daten werden nach wählbaren oder vorgegebenen Funktionen umgerechnet und dann als Digital- oder Analogwert an die Schreibeinrichtung übergeben, die sie in y-Richtung als Funktion der Zeit oder einer anderen Meßgröße grafisch aufgezeichnet. Der Antrieb in x-Richtung erfolgt in der Regel durch Schrittmotore, die das Schreibpapier mit einer Stachelwalze (Traktor) in beiden Richtungen transportieren können. Da die digitale Verarbeitung sehr schnell erfolgt, können mehrere Meßkanäle mit der gleichen Elektronik nacheinander verarbeitet werden. Die Verzögerung liegt pro Kanal in der Regel unter 1 ms und kann daher bei der Auswertung des Graphen außer Betracht bleiben.

Die im Abschn. 2.7.2.1 beschriebenen Schreibverfahren finden auch für digital gesteuerte Schreiber und Drucker Verwendung. Bei Druckern mit bewegter Schreibvorrichtung steuert der digitale Wert Schrittmotore, die über eine Schraubenspindel den Schreibwagen mit Schreibstift oder Kapillarfeder in y-Richtung bewegen. Bei Mehrkanalgeräten ist ein Versatz der einzelnen Schreibwagen in x-Richtung erforderlich. Dieser Versatz kann durch Verzögerungsspeicher automatisch korrigiert werden.

Flachbettschreiber haben ein feststehendes, in der Regel pneumatisch oder elektrostatisch festgehaltenes Registrierpapier (DIN A4 bis DIN A0). Der Zeichenstift kann elektromagnetisch aufgehoben und wieder abgesenkt werden. Er wird in beiden Koordinaten durch Schrittmotore bewegt (Bild **2.**40d). Zur Aufzeichnung in verschiedenen Farben wird der Schreibstift automatisch gewechselt. Für mehrfarbige Graphen enthält entweder ein mitbewegtes Magazin die verschiedenen Farbstifte oder nach Beendigung der Aufzeichnung in einer Farbe holt sich der Schreibwagen den nächsten Farbstift aus einem Magazin am Rande der Zeichenvorrichtung. Vor allem Flachbettschreiber aber auch manche Schreiber mit bewegtem Papier werden auch lautmalend Plotter genannt.

Andere Schreiber benutzen eine über die ganze Schreibbreite ausgedehnte Schreibvorrichtung mit z. B. 512 Düsen bei Farbschreibern oder Schreibelektroden bei Metallpapierschreibern.

4 Messung von Strom, Spannung, Leistung und Arbeit

4.1 Elektrische Einheiten und Normale [26]

4.1.1 Absolute elektrische Einheiten

Die elektrischen Einheiten für Strom (Ampere) und Spannung (Volt) sind so gewählt, daß die Einheit für die elektrische Energie identisch mit der Energieeinheit der Mechanik ist

$$1\,\mathrm{V} \cdot 1\,\mathrm{A} \cdot 1\,\mathrm{s} = 1\,\mathrm{Ws} = 1\,\mathrm{J} = 1\,\mathrm{kg\,m^2\,s^{-2}} = 1\,\mathrm{Nm} \tag{4.1}$$

Das Verhältnis der Spannungseinheit zur Stromeinheit, die Einheit des elektrischen Widerstands, ist festgelegt durch

$$1\,\Omega = \frac{1\,\mathrm{V}}{1\,\mathrm{A}} \equiv \frac{10^7}{4\pi}\,\mu_0\,\frac{\mathrm{m}}{\mathrm{s}} \quad \text{oder} \quad \mu_0 \equiv 4\pi \cdot 10^{-7}\,\Omega\,\mathrm{s\,m^{-1}} \tag{4.2}$$

mit μ_0 als Induktionskonstante. Die international seit 1960 gültigen und in der Bundesrepublik Deutschland am 2. Juli 1969 eingeführten SI-Einheiten bilden mit den mechanischen Grundeinheiten kg, m, s und der elektrischen Einheit A ein kohärentes System. In kohärenten Systemen werden zusammengesetzte Einheiten durch Produkte von ganzzahligen Potenzen der Grundeinheiten ohne Zahlenfaktoren gebildet (Einheitengleichungen).

Die Einheiten der elektrischen Größen sind historisch aus den elektromagnetischen cgs-Einheiten nach Gauß und Weber hervorgegangen, die auf den mechanischen Einheiten cm, g und s basieren und über das Coulombsche Gesetz der Kraftwirkung abgeleitet sind. Bei dem Ansatz wurde von Gauß und Weber das Coulombsche Gesetz ohne den Geometriefaktor $1/(4\pi)$ (1/Raumwinkel einer Vollkugel) verwendet und $\mu_0 \equiv 1$ angesetzt. Der Faktor 10^7 ergibt sich aus dem Verhältnis $\mathrm{kg\,m^2/g\,cm^2}$. Der Faktor $10^7/(4\pi)$ ist daher in die Definition der Gl. (4.2) einbezogen.

Definition des Ampere. Die Festlegungen von Gl. (4.1 und 4.2) führen zu der Definition: „Die Basiseinheit 1 Ampere ist die Stärke eines zeitlich unveränderlichen elektrischen Stromes, der, durch zwei im Vakuum parallel im Abstand 1 Meter voneinander angeordnete, geradlinige, unendlich lange Leiter von vernachlässigbarem Querschnitt fließend, zwischen diesen Leitern je 1 Meter Leitungslänge elektrodynamisch die Kraft von $2 \cdot 10^{-7}$ Newton hervorrufen würde."

Darstellung des Ampere. Sie erfolgt nach obiger Definition mit der „Stromwaage", die die elektrodynamische Kraft zwischen kreisförmigen stromführende Leitern auswiegt. Dieses Verfahren läßt sich nur schwer realisieren, und die erzielten relativen Fehler liegen bei einigen 10^{-6}. Daher zieht man es vor, die SI-Einheiten Volt und Ohm darzustellen und daraus das Ampere abzuleiten.

Darstellung des Ohm. Sie erfolgt aus einer berechenbaren Kapazität mit einer Unsicherheit von 10^{-7}. Eine solche, aus den Abmessungen genau berechenbare Kapazität ist der „Kreuzkondensator" nach Thomson und Lampard. Er besteht aus vier sich nahezu berührenden kreiszylindrischen Stäben in einem Schirmgehäuse. Die auf die Gesamtlänge l bezogene

Kapazität zweier gegenüberliegender Elektroden ist unabhängig von den Querabmessungen

$$C' = C/l = \frac{\varepsilon_0}{\pi} \ln 2 \approx 2\,\mathrm{pF/m} \tag{4.3}$$

Praktische Ausführungen haben eine Kapazität um 1 pF. Daraus läßt sich nach Bild **4.1** mit Meßbrücken (s. Abschn. 5.4.6) die Einheit Ohm ableiten.

Bei dünnen Schichten, tiefen Temperaturen und starken Magnetfeldern ist das Verhältnis von Hall-Spannung und Steuerstrom U_H/I_{ST} nach Abschn. 6.1.3.2 in Stufen quantisiert (Quanten-Hall-Effekt). Mit dem ganzzahligen Wert z, dem Planck'schen Wirkungsquantum h und der Elementarladung e ergibt sich der Hall-Widerstand R_H in diesen Stufen zu:

$$R_H = U_H/I_{ST} = h/(z \cdot e^2) = 25\,812{,}8\ \Omega/z \tag{4.4}$$

Damit ist es möglich die Einheit Ω durch Naturkonstanten zu reproduzieren.

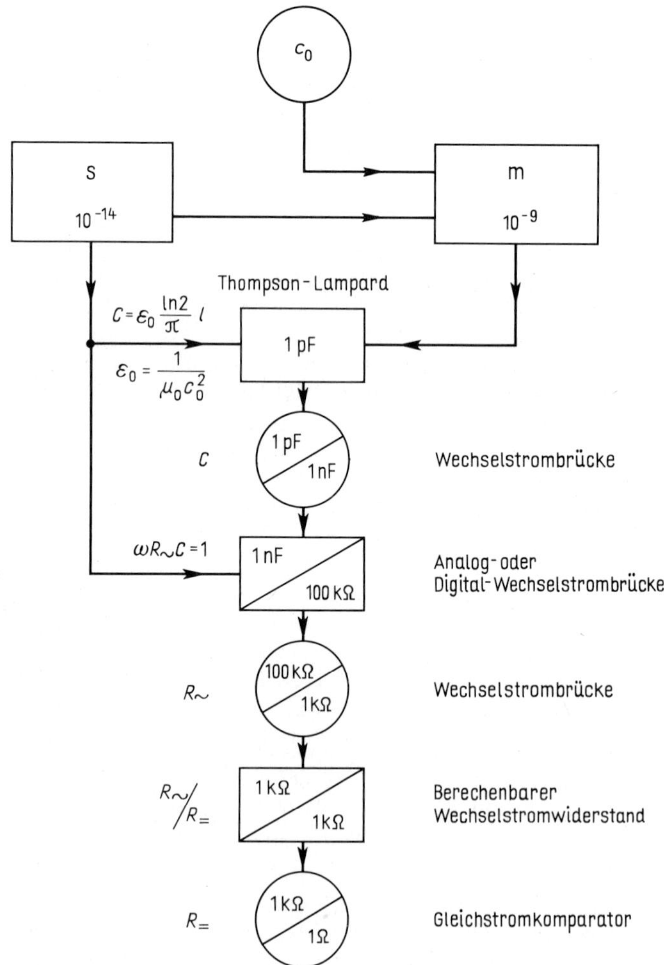

4.1 Schematische Darstellung der Ableitung des Farad und des Ohm (PTB)

Darstellung des Volt. Die Einheit der elektrischen Spannung läßt sich mit der Spannungswaage über die Messung der elektrostatischen Anziehung zweier Elektroden mit einer relativen Unsicherheit um $3 \cdot 10^{-7}$ darstellen, wobei auf die Festlegungen von Gl. (4.1) und (4.2) zurückgegriffen wird. Konstanz und Reproduzierbarkeit der Spannungseinheit lassen sich jedoch noch wesentlich mit Hilfe des Josephson-Effektes verbessern.

Beim Josephson-Effekt wird mit einem Gleichstrom I eine dünne Isolierschicht zwischen zwei Supraleitern bei der Temperatur des flüssigen Heliums (4,2 K) durchtunnelt (quantenmechanischer Tunnel-Effekt). Strahlt man nun in diese Anordnung eine Mikrowelle der Frequenz f ein, so entsteht als Funktion von f eine stufenförmige Kennlinie für den Spannungsabfall U zwischen den Supraleitern, deren Stufenhöhe als Spannungsnormal dient.

Für die Spannung U_n der n-ten Stufe gilt

$$U_n = nfh/(2e) \tag{4.4}$$

Dabei sind $h = 6{,}6262 \cdot 10^{-34}$ Js die Plancksche Konstante und $e = 1{,}60219 \cdot 10^{-19}$ As die Elementarladung. Da diese Konstanten nicht genau genug bekannt sind, hat man, um zu international übereinstimmenden Messungen zu kommen, die Josephsonfrequenz f_j festgelegt

$$f_j = \frac{2e\text{V}}{h} = 483\,594\ \text{GHz} \tag{4.5}$$

Bei der Frequenz 70 GHz und der 20. Stufe ($n = 20$) ergibt sich die Spannung 2,895 mV. Mit der Dünnschichttechnik kann man ca. 1500 Josephson-Elemente in Serie auf einem Chip vereinigen, so daß man Spannungen in der Größenordnung von 1 V erhält. Die relative Unsicherheit liegt bei 10^{-9}.

Damit ergibt sich ein Zusammenhang der elektrischen Einheiten mit den SI-Grundeinheiten, der mit allen Unsicherheiten in Bild **4.2** dargestellt ist (Stand 1987).

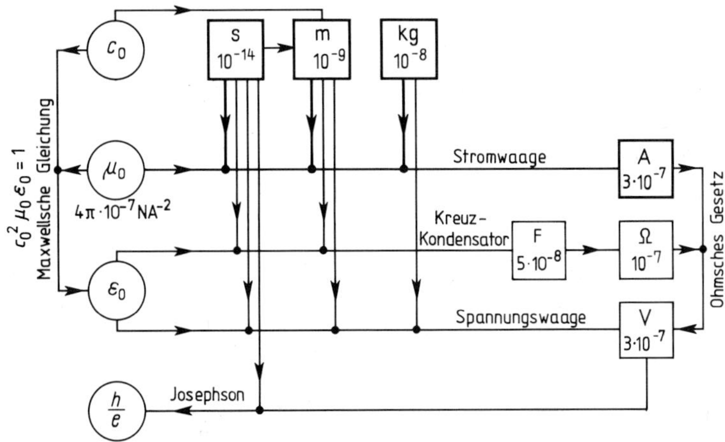

4.2 Zusammenhang zwischen Einheiten im SI-System und physikalischen Konstanten mit der Angabe der Unsicherheit der Realisierung (beim kg Unsicherheit in der Weitergabe) (PTB), Lichtgeschwindigkeit $c_0 = 299\,792\,458$ m/s

4.1.2 Gebrauchsnormale

Der Anschluß der Präzisionsmeßgeräte bei der Herstellung und laufenden Überwachung an die festgelegten Einheiten wird durch Gebrauchsnormale sichergestellt. Dies sind Normalelemente, Normalwiderstände, Normalkapazitäten, Normalinduktivitäten und Normalwandler. Wenn diese Normale den Beglaubigungsvorschriften genügen, kann ihr Wert von der Eichbehörde überprüft und beglaubigt werden.

4.1.2.1 Spannungsnormale. Diese dienen zur Bewahrung und Weitergabe der nach Abschn. 4.1.1 dargestellten Spannungseinheit. Man verwendet Normalelemente und Normalspannungsquellen mit Z-Dioden-Stabilisierung.

Normalelemente sind galvanische Elemente mit sehr konstanter und wenig temperaturabhängiger Spannung. Sie dürfen nur geringfügig (unter 0,1 mA) und kurzzeitig belastet werden, damit die Polarisation der Elektroden vernachlässigbar bleibt. Bild **4.**3 zeigt einen Querschnitt durch die von Weston eingeführte Bauart. Die Quellenspannung U_q beträgt bei 20 °C 1,01865 V, und sie ändert sich als Funktion der Temperatur ϑ nach (Bild **4.**4)

$$U_q = 1{,}01865\,\mathrm{V_{abs}} - \left[40{,}6\left(\frac{\vartheta}{^\circ\mathrm{C}} - 20\right) + 0{,}95\left(\frac{\vartheta}{^\circ\mathrm{C}} - 20\right)^2 - 0{,}01\left(\frac{\vartheta}{^\circ\mathrm{C}} - 20\right)^3\right]\mu\mathrm{V_{abs}} \quad (4.6)$$

Die Unsicherheit der Weitergabe und die zeitliche Konstanz liegt dabei zwischen 1 μV und 0,1 μV.

Einen kleineren Temperaturbeiwert hat die Weston-Zelle mit ungesättigtem Elektrolyten. Ihre Spannungskonstanz ist jedoch geringer (etwa 10 μV/Jahr).

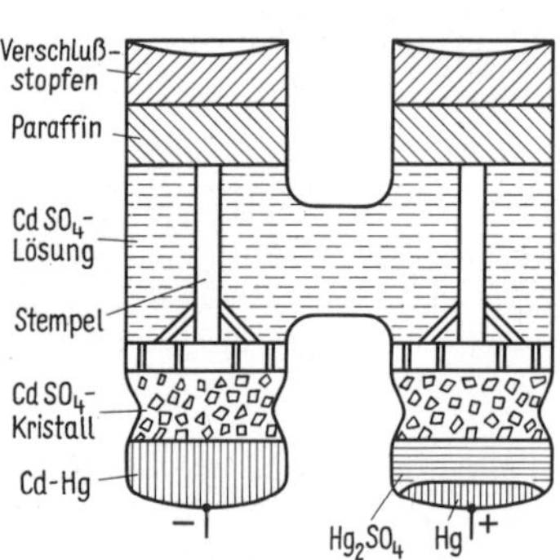

4.3 Internationales Weston-Normalelement

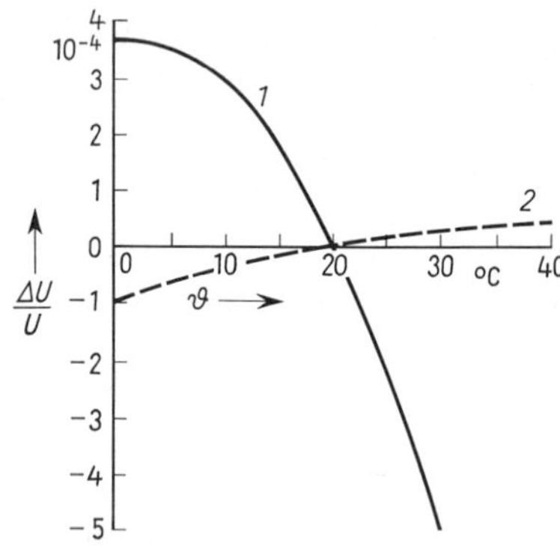

4.4 Temperaturgang
1 eines internationalen Kadmium-Normalelements
2 eines Z-Dioden-Normalspannungsgeräts

Normalspannungsquellen mit Z-Dioden-Stabilisierung. Diese haben im Sperrgebiet eine durch die Dotierung festliegende und nur wenig von der Temperatur abhängige Durchbruchspannung [32]. Werden diese Dioden über einen Widerstand mit einer größeren Spannung in Sperrrichtung betrieben, stellt sich an der Diode eine Spannung ein, die als Normalspannung dienen kann. Mit mehrstufigen Schaltungen und Maßnahmen zur Kompensation des restlichen

Temperaturfehlers, etwa nach Bild **4.**5, erzielt man stabile Spannungen, deren Temperaturabhängigkeit wesentlich kleiner ist als die von Normalelementen, so daß man in den meisten Anwendungsfällen keinen Thermostaten benötigt (Bild **4.**4).

Digital einstellbare Konstantspannungsquellen erzeugen mit Hilfe von Verstärkern nach Abschn. 3.1.4 eine einstellbare, belastungsunabhängige (eingeprägte) Spannung. Dabei dient eine Normalspannungsquelle als Referenz.

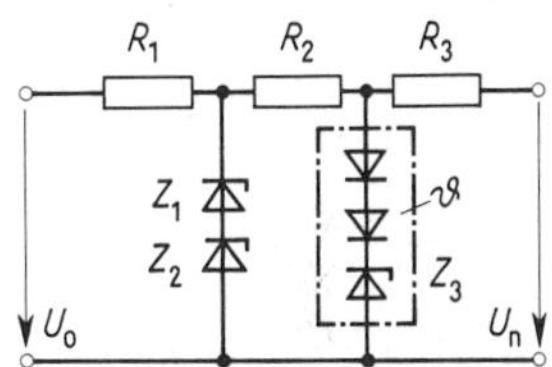

4.5
Normalspannungsgerät mit Z-Dioden
U_0 Speisegleichspannung
R_1, R_2, R_3 Widerstände
Z_1, Z_2 Z-Diodenkaskade zur Vorstabilisierung
Z_3 Z-Diode integriert mit zwei in Reihe geschalteten Dioden zur Kompensation des restlichen Temperaturfehlers. Thermostat bewirkt konstante Temperatur
U_n stabilisierte Ausgangsspannung

Konstantstromgeräte ermöglichen einen vom Lastwiderstand unabhängigen Strom bis zur zulässigen Maximalspannung. Kombinierte Konstantspannungs-Konstantstromgeräte haben bei großem Lastwiderstand eine sehr genau, oft digital bis zu 6 Dezimalstellen einstellbare Spannung und liefern bei kleinem Lastwiderstand einen ebenso genau einstellbaren Strom. Regelfehler und Konstanz von Strom und Spannung erreichen 10^{-5} vom Sollwert.

4.1.2.2 Normalwiderstände. Dies sind Einzelwiderstände mit kleinen Fehlern und großer Konstanz. Sie haben getrennte Anschlüsse für Strom und Spannung (Potential-Anschlüsse), um Fehler durch Übergangswiderstände auszuschließen (s. Abschn. 5.2.5). Sie haben meist dekadische Werte von 0,1 mΩ bis 100 kΩ und dienen vornehmlich als Normale in Thomson-Brücken (Abschn. 5.2.5) oder zur Strommessung mit dem Kompensator nach Abschn. 4.3.2. Die Belastbarkeit beträgt mindestens 1 W, bei Widerständen von 1 Ω abwärts auch mehr.

Normal-Spannungsteiler haben ein genaues Teilerverhältnis. Der Fehler des Teilungsverhältnisses ist meist eine Größenordnung kleiner als die Fehler der Widerstandswerte.

Beglaubigungsfähig sind Normalwiderstände mit Abweichungen vom Sollwert unter 0,03%. Bei sorgfältiger Behandlung lassen sich Widerstandswerte von Gebrauchsnormalen auf 10^{-5} reproduzieren. Die jährliche relative Widerstandsänderung der Hauptnormale der Physikalisch Technischen Bundesanstalt liegt unter 10^{-7}.

4.1.2.3 Zeitnormale. Die Sekunde ist gesetzlich definiert als das 9 192 631 770fache einer Resonanzschwingung des Nuklids Cäsium 133. Primäre Frequenz- und Zeitnormale bestehen daher aus einem Mikrowellengenerator, dessen Frequenz durch die Absorption bzw. Dämpfung der Mikrowellen in einer mit Cäsiumdampf gefüllten Entladungsröhre synchronisiert wird. Man erreicht mit einem solchen Frequenznormal die Darstellung der Sekunde mit einem relativen Fehler, der 10^{-12} unterschreiten kann. Damit ist die Sekunde diejenige Basiseinheit, die mit dem kleinsten relativen Fehler dargestellt werden kann. Durch Langwellensender, die mit solchen Atomuhren stabilisiert werden, stehen genau definierte Frequenzen weltweit zur Verfügung. In Deutschland ist es der Sender DCF-77 in Mainflingen (bei Frankfurt), dessen Sendefrequenz von 77,5 kHz von den Atomuhren der Physikalisch-Technischen Bundesanstalt synchronisiert wird. Der hochfrequente Träger übermittelt mit einem Code die in Deutschland gültige Zeit (MEZ oder MESZ) in Stunden, Minuten und Sekunden und übermittelt in Abständen auch das Datum: Jahr, Monat und Tag. Damit steht jedermann, der einen geeigneten Empfänger besitzt, neben Datum und Uhrzeit auch ein Frequenznormal höchster Genauigkeit zur Verfügung. Etwas größere Fehler haben Sekundärstandards mit Rubidium-Stabilisierung (relativer Fehler um 10^{-11}) oder Präzisions-Quarzoszillatoren (relativer Fehler 10^{-10}). Einfache Quarzoszillatoren, wie sie als Taktgeneratoren in elektronischen Zählern und Prozessoren Verwendung finden, haben relative Fehler zwischen 10^{-5} und 10^{-9}.

4.2 Gleichstrom- und Gleichspannungsmessungen mit anzeigenden Meßgeräten

4.2.1 Einfluß von Meßgeräten auf den Meßkreis

Durch das Einschalten von Meßgeräten in eine Schaltung werden Strom- und Spannungs-Verteilung im Meßkreis geändert. Dies führt zu Änderungen der zu messenden Größen. Die so auftretenden Fehler lassen sich durch Korrektionen berücksichtigen.

Korrektionen bei gleichzeitiger Strom- und Spannungsmessung. In einem aus Widerstand und Spannungsquelle gebildeten Stromkreis sind zwei Schaltungen der beiden Meßgeräte möglich. In der „stromrichtigen" Schaltung nach Bild **4.6**a mißt der Strommesser den durch den Widerstand R fließenden Strom I, der Spannungsmesser dagegen den Spannungsabfall U am Widerstand, vergrößert um den Spannungsabfall $U_A = R_A I$ am Strommesser. Man erhält mit der Spannung U_V am Spannungsmesser V die Korrektionsgleichung

$$U = U_V - R_A I \tag{4.7}$$

Bei der „spannungsrichtigen" Schaltung nach Bild **4.6**b mißt der Spannungsmesser die Spannung U richtig, der Strommesser dagegen den um den Strom $I_V = U/R_V$ vergrößerten Strom I_A. Hier erhält man die Korrektionsgleichung

$$I = I_A - (U/R_V) \tag{4.8}$$

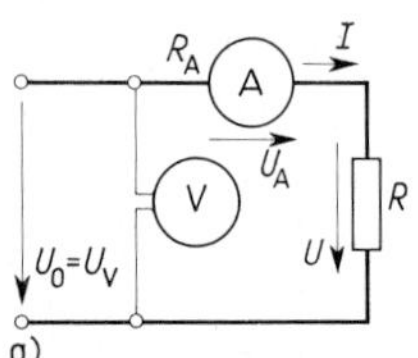

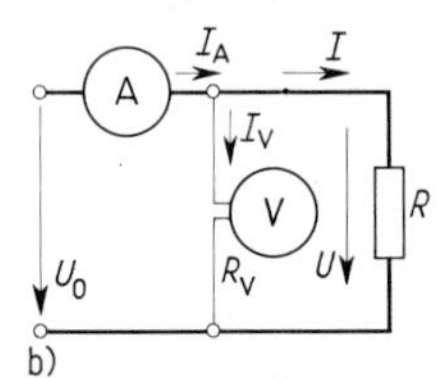

4.6
Schaltung von Strom- und Spannungsmesser
a) richtige Stromanzeige
b) richtige Spannungsanzeige

Bei der Messung größerer Spannungen wählt man vorteilhaft die Schaltung **4.6**a, bei Messung größerer Ströme dagegen die Schaltung **4.6**b, da die Korrektionen dann weniger ins Gewicht fallen oder ganz vermieden werden können.

Beispiel 4.1. Wir untersuchen die zulässigen Meßgerätewiderstände.

a) Welchen Wert darf der Widerstand des Strommessers R_A in der Schaltung nach Bild **4.6**a haben, damit der relative Spannungsfehler unter einer Größe $F_{r\max}$ nach Gl. (1.3) bleibt?

Der Spannungsabfall $R_A I$ am Strommesser muß gegenüber dem Spannungsabfall an R klein genug sein, also

$$|F_{r\max}| \geqq R_A I/U = R_A I/RI = R_A/R \qquad \text{also} \qquad R_A \leqq |F_{r\max}| R$$

b) Welchen Wert muß der Widerstand des Spannungsmessers R_V in Schaltung **4.6**b haben, damit der relative Stromfehler unter $F_{r\max}$ bleibt?

Entsprechend muß der Strom I_V klein genug gegen I sein

$$|F_{r\max}| \geqq I_V/I = R/R_V \qquad \text{also} \qquad R_V \geqq R/|F_{r\max}|$$

4.2.2 Messung kleinster Ströme, Spannungen und Ladungen

4.2.2.1 Natürliche Grenze der Meßbarkeit. Allen Strömen und Spannungen sind infolge der Wärmebewegung der Ladungsträger unperiodische Schwankungen überlagert, die die Meßbarkeit und die Meßgenauigkeit zu kleinen Werten hin begrenzen. Hinzu tritt bei Verstärkern das Rauschen der aktiven Bauelemente (s. Abschn. 3.1.1.4), bei anzeigenden Meßgeräten (Galvanometer, s. Abschn. 2.3.3) die durch die Brownsche Bewegung des beweglichen Organs verursachte Schwankung der Anzeige. Für ein kritisch gedämpftes Galvanometer mit dem Schließungswiderstand R_{gr} und der Periodendauer T_0 (s. Abschn. 2.1.3 u. 2.3.3) gelten mit der Boltzmann-Konstanten $k = 1{,}38 \cdot 10^{-23}$ J/K, der absoluten Temperatur des Meßkreises Θ und dem Wirkungsgrad des Galvanometers η für die mittleren Schwankungsquadrate des Stromes $\overline{\delta i^2}$ und der Spannung $\overline{\delta u^2}$

$$\overline{\delta i^2} R_{gr} \eta T_0 = \frac{\overline{\delta u^2}}{R_{gr}} \eta T_0 = \frac{1}{2} k \Theta \tag{4.9}$$

Bei der absoluten Temperatur $\Theta = 290\,\mathrm{K}$ (etwa 17°C) ist $(1/2) k\Theta = 2 \cdot 10^{-21}$ J, für ein kritisch gedämpftes Galvanometer ist $\eta \approx 0{,}2$. Hiermit ergeben sich für die kleinsten noch erkennbaren Strom- und Spannungsänderungen

$$\delta i = \sqrt{\frac{\Omega\,\mathrm{s}}{R_{gr} T_0}}\, 10^{-10}\,\mathrm{A} \quad \text{und} \quad \delta u = R_{gr} \delta i \tag{4.10}$$

Beispiel 4.2. Welche Spannungen δu und Ströme δi lassen sich prinzipiell (ohne Berücksichtigung von Galvanometerfehlern und von beschränkten Ablesemöglichkeiten) mit einem mit $R_{gr} = 4000\,\Omega$ kritisch gedämpften Galvanometer der Schwingungsdauer $T_0 = 10$ s noch nachweisen?

Durch Einsetzen der vorgegebenen Werte in Gl. (4.10) ergeben sich

$$\delta i = \sqrt{\frac{\Omega\,\mathrm{s}}{R_{gr} T_0}}\, 10^{-10}\,\mathrm{A} = \sqrt{\frac{1}{4000 \cdot 10}} \cdot 10^{-10}\,\mathrm{A} = 0{,}5\,\mathrm{pA}$$

$$\delta u = R_{gr} \delta i = 4\,\mathrm{k\Omega} \cdot 0{,}5\,\mathrm{pA} = 2\,\mathrm{nV}$$

Wegen zusätzlicher Störungen bei Galvanometern und wegen des Rauschens bei Verstärkern sind die praktisch meßbaren kleinsten Ströme und Spannungen größer.

4.2.2.2 Praktisches Messen. Als Meßgeräte dienen Drehspulgalvanometer oder Meßverstärker mit analogen oder digitalen Anzeigegeräten. Liefert das Meßobjekt eine eingeprägte Spannung (z.B. Thermospannungen, biologische oder chemische Potentiale), so benötigt man spannungsempfindliche Meßeinrichtungen. Der Widerstand des Meßkreises ist klein (einige Ω bis kΩ), und es wird eine große Spannungsstabilität gefordert.

Spannungsempfindliche Galvanometer, deren Grenzwiderstand dem Meßkreiswiderstand entspricht, ermöglichen das Erreichen der natürlichen Grenze nach Abschn. 4.2.2.1. Bequemer und leichter zu handhaben sind spannungsempfindliche Meßverstärker mit kleiner Offsetspannungsdrift nach Abschn. 3.1.3.3.

Digitale Meßgeräte für kleinste Spannungen verwenden entweder zerhackerstabilisierte analoge Vorverstärker oder speziell für kleinste Spannungen dimensionierte Integrierer nach Abschn. 3.4.3.4, die nach jeder Integrationsperiode eine Nullpunktprüfung vornehmen. Man erreicht mit derartigen Geräten absolute Fehler unter 10 nV. Um die große Spannungsempfindlichkeit auszunutzen, muß der Meßkreis frei von störenden Kontakt- und Thermospannungen sein. Schon das Festklemmen eines Kupferleiters an einer Messingkontaktschraube kann Thermospannungen in der Größenordnung µV hervorrufen. Auch Kurzschlußschalter zur Prüfung des Nullpunkts und bewegte Leiter im erdmagnetischen Feld erzeugen Spannungen in dieser Größenordnung.

In Meßkreisen mit eingeprägtem Strom (z.B. Isolationsströme, Ströme in Ionisationskammern) ist der Elektrometerverstärker dem Galvanometer weit überlegen. Bild **4**.7 zeigt die Prinzipschaltung eines Verstärkerelektrometers mit einem Operationsverstärker mit sehr kleinem Eingangsstrom. Der stufig umschaltbare Gegenkopplungswiderstand R_g bestimmt den Meßbereich. Die eingeprägte Ausgangsspannung $u_2 = -R_g i_1$ ergibt sich aus dem Meßstrom i_1. Die Dioden D dienen in Verbindung mit dem Schutzwiderstand R_s zum Schutz des Verstärkers vor Überspannungen. Mit diesem Gerät sind noch Ströme bis herab zu 10^{-14} A meßbar. Bei größerem Aufwand sind noch Stromänderungen von 10^{-16} A erkennbar. Digitale Meßgeräte für kleinste Ströme verwenden Elektrometer-Vorverstärker mit nachgeschaltetem Analog-Digital-Umsetzer. In der Regel besitzen diese Geräte auch eine Integrationsstufe zur Messung von Ladungen. Die letzte Stelle eines handelsüblichen Digital-Elektrometers entspricht im kleinsten Meßbereich dem Strom $10\,\text{aA} = 10^{-17}$ A und der Ladung $0{,}1\,\text{fC} = 10^{-16}$ C.

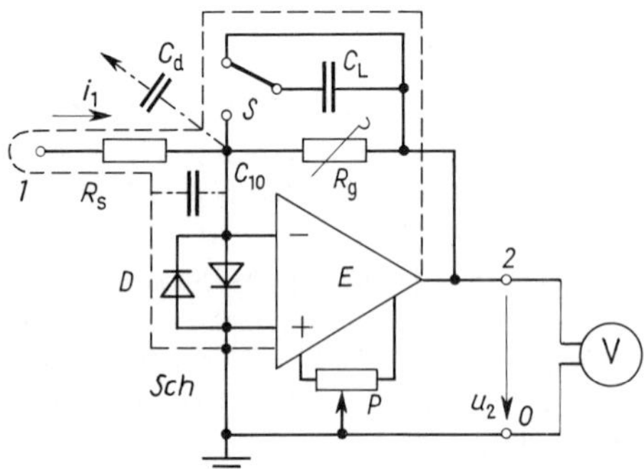

4.7
Prinzipschaltung eines Verstärkerelektrometers zur Messung kleiner Ströme und Ladungen

1 Eingang, *2* Ausgang

E Elektrometerverstärker, V Spannungsmesser, R_g Gegenkopplungswiderstand, R_s Schutzwiderstand, C_L Kondensator zur Ladungsmessung, *S* Schalter zur Ladungsmessung, *D* Überspannungsschutzdioden, *P* Offsetspannungs-Abgleichwiderstand, *Sch* Schirmung, C_{10} Schaltkapazität Eingang/Schirmung, C_d Durchgriffskapazität zur Umgebung bei fehlerhafter Schirmung

4.2.2.3 Ladungsmessung. Ballistische Galvanometer nach Abschn. 2.3.4.1 ermöglichen Ladungsmessungen bis heran zu 10^{-9} C, wobei die Integrationszeit T nach Gl. (2.30) höchstens 10% der Periodendauer T_0 des Galvanometers betragen darf. Wesentlich kleinere Ladungen bis unter 10^{-14} C lassen sich mit Elektrometern in Verbindung mit hochwertigen Ladekondensatoren C_L messen.

Verstärkerelektrometer sind dabei den elektrostatischen Geräten nach Abschn. 2.6.5.3 weit überlegen. Legt man in der Schaltung von Bild **4**.7 parallel zum Widerstand R_g eine Kapazität C_L, so erhält man ein empfindliches Ladungsmeßgerät. Die am Eingang aufgegebene Ladung $Q_1 = U_2 C_L$ errechnet sich aus der angezeigten Spannung U_2 und der Kapazität C_L. Die Anzeige klingt mit der Zeitkonstanten $\tau = R_g C_L$ exponentiell ab, wobei der Abklingvorgang noch überlagert sein kann durch eine Drift, die vom Offsetstrom des Verstärkers herrührt.

Meßkreise für kleinste Ströme und Ladungen müssen lückenlos, d.h. frei von Durchgriffskapazitäten C_d zur Umgebung, und starr, d.h. mit konstanter Kapazität C_{10} zur Abschirmung (nach Bild **4**.7) geschirmt sein. Weiter verursachen die natürliche Radioaktivität, insbesondere α-Strahlen, Höhenstrahlen und Umweltstrahlung sprunghafte Änderungen und einen konstanten Störungs-Untergrund der Anzeige.

Beispiel 4.3. Die Abschirmung einer strom- und ladungsempfindlichen Meßanordnung hat eine Öffnung, die abhängig vom Ort der messenden Person gegenüber dessen Kleidung eine Durchgriffskapazität $C_d = 10^{-14}$ F bis 10^{-15} F zum Meßleiter bewirkt. Die Kleidung trägt eine elektrostatische Ladung mit der mittleren Spannung $U = 200$ V gegenüber der Umgebung.

a) Wie groß ist die störende Influenzladung Q_i bei Änderung der Durchgriffskapazität?
Man erhält

$$Q_i = U(C_{d\,max} - C_{d\,min}) = 200\,\text{V}\,(10 - 1)\,10^{-15}\,\text{F} = 1{,}8\,\text{pC}$$

b) Die Abschirmung hat die Spannung 0,2 V gegenüber dem Meßleiter. Durch eine Erschütterung ändert sich die Kapazität C_{10} um $\Delta C = 1$ pF. Welche Influenzladung entsteht hierdurch?
Es ist

$$Q_i = U\,\Delta C = 0{,}2\,\text{V} \cdot 1\,\text{pF} = 0{,}2\,\text{pC}$$

4.2.3 Messung großer Ströme und Spannungen

Große Gleichspannungen werden mit Drehspulspannungsmessern (s. Abschn. 2.3.2.1) oder elektrostatischen Spannungsmessern (s. Abschn. 2.6.5.2) gemessen. Vorwiderstände sind bei Hochspannungen über 30 kV aus symmetrisch angeordneten Einzelwiderständen aufgebaut. Durch Potentialelektroden wird für ein möglichst homogenes elektrisches Feld längs der Widerstände gesorgt. Das dem Meßgerät zugewandte Ende des Vorwiderstands ist über Gasentladungsstrecken oder Z-Dioden mit einer geerdeten Klemme verbunden, damit bei versehentlichem Abklemmen des Meßgeräts unter Spannung der Meßstrom zur Erde abgeleitet wird.

Gleichströme bis zu einigen 100 A werden meist über den Spannungsabfall an einem Nebenwiderstand gemessen (s. Abschn. 2.3.2.2). Der Spannungsabfall beträgt z. B. 100 mV, so daß bei 1 kA im Nebenwiderstand bereits 100 W umgesetzt werden. Da die Übertemperatur 20 K bis 30 K nicht übersteigen soll, wird ein solcher Nebenwiderstand groß und schwer. Bei sehr großen Strömen zieht man daher die Verwendung von Gleichstromwandlern vor (s. Abschn. 4.3.4.2).

4.3 Kompensationsverfahren

Kompensatoren dienen zum unmittelbaren Vergleich der Meßgröße, meist einer elektrischen Spannung, mit einer einstellbaren, genau bekannten Vergleichsgröße. Die Gleichheit wird durch den Nulldetektor festgestellt und die Vergleichsgröße von Hand oder selbsttätig durch elektronische Hilfsmittel eingestellt. Bei abgeglichenem Kompensator ist keine Differenz zwischen Meßgröße und Vergleichsgröße mehr festzustellen; beide stimmen überein. Der Meßwert wird meist digital mit 4 bis 7 Dezimalstellen angezeigt. Die absolute Genauigkeit der Messung bestimmt letztlich der Fehler der Referenzspannung, meist einer Normalspannungsquelle (z. B. Normalelement nach Abschn. 4.1.2) und das Teilerverhältnis der Widerstände.

4.3.1 Kompensatoren für Gleichspannung

4.3.1.1 Kompensationsprinzip. Die zu messende Spannung U_x wird durch Gegeneinanderschaltung nach Bild 4.8 zur genauen einstellbaren und bekannten Vergleichsspannung U_v mit dem Nulldetektor verglichen. Die Vergleichsspannung $U_v = R_k I_h$ wird durch den Spannungsabfall eines Hilfsstromes I_h an einen Widerstand R_k erzeugt. Beim Kompensator nach Poggendorff wird R_k durch einen oder zwei Kontakte an einem Widerstand R abgegriffen, der von einem konstanten Hilfsstrom I_h durchflossen wird (Bild **4.**8a). Beim Kompensator nach Lindeck-Rothe hat der Widerstand R_k einen konstanten Wert, und der Hilfsstrom I_h wird geändert (Bild **4.**8b). Nur wenn U_x mit U_v übereinstimmt und durch den Nulldetektor kein Strom fließt, findet keine Stromverzweigung statt, und sowohl der Meßstromkreis wie auch der Vergleichsstromkreis bleiben unbelastet. Bei vollkommenem Abgleich wird die Spannung U_x stromlos gemessen.

Als Nulldetektor verwendet man Galvanometer (s. Abschn. 2.3.3) mit einem Grenzwiderstand von 1 kΩ bis 10 kΩ und einer noch erkennbaren Spannungsanzeige von 0,1 μV bis 10 μV oder spannungsempfindliche Verstärker (s. Abschn. 3.1.2) mit einer kleinen Offsetspannung und Offsetdrift.

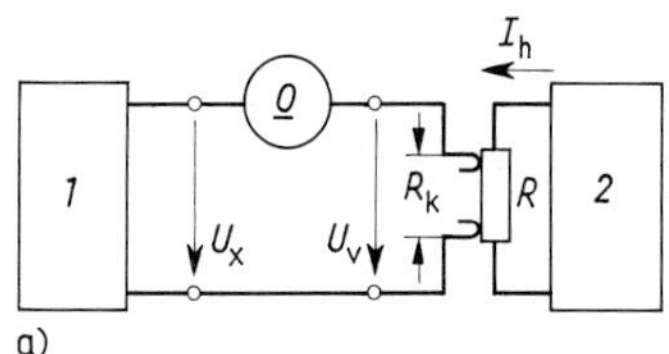

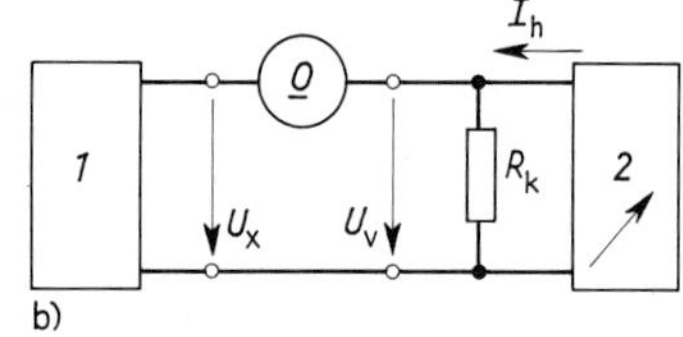

4.8 Schaltung von Spannungskompensatoren

a) Kompensator nach Poggendorff
b) Kompensator nach Lindeck-Rothe

1 Meßobjekt
2 Hilfsstromquelle, bei b) mit veränderlichem Hilfsstrom

U_x Meßspannung, $\underline{0}$ Nullgerät, U_v Vergleichsspannung, R_k Kompensationswiderstand, I_h Hilfsstrom

4.3.1.2 Kompensator nach Poggendorff. Den Hilfsstrom I_h liefert eine elektronisch stabilisierte Konstantstromquelle oder eine stabile Spannungsquelle (z. B. eine Bleisammlerzelle) in Verbindung mit stetig und stufig einstellbaren Widerständen nach Bild **4.**9. Mit einer Normalspannungsquelle *NE* und dem in den Hilfsstromkreis einbezogenen Hilfsstromkompensator wird der Hilfsstrom auf einen genauen konstanten Wert, meist 0,100000 mA oder 1,00000 mA, eingestellt. Die Vergleichsspannung wird nun an zwei Punkten des Hilfsstromkreises abgegriffen. Für die Einstellgenauigkeit eines Kompensators ist nur die Art der Abgriffe entscheidend.

Beim technischen Kompensator nach Bild **4.**9 ist einer der Abgriffe stufig mit 10 (bis 15) Abgriffen von je 0,1000 V. Der zweite Abgriff erfolgt quasistetig an einem Potentiometer, das die Spannung von 0 bis 0,1000 V einzustellen gestattet. Die Einstellgenauigkeit eines solchen Potentiometers liegt wegen der Windungssprünge der Drahtwicklung (daher quasistetig) und wegen der Abweichungen von der Winkelproportionalität des Widerstandswerts selten unter 0,1 mV, so daß die Meßunsicherheit bei einer Vergleichsspannung von 1 V bei 0,1 mV liegt, entsprechend einem relativen Fehler von 10^{-4}. Der Hilfsstromkompensator besteht hier aus einer Umschalteinrichtung für den Nulldetektor und einem zusätzlichen Widerstand im Hilfsstromkreis $R_3 = 186{,}5\,\Omega$, der mit 10 Stufen zu 1 kΩ des Widerstands R_1 einen Widerstand von 10186,5 Ω bildet. Zum Abgleich des Hilfsstroms werden der Nulldetektor und das Normalelement *NE* in den Hilfsstromkompensationskreis geschaltet, und mit den Widerständen R_5 bis R_7 wird der Hilfsstrom I_h auf 0,1 mA abgeglichen. Bild **4.**9 zeigt weiter eine Hilfsstromteilerschaltung, mit der der Hilfsstrom durch die Widerstände R_8

bis R_{12} auf 1/10 bzw. 1/100 geteilt werden kann. Um den gleichen Faktor ändert sich der Spannungsmeßbereich.

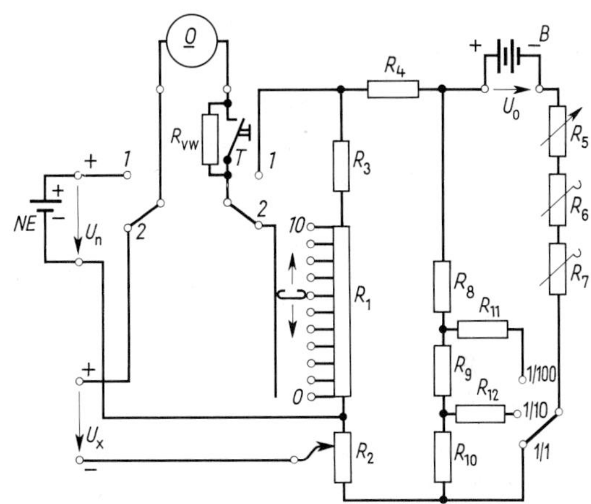

4.9
Technischer Kompensator mit Hilfsstromkompensator und Hilfsstromteiler

U_x Meßspannung, U_n Normalspannung, *NE* Normalelement, *0* Nullgerät, R_{VW} zugehöriger Vorwiderstand (mit Tastschalter *T* zur Feineinstellung zu überbrücken)

1 Hilfsstromkompensation

2 Kompensation von U_x

B Hilfsstromquelle, R_1 bis R_{12} Hilfsstromkreis, davon R_1 Stufenteiler, R_2 Feineinstellung, $R_1 + R_3$ Hilfsstromkompensationswiderstand, R_5 bis R_7 Hilfsstromgrob- und -feineinstellung, R_8 bis R_{12} Hilfsstromteiler

Präzisionskompensatoren. Sie ermöglichen Spannungs- und Spannungsverhältnismessungen mit kleinstmöglichen relativen Fehlern von 10^{-5} bis 10^{-6}. Die übliche Vergleichsspannung von max. 1 V bis 1,5 V muß dabei in Intervallen von 10 µV oder 1 µV in 5 oder 6 dekadischen Stufen geteilt werden. 10^{-5} ist der kleinste relative Fehler, mit dem die Spannung des Normalelements (s. Abschn. 4.1.2) definiert ist. 10^{-6} ist der kleinste relative Fehler von Widerstandsverhältnissen; es ist daher nicht sinnvoll, die Stufung des Kompensators noch weiter zu treiben. Durch den Spannungsabgriff darf weder der Hilfsstrom in seiner Größe geändert, noch dürfen zusätzliche Kontaktspannungen über 0,1 µV erzeugt werden. Um diese Bedingungen zu erfüllen, wurden verschiedene Schaltungen entwickelt. Zu den gebräuchlichsten Schaltungen gehört der Kaskadenkompensator.

Bild **4**.10 zeigt eine grundlegende Schaltung für 5 dekadische Stufen. Der Hauptkompensator besteht aus den Dekaden *1* bis *5*, von denen nur die Dekaden *1* (9 × 100 mV) und *2* (9 × 10 mV) vom gesamten Hilfsstrom 1 mA durchflossen werden. Die Dekaden *3* und *4* sind über Doppel-

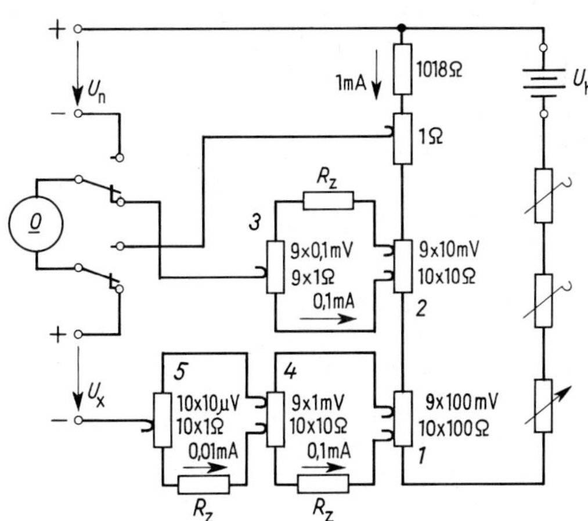

4.10
Präzisionskompensator mit 5 Dekaden und Hilfsstromkompensator

R_z Zusatzwiderstände zum Abgleich der Teilströme

kontakte so an die Dekaden *1* und *2* angeschlossen, daß dort jeweils 2 Widerstände durch den Nebenschluß überbrückt werden. Durch die Widerstände R_z wird der Nebenschlußstrom auf genau 0,1 mA eingestellt, so daß nur 10% des Hilfsstroms über die Kontakte fließen und die Widerstände der Dekaden *3* und *4* entsprechend größer gewählt werden können. Derselbe Teilabgriff wiederholt sich noch einmal für die Dekade *5*. Prinzipiell ist die Erweiterung auf eine sechste Dekade in gleicher Weise möglich. Der Hilfsstrom wird mit dem Hilfsstromkompensator kontrolliert, dessen Abgriff an einem Spannungsteiler von 1 Ω zur Einstellung der von Temperatur und Sättigung abhängigen Spannung des Normalelements dient.

Im abgeglichenen Zustand wird der Meßkreis nur noch durch den Strom belastet, der von der kleinen, nicht mehr abgleichbaren Restspannung verursacht wird. Nimmt man diese bei einem 5stufigen Kompensator zu 5 μV und bei einem 6stufigen Kompensator zu 0,5 μV an, so fließt bei einem Widerstand des Kompensationskreises von 2000 Ω ein Strom von 2,5 nA bzw. 0,25 nA, durch den die Meßspannungsquelle belastet wird. Fehler entstehen durch Thermospannungen im Meßkreis. Diese können z.B. an den Dekadenkontakten entstehen, wenn diese durch die Reibung bei der Umschaltung geringfügig erwärmt werden.

4.3.1.3 Kompensator nach Lindeck und Rothe. Der Kompensationswiderstand R_k hat einen konstanten Wert, oder er ist bei mehreren Meßbereichen austauschbar oder in Stufen umschaltbar (Bild **4.**11). Durch Ändern des Hilfsstroms, z.B. durch eine konstante Spannungsquelle mit einstellbaren Widerständen, wird der Kompensator abgeglichen. Der Hilfsstrom ist somit der Meßspannung proportional; er wird im einfachsten Fall von einem Drehspulgerät gemessen, das bei festem Kompensationswiderstand R_k direkt in Spannungswerten kalibriert sein kann. Bei Vernachlässigung der Fehler durch R_k und durch ungenügenden Abgleich ist der Meßfehler gleich dem Anzeigefehler des Hilfsstrommessers. Verwendet man eine digital einstellbare Hilfsstromquelle, lassen sich relative Fehler unter 10^{-5} erzielen (s. Abschn. 4.1.2). Da im Kompensationskreis keine Schaltkontakte erforderlich sind, lassen sich Störungen durch diese, z.B. Thermospannungen, vermeiden. Dieses Kompensationsprinzip wird daher bevorzugt zur Messung von Spannungen unter 100 mV angewandt.

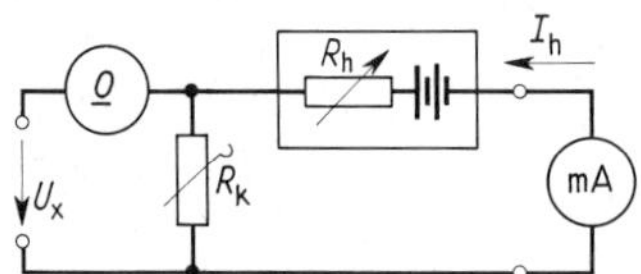

4.11
Schema eines Lindeck-Rothe-Kompensators

4.3.2 Strom- und Spannungsmessung mit Kompensatoren

Kompensatoren haben meist Spannungsmeßbereiche von 0 bis 1,1 V. Höhere Spannungen werden durch Spannungsteiler, z.B. nach Bild **4.**12a, auf 1/10, 1/100 oder 1/1000 geteilt. Dabei geht natürlich der Vorzug der praktisch stromlosen Messung verloren.

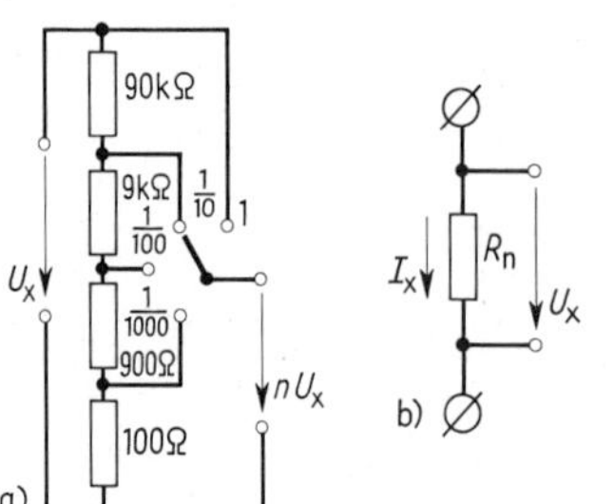

4.12
Schaltung zur Strom- und Spannungsmessung mit dem Kompensator

a) Spannungsteiler zur Messung von Spannungen > 1 V

b) Schaltung eines Normalwiderstandes zur Strommessung

Zur Strommessung leitet man den Meßstrom durch einen Normalwiderstand R_n mit dekadischen Werten zwischen 1 mΩ und 100 kΩ (Bild **4.**12b). An den Spannungsklemmen des Normalwiderstands R_n greift man die Meßspannung ab, die zwischen 0,1 V und 1 V liegen soll. Bei großen Strömen (über 50 A) sind entsprechend große und teuere Normalwiderstände nötig, oder es ist eine Ölkühlung vorzusehen, damit die Temperatur des Widerstandes nicht über 40°C steigt. Um mit kleineren Normalwiderständen und geringerer Leistung auszukommen, beschränkt man den maximalen Spannungsabfall auf kleinere Werte (z.B. 0,1 V).

Kompensationsmeßtische dienen zur Kalibrierung von Präzisionsgeräten, insbesondere von Präzisionsleistungsmessern, die wiederum zur Zählereichung (s. Abschn. 4.9.3) benutzt werden. Sie enthalten neben dem Kompensator mit Nulldetektor und Konstantstromquelle auch Umschalteinrichtungen zur Messung von Strom und Spannung und die notwendigen Speisegeräte für Gleichstrom und Gleichspannung.

4.3.3 Selbstabgleichende Kompensatoren

Die im Nullzweig eines Kompensators auftretende Differenzspannung bewirkt selbsttätig den Abgleich, entweder stufenweise nach Art eines Präzisionskompensators oder stetig mit Potentiometern oder veränderbaren Widerständen. Stetiger Abgleich ist nach dem Poggendorf-Prinzip bei konstantem Hilfsstrom und veränderlichem Kompensationswiderstand R_k oder nach dem Lindeck-Rothe-Prinzip bei konstantem R_k und veränderlichem Hilfsstrom möglich.

4.3.3.1 Selbstabgleichender Kompensator mit konstantem Hilfsstrom. Ein von einer Stromquelle konstanten Stromes gespeister Hilfsstromkreis versorgt seinerseits einen Schleifdraht oder (wegen des erforderlichen größeren Widerstandes) eine zu einem Kreis oder einer Spirale aufgewickelte Wendel aus Widerstandsdraht. Auf dem so gebildeten Spannungsteiler läuft – gleichzeitig gekuppelt mit einer Anzeige- oder einer Registereinrichtung – ein motorgetriebener Schleifer, der auf der Wendel die Kompensationsspannung abgreift. Die Differenz zwischen der Kompensationsspannung und der Meßspannung, die Nullspannung, dient nach Verstärkung zum Betrieb des Nullmotors. Derartige Meßmaschinen haben außerordentlich große Einstellkräfte. Meist wird ein relativer Meßfehler unter 0,25% vom Skalenendwert garantiert. Um diese Genauigkeit auch ausnutzen zu können, haben die zugehörigen Anzeigegeräte eine größere Skalenlänge und die Registriergeräte, die Kompensationsschreiber, eine größere Schreibbreite (250 mm).

Kompensationsschreiber werden als Linienschreiber für eine Meßgröße oder als Punktdrucker nach Abschn. 2.7.3 für mehrere, meist 6 oder 12 Meßstellen hergestellt. Infolge der schnellen Einstellung von Punkt zu Punkt bis zu 0,1 s herunter gibt auch der Mehrfarbenschreiber, der nacheinander alle Meßpunkte mehrerer Meßstellen in verschiedenen Farben druckt, praktisch ununterbrochene Kurvenbilder wieder. In Geräten nach Bild **4.**13 wird die Nullspannung mit der Netzfrequenz moduliert und die entstehende netzfrequente Wechselspannung etwa 10^6-fach verstärkt. Die von einer Leistungsstufe abgegebene Ausgangsspannung wird auf einen Zweiphasenmotor *4* gegeben, dessen eine Spule direkt an der Netzspannung liegt. Je nach Phasenlage der Nullspannung dreht sich der Motor rechts oder links herum und bewirkt den Abgleich des Kompensators. Da die ganze Meßmaschine einen schwingungsfähigen geschlossenen Regelkreis darstellt, wird durch Zugabe einer um 90° phasenverschobenen geschwindigkeitsabhängigen Wechselspannung eine einstellbare Dämpfung bewirkt.

An die Stelle des Zweiphasenmotors kann auch ein Gleichstrommotor treten, der direkt durch die verstärkte Nullspannung betrieben wird. Die Funktion eines Motors erfüllt auch ein Drehspulmeßwerk ohne Richtkraft. Dabei treten Stromzuführungsbänder an die Stelle von störanfälligen Bürsten und Kollektoren.

Kompensationsmeßgeräte mit Stellkondensator und Stellinduktivität. An die Stelle der Gleichstrombrücke *8* in Bild **4.**13 tritt hier eine Wechselstrombrücke mit einer meist mechanisch verstellbaren Kapazität oder Induktivität. Die in der Wechselstrombrücke abgegriffene Spannung wird mit Hilfe einer Mittelwert-Gleichrichterschaltung in eine Gleichspannung umgesetzt und mit dem Meßwert verglichen. Die Differenzspannung bewirkt wieder, wie im vorigen Beispiel, den Abgleich des Kompensators.

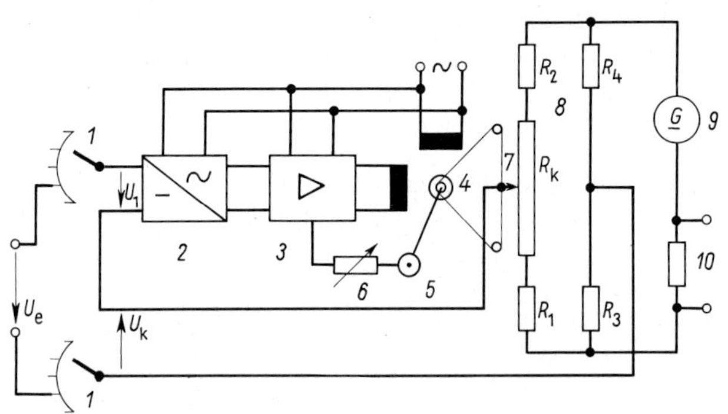

4.13
Blockschaltung eines selbstabgleichenden Poggendorff-Kompensators

1 Meßstellenumschalter
2 Zerhacker
3 Wechselstromverstärker
4 Zweiphasenmotor mit Antrieb
5 Tachodynamo
6 Dämpfungseinstellung
7 Potentiometerabgriff, verbunden mit Zeiger und Schreibarm
8 Brückenschaltung, bestehend aus dem Meßpotentiometer R_k und den Meßbereichwiderständen R_1 bis R_4
9 Konstantstromquelle
10 Nebenwiderstand zur Kontrolle des Brückenstroms

U_e Eingangsspannung
U_k Kompensationsspannung
$U_1 = U_e + U_k$ Fehlerspannung

Kompensationsanzeiger. Bei Anzeigegeräten verwendet man häufig Kreisskalen mit 360° Ausschlag. Noch größere Skalenlängen erreicht man bei der Verwendung von Spiralpotentiometern zum Abgriff der Kompensationsspannung. Bei jeder Umdrehung des Zeigers wird die Skalenbezifferung umgeschaltet, oder die Anzeige erfolgt durch zwei Zeiger nach Art einer Uhr.

Kompensationsmeßgeräte mit selbsttätiger Meßbereichumschaltung. Dem Meßgerät ist eine Vorprüfung vorgeschaltet, die mit Schaltrelais und Spannungsteilern automatisch den richtigen Meßbereich wählt. Der Meßbereich wird dann auf einer Skala signalisiert oder bei Schreibern neben die Kurve gedruckt.

4.3.3.2 Selbstabgleichende Lindeck-Rothe-Kompensatoren. Bild **4.**11 ist im Bild **4.**14 etwas umgezeichnet. Nulldetektor und veränderbare Hilfsstromquelle sind in einem Rahmen zusammengefaßt,

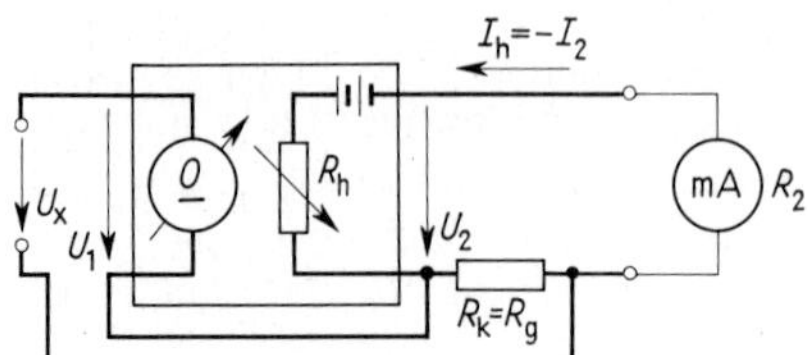

4.14
Selbstabgleichender Lindeck-Rothe-Kompensator

und ein Pfeil deutet an, daß der Nulldetektor den Hilfsstrom als Funktion der Spannungsdifferenz $U_1 = U_x - R_k I_h$ selbst steuert. Man erkennt die Identität dieser Schaltung mit der Schaltung **3.**16, dem stromgegengekoppelten Verstärker. Der Hilfsstrom I_h entspricht dem Ausgangsstrom I_2, der Kompensationswiderstand R_k dem Widerstand R_g. Die im Rahmen zusammengefaßten Bauteile Nulldetektor und steuerbare Stromquelle bilden den Verstärker. Er liefert in dieser Schaltung wiederum einen eingeprägten Strom $I_h = U_x/R_x$, der bis zu einer maximalen Spannung U_2 von der Bürde R_2 unabhängig ist.

4.3.4 Stromkomparatoren

4.3.4.1 Prinzip. Stromkomparatoren vergleichen zwei galvanisch getrennte Ströme, den Meßstrom I_x und den Vergleichsstrom I_v, mit Hilfe der von ihnen bei den Windungszahlen N_1 und N_2 der zugeordneten Spulen in einem gemeinsamen ferri- oder ferromagnetischen Kreis erzeugten Durchflutung

$$\Theta = I_x N_1 - I_v N_2 \tag{4.11}$$

Ist die Durchflutung Null, so ergibt sich das Stromverhältnis exakt aus dem Verhältnis der ganzzahligen Windungszahlen $I_x/I_v = N_2/N_1$. Die Durchflutung Null wird durch zwei Hilfswicklungen nach Bild **4.**15 festgestellt. Die Wicklung N_3 wird von einem meist hochfrequenten Sinusstrom durchflossen, der eine zusätzliche Sinusdruchflutung erzeugt. In der Wicklung N_4 wird eine Wechselspannung induziert, die bei fehlendem Gleichfluß infolge der Symmetrie nur ungeradzahlige Oberschwingungen enthält. Weicht die Meßdurchflutung Θ von Null ab, so treten geradzahlige Oberschwingungen auf. Größe und Phasenlage der zweiten Teilschwingung sind ein Maß für Größe und Richtung der Meßdurchflutung. Durch Anzapfung der Wicklungen N_1 und N_2 ergeben sich verschiedene Strommeßbereiche und Einstellmöglichkeiten für einen oder mehrere Vergleichsströme.

Der Stromkomparator ermöglicht bei Raumtemperatur relative Fehler für das Stromverhältnis unter 10^{-7}. Damit gehört er zu den genauesten elektrischen Meßgeräten.

Kryokomparatoren ermöglichen den Stromvergleich nach Gl. 4.11 bei der Temperatur des flüssigen He (4,3 K). Als Kerne finden amorphe CoNiFe-Legierungen mit verschwindender Koerzitivkraft Verwendung, die zudem noch mit Hilfe supraleitender Schirme ideal magnetisch geschirmt sind (Meißner-Effekt). Als Felddetektor dienen SQIDs (Superconducting Quantum Interference Device). Der relative Fehler einer solchen Anordnung liegt unter 10^{-11}.

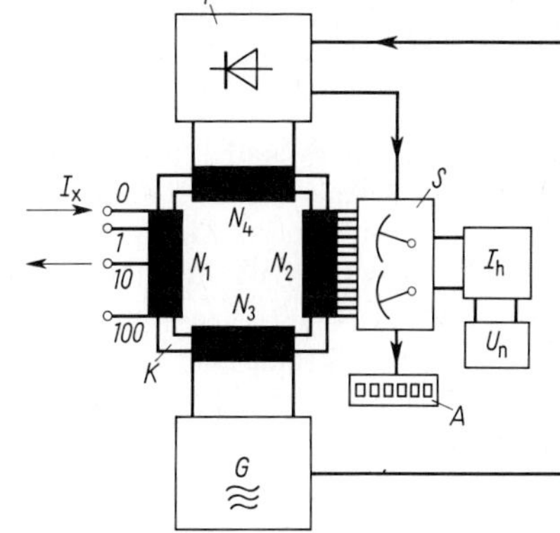

4.15
Blockschaltung eines Stromkompensators mit selbsttätigem Abgleich

I_x Meßstrom, N_1 Meßstromwicklung mit Anzapfungen für Meßbereichfaktoren 1, 10 und 100, N_2 Kompensationsstromwicklung, K ferrimagnetischer Kern, G Generator für 100 kHz und 200 kHz, N_3 Wicklung für Wechseldurchflutung, N_4 Detektorwicklung, P phasenabhängig gesteuerter Gleichrichter für zweite Oberschwingung, I_h Kompensationsstromquelle, U_n Normalspannungsquelle, S Schaltlogik, A Anzeige

4.3.4.2 Gleichstrom-Meßwandler. Auf dem Prinzip der Kompensation der Durchflutung beruht auch der Gleichstrom-Meßwandler. Der Kompensationsstrom wird hier dem Wechselstromnetz entnommen und durch die Sättigung der Kerne gesteuert. Wegen der Richtungsumkehr des Stromes bei Wechselstrom werden dazu zwei getrennte Kerne benötigt (Bild **4**.16). Der Meßstrom fließt über eine gestreckte Leiterschiene durch zwei gleiche Ringkerne aus Blech mit nahezu rechteckiger Magnetisierungskennlinie. Beide Kerne tragen symmetrisch verteilt die Sekundärwicklungen, die gegeneinander in Reihe geschaltet sind. Die Wicklungen sind über die mit einer Brükkengleichrichterschaltung angeschlossene Meßbürde mit einer konstanten Netzwechselspannung von 50 Hz oder 60 Hz verbunden.

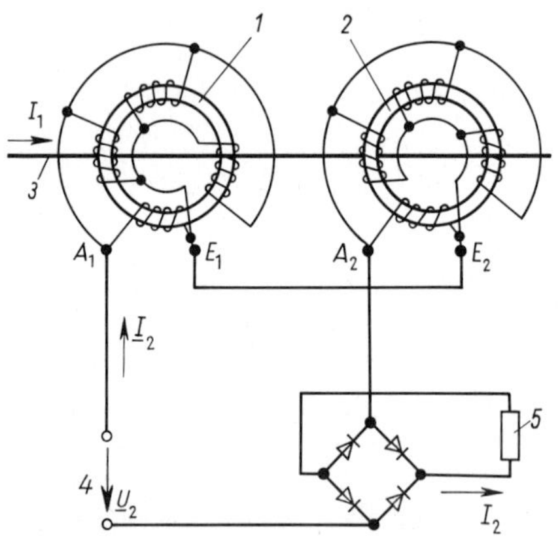

4.16
Schema eines Gleichstrom-Meßwandlers
1, 2 gegeneinandergeschaltete Ringkerne mit verteilter Sekundärwicklung
3 Primärleiter
4 Anschluß für Betriebswechselspannung (z. B. 220 V, 50 Hz)
5 Bürde (Gleichstrom-Meßgerät, Amperestunden- oder Wattstundenzähler)

Durch den Meßstrom I_1 werden beide Kerne bis weit in die Sättigung hinein magnetisiert. Die angelegte Wechselspannung $\underline{U}_2$ erzeugt in jeder Halbperiode einen Strom, der abwechselnd in einem Kern die Durchflutung weiter erhöht, in dem anderen Kern die Durchflutung schwächt. Die Durchflutung wird hier bis nahezu an den oberen Knick der Hystereseschleife des Kernes und somit auf den Wert Null kompensiert. Für diesen Stromanteil I_2 gilt somit die Wandlerbeziehung für die Durchflutung

$$\Theta = 0 = I_1 N_1 - I_2 N_2 , \qquad \text{also} \qquad I_1/I_2 = N_2/N_1 = k_{\text{i}} \tag{4.12}$$

Ein sehr kleiner, gegenüber I_1 vernachlässigbarer, zusätzlicher Strom kehrt nunmehr den Fluß um und erzeugt die der angelegten Wechselspannung entgegengerichtete induzierte Spannung. Diese kompensiert den nicht von den Spannungsabfällen im Sekundärkreis beanspruchten Teil der angelegten Wechselspannung $\underline{U}_2$. Der nahezu rechteckige Kompensationswechselstrom $\underline{I}_2$ ergibt nach Gleichrichtung einen Gleichstrom I_2, der entsprechend dem Verhältnis der primären zur sekundären Windungszahl dem Primärstrom proportional ist.

Ausführungen. Meßwandler für Ströme bis 10 kA werden als Gießharzwandler gebaut. Meßwandler für Ströme unter 500 A müssen mit mehreren Primärwindungen ausgeführt werden, um die bei kleineren Strömen ansteigenden Fehler klein zu halten. Die Nennbürde beträgt 30 W oder 60 W, die Anschlußspannung 220 V, die Nennstromstärke auf der Sekundärseite 1 A oder 5 A und die Genauigkeitsklasse 0,5 oder 1.

Meßwandler für Ströme über 10 kA bis 100 kA werden umbaubar ausgeführt, d. h., sie lassen sich um eine bestehende Leitung ohne Unterbrechung des Betriebes montieren. Besonders kleine Fehler erzielt man bei Höchststromwandlern mit Hilfe der Kompensation der Durchflutung mit Gleichstrom als Sekundärstrom, der durch eine Wechselstromwicklung über einen magnetischen Verstärker gesteuert wird. Die Fehler betragen bei einer Type

120 kA/5 A z.B. 0,01% bis 0,02% im Bereich von 20% bis 110% des Nennstroms; sie gilt bei Bürden von 15 W bis 1000 W.

Gleichspannungswandler. Das gleiche Prinzip ermöglicht auch den Bau von Gleichspannungswandlern für große Gleichspannungen.

4.3.4.3 Gleichstromwandler für kleine Ströme. In einem durch den Meßstrom vormagnetisierten Magnetkreis enthält der von einer Hilfswechselspannung verursachte Magnetisierungsstrom infolge der Unsymmetrie des Arbeitspunkts eine zweite Harmonische. Diese zweite Teilschwingung wird dazu benutzt, um über einen Verstärker durch einen (nahezu) gleich großen Kompensationsstrom die Durchflutung so zu verschieben, daß sie selbst fast verschwindet. Der Kompensationsstrom ist dann nahezu gleich dem zu messenden Strom.

Bei einem solchen Gerät nach Bild **4.**17 hat ein Tastkopf mit etwa 10 mm Durchmesser an der Spitze eine Bohrung mit Einführungsschlitz. Um die Bohrung herum gruppieren sich vier Induktivitäten mit Rechteck-Ferritkernen, die in einer Brückenschaltung verbunden sind. Die Brücke wird mit einer 20-kHz-Wechselspannung gespeist. Tritt eine Gleichdurchflutung infolge des Meßstroms auf, so entsteht an der Brückendiagonalen eine Komponente von 40 kHz, die nach Verstärkung und phasenabhängiger Gleichrichtung einen Gleichstromverstärker steuert. Dieser Gleichstromverstärker liefert in seinem Ausgang den Strom zur Kompensation der Primärdurchflutung. Er wird direkt durch die Brückenschaltung geleitet.

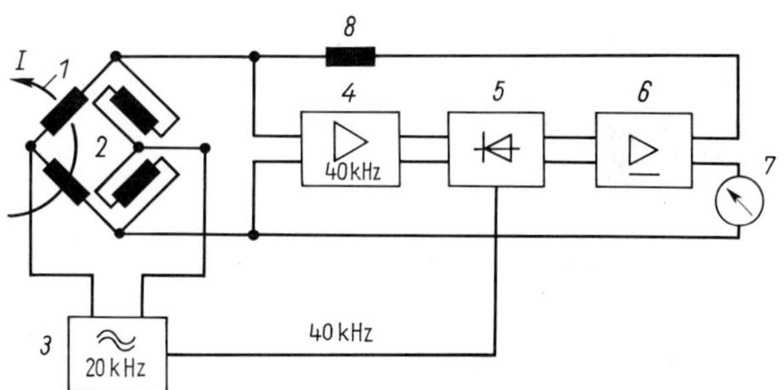

4.17
Gleichstromwandler für kleine Ströme
1 Leiter mit dem Meßstrom *I*
2 Brücke mit vier Induktivitäten
3 20-kHz-Generator (liefert auch 40 kHz für *5*)
4 40-kHz-Verstärker
5 phasenabhängig gesteuerter Gleichrichter
6 Gleichstromverstärker
7 Anzeigegerät für Kompensationsstrom
8 Sperrdrossel

4.4 Wechselstrommessungen

4.4.1 Wechselstromgrößen[1])

Wechselstrom[2]) ist ein als Funktion der Zeit periodisch veränderlicher Strom $i = f(t)$ mit dem Mittelwert Null. Mit T als Periodendauer ist die Frequenz $f = 1/T$. Der Effektivwert des Stromes ist

$$I = \sqrt{\frac{1}{T}\int_0^T i^2 \, dt} \tag{4.13}$$

[1]) Nach DIN 40110.

[2]) Die folgenden Definitionen gelten sinngemäß auch für Wechselspannungen u.

Ein Mischstrom i enthält eine zusätzliche Gleichstromkomponente, den linearen Mittelwert

$$\bar{i} = \frac{1}{T}\int_0^T i\,\mathrm{d}t \tag{4.14}$$

und einen Wechselstromanteil

$$i_\sim = i - \bar{i} \tag{4.15}$$

Mit den Effektivwerten des Wechselstromanteils $I_\sim$ und des Mischstroms I

$$I_\sim = \sqrt{\frac{1}{T}\int_0^T (i - \bar{i})^2\,\mathrm{d}t} \qquad I = \sqrt{\bar{i}^2 + I_\sim^2} \tag{4.16}$$

sind Schwingungsgehalt s und Welligkeit w

$$s = \frac{I_\sim}{I} = \frac{I_\sim}{\sqrt{\bar{i}^2 + I_\sim^2}} \qquad w = \frac{I_\sim}{\bar{i}} \tag{4.17}$$

Die Schwingungsbreite i_{pp} ist der Unterschied zwischen Maximum und Minimum der in einer Periode vorkommenden Zeitwerte. Der Gleichrichtwert

$$\overline{|i|} = \frac{1}{T}\int_0^T |i|\,\mathrm{d}t \tag{4.18}$$

ist der über eine Periode genommene lineare Mittelwert der Beträge.

Der Formfaktor

$$F = I/\overline{|i|} \tag{4.19}$$

beträgt bei Sinusstrom $F = \pi/(2\sqrt{2}) = 1{,}11072$. Der Scheitelwert $\hat{i}$ ist der größte Betrag des Zeitwerts. Der Scheitelfaktor, auch Crestfaktor genannt, ist

$$\xi = \hat{i}/I \tag{4.20}$$

Nach Fourier läßt sich eine beliebige periodische Funktion der Frequenz f in sinusförmige Teilschwingungen mit den Frequenzen νf zerlegen, wobei die Ordnungszahl ν alle ganzen Zahlen 1, 2, 3, 4 usw. bis ∞ durchläuft. Die Grundschwingung mit $\nu = 1$ hat den Effektivwert I_1. Die Teilschwingungen 2., 3., 4. Ordnung usw., die Oberschwingungen, haben die Effektivwerte I_2, I_3, I_4 usw. Zur genauen Kennzeichnung des Stromes gehört noch die Angabe der Phasenlage φ_ν jeder einzelnen Teilschwingung.

Der Effektivwert des Wechselstromes ergibt sich aus den Effektivwerten der Teilschwingungen

$$I = \sqrt{I_1^2 + I_2^2 + I_3^2 + I_4^2 \ldots} \tag{4.21}$$

Man bezeichnet als Grundschwingungsgehalt $g = I_1/I$ und als Oberschwingungsgehalt oder Klirrfaktor

$$k = \frac{\sqrt{I_2^2 + I_3^2 + I_4^2 + \cdots}}{I} = \sqrt{1 - g^2} \tag{4.22}$$

Wechselstrom mit nur ungeradzahligen Oberschwingungen hat deckungsgleiche positive und negative Halbschwingungen.

4.4.2 Strom- und Spannungsmessung bei Wechsel- und Mischstrom

4.4.2.1 Strommessung. Sie erfolgt entweder direkt durch Dreheisen- oder thermische Meßgeräte nach Abschn. 2.4.2 und 2.6.4 oder durch Messung des Spannungsabfalls an einem winkelfehlerfreien Widerstand. Zur Messung größerer Ströme und bei Hochspannung verwendet man Stromwandler (Abschn. 4.6.1).

Dreheisengeräte zeigen unmittelbar den Effektivwert an. Sie sind zur Messung technischer Wechselströme bis zu Frequenzen von etwa 400 Hz geeignet. Bei nichtsinusförmigen Strömen mit großem Scheitelfaktor können Fehler durch die Sättigung der Weicheisenteile bei großen Spitzenwerten entstehen. Die Meßbereiche liegen zwischen 0,1 A und 50 A. Die Leistungsaufnahme bei Vollausschlag liegt zwischen 0,1 W und 2 W. Die Induktivität der Spule spielt bei Strömen über 1 A und Netzfrequenz keine Rolle.

Thermische Meßgeräte, insbesondere Thermoumformer, eignen sich auch für größere Frequenzen bis über 10 MHz und für kleine Ströme bis unter 1 mA. Sie lassen sich mit Gleichstrom kalibrieren und eignen sich daher auch für Präzisions-Vergleichsmessungen (s. Abschn. 4.4.2.5).

Drehspulgeräte mit Gleichrichter messen den Gleichrichtwert. Die Skala ist jedoch stets unter Einbeziehung des Formfaktors für Sinusstrom für den Effektivwert kalibriert. Daher zeigen Drehspulgeräte mit Gleichrichter nichtsinusförmigen Strom fehlerhaft an. Je nach Art des Gleichrichters und der Schaltung lassen sich Drehspulgeräte mit Gleichrichter auch für höhere Frequenzen bis 1 MHz verwenden. Der Leistungsverbrauch ist durch den erforderlichen Spannungsabfall von 0,2 V bis 1 V bestimmt.

Messung des Formfaktors. Der Formfaktor eines Stromes läßt sich durch Messen des Effektivwerts I und gleichzeitige Messung des Gleichrichtwerts $\overline{|i|}$ bestimmen. Als Meßgerät verwendet man Drehspulgeräte mit Gleichrichter, die meist in Effektivwerten für Sinusstrom kalibriert sind. Um den Gleichrichtwert zu erhalten, muß man in diesem Fall den angezeigten Wert durch den Formfaktor $F_s = 1{,}111$ für Sinusstrom dividieren (s. Abschn. 2.3.5.2).

Beispiel 4.4: An einer Drossel mit Eisenkern liegt eine Wechselspannung. Der Strom wird mit einem Dreheisengerät und mit einem Drehspulgerät mit Gleichrichter gemessen. Das Dreheisengerät zeigt $I = 1{,}21$ A, das Drehspulgerät $\overline{|i_A|} = 1{,}13$ A. Das Drehspulgerät zeigt bei Sinusstrom den Effektivwert an. Wie groß ist der Formfaktor des Stromes?

Da das Drehspulgerät mit Gleichrichter auf den Effektivwert kalibriert ist, zeigt es den Gleichrichtwert $\overline{|i|}$, multipliziert mit dem Formfaktor für Sinusstrom $F_s = 1{,}111$ an. Einzusetzen ist also der wahre Gleichrichtwert $\overline{|i_W|} = \overline{|i_A|}/F_s = 1{,}13\,\text{A}/1{,}111 = 1{,}017\,\text{A}$, so daß wir den Formfaktor $F = I/\overline{|i_A|} = 1{,}21\,\text{A}/(1{,}017\,\text{A}) = 1{,}189$ des gemessenen verzerrten Wechselstroms erhalten.

4.4.2.2 Spannungsmessung. Dreheisenmeßgeräte mit Vorwiderstand werden für Schalttafeln und Präzisionsgeräte verwendet. Nachteilig ist der hohe Leistungsverbrauch (bis zu 10 W), insbesondere bei kleinen Spannungen. Bei höheren Spannungen benutzt man Spannungswandler. Die obere Frequenzgrenze liegt bei etwa 500 Hz.

Drehspulgeräte mit Gleichrichter zeichnen sich durch kleinen Stromverbrauch aus. Sie messen den Gleichrichtwert; die Skala ist jedoch auf den Effektivwert von Sinusspannungen kalibriert.

Digitale Spannungsmesser nach Abschn. 3.4.4 zeigen entweder den um den Formfaktor für Sinusspannungen korrigierten Mittelwert oder den echten Effektivwert, der nach Abschn. 3.4.4.2 gebildet wird. Hier ist zu beachten, daß der Scheitelwert die zulässige Größe nicht übersteigt.

Thermische Geräte mit Vorwiderstand messen den Effektivwert.

Elektrostatische Geräte haben praktisch keinen Wirkleistungsverbrauch. Sie messen den Effektivwert. Verwendungsbereich von einigen 100 V bis 1 MV [22].

Scheitelspannungsmesser. Mit Glimmröhren ausgerüstete Geräte nutzen die Eigenart einer Glimmentladung aus, erst bei Erreichen einer Mindestspannung zu zünden.

Spannungslupen. Diese, auch Hauptwertmesser oder Sollwertmesser genannten Anzeigegeräte mit stark unterdrücktem Anfangsbereich, dienen zur genaueren Spannungskontrolle um einen Nennwert.

Zur Kontrolle der Nennspannung 220 V reicht z.B. der Anzeigebereich von 200 V bis 240 V aus. Bei einer mechanischen Vorspannung der Meßwerkfeder würde die Möglichkeit zur Kontrolle des Nullpunktes fehlen. Daher zieht man Schaltungen mit nichtlinearen Widerständen vor.

Bild **4.**18a zeigt als Beispiel die Schaltung eines Wechselspannungsmessers mit Gleichrichter, bei dem in Reihe mit dem Meßwerk eine Z-Diode *2* geschaltet ist. Bei Spannungen unter einem Schwellwert fließt der gleichgerichtete Meßstrom durch den parallelliegenden Widerstand R_p. Beim Erreichen der Schwellenspannung wird die Z-Diode *2* durchlässig, und der Anzeigebereich beginnt.

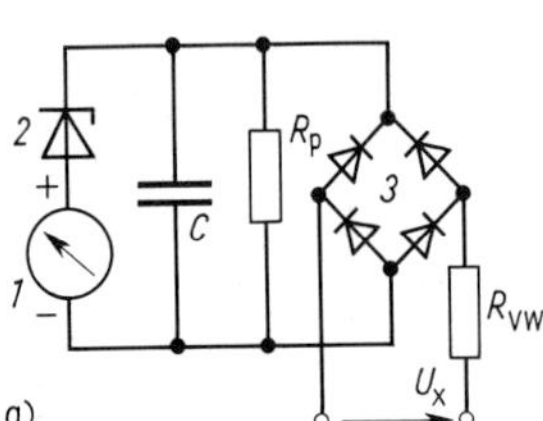

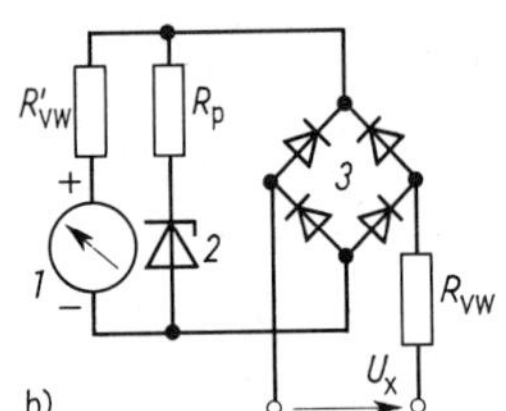

4.18
Wechselspannungsmeßgerät
a) mit unterdrücktem Anfangsbereich
b) mit unterdrücktem Endbereich
1 Drehspulmeßwerk
2 Z-Diode
3 Gleichrichterbrückenschaltung
R_{VW}, R'_{VW} Vorwiderstände
R_p Parallelwiderstand
U_x Meßspannung

Spannungsmesser mit gedehntem Anfangsbereich. Sie dienen zur Überwachung der Sternpunkt-Erdspannung oder zur Synchronisierung. Bei Verwendung eines Kaltleiters als Vorwiderstand wird der Anfangsbereich stark gedehnt, da der Kaltleiter bei kleinen Spannungen wie ein kleiner, bei großen Spannungen wie ein großer Vorwiderstand wirkt. Eine Schaltung, die eine Z-Diode nach Bild **4.**18b hat, ermöglicht eine genaue Bemessung der Bereiche großer und kleiner Anzeigeempfindlichkeit. Solange die Spannung *2* unter der Durchbruchsspannung der Diode liegt, fließt der gesamte Strom durch das Meßwerk. Als Vorwiderstände wirken R'_{VW} und R_{VW} in Reihe. Wird die Durchbruchsspannung überschritten, so fließt ein zunehmend größerer Teil des Stromes durch den Parallelwiderstand R_p ($R_p < R'_{VW}$).

4.4.2.3 Messungen bei Hochspannung. Bei Spannungen über 1 kV muß man dafür Sorge tragen, daß das Bedienungspersonal und die Meßanlage nicht durch die hohe Spannung gefährdet wird. Man verwendet zur Trennung von Hochspannung und Meßanlage in der Regel Strom- und Spannungswandler nach Abschn. 4.6. Durch Verwendung von digitalen Meßwandlern und der Meßwertübertragung durch Lichtleiter ist ebenfalls eine Trennung der Hochspannung von der Meßanlage möglich. Dazu bringt man im Kopf eines Hochspannungskondensators nach Abschn. 5.4.1.4 eine digitale Meßeinrichtung für den Blindstrom unter. Diesem Blindstrom entnimmt er auch seine Betriebsleistung. Die Übertragung der digitalen Meßwerte erfolgt durch Infrarotstrahlung entweder über Glasfasern oder die Luft. Die früher oft verwendeten elektrostatischen Spannungsmesser haben heute keine Bedeutung mehr. Dasselbe gilt für die Meßfunkenstrecken nach VDE 0433, kugel- oder halbkugelförmige Elektroden mit einstellbarem Abstand. Der größte Abstand, bei dem noch Funken überspringen, ist ein Maß für die Scheitelspannung.

4.4.2.4 Messung kleiner Spannungen und Ströme. Drehspulgeräte mit Gleichrichter sind bis herab zu Spannungen von 10 mV und Ströme von 1 μA geeignet. Für kleinere Wechselspannungen und -ströme verwendet man Meßverstärker nach Abschn. 3.1 in Verbindung mit analogen und digitalen Meßgeräten. Die untere Meßgrenze ist gegeben durch das Verstärkerrauschen nach Abschn. 3.1.1.4.

Zur Messung der Nullspannung bei Wechselstrom-Meßbrücken und Kompensatoren findet als einfachstes Nullgerät im Frequenzbereich von 500 Hz bis 5000 Hz der Meßhörer Verwendung, der bei einem Innenwiderstand von 100 Ω noch 1 nA bei 500 Hz nachzuweisen gestattet. Das Ohr wird dabei zweckmäßig durch parallelgeschaltete Dioden ähnlich Bild **2.**23 vor zu großer Lautstärke geschützt. Vibrationsgalvanometer nach Abschn. 2.6.1 dienen noch vereinzelt als Nullanzeiger im Bereich technischer Frequenzen ($16^2/_3$ Hz bis 400 Hz).

4.4.2.5 Wechselstrom-Gleichstrom-Komparatoren. Durch Vergleich des Effektivwerts eines Wechselstroms mit einem Gleichstrom läßt sich die Wechselstrommessung auf eine Gleichstrommessung zurückführen. Diese kann dann wieder mit einem Präzisionskompensator mit großer Genauigkeit durchgeführt werden.

Vergleich mit Präzisionsgeräten. Innerhalb der Fehlergrenzen von elektrodynamischen Meßgeräten, Dreheisenmeßgeräten und Thermoumformergeräten der Klassen 0,1 und 0,2 erlauben diese den Vergleich von Gleich- und Wechselströmen und -spannungen.

Thermoumformer-Komparator. Zwei weitgehend gleiche Thermoumformer werden mit dem Heizer zunächst in Reihe und mit den Thermoelementen gegeneinandergeschaltet. Durch Widerstände werden sie so weit abgeglichen, daß keine Differenzthermospannung mehr meßbar ist. Dann wird der eine Heizer an den zu messenden Wechselstrom, der andere Heizer an den mit einem Kompensator meßbaren Gleichstrom angeschlossen. Es wird wiederum auf das Verschwinden der Differenz der Thermospannungen abgeglichen, gegebenenfalls auch unter Umpolen und Vertauschen der Thermoumformer. Es kann damit gerechnet werden, daß der Effektivwert des Wechselstroms bis auf einige Hundertstel % mit dem Wert des Gleichstroms übereinstimmt (s. a. Bild **3.**66 b).

Drehmoment-Komparator. Die Drehmomente von zwei Meßwerken, von denen eines vom Wechselstrom, das andere vom Gleichstrom durchflossen wird, wirken gegeneinander. Man verwendet entweder zwei elektrodynamische Meßwerke oder ein elektrodynamisches Meßwerk für den Wechselstrom und ein Drehspulmeßwerk für den Gleichstrom. Abweichungen von der Gleichheit der Drehmomente werden durch einen Lichtzeiger angezeigt. Auch mit dieser Einrichtung beträgt die Unsicherheit einige Hundertstel %.

4.4.2.6 Messung von Mischstrom und Mischspannung. Effektivwerte werden mit quadratisch wirkenden elektrodynamischen, elektrostatischen, thermischen und Dreheisenmeßgeräten gemessen. Gleichstrom- und Gleichspannungs-Komponenten werden von Drehspulmeßgeräten angezeigt. Den Effektivwert der Wechselstrom- und Wechselspannungskomponenten allein erhält man mit quadratisch wirkenden Meßgeräten unter Zwischenschalten eines Wandlers.

Meist werden nur zwei Größen gemessen, und die dritte wird nach Gl. (4.16) berechnet. Zweckmäßig mißt man die Gleichkomponente und den Effektivwert des Mischstroms.

Bei der Messung der Komponenten darf der Meßbereich nur nach Größe des Mischstroms oder der Mischspannung gewählt werden; denn die Wärmewirkung entsteht durch den Gesamtstrom. Durch die zu große Joulesche Wärme der nicht angezeigten Komponente könnte leicht eine Beschädigung des Meßwerks eintreten.

Die besten Ergebnisse erhält man, wenn Gleich- und Wechselkomponente nicht allzu verschieden sind. Beträgt die eine nur 10% der anderen, so beträgt nach Gl. (4.16) der Unterschied zwischen der Mischgröße und der größeren Komponente nur 0,5‰. Die üblichen Meßgerätefehler sind ebenso groß, so daß die Berechnung der weiteren Größen unsicher wird.

4.4.2.7 Wechselspannungskompensatoren [20]. Diese auch komplexe Kompensatoren genannten Geräte ermöglichen die Messung von Sinusspannung nach Betrag und Phase. Wie beim Gleichspannungskompensator nach Bild **4.**8 werden Meßspannung und Vergleichsspannung mit einem Nulldetektor miteinander verglichen. Die Vergleichsspannung muß nun nach Betrag und Phase eingestellt werden. Da der Abgleich für mögliche Oberschwingungen nicht gilt, muß bei nichtsinusförmigen Spannungen der Nulldetektor für die Grundschwingung selektiv sein.

Wechselspannungskompensatoren dienen weniger der Präzisionsmessung als der Messung von Betrag und Phase am Ausgang von Zweitoren. Der relative Meßfehler liegt bei 1%, der Phasenfehler bei 0,5° bis 1°.

4.4.3 Messung hochfrequenter Spannungen und Ströme

Der Einfluß der Scheinwiderstände des Meßgeräts auf die Messung wächst mit der Frequenz. Bei Messungen von Spannungen und Strömen höherer Frequenz sind daher Geräte mit besonders kleinen Reiheninduktivitäten und Parallelkapazitäten im Eingang notwendig. Darüber hinaus sind Meßverstärker (s. Abschn. 3.1) erforderlich, wenn dem Meßkreis möglichst wenig Leistung entzogen werden soll.

4.4.3.1 Drehspulmeßgeräte mit Gleichrichter (s.a. Abschn. 2.3.6). Vielfachmeßgeräte mit Mittelwertgleichrichtung eignen sich abhängig vom Meßbereich und dem konstruktiven Aufbau nur zur Messung von Spannungen und Strömen bis zu Frequenzen von etwa 10 kHz bis 100 kHz. Bei höheren Frequenzen treten zunehmende Fehler auf.

Spannungsmesser mit Spitzengleichrichtung vermeiden diese Fehler durch Anwendung kapazitätsarmer Gleichrichter unmittelbar am Meßpunkt (Bild **2.**21a). Der Gleichrichter, meist eine Halbleiterdiode aus Silizium oder Germanium, ist in einem beweglichen Tastkopf untergebracht, mit dessen Spitze der Meßpunkt berührt wird. Der zweite Anschlußpunkt ist stets Masse oder Erde.

Die Kapazität der Gleichrichter liegt dabei meist um 1 pF, Schaltkapazität und -induktivität sind sehr klein. Die Gleichrichter müssen den doppelten Spitzenwert der zu messenden Spannung noch sperren. Die Spannung u_C am Ladekondensator C_L in Bild **2.**21 ist die Spitzenspannung; sie wird mit einem Drehspulspannungsmesser mit sehr kleinem Stromverbrauch (z.B. 10 µA bei Vollausschlag) oder unter Zwischenschaltung eines Gleichspannungsverstärkers gemessen. Die Anzeigegeräte sind meist in Effektivwerten für Sinusspannungen kalibriert. Den Scheitelwert erhält man dann durch Multiplikation des angezeigten Wertes mit dem Faktor $\sqrt{2}$.

Bild **4.**19 zeigt die Schaltung eines Hochfrequenz-Spannungsmessers. Der Tastkopf *2* enthält zwei Gleichrichter und die dazu gehörenden Ladekondensatoren in einer Span-

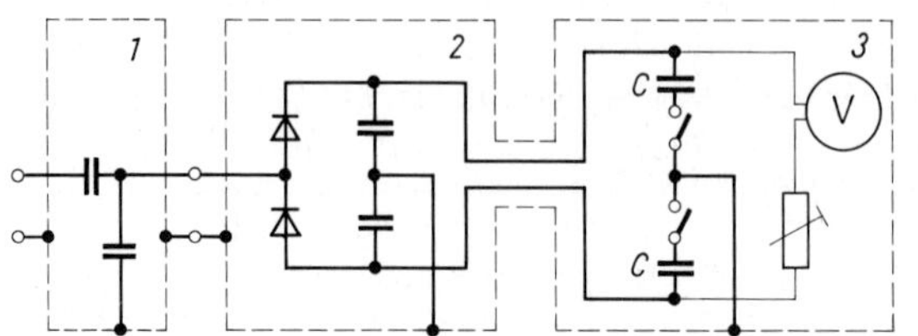

4.19
Schaltung eines Hochfrequenz-Spannungsmessers

1 vorschaltbarer kapazitiver Spannungsteiler
2 Tastkopf mit doppelter Spitzen-Gleichrichtung
3 Spannungsmesser mit umschaltbarem Vorwiderstand

nungsverdopplerschaltung. Jeder Gleichrichter liefert die Spitzenspannung der zugehörigen Polarität. Die Summe der Spitzenspannungen wird mit dem Spannungsmesser *3* mit umschaltbarem Vorwiderstand gemessen. Der Frequenzbereich beträgt 15 kHz bis 450 MHz. Zur Erweiterung des Frequenzbereiches bis herab zu 50 Hz werden im Meßgerät *3* zusätzliche Ladekondensatoren *C* zugeschaltet.

4.4.3.2 Transistor- und Röhrenvoltmeter. Dies sind Sammelbezeichnungen für verschiedene Arten von Spannungsmessern mit Gleichrichter, Verstärker und meist analogem Anzeigegerät. Oft enthalten sie neben den Meßbereichen für Wechselspannungen noch Meßbereiche für Gleichströme und -spannungen sowie für Widerstände.

Hochfrequenz-Spannungsmesser mit Spitzengleichrichter. Diese Geräte mit nachgeschaltetem Verstärker *0* (Schaltung Bild **4.**20) zeichnen sich durch kleine Eingangskapazitäten und große Eingangswiderstände aus. Bei einer in einem Tastkopf *T* zusammengefaßten Gleichrichtereinheit lassen sich Eingangskapazitäten bis herab zu 1 pF bei Eingangswiderständen von 20 MΩ verwirklichen. Die Meßbereiche gehen von 0,5 V bis 300 V für Frequenzen von einigen kHz bis zu einigen GHz.

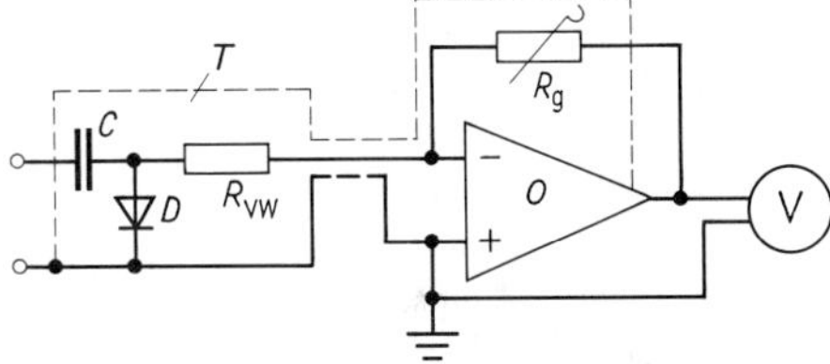

4.20
Hochfrequenz-Spitzenspannungsmesser
T Tastkopf mit Kondensator *C*, Diode *D* und Vorwiderstand R_{VW}, *O* Operationsverstärker, R_g Rückführwiderstand zur Meßbereichwahl, V Spannungsmesser

4.4.3.3 Hochfrequenzmillivoltmeter. Durch den Einsatz des Kompensatorprinzips läßt sich der Meßbereich bis auf etwa 0,2 mV vermindern, wobei auf eine Verstärkung vor dem Meßgleichrichter noch verzichtet werden kann. Darüber hinaus lassen sich die Fehler, die durch die starke Temperaturabhängigkeit der Dioden bedingt sind, weitgehend beseitigen, und man erreicht eine annähernd lineare Skalenteilung.

In Bild **4.**21 enthält der Tastkopf die beiden Spitzengleichrichter *a* und *b*. Die zu messende Wechselspannung U_1 speist den Meßgleichrichter *a*, während die im Gerät erzeugte niederfrequente Wechselspannung U_2 auf den Gleichrichter *b* gegeben wird. Die Differenz beider Gleichspannungen wird verstärkt und durch die Spannung des NF-Generators *4* moduliert. Der stationäre Endwert ist erreicht, wenn die Spannungen U_1 und U_2 gleich groß sind, d.h. wenn die Spannungsdifferenz am Reglereingang annähernd verschwindet.

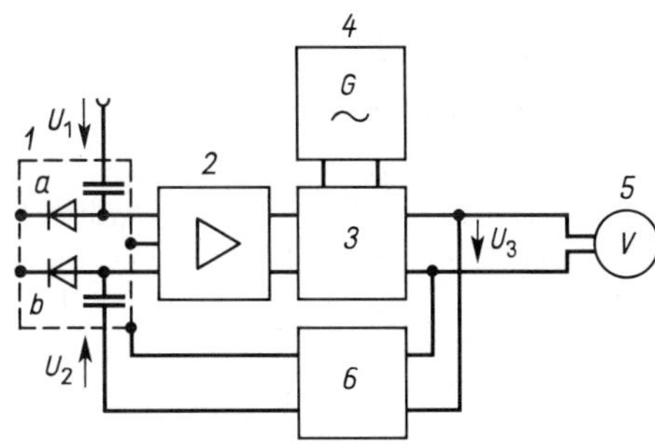

4.21
Blockschaltbild eines HF-Millivoltmeters
1 Tastkopf mit Meß- und Vergleichs-Spitzen-Gleichrichter
2 Differenz-Gleichspannungsverstärker
3 Modulator
4 Niederfrequenzgenerator
5 Anzeigegerät
6 Spannungsteiler

Die relativ große Generatorwechselspannung U_3 wird gleichgerichtet und angezeigt. Im eingeschwungenen Zustand besteht zwischen den Wechselspannungen und dem Teilerfaktor T, der vom gewählten Meßbereich abhängt, der einfache Zusammenhang $U_1 = U_2 = TU_3$ mit $T \leq 1$. Breitbandige Millivoltmeter, die auf dem beschriebenen Kompensationsprinzip basieren, sind für den Frequenzbereich $10\,\text{kHz} \leq f \leq 2\,\text{GHz}$ erhältlich.

4.4.3.4 Spannungsmesser mit Vorverstärker. Läßt sich eine kleine Wechselspannung nicht mehr direkt gleichrichten, so muß ein Wechselspannungsverstärker vorgeschaltet werden.

Breitbandspannungsmesser sind im Frequenzbereich von einigen Hz bis zu einigen 10 MHz einsetzbar und ermöglichen Meßbereichsendwerte bis herab zu 1 mV. Für den komplexen Eingangswiderstand werden bei tiefen Frequenzen Wirkwiderstände bis zu 10 MΩ und Eingangskapazitäten um 30 pF angegeben. Die Wahl des Meßbereichs erfolgt in der Regel durch Umschaltung des Verstärkungsfaktors, so daß der Meßgleichrichter innerhalb eines vom Meßbereich unabhängigen Spannungsbereichs betrieben wird.

Die Anzeige erfolgt über einen Spitzengleichrichter, etwa nach Bild **4**.22, oder über einen Thermoumformer nach Bild **4**.23, der auch für ein Frequenzspektrum die Messung des Effektivwerts ermöglicht.

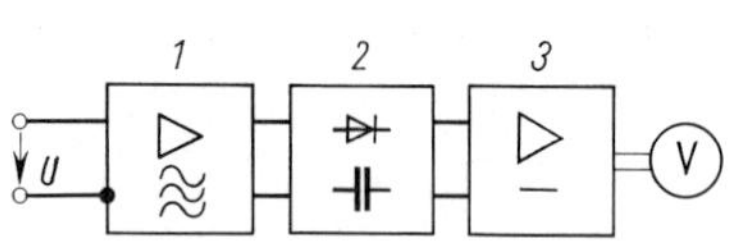

4.22 Schaltung eines Spannungsmessers mit Vorverstärker für kleine hochfrequente Spannungen U

1 Breitbandverstärker
2 Spitzen-Gleichrichter
3 Gleichspannungsverstärker

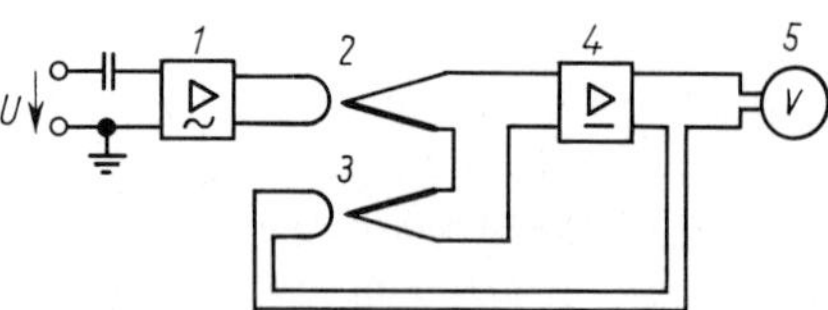

4.23 Effektivwert-Spannungsmesser mit Thermoumformer für kleine Wechselspannungen U (Meßbereiche 100 μV bis 300 V, 10 Hz bis 8 MHz)

1 Breitbandverstärker
2, 3 Thermoumformer
4 Differenz-Gleichspannungsverstärker
5 Strommesser, in Spannungswerten kalibriert

Bild **4**.23 zeigt die Schaltung eines Effektivwertspannungsmessers mit Thermospannungskompensation. Die Meßspannung wird in *1* breitbandig verstärkt und heizt den Thermoumformer *2*. Der begrenzte Ausgangsspannungsbereich des Breitbandverstärkers schützt den Thermoumformer vor Überlastung. Die Thermospannungen von *2* und *3* werden gegeneinandergeschaltet auf einen Gleichspannungs-Differenzverstärker *4* gegeben. Die Ausgangsspannung heizt den Thermoumformer *3* und ist ein Maß für den Effektivwert der Meßspannung. Trotz der relativ großen Zeitkonstanten, die durch die Thermoumformer bedingt sind, erhält man bei entsprechend hoher Schleifenverstärkung des Regelkreises eine kurze Einstellzeit der Anzeige [30].

4.4.3.5 Direkt anzeigende Phasenmesser. Das Prinzip dieser Geräte beruht nach Bild **4**.25a und b vielfach auf der Messung der Zeitdifferenz Δt zwischen den Nulldurchgängen der beiden gleichfrequenten Spannungen u_1 und u_2, wobei das Ergebnis auf die Periodendauer T einer Schwingung zu beziehen ist $\varphi = 360° \cdot \Delta t/T$. Die Blockschaltung eines Phasenmessers ist in Bild **4**.24 dargestellt.

Die beiden Eingangsspannungen werden durch gleiche Begrenzerverstärker *1*, *1'*, mit Schmitt-Triggern in Rechteckspannungen hoher Flankensteilheit umgewandelt (s. Bild

4.25c und d). Aus diesen Spannungen lassen sich Impulse ableiten, die die Nulldurchgänge markieren. Ist die Grenzfrequenz der nachgeschalteten Hochpässe *2* und *2'* sehr viel größer als die maximale Meßfrequenz, so entstehen Nadelimpulse nach Bild **4.**25e und f, die über die Gleichrichter *3* und *3'* die bistabile Kippschaltung *4* ansteuern. Durch die positiven Flanken der Eingangsspannung u_1 wird die bistabile Kippschaltung gesetzt und durch die

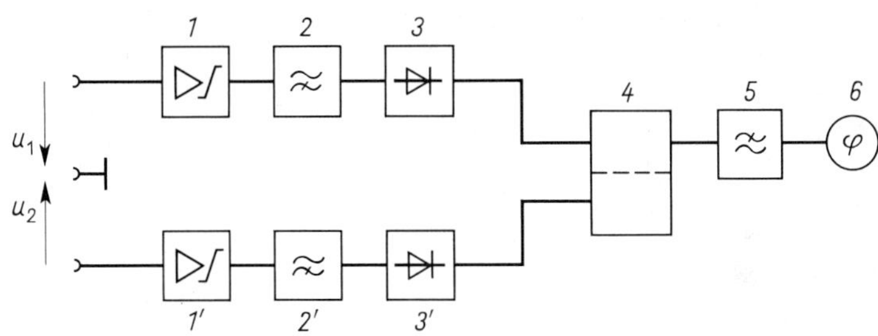

4.24 Blockschaltung eines direkt anzeigenden Phasenmessers

1, 1' Begrenzerverstärker mit Schmitt-Trigger
2, 2' Hochpaß
3, 3' Gleichrichter
4 Bistabile Kippstufe
5 Tiefpaß; *6* Anzeige

entsprechenden Flanken der Spannung u_2 zurückgesetzt. Die Anzeigeeinheit *6* erhält über den Tiefpaß *5* den Mittelwert der in Bild **4.**25g dargestellten Spannung, die dem Phasenwinkel φ direkt proportional ist.

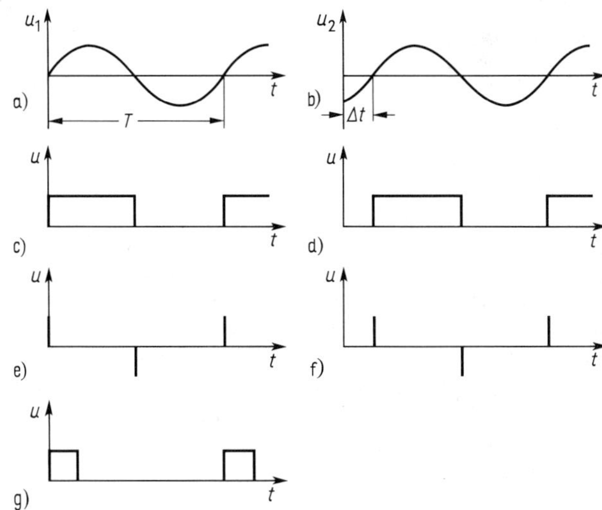

4.25 Verarbeitung der Eingangsspannungen des Phasenmessers nach Bild **4.**24

Nach diesem Prinzip lassen sich Phasenmesser bis zu etwa 10 MHz realisieren, die auch bei einer langsam gewobbelten Meßfrequenz zu richtigen Ergebnissen führen. In Verbindung mit dem Überlagerungsprinzip werden direkt anzeigende Phasenmesser bis 40 GHz angeboten [42]. Die erreichbare Genauigkeit liegt bei $\pm 0{,}5^\circ$ und besser, die Auflösung bei $0{,}1^\circ$. Meßfehler können durch Wechselspannungen mit hohem Oberschwingungsgehalt entstehen. Bei sehr tiefen Meßfrequenzen erzielt man eine wesentlich höhere Genauigkeit, wenn die zeitliche

Verzögerung Δt und die Periodendauer T digital gemessen wird und hieraus der Phasenwinkel φ ermittelt wird.

4.4.3.6 Selektive Spannungsmesser. Die Empfindlichkeit breitbandiger Spannungsmesser ist durch Rauschen und vorhandene Störsignale prinzipiell begrenzt. Die Messung sehr kleiner Spannungen bis zu 0,1 μV, deren Spitzenwert vielfach in der Größenordnung der Störspannungen liegt, kann nur selektiv erfolgen. Hierfür werden selektive Spannungsmesser nach dem Überlagerungsprinzip eingesetzt.

Zur Erzielung der notwendigen Selektion ist vor allem bei Geräten mit hoher Eingangsfrequenz eine zweite Frequenzumsetzung auf eine wesentlich tiefer liegende Zwischenfrequenz notwendig. Den prinzipiellen Aufbau erkennt man aus Bild **4**.26.

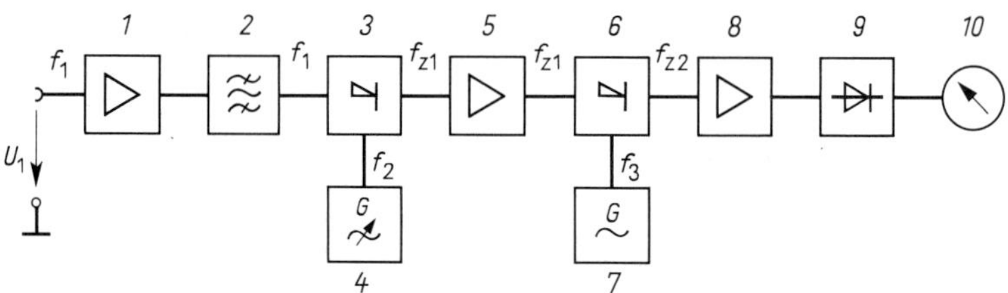

4.26 Blockschaltung eines selektiven Hochfrequenzspannungsmessers

1 Eingangsverstärker
2 abstimmbare Vorselektion
3, 6 Mischstufen
4, 7 Oszillatoren
5, 8 Zwischenfrequenzverstärker
9 Gleichrichter
10 Anzeige

Die Meßspannung U_1 mit der Frequenz f_1 wird über einen Eingangsteiler *1* und eine meist abstimmbare Vorselektion *2* dem Mischer *3* zugeführt. Aufgrund der nichtlinearen Bauelemente des Mischers, wie z. B. Dioden, und der genau einstellbaren Frequenz f_2 des Oszillators *4* entsteht eine Wechselspannung, die Anteile mit der Summen- und Differenzfrequenz enthält. Die Differenzfrequenz $f_{z1} = f_1 - f_2$ passiert den selektiven Zwischenfrequenzverstärker *5* und wird im darauffolgenden Mischer *6* um die konstante Frequenz f_3 des Oszillators *7* in den tiefergelegenen Zwischenfrequenzbereich $f_{z2} = f_{z1} - f_3$ umgesetzt. In dieser Zwischenfrequenzlage erfolgt die notwendige Selektion und Verstärkung in *8*. Nach der Gleichrichtung in *9* wird das Meßergebnis in einer für den Benutzer günstigen Darstellungsform in *10* angezeigt. Dieses Meßverfahren stimmt weitgehend mit den in der Nachrichtentechnik bekannten Überlagerungsempfängern überein.

Der Eingangswiderstand selektiver Spannungsmesser stimmt bei Meßfrequenzen von mehr als 10 MHz vielfach mit dem Wellenwiderstand des zu messenden Übertragungssystems überein. Typische Werte sind 50 Ω, 60 Ω, 75 Ω, 150 Ω oder 600 Ω. Der Frequenzbereich handelsüblicher Geräte erstreckt sich von etwa 1 Hz bis an die Grenze meßtechnisch erfaßbarer elektromagnetischer Schwingungen. Dabei sind Spannungen bis unter 0,1 μV noch meßbar.

Selektive Spannungsmesser stellen in zahlreichen elektrischen Meßgeräten und -systemen wie z. B. in Feldstärkemeßgeräten, selektiven Pegelmeßplätzen, Vektorvoltmetern, Wobbelmeßplätzen, Fourier-, Spektrum- und Modulationsanalysatoren eine bedeutende Gerätekomponente dar.

4.4.3.7 Vektorvoltmeter werden zur Messung des Betrag- und Phasengangs von Übertragungsgliedern, zur Bestimmung komplexer Widerstände und zur Ermittlung der Widerstands-, Leitwert-, Ketten- oder Streuparameter von Zwei- oder Mehrtoren im Frequenzbereich von 10 Hz bis 2 GHz eingesetzt.

Sie basieren entsprechend Bild **4.**27 auf der zweikanaligen selektiven Spannungsmessung bei gleicher Meßfrequenz, wobei wahlweise die gemessene Spannung U_A, U_B oder das Spannungsverhältnis U_B/U_A angezeigt wird. Darüber hinaus wird der Phasenwinkel φ zwischen beiden Eingangsspannungen gemessen und angezeigt. Innerhalb eines weiten Frequenzbereichs erfolgt eine automatische Abstimmung auf die aktuelle Meßfrequenz. Die Spannung, die am Kanal mit geringerer Empfindlichkeit liegt, z. B. die Spannung U_A, dient als Bezugsgröße. Im Meßkanal B sind Spannungsmessungen bis herab zu $U_B = 1\ \mu V$ noch möglich.

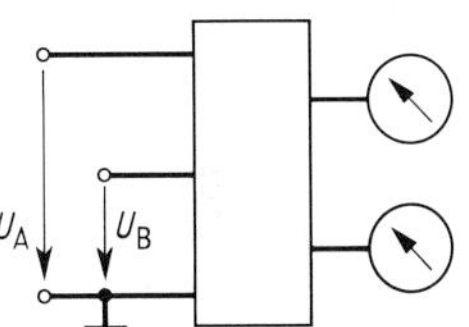

4.27
Blockschaltung eines frequenzselektiven Vektorvoltmeters

4.4.3.8 Spektrumanalysatoren sind selektive Meßempfänger, die auf dem Überlagerungsprinzip basieren, und innerhalb eines gewählten Frequenzbereichs die Eingangsspannung in Abhängigkeit der Frequenz graphisch darstellen. Aufgrund der sehr geringen Meßbandbreite, der hohen Empfindlichkeit und des großen Dynamikbereichs lassen sich neben den Nutzsignalen auch sehr schwache Störsignale messen. Auf diese Weise erhält man eine lückenlose Übersicht über alle Spektralanteile, aus denen sich die Eingangsspannung zusammensetzt.

Bild **4.**28 a zeigt die zeitabhängige Darstellung der Eingangsspannung $u_{(t)}$, die aus der Überlagerung der beiden Sinusspannungen $u_{1(t)}$ und $u_{2(t)}$ mit den Frequenzen f_1 und f_2 entsteht. Bei dem gewählten Verhältnis der Scheitelspannungen $\hat{u}_2/\hat{u}_1 = 0{,}05$ und der Frequenzen $f_2/f_1 = 3$ ist der Einfluß der Spannung $u_{2(t)}$ kaum noch erkennbar. Bild **4.**28 b zeigt das Frequenzspektrum, aus der sich das Verhältnis der Scheitelwerte von Grund- und Oberschwingungen leicht ablesen läßt.

Das Angebot an Spektrumanalysatoren umfaßt den Frequenzbereich von 0,02 Hz bis ca. 300 GHz. Die meßtechnischen Einsatzmöglichkeiten sind ebenso vielseitig wie die des Oszilloskops. Die häufigsten Meßaufgaben bestehen im Aufspü-

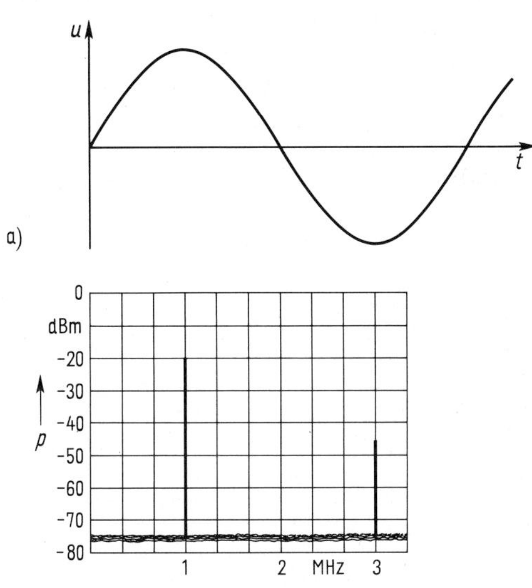

4.28
Darstellung der Überlagerung zweier Sinusspannungen

a) zeitabhängige Darstellung $u(t)$

b) Frequenzspektrum: Spannungsmaß p als Funktion der Teilfrequenz

ren von Oberschwingungen, die durch Nichtlinearitäten im Zusammenhang mit der Erzeugung, Verstärkung, Filterung oder Frequenzumsetzung von Wechselspannungen entstehen. Erwähnt seien ferner Klirrfaktormessungen, Bestimmung des Signal/Geräuschverhältnisses bzw. der Rauschzahl, Beurteilung der spektralen Reinheit von Oszillatoren, Analyse modulierter Signale und Messung der Modulationsverzerrungen.

4.4.3.9 Leistungsmessung. Die Bestimmung der Wirkleistung $P = UI\cos\varphi$ aus dem Effektivwert von Spannung U, Strom I und Phasenwinkel φ ist meßtechnisch auf den Frequenzbereich von einigen Hz bis zu etwa 1 MHz beschränkt. Bei der Leistungsmessung höherer Frequenzen unterscheidet man zwischen Absorptionsleistungsmessern und Meßgeräten für Durchgangsleistungen.

Absorptionsleistungsmesser weisen einen reellen Eingangswiderstand auf, der mit dem Wellenwiderstand des Meßsystems sehr genau übereinstimmt, z.B. $R_L = 50\,\Omega$ oder $75\,\Omega$. Aufgrund der Anpassung wird die einfallende Wirkleistung vollständig absorbiert und in Wärme umgesetzt. Die gemessene Temperaturerhöhung ist der zugeführten Wirkleistung proportional und wird als Effektivwert der Eingangsspannung oder als Leistung angezeigt.

Bild **4.**29 zeigt das Prinzip eines Leistungsmessers, wobei der Einfluß der Umgebungstemperatur durch die Brückenschaltung kompensiert wird. Wird dem temperaturunabhängigen Widerstand R_5 Wirkleistung zugeführt, so ändert sich der temperaturabhängige Widerstand R_2, was zu einer Verstimmung der Meßbrücke führt. Die Aussteuerung des Gleichspannungs-Differenzverstärkers hat eine Leistungsabgabe an den Widerstand R_6 zur Folge. Stimmen die den beiden Brückenzweigen zugeführten Wirkleistungen überein und ist die Schleifenverstärkung des Regelkreises groß genug, so ist die Ausgangsspannung des Differenzverstärkers dem Effektivwert U_1 der HF-Eingangsspannung proportional. Die Diode D unterbricht die Leistungsübertragung zum Widerstand R_6, wenn dessen Temperatur größer als im Meßzweig ist.

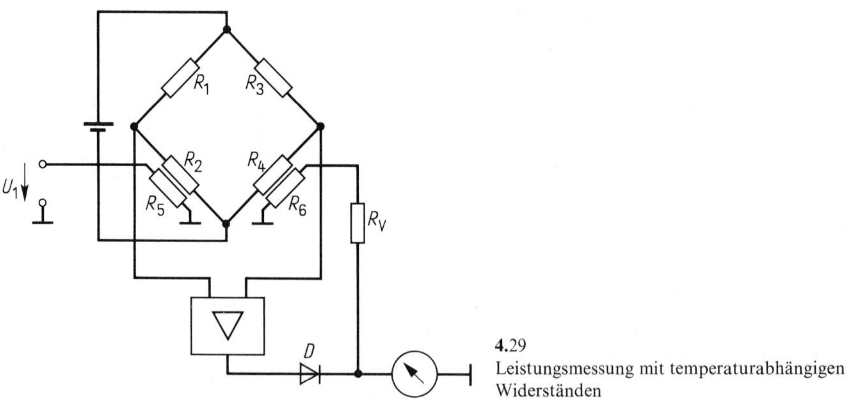

4.29
Leistungsmessung mit temperaturabhängigen Widerständen

Dieses Meßprinzip wird im Frequenzbereich 0 bis 15 GHz angewandt, die Genauigkeit der Leistungsanzeige beträgt etwa 1 % für den Meßbereich von 3 mW bis 300 mW. Durch zusätzliche Leistungsdämpfungsglieder ist eine Erweiterung des Meßbereichs zu größeren Leistungen möglich. Die Empfindlichkeit des beschriebenen Meßprinzips ist durch die geringste noch auswertbare Temperaturdifferenz bestimmt, die in [39] mit $5 \cdot 10^{-3}$ K angegeben wird. Andere Meßverfahren gestatten breitbandige Leistungsmessungen noch unter 100 pW im Frequenzbereich von 10 MHz bis 20 GHz.

Durchgangsleistungsmesser werden entsprechend Bild **4.**30 in die Hochfrequenzleitung geschaltet. Für einen beliebigen komplexen Abschlußwiderstand $\underline{Z}_a$ erfolgt mit den häufig eingesetzten Reflexionsmeßbrücken oder Richtkopplern die betragsmäßige Messung der beiden Streuvariablen *a* und *b*. Zwischen diesen beiden Wellengrößen und der in den Abschlußwiderstand einfallenden Wirkleistung $P_e = a^2$ als auch der reflektierten Wirkleistung $P_r = b^2$ besteht ein einfacher Zusammenhang. Angezeigt wird die zugeführte Wirkleistung $P_a = P_e - P_r$.

Reflexionsmeßbrücken stehen für den Frequenzbereich von 10 MHz bis 20 GHz zur Verfügung. Richtkoppler werden oberhalb 100 MHz in Koaxial- oder Streifenleitertechnik angeboten und stehen ab 1 GHz auch als Hohlleiterbauelemente zur Verfügung.

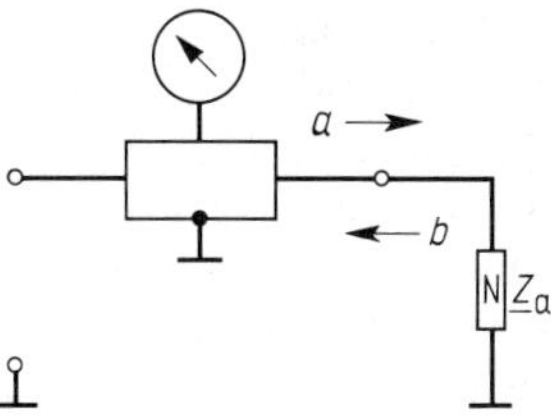

4.30
Messung der Wirkleistung mit einem Durchgangsleistungsmesser

4.4.3.10 Strommessung bei Hochfrequenz. Hochfrequenter Wechselstrom kann bis etwa 10 MHz direkt mit Thermoumformern nach Abschn. 2.6.4 oder über den Spannungsabfall an einem winkelfehlerfreien Wirkwiderstand gemessen werden. Bei Strömen über 5 A verwendet man Hochfrequenz-Stromwandler nach Bild **4.**31. Bei Frequenzen über 10 MHz führen die zusätzlichen Kapazitäten und Induktivitäten zu einer nicht mehr zu vernachlässigenden Verfälschung des Meßergebnisses. Man führt daher die Strommessung auf eine entsprechende Spannungs- und Leistungsmessung zurück.

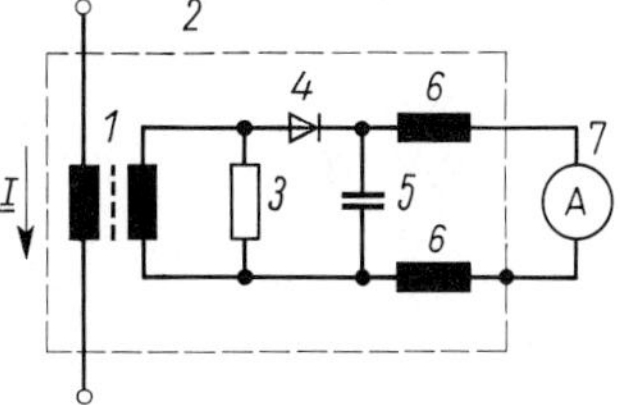

4.31
Meßschaltung für hochfrequenten Strom *I* mit Hochfrequenzwandler

1 Hf-Stromwandler mit Ferritkern
2 Schirm
3 winkelfehlerfreier Widerstand
4 Diode
5 Ladekondensator
6 Sperrdrosseln
7 Meßgerät

4.4.4 Messungen mit dem Elektronenstrahl-Oszilloskop [13]

4.4.4.1 Messung der Kurvenform und der Spannung. Die bisher beschriebenen Meßverfahren liefern nur einen Integralwert der Meßgröße. Das Oszilloskop ermöglicht dagegen die direkte Beobachtung und die fotografische Aufzeichnung des zeitlichen Verlaufs (s. Abschn. 2.7).

Bei unperiodischen Spannungen muß das Bild fotografisch festgehalten, auf dem Schirm eines Speicheroszilloskops oder digital nach Abschn. 3.4.5 gespeichert werden. Die Zeitablenkung wird hier durch ein Triggersignal ausgelöst. Periodische Spannungen mit Frequenzen über 20 Hz erscheinen bei periodischer Zeitablenkung als stehendes Bild.

Die obere Frequenzgrenze des Oszilloskops ist für die Wiedergabetreue von Signalen höherer Frequenz entscheidend. Bei einer Frequenzgrenze von 5 MHz (−3 dB, s. Abschn. 3.1.1.3) werden z. B. schon Rechteckspannungen von 200 kHz deutlich mit schrägen Flanken und abgerundeten Ecken dargestellt.

Eine Periode der genannten Rechteckspannung dauert 5 µs. Wählt man den Zeitablenkkoeffizienten 1 µs/cm in x-Richtung, so ergibt sich bei der Anstiegszeit (s. Abschn. 3.1.1.3) $T_a = 0{,}35/f_0 = 0{,}35/(5\,\text{MHz}) = 70\,\text{ns}$ ein x-Versatz der senkrechten Flanke zwischen 10% und 90% des y-Wertes von 0,7 mm.

Bis zu Frequenzen über 500 MHz ist die direkte Aufzeichnung möglich, höhere Frequenzen bis 10 GHz lassen sich mit dem Sampling-Oszilloskop nach Abschn. 3.2.3 darstellen.

Die Messung der Kurvenform schließt die Messung der Zeitwerte der Meßspannung ein. Der relative Fehler liegt hier um einige %. Fehler unter 1% sind bei direktem Vergleich mit einer kalibrierten Rechteckspannung möglich. Eine leicht meßbare Spannungsgröße ist die Schwingungsbreite u_{pp} der Meßspannung. Sie ist besonders bequem dann abzulesen, wenn das Oszilloskop eine Klemmschaltung besitzt, die es erlaubt, die unteren Spitzen auf einer Nullinie unabhängig von der Größe der Spannung u_{pp} festzuhalten. Die Ablesung wird auch erleichtert, wenn man bei geeigneter Einstellung der Zeitablenkung durch dauerndes unsynchronisiertes Übereinanderschreiben der Meßspannungskurven ein Rechteck beschreibt, dessen Höhe sich bequem messen läßt.

4.4.4.2 Frequenz-, Zeit- und Phasenmessung. Bei beschränkter Genauigkeit sind Frequenzmessungen mit der kalibrierten Zeitablenkung möglich, indem man die Periodendauer T mißt und hieraus die Frequenz $f = 1/T$ berechnet. In ähnlicher Weise läßt sich beim Zweistrahloszilloskop auch die zeitliche Phasenverschiebung messen und in Winkelgrade umrechnen. Auch mit der Triggerung lassen sich Phasenverschiebungen messen. Genauere Messungen ermöglichen die Lissajous-Figuren.

Lissajous-Figuren. Der y-Eingang erhält die Meßspannung, der x-Eingang eine Vergleichssinusspannung, deren Frequenz zu der der Meßspannung im Verhältnis kleiner ganzer Zahlen steht. Auf dem Bildschirm durchläuft dann der Leuchtpunkt eine ebene Lissajous-Figur, die Frequenzverhältnis, Phasenlage, Amplitudenverhältnis und gegebenenfalls Oberschwingungen zu messen gestattet. Die Bilder **4.32** bis **4.34** zeigen einige Beispiele.

Der einfachste Fall liegt vor, wenn beide Sinusspannungen die gleiche Frequenz haben. Es entsteht die Lissajous-Ellipse nach Bild **4.33**. x und y entsprechen den Amplituden, gleiche

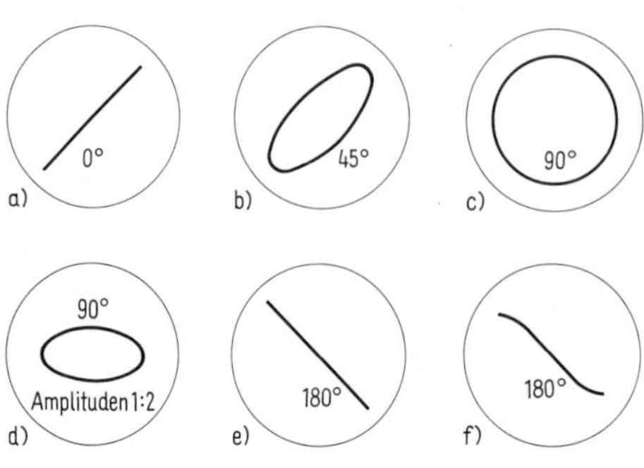

4.32
Lissajous-Figuren bei Ablenkung mit gleicher Frequenz

a) b), c), e) gleiche Amplitude, Phasenverschiebung 0°, 45°, 90° (bzw. 270°), 180°

d) Amplitudenverhältnis 1 : 2, Phasenverschiebung 90°

f) Phasenverschiebung 180° mit 3. Teilschwingung

Verstärkung vorausgesetzt. Der Phasenwinkel zwischen beiden Spannungen ist aus $\sin\varphi = y_0/y_{max}$ leicht zu berechnen.

4.33
Lissajous-Ellipse, Amplitudenverhältnis $y/x = 5/6$, Phasenverschiebung 30°

Ist das Verhältnis beider Frequenzen das Verhältnis kleiner ganzer Zahlen (z. B. $n_y/n_x = 3:2$ in Bild **4.**34), so kann man bei stehendem Bild (starres Frequenzverhältnis, konstanter Phasenwinkel) die Frequenz f_y aus der bekannten Frequenz f_x und der Anzahl der Maxima der y- bzw. x-Schwingungen n_y bzw. n_x berechnen. Es ist

$$f_y = f_x n_y/n_x \tag{4.23}$$

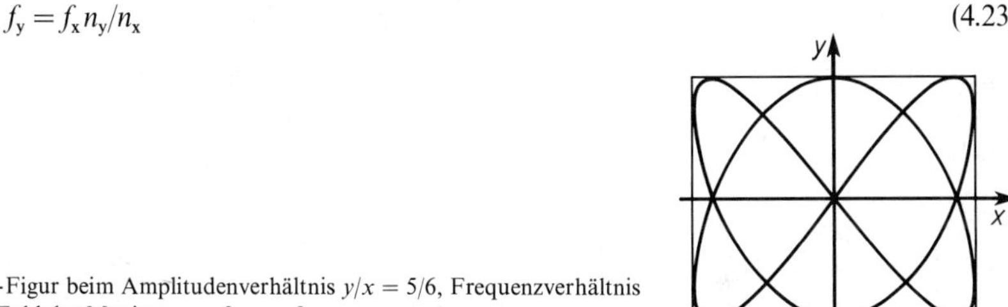

4.34
Lissajous-Figur beim Amplitudenverhältnis $y/x = 5/6$, Frequenzverhältnis $f_y/f_x = 3/2$, Zahl der Maxima $n_y = 3$, $n_x = 2$

Stimmt das Frequenzverhältnis f_y/f_x nur ungefähr mit dem Verhältnis n_y/n_x überein, so wandert die Lissajous-Figur wie die Projektion einer auf einem drehenden Zylinder geschriebenen Sinuslinie. Ist die Zeit für einen Umlauf T_u, so gilt

$$f_y = f_x \frac{n_y}{n_x}\left(1 \pm \frac{1}{T_u f_x}\right) \tag{4.24}$$

Das Vorzeichen hängt von der Drehrichtung des „Zylinders" ab. Erhöht man die Vergleichsfrequenz f_x geringfügig und dreht sich dann der „Zylinder" schneller in der gleichen Richtung, gilt das Minuszeichen. Dreht er sich langsamer oder ändert er die Drehrichtung, so gilt das Pluszeichen.

4.4.4.3 Nullspannungsanzeiger. Als Nullgerät in Wechselstrombrücken und -kompensatoren verwendet man neben direkt anzeigenden Nullgeräten, wie z. B. Vibrationsgalvanometern, das Elektronenstrahl-Oszilloskop mit vorgeschaltetem Selektiv- oder Breitbandverstärker. Die Speisespannung, z. B. einer Wechselstrombrücke, gibt man dabei nach Bild **4.**35 auf die x-Platten, die Nullspannung über einen logarithmierenden Verstärker (s. Abschn. 3.1.5.3) auf

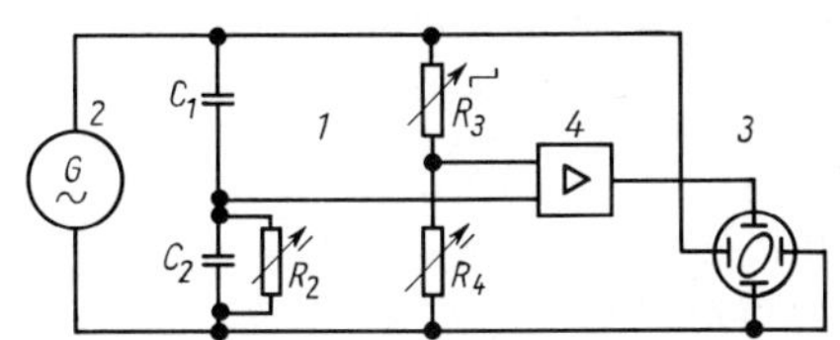

4.35
Elektronenstrahl-Oszilloskop als Nullindikator einer Wechselstrombrücke

1 Brücke, hier Kapazitätsmeßbrücke
2 Frequenzgenerator
3 Oszilloskop
4 logarithmischer Verstärker

die y-Platten. Bei geeigneter Einstellung der Phasenlage der x-Spannung mit einem Phasenschieber (RC-Glieder) ändert die Ellipse auf dem Bildschirm beim Abgleich des Betrages die Achsneigung gegenüber der Horizontalen, beim Abgleich der Phase das Achsverhältnis. Die Brücke ist abgeglichen, wenn auf dem Bildschirm ein horizontaler Strich erscheint.

4.4.4.4 Kennlinienschreiber. Sie dienen der Aufzeichnung von Kennlinienfeldern, z.B. von Elektronenröhren oder Transistoren. Die unabhängige Veränderliche steuert als Sägezahnspannung den Prüfling und die x-Ablenkung des Oszilloskops. Die abhängige Veränderliche (z.B. der Kollektorstrom beim Transistor) wird in Form einer proportionalen Spannung (über einen Widerstand) auf den y-Verstärker gegeben. Der Parameter (z.B. der Basisstrom) wird durch einen Treppenspannungsgenerator stufenweise nach jedem Durchlauf geändert. Dies erfolgt so schnell, daß ein scheinbar ruhendes Kennlinienfeld auf dem Bildschirm der Oszilloskop-Röhre entsteht. – Für die Abbildung der Hystereseschleife s. Abschn. 6.2.4.4.

4.4.5 Vektormesser

Mit Vektormesser bezeichnet man die Kombination integrierender Meßgeräte mit phasenabhängig gesteuerten Schaltern zur Messung von Wechselstromgrößen und Phasenwinkeln. Als Schalter dienen mechanische Kontakte oder gesteuerte Halbleiter.

4.4.5.1 Schalterarten. Mechanische Schalter. Beim Motorkontakt nach Bild **4.**36 steuert ein mit Netzspannung betriebener Synchronmotor mit einer Exzenterwelle *4* den Kontakt *2*, der sich auf einem drehbaren Kontaktkopf *5* mit Winkelskala befindet. Die Schließzeit läßt sich mit der Stellschraube *3* fein einstellen; sie soll für die meisten Anwendungen eine halbe Periode betragen. Beim Schwingkontaktschalter wird ein nach Art eines polarisierten Relais aufgebauter Kontakt von einem Elektromagneten geschaltet, der durch eine in seiner Phase einstellbaren Spannung erregt wird. Mechanische Schalter werden nur für Netzfrequenzen bis 60 Hz verwendet, ihr Vorzug ist der kleine Schließungs- und der große Öffnungswiderstand.

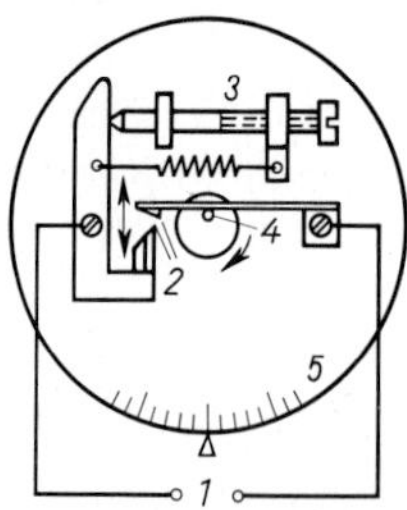

4.36
Schema des Meßkontakts mit Exzentersteuerung (AEG)
1 Meßanschluß
2 Meßkontakt
3 Stellschraube für den Kontakthub
4 Exzenterwelle
5 drehbarer Kontaktkopf mit Winkelskala

Halbleiterschalter benötigen zur Steuerung eine von der Bezugsspannung abgeleitete Rechteckspannung, die mit Phasenschieber, Schmitt-Trigger und Flipflop (s. Abschn. 3.3.4) erzeugt wird. Diese Rechteckspannung steuert z.B. einen Feldeffekttransistor als Schalter. Schaltungen mit Dioden und bipolaren Transistoren sind ebenfalls möglich. Wegen des größeren Schließungswiderstandes arbeiten solche Vektormesser mit Verstärkern. Ihr Vorzug ist die Anwendbarkeit bis zu sehr hohen Frequenzen, in Sonderschaltungen bis zu 1 GHz. Bei den folgenden Anwendungen werden nur Anwendungen bei Netzfrequenz mit einem Einfachkontakt besprochen.

4.4.5.2 Messung des linearen Mittelwerts. Bild **4.**37a zeigt die Schaltung des Vektormessers mit Einfachkontakt M als Spannungsmesser. Der Spannungsteiler R_1 und R_2 verkleinert die Meßspannung u_M auf das für den Meßkontakt zulässige Maß u. In R_{VW} sind die Widerstände von Meßwerk, Vorwiderstand und Meßkontakt M zusammengefaßt. Bei der Strommessung nach Bild **4.**37b tritt an die Stelle des Spannungsteilers der Nebenwiderstand R_N. Die zu messenden Ströme sollen keine geradzahligen Oberschwingungen enthalten, d.h., die Kurvenform soll zur Zeitachse symmetrisch sein.

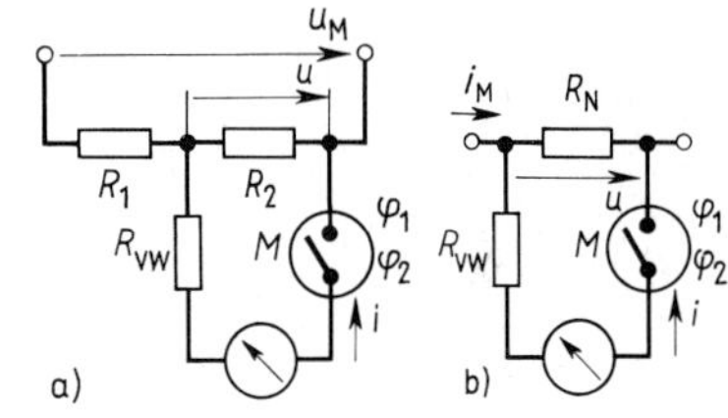

4.37
Schaltung des Vektormessers
a) als Spannungsmesser
b) als Strommesser

Am Meßkreis liegt die der Meßgröße proportionale Wechselspannung u. Innerhalb jeder Periode wird der Meßkontakt zur Zeit t_1 geschlossen und zur Zeit t_2 geöffnet. Zu diesen Zeiten gehören die Schaltwinkel $\varphi_1 = 2\pi t_1/T$ und $\varphi_2 = 2\pi t_2/T$ mit der Periodendauer T. Über viele Perioden zeigt das Meßgerät den linearen Mittelwert des Stromes

$$\bar{i} = \frac{1}{T R_{VW}} \int_{t_1}^{t_2} u \, dt \tag{4.25}$$

an. Beträgt die Schließzeit genau eine halbe Periode, also $t_2 - t_1 = T/2$, und beginnt die Messung nach Bild **4.**38a bei einem Nulldurchgang der Spannung u, so zeigt das Meßgerät den halben Gleichrichtwert (s. Abschn. 2.3.5.2).

Mit den eingebauten Vorwiderständen ist das Anzeigegerät oft so kalibriert, daß das Instrument den um den Formfaktor für Sinusstrom $\pi/(2\sqrt{2}) \approx 1{,}111$ vergrößerten Wert anzeigt. Das Ergebnis ist in diesem Falle durch diesen Faktor zu dividieren, um den Mittelwert zu erhalten.

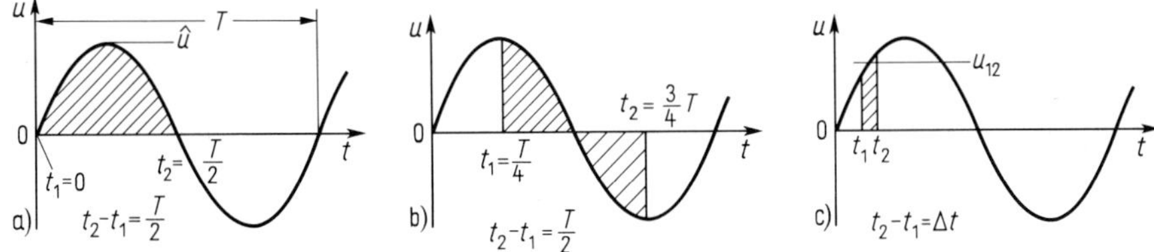

4.38 Zeitdiagramm der Meßspannung u mit Schaltzeiten t_1 und t_2
a) Messung des Gleichrichtwerts b) Nullanzeige c) Kurzkontaktverfahren

Sinusförmige Meßgrößen. Ist die Spannung $u = \hat{u}\sin(\omega t)$ nach Bild **4.**38a, so zeigt das Meßwerk den linearen Mittelwert

$$\bar{i} = \frac{1}{T R_{VW}} \int_{t_1}^{t_2} \hat{u} \sin(\omega t) \, dt = \frac{u_m}{T R_{VW}} [\cos(\omega t_1) - \cos(\omega t_2)] \tag{4.26}$$

Beträgt die Schließzeit eine halbe Periode, so ist $\cos\omega t_2 = -\cos\omega t_1$, und man erhält den linearen Mittelwert

$$\bar{i} = \frac{2\hat{u}}{T R_{VW}} \cos(\omega t_1) \tag{4.27}$$

Ist $\omega t_1 = 0$, so zeigt das Meßwerk ein Strommaximum, den halben Gleichrichtwert; ist $\omega t_1 = 90°$ wie in Bild **4.**38 b, so ist der Mittelwert des Meßwerkstroms Null.

4.4.5.3 Messung des Phasenwinkels und der Wirk- und Blindkomponenten. Zur Festlegung des Phasenwinkels ist eine Bezugssinusspannung erforderlich. Sie wird an den Meßspannungsanschluß gelegt und der Phasensteller des Vektormessers verstellt, bis das Meßgerät keinen Ausschlag mehr zeigt. Schließt man nun in der gleichen Einstellung die Meßspannung an, so zeigt das Meßwerk den Mittelwert der Blindspannung bzw. beim Verdrehen der Schaltphase um 90° die Wirkspannung an. Verdreht man die Schaltphase bis der Mittelwert Null ist, ergibt die Winkelverstellung den Phasenwinkel der Meßspannung gegenüber der Bezugsspannung. Verdreht man die Phase, bis das Meßwerk das Maximum zeigt, erhält man wiederum den halben Gleichrichtwert. Die Maximumeinstellung ist zur Messung des Phasenwinkels weniger geeignet, da das Maximum sehr flach verläuft.

4.4.5.4 Messung des Zeitwerts. Zur Messung des Zeitwerts eines Stroms i_M differenziert man den Strom mit einer Gegeninduktivität M und integriert die erhaltene Spannung u durch einen Vektormesser mit einer halben Periode Schließzeit nach Bild **4.**39. Es gilt dann mit dem Vorwiderstand R_{VW} für Spannung und Strom

$$u = M\frac{di_M}{dt} \quad \text{und} \quad \bar{i} = \frac{1}{T R_{VW}} \int_{t_1}^{t_2} u\,dt = \frac{M}{T R_{VW}} \Big[i_M \Big]_{t_1}^{t_2} \tag{4.28}$$

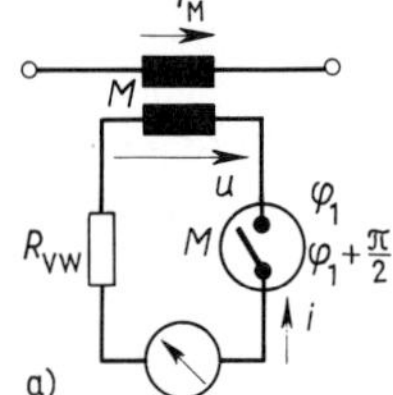

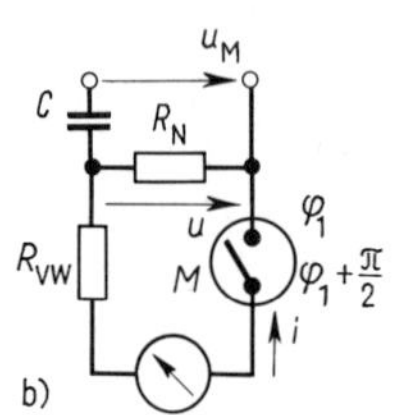

4.39
Schaltung des Vektormessers zur Messung des Zeitwerts eines Stromes (a) und einer Spannung (b)

Bei symmetrischer Kurvenform sind nun die beiden Zeitwerte des Meßstroms i_M zu den Zeiten t_1 und t_2 entgegengesetzt gleich, und man erhält den Zeitwert aus dem angezeigten Mittelwert $\bar{i}$

$$\Big[i_M \Big]_{t_1}^{t_2} = \frac{T R_{VW}}{2M}\,\bar{i} \tag{4.29}$$

Der Zeitwert einer Spannung u_M ergibt sich auf die gleiche Weise, indem man über einen Widerstand einen proportionalen Strom erzeugt und diesen ebenso mißt. Die Spannung kann aber auch mit einem Kondensator nach der Schaltung in Bild **4.**39 differenziert werden. Der durch den Kondensator fließende Strom i_C erzeugt an einem Nebenwiderstand R_N einen Spannungsabfall, der mit dem Vektormesser integriert wird. Ist $u \ll u_M$, so gilt

$$i_C = C\frac{du_M}{dt} \qquad u = R_N C\frac{du_M}{dt} \quad \bar{i} = \frac{R_N C}{T R_{VW}} \int_{t_1}^{t_2} \frac{du_M}{dt}\,dt = \frac{2 R_N C}{T R_{VW}} \Big[u_M \Big]_{t_1}^{t_2} \tag{4.30}$$

Aus Gl. (4.30) folgt wieder im Fall einer symmetrischen Spannungskurve der Zeitwert u_M. Praktisch wird die Kalibrierkonstante in Gl. (4.29) und (4.30) durch einen Sinusstrom oder eine Sinusspannung bekannter Größe ermittelt. Zur Aufnahme der Kurvenform werden dann, ausgehend von der Anzeige 0 für $t_1 = 0$, die den Schaltwinkeln zugeordneten Werte von i_M oder u_M Punkt für Punkt aufgenommen.

Kurzkontaktverfahren. Bei sehr kleinen Schließwinkeln $\Delta\varphi = \varphi_2 - \varphi_1$ nach Bild **4.**38c ist der vom Meßwerk angezeigte lineare Mittelwert dem Zeitwert

$$\bar{i} = \frac{1}{T R_{VW}} \int_{t_1}^{t_2} u \, dt = \frac{\Delta t}{T R_{VW}} \bar{u}_{12} = \frac{\Delta\varphi}{2\pi R_{VW}} \bar{u}_{12} \tag{4.31}$$

annähernd proportional. Hierbei ist $\bar{u}_{12}$ ein Mittelwert der Zeitwerte zwischen den Schaltzeiten t_1 und t_2. Mit mechanischen Kontakten lassen sich Schaltwinkel von etwa 10° verwirklichen. Um den angezeigten Mittelwert zu vergrößern, enthält die Schaltung nach Bild **4.**40 den Ladekondensator C. Der Widerstand R_L begrenzt den Ladestrom.

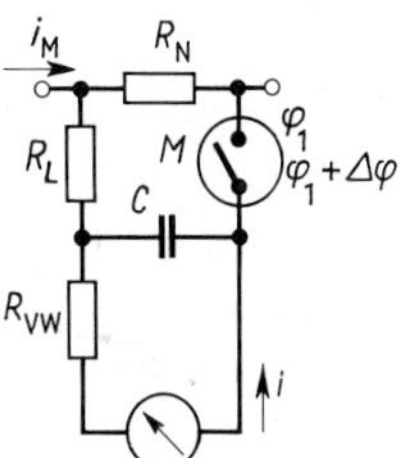

4.40
Schaltung eines Vektormessers beim Kurzkontaktverfahren mit Ladekondensator C

4.5 Frequenzmessung

4.5.1 Frequenzmessung durch Zählung und Zeitmessung

Elektronische Zähler nach Abschn. 3.3.6 zählen die Perioden in einer durch die Zeitbasis gegebenen Meßzeit t_m. Dazu wird die Meßspannung durch einen Tiefpaß von Oberschwingungen höherer Ordnung befreit, durch Vorverstärkung auf eine normierte Scheitelspannung gebracht und dann, wie in Bild **3.**39 dargestellt, mit einer Triggerspannung verglichen. Bei fallendem oder ansteigendem Durchgang durch die Triggerspannung gibt ein Komparator mit Differenzierglied positive oder negative Impulse ab, die dann über eine von der Zeitbasis gesteuerte Torschaltung dem Zähler zugeführt werden. Die Zählung ist nach Bild **3.**52 grundsätzlich um eine Einheit unsicher. Wenn kleine relative Fehler gewünscht sind, ergeben sich bei niedrigen Frequenzen lange Meßzeiten. Mit der Meßzeit t_m und der Periodendauer $T = 1/f$ der Meßspannung ergeben sich $N = t_m/T$ Zähleinheiten mit einer Einheit als Unsicherheit.

Der relative Fehler ist

$$f_r = 1/N = T/t_m \tag{4.32}$$

Will man daher 50 Hz mit einem relativen Fehler von 1‰ messen, muß $t_m = 20$ s sein.

Kurze Meßzeiten bei niedrigen Frequenzen ermöglicht die Messung der Periodendauer T durch Zeitmessung zwischen zwei Triggerimpulsen. Zur Verkleinerung der Fehler durch überlagerte Störspannungen ist es jedoch zweckmäßig, die mittlere Periodendauer über viele Perioden zu messen. Die Frequenz wird dann durch Bildung des Reziprokwertes angezeigt. Eine Schwingung von 50 Hz läßt sich so innerhalb 1 s mit einem kleineren Fehler als 1‰ messen.

Meßfehler. Neben dem grundsätzlich der Zählmethode eigentümlichen Zählfehler ergeben sich Fehler durch die Zeitbasis und den Trigger. Die in der Regel quarzgesteuerte Zeitbasis hat nach Abschn. 4.1.2.3 relative Fehler von 10^{-6} bei einfachen und bis 10^{-8} bei thermostasierten Steuerquarzen. Häufig läßt sich an den Zähler eine externe Zeitbasis anschließen und damit der Fehler auf die in Abschn. 4.1.2.3 genannten Grenzen herabsetzen. Der Triggerfehler ergibt sich durch Unsicherheiten im Durchgang durch das Triggerniveau infolge von überlagerten Störspannungen. Durch geeignete Wahl des Triggerniveaus und durch Filtern des Meßsignals läßt sich der Triggerfehler verkleinern.

4.5.2 Zeigerfrequenzmesser

4.5.2.1 Zeigerfrequenzmesser mit elektrodynamischem Quotientenmeßwerk. Das Meßwerk enthält zwei oder drei Stromkreise mit verschiedenen komplexen Widerständen. Von der Vielzahl der möglichen Schaltungen zeigt Bild **4.**41 ein vereinfachtes Beispiel. Die feststehenden Spulen *1* und *2* haben aufeinander senkrechte Achsen. Spule *1* und *3* sind mit dem Kondensator C und Spule *2* ist mit der Induktivität L in Reihe geschaltet.

Bei konstanten Werten L und C ist der Tangens des Zeigerwinkels dem Quadrat der Frequenz proportional. Durch die Form der drehbaren Spule *3* und den Verlauf der Felder im Luftspalt kann erreicht werden, daß für den üblichen kleinen Frequenzbereich die Skala nahezu gleichmäßig verläuft.

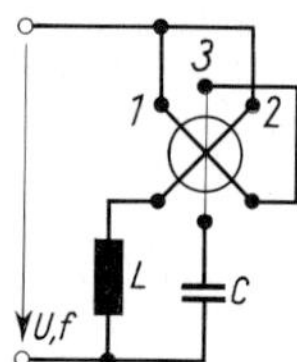

4.41
Elektrodynamischer Frequenzmesser
1, 2 feste Spulen
3 drehbare Spule
L Drossel
C Kondensator

4.5.2.2 Zeigerfrequenzmesser mit Drehspulmeßwerk. Drehspulmeßwerke werden in Verbindung mit Blind- und Wirkwiderständen unter Zwischenschaltung von Gleichrichtern häufig für anzeigende und schreibende Frequenzmesser verwendet. Bild **4.**42 zeigt eine gebräuchliche Schaltung. Über eine Vordrossel *3* liegt die Meßspannung an zwei gegeneinander geschalteten Z-Dioden *4*. An ihnen fällt eine Wechselspannung von praktisch konstantem Wert ab, die einen Reihenresonanzkreis speist, bestehend aus dem temperaturunabhängigen Widerstand R_3, der Kapazität C und der Induktivität L. Über die Koppelwicklung von L und die Gleichrichterbrücke *1* wird am Widerstand R_1 eine frequenzabhängige Spannung erzeugt. Am Widerstand R_2 liegt die frequenzunabhängige Konstantspannung. Das Drehspulmeßwerk *5* zeigt die Differenzspannung, die ein Maß für die Meßfrequenz ist.

Andere Meßeinrichtungen verwenden Kreuzspul- oder T-Spulmeßwerke mit Gleichrichtern. Anwendung finden solche Schaltungen vor allem für relativ kleine Frequenzintervalle bei Netzfrequenz und Frequenzen bis zu einigen 100 Hz.

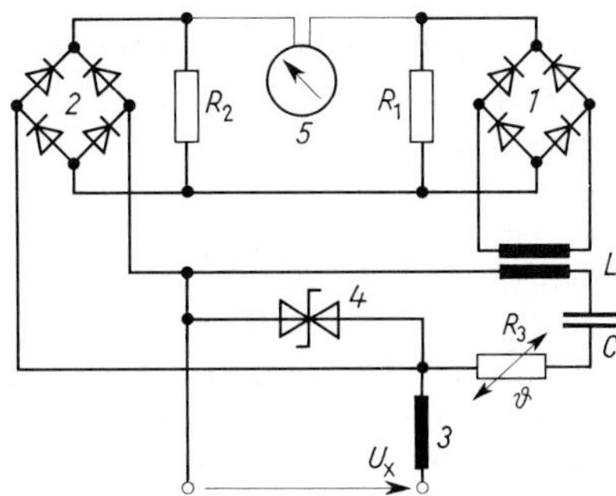

4.42
Zeigerfrequenzmesser mit Reihenresonanzkreis

1, 2 Gleichrichterbrücken
3 Vordrossel
4 Z-Diodenpaar zur Spannungsstabilisierung
5 Drehspulmeßwerk
L, C Reihenresonanzkreis
R_1, R_2 Widerstände
R_3 temperaturabhängiger Widerstand
U_x Meßspannung

Zeigerfrequenzmesser mit Kondensatorladung. Ein Kondensator wird mit der Meßfrequenz f periodisch geladen und entladen. Ist die Ladespannung konstant und sind Ladung und Entladung je innerhalb einer Periode abgeschlossen, so wird in jeder Periode von der Dauer T eine Elektrizitätsmenge $Q = 2\,CU$ bewegt. Der Mittelwert des Stromes ist also

$$I = 2\,CU/T = 2\,CUf \tag{4.33}$$

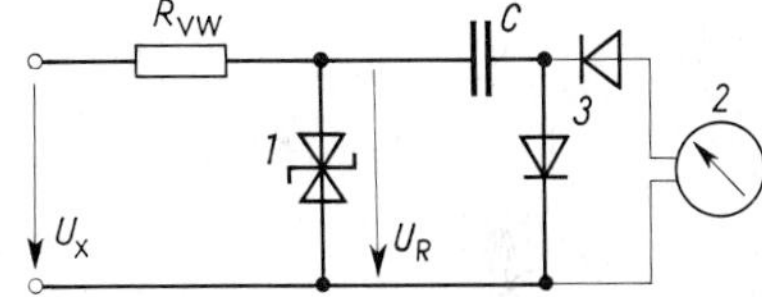

4.43
Zeigerfrequenzmesser mit Kondensatorladung

1 Z-Diodenpaar
2 Drehspulmeßwerk
3 Gleichrichter
C Ladekondensator
R_{VW} Vorwiderstand
U_x Meßspannung

Bei der in Bild **4.**43 dargestellten Schaltung wird die Meßwechselspannung U_x durch den Vorwiderstand R_{VW} und zwei gegeneinandergeschaltete, unter sich völlig gleiche Z-Dioden *1* in eine annähernde Rechteckspannung U_R konstanter Amplitude umgeformt. Diese Spannung lädt und entlädt den Kondensator C über die Gleichrichter *3* sowie das Drehspulmeßwerk *2*. Durch Umschalten des Kondensators C lassen sich Meßbereiche bis zu einigen 100 kHz erreichen.

4.5.3 Resonanzverfahren

Zungenfrequenzmesser nach Abschn. 2.6.6 lassen sich für Frequenzen von 15 Hz bis 1000 Hz verwenden. Sie sind nur zur direkten Ablesung geeignet, wobei die Interpolation der Zwischenwerte einige Übung erfordert (Bild **2.**36).

Schwingkreisresonanz. Ein aus einer umschaltbaren Induktivität L und einer stetig veränderbaren Kapazität C bestehender Schwingkreis nach Bild **4.**44 wird induktiv oder kapazitiv an den zu messenden Kreis angekoppelt. Durch Ändern der Daten des Schwingkreises wird mit

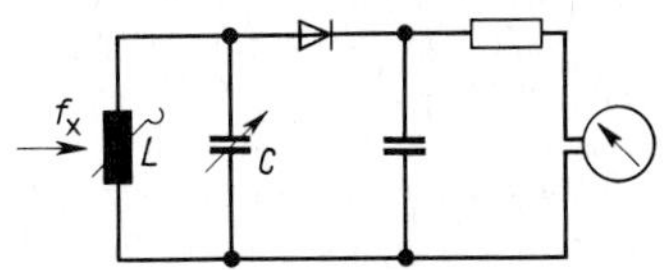

4.44
Resonanzfrequenzmesser mit induktiver Ankopplung, einstellbarem Resonanzkreis LC und HF-Spannungsmesser in Mittelwert-Gleichrichterschaltung

einem Hochfrequenz-Spannungsmesser der Resonanzpunkt gesucht. Dann ist die Resonanzfrequenz

$$f_0 = \frac{1}{2\pi\sqrt{LC}} = f_x \tag{4.34}$$

Im einfachsten Fall ist der HF-Spannungsmesser ein stromempfindliches Meßwerk mit großem Vorwiderstand und Spitzen-Gleichrichtung (Resonanzwellenmesser). Bei höheren Ansprüchen an die Empfindlichkeit benutzt man Spannungsmesser mit Verstärker. Anwendung finden diese Geräte von 50 kHz an aufwärts. Bei Frequenzen über 100 MHz werden stetig veränderbare Induktivitäten, bei Frequenzen über 1 GHz abstimmbare Topfkreise und Hohlraum-Resonatoren benutzt [12]. Die Meßunsicherheit beträgt um 1%.

4.5.4 Frequenzvergleich

Die Frequenz der Meßspannung wird mit der genauer bekannten, einstellbaren Frequenz eines Hilfsoszillators verglichen. Für den Frequenzvergleich mit dem Elektronenstrahl-Oszilloskop s. Abschn. 4.4.4, mit digitalen Frequenzmessern s. Abschn. 3.4.1.3.

4.5.4.1 Mischverfahren. Bei multiplikativer Mischung zweier Sinusspannungen mit verschiedenen Frequenzen durch nichtlineare Schaltglieder, wie z. B. Transistoren und Dioden, entsteht eine Wechselspannung, die Anteile mit der Summenfrequenz und der Differenzfrequenz enthält. Bild **4.**45 zeigt die Blockschaltung eines auf diesem Prinzip beruhenden abstimmbaren Hochfrequenzspannungsmessers, das zur Messung der Frequenz und der Spannung dient. Die Meßspannung mit der Frequenz f_x wird mit einem meist abstimmbaren Vorverstärker *1* verstärkt und mit der bekannten, genau einstellbaren Frequenz f_v eines Oszillators *2* in der Mischstufe *3* gemischt. Die Differenzfrequenz $f_x - f_v$, die bei der Mischung entsteht, wird in einem schmalbandigen, selektiven Zwischenfrequenzverstärker *4* weiter verstärkt. Die verstärkte Zwischenfrequenz wird schließlich mit einem Spitzenspannungsmesser *5* gemessen. Dieses Verfahren ähnelt weitgehend den in der drahtlosen Nachrichtentechnik üblichen Überlagerungsempfängern.

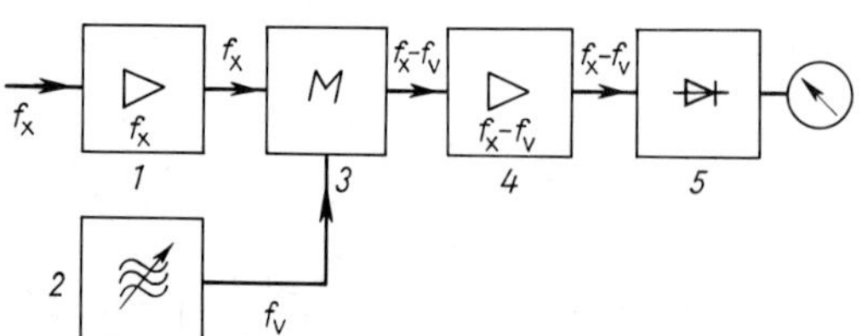

4.45
Blockschaltung eines abstimmbaren Hochfrequenzspannungsmessers
1 abstimmbarer Vorverstärker
2 Hilfsoszillator
3 Mischstufe
4 Zwischenfrequenzverstärker
5 Spitzenspannungsmesser
f_x Meßfrequenz
f_v Oszillatorfrequenz
$f_x - f_v$ Zwischenfrequenz

Diese Meßmethode läßt sich auch dazu verwenden, die Spannungen und Frequenzen einzelner Komponenten in einem Frequenzgemisch zu messen. Der Frequenzbereich handelsüblicher Geräte geht von 100 Hz bis zur äußersten Grenze meßtechnisch erfaßbarer elektromagnetischer Schwingungen. Dabei sind Spannungen bis unter 0,1 μV noch meßbar.

4.5.4.2 Frequenzspektrometer. Periodisch veränderliche Größen lassen sich nach Fourier ganz allgemein als Summe einer Grundschwingung und ganzzahliger Oberschwingungen darstellen. Das Frequenzspektrum nach Bild **4.**46a zeigt die Amplitude der Teilschwingungen als Funktion der Frequenz. Die Phasenlagen der Oberschwingungen bleiben bei dieser Darstellung unberücksichtigt. Unperiodische Funktionen liefern ein kontinuierliches Frequenzspektrum (Bild **4.**46b).

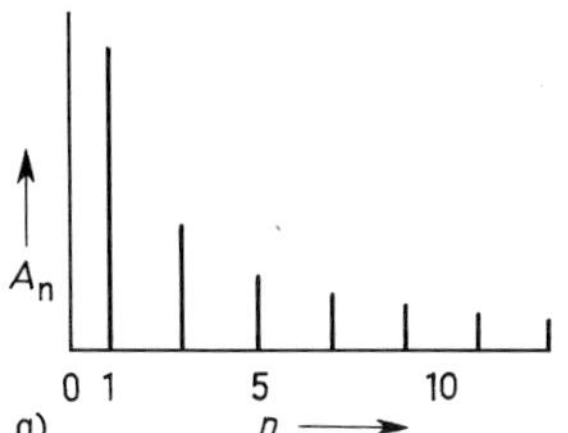

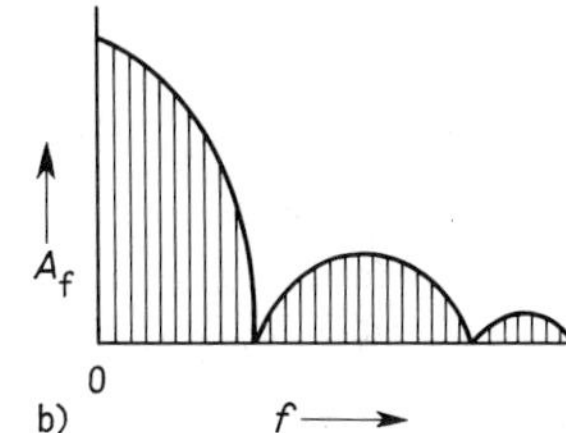

4.46
Frequenzspektren
a) diskretes Spektrum einer periodischen Rechteckspannung
b) kontinuierliches Spektrum eines einmaligen Rechteckimpulses
A_n Amplitude der n-ten Oberschwingung
A_f Amplitude bei der Frequenz f

Frequenzspektrometer dienen der Anlayse von periodischen und unperiodischen Signalen jeder Art, z.B. im tonfrequenten Bereich zur Analyse von Geräuschen und Klängen. Die Analyse erfolgt z.B. durch ein Mischverfahren nach Abschn. 4.5.4.1, wobei die Frequenz f_v als Suchfrequenz einen einstellbaren Frequenzbereich durchläuft. Gleichzeitig wird eine ansteigende Sägezahnspannung auf den x-Eingang eines Oszilloskops gegeben. Durch Mischung des Frequenzgemisches mit f_v entsteht immer dann eine Spannung mit der festen Differenzfrequenz $f_y = f_n - f_v$, wenn die entsprechende Oberschwingung f_n vorhanden ist. Die Amplitude der Spannung mit der Frequenz f_y wird verstärkt und linear oder logarithmisch als vertikaler Strich auf dem Bildschirm dargestellt.

4.5.5 Synchronisierschaltungen

Wechselstrom-Generatoren oder Netze lassen sich nur dann parallelschalten, wenn die Zeitwerte der Spannung ständig übereinstimmen. Das bedeutet auch, daß Effektivwerte der Leiterspannungen, Frequenz, Phasenlage und Phasenfolge der Spannungen übereinstimmen müssen. Um dies festzustellen, sind mehrere Anordnungen gebräuchlich, die im folgenden der Einfachheit halber am Einphasennetz erläutert werden.

Phasenlampen. In der Dunkelschaltung nach Bild **4.**47a sind Lampen zwischen *L1* und *L1'* oder *L2* und *L2'* oder zwischen beide geschaltet; bei Synchronismus bleiben sie dunkel. In der Hellschaltung nach Bild **4.**47b besteht Synchronismus, wenn die Lampe am hellsten brennt. Alle Lampen müssen für die doppelte Strangspannung bemessen sein.

Nullspannungsmesser verwendet man anstelle der Phasenlampen in Dunkelschaltung. Sie zeigen die geometrische Differenz der beiden Spannungen an. Bei Netzen ohne starre

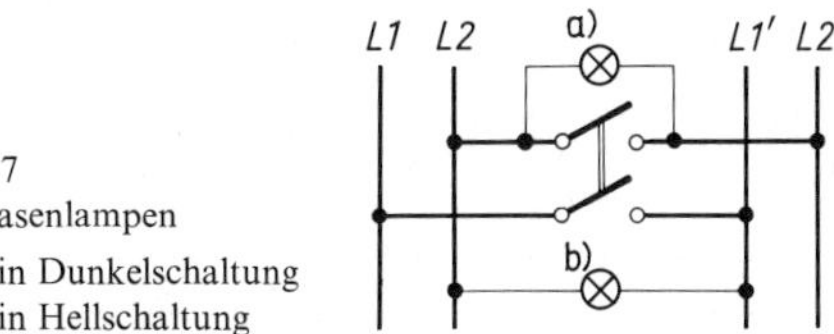

4.47
Phasenlampen
a) in Dunkelschaltung
b) in Hellschaltung

Sternpunktverbindung müssen Nullspannungsmesser nach Bild **4.**48 über Spannungswandler angeschlossen werden. Die Glühlampe *2* wirkt als Kaltleiter zur Dehnung des Anfangsbereichs der Skala.

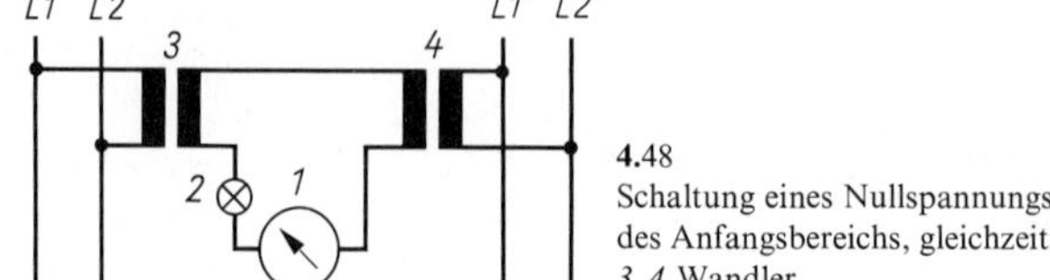

4.48
Schaltung eines Nullspannungsmessers *1* mit Glühlampe *2* zur Dehnung des Anfangsbereichs, gleichzeitig Phasenlampe in Dunkelschaltung
3, 4 Wandler

Differenzspannungsmesser zeigen die algebraische Spannungsdifferenz der Effektivwerte beider Netze. Zur Vermeidung des Phaseneinflusses werden beide Spannungen gleichgerichtet, und die Differenz wird mit einem Drehspulspannungsmesser angezeigt.

Doppelspannungsmesser sind zwei Spannungsmeßwerke für beide Netze mit nebeneinanderliegenden Zeigern.

Doppelfrequenzmesser sind nebeneinanderliegende Frequenzmesser.

Synchronoskope sind umlaufende Leistungsfaktormesser mit elektrodynamischem Meßwerk oder Induktionsmeßwerk. Synchronisiergeräte sind oft in einem schwenkbaren Wandarm zusammengefaßt (Bild **4.**49).

4.49
Synchronisiergerät mit Zeigersynchronoskop, Doppelfrequenzmesser und Doppelspannungsmesser (H& B)

Drehfeldrichtunganzeiger dienen der Kontrolle der Phasenfolge bzw. des Umlaufssinns bei Drehstromnetzen. An die Klemmen *L1*, *L2*, *L3* wird das zu prüfende Netz angeschlossen. Rotierende Drehfeldanzeiger haben ein System ähnlich einem Asynchronmotor. Ruhende Drehfeldrichtungsanzeiger haben ein RC-Netzwerk nach Bild **4.**50a. Zwischen einerseits *L1* und andererseits *L2* und *L3* sind Glieder geschaltet, die eine gegenüber der verketteten Spannung um 60° verschobene Spannung an den Punkten *1* bis *4* erzeugen (Zeigerdiagramm in Bild **4.**50b). Beim richtigen Anschluß herrscht zwischen *3* und *4* die Leiterspannung, und die Glimmlampe G_{34} leuchtet auf; zwischen den Punkten *1* und *2* herrscht keine Spannung, die Glimmlampe G_{12} bleibt dunkel. Bei falschem Anschluß unter Vertauschung z.B. von *L3* und *L2* leuchtet G_{12}, während G_{34} dunkel bleibt.

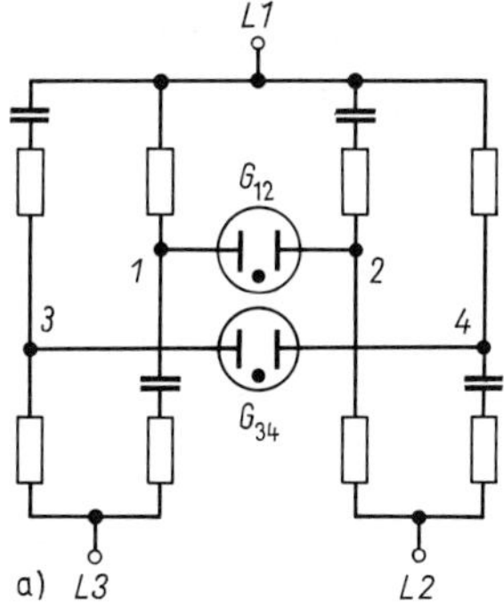

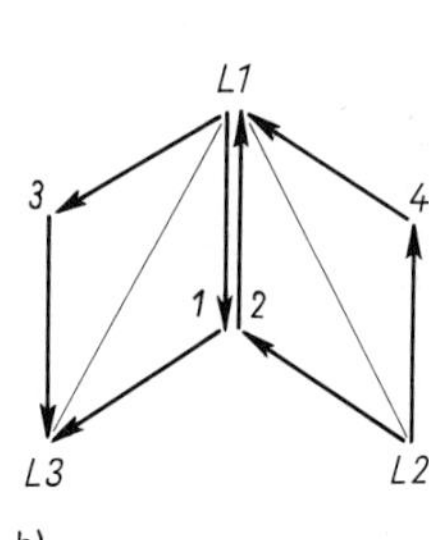

4.50
Drehfeldrichtungsanzeiger mit RC-Netzwerk und Glimmlampenanzeige
a) Schaltung
b) Zeigerdiagramm der Spannungen

4.6 Meßwandler

Meßwandler transformieren Ströme und Spannungen auf bequem meßbare Werte. Sie trennen in Hochspannungsanlagen die Meßgeräte von den spannungsführenden Leitern, so daß die Meßkreise gefahrlose Niederspannung führen. Außerdem schützen Wandler die Meßgeräte durch ihre Übertragungseigenschaften vor Kurzschlußströmen und Überspannungen. Bau und Gütevorschriften sind in VDE 0414 sowie DIN 42600 und 42601 niedergelegt (s. Anhang).

4.6.1 Stromwandler

4.6.1.1 Schaltung. Stromwandler sind sekundärseitig kurzgeschlossene Transformatoren. Die meist nur wenige Windungen tragende Primärseite hat nach Bild **4.**51 die Klemmenbezeichnungen *K* und *L*. Die Primärwicklung ist entsprechend der Betriebsmittelspannung gegen die Sekundärseite isoliert und mit ihr nur magnetisch durch einen Ringkern aus verlustarmen Blechen oder Bändern aus hochpermeablen Nickel-Eisenlegierungen gekoppelt. Die Klemmen der Sekundärseite sind mit *k* und *l* gekennzeichnet. An sie werden die Meßgeräte (Strommesser, Leistungsmesser, Relais usw.) in Reihe angeschlossen. Die Klemme *k* soll geerdet werden, um die Umgebung bei einem Durchschlag im Wandler nicht zu gefährden. Der Sekundärstrom beträgt bei primärem Nennstrom normal 5 A, in Sonderfällen für lange Meßleitungen auch 1 A.

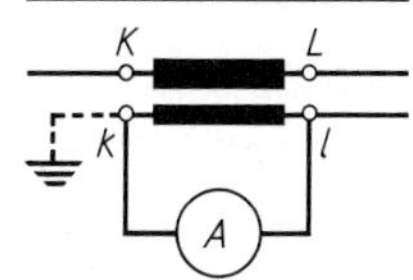

4.51
Stromwandlerschaltung
K, *L* Primäranschlüsse
k, *l* Sekundäranschlüsse

Das Übersetzungsverhältnis des Wandlers

$$k_i = I_1/I_2 = N_2/N_1 \tag{4.35}$$

(das Verhältnis des Primärstroms I_1 zum Sekundärstrom I_2) ist bis auf einen kleinen Fehler gleich dem Verhältnis der sekundären Windungszahl N_2 zur primären Windungszahl N_1.

Bei großen Primärströmen ab etwa 500 A genügt eine einzelne Windung $N_1 = 1$. Hierzu wird durch den Ringkern ein einzelner Primärleiter gesteckt, der mit dem übrigen Stromkreis eine Windung bildet (Einleiterwandler etwa nach Bild **4.**58). Es kommen nur ganzzahlige Windungszahlen vor.

Als Bürde bezeichnet man die sekundärseitige Belastung des Wandlers. Man gibt sie als das Produkt aus Spannungsabfall und Nennstrom in VA an. Die höchstzulässige Bürde ist die Nennbürde. Die Bürde ist im allgemeinen komplex mit dem Bürdenwinkel β.

4.6.1.2 Wirkungsweise. Bild **4.**52 zeigt Ersatzschaltung und nicht maßstäbliches Zeigerdiagramm eines Stromwandlers. Die sekundären Größen sind dabei durch das Nennübersetzungsverhältnis auf die Primärseite umgerechnet (Formelzeichen mit Strich ').

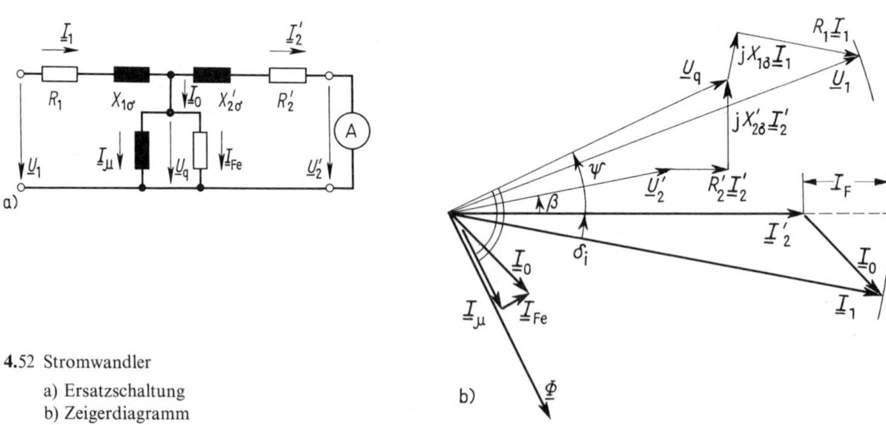

4.52 Stromwandler

a) Ersatzschaltung

b) Zeigerdiagramm

Ausgehend von den auf die Primärseite umgerechneten komplexen Größen (mit Kennzeichen ') Sekundärstrom $\underline{I}_2'$ und Spannung $\underline{U}_2'$ im Meßgerät ergeben Wirkspannung $R_2' I_2'$ und Streuspannung $\mathrm{j}X_{2\sigma}' I_2'$ die sekundäre Spannung $\underline{U}_\mathrm{q}' = \underline{U}_{\mathrm{q}1} = \underline{U}_\mathrm{q}$. Da die Bürde meist noch Induktivität enthält, eilt die Spannung $\underline{U}_2'$ dem Strom $\underline{I}_2'$ um den Phasenwinkel β vor. Der Phasenwinkel zwischen $\underline{U}_\mathrm{q}$ und $\underline{I}_2'$ stellt die sekundäre Phasenverschiebung im Wandler dar. In Phase zur primären Spannung $\underline{U}_\mathrm{q}$ liegen der Wirkstrom $\underline{I}_\mathrm{Fe}$ zur Deckung der Eisenverluste und um 90° nacheilend der Magnetisierungsstrom $\underline{I}_\mu$. Der Leerlaufstrom $\underline{I}_0 = \underline{I}_\mathrm{Fe} + \underline{I}_\mu$ bildet mit $\underline{I}_2'$ den Primärstrom $\underline{I}_1$. Addiert man zu $\underline{U}_\mathrm{q}$ die primäre Streuspannung $\mathrm{j}X_{1\sigma} I_1$ und die primäre Wirkspannung $R_1 I_1$, so erhält man die primäre Klemmenspannung $\underline{U}_1$. Der Phasenwinkel zwischen den Strömen $\underline{I}_1$ und $\underline{I}_2'$ ist der Fehlwinkel δ_i. Die Beträge von Primär- und auf die Primärseite umgerechnetem Sekundärstrom unterscheiden sich durch den Stromfehler $I_\mathrm{F} = I_1 - I_2'$. Damit dieser Stromfehler klein bleibt, müssen Leerlaufstrom $\underline{I}_0$ und seine Komponenten Magnetisierungsstrom $\underline{I}_\mu$ und Eisenverluststrom $\underline{I}_\mathrm{Fe}$ klein gehalten werden. Bei Messung von Arbeit und Leistung ist nur ein kleiner Fehlwinkel zulässig, um merkliche zusätzliche Phasenverschiebungen zwischen Strom und Spannung zu vermeiden.

Stromwandler werden daher für kleinen Fluß Φ und somit kleine Induktionen ausgelegt. Außerdem vermeidet man nach Möglichkeit jeden Luftspalt durch Verwendung von Ringkernen aus hochpermeablen, verlustarmen Blechen. Mit zunehmender Bürde wächst der Fehler, da mit steigender Sekundärspannung U_2 auch Fluß Φ und Magnetisierungsstrom I_μ größer werden.

Öffnet man im Betrieb den Sekundärkreis, so entfällt die der Primärdurchflutung entgegengerichtete Sekundärdurchflutung. Die Primärdurchflutung bleibt aber mit dem zu messenden

Strom konstant und magnetisiert den Kern bis zur Sättigung, und an den offenen Sekundärklemmen entstehen gefährlich hohe Spannungen. Außerdem wird dabei der Kern stark erwärmt, und der Wandler wirkt als gesättigte Drossel im Primärkreis. Daher gilt:

Muß bei einem Stromwandler im Betrieb die Bürde weggenommen werden, so darf man den Sekundärstromkreis nicht öffnen, sondern muß ihn kurzschließen.

4.6.1.3 Belastbarkeit. Stromwandler sind mit dem 1,2fachen, Großbereichstromwandler mit dem doppelten des Nennstroms bei Nennbürde dauernd belastbar. Betriebsstromwandler müssen kurzzeitig den Überströmen bei Kurzschlüssen gewachsen sein.

Der thermische Grenzstrom I_{th} ist derjenige Grenzstrom, den der Wandler 1 s aushält, ohne durch Überhitzung Schaden zu nehmen. Der dynamische Grenzstrom I_{dyn} ist der zulässige Scheitelwert der ersten Kurzschlußstromamplitude. Er beträgt meist das 2,5fache von I_{th}. Schienenstromwandler und Gießharzwandler halten noch größere Überströme aus.

Die Überstromzahl gibt an, bei welchem Vielfachen des Primärstroms der Stromfehler auf 10% ansteigt. Für empfindliche Meßgeräte strebt man eine kleine Überstromzahl (< 5) an. Zur Leitungsüberwachung durch Distanzrelais benötigt man große Überstromzahlen, damit diese Relais den Kurzschlußort möglichst genau eingrenzen.

4.6.1.4 Fehler und Genauigkeitsklasse. Stromfehler eines Stromwandlers bei gegebener primärer Stromstärke I_1 ist nach VDE 0414 die Abweichung des mit der Nennübersetzung k_{iN} multiplizierten Sekundärstroms I_2 von Primärstrom. Der relative Fehler ist

$$F_{ri} = \frac{I_2 k_{iN} - I_1}{I_1} \tag{4.36}$$

Fehler werden positiv gerechnet, wenn der tatsächliche Wert der sekundären Größe den Sollwert übersteigt.

Fehlwinkel δ_i bei Stromwandlern (und δ_u bei Spannungswandlern) werden in Winkelminuten (′) angegeben und sind positiv, wenn die sekundäre Größe voreilt.

Die Ausgangsrichtung wird so vorausgesetzt, daß sich bei Fehlerfreiheit des Wandlers die Verschiebung 0° ergibt. Das entspricht den normalen Verhältnissen beim Transformator. Fehlwinkel, Strom- und Spannungsfehler sind abhängig von Größe und Art der Bürde.

Genauigkeitsklassen. Stromwandler werden in den Genauigkeitsklassen 0,1; 0,2; 0,5; 1 und 3 hergestellt. Bei Großbereichwandlern wird ein G nachgestellt, z.B. 1 G. Die Klassenziffer entspricht dem maximalen relativen Stromfehler F_{ri} nach Gl. (4.36) bei Nennstrom I_N und $1{,}2\,I_N$ (bei Großbereichwandlern $2\,I_N$). Bei Klasse 3 ist der Stromfehler lediglich bei I_N und $0{,}5\,I_N$ zu 3% festgelegt. Der zulässige Fehlwinkel δ_i bei den Klassen 0,1 bis 1 beträgt 5′, 10′, 30′ und 60′. Bei Klasse 3 ist kein maximaler Winkelfehler festgelegt. Die Fehlergrenzen der Klassen 0,1 bis 1 gelten für 25% und 100% der Nennbürde.

Wandler der Klasse 0,1 werden für Präzisionsmessungen und Kalibrierungen, Klasse 0,2 und 0,5 zu Verrechnungsmessungen (mit Zählern und Leistungsmessern), Klasse 1 für Betriebsmessungen und Schutzzwecke eingesetzt. Klasse 3 hat nur Bedeutung für extrem hohe Nennleistungen und große Kurzschlußströme.

Nenndaten. Die primären Nennströme sind genormt: 5 A, 10 A, 15 A, 20 A, 30 A, 50 A, 75 A und weiter 100 A, 150 A, 200 A, 300 A, 400 A, 600 A und 800 A mit den dekadischen Vielfachen bis 80 kA.

Die Nennspannung ist die maximale Außenleiterspannung U, nach der Isolation und Prüfspannung des Wandlers bemessen sind. Die Nennbürden betragen 5, 10, 15, 30 und 60 VA.

Umschaltbare Stromwandler erlauben durch Reihen- bzw. Parallelschalten der Primärwicklungen eine Meßbereichänderung im Verhältnis 1 : 2 oder 1 : 2 : 4.

4.6.1.5 Laborwandler. Tragbare Wandler sind nur für Spannungen bis 1 kV geeignet. Normalstromwandler dienen der Kalibrierung von Meßwandlern mit Hilfe von Wandlerprüfeinrichtungen. Sie haben vielfach unterteilte Primärwicklungen und sind für kleine Bürden bestimmt. Die Fehler liegen zwischen 10^{-2} % und 10^{-3} %, die Fehlwinkel um 0,1′.

Laborwandler sind meist für kleinere Bürden (5 bis 10 VA) bemessen. Neben umklemmbaren oder unterteilten Primärwicklungen haben sie eine Öffnung zum ein- oder mehrfachen Hindurchführen des Meßstromleiters (Bild **4.**53).

Zangenwandler haben nach Bild **4.**54 einen geteilten Kern, der sich zum Umfassen eines nicht trennbaren, stromführenden Leiters zangenartig öffnen läßt. Wegen der unvermeidbaren Streuung im verbleibenden Luftspalt und der unsymmetrischen Anordnung der Sekundärwicklung ist die zulässige Bürde klein. Das Anzeigegerät, meist ein Drehspulmeßwerk mit Gleichrichter, ist oft mit der Wandlerzange zu einer konstruktiven Einheit verbunden. Verschiedene Meßbereiche werden durch Umschalten eines Sekundärmeßgeräts erzielt. Zangenleistungsmesser und Leistungsfaktormesser werden noch zusätzlich an die Meßspannung angeschlossen. Zur Anzeige dienen hier elektrodynamische Meßwerke.

4.53 Ringstromwandler (AEG)

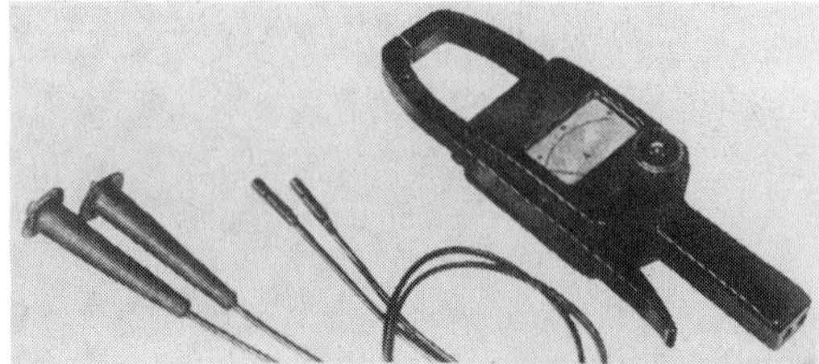

4.54 Zangenwandler (AEG)

4.6.1.6 Wandler für Schaltanlagen. Die Ausführung der Wandler wird wesentlich durch Nennspannung, Isolation und Wicklung bestimmt. Die zulässige Bürde beträgt oft 60 VA und mehr. Viele Wandler haben mehrere Kerne und Sekundärwicklungen für verschiedene Überstromziffern. Die Wicklungen mit kleiner Überstromziffer sind dabei für genaue Messung und Verrechnung vorgesehen; die Wicklungen mit größerer Überstromziffer dienen wieder der Betätigung von Relais und Schalteinrichtungen.

Isolation. Wicklungsisolation durch Papier und Schichtpreßstoffe ist nur bis zu Reihenspannungen von 6 kV ausreichend. Bei höheren Spannungen verwendet man für Innenanlagen vorzugsweise Gießharzisolation. Die Gießharze, z. B. Epoxidharze mit und ohne Füllstoffe, bilden die Isolation zwischen den Wicklungen und den äußeren Isolatoren mit den Anschlüssen (Bild **4.**55). Für Freiluftanlagen werden Porzellanisolatoren als äußere Isolation bevorzugt. Die innere Isolation der Wicklungen bilden entweder Öl (Bild **4.**56) oder besonders geformte Porzellankörper in Verbindung mit dem äußeren Isolator (Bild **4.**57). Wenn besondere Vorkehrungen zum Ausgleich des unterschiedlichen Ausdehnungskoeffizienten getroffen werden, ist auch die Verbindung von Porzellan als äußerer und Gießharz als innerer Isolation möglich. Bei Reihenspannungen über 100 kV ist nur Porzellan-Öl-Isolation üblich.

Wicklung. Schienen- oder Stabwandler haben einen gestreckten Primärleiter (Bild **4.**58). Sie sind besonders kurzschlußfest (z.B. $I_{dyn} = 150\,I_N$; $I_{th} = 60\,I_N$). Sie werden für kleinere Bürden ab 50 A Nennstrom, für Bürden von 15 A und darüber ab 250 A Nennstrom gebaut.

Ringstromwandler mit größerem Ringdurchmesser und lichten Weiten bis über 1 m enthalten nur den Kern und die Sekundärwicklung. Sie werden über Transformator- und Wanddurchführungen geschoben, so daß die Primärisolation durch den Durchführungsisolator gebildet wird, und für Nennspannungen bis 500 kV gebaut.

Wickelwandler haben mehrere Primärwindungen. Mehrere Windungen sind erforderlich bei größerer Bürde und Strömen unter 200 A. Wickelwandler erlauben außerdem die primäre Umschaltung.

Bauarten. Stabwandler oder Schienenwandler (Bild **4.**58) werden direkt in die Leitungsschienen eingebaut. Stützerwandler (Bild **4.**55 und **4.**56a) bilden Stützer für Sammelschienen und Freileitungen, Durchführungswandler (Bild **4.**57) sind gleichzeitig Wanddurchführungen.

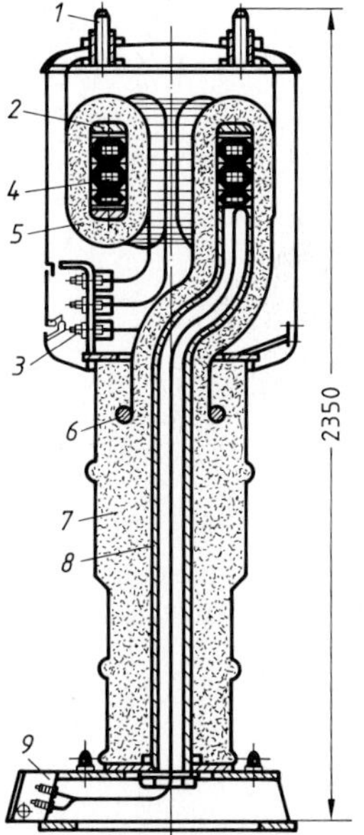

4.55 Gießharz-Stützerstromwandler für 110 kV (AEG)
1 Primäranschluß
2 Primärwicklung
3 primäre Umschaltung
4 Ringkerne mit Sekundärwicklungen
5 Gießharzisolation
6 Schirmring zur Potentialsteuerung
7 Gießharzisolator
8 Sekundärableitungsrohr
9 Sekundärklemmkasten

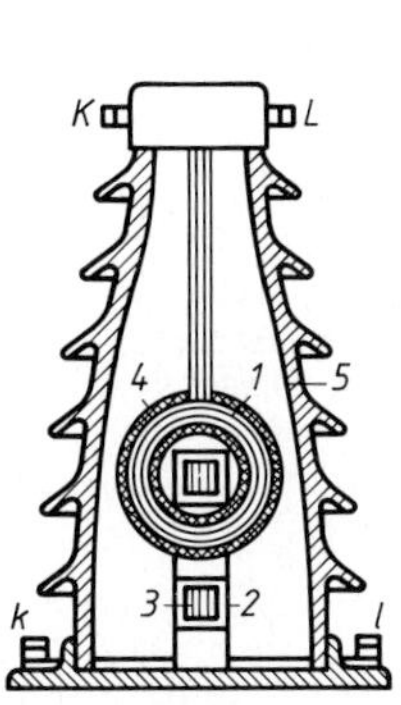

4.56a Kreuzring-Stützerstromwandler
1 Ringwicklung (primär)
2 Sekundärwicklung
3 Ringkern
4 Isolation
5 Stützisolator mit Ölfüllung

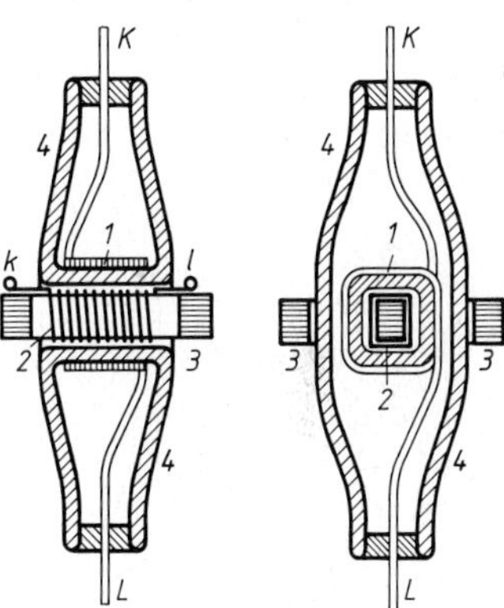

4.56b Querloch-Durchführungswandler
1 Primärwicklung
2 Sekundärwicklung
3 Mantelkern
4 Porzellankörper

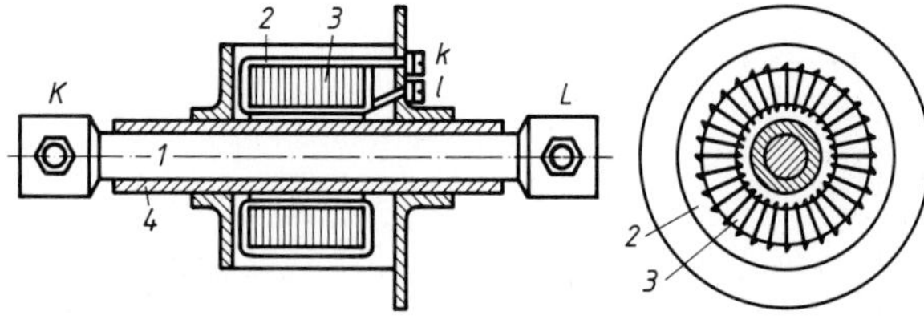

4.57 Stabwandler
1 Primär-Stableiter
2 Sekundärwicklung
3 Ringkern
4 Isolierrohr

4.6.1.7 Wandler mit Bürdenkompensation. Im Abschnitt 4.6.1.2 wurde dargelegt, daß die Fehler des Stromwandlers mit dem magnetischen Fluß Φ anwachsen. Dieser Fluß ist aber zur Erzeugung der Sekundärspannung notwendig. Mit Hilfe von Verstärkern ist es nun möglich, diese Sekundärspannung nahezu auf Null zu kompensieren. Damit läßt sich der magnetische Fluß klein halten. Damit können auch Kern und Wicklung sehr klein konstruiert werden. Gelingt es dabei, auch die magnetische Streuung klein zu halten, kann man die Wandlerfehler verkleinern. Bild **4.**58 zeigt die Schaltung eines solchen kompensierten Wandlers. Als Primärwicklung *1* genügt bis herab zu Nennströmen unter 0,1 A eine Windung, z. B. ein Kupferband mit 16 mm² Querschnitt. Die Sekundärwicklung *2* hat die durch die Gleichung (4.35) gegebene Windungszahl. Als Bürde dient ein winkelfehlerfreier Präzisionswiderstand *5*. Die Sekundärspannung wird durch den Verstärker *4* geliefert, der primärseitig von einer Fühler- oder Sensewicklung *3* gespeist wird. Diese liefert eine Sekundärspannung von einigen mV, die verstärkt, die Bürdenspannung ergibt. Zur Erzeugung der Bürdenspannung genügt ein sehr kleiner Fluß, so daß Strom- und Winkelfehler vernachlässigbar klein bleiben. Der Spannungsabfall am Bürdenwiderstand ist eine dem Meßstrom proportionale Ausgangswechselspannung, die über dem Ausgang *6* weiterverarbeitet wird: mit elektronischen Multiplizierern werden das Leistungsprodukt gebildet, Arbeit und Leistungsfaktor, Schein- und Blindleistung sowie der Scheinwiderstand berechnet (s. Abschn. 3.4.7 und 5.4.1).

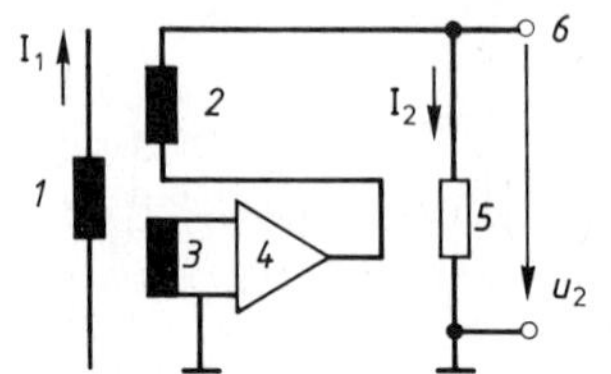

4.58
Wandler mit Bürdenkompensation
1 Primärwindung
2 Sekundärwindung
3 Sense-Wicklung
4 Hilfsverstärker
5 Bürdenwiderstand
6 Ausgang

4.6.2 Spannungswandler

4.6.2.1 Schaltung. Spannungswandler sind nahezu im Leerlauf betriebene Spannungstransformatoren mit vielen Windungen und kleiner Last. Die Primärklemmen haben nach Bild **4.**59 die Bezeichnung *U* und *V*, die Sekundärklemmen die Bezeichnung *u* und *v*. Wandler für starr geerdete Netze und Höchstspannungen (über 100 kV) sind meist nur einpolig isoliert. Die Primärklemme mit Hochspannungsisolation trägt dann die Bezeichnung *U*, die zu erdende Primärklemme die Bezeichnung *V* (früher *X*). Entsprechend werden die Sekundärklemmen mit *u* und *v* (früher *x*) bezeichnet. Das Übersetzungsverhältnis k_u des Wandlers ergibt sich nahezu aus dem Verhältnis der Windungszahlen N_1 und N_2

$$k_u = U_1/U_2 \approx N_1/N_2 \tag{4.37}$$

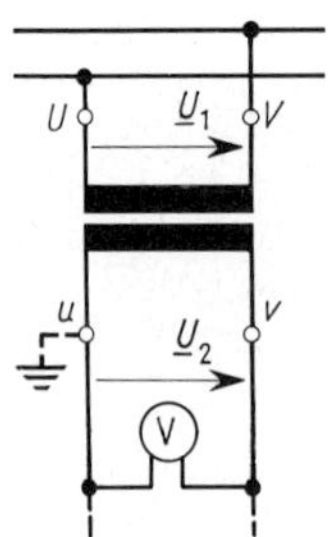

4.59
Spannungswandlerschaltung
U, V Primäranschlüsse
u, v Sekundäranschlüsse

Die Sekundärspannung beträgt im Normalfall 100 V. Für lange Anschlußleitungen ist auch 200 V gebräuchlich. Die Meßgeräte als Bürde des Wandlers werden sekundärseitig parallelgeschaltet.

4.6.2.2 Wirkungsweise. Bild **4.**60 zeigt (nicht maßstäblich) das Zeigerdiagramm eines Spannungswandlers (Ersatzschaltung s. Bild **4.**52). Die sekundären Größen sind wiederum durch das Nennübersetzungsverhältnis auf die primären Größen umgerechnet (Größen mit Strich ').

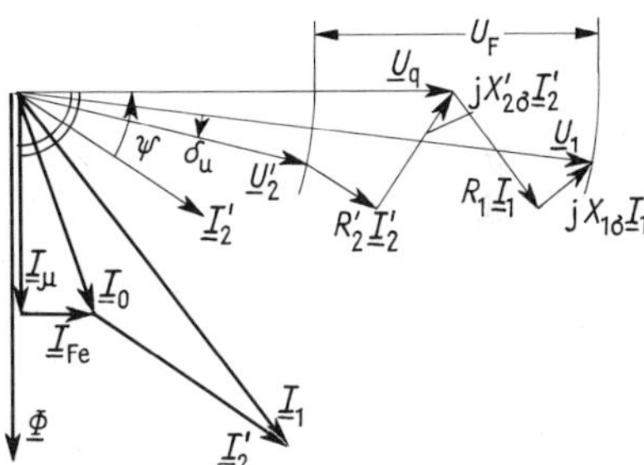

4.60
Zeigerdiagramm des Spannungswandlers

Der komplexe magnetische Fluß $\underline{\Phi}$ ist phasengleich mit dem Magnetisierungsstrom $\underline{I}_\mu$. Senkrecht dazu stehen die Zeiger von Eisenverluststrom $\underline{I}_{Fe}$ und Quellenspannung $\underline{U}_q$. Die Ströme $\underline{I}_\mu$ und $\underline{I}_{Fe}$ ergeben den Leerlaufstrom $\underline{I}_0$. Die hohe Eisensättigung erfordert einen ziemlich großen Leerlaufstrom. Die angeschlossenen Geräte stellen mit dem Strom I_2 eine überwiegende Wirkbelastung mit kleiner Induktivität dar. Durch diese und die Induktivität der Sekundärwicklung eilt der Spannungszeiger $\underline{U}_q$ um den Winkel ψ gegen den Stromzeiger $\underline{I}_2$ vor. Der Primärstrom $\underline{I}_1$ ist die Summe aus $\underline{I}_0$ und $\underline{I}'_2$. Subtrahiert man von $\underline{U}_q$ die sekundäre Streuspannung $jX'_{2\sigma}\underline{I}_2$ und die Wirkspannung $R'_2\underline{I}'_2$, so erhält man $\underline{U}'_2$ bzw. die sekundäre Klemmenspannung $\underline{U}_2$ am Meßgerät. Die primäre Klemmenspannung $\underline{U}_1$ ist die Summe aus $\underline{U}_q$, der Wirkspannung $R_1\underline{I}_1$ und der Streuspannung $jX_{1\sigma}\underline{I}_1$. Der Winkel zwischen den komplexen Spannungen $\underline{U}_1$ und $\underline{U}'_2$ ist der Fehlwinkel δ_u, der Unterschied zwischen den Beträgen von Primär- und auf die Primärseite umgerechneter Sekundär-Klemmenspannung der Spannungsfehler $U_F = U_1 - U'_2$.

Kleine Fehler erreicht man durch kleine Bürde, also geringe Stromentnahme bei reichlicher Dimensionierung von Kern und Wicklung. Auf die Größe des Magnetisierungsstroms kommt es beim Spannungswandler weniger an als beim Stromwandler. Bei Präzisionswandlern läßt sich das Nennübersetzungsverhältnis durch Interpolation der Sekundärspannung mit Spannungsteilern zwischen parallel liegenden Teilwicklungen genau einstellen.

4.6.2.3 Belastbarkeit. Spannungswandler dürfen dauernd mit der 1,2fachen Nennspannung betrieben werden. Die primären Nennspannungen sind zwischen 1 kV und 400 kV genormt.

Ein Kurzschluß der Sekundärwicklung kann zur Zerstörung des Wandlers führen. Zum Schutze des Netzes gegen Kurzschlüsse im Wandler baut man Schmelzsicherungen in die Hochspannungsleitung ein. Sicherungen auf der Niederspannungsseite schützen den Wandler gegen falsche Schaltung und falsche Erdung.

Die übliche Nennbürde liegt bei Betriebsspannungswandlern zwischen 30 VA und 300 VA. Eine höhere Belastung bis zu der auf dem Leistungsschild angegebenen Grenzleistung ist zulässig; dabei treten aber größere Fehler auf. Zu beachten ist der Spannungsabfall auf den Meßleitungen zu den sekundärseitig angeschlossenen Geräten. Er darf bei Verrechnungsmessungen 0,05% nicht überschreiten.

4.6.2.4 Fehler und Genauigkeitsklasse. Spannungsfehler eines Spannungswandlers ist nach VDE 0414 bei einer gegebenen primären Klemmenspannung U_1 die Abweichung der mit der Nennübersetzung k_{uN} multiplizierten sekundären Klemmenspannung U_2 von der primären Spannung. Der relative Fehler ist

$$F_{ru} = \frac{U_2 k_{uN} - U_1}{U_1} \tag{4.38}$$

Für Vorzeichen und Fehlwinkel gelten die in Abschn. 4.6.1.4 genannten Festlegungen.

Genauigkeitsklassen. Die Klassenziffern 0,1; 0,2; 0,5; 1 und 3 geben den zulässigen relativen Spannungsfehler F_{ru} nach Gl. (4.38) bei einer Primärspannung von 0,8 bis 1,2 U_N und bei 25% bis 100% Nennbürde an. Der zulässige Fehlwinkel δ_u beträgt 5′, 10′, 20′ und 40′ für die Klassen 0,1 bis 1.

Bei Nennbürden über 60 VA müssen die Fehlergrenzen für Bürden über 15 VA eingehalten werden.

4.6.2.5 Bauarten. Doppelpolige Wandler sind für den Anschluß an Außenleiterspannungen geeignet. Sie haben zwei isolierte Klemmen für die Hochspannung. Einpolige Wandler haben nur einen Hochspannungsanschluß; der andere Anschluß der Primärwicklung wird geerdet. Wandler und Spannungen über 30 kV sind meist einpolig. Dreipolige Wandler für Drehstrom sind nur für Spannungen unter 3 kV gebräuchlich.

Trockenspannungswandler haben Hartpapier-, Gießharz- (Bild **4.**61) oder Porzellanisolation (maximal 110 kV). Topfspannungswandler sind am Deckel eines Stahltopfes aufgehängt, der mit Öl gefüllt wird.

4.61
Einpolig isolierter Gießharz-Spannungswandler 10000 V/$\sqrt{3}$ auf 100 V/$\sqrt{3}$ (AEG)

1 Gießharzkörper
2 Hochspannungsanschluß
3 Primärwicklung
4 Sekundärwicklung
5 Kernbleche
6 Anschlußklemmen

Kaskadenspannungswandler für höchste Spannungen haben mehrere voneinander isolierte Primärwicklungen mit einzelnen Eisenkernen. Jeder Kern ist mit der Mitte der jeweiligen Wicklung verbunden. Die Wicklungen sind hintereinandergeschaltet. Der dem Erdanschluß nächste Kern trägt die Sekundärwicklung.

Stützerspannungswandler eignen sich besonders für Freiluftanlagen und hohe Spannungen. Bild 4.62 zeigt einen Gießharz-Stützerspannungswandler mit Stabkern und mit durch Gießharzglocken und Teilwicklungen gesteuertem Potential. Das Magnetfeld des Wandlers schließt sich durch die Luft.

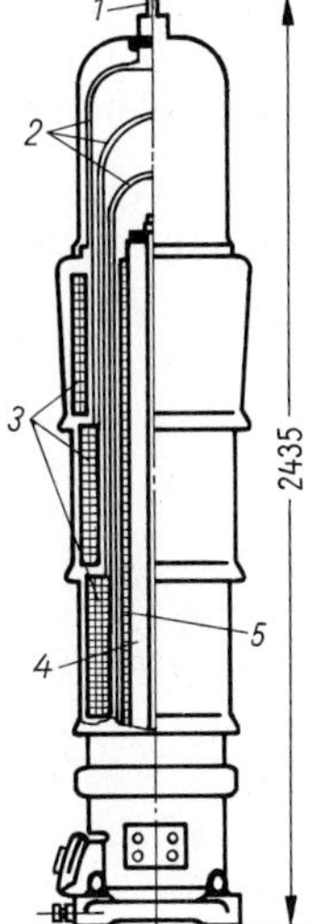

4.62
Gießharz-Stützerspannungswandler für 110 kV mit offenem Magnetkreis (Schnittbild der AEG)

1 Primäranschluß
2 Gießharzglocken
3 Wickelkammern für die dreifach unterteilte Primärwicklung
4 radial geschichteter Stabkern
5 Sekundärwicklung

4.6.3 Kapazitive Spannungswandler

Ein kapazitiver Spannungsteiler (Bild 4.63) setzt die Hochspannung auf etwa 10 kV bis 30 kV herab. Ein induktiver Spannungswandler wird über eine Drossel zur Kompensation des kapazitiven Blindwiderstandes an diesen Teiler angeschlossen. Kapazitive Spannungswandler

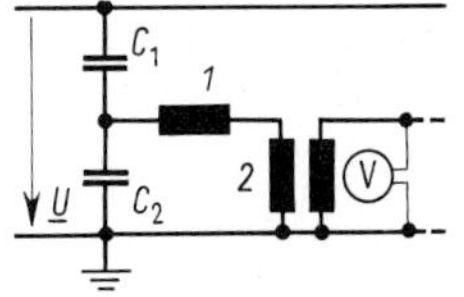

4.63
Grundschaltung des kapazitiven Spannungswandlers

1 Drosselspule
2 induktiver Spannungswandler
C_1, C_2 Hochspannungs-Kondensatoren

sind stoßspannungsfest und lassen sich bis zur Klasse 0,2 herstellen. Andererseits gilt die Kompensation nur für eine Frequenz, so daß das Teilerverhältnis frequenz- und temperaturabhängig wird. Ein Vorzug dieser Wandler ist, daß man sie gleichzeitig zur Ankopplung von trägerfrequenten Nachrichtenübertragungsanlagen verwenden kann. Sie werden erst für Spannungen über 200 kV wirtschaftlich.

4.7 Elektrizitätszähler

Elektrizitätszähler[1]) sind integrierende Meßgeräte mit Zählwerk zur Messung der elektrischen Arbeit W oder der Elektrizitätsmenge Q [54].

[1]) Im mathematischen Sinne ist Zählen das Abzählen diskreter Elemente. Elektrizitätszähler sind daher keine Zähler im strengen Sinn, wie Hubzähler, Umdrehungszähler und elektronische Zähler nach Abschn. 3.4.1.

4.7.1 Induktionszähler

4.7.1.1 Wirkungsweise. Das Triebwerk eines Induktionszählers nach Bild 4.64 besteht aus dem von der Spannung U magnetisierten Spannungseisen *2* und dem Stromeisen *9*, dessen Wicklung vom Strom I durchflossen wird. Hierbei entsteht im Luftspalt ein magnetisches Wanderfeld, das in der Läuferscheibe *7* Wirbelströme nach Bild 2.32 hervorruft. Wanderfeld und Wirbelströme erzeugen ein Drehmoment M_e. Das System wird durch das Bremsfeld des Bremsmagneten *8* und die hiervon in der Scheibe erzeugten Wirbelströme abgebremst. Mit der Läuferachse ist ein Zählwerk *3* gekuppelt.

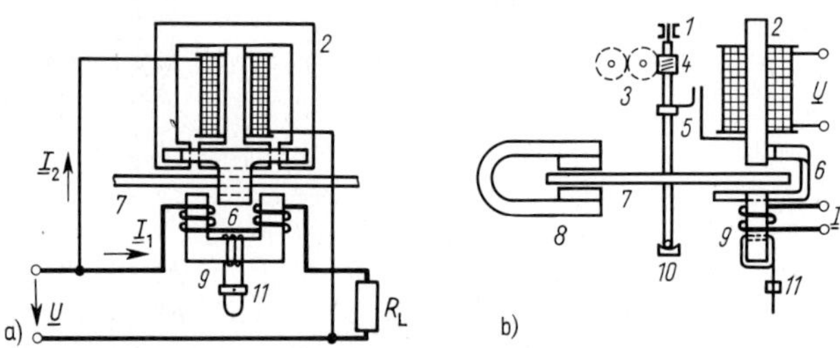

4.64 Einphasen-Induktionszähler mit Vorder- (a) und Seitenansicht (b)

1 Oberlager
2 Spannungseisen
3 Zählwerk
4 Schnecke
5 Hemmzunge und Hemmfahne
6 Rückschlußbügel
7 Läuferscheibe
8 Bremsmagnet
9 Stromeisen
10 Unterlager
11 Kurzschlußwindungen

Das Drehmoment M_e ist dem Produkt der Ströme I_1 und I_2 in Stromspule und Spannungsspule proportional. Es beschleunigt die Läuferscheibe, bis es mit dem vom Bremsfeld erzeugten Gegenmoment M_b und dem Reibungsmoment M_r in den Lagern und im Zählwerk im Gleichgewicht steht

$$M_e = M_b + M_r \tag{4.39}$$

Dabei ist das Bremsmoment

$$M_b = k_b \omega \tag{4.40}$$

der Winkelgeschwindigkeit ω proportional. Für die Winkelgeschwindigkeit gilt also

$$\omega = M_b/k_b = (M_e - M_r)/k_b \tag{4.41}$$

Andererseits ist $\omega = 2\pi \mathrm{d}n/\mathrm{d}t$, so daß sich die Umdrehungszahl der Scheibe

$$n = \int \frac{\omega}{2\pi} \mathrm{d}t = \frac{1}{2\pi k_b} \left[\int M_e \mathrm{d}t - \int M_r \mathrm{d}t\right] \tag{4.42}$$

ergibt. Bei Annahme eines konstanten Reibungsmoments M_r wird für eine Meßzeit $t = t_1$ bis $t = t_2$

$$n = \frac{1}{2\pi k_b} \left[\int_{t_1}^{t_2} M_e \mathrm{d}t - M_r(t_2 - t_1)\right] \tag{4.43}$$

Da das Reibungsglied einen der Laufzeit $(t_2 - t_1)$ des Zählers proportionalen Fehler bewirkt, muß das Reibungsmoment möglichst klein gemacht und kompensiert werden. Gl. (4.39) bis (4.43) gelten für alle Motorzähler, also auch die Gleichstromzähler nach Abschn. 4.7.2.

4.7.1.2 Bauteile. Läuferscheibe. Die stets mit senkrechter Achse gelagerte Läuferscheibe besteht meist aus Reinaluminium. Aluminium hat das kleinste Produkt aus Dichte und spezifischem Widerstand und bietet daher ein optimales Verhältnis von Trägheitsmoment zu Antriebsdrehmoment. Der Rand ist mit einer gefrästen oder gedruckten 400teiligen Markierung versehen, die bei der Justierung oder Kalibrierung eine stroboskopische Kontrolle der Drehzahl ermöglicht. Eine rote Marke dient der Prüfung auf Stillstand und zur Sichtkontrolle.

Zur Verminderung der Reibung wird die Läuferachse stets in Lagersteinen gelagert und bei einigen Bauarten noch durch eine magnetische Aufhängung entlastet. Ein durch das Triebwerk verursachtes Rüttelmoment vermindert die Reibung beim Anlauf aus dem Stillstand.

Triebwerk. Damit die Anzahl der Umdrehungen n in Gl. (4.43) der elektrischen Arbeit proportional wird, muß das vom Triebwerk auf die Läuferscheibe ausgeübte Drehmoment M_e der elektrischen Leistung $P = UI\cos\varphi$ proportional sein. Der Strom I fließt durch die aus wenigen Windungen bestehenden Spulen des Stromeisens *9* in Bild **4.**64 und erzeugt den Fluß $\underline{\Phi}_1$, der die Läuferscheibe zweimal mit entgegengesetzter Richtung durchsetzt. Wegen der Wirbelstromverluste eilt dieser Fluß um den kleinen Winkel α dem Strom $\underline{I}$ nach (Zeigerdiagramm in Bild **4.**65). Die Spannung $\underline{U}$ liegt an der Wicklung des Spannungseisens mit vielen Windungen und großer Induktivität. Der Fluß im Spannungseisen $\underline{\Phi}_2$ eilt daher der Spannung um nahezu 90° nach. Nur ein Teil von $\underline{\Phi}_2$, der Triebfluß $\underline{\Phi}_T$, durchsetzt die Läuferscheibe. Der Streufluß $\underline{\Phi}_\sigma$ geht dagegen nach Bild **4.**66 durch einen magnetischen Nebenschluß.

Mit der Konstanten k, der Frequenz f und dem Phasenwinkel β zwischen den Flüssen ist das auf die Läuferscheibe ausgeübte Drehmoment

$$M_e = k\Phi_1 \Phi_T f \sin\beta \tag{4.44}$$

Damit das Drehmoment der Leistung proportional wird, muß der Winkel β den Phasenwinkel φ zwischen Strom und Spannung zu 90° ergänzen. Dies erreicht man durch Kurzschlußwindungen um den magnetischen Nebenschluß A (Bild **4.**66), die eine Verringerung der Nacheilung des Streuflusses $\underline{\Phi}_\sigma$ und somit eine Zunahme der Nacheilung des Triebflusses $\underline{\Phi}_T$ auf den Winkel $\sigma = 90° + \alpha$ bewirken. Die Nacheilung wird durch Kurzschlußbügel und nötigen-

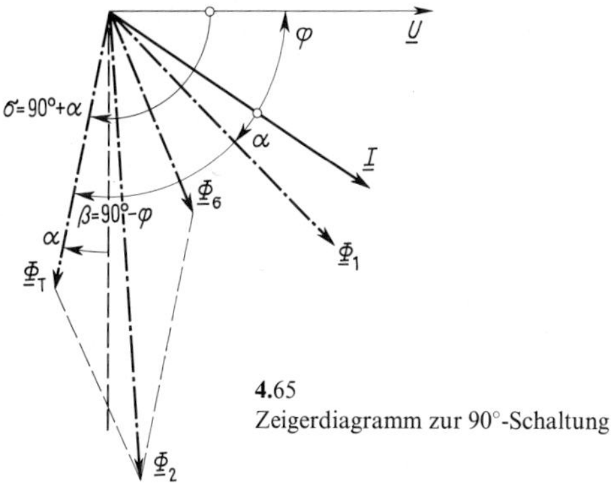

4.65
Zeigerdiagramm zur 90°-Schaltung

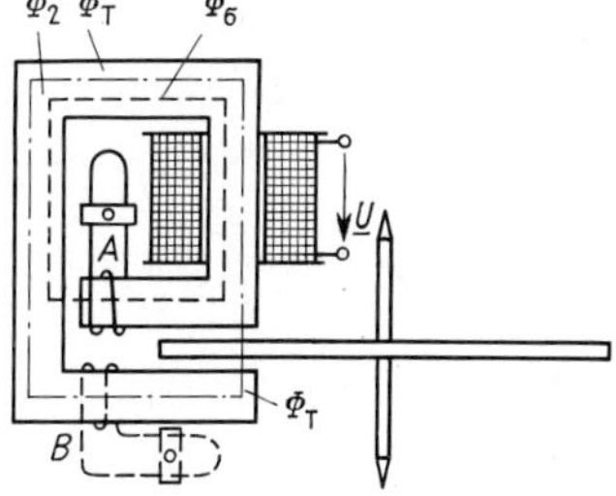

4.66 Spannungseisen mit magnetischem Nebenschluß und Kurzschlußwicklung bei A oder bei B

falls auch durch Kurzschlußwindungen um den Triebschenkel bei B genau eingestellt. Hiermit ergibt sich das Antriebsmoment

$$M_e = k_e I U \sin(90^\circ - \varphi) = k_e I U \cos\varphi \tag{4.45}$$

Hilfsdrehmoment. Das Spannungseisen wird durch eine Metallschraube oder durch einen Kupferbügel unsymmetrisch gemacht. Dadurch entsteht ein selbständiges Wanderfeld zur Kompensation des Reibungsmoments M_r in Gl. (4.43). Um den Leerlauf bei fehlendem elektrischen Drehmoment zu verhindern, trägt der Läufer eine Hemmfahne, auf die eine im Streufeld des Spannungseisens liegende Zunge oder Schraube gerade so stark einwirkt, daß der Läufer in der Ruhestellung (rote Marke im Sichtfenster) zum Stillstand kommt.

Die Wicklung des Spannungseisens wird für maximal 600 V bemessen, die höchstzulässige Verlustleistung beträgt 1,5 W (nach VDE 0418). Die Stromspule wird für Nennströme von 1 A bis 100 A ausgelegt. Je nach der Zählertype kann der Strom dauernd 200% bis 600% des Nennstroms betragen. Zähler für Wandleranschluß haben Nennströme von 5 A (in Ausnahmefällen auch 1 A) oder für 1 A und 5 A bei 125% Belastbarkeit.

4.7.1.3 Einflußgrößen. Leistungsabhängigkeit. Das Antriebsmoment nimmt mit zunehmender Umdrehungsgeschwindigkeit des Läufers ab und wird zu Null, wenn diese mit der Geschwindigkeit des Wanderfeldes übereinstimmt (synchrone Drehzahl). Dadurch wird die Messung leistungsabhängig. Durch magnetische Nebenschlüsse, die bereits bei kleinen Strömen in Sättigung kommen, erreicht man eine überproportionale Zunahme des Triebflusses zur Komposition dieses Effekts.

Temperatureinfluß. Bei höheren Temperaturen nimmt der spezifische Widerstand des Läuferwerkstoffs zu. Trieb- und Bremsmoment nehmen im gleichen Maße ab, und die Drehzahl wird nicht unmittelbar beeinflußt. Da aber die Scheibenströme als Gegendurchflutung auf die Triebflüsse wirken, werden mit ihrer Abnahme diese selbst etwas größer.

Ferner geht das Feld der Bremsmagnete mit steigender Temperatur etwas zurück. Auch die Temperaturabhängigkeiten der Spannungsspule und der Abgleichmittel für die 90°-Schaltung kommen zur Geltung.

Zur Temperaturkompensation verwendet man einen magnetischen Nebenschluß am Bremsmagneten oder macht Teile der Triebeisen aus Nickeleisenlegierungen, deren Permeabilität bei höheren Temperaturen kleiner wird, und stellt die Kurzschlußwicklungen aus temperaturabhängigen Werkstoffen her.

Frequenzeinfluß. Die Induktionszähler haben eine merkliche Frequenzabhängigkeit, die beim Anschluß an Versorgungsnetze mit konstanter Frequenz aber nicht zur Geltung kommt. Sie sollen deshalb nur für die angegebene Frequenz verwendet werden.

4.7.1.4 Zählerarten. Wirkverbrauchszähler. Einphasen-Wechselstromzähler enthalten ein Triebwerk mit einer Läuferscheibe. Das Stromeisen trägt eine oder zwei Stromspulen für Einleiter- oder Zweileiteranschluß. Drehstromzähler haben zwei oder drei Triebwerke, die auf ein bis drei Läuferscheiben auf gemeinsamer Achse wirken. Die Drehmomente addieren sich, und das Zählwerk zeigt die gesamte Drehstromarbeit an (Bild **4.**67, **4.**68).

Blindverbrauchszähler. Das Drehmoment M_e muß der Blindleistung $Q = UI \sin\varphi$ proportional sein. Das ist der Fall, wenn die Flüsse $\underline{\Phi}_1$ und $\underline{\Phi}_2$ von Strom- und Spannungseisen (Bild **4.**65) den gleichen Winkel einschließen wie $\underline{U}$ und $\underline{I}$ und wenn Φ_1 proportional zu I und Φ_2 proportional zu U/f (mit f als Frequenz) sind. Dadurch wird $\beta = -\varphi$ und der Zähler zeigt den Blindverbrauch an.

Bei Einphasen-Blindverbrauchszählern erreicht man diese Winkelbedingung durch einen Nebenwiderstand zur Stromspule und einen Vorwiderstand zur Spannungsspule. Dadurch werden der Winkel α in Bild **4.**65 groß und der Winkel σ klein. Der magnetische Nebenschluß des Spannungseisens erhält einen größeren Luftspalt.

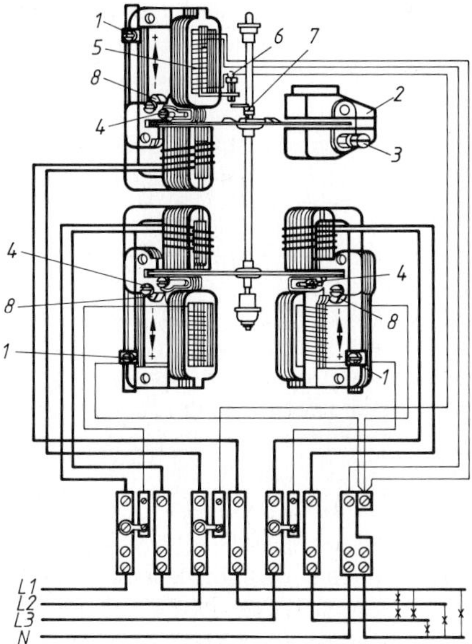

4.67 Schema und Schaltung eines Drehstromzählers mit den Einstellmöglichkeiten (AEG)

1 Phasenschelle auf der Widerstandsschleife
2 Bremsmagnet
3 Feineinstellschraube
4 Vortriebsschraube im Spannungseisen
5 Leerlaufwinkel
6 Anlaufschraube
7 Leerlaufhäkchen
8 Drehmomentregler

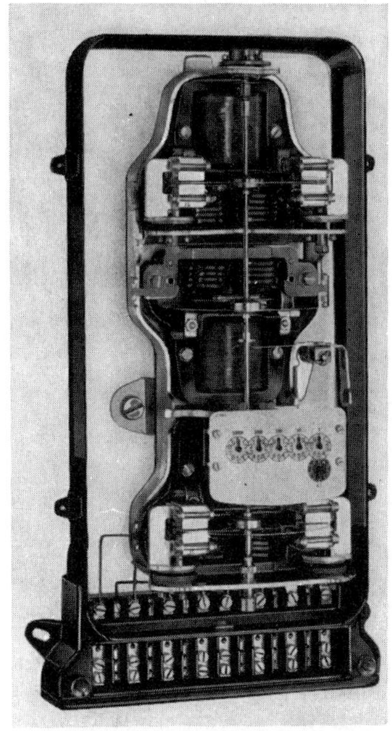

4.68 Drehstrom-Präzisionszähler mit drei Triebwerken, drei Läuferscheiben und vier Bremsmagneten mit Zeigerzählwerk (Landis & Gyr)

Für die Schaltung von Drehstrom-Blindverbrauchszählern s. Abschn. 4.8.3.5.

Mittelwert- und Maximumzähler. Die Kosten der Bereitstellung und der Lieferung elektrischer Arbeit hängen wesentlich von der maximal verlangten Leistung und der zeitlichen Verteilung des Leistungsbedarfs ab. Mittelwert- und Maximumzähler ermöglichen eine Tarifgestaltung, die dieser Kostenstruktur gerecht wird.

Neben der mit einem normalen Zählwerk erfaßten elektrischen Arbeit summieren diese Zähler die Arbeit über eine Meßperiode (auch Integrationsperiode) von meist 15 min, aber auch 30 min oder 60 min Dauer. Die aufsummierte elektrische Arbeit ergibt nach Bild **4.69** die mittlere Leistung P_{mi} während der Meßperiode T.

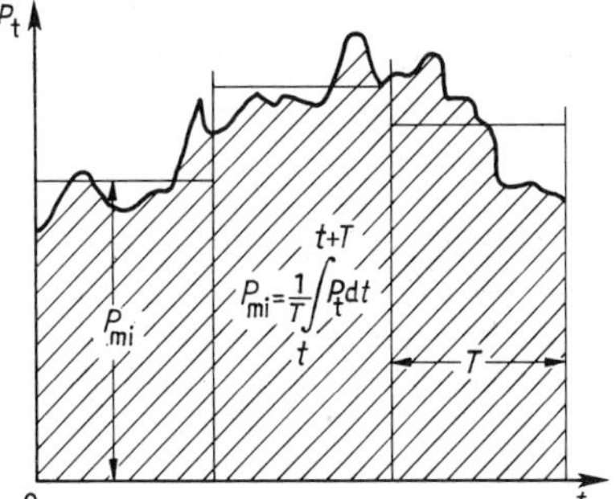

4.69
Leistungskurve (schematisch) mit Arbeit (schraffiert) und über die Meßperiode T gemittelte mittlere Leistung P_{mi}

Mittelwertschreiber zeichnen während einer Meßperiode einen waagrechten Strich auf einen Papierstreifen, dessen Länge der gemessenen Arbeit und somit der mittleren Leistung entspricht. Am Ende der Meßperiode springt der Schreibstift zurück, um den nächsten Leistungswert aufzuzeichnen.

Mittelwertdrucker drucken den Leistungs- oder Arbeitsbetrag meist zusammen mit Uhrzeit und Tag auf einen Registrierstreifen. Häufig sind die Drucker noch mit einem Locher für Karten oder Streifen zur maschinellen Datenverarbeitung verbunden.

Maximumzähler haben einen Schleppzeiger oder eine Trommelskala. Diese werden in jeder Meßperiode vom Mittelwertzeiger mitgenommen und bleiben auf dem jeweils größten Mittelwert stehen. Nach einem längeren Zeitraum, z. B. einem Monat, der Ableseperiode, wird dieser Maximalwert auf das Maximumzählwerk übertragen und der Schleppzeiger wieder auf Null zurückgestellt. Das Maximumzählwerk summiert die in den einzelnen Ableseperioden anfallenden, über die Meßperiode gemittelten maximalen Leistungsentnahmen.

4.7.1.5 Zähler mit Zusatzeinrichtungen. Mehrfachtarifzähler kuppeln das Meßwerk mit verschiedenen Zählwerken. Umgeschaltet wird durch eine Schaltuhr oder auch durch Fernsteuerung mit einer durch ein Relais betätigten Schwenkachse oder Differentialkupplung.

Zähler mit Stoppauslöser erfassen den Verbrauch in Abhängigkeit von Zeit, Energierichtung, Leistungsfaktor oder Leistung. Bei erregtem Stoppauslöser ist der Zählerlauf blokkiert. Zur Steuerung des Stoppauslösers können eine Schaltuhr, der Rücklaufkontakt eines anderen Zählers oder ein Relais herangezogen werden. Zähler mit Rücklaufsperre und Kontakt blockieren und signalisieren bei Umkehr des Triebmoments.

Die Störungsanzeige dient bei bestimmten Spezialzählern der Überwachung der Spannungskreise. Bei Ausfall einer Leiterspannung oder bei Unterbrechung im Spannungskreis erscheint ein Schauzeichen. Der Auslöser ist zwischen dem Sternpunkt der Spannungsspulen und der Nulleiterklemme geschaltet.

Kontaktgeberzähler enthalten ein vom Läufer gesteuertes Kontaktgeberwerk. Die Anzahl der Impulse ist der gezählten Arbeit, ihre Häufigkeit (Frequenz) der Leistung proportional. Sie finden Verwendung für Fernzähl-, Summenfernzähl- und Maximumüberwachungs-Anlagen.

Überverbrauchszähler enthalten einen dauernd laufenden, an der Meßspannung angeschlossenen Synchronmotor, der über ein Differentialgetriebe dem Zählerantrieb entgegenwirkt. Die Drehzahl wird durch ein Getriebe der gewünschten Grenzleistung angepaßt. Eine mechanische Sperre sorgt dafür, daß das Überverbrauchszählwerk nur dann läuft, wenn die Drehzahl und somit die entnommene Leistung einen vorgegebenen Betrag übersteigt. Das Zählwerk zeigt dann denjenigen Betrag der elektrischen Arbeit an, der oberhalb der eingestellten Leistung entnommen wurde.

4.7.2 Zähler für Gleichstrom

Gleichstromarbeit wird nur noch selten über öffentliche Netze verkauft. Gleichstromzähler finden daher überwiegend für innerbetriebliche Meßaufgaben Verwendung.

4.7.2.1 Amperestunden-Motorzähler. Dies sind Gleichstrommotoren mit Scheiben- oder Trommelanker, die sich im Feld eines Permanentmagneten drehen. Der Ankerstrom wird meist den Klemmen eines im Hauptstromkreis liegenden Nebenwiderstands entnommen und dem Anker über Edelmetallbürsten zugeführt. Neuere Ausführungen haben einen Glockenanker, der sich im Feld eines festen

Kernmagneten mit äußerem Rückschlußmantel dreht. Diese Bauart zeichnet sich durch besonders kleine Fremdfeldempfindlichkeit aus, was für Zähler in Anlagen mit starken Gleichströmen besonders wichtig ist.

Die Leistungsaufnahme des Zählers einschließlich des Nebenwiderstands liegt bei modernen Ausführungen und Strömen unter 0,5 A bei 300 mW; bei größeren Strömen beträgt der erforderliche Spannungsabfall am Nebenwiderstand 0,7 V bei Nennstrom. Die Überlastbarkeit beträgt dauernd 150%.

Amperestundenzähler dienen auch zur zeitlichen Integration von Größen, die sich in Gleichströme oder Gleichspannungen umformen lassen.

4.7.2.2 Wattstundenzähler. Diese Zähler haben zwei felderzeugende Spulensysteme (Bild **4.**70). Durch die feststehenden, in Reihe geschalteten Stromspulen *3* fließt der Verbraucherstrom. Der Strom im Spannungskreis wird über den Stromwender *2* dem Anker *5* zugeführt. Anker *5*, Hilfsspule *4* und mitunter die Spule des Hemmagneten *7* liegen über einen Vorwiderstand *6* an der Netzspannung. Mit der Ankerachse verbunden sind die Schnecke zum Antrieb des Zählwerkes *8* und die Bremsscheibe *10*, die sich im Feld des Dauermagneten *11* dreht. Zwischen den Spulen und dem Bremsmagneten befindet sich ein Schirmblech *9*. Es soll verhindern, daß das Streufeld des Bremsmagneten die Spulenfelder beeinflußt und daß stärkere Stromspulenfelder, wie sie bei Kurzschlüssen und Stromstößen auftreten, das Bremsfeld verändern.

Wirkungsweise. Die Flüsse der Stromspulen *3* und der Ankerspulen *5* sind den Strömen I bzw. I_a verhältnisgleich. Bei einem Gesamtwiderstand R im Spannungskreis ist der Strom $I_a = U/R$.

Da die Kraftwirkung zwischen zwei Systemen von Stromleitern dem Produkt beider Ströme proportional ist [22], wird das Drehmoment $M_e \sim I I_a \sim I U$. Die Anzahl n der Ankerumdrehungen erhält man dann aus Gl. (4.43).

Das Hilfsdrehmoment wird hervorgerufen durch das Ankerfeld und das feststehende Feld einer Hilfsspule *4*. Ihre Entfernung wird so eingestellt, daß der Anker bei 0,8 % bis 1 % der Nennlast sicher anläuft.

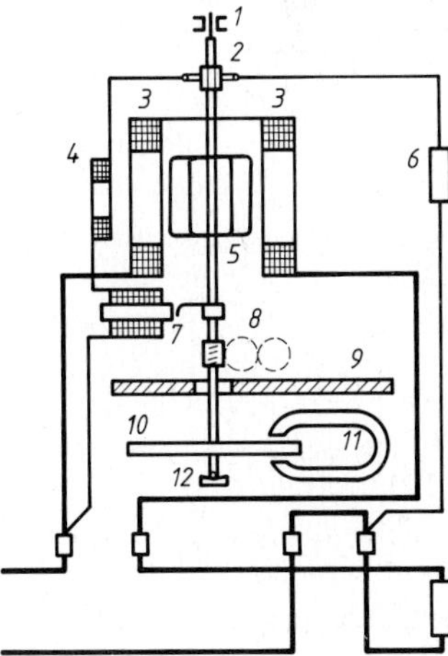

4.70
Eisenfreier elektrodynamischer Zähler
1 Oberlager
2 Stromwender und Bürsten
3 Stromspulen
4 Hilfsspule
5 Ankerspulen
6 Vorwiderstand
7 Hemmagnet und Hemmfahne
8 Zählwerk
9 Abschirmblech
10 Bremsscheibe
11 Bremsmagnet
12 Unterlager

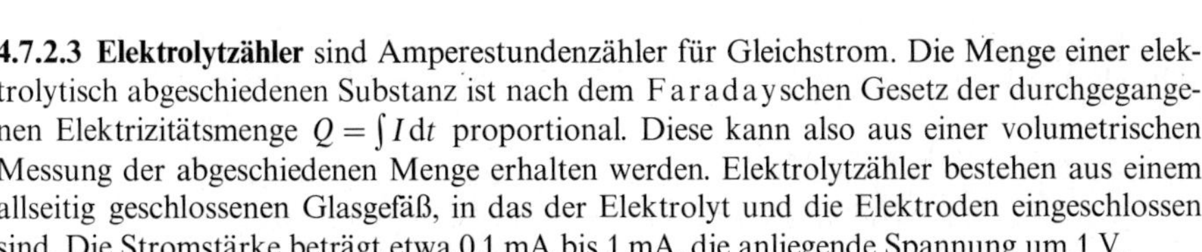

4.7.2.3 Elektrolytzähler sind Amperestundenzähler für Gleichstrom. Die Menge einer elektrolytisch abgeschiedenen Substanz ist nach dem Faradayschen Gesetz der durchgegangenen Elektrizitätsmenge $Q = \int I \, dt$ proportional. Diese kann also aus einer volumetrischen Messung der abgeschiedenen Menge erhalten werden. Elektrolytzähler bestehen aus einem allseitig geschlossenen Glasgefäß, in das der Elektrolyt und die Elektroden eingeschlossen sind. Die Stromstärke beträgt etwa 0,1 mA bis 1 mA, die anliegende Spannung um 1 V.

4.7.3 Zulassungs- und Eichvorschriften

Die Angaben der Zähler sind die Grundlagen für die Verrechnung elektrischer Arbeit und Leistung. Zähler müssen daher gesetzliche Zulassungs- und Eichvorschriften einhalten (s. Anhang) und müssen den Regeln für Elektrizitätszähler (VDE 0418) genügen.

Zulassungszeichen. Bauarten, die den Bestimmungen der Eichordnung entsprechen, erhalten das Zulassungszeichen ⊐. Im oberen offenen Rechteck steht die Gattungsnummer des Zählers (bei Induktionszählern 212), im unteren Rechteck die dreistellige Zulassungsnummer.

Fehlergrenzen. Die Fehler der Elektrizitätszähler dürfen die gesetzlich festgelegten Fehlergrenzen in der jeweiligen Genauigkeitsklasse nicht überschreiten (Beispiel in Bild **4.**71).

Bei graphischer Darstellung müssen sie innerhalb der geradlinigen Verbindung der Grenzwerte liegen. Für die verschiedenen Zählerarten und Belastungen sind die Fehlergrenzen in VDE 0418 angegeben.

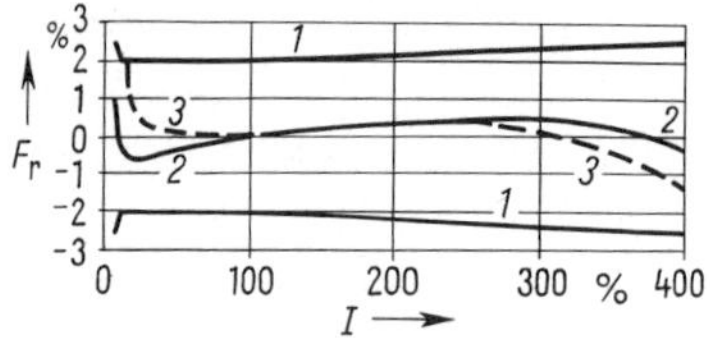

4.71
Fehlerkurven F_r eines Großbereichzählers für Einphasenstrom von 10 (40) A

1 Fehlergrenzen
2 Fehlerkurve für $\cos\varphi = 1$
3 Fehlerkurve für $\cos\varphi = 0{,}5$

Verkehrsfehlergrenzen. Diese sind doppelt so groß wie die Eichfehlergrenzen und berücksichtigen, daß die Fehler im Laufe der Zeit größer werden. Zähler, die die Verkehrsfehlergrenze überschreiten, müssen aus dem Verkehr gezogen werden.

Anlauf. Der Anlaufstrom ist die kleinste Stromstärke, bei der der Zähler bei Nennspannung, Nennfrequenz und erschütterungsfreier Aufhängung noch sicher anläuft.

Er darf bei elektrodynamischen Zählern 2%, bei Gleichstrom-Magnetmotorzählern 1% und bei Induktionszählern 0,5% der Nennstromstärke nicht überschreiten.

Leerlauf. Innerhalb des Spannungsbereichs von 90% bis 110% der Nennspannung und bei stromlosem Stromkreis darf der Läufer des Zählers keine ganze Umdrehung ausführen.

Grenzstrom ist die Stromstärke, bis zu der der Zähler thermisch dauernd belastet werden kann, und dabei die meßtechnischen Bestimmungen einhält. Er muß außerdem dauernd mit der 1,2fachen Nennspannung belastbar sein, ohne Schaden zu nehmen. Für alle Zähler muß der Grenzstrom mindestens das 1,25fache des Nennstroms betragen.

Großbereichzähler sind Zähler, deren Grenzstrom größer als das 1,25fache des Nennstroms ist. Der Grenzstrom wird hinter dem Nennstrom in Klammern angegeben; z.B. 10 (30) A (Bild **4.**71).

Bei diesen Einphasen- und Drehstromzählern kann der Grenzstrom dauernd bis 300%, bei einigen Typen sogar bis 600% der Nennlast betragen.

Zähler müssen in vorgeschriebenem Zeitabstand durch die Eichämter überprüft werden. Der Überprüfungszeitraum richtet sich nach der Bauart und dem Herstellungsjahr.

4.8 Messung von Arbeit, Leistung, Leistungsfaktor und Phasenwinkel

Die an den Verbraucher gelieferte elektrische Arbeit muß besonders genau gemessen werden, da sich nach ihr die Energiekosten richten. An Energieübergabestellen (z.B. von einem Elektrizitätswerk zu einem anderen oder an einem Werksanschluß) hat häufig jeder der beiden Partner eine Meßeinrichtung, wobei dann zur Vermeidung von Abrechnungsschwierigkeiten beide auch gleiche Meßwerte anzeigen sollen. Auch die Leistung muß meist sehr genau bestimmt werden, da sie häufig zu den Garantiedaten (z.B. Verluste von Transformatoren oder Wirkungsgrad elektrischer Maschinen) gehört.

Meßeinrichtungen für Arbeit und Leistung werden in gleicher Weise geschaltet. Stets fließt der zur Arbeit bzw. Leistung gehörende Strom durch den Strompfad, und die zugehörige Spannung liegt am Spannungspfad des Arbeitszählers oder Leistungsmessers. Während der elektrodynamische Leistungsmesser den Mittelwert der Leistung anzeigt (s. Abschn. 2.5.1), integriert der Zähler noch die Leistung über der Zeit und registriert die so erhaltene Arbeit in einem Zählwerk (s. Einleitung zu Abschn. 4.7). Wir werden daher im folgenden primär die Leistungsmessung behandeln und auf die Messung der Arbeit nur besonders eingehen, wenn eine Schaltung wegen zu großer Fehler bei Wirkverbrauchs-Zählern für Verrechnungszwecke nicht eingesetzt werden darf. Auch wird überwiegend die Messung bei Wechselstrom berücksichtigt.

Zur unmittelbaren Messung des Leistungsfaktors werden ebenso wie zur Leistungsmessung elektrodynamische Meßwerke benutzt. Außerdem läßt sich der Leistungsfaktor mittelbar aus Wirkleistung und Scheinleistung bestimmen. Mit ihm kann man dann auch den Phasenwinkel ermitteln. Zu allen diesen Messungen werden gleichzeitig Spannung und Strom herangezogen.

4.8.1 Schaltungen der Leistungsmesser

4.8.1.1 Schaltungsarten. Wir unterscheiden direkte, halbindirekte und indirekte sowie die in Abschn. 4.8.1.2 behandelten stromrichtigen, spannungsrichtigen und gemischten Schaltungen.

Direkte Schaltung. Der Strom wird nach Bild **4.**72a unmittelbar über die Stromspule geführt und die Spannung unmittelbar an die Spannungsspule (diese u. U. noch über einen Vorwiderstand R_{VW}) angeschlossen.

Um die Isolation nicht zu gefährden, also einen Überschlag zwischen Strom- und Spannungsspule, aber auch um kapazitive Fehlerströme zu vermeiden, darf die Spannung zwischen den Spulen der eisenfreien Geräten höchstens etwa 100 V und bei eisengeschlossenen 500 V betragen. Es gibt auch Geräte, die schon bei 10 V Potentialdifferenz Fehlanzeigen ergeben. Der Vorwiderstand R_{VW} muß also nach Bild **4.**72 zwischen den Punkten *c* und *d* liegen. Die unmittelbar zu verbindenden Anschlußklemmen *a* und *b* sind daher häufig mit einem Stern * gekennzeichnet. Der Meßbereich ergibt sich aus der zulässigen Belastung von Strom- und Spannungspfad. Manche Leistungsmesser erlauben die Serien- und Parallelschaltung von 2 Stromspulen. Das bedeutet eine Meßbereichumschaltung im Verhältnis 1:2. Der Vorwiderstand R_{VW} kann mit Anzapfungen versehen sein, von denen jede für eine bestimmte Höchstspannung zugelassen ist. Nach Wahl der Strompfad-Schaltung und der Größe des Vorwiderstandes ergibt sich bei Meßgeräten mit mehreren Meßbereichen die Leistungsmesserkonstante C_P, mit der der Skalenwert zu multiplizieren ist (s. a. Abschn. 2.5.3.2).

Das Produkt aus zulässigem Strom und zulässiger Spannung ist häufig größer als der Skalenendwert. Dann wählt man bei großem Leistungsfaktor einen größeren Vorwiderstand im Spannungsfeld. Nur bei kleinem Strom oder kleinem Leistungsfaktor kommt man an die zulässige Belastung des Vorwiderstands. Zur Leistungsmessung bei sehr kleinem Leistungsfaktor ist der Strompfad außerdem oft kurzzeitig überlastbar.

Der Leistungsmesser kann infolge unbedachter Schaltung bei kleinem Leistungsfaktor oder Unterbrechung von Strom- oder Spannungspfad auch bei kleinem oder fehlendem Ausschlag überlastet werden. Um Schäden zu verhindern, sollte man daher stets in Reihe zum Strompfad einen passenden Strommesser und parallel zum Spannungspfad einen Spannungsmesser mit möglichst gleichem Meßbereich schalten. Wird der Ausschlag des Leistungsmessers negativ, so ist entweder der Strompfad oder der Spannungspfad umzupolen (gegebenenfalls mit eingebautem Umschalter).

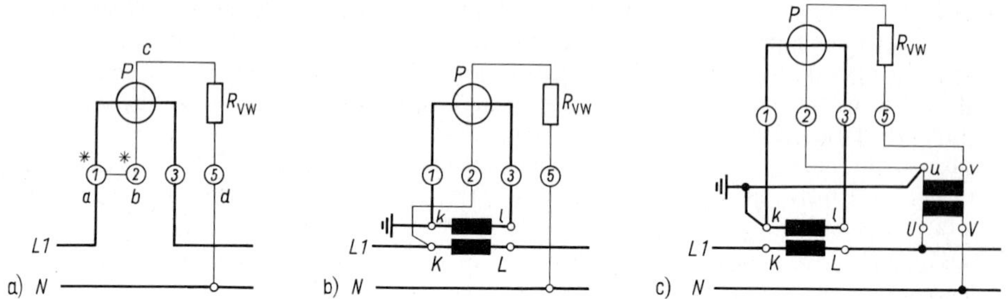

4.72 Leistungsmesserschaltungen mit Klemmenbezeichnungen nach DIN 43807 und 43856
a) direkt b) halbindirekt c) indirekt

Halbindirekte Schaltung. In den Stromkreis ist nach Bild **4.**72b ein Stromwandler geschaltet, und der Strompfad des Leistungsmessers liegt im Sekundärkreis des Wandlers. Der sekundäre Nennstrom beträgt meist 5 A. Strompfad und Spannungspfad sind so miteinander zu verbinden, daß zwischen festen und beweglichen Spulen möglichst wenig Spannung herrscht. Anwendung findet die halbindirekte Schaltung oft bei Strömen über 10 A und bei Spannungen bis 1 kV.

Indirekte Schaltung. Der Leistungsmesser ist nach Bild **4.**72c über Strom- und Spannungswandler angeschlossen. Die Sekundärspannung des Spannungswandlers beträgt i. allg. 100 V. Der zur Drehspule gehörende Spannungspfadanschluß und eine Klemme des Strompfads werden miteinander verbunden und geerdet. Für die Leistung gilt dann mit der Leistungsmesserkonstante C_P, den Übersetzungsverhältnissen für Spannungswandler k_u und Stromwandler k_i sowie der Skalenanzeige α

$$P = C_P k_u k_i \alpha \tag{4.46}$$

4.8.1.2 Eigenverbrauch. Bei der Leistungsmessung werden je nach Schaltung (Bild **4.**73) auch die in Strom- und Spannungspfad auftretenden Verluste mitgemessen. Leistung, Strom und Spannung können daher nicht gleichzeitig richtig gemessen werden. Wenn der Eigenverbrauch in die Größenordnung der sonstigen Meßunsicherheiten kommt, müssen die Meßwerte korrigiert werden (s. a. Abschn. 4.2.1).

Nach DIN 43807 ist für Schalttafelgeräte und nach DIN 43856 für Zähler vorgeschrieben, daß die Spannungspfade in Energierichtung gesehen vor den Strompfaden angeschlossen werden. In dieser Schaltung nach Bild **4.**73a wird der Strom des Verbrauchers richtig, der des Erzeugers jedoch falsch gemessen. Die Schaltung ist, vom Verbraucher gesehen, also stromrichtig. Die Spannung des Verbrauchers wird falsch, die des Erzeugers richtig bestimmt. Die angezeigte Leistung P_a ist für den Verbraucher um die Verluste im Strompfad $I^2(R_I + R_A)$ zu groß und für den Erzeuger um U^2/R_P zu klein, wenn $R_p = R_U R_V/(R_U + R_V)$ der Parallelschaltungswiderstand der beiden Spannungspfade ist. Es muß also korrigiert werden auf (Formelzeichen s. Bild **4.**73a)

$$P = P_a - I^2(R_I + R_A) \qquad \text{bzw.} \qquad P_G = P_a + U^2/R_P \tag{4.47}$$

Während also die Leistung relativ leicht korrigiert werden kann, wenn die Widerstände der Meßgeräte R_U und R_V bzw. R_I und R_A bekannt sind, muß man bei Strom und Spannung noch die Phasenlage entsprechend Bild **4.**73b berücksichtigen. Es kommt erschwerend hinzu, daß im Strompfad der Meßgeräte noch Induktivitäten wirksam sind, deren Größe häufig nicht bekannt ist. Wenn außerdem ein Verbraucher untersucht werden soll, dessen Eigenschaften wesentlich von der angelegten Spannung abhängen und die Spannungen U_A und U_I die Klassenfehlergrenze des Spannungsmessers übersteigen, ist die für den Verbraucher stromrichtige Schaltung also nicht brauchbar.

Die für den Verbraucher spannungsrichtige Schaltung nach Bild **4.**73e hat dagegen den Vorteil, daß mit hochohmigen Spannungsmessern der Verlust U^2/R_V meist vernachlässigbar klein gemacht werden kann, so daß die Leistung nur um U^2/R_U zu berichtigen ist. Das Korrekturglied U^2/R_p läßt sich auch nach Abschalten des Verbrauchers unmittelbar messen. Hier ist daher

$$P = P_a - U^2/R_P \qquad \text{bzw.} \qquad P_G = P_a + I^2(R_I + R_A) \tag{4.48}$$

Auf eine Stromkorrektur nach Bild **4.**73f kann man meist verzichten. Für den Erzeuger hat diese Schaltung dieselben Nachteile wie die Schaltung nach Bild **4.**73a für den Verbraucher.

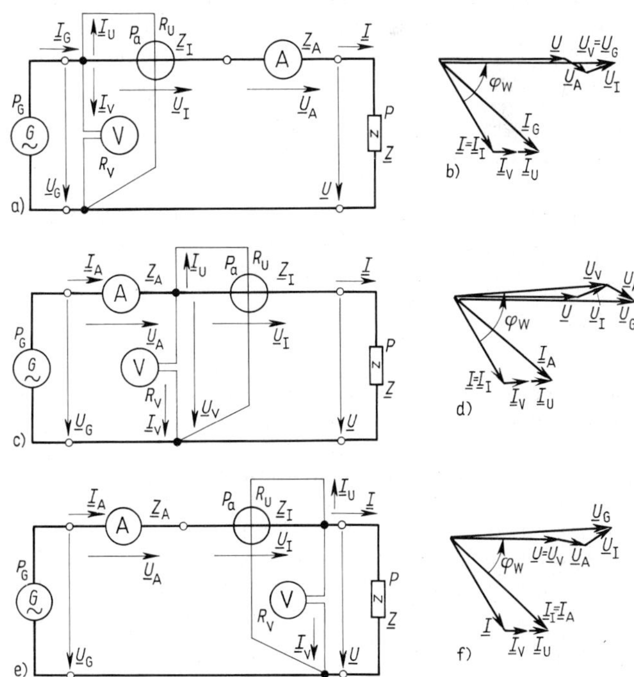

4.73 Leistungsmesserschaltungen (a, c, e) und zugehörige Zeigerdiagramme (b, d, f). Vom Verbraucher $\underline{Z}$ aus betrachtet werden a), b) stromrichtig, c), d) gemischt und e), f) spannungsrichtig gemessen

Man sollte stets versuchen, langwierige Korrekturen zu vermeiden. Daher kommt es darauf an, die durch die Meßschaltungen auftretenden Fehler so klein zu halten, daß sie innerhalb der Klassengenauigkeit liegen. Mit der gemischten Schaltung nach Bild **4.**73c wird zwar weder strom-, noch spannungs-, noch leistungsrichtig gemessen – hier kann jedoch für den Verbraucher häufig auf eine Korrektion verzichtet werden. Es gilt nämlich für die Leistungen

$$P = P_a - I^2 R_I \qquad \text{bzw.} \qquad P_G = P_a + I_A^2 R_A + U^2/R_P \tag{4.49}$$

Für die Messung der Erzeugerleistung vertauscht man daher besser Strom- und Leistungsmesser. Über eine vergleichende Messung mit den drei angegebenen Schaltungen kann man leicht überprüfen, bei welcher Schaltung der Eigenverbrauch innerhalb der Meßgenauigkeit bleibt, so daß eine Korrektion unterbleiben kann.

Selbstkorrigierende Leistungsmesser nach Bild **4.**74 leiten den Strom des Spannungspfads durch eine zweite feste Stromspule, die Korrekturspule, so daß der Strom I_U in den

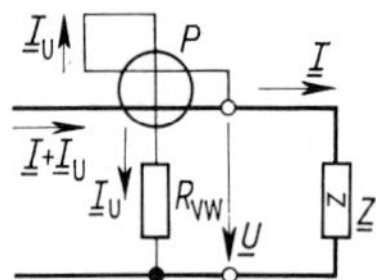

4.74
Selbstkorrigierender Leistungsmesser

bifilaren Stromspulen kompensiert wird. Da die beiden Spulen eine Gegeninduktivität darstellen, haben diese Geräte eine geringere Klassengenauigkeit. Bei Verzicht auf die Selbstkorrektur kann die zweite Stromspule zur Meßbereicherweiterung benutzt werden.

Beispiel 4.5. Die Leerlauf-Leistungsaufnahme P_0 und der Leerlaufstrom I_0 eines Einphasentransformators für 380 V/220 V, 50 Hz, 3500 VA sollen gemessen werden. Die Messung wird von der Unterspannungsseite aus durchgeführt. Zu erwarten sind $P_0 \approx 70$ W und $I_0 \approx 1{,}6$ *A*.

Für die Messung stehen zur Verfügung ein Strommesser Klasse 0,5 für 3 A mit $R_A = 0{,}048\ \Omega$, ein Spannungsmesser Klasse 0,5 für 300 V mit $R_V = 20\ \text{k}\Omega$ und ein Leistungsmesser Klasse 0,5 für 1 A, 25 V mit $R_I = 0{,}35\ \Omega$ und $R_U = 6{,}25\ \text{k}\Omega$, der im Strompfad kurzzeitig überlastet werden dar. Der Spannungspfad ist also mit einem Vorwiderstand um insgesamt $R'_U = 62{,}5\ \text{k}\Omega$ auf $U = 250$ V zu erweitern. Es soll nun untersucht werden, welche der Schaltungen aus Bild **4.**73 zweckmäßig eingesetzt wird.

In der stromrichtigen Schaltung nach Bild **4.**73a messen wir bei $U = 220$ V, $I_0 = 1{,}52$ A und $P_0 = 62{,}5$ W. Der Leistungsmesser zeigt hier den Eigenverbrauch der Strompfade $I_0^2(R_A + R_I) = 1{,}52^2\ \text{A}^2\ (0{,}048\ \Omega + 0{,}35\ \Omega) = 0{,}92$ W zu viel an. Gleichzeitig muß man mit der Klassenunsicherheit $0{,}005 \cdot 250\ \text{W} = 1{,}25$ W rechnen. Die Korrektur liegt also innerhalb der Klassengenauigkeit. Die Spannung wird außerdem um den Wirkanteil $I_0(R_A + R_I) = 1{,}52\ \text{A}\ (0{,}048 + 0{,}35)\ \Omega = 0{,}605$ V zu hoch gemessen. Wenn man außerdem noch einen meist nicht ganz so hohen Blindanteil berücksichtigt, liegt auch dieser Fehler innerhalb der Klassengenauigkeit $0{,}005 \cdot 300\ \text{V} = 1{,}5$ V.

Um bei der spannungsrichtigen Messung nach Bild **4.**73e die gleichen Verhältnisse im Prüfling zu erhalten, muß dessen Sekundärspannung mit einem praktisch leistungslosen Spannungsmesser konstant gehalten werden. Unter diesen Bedingungen waren bei $U = 218$ V hier $I_0 = 1{,}53$ A und $P_0 = 67{,}6$ W. Der Strom wird also um 0,01 A bei der Klassenunsicherheit $0{,}005 \cdot 3\ \text{A} = 0{,}015$ A falsch angezeigt. Die Leistung wird um $U^2/R_p = 218^2\ \text{V}^2/(15{,}2\ \text{k}\Omega) = 3{,}13$ W zu groß gemessen und müßte daher korrigiert werden.

In der gemischten Schaltung nach Bild **4.**73c wird mit $U = 220$ V, $I_0 = 1{,}53$ A und $P_0 = 66$ W die Leistung nur um $I_0^2 R_I = 1{,}53^2\ \text{A}^2 \cdot 0{,}35\ \Omega = 0{,}815$ W falsch gemessen. Der Spannungsfehler kann nicht genau bestimmt werden, da die Induktivität der Stromspule nicht bekannt ist. Er ist aber kleiner als bei der stromrichtigen Messung. Die Fehler infolge Eigenverbrauchs der Meßgeräte sind daher in dieser Schaltung am kleinsten. Sie liegen innerhalb der Klassengenauigkeit, so daß eine Korrektur überflüssig wird. Daher wird die gemischte Schaltung bevorzugt.

Beispiel 4.6. Ein Leistungsmesser für 5 A (kurzzeitig überlastbar mit 10 A) und 25 V der Klasse 0,2 hat die Innenwiderstände $R_I = 0{,}059\ \Omega$, $X_I = 0{,}021\ \Omega$ und $R_U = 6{,}25\ \text{k}\Omega$. Es sind die Fehler bei der Messung der Leistung und der Bestimmung des Phasenwinkels bei Belastung mit den Nenndaten ($I = 10$ A) und $\varphi = 80°$ für a) die spannungsrichtige und b) die stromrichtige Schaltung nach Bild **4.**73 zu ermitteln. Ist weiterhin eine Meßbereicherweiterung des Strompfads auf 50 A mit einem Nebenwiderstand c) bei Gleichstrom und d) bei Wechselstrom zulässig?

Zu a): Bei der spannungsrichtigen Messung wird die leicht zu korrigierende Leistung $P_U = U^2/R_U = 25^2\ \text{V}^2/(6{,}25\ \text{k}\Omega) = 0{,}1$ W zu viel gemessen. Sie ist gegenüber der Verbraucherleistung $P = UI\cos\varphi = 25\ \text{V} \cdot 10\ \text{A} \cos 80° = 43{,}5$ W vernachlässigbar klein. Der Strom im Spannungspfad $I_U = U/R_U = 25\ \text{V}/(6{,}25\ \text{k}\Omega) = 0{,}004$ A ist gegenüber 10 A ebenfalls vernachlässigbar. Der Phasenwinkel wird also innerhalb der Klassengenauigkeit richtig bestimmt.

Zu b): Bei stromrichtiger Messung betragen im Strompfad die Spannungen $U_{RI} = R_I I = 0{,}059\ \Omega \cdot 10\ \text{A} = 0{,}59$ V und $U_{XI} = X_I I = 0{,}021\ \Omega \cdot 10\ \text{A} = 0{,}21$ V. Am Spannungspfad muß daher bei $U = 25$ V die Spannung $\underline{U}_U = U + U_{RI}\cos\varphi + U_{XI}\sin\varphi - \text{j}(U_{RI}\sin\varphi + U_{XI}\cos\varphi) = 25\ \text{V} + 0{,}59\ \text{V}\cos 80° + 0{,}21\ \text{V}\sin 80° - \text{j}(0{,}59\ \text{V}\sin 80° + 0{,}21\ \text{V}\cos 80°) = 25{,}32\ \text{V}\ \angle{-1{,}4°}$ liegen. Der Leistungsmesser mißt also $P_a = I_U I_I \cos\varphi_{UI} = 25{,}32\ \text{V} \cdot 10\ \text{A} \cos 78{,}6° = 51{,}1$ W. Das sind $\Delta P = 51{,}1\ \text{W} - 43{,}5\ \text{W} = 7{,}6$ W, also 17,5% zu viel bei einem Fehlwinkel von 1,4°. Da diese Fehler zu groß und nur mit erheblichem Aufwand zu korrigieren sind, ist für solche Messungen die spannungsrichtige Messung zu bevorzugen.

Zu c): Nach Gl. (2.26) müßte für $I' = 50$ A bei $I_M = 10$ A und $R_M = R_I = 0{,}059\ \Omega$ der Nebenwiderstand $R_N = R_M I_M/(I' - I_M) = 0{,}059\ \Omega \cdot 10\ \text{A}/(40\ \text{A}) = 0{,}01475\ \Omega$ parallelgeschaltet werden. Wenn wir annehmen, daß sich die aus Kupferdraht gewickelte Stromspule während der Messung um $\vartheta_u = 20$ K erwärmt, wird sich ihr Widerstand auf $R_{IW} = R_I(1 + \alpha\vartheta_u) = 0{,}059\ \Omega(1 + 3{,}93\ \text{K}^{-1} \cdot 20\ \text{K}) = 0{,}0636\ \Omega$ erhöhen. Dann fließen aber, wenn wir weiterhin annehmen, daß sich der Nebenschlußwiderstand nicht ändert, durch die Stromspule nur noch

$$I'' = \frac{R_N}{R_N + R_{IW}} I' = \frac{0{,}01473\ \Omega}{0{,}01473\ \Omega + 0{,}0636\ \Omega}\, 50\ \text{A} = 9{,}4\ \text{A}$$

Die Leistung wird also schon bei dieser geringen Erwärmung um den Faktor $I''/I' = 9{,}4\ \text{A}/(10\ \text{A}) = 0{,}94$, also um 6%, falsch angezeigt. Nebenwiderstände dürfen daher bei Leistungsmessern nicht verwendet werden.

Zu d): Bei Sinusstrom müßte für die Berechnung des Nebenschlußwiderstands der komplexe Widerstand $\underline{Z}_I = R_I + \text{j}X_I$ und somit auch eine komplexe Aufteilung des Stromes berücksichtigt werden. Da außerdem mit einem Temperaturfehler nach c) zu rechnen ist und diese Fehler nur durch eine Kunstschaltung bei erheblich größerem Eigenverbrauch vermieden werden können, werden Nebenschlußwiderstände für die Meßbereicherweiterung von Leistungsmessern bei Wechselstrom im allgemeinen nicht eingesetzt.

4.8.2 Leistungsmessung bei Gleich- und Wechselstrom

4.8.2.1 Gleichstrom. Die Leistung ergibt sich bei Gleichstrom in einfacher Weise durch eine Strom- und Spannungsmesung aus

$$P = UI \tag{4.50}$$

Dann muß u. U. ähnlich wie für die Schaltungen in Bild **4.**73 korrigiert werden. Auch Kompensationsverfahren (s. Abschn. 4.3) kann man für die mittelbare Leistungsbestimmung nach Gl. (4.50) einsetzen.

Elektrodynamische Leistungsmesser werden für Gleichstrom weniger verwendet. Bei eisengeschlossenen Meßwerken tritt infolge der Hysterese ein meist um eine Genauigkeitsklasse größerer Fehler als bei Wechselstrom auf. Man vermeidet auch mehrdeutige Aussagen, die sich mit einer direkten Leistungsmessung und der Berechnung nach Gl. (4.50) ergeben würden.

Wenn eine Leistung geregelt oder sonst weiterverarbeitet werden soll (z. B. bei Gleichstrommaschinen), wendet man auch Hall-Multiplikatoren nach Abschn. 4.8.2.6 an.

4.8.2.2 Wirkleistung bei Wechselstrom. Für die Messung der Wirkleistung wendet man bis etwa 10 A und etwa 1 kV die direkte Schaltung nach Bild **4.**72a, bei größeren Strömen die halbindirekte Schaltung nach Bild **4.**72b und bei Hochspannung die indirekte Schaltung nach Bild **4.**72c an. Für die Messung der Verbraucherleistung bevorzugt man bei kleinen Strömen und größeren Spannungen die stromrichtige oder gemische Schaltung nach Bild **4.**73a oder c und bei größeren Strömen und kleinen Spannungen die spannungsrichtige Schaltung nach Bild **4.**73e. Für die Messung der Erzeugerleistung ist es umgekehrt. Korrektionen sind dann meist nicht erforderlich. Für Zweifelsfälle s. Abschn. 4.8.1.2.

Für Leistungsmessungen mit Spannungen unter 1 V sind elektrodynamische Meßwerke meist nicht geeignet, da die Spannungsspule hierfür i. allg. nicht mehr ausgelegt werden kann. In solchen Fällen wird die Wirkleistung mittelbar gemessen (s. Abschn. 4.8.2.5). Für die Meßbereiche s. im übrigen Abschn. 2.5.3.2.

Schaltungen mit Stromwandler nach Bild **4.**8 b und c sollen für kleinere Ströme als den Nennstrom des Leistungsmessers, also für die Herauftransformierung des Meßstroms, nur in der spannungsrichtigen Schaltung (Bild **4.**73e) eingesetzt werden, da solche Stromwandler meist recht große Spannungsabfälle haben.

Wenn dem elektrodynamischen Meßwerk die Mischspannung

$$u = U_- + \hat{u}_1 \sin(\omega t) + \hat{u}_\nu \sin(\nu \omega t)$$

mit U_- als Gleichspannungsanteil und der Mischstrom

$$i = I_- + \hat{i}_1 \sin(\omega t + \varphi_1) + \hat{i}_\nu \sin(\nu \omega t + \varphi_\nu) + \hat{i}_\mu \sin(\mu \omega t + \varphi_\mu)$$

mit $I_- \equiv \bar{i}$ nach Gl. (4.14) als Gleichstromanteil zugeführt werden, zeigt es nach Abschn. 2.5.1 nur die von beiden gebildete Wirkleistung

$$P = U_- I_- + U_1 I_1 \cos\varphi_1 + U_\nu I_\nu \cos\varphi_\nu \tag{4.51}$$

an. Es ist also für die Mischstrom-Leistungsmessung (z.B. bei Stromrichtern) ohne weiteres geeignet.

4.8.2.3 Scheinleistung. Die Scheinleistung $S = UI$ wird aus den Effektivwerten von Spannung $U = \sqrt{U_1^2 + U_\nu^2 + \cdots}$ und Strom $I = \sqrt{I_1^2 + I_\nu^2 + \cdots}$ errechnet. Zu ihrer Messung muß in einem Meßwerk das Produkt der Effektivwerte von Spannung U und Strom I gebildet werden. In einer Gleichrichterschaltung werden die Effektivwerte in proportionale Gleichströme umgeformt und deren Produkt mit einem elektrodynamischen Meßwerk angezeigt. Da diese Methode für höhere Frequenzen Anwendung findet und weitgehend verlustlos arbeiten soll, müssen meist Meßverstärker (s. Abschn. 3.1) zwischengeschaltet werden. Das Produkt der Gleichströme kann auch in einem Hall-Multiplikator (s. Abschn. 4.8.2.1) gebildet werden.

4.8.2.4 Blindleistung. Um die Blindleistung $Q = UI \sin\varphi$ mit einem elektrodynamischen Meßwerk (s. Abschn. 2.5) bestimmen zu können, muß der durch die Spannungsspule fließende Strom I_U gegenüber der ihn verursachenden Spannung U um 90° phasenverschoben sein. Dies erreicht man z. B. durch die Hummelschaltung, mit der eine Drosselspule in Reihe zur Spannungsspule, hierzu parallel ein Wirkwiderstand und in Reihe zu dieser Parallelschaltung eine weitere Drossel geschaltet wird. Daher ist ein solcher Blindleistungsmesser auch nur für die angegebene Nennfrequenz brauchbar; der Spannungs-Meßbereich darf nur über einen Spannungswandler erweitert werden.

Wenn diesem Blindleistungsmesser – und in analoger Weise einem Blindverbrauchszähler (s. Abschn. 4.7.1.4) – eine annähernd sinusförmige Spannung zugeführt wird, mißt er nur die Grundschwingungs-Blindleistung

$$Q_1 = U_1 I_1 \sin\varphi_1$$

Insgesamt betrachtet man jedoch bei allgemeinen Wechselstromvorgängen als Blindleistung

$$Q = \sqrt{S^2 - P^2} \tag{4.52}$$

und bezeichnet dann die Differenz

$$D = \sqrt{Q^2 - Q_1^2} \tag{4.53}$$

als Verzerrungsleistung. Sie repräsentiert alle zur Wirkleistung nicht beitragenden Produkte der verschiedenfrequenten Spannungen und Ströme und kann daher nur errechnet werden.

4.8.2.5 Mittelbare Leistungsmessung bei Wechselstrom. Wenn die Spannung am Verbraucher unter 10 V sinkt oder sehr kleine Ströme (unter 0,1 A) fließen, sind Leistungsmessungen mit elektrodynamischen Meßwerken sehr ungenau. Dann benutzt man mittelbare Verfahren.

Die meisten mittelbaren Messungen der Wirkleistung $P = UI \cos\varphi$ oder der Blindleistung $Q = UI \sin\varphi$ laufen auf Strom- und Spannungsmessungen und eine Bestimmung des Phasenwinkels φ bzw. des Leistungsfaktors $\cos\varphi$ hinaus (s. Abschn. 4.8.4).

Leistungsmesser mit Widerstandsthermometer. Bei sehr hohen Frequenzen (über 1 GHz) bringt man kleine Handwiderstände mit stark negativen Temperaturkoeffizienten in das elektrische Feld. Der Widerstand ändert sich als Funktion der absorbierten Hochfrequenz-Leistung. Er kann in einer Brükkenschaltung (s. Abschn. 4.4.3.9) gemessen und diese in Leistungswerten kalibriert werden.

Multiplizierer. Die Leistungsmessung verlangt eine Produktbildung. Wenn man nun einen dem Strom i proportionalen Meßstrom i_i und einen der Spannung u proportionalen Strom i_u, z. B. durch Neben- bzw. Vorwiderstände oder Wandler, bildet und deren quadrierte Summen bzw. Differenzen voneinander abzieht, erhält man mit

$$(i_i + i_u)^2 - (i_i - i_u)^2 = i_i^2 + 2 i_i i_u + i_u^2 - (i_i^2 - 2 i_i i_u + i_u^2) = 4 i_i i_u = k i u \tag{4.54}$$

das gewünschte Produkt, dessen Mittelwert z. B. die Wirkleistung P darstellt bzw. dessen Schwingamplitude ein Maß für die Scheinleistung S ist.

Thermoelement-Differenzschaltung. Mit einer von Dudell angegebenen Schaltung, die zwei möglichst gleiche Thermokreuze (s. Abschn. 2.6.4) zum Quadrieren und zur Summen- bzw. Differenzbildung benutzt, kann man Gl. (4.54) ebenfalls in eine Meßeinrichtung umsetzen.

Diese Multiplizierer können für Gleich- und Wechselstrom eingesetzt werden, wobei die obere Frequenzgrenze durch die Kapazitäten und Induktivitäten der Schaltung bestimmt werden. Sie sind insbesondere auch für die Messung und Registrierung zeitabhängiger Leistungen geeignet.

4.8.2.6 Leistungsmessung bei pulsweitenmodulierter Meßspannung. Zur Steuerung der Drehzahl von Asynchronmotoren verwendet man häufig Frequenzumrichter, die die Motorspannung u aus Impulsen konstanter Spannung, aber unterschiedlicher Breite, zusammensetzen. Die Fourieranalyse ergibt eine Grundfrequenz der gewünschten Größe, die von starken höherfrequenten Anteilen überlagert ist.

Zur Messung der Leistung sind hier elektrodynamische Meßwerke ungeeignet. Man verwendet entweder digitale Meßverfahren nach Abschn. 3.4.7 oder Leistungsmesser mit Hall-Multiplikatoren nach Abschn. 6.1.3.2. Der Meßstrom i erzeugt hier mit Hilfe eines geschlossenen Eisenkreises nach Bild **4.**75 eine proportionale magnetische Induktion B. Infolge der Induktivitäten des Motorstromkreises sind hier die hochfrequenten Anteile gering, so daß Hystereseverluste und Fehler durch den Eisenkreis klein bleiben. In den Luftspalt des Eisenkreises ist ein Hallgenerator eingebettet, der von einem der Meßspannung proportionalen Strom i_{St} durchflossen wird. Die Hallspannung u_H ist dem Produkt von B und i_{St} und damit der Momentanleistung proportional. Durch Verstärkung mit Mittelwertbildung werden die hochfrequenten Anteile der Hallspannung beseitigt. Das Ergebnis ist eine der gemittelten Leistung proportionale Ausgangsspannung.

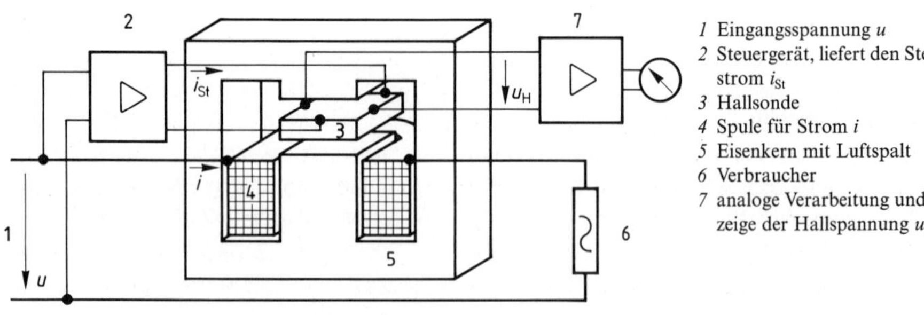

1 Eingangsspannung u
2 Steuergerät, liefert den Steuerstrom i_{St}
3 Hallsonde
4 Spule für Strom i
5 Eisenkern mit Luftspalt
6 Verbraucher
7 analoge Verarbeitung und Anzeige der Hallspannung u_H

4.75 Hall-Multiplikator zur Leistungsmessung

4.8.3 Leistungsmessung bei Drehstrom

Wenn n Leitungen zu einem Verbraucher führen, benötigt man, da eine der Leitungen als Rückleitung angesehen werden kann, grundsätzlich $n-1$ Leistungsmeßwerke, wenn bei beliebigen unsymmetrischen Spannungen und Strömen die insgesamt übertragene Leistung vollständig gemessen werden soll. Die folgenden Drehstromschaltungen lassen sich daher auch leicht auf andere Mehrphasensysteme übertragen.

Da Spannungen und Ströme bei Drehstrom außer in Niederspannungsverteilungsnetzen häufig nur wenig unsymmetrisch sind, also in den 3 Strängen meist um annähernd 120° gegeneinander phasenverschoben sind und die etwa gleiche Größe aufweisen, werden eine Reihe von zum Teil einfacheren Schaltungen eingesetzt. Es ist zwischen Vier- und Dreileitersystemen zu unterscheiden.

4.8.3.1 Dreileistungsmesser-Verfahren. Nach Bild **4.**76 ist die gesamte Drehstromleistung als Summe der drei Strangleistungen

$$S = P_1 + P_2 + P_3 = U_1 I_1 \cos\varphi_1 + U_2 I_2 \cos\varphi_2 + U_3 I_3 \cos\varphi_3 \tag{4.55}$$

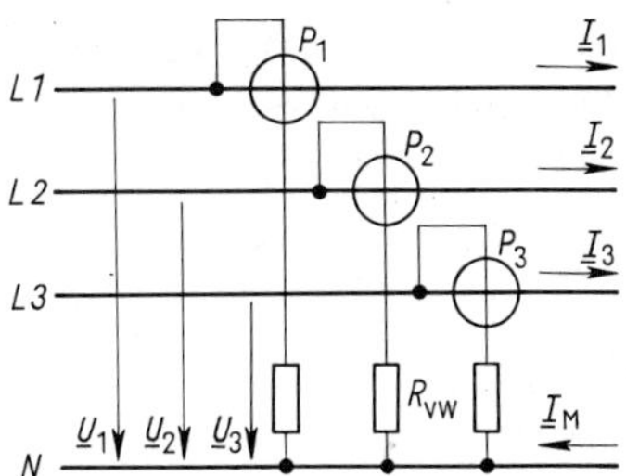

4.76
Dreileistungsmesser-Verfahren für Vierleitersystem

Es sind wieder, wie in Abschn. 4.8.1.1 beschrieben, direkte, halbindirekte und indirekte Schaltungen möglich. Bei den indirekten Schaltungen werden zur Vermeidung zu großer Potentialdifferenzen zwischen den Spulen die Sekundärwicklungen aller Meßwandler und somit auch alle Strom- und Spannungsspulen geerdet.

Anstelle der drei Leistungsmesser kann auch ein Dreifachleistungsmesser ähnlich Bild **2**.29 treten. Er hat für seine drei Meßwerke eine gemeinsame Achse, so daß die Drehmomente mechanisch addiert werden und der Zeiger die gesamte Drehstromleistung anzeigt. Während nach Bild **4**.76 zur Messung der gesamten Drehstromleistung eines unsymmetrisch belasteten Vierleitersystems drei Leistungsmeßwerke erforderlich sind, werden diese für ein unsymmetrisch belastetes Dreileitersystem nicht benötigt. Mit drei Leistungsmessern können aber die Strangleistungen getrennt beobachtet und gemessen werden. Das Meßergebnis ist auch bei kleinen Leistungen und großen Phasenwinkeln genauer (s. Beispiel 4.8).

Da das Dreileitersystem keinen Mittelpunktsleiter hat, müssen die drei Spannungspfade zu einem künstlichen Nullpunkt verbunden werden (Schaltung wie in Bild **4**.76, jedoch ohne den Anschluß an N). Die Widerstände der drei Spannungspfade müssen hierfür gleich groß sein. Für die gesamte Drehstromleistung gilt dann wieder Gl. (4.55).

4.8.3.2 Zweileistungsmesser-Verfahren im Vierleitersystem. Hierfür können zwei Doppelspul-Leistungsmesser eingesetzt werden, so daß nach Bild **4**.77 in den elektrodynamischen Meßwerken die komplexen Stromdifferenzen $(\underline{I}_1 - \underline{I}_2)$ und $(\underline{I}_3 - \underline{I}_2)$ wirksam sind. Gemessen wird daher der Leistungs-Zeitwert

$$S_t = S_{1t} + S_{3t} = u_1'(i_1 - i_2) + u_3'(i_3 - i_2) \tag{4.56}$$

mit u' als Sternpunktspannungen entsprechend den $\underline{U}'$ in Bild **4**.77 gegen den künstlichen Sternpunkt N' im Gegensatz zu den tatsächlichen Mittelpunktsspannungen $\underline{U}_1$, $\underline{U}_2$, $\underline{U}_3$ bzw. u_1, u_2, u_3 gegen den Mittelpunktsleiter N. Durch Einsetzen der Strom- und Spannungssummen und Einführen der Spannungsdifferenz U_M zwischen Sternpunkt und Mittelpunkt und des Mittelleiterstroms I_M wird

$$P_F = \frac{1}{3} U_M I_M \cos\varphi_M \tag{4.57}$$

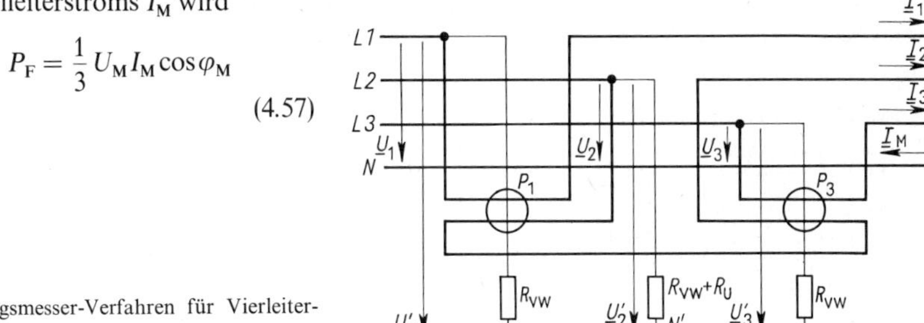

4.77
Zweileistungsmesser-Verfahren für Vierleitersystem

der Meßfehler gegenüber der tatsächlich vom Verbraucher aufgenommenen Wirkleistung. Er ist zwar häufig vernachlässigbar klein, jedoch darf dieses Verfahren für Verrechnungszwecke nicht verwendet werden.

Beispiel 4.7. In einem Vierleitersystem sind $U_M = 0{,}05\,U_N$, $I_M = 0{,}4\,I_N$ und $\varphi_M = 60°$, also $\cos\varphi_M = 0{,}5$. Gesucht ist der Meßfehler bei Anwendung der Schaltung nach Bild **4.**77.

Nach Gl. (4.57) beträgt

$$P_F = \frac{1}{3}\,U_M I_M \cos\varphi_M = \frac{1}{3}\,0{,}05\,U_N \cdot 0{,}4\,I_N \cdot 0{,}5 = 0{,}0033\,U_N I_N$$

Mit der Nennleistung $P_N = \sqrt{3}\,U_N I_N$ ist also der relative Fehler $P_F/P_N = 0{,}0033/\sqrt{3} = 0{,}00192 \approx 0{,}2\%$.

4.8.3.3 Zweileistungsmesser-Verfahren im Dreileitersystem (Aronschaltung). Ein Drehstrom-Dreileitersystem kann man auch als System mit zwei Leitern und einem gemeinsamen Rückleiter auffassen. Daher reichen hier ebenso wie bei dem vorher beschriebenen Verfahren auch bei unsymmetrischer Last zwei Meßwerke nach Bild **4.**78a aus. Die Strompfade der beiden Leistungsmeßwerke sind hier in die Außenleiter *L1* und *L2* eingeschaltet, die Spannungspfade liegen an den Außenleiterspannungen $\underline{U}_{13}$ und $\underline{U}_{23}$.

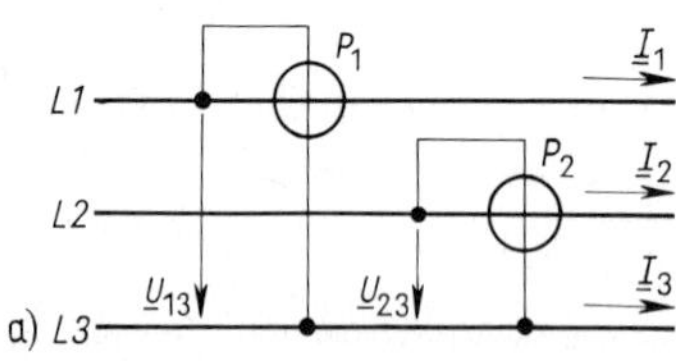

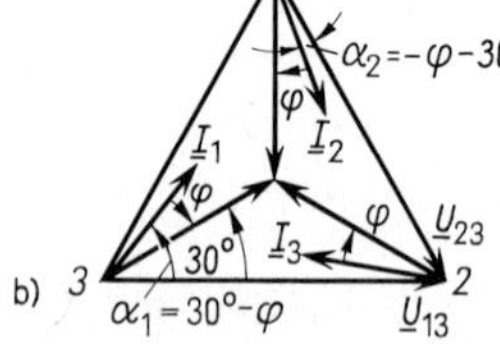

4.78
Zweileistungsmesser-Verfahren für Dreileitersystem
a) Schaltung
b) Zeigerdiagramm für symmetrische Last

In einem Dreileitersystem ist stets $i_1 + i_2 + i_3 = 0$ und $u_{13} = u_1 - u_3$ sowie $u_{23} = u_2 - u_3$. Die beiden Meßwerke in Bild **4.**78a bilden also die Produkte

$$S_{1t} = u_{13} i_1 = u_1 i_1 - u_3 i_1 \qquad S_{2t} = u_{23} i_2 = u_2 i_2 - u_3 i_2$$

Ihre Summe ist mit $i_3 = -\,i_2$ gleich dem Zeitwert der gesamten Drehstromleistung

$$S_{1t} + S_{2t} = u_1 i_1 + u_2 i_2 + u_3(-i_1 - i_2) = u_1 i_1 + i_2 i_2 + u_3 i_3 = S_t$$

Die Schaltungen nach Bild **4.**78a und **4.**79 müssen also bei jeder beliebigen Last die gesamte Drehstrom-Wirkleistung

$$P = P_1 + P_2 \tag{4.58}$$

anzeigen. Hierbei können für P_1 und P_2 negative Werte auftreten.

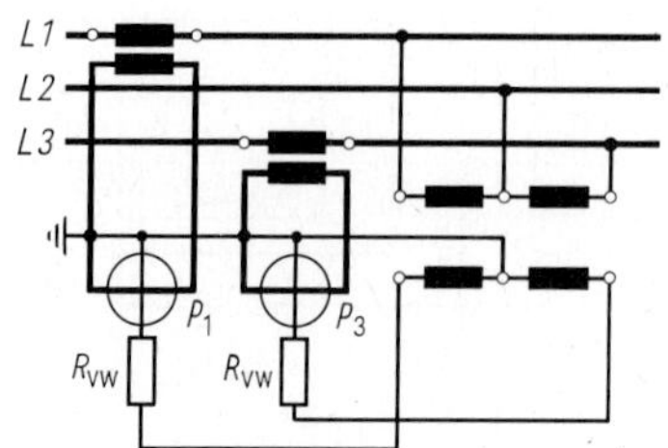

4.79
Indirekte Schaltung beim Zweileistungsmesser-Verfahren

Bei symmetrischer Last gilt mit den in Bild **4.**78a festgelegten Zählrichtungen das Zeigerdiagramm von Bild **4.**78b. Daher betragen mit den Winkeln $\alpha_1 = 30° - \varphi$ und $\alpha_2 = -30° - \varphi$ die Teilleistungen

$$P_1 = U\,I\cos(30° - \varphi) \tag{4.59}$$

$$P_2 = U\,I\cos(\varphi + 30°) \tag{4.60}$$

wenn wir mit U und I die Außenleiterwerte von Spannung und Strom bezeichnen.

Nach Gl. (4.58) ist somit

$$P = P_1 + P_2 = U\,I\left[\cos(\varphi - 30°) + \cos(\varphi + 30°)\right] =$$
$$= U\,I \cdot 2\cos 30° \cdot \cos\varphi = \sqrt{3}\,U\,I\cos\varphi \tag{4.61}$$

wie erwartet die Summe der Teilleistungen gleich der gesamten Drehstromleistung. Andererseits ergibt die Differenz

$$P_2 - P_1 = U\,I\left[\cos(\varphi + 30°) - \cos(\varphi - 30°)\right] =$$
$$= U\,I \cdot 2\sin 30° \cdot \sin\varphi = U\,I\sin\varphi = Q/\sqrt{3} \tag{4.62}$$

Man erhält also die Blindleistung aus

$$Q = \sqrt{3}(P_2 - P_1)$$

und für den Phasenwinkel gilt

$$\tan\varphi = \frac{Q}{P} = \sqrt{3}\,\frac{P_2 - P_1}{P_1 + P_2} \tag{4.63}$$

Wenn man die Scheinleistung $S = \sqrt{3}\,U\,I$ konstant hält und den Phasenwinkel φ ändert, werden sich nach Bild **4.**78b die gemessenen Leistungen entsprechend Bild **4.**80 ändern. Man kann daher mit dem Zweileistungsmesserverfahren nicht nur den Phasenwinkel, sondern auch die Energierichtung bei symmetrischer Last eindeutig bestimmen. Die in Bild **4.**80 an den Achsen angegebenen Schaltzeichen sollen das Verhalten des untersuchten Geräts charakterisieren.

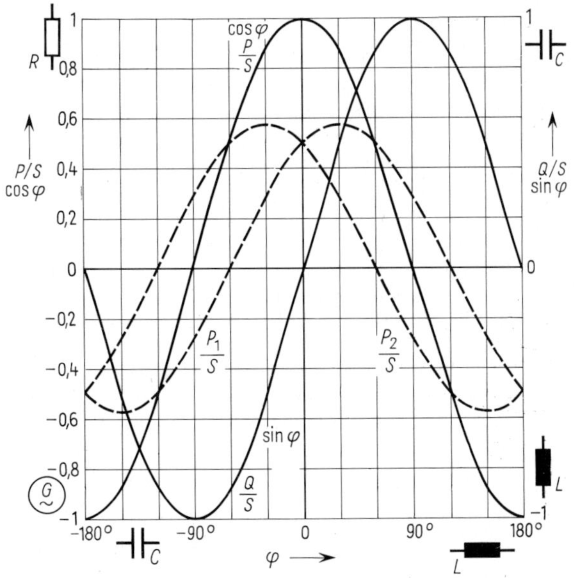

4.80
Relative Wirkleistung P/S, relative Blindleistung Q/S, Teilleistungen P_1/S und P_2/S der beiden Leistungsmesser in der Aronschaltung sowie $\cos\varphi$ und $\sin\varphi$ in Abhängigkeit vom Phasenwinkel φ bei konstanter Scheinleistung S und symmetrischer Last

Für die indirekte Schaltung nach Bild **4.**79 sind zwei Strom- und zwei Spannungswandler erforderlich. Durch eine einpolige Verbindung der beiden Spannungswandler und den Anschluß von drei Spannungsmessern kann man über den so geschaffenen künstlichen Nullpunkt die Mittelpunktsspannungen messen. Wegen $\underline{I}_2 = -(\underline{I}_1 + \underline{I}_3)$ mißt ein Strommesser, über den die Summe der Sekundärströme der Stromwandler geleitet wird, den Leiterstrom I_2.

Sparschaltung. Bei stationären Vorgängen dürfen die Teilleistungen auch nacheinander mit demselben Leistungsmesser, der über einen besonderen Umschalter in die Leitungen eingeschaltet wird, bestimmt werden. Man benutzt hierfür u.a. Hebelschalter nach Bild **4.**81. Wenn der Schalter nach der einen oder anderen Seite eingelegt wird, öffnen die Kurzschlußkontakte K erst, wenn der Strompfad des Leistungsmessers eingeschaltet ist. So wird der Strom beim Schalten nicht unterbrochen.

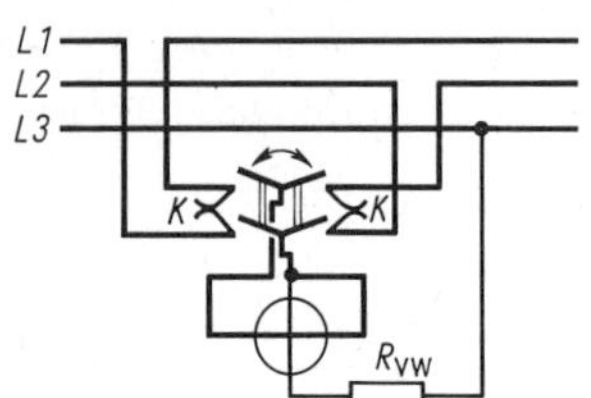

4.81
Sparschaltung beim Zweileistungsmesser-Verfahren

Beispiel 4.8. Die Kupferverluste (d.i. die Leistungsaufnahme im Kurzschluß) eines Drehstromtransformators für 160 kVA, 20/0,4 kV, 50 Hz sollen im Kurzschlußversuch gemessen werden. Hierfür wird die Unterspannungsseite kurzgeschlossen und die Leistungsaufnahme der Oberspannungsseite ermittelt. Erwartet werden für den Nennstrom $I_N \approx 4{,}6$ A, die Kurzschlußspannung $U_k \approx 800$ V, die Kurzschluß-Leistungsaufnahme $P_k \approx 2800$ W und der Phasenwinkel $\varphi \approx 65°$.

Für die Messung stehen Leistungsmesser für 5 A und 150 V (volle Belastung $\hat{=}$ 150 Skalenteilen) der Klasse 0,2 zur Verfügung. Der Spannungspfad hat den Widerstand $R_U = 5\,\text{k}\Omega$, der Strompfad den Wirkwiderstand $R_I = 0{,}059\,\Omega$ und den Blindwiderstand $X_I = 0{,}021\,\Omega$. Untersucht werden sollen für einen Dreileiteranschluß a) das Dreileistungsmesser-Verfahren und b) das Zweileistungsmesser-Verfahren.

Zu a): Beim Dreileistungsmesser-Verfahren hat jeder Leistungsmesser $P = 2800\,\text{W}/3 = 933$ W zu messen. Wir müssen einen künstlichen Nullpunkt vorsehen, so daß die Spannungspfade an $U = 800\,\text{V}/\sqrt{3} \approx 462$ V liegen. Der Meßbereich muß also durch den Vorwiderstand $3 \cdot 5\,\text{k}\Omega = 15\,\text{k}\Omega$ auf $R_U = 20\,\text{k}\Omega$ erweitert werden. Dann dürfen wir die direkte Leistungsmesserschaltung anwenden.

Der Leistungsmesser hat somit bei $I = 5$ A, $U = 600$ V und $\cos\varphi = 1$ oder $P = 3000$ W Vollausschlag die Klassenunsicherheit $\pm 0{,}002 \cdot 300\,\text{W} = \pm 6$ W. Das ist bei $P = 933$ W mit $\pm 0{,}56\%$ recht viel. Es sollte daher ein im Spannungspfad um 100% zu überlastendes Gerät eingesetzt werden. Dann wird der Meßbereich mit $R_U = 10\,\text{k}\Omega$ nur auf $U = 300$ V erweitert und der Fehler auf $\pm 0{,}28\%$ verringert. Er gilt auch für die Summe der Teilleistungen, also für die gesamte Leistungsaufnahme P_k. Die Leistungsmesser-Konstante beträgt somit $C_P = UI/\alpha = 300\,\text{V} \cdot 5\,\text{A}/(150\ \text{Skalenteile}) = 10\,\text{W}/$Skalenteil.

Bei spannungsrichtiger Messung würde um $U_k^2/R_U = 462^2\,\text{V}^2/(10\,\text{k}\Omega) = 21{,}4$ W zu viel gemessen, während der Eigenverbrauch bei der stromrichtigen Messung mit $I^2R = 4{,}62^2\,\text{A}^2 \cdot 0{,}059\,\Omega = 1{,}26$ W innerhalb der Klassengenauigkeit liegt. Da außerdem der Spannungsabfall $U = I\sqrt{R_I^2 + X_I^2} = 4{,}62\,A\sqrt{0{,}059^2\,\Omega^2 + 0{,}021^2\,\Omega^2} = 0{,}29$ V nachlässigbar klein ist, wird die stromrichtige Schaltung vorgezogen.

Zu b): Bei Anwendung des Zweileistungsmesser-Verfahrens wird der eine Leistungsmesser nach Gl. (4.59)

$$P_1 = U_k I_N \cos(\varphi_k - 30°) = 800\,\text{V} \cdot 4{,}62\,\text{A} \cdot \cos(64° - 30°) = 3064\,\text{W}$$

und der andere nach Gl. (4.60)

$$P_2 = U_k I_N \cos(\varphi_k + 30°) = 800\,\text{V} \cdot 4{,}62\,\text{A} \cdot \cos(64° + 30°) = -258\,\text{W}$$

anzeigen, also insgesamt nach Gl. (4.58) gemessen

$$P_k = P_1 + P_2 = 3064\ \text{W} - 258\ \text{W} = 2806\ \text{W}$$

Der Meßbereich muß in diesem Fall auf $U = 900$ V mit $R_U = 30$ kΩ erweitert werden. Es ist also gerade noch eine direkte Schaltung möglich. Das bedeutet eine Klassenunsicherheit $\pm 0{,}002 \cdot 900\ \text{V} \cdot 5\ \text{A} = \pm 9\ \text{W}$ und die Leistungsmesserkonstante $C_P = U I/a = 900\ \text{V} \cdot 5\ \text{A}/(150$ Skalenteile$) = 30$ W/Skalenteil. Zur Vermeidung von Fehlrechnungen wird man den Meßbereich für beide Leistungsmesser gleich wählen (insbesondere natürlich bei einer Sparschaltung). Man muß daher mit dem Meßfehler $\pm 18\ \text{W} = \pm 0{,}64\%$ rechnen. Der Leistungsfaktor kann dann aus den Teilleistungen auch nur ungenau bestimmt werden. Für diese Messung wird man daher das Dreileistungsmesser-Verfahren vorziehen.

4.8.3.4 Einleistungsmesser-Verfahren. Bei symmetrischer Belastung sind im Drehstromnetz die Leiterströme I und die Mittelpunktleiterspannungen U_M sowie die zugehörigen Phasenwinkel φ gleich groß, und es gilt nach [11], [51] für die Wirkleistung

$$P = 3\,U_M I \cos\varphi \tag{4.64}$$

Zur Leistungsmessung genügt also ein Meßwerk, dessen Anzeige mit 3 multipliziert werden muß oder dessen Skala den dreifachen Betrag angibt.

Bei einem Vierleitersystem kann der Spannungspfad zwischen dem zugehörigen Außenleiter und dem Mittelpunktleiter N angeschlossen werden. Bei einem Dreileitersystem ist entsprechend Bild 4.82 mit $R_1 + R_U = R_2 = R_3$ ein künstlicher Nullpunkt N' zu bilden.

Von Vorteil ist dieses Verfahren bei stark wechselnder Belastung, da nur ein Meßgerät abzulesen ist. Es darf aber wegen seiner Fehler nicht für Verrechnungszwecke eingesetzt werden, sondern dient nur innerbetrieblichen Messungen.

Alle in den Abschnitten 4.8.2 und 4.8.3 beschriebenen Schaltungen lassen sich auch zur Messung des Wirkverbrauchs mit Zählern verwenden. Zu Verrechnungszwecken dürfen bei Vierleiterdrehstrom nur die Schaltungen mit drei Meßwerken, bei Dreileiterdrehstrom nur die Schaltung mit zwei Meßwerken herangezogen werden. Andere Schaltungen, z. B. Zähler mit einem Meßwerk zur Messung von symmetrisch belastetem Drehstrom nach Bild 4.82, finden nur für innerbetriebliche Messungen Verwendung.

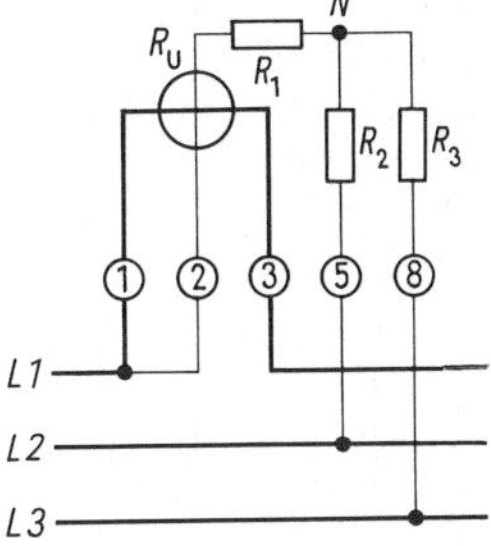

4.82
Einleistungsmesser-Verfahren mit künstlichem Sternpunkt N' für Dreileitersystem mit Klemmenbezeichnungen (nach DIN 43807 und 43856)

4.8.3.5 Blindleistungsmessung. Bei unsymmetrischer Belastung müssen für eine genauere Blindleistungsbestimmung wieder im Vierleitersystem drei und im Dreileitersystem zwei Blindleistungsmesser mit einer inneren Schaltung nach Abschn. 4.8.2.4 bzw. 4.7.1.4 eingesetzt werden.

Häufig liegen jedoch annähernd symmetrische Belastungen oder annähernd symmetrische Spannungsdreiecke vor, oder es genügt eine ungefähre Bestimmung der Blindleistung. Dann kann man die 90°-Phasenverschiebung der Mittelpunktleiterspannungen gegenüber den entsprechenden Leiterspannungen zur Blindleistungsmessung ausnutzen. Nach diesem Prinzip arbeiten die folgenden Schaltungen.

Drei-Blindleistungsmesser-Verfahren für Vierleitersystem. Normale Wirkleistungsmesser werden nach Bild **4.**83 so angeschlossen, daß sich Strompfad und Spannungspfad in oder an verschiedenen Außenleitern befinden. Dann ist die Spannung $\sqrt{3}$mal so groß wie die zugehörige Mittelpunktleiterspannung und gleichzeitig ihr gegenüber um 90° phasenverschoben. Ein Leistungsmesser zeigt also an

$$Q_1 = U_{23} I_1 \cos(90° - \varphi_1) = U_{23} I_1 \sin\varphi_1$$

Für die gesamte Blindleistung gilt demnach

$$Q = (Q_1 + Q_2 + Q_3)/\sqrt{3} \qquad (4.65)$$

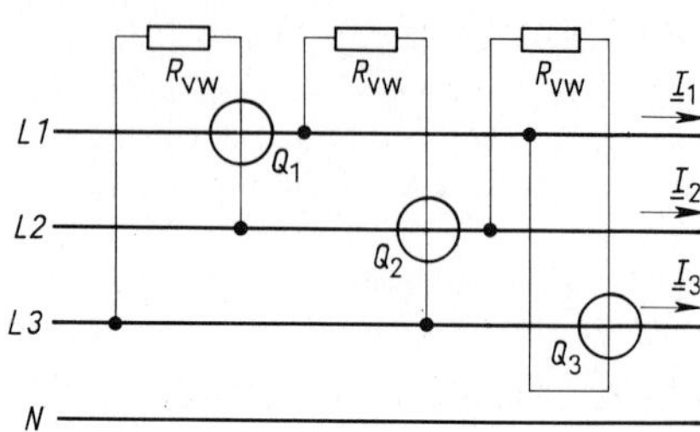

4.83
Blindleistungsmessung im Vierleitersystem

Werden die Spannungs-Vorwiderstände $\sqrt{3}$mal so groß gemacht wie bei der Wirkleistungsmessung, so zeigen die Meßgeräte unmittelbar die gesamte Blindleistung an. Für Spannungen über 200 V ist diese Schaltung allerdings nicht geeignet, da zwischen Strom- und Spannungsspulen die Außenleiterspannungen auftreten. Hierfür ist dann die indirekte Schaltung vorzuziehen.

Zwei-Blindleistungsmesser-Verfahren bei Dreileitersystem. Bei Drehstrom ohne Mittelpunktleiter verwendet man zwei Wirkleistungsmesser nach Bild **4.**84 und schließt die Spannungspfade zu einem künstlichen Nullpunkt N' zusammen. Gegenüber dem Zweileistungsmesser-Verfahren in Bild **4.**78 wird dann die Außenleiterspannung durch die um den Faktor $1/\sqrt{3}$ kleinere und um 90° phasenverschobene Mittelpunktleiterspannung ersetzt. Dann gilt für die gesamte Blindleistung

$$Q = \sqrt{3}(Q_1 + Q_3)$$

Macht man die drei gleich großen Spannungspfadwiderstände $\sqrt{3}$mal kleiner als bei der Wirkleistungsmessung, so wird die Blindleistung unmittelbar angezeigt.

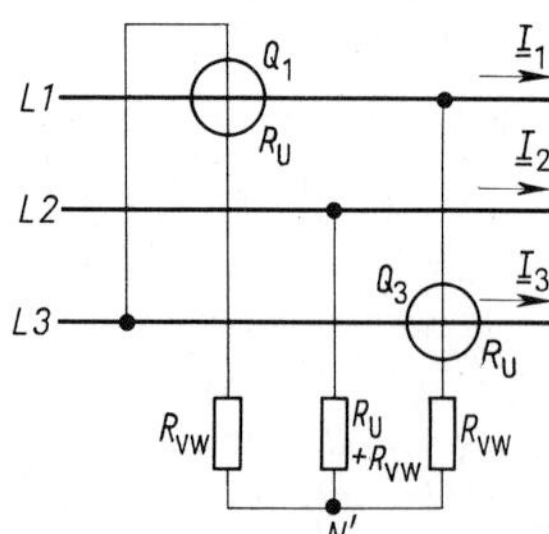

4.84
Blindleistungsmessung mit Zweileistungsmesser-Verfahren im Dreileitersystem

60°-Schaltung. In Dreileiter-Drehstromnetzen werden als Blindverbrauchszähler überwiegend solche mit 60°-Abgleich verwendet. Jeder benachbarte Strang liefert um 120° = 180° − 60° phasenverschobene Spannung. Schaltet man nun vor die Spannungsspulen Wirkwiderstände und vergrößert den magnetischen Widerstand im Nebenschluß des Spannungseisens, so erreicht man leicht, daß der magnetische Fluß der Spannung um 60° nacheilt. Zusammen mit der um 180° − 60° = 120°

phasenverschobenen anliegenden Spannung ergibt sich der richtige Winkel $\beta = \varphi$ (180° Phasenverschiebung bedeutet nur Vorzeichenumkehr). Je nach Polung erhält man für die vorgeschriebene Drehrichtung ein Drehmoment für kapazitiven oder induktiven Blindverbrauch.

Ein-Blindleistungsmesser-Verfahren. Bei symmetrischer Last ist im Drehstromnetz die Blindleistung in allen Strängen gleich groß. Es genügt daher, wenn nur ein Wirkleistungsmesser wie in Bild **4.**65 eingeschaltet wird. Für die gesamte Blindleistung gilt also nach Gl. (4.65)

$$Q = Q_1 \cdot 3/\sqrt{3} = \sqrt{3}\, Q_1 \tag{4.66}$$

4.8.4 Messung von Leistungsfaktor und Phasenwinkel

4.8.4.1 Unmittelbare Messung des Leistungsfaktors. Es werden elektrodynamische Meßwerke (Kreuzfeldmeßwerk nach Abschn. 2.6.2) benutzt. Dabei ist jedoch zu beachten, daß sie einen relativ großen Fehler aufweisen, also die Wirkleistung mit ihrer Anzeige und aus Strom und Spannung zweckmäßig nicht berechnet wird.

Drehstrom. Bei symmetrischer Last ist der Leistungsfaktor für alle Stränge gleich, so daß ein Meßgerät genügt. Außerdem ist die Kunstschaltung zur Phasenverschiebung der Ströme in den beiden Kreuzspulen nicht nötig. Bei Anschluß nach Bild **4.**85a fließt durch die feste Spule einer der Leiterströme, z. B. $\underline{I}_1$.

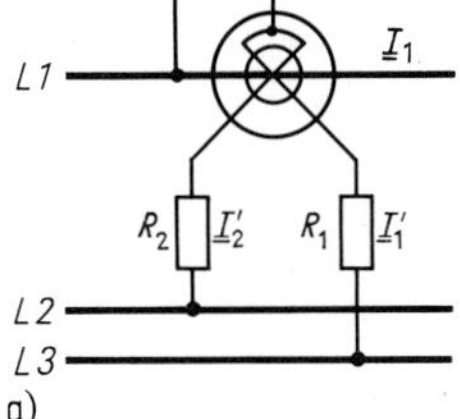

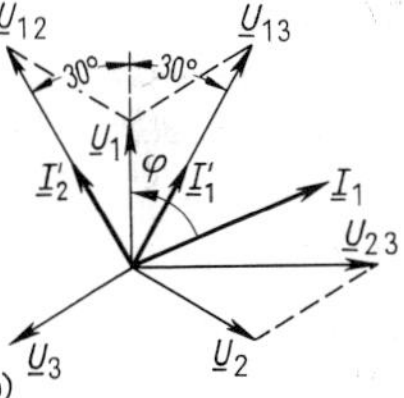

4.85
Leistungsfaktormesser bei symmetrischem Drehstrom
a) Schaltung
b) Zeigerdiagramm

Die beiden Kreuzspulen liegen über größere winkelfreie Widerstände R_1 und R_2 an den beiden anderen Außenleitern. Ihre Ströme $\underline{I}_1'$ und $\underline{I}_2'$ sind in Phase mit den Spannungen $\underline{U}_{13}$ und $\underline{U}_{12}$ und schließen nach Bild **4.**85b einen Winkel von 60° ein, der genügt, um eine annähernd gleiche Wirkung wie bei 90° zu erzielen.

Zwischen $\underline{I}_1$ und $\underline{U}_{13}$ liegt der Winkel $\varphi - 30°$ und zwischen $\underline{I}_1$ und $\underline{U}_{12}$ dann $\varphi + 30°$. Für den Zeigerausschlag α gilt

$$\tan\alpha = \cos(\varphi - 30°)/[\cos(\varphi + 30°)]$$

Für $\varphi = 0$ ergibt sich $\tan\alpha = 1$ und $\alpha = 45°$. Damit bei $\varphi = 0$ der Zeiger auf Null steht, wird der Nullpunkt um 45° verschoben.

Eine Phasenverschiebung von 90° zwischen den Kreuzspulenströmen erhält man mit einem aus drei gleich großen Wirkwiderständen gebildeten künstlichen Nullpunkt N'. Legt man die eine Kreuzspule in den Strang $L1 - N'$ der Sternschaltung und die zweite Kreuzspule mit R_2 an die Spannung $\underline{U}_{13}$, so ist $\underline{I}_1'$ phasengleich mit $\underline{U}_1$ und $\underline{I}_2'$ in Phase mit $\underline{U}_{23}$, und $\underline{I}_2'$ steht senkrecht auf $\underline{U}_1$ und $\underline{I}_1'$. Beide Schaltungen sind frequenzunabhängig.

4.8.4.2 Mittelbare Messung des Leistungsfaktors. Ganz allgemein gilt für den Leistungsfaktor

$$\lambda = P/S = P/(U\,I) \tag{4.67}$$

oder bei Sinusgrößen

$$\cos\varphi_1 = P_1/(U_1 I_1) \tag{4.68}$$

Er kann also aus den gemessenen Werten für Wirkleistung P, Spannung U und Strom I (Index 1 für Grundschwingung) berechnet werden. Für die folgenden Betrachtungen setzen wir Sinusgrößen voraus.

Dreispannungsmesser-Verfahren. Mit dem Prüfling $\underline{Z}$ wird nach Bild **4.**86a ein bekannter, winkelfreier Widerstand R in Reihe geschaltet, und es werden die Teilspannungen U_1 an R und U_2 an $\underline{Z}$ sowie die Gesamtspannung U_3 gemessen. Um die Teilspannungen möglichst genau bestimmen zu können, soll R etwa gleich dem Scheinwiderstand Z sein. Die Ströme der möglichst hochohmigen Spannungsmesser sollen gegenüber dem Strom durch die Widerstände vernachlässigt werden können. Unter diesen Voraussetzungen kann man die Spannungen auch nacheinander mit einem Spannungsmesser bestimmen.

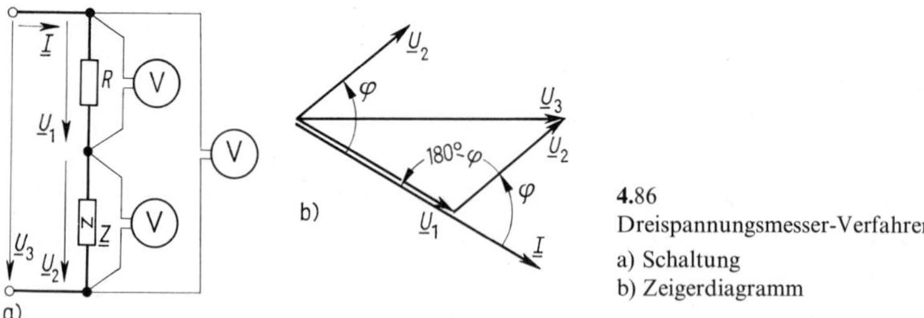

4.86
Dreispannungsmesser-Verfahren
a) Schaltung
b) Zeigerdiagramm

Der Strom $\underline{I}$ ist in Phase mit der Spannung $\underline{U}_1$. Dann gilt für Bild **4.**86b nach dem Kosinussatz

$$U_3^2 = U_1^2 + U_2^2 - 2U_1U_2\cos(180° - \varphi) = U_1^2 + U_2^2 + 2U_1U_2\cos\varphi$$

Den Leistungsfaktor erhält man also aus

$$\cos\varphi = \frac{U_3^2 - U_1^2 - U_2^2}{2U_1U_2} \tag{4.69}$$

Dieses Verfahren eignet sich auch für kleine Leistungen bei Strömen um 10 mA. Es sind möglichst genau zeigende Spannungsmesser mit sehr kleinem Eigenverbrauch zu verwenden, da sich der Leistungsfaktor aus der Differenz der Spannungsquadrate berechnet.

Dreistrommesser-Verfahren. Der Prüfling $\underline{Z}$ und ein bekannter, winkelfreier Widerstand R werden nach Bild **4.**87a parallel geschaltet. Alle Ströme werden gemessen. R ist so groß zu wählen, daß I_1 etwa gleich I_2 wird. Der Strom $\underline{I}_1$ hat die gleiche Phasenlage wie die Spannung $\underline{U}$, während $\underline{I}_2$ und $\underline{U}$ den Phasenwinkel φ bilden. Nach dem Kosinussatz ist

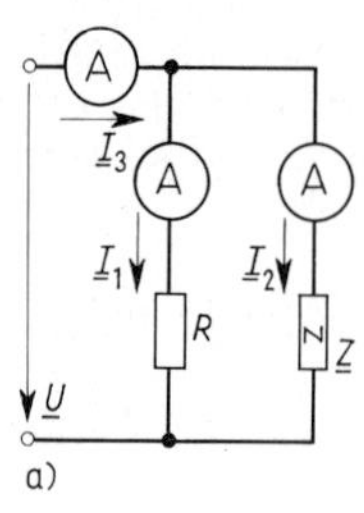

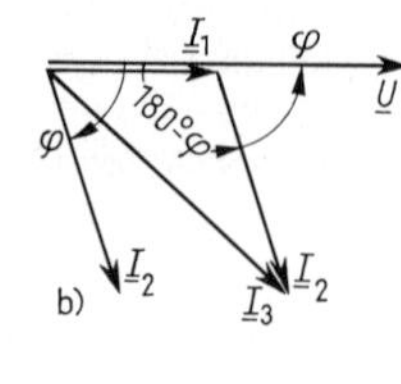

$$I_3^2 = I_1^2 + I_2^2 + 2I_1I_2\cos\varphi$$

also der Leistungsfaktor

$$\cos\varphi = \frac{I_3^2 - I_1^2 - I_2^2}{2I_1I_2} \tag{4.70}$$

4.87
Dreistrommesser-Verfahren
a) Schaltung b) Zeigerdiagramm

Das Dreistrommesser-Verfahren kann bei größeren Strömen und kleineren Spannungen eingesetzt werden. Es sind dann möglichst genau zeigende Strommesser mit sehr kleinem Eigenverbrauch zu verwenden.

Drehstrom. Für unsymmetrische Belastung können die Leistungsfaktoren nur aus den zusammengehörigen Strangwerten Spannung, Strom und Wirkleistung berechnet werden. Diese Meßwerte müssen entsprechend Abschn. 4.8.3.1 bestimmt werden. Die Angabe eines mittleren Leistungsfaktors ist dann häufig wenig sinnvoll.

Wenn bei symmetrischer Last Wirkleistung P, Außenleiterspannung U und Leiterstrom I gemessen werden, gilt für den Leistungsfaktor

$$\cos\varphi = P/(\sqrt{3}\,U\,I) \tag{4.71}$$

Beim Zweileistungsmesser-Verfahren kann der Leistungsfaktor auch unmittelbar aus den Anzeigen P_1 und P_2 berechnet oder mit Bild **4.**80 ermittelt werden. Bei Berücksichtigung von Gl. (4.63) ist

$$\cos\varphi = \frac{1}{\sqrt{1+\tan^2\varphi}} = \frac{P_1 + P_2}{2\sqrt{P_1^2 - P_1 P_2 + P_2^2}} \tag{4.72}$$

Hierbei ist auf die Vorzeichen von P_1 und P_2 streng zu achten.

4.8.4.3 Messung des Phasenwinkels. Der Phasenwinkel φ zwischen Strom und Spannung kann unmittelbar mit dem Oszilloskop nach Abschn. 4.4.4.2 oder mit dem Vektormesser nach Abschn. 4.4.5.3 bestimmt werden.

Mittelbar kann der Phasenwinkel über den Leistungsfaktor $\cos\varphi$ berechnet werden. Elektrodynamische Leistungsmesser sagen jedoch entsprechend Bild **4.**88 nur über das Vorzeichen der Wirkleistung, also Plus (= Bezug) oder Minus (= Abgabe), etwas aus. Das zu untersuchende Gerät kann sich aber außerdem wie eine Kapazität C oder eine Induktivität L verhalten, d.h., es kann einen positiven (in Gegenuhrzeigersinn gemessen) oder einen negativen Phasenwinkel φ haben. Bei Einphasenwechselstrom sind daher z.B. bei Messung einer positiven Leistung die beiden Phasenlagen nach Bild **4.**88 für die Spannung $\underline{U}$ möglich. Durch Parallelschalten eines Kondensators kann man dann leicht erkennen, welche der beiden Möglichkeiten vorliegt: Ist nach dem Zuschalten des Kondensators der Strom $\underline{I}$ größer geworden, so liegt ein kapazitiver komplexer Widerstand vor, im anderen Fall ein induktiver.

Bei symmetrisch belastetem Drehstrom liefert das Zweileistungsmesserverfahren nach Bild **4.**80 dagegen sofort den Phasenwinkel φ nach Größe und Richtung.

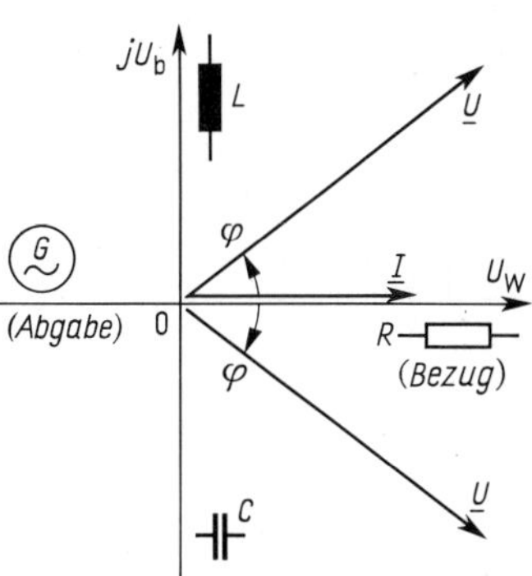

4.88
Komplexe Zahlenebene mit Stromzeiger $\underline{I}$ für vorgegebenen Leistungsfaktor $\cos\varphi$

Beispiel 4.9. Das vollständige Zeigerdiagramm einer Schaltung, die aus drei induktiven Scheinwiderständen und einem Kondensator $C = 20\,\mu F$ entsprechend Bild **4.**89a aufgebaut ist, soll bestimmt werden.

Bei der Meßschaltung nach Bild **4.**89a kann der Strompfad des Leistungsmessers in alle Stränge eingeschaltet werden, während der Spannungspfad stets an der Netzspannung als Bezugsspannung bleibt. (Bei der Messung im Strang V muß allerdings der eine Spannungsanschluß von $L2$ an $L1$ gelegt werden.) Durch diese Schaltung ist gewährleistet, daß zwischen Strom- und Spannungsspule kein zu hohes Potential auftritt. Somit wird der Leistungsfaktor $\cos\varphi$ zwischen Netzspannung $\underline{U}$ und den verschiedenen Strömen gemessen. In das Schaltbild sind Zählpfeile eingetragen, um die Kirchhoffschen Gesetze anwenden zu können. Sie passen zu den Strompfadanschlüssen Plus und Minus, die daher nicht vertauscht werden dürfen.

Gemessen werden mit einem besonderen Spannungsmesser $U = 220$ V, $U_V = 248$ V und $U_W = 256{,}5$ V. Wegen $\underline{U} = \underline{U}_W + \underline{U}_V$ lassen sich nach Bild **4.**89b zunächst zwei Spannungsdreiecke zeichnen. Strom- und Leistungsmessung ergeben weiterhin:

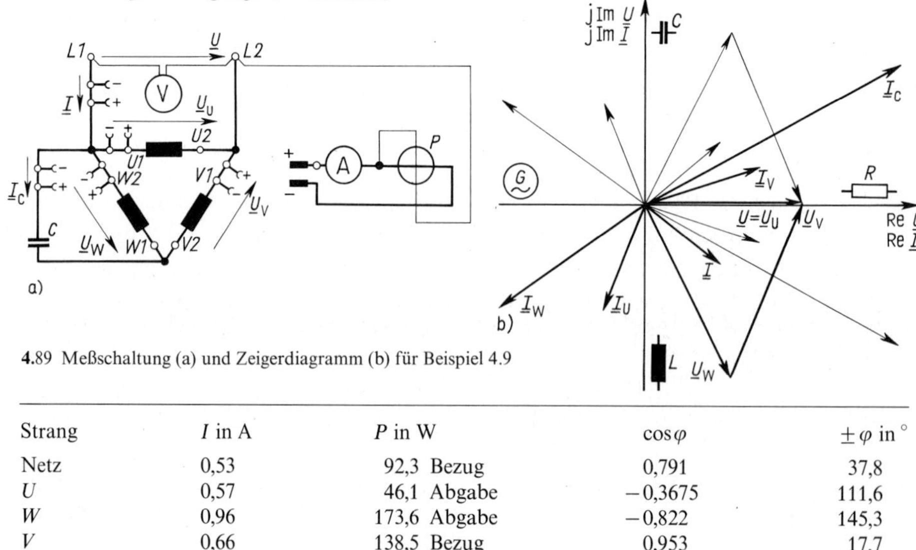

4.89 Meßschaltung (a) und Zeigerdiagramm (b) für Beispiel 4.9

Strang	I in A	P in W	$\cos\varphi$	$\pm\varphi$ in °
Netz	0,53	92,3 Bezug	0,791	37,8
U	0,57	46,1 Abgabe	−0,3675	111,6
W	0,96	173,6 Abgabe	−0,822	145,3
V	0,66	138,5 Bezug	0,953	17,7
C	1,61	312 Bezug	0,88	28,3

Die errechneten Phasenwinkel φ können sowohl kapazitiv als auch induktiv sein. Die endgültige Lage der Strom- und Spannungszeiger findet man mit der Überlegung, daß $\underline{I}_C$ gegenüber $\underline{U}_W$ um 90° voreilen muß. Anschließend kann man über die Kirchhoffschen Regeln mit z.B. $\underline{I} = \underline{I}_U + \underline{I}_W + \underline{I}_C$ und $\underline{I}_V = \underline{I}_W + \underline{I}_C$ die nicht brauchbaren Phasenlagen aussondern. Auch durch zusätzliche Leistungsmessungen, z.B. zwischen $\underline{U}_V$ und $\underline{I}_V$, kann man eindeutige Aussagen finden.

Das Zeigerdiagramm in Bild **4.**89b wird sofort eindeutig bestimmt, wenn der Leistungsmesser durch einen Vektormesser (s. Abschn. 4.4.5.3) ersetzt wird. Man mißt dann zweckmäßig die Wirk- und Blindkomponenten:

	U_U in V	U_W in V	U_V in V	I in A	I_U in A	I_W in A	I_V in A	I_C in A
Wirkanteil	220	122	98	0,42	−0,21	−0,79	0,63	1,42
Blindanteil	0	−228	228	−0,33	−0,53	−0,55	0,20	0,75

4.9 Kalibrieren von analogen Meßgeräten und Elektrizitätszählern

Im Gegensatz zum Justieren (s. Abschn. 1.3.1), bei dem oft ein das Meßgerät oder die Maßverkörperung verändernder Eingriff vorgenommen wird, um den Fehler in der Toleranz zu halten, handelt es sich bei dem Kalibrieren um die Feststellung der vorhandenen Fehler der Anzeige eines Meßgeräts oder der Fehler einer Maßverkörperung. Beim Kalibrieren wird also mit einem genaueren Meßgerät verglichen[1]). Ein Kalibrieren liegt auch vor, wenn die Skalenkonstanten eines Meßgeräts, z. B. bei Galvanometern, erst ermittelt werden sollen.

Es empfiehlt sich, Meßgeräte von Zeit zu Zeit zu kontrollieren und das Ergebnis der Kalibrierung in Fehlertabellen, Fehlerkurven oder auch Berichtigungskurven (Korrekturkurven) festzuhalten. Dabei ist der Fehler x_F nach Gl. (1.1) oder (1.2) zu definieren. Will man die Berichtigung x_B festhalten, so gilt mit den Bezeichnungen von Abschn. 1.3.2

$$x_B = -x_F = x_W - x_A \tag{4.73}$$

Graphische Darstellungen der Werte $x_W = f(x_A)$ heißen Kalibrierkurven und sind für Meßgeräte mit nicht kalibrierten Skalen, z. B. Millimeterskalen, gebräuchlich. Demgegenüber geben Korrekturtabellen oder Korrekturkurven die Berichtigung $x_B = f(x_A)$ wieder. Um diese zu erhalten, mißt man an 10 bis 20 Skalenpunkten, z. B. bei einer 120teiligen Skala von Zehnerwert zu Zehnerwert, am zu prüfenden Meßgerät. Man stellt also die Skalenwerte nicht am genaueren Vergleichsgerät (Präzisionsgerät oder Kompensator) ein, da die Ablesung von Zwischenwerten an solchen Meßgeräten meist sicherer ist.

Bei der Prüfung ist der Strom oder die Spannung stetig ohne Richtungsumkehr von Null bis zum Skalenendwert zu erhöhen und die Kontrolle dann abnehmend in gleicher Weise durchzuführen. Aus den Mittelwerten zwischen aufsteigender und absteigender Kalibrierung werden die Korrekturwerte gebildet.

Aus den Unterschieden zwischen dem aufsteigenden und dem absteigenden Korrekturwert, der Umkehrspanne, kann man auf die Güte des Meßwerks, insbesondere auf Lagerreibung, elastische Nachwirkungen und Hysterese, schließen.

Zwischen den Korrekturwerten der einzelnen Skalenpunkte wird linear interpoliert, so daß man die Korrekturkurve aus geraden Strecken zwischen den gemessenen Korrekturwerten bildet.

Bei der Kalibrierung sind die Geräte in ausreichendem Abstand aufzustellen und Leitungen mit starken Strömen fernzuhalten, um Fehler durch magnetische Fremdfelder zu vermeiden. Die Geräte sollen in der vorgeschriebenen Betriebslage aufgestellt werden; die Temperatur soll 20°C betragen. Die genaue Berücksichtigung des Anwärmeinflusses erfordert für jeden einzelnen Meßpunkt zwei Ablesungen nach jeweils 10 min und 60 min (s. VDE 0410). Sie läßt sich also nur mit außerordentlich großem Zeitaufwand durchführen. Dabei ist allerdings zu berücksichtigen, daß bei Geräten mit Anwärmfehler, wie Dreheisenspannungsmessern, ein nennenswerter Anwärmfehler erst im letzten Drittel der Skala auftritt.

4.9.1 Kalibrierschaltungen für Strom-, Spannungs- und Leistungsmesser

Meßgeräte für Gleichstrom werden mit Gleichstrom, Meßgeräte für Wechselstrom mit Sinusstrom der Nennfrequenz (meist 50 Hz oder 60 Hz) kalibriert. Meßgeräte für Gleich- und

[1]) Statt „kalibrieren" findet man für die gleiche Tätigkeit mitunter auch das Wort „eichen". Dieses sollte aber nur für Prüfungen und Stempelungen vorbehalten bleiben, die von der zuständigen Eichbehörde nach Eichvorschriften vorgenommen sind.

Wechselstrom, z.B. Dreheisenfeinmeßgeräte nach Abschn. 4.4.1 werden vorzugsweise mit Wechselstrom kalibriert. Die Kalibrierung dieser Meßgeräte ist auch mit Gleichstrom möglich, führt aber wegen der magnetischen Hysterese und des fehlenden Rüttelmoments zu größeren Fehlern. Als Vergleichs- und Normalgeräte verwendet man digital einstellbare Strom- oder Spannungsquellen, Präzisions-Digitalmeßgeräte, bei Gleichspannungskalibrierung auch Kompensatoren mit Präzisions-Spannungsteilern und -Nebenwiderständen bei Strommessung.

Strommesser werden zur Kalibrierung nach Bild **4.**90 in Reihe geschaltet. Zur Gleichstrommessung mit dem Kompensator wird an einem Normalwiderstand ein Spannungsabfall zwischen 0,1 V und 1,1 V erzeugt.

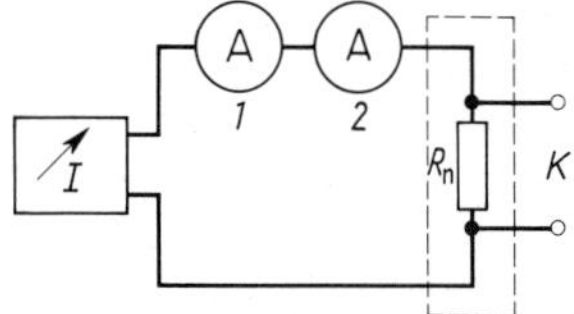

4.90
Kalibrierschaltung für Strommesser mit feineinstellbarer Stromquelle *I*, zwei Strommessern *A* und einem Normalwiderstand R_n zum Anschluß an einen Kompensator *K*

Spannungsmesser werden nach Bild **4.**91 parallelgeschaltet. Zur Gleichspannungsmessung mit dem Kompensator dient bei Spannungen über 1,1 V ein Spannungsteiler R_t.

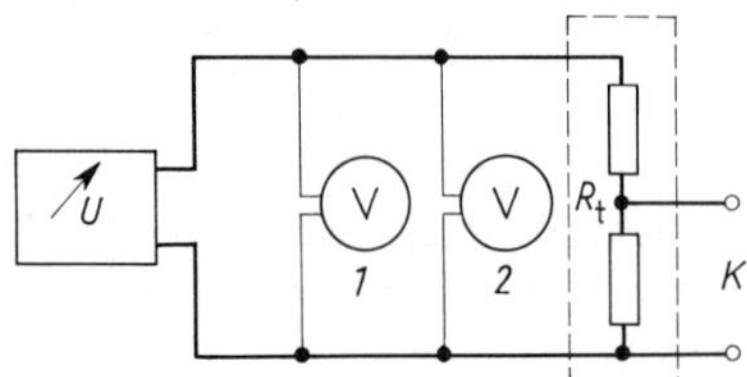

4.91
Kalibrierschaltung für Spannungsmesser mit feineinstellbarer Spannungsquelle *U*, zwei Spannungsmessern *V* und einem Spannungsteiler R_t zum Anschluß an einen Kompensator *K*

Leistungsmesser werden nach Bild **4.**92 mit getrenntem Spannungs- und Strompfad kalibriert. Bei je einer Meßreihe wird die Spannung konstant gehalten und der Strom ansteigend bis zum Skalenendwert und danach abfallend geändert. Als Normalgeräte verwendet man hier analoge oder digitale Präzisionsleistungsmesser. Bei der Kalibrierung mit Gleichstrom und Gleichspannung kann man nach Bild **4.**92 auch einen Kompensator mit Nebenwider-

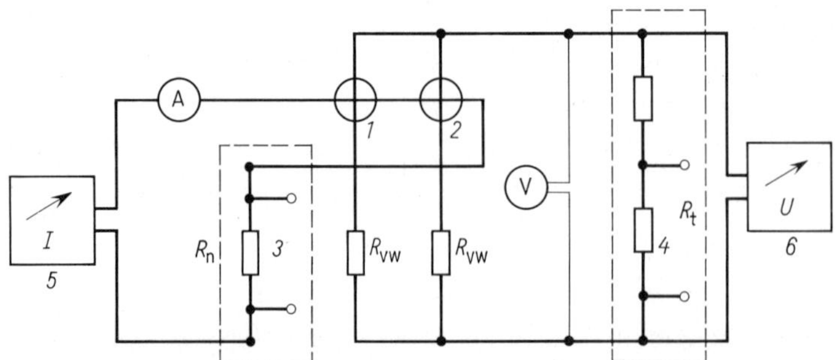

4.92 Kalibrierschaltung für Leistungsmesser *1* und *2* mit getrennten Stromkreisen für Strom- und Spannungspfad, Kontrollinstrumenten *A* und *V*, Spannungspfad-Vorwiderständen R_{VW}, Normalwiderstand R_n und Spannungsteiler R_t zum Anschluß an Kompensator bei *3* und *4* mit Stromquelle *5* und Spannungsquelle *6* (beide einstellbar)

stand und Spannungsteiler verwenden und das Leistungsprodukt aus Strom und Spannung bilden. Bei der Kalibrierung mit Wechselstrom ist es oft notwendig und empfehlenswert, Meßreihen für verschiedene Leistungsfaktoren durchzuführen. Hierzu sind spezielle Speiseschaltungen mit Phasenstellern erforderlich (s. Abschn. 4.9.3).

4.9.2 Kalibrierung von Galvanometern und anderen Meßgeräten für kleine Spannungen und Ströme

Hier muß in der Regel auch der Schließungswiderstand des Meßkreises einstellbar sein. Zur Kalibrierung verwendet man daher eine Schaltung nach Bild **4**.93, in der ein gut meßbarer, größerer Strom I_v einen Spannungsabfall an einem Normalwiderstand R_n erzeugt. Eine konstante Spannungsquelle, z. B. eine Akkumulatorzelle mit $U_o = 2{,}0\,\text{V}$, liefert den Strom I_v über einen einstellbaren Widerstand R_{VW}. Der Wert wird mit einem Milliamperemeter gemessen. Über einen Polwender zur Umkehr der Stromrichtung und zum Öffnen des Stromkreises fließt der Strom über den Normalwiderstand R_n mit einem dekadischen Vielfachen von 1 mΩ. Mit dieser Schaltung lassen sich Spannungsabfälle von wenigen µV bis zu 1 V recht genau einstellen.

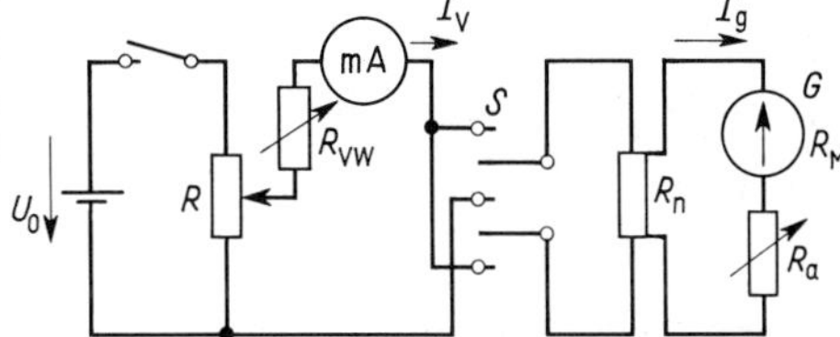

4.93
Schaltung zur Messung der Galvanometerdaten

An die Spannungsklemmen des Normalwiderstandes ist das Galvanometer über den einstellbaren Widerstand R_a angeschlossen. Es fließt dann im Galvanometerkreis der Strom

$$I_g = \frac{I_v R_n}{R_M + R_a + R_n} \tag{4.74}$$

Zu Beginn der Messungen wird bei einem mittleren Widerstand R_a (z. B. 500 Ω) und einem festen Widerstand R_n der Strom I_v langsam gesteigert, bis das Galvanometer bei 1 m Lichtzeigerlänge 100 mm Ausschlag zeigt.

Schwingungsdauer. Durch Öffnen des Schließungskreises läßt man das Galvanometer ungedämpft schwingen und bestimmt die Schwingungsdauer mit der Stoppuhr durch Messen des zeitlichen Abstandes mehrerer Nulldurchgänge. Die Schwingungsdauer wird für eine volle Schwingung (zwei Nulldurchgänge) angegeben.

Äußerer Grenzwiderstand. Bei geschlossenem Galvanometerkreis wird der Strom I_v unterbrochen. Stellt sich das Galvanometer kriechend ein, ist R_a so lange zu vergrößern, bis gerade eine Überschwingung erkennbar wird. Diese Überschwingung wird dann durch Verkleinern von R_a zum Verschwinden gebracht. Der Strom I_v wird so eingestellt, daß der Ausschlag des Galvanometers stets etwa 100 mm/m bleibt.

Der äußere Grenzwiderstand ist dann bei gerade nicht mehr schwingender Einstellung nach Abschn. 2.3.3.2

$$R_{ag} = R_a + R_n \tag{4.75}$$

Prüfung auf Nullpunktsicherheit und Hysterese. Das Galvanometer wird aperiodisch oder schwach kriechend gedämpft. Beginnend mit kleineren Ausschlägen wird es abwechselnd nach rechts und links ausgelenkt. Jedesmal wird der Nullpunkt beobachtet. Die Nullpunktunsicherheit nimmt mit wachsendem Ausschlag zu.

Innerer Widerstand. Der innere Widerstand R_M des Galvanometers läßt sich bei arretiertem Meßwerk mit einer der in den Abschn. 5.2.4 oder 5.2.5 beschriebenen Methoden messen, wenn darauf geachtet wird, daß die Drehspule höchstens mit einigen mW belastet wird. Mit dem Galvanometer selbst läßt sich der Widerstand bestimmen, indem man einen Ausschlag einstellt und durch Parallelschalten eines veränderbaren Widerstandes zum Meßwerk den Ausschlag auf die Hälfte reduziert. Der innere Widerstand R_M ist dann gleich dem Parallelwiderstand. Es genügt eine Meßgenauigkeit von einigen %, da R_M temperaturabhängig ist.

Linearität des Ausschlags. Man bestimmt nach beiden Seiten die Abhängigkeit des Ausschlags α vom Strom.

Stromkonstante und Stromempfindlichkeit. Bei Proportionalität zwischen Ausschlag α und Strom I_g erhält man die Stromkonstante

$$C_i = 1/S_i = I_g/\alpha \tag{4.76}$$

und die reziproke Stromempfindlichkeit S_i. Bezogen auf die Lichtzeigerlänge l ist die Stromkonstante (übliche Einheit Am/mm)

$$C_i' = 1/S_i' = I_g l/\alpha \tag{4.77}$$

Spannungskonstante und Spannungsempfindlichkeit. Diese werden nicht auf die Klemmenspannung am Meßwerk $R_M I_g$, sondern stets auf die im aperiodisch gedämpften Meßkreis herrschende Spannung bezogen, bei einer Schaltung nach Bild **4**.93 auf die Spannung $U = R_n I_v$. Daher sind mit R_{gr} als gesamten Grenzwiderstand Spannungskonstante C_u bzw. Spannungsempfindlichkeit S_u

$$C_u = 1/S_u = C_i R_{gr} = U/\alpha \tag{4.78}$$

$$C_u' = 1/S_u' = C' R_{gr} = U l/\alpha \tag{4.79}$$

4.9.3 Kalibrierung von Elektrizitätszählern

4.9.3.1 Zählerfehler. Der vom Zähler angezeigte Arbeitswert ist W_A, der wahre Arbeitswert W_W (s. Abschn. 1.3.2). Man definiert den Korrekturfaktor

$$C_K = W_W/W_A \tag{4.80}$$

und den relativen Fehler

$$F_r = \frac{W_A - W_W}{W_W} = \frac{1 - C_K}{C_K} \tag{4.81}$$

Wenn ein Zähler zuviel anzeigt, ist der Fehler positiv. Beträgt die Anzahl der Umdrehungen n für die angezeigte Arbeit W_A, so definiert man die Zählerkonstante

$$C_z = n/W_A \tag{4.82}$$

Wird eine konstante Leistung P in der Laufzeit t mit dem Zähler gemessen und ergeben sich n Umdrehungen, so ist der relative Fehler

$$F_r = \frac{n}{C_z P t} - 1 \tag{4.83}$$

Mit dem Sollwert der Meßzeit

$$t_s = n/(C_z P) \tag{4.84}$$

ist der relative Fehler auch

$$F_r = (t_s - t)/t \tag{4.85}$$

4.9.3.2 Meßgrößen. Die Zählerfehler werden durch Vergleich mit Präzisionszählern (Normalzähler) oder durch Leistungs- und Zeitmessung festgestellt. Normalzähler eignen sich zur Dauerprüfung vieler Betriebszähler. Verglichen wird der Zählwerkstand.

Normalzähler werden mit Präzisionsleistungsmessern und entsprechend genauer Zeitmessung kalibriert. Abgelesen wird hier durch Umdrehungszählung mit der roten Marke oder der 400teiligen Markierung der Ankerscheibe. Zur Ablesung wurden selbsttätige elektronische Einrichtungen entwickelt.

Fehlerkurven. Die Zählerfehler werden als Funktion der Nennlast graphisch aufgetragen (Bild **4**.71). Die Fehlerkurve ist als stetig verlaufende Kurve zu zeichnen. Sie soll bei neuen Zählern die Eichfehlerfrequenzen und bei Zählern im Betrieb die doppelt so großen Verkehrsfehlergrenzen nicht überschreiten.

Einfache Kalibrierung. Man beschränkt sich häufig auf die Nachkontrolle einiger Belastungspunkte, z. B. bei Nennspannung sowie bei 5% und 100% des Nennstroms, bei Wechselstromzählern auch bei mehreren Leistungsfaktoren.

Vollständige Untersuchung. Sie umfaßt die Aufnahme der ganzen Belastungskurve bei Nennspannung zwischen 125% und 5% der Nennlast in Stufen von etwa 10%. Bei Wechselstromzählern werden die Fehlerkurven auch bei verschiedenen Werten für $\cos\varphi$ zwischen 1,0 und 0,2 aufgenommen. Weiter werden festgestellt: Anlaufstrom und Leerlauf, Drehmoment und Eigenverbrauch bei Nennlast, Spannungs- und Frequenzeinfluß und ob die Bestimmungen der Eichordnung (s. Abschn. 4.7.3) erfüllt werden.

Anlaufstrom. Der Spannungskreis erhält die Nennspannung. Der Strom im Stromkreis wird (bei $\cos\varphi = 1$) geändert, bis die Zählerscheibe ohne Erschütterung gerade mindestens eine volle Umdrehung ausführt.

Leerlauf. Der Stromkreis wird abgeschaltet und die Spannung auf 90% bis 110% der Nennspannung eingestellt. Da der Zähler, auch wenn er nicht belastet ist, dauernd unter Spannung steht, ist festzustellen, ob das Hilfsdrehmoment zur Reibungskompensation allein ein dauerndes Drehen der Scheibe bewirkt und ob die Hemmung auch bei leichten Erschütterungen ausreicht.

Antriebsmoment. Es ergibt sich aus der Umfangskraft am Scheibenrand und dem Halbmesser der Ankerscheibe. Die Kraft wird durch Gewichts- oder Federdynamometer gemessen.

Eigenverbrauch. Bei Gleichstromzählern wird bei Nennstrom der Spannungsabfall im Strompfad und bei Nennspannung der Strom im Spannungspfad durch Drehspulmeßgeräte bestimmt. Steht bei Wechsel- und Drehstromzählern kein Leistungsmesser für kleine Leistungen zur Verfügung, so erfolgt die Messung mit empfindlichen Wechselstromgeräten.

Spannungs- und Frequenzeinfluß. Der Zähler wird bei Nennlast ($\cos\varphi = 1$) kalibriert und dabei entweder bei der Nennfrequenz (50 Hz), die Spannung zwischen 90% und 110% der Nennspannung oder bei der Nennspannung die Frequenz zwischen etwa 45 Hz und 55 Hz geändert.

4.9.3.3 Kalibrierschaltungen. Bei allen Kalibrierschaltungen werden Strom und Spannungspfad durch Entfernen der Verbindungslaschen voneinander getrennt. Strom- und Spannungspfade werden an getrennte Stromkreise angeschlossen und getrennt eingestellt. Verändert werden Stromstärke, Spannung, Leistungsfaktor und nur in Sonderfällen die Frequenz.

Bild **4.**94 zeigt eine Schaltung, bei der man den Leistungsfaktor mit einem an das Drehstromnetz angeschlossenen Phasensteller *2* ändert. Der Strom wird über den Transformator *1* mit dem Widerstand R_1 eingestellt. Der Phasensteller *2* liefert über den Widerstand R_2 und den Umschalter *3* entweder die Leiterspannung U_{12} oder die Sternpunktspannung U_3. Der Frequenzmesser dient zur Frequenzkontrolle. Bei Verwendung eines rotierenden Umformers oder eines Frequenzgenerators mit Leistungsverstärker kann die Frequenz eingestellt werden.

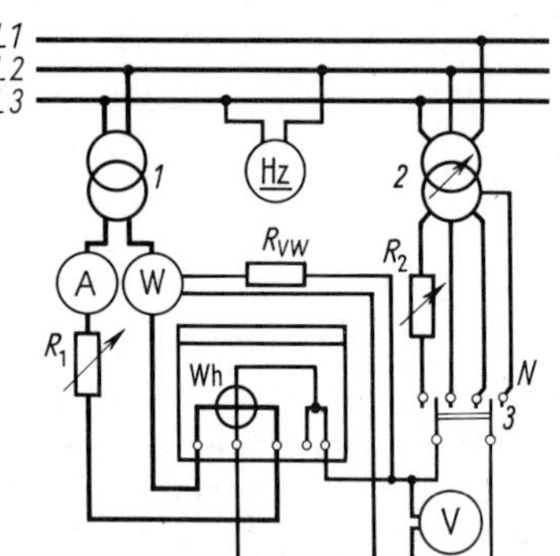

4.94
Kalibrieren von Einphasen-Wechselstromzählern
1 Transformator *2* Phasensteller *3* Umschalter

Phasengleichheit zwischen Spannung und Strom wird mit Hilfe des Leistungsmessers erreicht. Man stellt eine zulässige Stromstärke und die Spannung U_{12} ein und dreht den Phasensteller, bis der Leistungsmesser Null zeigt. Da Strom und Spannung nicht Null sind, ist für diese Schaltung der Leistungsfaktor Null. Nach Umschaltung auf die Spannung U_3 ist der Leistungsfaktor genau 1, da U_{12} und U_3 aufeinander senkrecht stehen.

Kalibrierschaltungen für Drehstromzähler. Dreileiter-Drehstromzähler werden in der Aron-Schaltung kalibriert. In der Schaltung nach **4.**95 werden wieder drei Stromkreise und drei Spannungen dem Netz entnommen, letztere über einen Phasensteller *PR*. Durch künstliche Sternpunkte für die Stromkreise und für die Spannungskreise lassen sich Zähler und Leistungsmesser nach der Aron-Schaltung anschließen. Die gemessene Leistung ergibt sich aus der Summe der Anzeigen der Leistungsmesser.

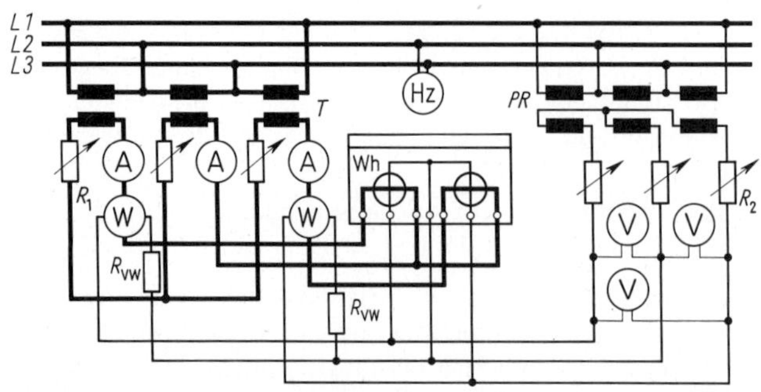

4.95
Kalibrieren von Dreileiter-Drehstromzählern
PR Phasensteller

Der Leistungsfaktor errechnet sich bei symmetrischer Belastung nach Gl. (4.72).

Vierleiter-Drehstromzähler erfordern drei Leistungsmesser. Alle drei Strompfade und alle drei Spannungspfade sind einzeln zu schalten. Die Gesamtarbeit ergibt sich aus der Summe der drei Einzelleistungen und der Meßzeit.

5 Messung von Wirk- und Scheinwiderständen

5.1 Meßwiderstände

5.1.1 Eigenschaften von Widerständen

5.1.1.1 Widerstandswerkstoffe. Die Anforderung an einen Widerstandswerkstoff sind: Gültigkeit des Ohmschen Gesetzes, kleiner Temperaturkoeffizient, großer spezifischer Widerstand, kleine Thermospannung gegenüber Kupfer, gute Verarbeitbarkeit (Verformbarkeit, Lötbarkeit usw.) und zeitliche Konstanz aller dieser Eigenschaften. Reine Metalle haben einen großen Temperaturkoeffizienten des spezifischen Widerstandes (um $4 \cdot 10^{-3}$/K) und meist einen zu kleinen spezifischen Widerstand. Man verwendet daher als Material für Metall-Widerstände Legierungen auf der Basis Kupfer-Mangan (z.B. Manganin oder Novokonstant) für Widerstände höchster Genauigkeit, wenn eine höhere Übertemperatur als 15 K bis 20 K nicht zu erwarten ist. Bei höheren Widerstandswerten und höheren Temperaturen verwendet man Werkstoffe auf Chromnickelbasis, die sich im Gegensatz zu Manganin nur schwer löten lassen. Gold-Chrom wird für besonders alterungsbeständige Widerstandsnormale verwendet (Tafel **5**.1).

Tafel **5**.1 Physikalische Eigenschaften metallischer Widerstandswerkstoffe für Meßwiderstände

Werkstoffe	Manganin	Novokonstant	Gold-Chrom	Isa-Ohm
Leitfähigkeit in Sm/mm²	2,3	2,2	3,0	0,75
Thermospannung gegen Kupfer in µV/K	−0,6	−0,3	−7	+1

Die thermischen Eigenschaften hängen stark von Herstellungsprozeß und Wärmebehandlung ab. Charakteristisch für den Widerstandsverlauf in Abhängigkeit von der Temperatur sind die Parabeln in Bild **5**.2. Mechanische Beanspruchung beim Wickeln, thermische Überlastung und Alterung des Isolierlackes können die Eigenschaften nachhaltig verschlechtern. Da manche Isolierlacke durch die Luftfeuchte Änderungen erleiden, kann mittelbar eine Beeinflussung des Widerstandswerts eintreten.

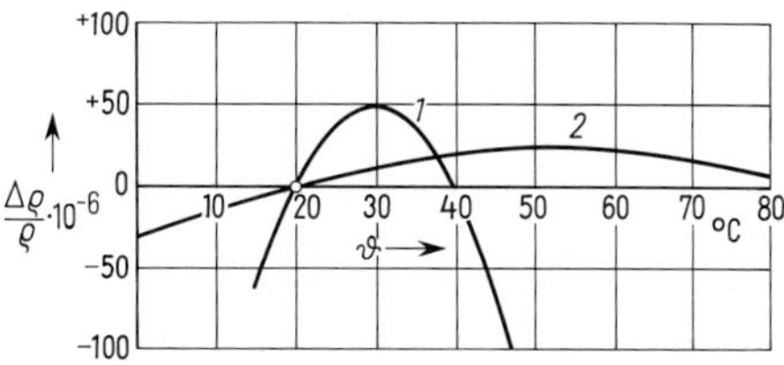

5.2
Abhängigkeit der relativen Änderung $\Delta\varrho/\varrho$ des spezifischen Widerstands von der Temperatur ϑ bei optimal hergestelltem Manganin (*1*) und Isa-Ohm (*2*) (Isabellenhütte)

Die Thermospannung gegen Kupfer ist von besonderer Bedeutung bei Brücken und Kompensatoren, wo durch Thermospannungen von wenigen μV schon Meßfehler auftreten können.

5.1.1.2 Eigenschaften bei Wechselstrom. Der angegebene Widerstandswert gilt nur für Gleichstrom. Bei Wechselstrom tritt durch Induktivitäten und Kapazitäten ein Fehlwinkel φ auf, auch vergrößert sich bei höheren Frequenzen der Wirkwiderstand durch den Hauteffekt [17], [22]. In erster Näherung verhält sich ein Widerstand bei Wechselstrom wie eine Ersatzschaltung, bestehend aus einem idealen Wirkwiderstand R in Reihe mit einer Induktivität L, dazu parallel eine Kapazität C nach Bild **5.**3. Der Fehlwinkel ergibt sich bei Sinusstrom mit der Kreisfrequenz ω aus

$$\tan\varphi = \omega\left(\frac{L}{R} - CR - \omega^2 \frac{L^2 C}{R}\right) = \omega\tau \tag{5.1}$$

mit τ als der Zeitkonstanten des Widerstands. Da L und C über die ganze Wicklung des Widerstands verteilt sind, stellt Gl. (5.1) eine Näherung dar, in der das Glied mit ω^2 vernachlässigt werden kann, solange $\omega^2 \ll 1/(LC)$ ist. Durch geeignete Dimensionierung der Wicklung läßt sich die Zeitkonstante

$$\tau = (L/R) - CR \tag{5.2}$$

und somit auch der Winkel φ für einen weiten Frequenzbereich zu Null machen.

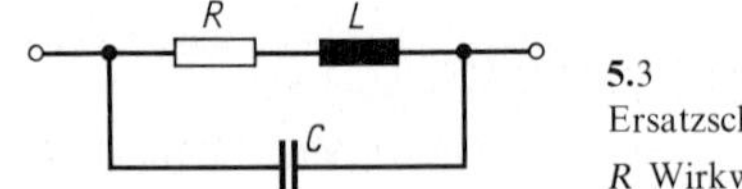

5.3
Ersatzschaltung eines Meßwiderstandes mit
R Wirkwiderstand, L Serieninduktivität, C Parallelkapazität

Man erkennt aus $(L/R) - CR = 0$ oder $R^2 = L/C$, daß bei kleinem Wirkwiderstand R die Reiheninduktivität L klein sein muß, dagegen die Kapazität C groß sein darf. Bei großem R muß dagegen vor allem C klein gehalten werden.

Beispiel 5.1: Ein Meßwiderstand $R = 100\,\Omega$ hat die Zeitkonstante $\tau = +30$ ns. Durch Parallelschalten eines Kondensators soll der Fehlwinkel zum Verschwinden gebracht werden.

a) Wie groß ist der Fehlwinkel φ bei der Frequenz $f = 1$ kHz?

Aus Gl. (5.1) wird der Fehlwinkel (bei kleinem Winkel, im Bogenmaß)

$$\varphi \approx \tan\varphi = 2\pi f\tau = 2\pi \cdot 10^3\,\mathrm{s}^{-1} \cdot 30 \cdot 10^{-9}\,\mathrm{s} = 1{,}9 \cdot 10^{-4} \approx 39''$$

b) Wie groß muß der Parallelkondensator C_p werden, damit die Zeitkonstante Null wird?

Es gilt nach Gl. (5.2)

$$\tau - C_p R = 0 \qquad \text{und} \qquad C_p = \tau/R = 30\ \mathrm{ns}/(100\,\Omega) = 300\,\mathrm{pF}$$

5.1.2 Ausführung von Meßwiderständen

5.1.2.1 Anschlußtechnik. Präzisionswiderstände, insbesondere solche mit Widerstandswerten unter 100 Ω, werden in der Regel mit 4 Anschlüssen gefertigt: zwei Anschlüsse für die Zuleitung des Meßstromes, zwei Anschlüsse für den Abgriff des Spannungsabfalls (Potentialanschlüsse). Damit ist gewährleistet, daß Spannungsabfälle an den Stromzuführungen und den Kontaktübergangswiderständen für die Potentialmessung ohne Einfluß bleiben (Abschn. 4.1.2.2 und 5.2.1).

5.1.2.2 Drahtwiderstände. Bei Widerständen bis 500 Ω überwiegt der Einfluß der Wicklungsinduktivität.

Bifilare Wicklung. Der Widerstandsdraht wird nach Bild **5.**4a als Doppelschleife gewickelt, so daß Hin- und Rückleitung nahe beieinander liegen. Die vom Meßstrom umflossene Fläche ist dadurch sehr klein.

Flachspulen. Der Widerstandsdraht wird auf einen dünnen Rahmen oder eine dünne Platte gewickelt.

Bei Widerständen über 500 Ω überwiegt der Einfluß der Parallelkapazität. Man unterteilt daher den Widerstand in Einzelspulen, deren Kapazitäten hintereinandergeschaltet sind.

Kammerwicklung. Der Wickelkörper hat einzelne Kammern. Zwei aufeinanderfolgende Kammern werden in entgegengesetztem Sinn bewickelt.

Chaperon-Wicklung. Der Wicklungssinn wird nach Bild **5.**4b schon in jeder Lage umgekehrt. Bei der Wagner-Wicklung nach Bild **5.**4c ist im Innern des Wickelkörpers ein Metallzylinder, der zur Vermeidung von Wirbelströmen längs geschlitzt ist.

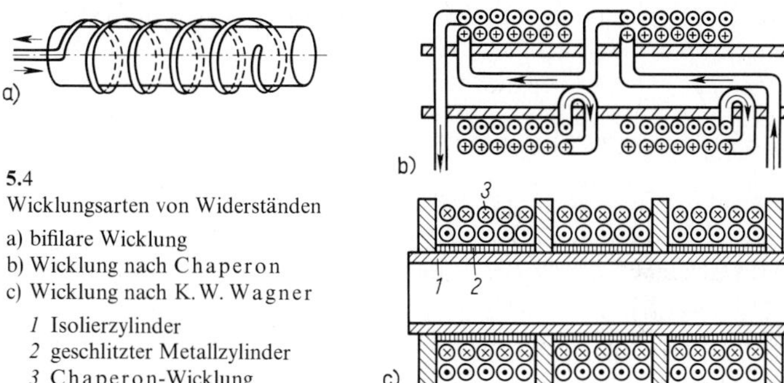

5.4
Wicklungsarten von Widerständen
a) bifilare Wicklung
b) Wicklung nach Chaperon
c) Wicklung nach K. W. Wagner
1 Isolierzylinder
2 geschlitzter Metallzylinder
3 Chaperon-Wicklung

Bei geschickter Auswahl der Wicklungsart lassen sich drahtgewickelte Widerstände bis zu einigen 100 kHz verwenden. Bei Widerständen unter 500 Ω wird erreicht, daß der Winkelfehler für Frequenzen unter 500 kHz vernachlässigbar bleibt. Tafel **5.**5 gibt einige Beispiele für die vorkommenden Zeitkonstanten.

Tafel **5.**5 Zeitkonstante τ nach Gl. (5.2) von Normalwiderständen (a) und Widerständen für Meßzwecke (b)

Widerstand in Ω		1	10	100	1000	10000
τ in ns	a)	+ 30	+11	+10	− 3	−180
	b)	+400	+90	+40	−50	−250

5.1.2.3 Folienwiderstände. Die Widerstände werden aus gewalzten Folien aus Widerstandslegierung mit Hilfe der Ätztechnik im Mäanderform hergestellt. Dickere Folien sind freitragend, dünnere Folien werden auf Trägermaterial fixiert, in das zur Wärmeableitung und zur kapazitiven Potentialsteuerung eine Kupferfolie eingebettet ist. Derartige Widerstände haben infolge ihrer großen Oberfläche hohe Belastbarkeit, die Potentialanschlüsse lassen sich leicht integrieren, so daß auch Widerstände von wenigen mΩ sehr kleine Temperaturkoeffizienten haben (unter 10 ppm/K). Anwendung finden diese Widerstände vor allem für die Messung von Strömen.

5.1.2.4 Schichtwiderstände. Zylindrische oder ebene Keramiksubstrate werden mit einer Widerstandsschicht versehen, die oft nachträglich durch Abtragung in ihrer geometrischen Struktur geändert wird. Man kann damit große spezifische Flächenwiderstände realisieren. (Spezifischer Flächenwiderstand: der Widerstand einer quadratischen Schicht, gemessen von zwei gegenüberliegenden Seiten.) Damit kann man sehr große Widerstandswerte auf kleinsten Abmessungen verwirklichen. Schichtwiderstände haben sehr kleine Zeitkonstanten und sind daher auch besonders für hochfrequente Ströme geeignet.

Kohleschichtwiderstände stellt man z.B. durch thermische Zersetzung von Kohlenwasserstoffen an heißen Keramikröhrchen her. Durch Zusätze, z.B. von Borverbindungen, erhält man stabile Widerstandswerte mit kleinem, meist negativem Temperaturkoeffizienten von $200 \cdot 10^{-6}$/K bis $500 \cdot 10^{-6}$/K. Widerstandswerte über 100 kΩ haben größere Temperaturkoeffizienten. Gute Kohleschichtwiderstände haben Toleranzen und Stabilitätswerte von 0,1 % bis 1 %.

Metallschichtwiderstände haben im Vakuum aufgedampfte Schichten aus Chrom, Nickel, Platin und anderen Metallen und ihren Legierungen. Auch über längere Zeit liegt die relative Widerstandsänderung unter 0,1 %. Ihr Temperaturkoeffizient liegt bei einigen Legierungen unter $\pm 20 \cdot 10^{-6}$/K. Für Spannungsteiler und Widerstandsnetzwerke dampft man dünne Schichten auf ebenes Keramiksubstrat und erzeugt mit Hilfe eines Laserstrahls ein geometrisches Muster in der Metallschicht. Man erzielt auf diese Weise Teilverhältnisfehler bis herab zu 10^{-5}.

Metallkeramikwiderstände. Metallpulver mit keramischen Bindemitteln werden durch Sinterung auf Keramiksubstrat aufgebracht (Cermet). Die verhältnismäßig dicken Schichten sind mechanisch sehr widerstandsfähig; die spezifischen Flächenwiderstände sind sehr groß. Ihre Eigenschaften erreichen diejenigen von guten Metallschichtwiderständen. Man verwendet sie in Hybrid-Schaltkreisen und in Potentiometern.

Hochohmwiderstände sind stark gewendelte Schichtwiderstände auf zylindrischen keramischen Trägern, die zum Schutz oft in Glasröhren unter Schutzgas eingeschmolzen werden. Widerstände von 10^{14} Ω lassen sich noch mit einigen % Toleranz herstellen.

5.1.2.5 Schleifdrähte und Potentiometer. Sie ermöglichen den stetigen oder wegen des Windungssprungs quasistetigen Abgriff eines Widerstandswertes oder eines Widerstandsteilers. Der Widerstandsdraht ist entweder gerade ausgestreckt oder meist auf den Rand einer Scheibe oder auch als Spirale auf eine Trommel gewickelt. Der Schleifkontakt besteht stets aus einem weicheren Werkstoff (Graphit, Silber) als der Schleifdraht. Bei der Wahl des Kontaktdrucks ist zu bedenken, daß hoher Kontaktdruck den Übergangswiderstand verkleinert, aber die Abnutzung des Schleifers vergrößert. Bei Widerstandswerten über einigen 10 Ω bis zu einigen 100 kΩ verwendet man eine Drahtwendel anstelle des Schleifdrahts. Präzisionspotentiometer mit drei bis zehn Wendeln haben Auflösungsvermögen und Steigungsfehler von unter 0,1 %.

Schichtpotentiometer verwenden meist Cermetschichten.

Widerstandssätze. Mehrere Einzelwiderstände sind mit Wahlschaltern meist in Reihenschaltung verbunden. Die früher viel verwendeten Stöpselverbindungen findet man noch in älteren Geräten. Jeder Einzelwiderstand ist in der Regel nicht über 1 W belastbar. Wesentlichen Einfluß auf den Fehler besonders bei kleinen Werten haben die Übergangswiderstände der Schaltelemente.

5.2 Meßschaltungen für Gleichstrom-Widerstände

Der Widerstandswert $R = U/I$ ist nach dem Ohmschen Gesetz als das Verhältnis der Spannung zwischen zwei Punkten eines Stromkreises zu dem zwischen diesen Punkten fließenden Strom I definiert. Die zur Zuführung des Stromes I dienenden Leitungen und die Kontaktübergangswiderstände dürfen für eine genaue Messung des Widerstandes nicht zwischen den Meßpunkten der Spannung liegen. Zur Vermeidung von Fehlern in der Größenordnung von 10 mΩ bis 100 mΩ verwendet man daher die Vierdrahtschaltung, bei der der Strom über zwei gesonderte Anschlüsse dem Meßwiderstand zugeführt wird, die Spannung hingegen an zwei zwischen den Stromanschlüssen gelegenen Punkten abgegriffen wird (Potentialanschlüsse). Ist der oben genannte Fehler in der Größenordnung von 0,1 Ω zulässig, so werden Strom- und Spannungsanschlüsse vereinigt (Zweidrahtschaltung).

5.2.1 Strom- und Spannungsmessung an Widerständen

Schaltungen. Bei der spannungsrichtigen Schaltung nach Bild **5.**6a liegt der Spannungsmesser mit dem inneren Widerstand R_V parallel zum zu messenden Widerstand R_x. Der Strommesser mißt aber den durch den Spannungsmesser fließenden Strom $I_V = U_V/R_V$ mit. Folglich ist

$$R_x = \frac{U_x}{I_x} = \frac{U_V}{I_A - (U_V/R_V)} \tag{5.3}$$

Das Korrekturglied U_V/R_V kann vernachlässigt werden, wenn R_x hinreichend kleiner als R_V ist, d.h. wenn der Schaltungseinflußfehler $|F_{r\,max}| = R_x/R_V$ kleiner ist als der Güteklassenfehler der verwendeten Meßgeräte. Diese Schaltung nach Bild **5.**6 ist also bei der Messung kleiner Widerstände vorzuziehen. Ist der Strom I_V durch den Spannungsmesser größer als der Strom I_x durch den Widerstand, so wird die Schaltung wegen des durch die Differenzbildung zunehmenden Fehlers unzweckmäßig.

Die spannungsrichtige Schaltung ermöglicht auch die Vierdrahtmessung mit getrennten Anschlüssen für Spannung und Strom (Bild **5.**6b).

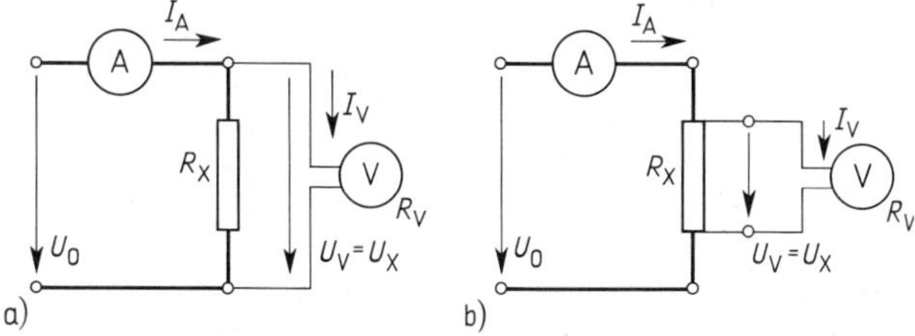

5.6 Widerstandsbestimmung durch Strom- und Spannungsmessung: spannungsrichtige Schaltung
a) Zweidrahtschaltung
b) Vierdrahtschaltung

Bei der stromrichtigen Schaltung nach Bild **5.**7 mißt der Strommesser den Strom $I_x = I_A$ durch den zu messenden Widerstand R_x; der Spannungsmesser mißt dagegen den Spannungsabfall U_A am Widerstand R_A des Strommessers mit. Der gesuchte Widerstand ist daher

$$R_x = \frac{U_x}{I_x} = \frac{U_V}{I_x} - R_A \tag{5.4}$$

Das Korrekturglied R_A kann vernachlässigt werden, wenn R_A hinreichend kleiner als R_x ist, d.h., wenn der Schaltungseinflußfehler $|F_{r\,max}| = R_A/R_x$ kleiner als der Güteklassenfehler der verwendeten Meßgeräte ist. Diese Schaltung nach Bild 5.7 ist also bei der Messung großer Widerstände vorzuziehen. Wegen der Differenzbildung soll R_x stets wesentlich größer als R_A sein. Die Vierdrahtmessung ist mit dieser Schaltung nicht möglich.

Bei Verwendung einer Konstantspannungsquelle oder einer Konstantstromquelle kann auf die Messung von Spannung oder Strom verzichtet werden. Es werden dann direkt Leitwerte oder Widerstandswerte angezeigt, wenn eine Korrektur nach Gl. (5.3) und (5.4) entfällt. Bei der Widerstandsmessung mit digitalen Spannungsmessern erfolgt die Speisung durch eine Konstantstromquelle, deren Stromwert für verschiedene Meßbereiche in dekadischen Stufen geändert wird (s. Abschn. 3.4.4.2).

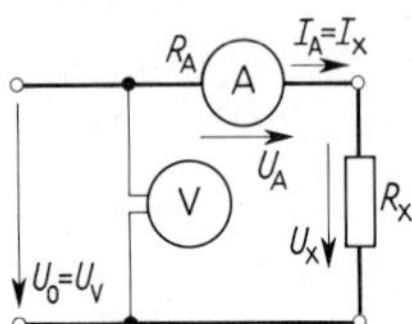

5.7
Widerstandsbestimmung durch Strom- und Spannungsmessung: stromrichtige Schaltung

Meßfehler. Die Genauigkeit der Widerstandsmessung hängt von den Fehlern der verwendeten Meßgeräte ab. Um die Klassengenauigkeit von Analoggeräten (s. Abschn. 2.2.1) auszunutzen, sind Spannung und Meßbereiche möglichst so zu wählen, daß der Ausschlag im letzten Drittel der Skala liegt.

Beispiel 5.2. Ein Widerstand, dessen Größe zu etwa 80 Ω geschätzt wird, soll durch Messen von Strom und Spannung bei Gleichstrom ermittelt werden. Hierfür steht ein Strommesser mit 1,0 A Meßbereichendwert bei $R_A = 2{,}0\,\Omega$ Innenwiderstand[1]) und ein Spannungsmesser mit 40 V Meßbereichendwert bei $R_V = 5000\,\Omega$ Innenwiderstand zur Verfügung. Die Genauigkeitsklasse beider Instrumente ist 0,5.

a) Welche Meßschaltung ist zu wählen?

Bei $R_x = 80\,\Omega$ wäre $R_V/R_x = 5000\,\Omega/(80\,\Omega) = 62{,}5$ und $R_x/R_A = 80\,\Omega/(2\,\Omega) = 40$. Daher ist die spannungsrichtige Schaltung nach Bild 5.6 günstiger.

b) In dieser Meßschaltung werden $I_A = 0{,}420$ A und $U_V = 35{,}5$ V abgelesen. Wie groß sind dann die auftretenden Meßfehler?

Nach Gl. (5.3) beträgt der gemessene Widerstand

$$R_x = \frac{U_V}{I_A - (U_V/R_V)} = \frac{35{,}5\,\text{V}}{0{,}420\,\text{A} - (35{,}5\,\text{V}/5000\,\Omega)} = 86{,}0\,\Omega$$

Der Strommesser hat den maximalen Klassenfehler $0{,}005 \cdot 1{,}0\,\text{A} = 0{,}005\,\text{A}$. Bei dem angezeigten Strom ist das also $0{,}005\,\text{A}/(0{,}420\,\text{A}) = 0{,}012 = 1{,}2\,\%$. Der maximale Fehler des Spannungsmessers ist analog $0{,}005 \cdot 40\,\text{V} = 0{,}20\,\text{V}$, bei der angezeigten Spannung also $0{,}20\,\text{V}/(35{,}5\,\text{V}) = 0{,}0056 = 0{,}56\,\%$.

Der relative Fehler der Widerstandsmessung kann daher aufgrund der Klassenfehler der eingesetzten Meßgeräte nach Gl. (1.18) bis zu $F_r = \sqrt{1{,}2^2 + 0{,}56^2}\,\% = 1{,}32\,\%$ oder $0{,}0132 \cdot 86{,}0\,\Omega = 1{,}1\,\Omega$ betragen. Man erhält also das Ergebnis

$$R_x = 86{,}0\,\Omega \pm 1{,}32\,\% = (86{,}0 \pm 1{,}1)\,\Omega$$

[1]) Der Eigenverbrauch ist also $P = 1{,}0^2\,\text{A}^2 \cdot 2{,}0\,\Omega = 2{,}0\,\text{W}$ und liegt daher nahe der oberen Grenze des Eigenverbrauchs von Dreheisenmeßgeräten.

5.2.2 Strom- und Spannungsvergleich

5.2.2.1 Stromvergleich. Mit dem Strommesser wird nach Bild **5.**8 zunächst der Meßwiderstand R_x und dann ein bekannter Widerstand R ähnlicher Größenordnung in Reihe geschaltet. Der Widerstand des Strommessers sei R_A. Bleibt die Spannung U_0 bei den Messungen konstant, so ist

$$U_0 = (R_x + R_A)I_x = (R + R_A)I$$

und

$$R_x = (R + R_A)\frac{I}{I_x} - R_A \tag{5.5}$$

Ist R_A gegen R_x und R vernachlässigbar klein oder ist $I \approx I_x$, so wird

$$R_x \approx RI/I_x \tag{5.6}$$

Die Widerstände verhalten sich also umgekehrt wie die Ströme. Der Verwendungsbereich des Verfahrens liegt zwischen $10^2\,\Omega$ und $10^8\,\Omega$.

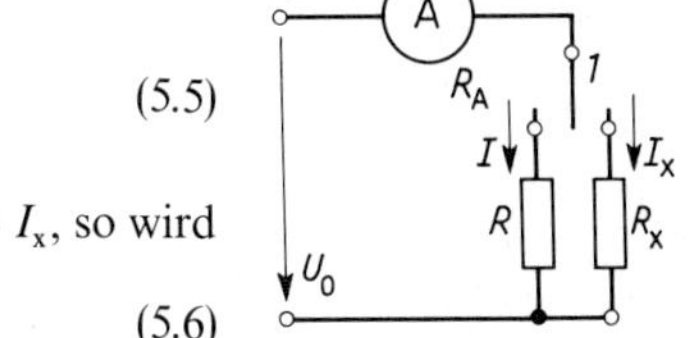

5.8 Widerstandsmessung durch Stromvergleich

1 Umschalter

Beim Stromvergleich mit Hilfe von Kryostromkomparatoren nach Abschn. 4.3.4.1 erzielt man relative Fehler unter 10^{-8} z. B. beim Anschluß von Normalwiderständen an den quantisierten Hall-Widerstand nach Abschn. 4.1.1.

Ersatz- oder Substitutionsverfahren. Ist der Widerstand R in Bild **5.**8 ein hinreichend fein einstellbarer Meßwiderstand, so wird dieser so lange geändert, bis derselbe Ausschlag angezeigt wird wie bei R_x. Dann ist nach Gl. (5.6) $R_x = R$.

5.2.2.2 Spannungsvergleich. Der Meßwiderstand R_x wird nach Bild **5.**9 mit einem bekannten Widerstand R ähnlicher Größenordnung in Reihe geschaltet, und die Teilspannungen werden mit einem Spannungsmesser mit großem inneren Widerstand R_V gemessen. Ist R_V mindestens 100mal größer als R_x und R, so bleibt der Schaltungsfehler unter 1%, und es gilt $I \approx U_x/R_x \approx U/R$ und

$$R_x \approx RU_x/U \tag{5.7}$$

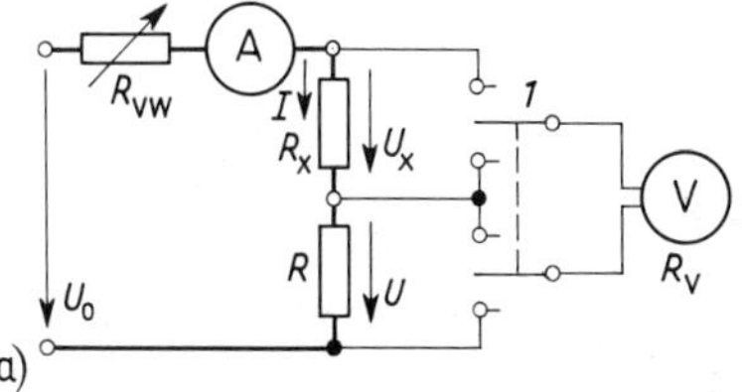

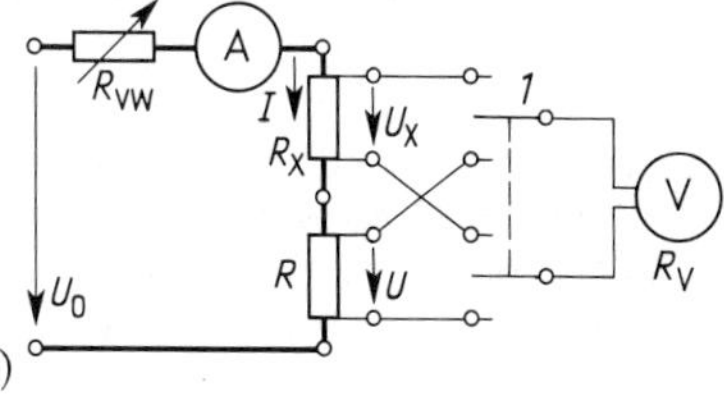

5.9 Widerstandsmessung durch Spannungsvergleich

1 Umschalter

a) Zweidrahtmessung
b) Vierdrahtmessung

Spannungsvergleich durch Kompensation. Verwendet man anstelle des Spannungsmessers in Bild **5.**9b einen Kompensator, so wird die Spannung stromlos gemessen, und Gl. (5.7) gilt genau. Der Hilfsstrom des Kompensators kann beliebig eingestellt werden. Ergibt sich nach der Schaltung in Bild **5.**9b für die Spannung U der Kompensationswiderstand R_k und für die

Spannung U_x der Kompensationswiderstand R_{kx}, so gilt

$$R_x = R\,U_x/U = R\,R_{kx}/R_k \tag{5.8}$$

5.2.2.3 Widerstandsmessung durch Vergleich der Meßwerkanzeigen (Ohmmeter). Ein Drehspulmeßwerk mit dem Gesamtwiderstand R_V (z. B. ein Spannungsmesser) wird einmal direkt (Ausschlag α_0) und einmal über den zu messenden Widerstand R_x (Ausschlag α_1) mit einer konstanten Spannungsquelle verbunden. Aus dem Ausschlagsverhältnis

$$\beta = \frac{\alpha_1}{\alpha_0} = \frac{I_1}{I_0} = \frac{R_V}{R_V + R_x} \tag{5.9}$$

ergibt sich der Meßwiderstand

$$R_x = R_V(1 - \beta)/\beta \tag{5.10}$$

Gleicht man die Empfindlichkeit des Meßwerks durch einen magnetischen Nebenschluß oder wie in Bild **5**.10 durch einen Widerstand R_a so ab, daß α_0 zum Vollausschlag wird, so läßt

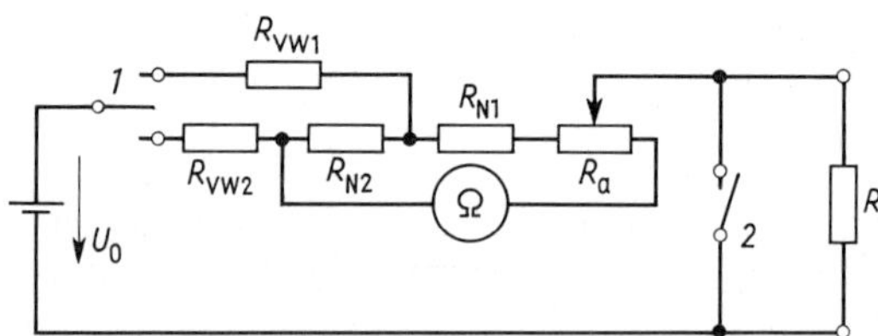

5.10
Schaltung eines Ohmmeters für zwei Meßbereiche (mit Strommessung)
1 Meßbereichsschalter
R_{VW1}, R_{VW2} Vorwiderstände
R_{N1}, R_{N2} Nebenwiderstände
R_a abgleichbarer Widerstand zur Einstellung des Skalenendwerts 0 bei gedrückter Taste *2*

sich die Skala in Widerstandswerten kalibrieren. Da der Widerstand R_V (gebildet aus dem Vorwiderstand R_{VW}, den beiden Nebenwiderständen R_N, dem Meßgerät und den beiden Teilen von R_a) in Gl. (5.10) lediglich als Faktor auftritt und die Charakteristik der Skala durch $(1 - \beta)/\beta$ bestimmt wird, gilt die Skala auch bei dekadischer Änderung von R_V sowie bei gleichzeitiger Änderung der Meßwerkempfindlichkeit oder der Spannung.

Den Widerstand R_V liest man in der Mitte der Skala ab. Hier ist $\beta = 0{,}5$ und $(1 - \beta)/\beta = 1$. Die maximale Stromstärke ist bei der meist bekannten Spannung U_0 dann U_0/R_V.

Der Meßbereich der Schaltung reicht von 0,1 R_V bis 10 R_V; darüber und darunter steigt der relative Fehler stark an. Die Genauigkeit derartiger Ohmmeter beträgt in diesem Bereich 1 % bis 3 %. Analoge Vielfachmeßgeräte haben häufig solche Widerstandsmeßschaltungen.

5.2.3 Quotientenmeßverfahren

Anstatt Ströme und Spannungen einzeln zu messen und den Widerstand als deren Quotienten zu berechnen, kann man den Vergleich direkt mit einem Quotientenmeßwerk für Gleichstrom vornehmen. Derartige Meßwerke, nämlich Kreuzspulmeßwerk und T-Spulmeßwerk (s. Abschn. 2.6.2), verwenden zwei Drehspulen, die von zwei Strömen I_1 und I_2 durchflossen werden und deren Drehmomente entgegengerichtet sind. Die Anzeige α ist eine Funktion des Quotienten aus beiden Strömen. Bild **5**.11 zeigt zwei Meßschaltungen eines Kreuzspulgeräts.

Kreuzspul-Ohmmeter für größere Widerstände. Mit der einen Kreuzspule wird nach Bild **5**.11 a der zu messende Widerstand R_1, mit der anderen ein Vergleichswiderstand R_2 in Reihe geschaltet. Sind die Spulenwiderstände R_3 und R_4, so ist die Spannung $U_0 = (R_1 + R_3) I_1 = (R_2 + R_4) I_2$ und bei Vernachlässigung von R_3 und R_4 gegen R_1 bzw. R_2 auch $U_0 = R_1 I_1 = R_2 I_2$ und

$$R_1 = R_2 I_2 / I_1 = R_2 f(\alpha) \tag{5.11}$$

Bei konstantem R_2 wird R_1 eine Funktion des Zeigerausschlags α, und die Skala kann in Ω kalibriert werden. Sind R_3 und R_4 nicht vernachlässigbar, so wird das in der Skalenteilung berücksichtigt. Bei entsprechender Form der Polschuhe wird sie nahezu linear. Der Meßbereich wird durch R_2 bestimmt und kann bei einer Toleranz von etwa $\pm 2\%$ von etwa $10\,\Omega$ bis $10^7\,\Omega$ reichen.

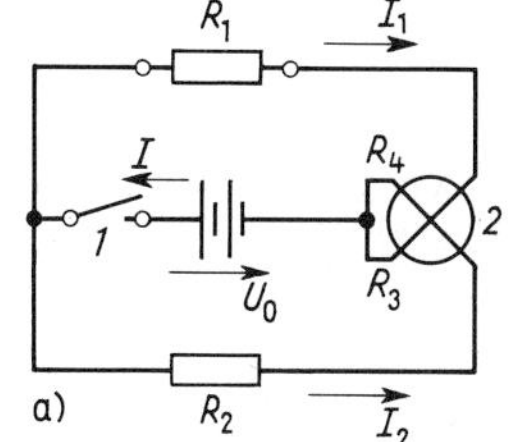

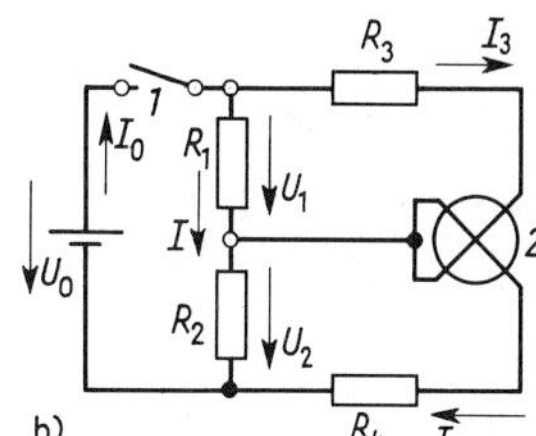

5.11 Schaltung eines Kreuzspul-Ohmmeters für größere Widerstände mit Stromvergleich bei Parallelschaltung (a) und für kleinere Widerstände bei Reihenschaltung (b) des Meßwiderstandes R_1 mit dem Vergleichswiderstand R_2

1 Schalter
2 Kreuzspulgerät

Kreuzspul-Ohmmeter für kleinere Widerstände. Mit dem unbekannten Widerstand R_1 wird ein Vergleichswiderstand R_2 in Reihe und zu jedem eine der Kreuzspulen (meist mit Reihenwiderständen) mit den Gesamtwiderständen R_3 und R_4 parallelgeschaltet. Vernachlässigt man den Unterschied der kleinen Spulenströme, so sind die Ströme I in R_1 und in R_2 gleich, und es gilt nach Bild **5.**11b mit den Teilspannungen $U_1 = R_1 I = R_3 I_3$ und $U_2 = R_2 I = R_4 I_4$ für den Widerstand

$$R_1 = \frac{U_1}{I} = \frac{R_3 I_3}{I_4 R_4 / R_2} = \frac{R_3}{R_4} R_2 \frac{I_3}{I_4} = \frac{R_3}{R_4} R_2 f(\alpha) \tag{5.12}$$

Für konstante Werte von R_2, R_3 und R_4 ist R_1 wieder eine Funktion des Ausschlags α, so daß eine Ohmskala angebracht werden kann. Der Vergleichswiderstand bestimmt den Meßbereich. Dieser liegt zwischen $10^{-4}\,\Omega$ und $10\,\Omega$ bei relativen Fehlern von 0,5% bis 3%.

Anwendungen. Die Anzeige der Quotientenmesser ist weitgehend unabhängig von der Spannung (im Bereich von Nennspannung $U_N \pm 20\%$). Ist die Spannung zu klein, sinkt die Richtkraft des beweglichen Organs. Bei zu großer Spannung wird das Meßwerk überlastet. Quotientenmeßgeräte werden bevorzugt in Fernmeßschaltungen und Temperaturmeßschaltungen mit Widerstandsthermometern verwendet.

5.2.4 Wheatstone-Brücke

5.2.4.1 Abgeglichene Brückenschaltung. An einer gemeinsamen Spannungsquelle liegen nach Bild **5.**12 die Reihenschaltungen der Widerstände R_1 und R_2 sowie der Widerstände R_3 und R_4. Die Speisespannung U_0 wird durch die Reihenschaltungen geteilt; am Punkt C und am Punkt D herrscht je eine Teilspannung von U_0 gegen den Punkt A (oder B). Sind die Teilspannungen U_1 und U_3 gleich, so ist die Brücke abgeglichen. Das Nullgerät *1* mit dem Widerstand R_g im Nullzweig (bzw. der Brückendiagonalen) CD zeigt die Brückenspannung

$U_g = 0$ und den Strom $I_g = 0$. Dann sind die Ströme $I_1 = I_2$ und $I_3 = I_4$, und die Spannungen an den parallelliegenden Brückengliedern sind gleich

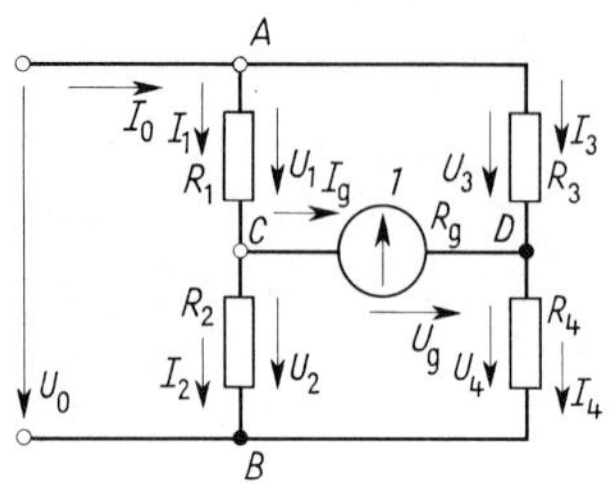

5.12 Wheatstone-Brückenschaltung
1 Nullgerät

$$R_1 I_1 = R_3 I_3 \quad \text{und} \quad R_2 I_2 = R_4 I_4 \tag{5.13}$$

Durch Division beider Gleichungen erhält man die Gleichung der abgeglichenen Brücke

$$R_1/R_2 = R_3/R_4 \quad \text{oder} \quad R_1 R_4 = R_2 R_3 \tag{5.14}$$

Die Produkte diagonal gegenüberliegender Widerstände sind gleich. Ist ein Widerstand, z.B. R_1, unbekannt, so läßt sich nach Abgleich der Brücke berechnen

$$R_1 = R_2 R_3/R_4 \tag{5.15}$$

Es genügt also, einen Widerstand (z.B. R_2) und das Verhältnis der beiden anderen Widerstände zu kennen, um R_1 zu ermitteln.

5.2.4.2 Nicht abgeglichene Brückenschaltung (Ausschlagbrücke). Ist die Abgleichbedingung von Gl. (5.14) nicht erfüllt, so liegt am Nullzweig die Brückenspannung $U_g = R_g I_g$, und es fließt durch das Nullgerät mit dem Widerstand R_g der Brückenstrom [19]

$$I_g = \frac{R_2 R_3 - R_1 R_4}{R_g(R_1 + R_2)(R_3 + R_4) + R_1 R_2 (R_3 + R_4) + R_3 R_4 (R_1 + R_2)} U_0 \tag{5.16}$$

Übersichtlicher wird Gl. (5.16), wenn man für den zu messenden Widerstand $R_1' = R_1 + \Delta R_1$ setzt. Dabei soll für R_1 die Abgleichbedingung von Gl. (5.14) $R_1/R_2 = R_3/R_4$ erfüllt sein. Mit der relativen Abweichung vom Abgleich $\Delta R_1/R_1$ ergeben sich für Brückenstrom und Brückenspannung

$$I_g = \frac{\Delta R_1/R_1}{R_g(1 + R_2/R_1')(1 + R_3/R_4) + R_1' + R_2 + R_3 + R_4} U_0 \tag{5.17}$$

$$U_g = \frac{\Delta R_1/R_1}{(1 + R_2/R_1')(1 + R_3/R_4) + (R_1' + R_2 + R_3 + R_4)/R_g} U_0 \tag{5.18}$$

Strom und Spannung im Nullzweig sind somit der relativen Abweichung $\Delta R_1/R_1$ vom Abgleich näherungsweise proportional.

Anwendung. Bei konstanter Brückenspeisespannung U_0 kann man die Anzeige des Nullgeräts zur Messung der relativen Widerstandsabweichung benutzen und somit Temperaturen mit dem Widerstandsthermometer (s. Abschn. 7.3.1), Längenänderungen mit Dehnungsmeßstreifen (s. Abschn. 7.2.2.1) und andere Größen, die sich in Widerstandsänderungen direkt umsetzen lassen, messen. Bei nicht konstanter Brückenspeisespannung verwendet man als Nullgerät einen Quotientenmesser mit galvanisch getrennten Drehspulen (s. Abschn. 2.6.2), deren eine im Nullzweig, deren andere über einen konstanten Widerstand an der Brückenspeisespannung liegt.

5.2.4.3 Empfindlichkeit des Abgleichs. Gl. (5.17) und (5.18) ermöglichen die Berechnung oder Abschätzung der Ströme und Spannungen im Nullzweig. Bei einem niederohmigen Nullinstrument (Galvanometer) kann man R_g gegenüber den Brückenwiderständen vernachlässigen.

Es ergibt sich dann der Brückenstrom

$$I_g \approx (\Delta R_1/R_1) U_0/(R_1 + R_2 + R_3 + R_4) \quad (5.19)$$

Bei hochohmigem Nullinstrument, z.B. einem Meßverstärker, ist bei Vernachlässigung des Gliedes mit $1/R_g$ die Brückenspannung

$$U_g \approx (\Delta R_1/R_1) U_0/[(1 + R_2/R_1)(1 + R_3/R_4)] \quad (5.20)$$

Wenn das Verhältnis R_2/R_1 bei nahezu abgeglichener Brücke praktisch gleich dem reziproken Wert des Verhältnisses R_3/R_4 ist, ergibt sich als Funktion dieses Verhältnisses ein Maximum der Brückenspannung für das Verhältnis 1:1, d.h. bei symmetrischer Brücke. Bei „schiefen" Brückenverhältnissen $R_3/R_4 \gg 1$ oder $\ll 1$ wird die Brückenschaltung unempfindlicher.

Mit empfindlichen Nullgeräten lassen sich noch relative Widerstandsänderungen $\Delta R/R < 10^{-7}$ erkennen. Normalwiderstände höchster Präzision zeigen dagegen kurzfristig relative Widerstandsänderungen $\Delta R/R < 10^{-6}$. Für die Fehler der Messung sind daher weniger die Empfindlichkeit des Abgleichs als die Eigenschaften der Meßwiderstände sowie Kontaktübergangswiderstände und Thermospannungen maßgebend, die wiederum von Temperatur und Luftfeuchte des Meßraums und der Brückenspeisespannung abhängen.

Größte Meßgenauigkeit ist für den direkten Vergleich zweier Normalwiderstände erforderlich. Hier sind R_1 das Meßobjekt und $R_2 = R_n$ das Meßnormal mit dem gleichen Nennwert. R_3 und R_4 gehören zu einem Spannungsteiler, dessen Teilerverhältnis sich zwischen 99,5000% und 100,5000% genau einstellen läßt. Es werden stets zwei Messungen unter Vertauschung von R_1 und R_2 durchgeführt. Man erreicht einen relativen Fehler $F_r < \pm 10^{-6}$. Durch eine Anzapfung des Verhältniszweiges mit R_3 und R_4 lassen sich auch Verhältnisse $R_1/R_2 = 1/10$ oder 10/1 mit etwas größerem Fehler messen.

Für beliebige Widerstandsverhältnisse ist entweder das Teilverhältnis R_3/R_4 fünf- bis siebenstufig einstellbar, oder das Verhältnis R_3/R_4 erhält feste dekadische Verhältnisse ($10^n/1$ mit ganzzahligem n von -3 bis $+3$), und R_2 ist ein Stufenwiderstand von 4 bis 6 Dekaden. Nur durch mehrfache Messungen und aufwendige Korrekturen lassen sich kleinere Fehler als $2 \cdot 10^{-5}$ mit derartigen Brücken erreichen. Bei Widerständen unter 100 Ω ist für Präzisionsmessungen die Thomson-Doppelbrücke zu bevorzugen (s. Abschn. 5.2.5), da der Einfluß der Anschlüsse und der Verbindungsleitungen Fehler in der Größenordnung von mΩ verursacht. Bei der Thomson-Brücke werden diese Fehler vermieden.

5.2.4.4 Schleifdrahtbrücken. Punkt D in Bild **5.**13 ist der Abgriff auf einem Widerstandsdraht konstanten Querschnitts, dem Schleifdraht. Die Teilwiderstände R_3 und R_4 verhalten sich wie die zugehörigen Drahtlängen a und b. Der Widerstand R_2 wird für verschiedene Meßbereiche in Zehnerstufen geändert. Bei Abgleich ist der zu messende Widerstand

$$R_1 = R_2 R_3/R_4 = R_2 a/b = R_2 a/(l - a) \quad (5.21)$$

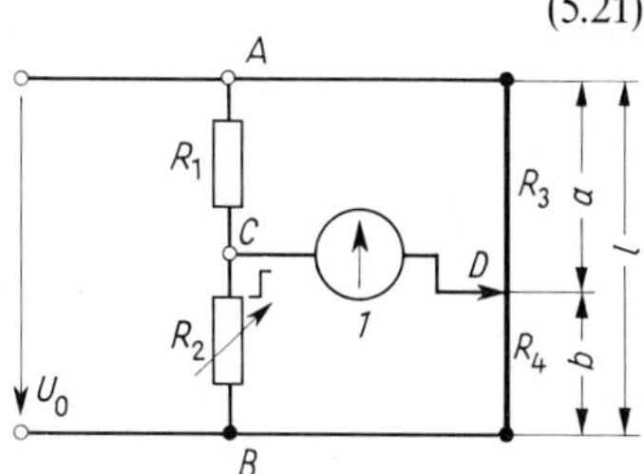

5.13
Schaltung einer Schleifdrahtbrücke

l Länge des Schleifdrahtes, durch Abgriff *D* in Abschnitt *a* und *b* geteilt

1 Nullgerät

Für Übungsgeräte ist der Schleifdraht gestreckt auf einem Lineal montiert und mit einer Millimeterteilung versehen, auf der sich a und b ablesen lassen. Manchmal ist auch eine Teilung $a/(l-a)$ vorhanden. Bei Benutzung der Brücke ist sehr auf die zulässige Belastung des meist niederohmigen Brückendrahts zu achten. Häufig sind nur 2 V als Brückenspannung zugelassen.

Handelsübliche Schleifdrahtbrücken nach Bild **5.**14 haben meist einen Schleifdrahtring oder eine Schleifdrahtwendel (nach Kohlrausch). Der Widerstand R_2 ist wieder in Stufen umschaltbar. Der Widerstand R_{VW} in Bild **5.**14 begrenzt den Brückenstrom bei kleinen Meßbereichen. Der Schalter *4* dient zum Ausschalten der Spannungsquelle und zur Kontrolle des Galvanometernullpunkts. Da an den Enden der Abschnitte a und b in Bild **5.**13 die relative Meßgenauigkeit klein wird, ersetzt man diese Teile des Schleifdrahts nach Bild **5.**14 oft durch feste Widerstände. Der relative Meßfehler liegt bei Schleifdrahtbrücken um 1%.

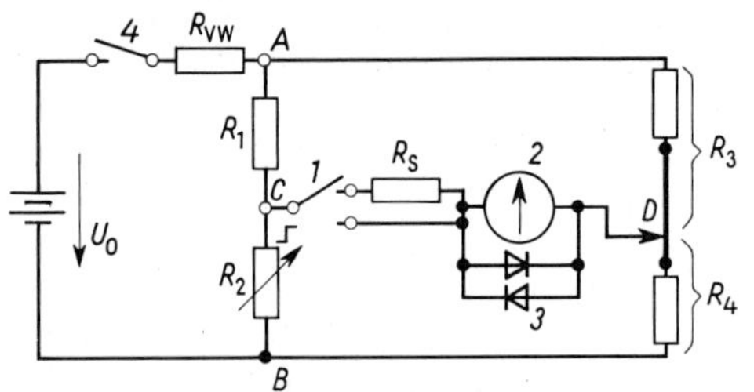

5.14
Schaltung einer handelsüblichen Schleifdrahtbrücke
1 Taster zur Einschaltung des Nullgeräts *2*, zuerst über den Schutzwiderstand R_S und dann direkt
3 Gleichrichter als Überlastungsschutz
4 Schalter

Prozentmeßbrücken haben einen in Prozenten kalibrierten Schleifdraht. Der Widerstand R_2 ist ein außen anklemmbarer, hinreichend genauer Vergleichswiderstand. Der Widerstand R_1 ist wieder der zu messende Widerstand. Nach dem Abgleich zeigt die Brücke die Abweichung $(R_1 - R_2)/R_2$ in % an.

Messung kleiner Widerstände mit der Schleifdrahtbrücke. Um den Einfluß der Zuleitungen im Brückenzweig zu R_1 und R_2 bei kleinen Widerständen auszuschalten, führt man in der Schaltung nach Bild **5.**15 vier Abgleiche hintereinander aus. Die abgegriffenen Längen auf dem Schleifdraht verhalten sich dann wie die Teilwiderstände des oberen Brückenzweigs

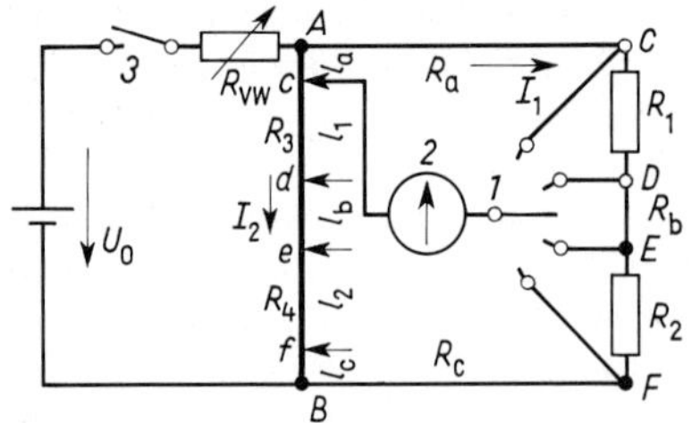

$$l_a : l_1 : l_b : l_2 : l_c = R_a : R_1 : R_b : R_2 : R_c \tag{5.22}$$

Hieraus folgt

$$R_1 = R_2 l_1 / l_2 \tag{5.23}$$

5.15
Brückenschaltung nach Matthiessen und Hockin
1 Wahltaster *2* Nullgerät *3* Schalter

Beispiel 5.3. Wie groß ist der Brückenstrom in einer Wheatstone-Brücke, die aus vier gleichen Widerständen $R = 100\,\Omega$ besteht, wenn einer der Brückenwiderstände sich um $\Delta R = 10\,\text{m}\Omega$ ändert? Das Nullgalvanometer habe $R_g = 20\,\Omega$, die Brückenspeisespannung betrage $U_0 = 10\,\text{V}$.

Zur Berechnung des Brückenstroms dient Gl. (5.17) der unabgeglichenen Brücke. Da alle Brückenwiderstände gleich R sind (bis auf die kleine Abweichung) und die Abweichung ΔR gegenüber den Widerständen vernachlässigbar ist, läßt sich die Gleichung wesentlich vereinfachen. Mit $I = U/R$ ergibt sich bei Vernachlässigung der Glieder mit ΔR im Nenner der Brückenstrom

$$I_g = \frac{U_0 \Delta R/R}{4(R_g + R)} = \frac{10\,\text{V} \cdot 10\,\text{m}\Omega/100\,\Omega}{4(20+100)\,\Omega} = 2{,}08\,\mu\text{A}$$

Beispiel 5.4. Mit einem hochempfindlichen Spiegelgalvanometer sind noch 0,1 nA Brückenstrom erkennbar. Mit welchem kleinsten relativen Abgleichfehler läßt sich eine symmetrische Wheatstone-Brücke aus vier Widerständen $R = 1\,\text{k}\Omega$ und einer Brückenspannung $U_0 = 20\,\text{V}$ noch abgleichen?

Unter Verwendung der in Beispiel 5.3 abgeleiteten Gleichung ergibt sich der kleinste relative Abgleichfehler infolge des kleinsten erkennbaren Galvanometerstroms I_{gmin} bei Vernachlässigung des Galvanometerwiderstandes R_g gegenüber R

$$\frac{\Delta R}{R} = \frac{4 R I_{\text{gmin}}}{U_0} = \frac{4 \cdot 1000\,\Omega \cdot 0{,}1\,\text{nA}}{20\,\text{V}} = 2 \cdot 10^{-8}$$

5.2.5 Thomson-Doppelbrücke

Beim Messen kleiner Widerstände mit der Wheatstone-Brücke beeinflussen die Zuleitungen das Meßergebnis. Bei Widerständen unter 10 mΩ hat der Leitungswiderstand oft schon die gleiche Größenordnung wie der Meßwiderstand. Bei der Thomson-Brücke nach Bild 5.16 wird der Einfluß der Zuleitungen eliminiert, so daß sich noch Widerstände in der Größenordnung von μΩ messen lassen.

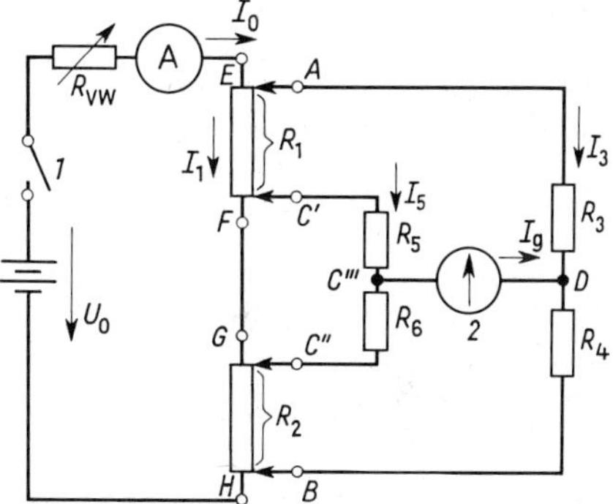

5.16
Schaltung der Thomson-Doppelbrücke
1 Schalter
2 Nullgerät

Meßwiderstand R_1 und Vergleichswiderstand R_2 haben je vier Anschlußpunkte (Vierdrahtmessung): die Stromklemmen *E–F* und *G–H*, durch die der Meßstrom geleitet wird, und die Potentialklemmen *A–C'* und *C''–B*, durch die nur verhältnismäßig kleine Ströme fließen. Zwischen den Anschlüssen *A* und *C'* liegt der zu messende Widerstand R_1. Die Punkte *A* und *C'* werden häufig durch Prüfspitzen oder Prüfschneiden gebildet, die auf die Punkte des Meßobjekts aufgesetzt werden, zwischen denen der Widerstand gemessen werden soll. Der Widerstand R_2 ist oft ein Normalwiderstand ähnlicher Größenordnung wie R_1 mit Strom- und Potentialklemmen (s. Abschn. 4.1.2.2). Die weiteren Widerstände R_3 und R_4 bilden den zweiten Brückenzweig, an deren Verbindung *D* das Galvanometer angeschlossen ist.

Der Punkt *C* der Wheatstone-Brücke ist hier in die Anschlüsse *C'*, *C''* und *C'''* aufgelöst. Zwischen den Punkten *C'* und *C''* befindet sich ein aus den Widerständen R_5 und R_6 gebildeter Nebenschluß, der im Falle des Abgleichs die Spannung zwischen *C'* und *C''* im gleichen Verhältnis wie R_1/R_2 teilt. Zum Abgleich muß das Verhältnis R_3/R_4 gleich R_5/R_6 sein. (Im einfachsten Fall macht man $R_3 = R_5$ und $R_4 = R_6$.) Ist der Strom I_g im Nullzweig Null, so gilt

$$R_1 I_1 + R_5 I_5 = R_3 I_3 \qquad \text{und} \qquad R_2 I_1 + R_6 I_5 = R_4 I_3 \tag{5.24}$$

Hieraus folgt, wie man sich durch Einsetzen leicht überzeugen kann, die Abgleichbedingung

$$R_1/R_2 = R_3/R_4 = R_5/R_6 \tag{5.25}$$

Die Verwendung der Thomsonbrücke empfiehlt sich zur Präzisionsmessung von Widerständen unter 100 Ω.

5.2.6 Messung großer Widerstände

5.2.6.1 Grundlagen. Mit zunehmender Größe der zu messenden Widerstände muß man Meßgeräte immer höherer Empfindlichkeit verwenden, z.B. beim Strommesser, wenn Strom und Spannung gemessen werden, oder beim Nullgerät in der Brücke. Je nach Meßobjekt, zulässiger Meßspannung und anderen Gegebenheiten liegt die Grenze dieser Verfahren unter besonders günstigen Umständen bei etwa $10^{18}\ \Omega$.

Grenzleitwert. Als Grenzleitwert wird derjenige Leitwert definiert, dessen Parallelschaltung zum Meßobjekt eine noch gerade erkennbare Änderung der Anzeige am Meßgerät hervorruft. Er bestimmt zusammen mit der Güte und Stabilität der Schaltglieder die mögliche Genauigkeit der Messung.

Soll z.B. ein Widerstand von $10^8\ \Omega$ mit einer Unsicherheit von 1% gemessen werden, so muß eine Änderung dieses Widerstandes um 1% also noch eine deutliche Änderung des Ausschlags, etwa am Nullgerät, bewirken. Der Grenzleitwert muß also kleiner als 10^{-10} S (größer als $10^{10}\ \Omega$) sein. Mit der gleichen Meßeinrichtung kann man dann Widerstände von $10^9\ \Omega$ mit einer Unsicherheit von 10% messen.

Isolation. Nicht ausreichende Isolation kann als Nebenschluß Meßfehler verursachen. Kritische Punkte der Meßschaltung müssen besonders geschützt werden. So lassen sich durch Schutzringe Kriechströme ableiten, wie Bild **5**.21 an einem Beispiel zeigt.

Abschirmung. Durch elektrische Influenz können in der Meßschaltung störende Ladungen auftreten. Auch Wechselfelder können erheblich stören. Daher müssen die kritischen Punkte der Schaltung sorgfältig geschirmt werden.

Erdung. Um definierte Verhältnisse in der Potentialverteilung gegenüber der Umgebung zu zu schaffen, ist ein Punkt der Schaltung mit einer guten Meßerde zu verbinden.

Meßspannung. Um bei großen zu messenden Widerständen ausreichende Stromstärken zu erhalten, muß die Meßspannung möglichst hoch gewählt werden. Je nach Art und Spannungsfestigkeit des Meßobjekts kommen meist Spannungen von 100 V bis zu einigen kV in Frage. Als Spannungsquelle dient meist ein Netzanschlußgerät oder ein Gleichspannungswandler, der mit Transistoren aus einer Batteriespannung die gewünschte Meßspannung erzeugt. Durch sorgfältige Glättung und Stabilisierung muß für zeitliche Konstanz gesorgt werden. Jede Schwankung der Meßspannung influenziert über die Kapazitäten der Schaltung störende Ladungen. Bei Widerständen bis zu einigen 100 MΩ reicht als Spannungsquelle auch eine handelsübliche Batterie aus. Tragbare Isolationsmesser, vor allem auch ältere Modelle, haben auch handbetriebene Generatoren als Spannungsquellen. Durch Vorschalten eines Schutzwiderstandes in der Größenordnung von 1 MΩ werden Meßobjekt, Meßeinrichtung und nicht zuletzt der Benutzer vor der Meßspannung geschützt.

Zeitverhalten. Bei den großen Widerständen treten infolge der Kapazitäten der Schaltung Lade- und Entladevorgänge bei der Messung auf. Charakteristisch hierfür ist die Zeitkonstante

$$\tau = RC \tag{5.26}$$

des kritischen Meßzweiges. Bei stationärer Messung ist die Zeitkonstante klein und die Meßzeit wesentlich größer, so daß alle zeitlichen Änderungen abgeklungen sind. Bei einer nichtstationären Messung ist die Meßzeit kleiner als die Zeitkonstante. Die Meßgrößen (Spannungen und Ladungen) werden eine Funktion der Zeit, und die Uhr kommt als weiteres Meßgerät hinzu.

5.2.6.2 Messung mit Drehspulgeräten. Mit Galvanometern und anderen empfindlichen Drehspulstrommessern werden stationäre Messungen meist mit der stromrichtigen Schaltung nach Bild **5.**7 durchgeführt. Weitere häufig angewandte Meßschaltungen sind die Stromvergleichsschaltung nach Bild **5.**8, die Ohmmeterschaltung nach Bild **5.**10 und die Wheatstone-Brücke nach Bild **5.**12. Für Widerstände bis $10^7\,\Omega$ verwendet man auch vielfach Quotientenmeßwerke nach der Schaltung in Bild **5.**11 a. Mit stromempfindlichen Galvanometern kann man noch Stromänderungen von 0,1 nA bis 1 nA (bei höchstempfindlichen sogar bis herab zu 10 pA) erkennen. Bei 1 kV angelegter Spannung entspricht dies einem Grenzleitwert von 0,01 pS bis 1 pS (entsprechend einem Widerstand von 100 TΩ). Es ist hierbei gleichgültig, ob eine Strommeßschaltung oder eine Brückenschaltung verwendet wird.

Zur Vergrößerung des Ausschlags lassen sich Drehspulgeräte auch ballistisch verwenden, wenn man die Ladung des Meßstromes einige Zeit in einem hochwertigen Kondensator speichert und diesen dann über das Meßwerk entlädt. Besonders zweckmäßig ist diese Methode bei hochohmigen Brücken.

Tragbare Isolationsmesser verwenden oft Drehspul- oder Kreuzspulmeßwerke in Verbindung mit stabilisierten, batteriebetriebenen Spannungsquellen oder handbetriebenen Generatoren mit Spannungen von 500 V bis 5000 V.

5.2.6.3 Messung mit elektrostatischen Spannungsmessern. Stationäres Verfahren. Messung durch Spannungsvergleich nach Bild **5.**17: Der unbekannte Widerstand R_x ist mit einem bekannten Widerstand R_n in Reihe geschaltet und liegt an einer konstanten Gleichspannung U_0 von beispielsweise 1 kV. Mit dem Spannungsmesser wird zunächst die Spannung U_0 kontrolliert (Schalterstellung 0) und dann die Spannung U_x am Widerstand R_x gemessen. Dann ist

$$R_x = R_n U_x/(U_0 - U_x) \tag{5.27}$$

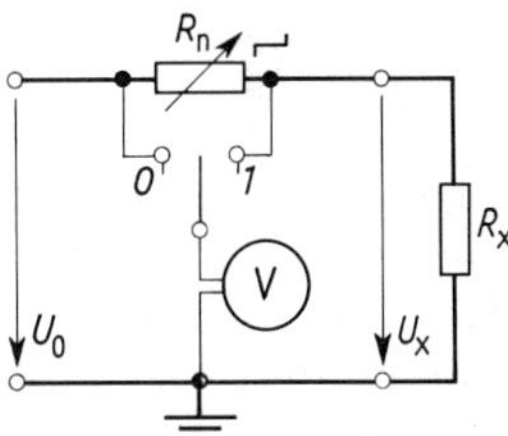

5.17
Ohmmeter mit elektrostatischem Spannungsmesser *V*.
Schalterstellung *0* Spannungskontrolle, *1* Messung

Wird U_0 so eingestellt, daß das Gerät den Skalenendwert zeigt, kann die Skala direkt in Widerstandswerten kalibriert werden. Bei auf einen genauen Wert stabilisierten Spannungen kann die Messung von U_0 entfallen. Verschiedene Meßbereiche erhält man durch Umschaltung von R_n, z.B. $R_n = 10^7\,\Omega$ bis $10^{12}\,\Omega$; dann kann $R_x = 10^6\,\Omega$ bis $10^{13}\,\Omega$ gemessen werden (Daten eines als „Tera-Ohmmeter" bezeichneten Meßgeräts).

Nichtstationäres Verfahren. Bei der Widerstandsmessung durch Entladung eines Kondensators wird ein Kondensator C_0 mit großem Isolationswiderstand auf eine Spannung U_0 aufgeladen, die mit einem parallel geschalteten elektrostatischen Spannungsmesser gemessen wird. Nach beendeter Aufladung wird der Kondensator über den zu messenden Widerstand mit dem Leitwert G_x entladen. Bild **5.**18 zeigt die Ersatzschaltung mit den Isolationswiderständen des Kondensators und Spannungsmessers (Leitwerte G_C und G_V), der (vom Ausschlag abhängigen) Kapazität C_V des Spannungsmessers und der Kapazität C_x des Widerstandes. Betrachtet man alle Kapazitäten und Leitwerte als parallel geschaltet, so ist mit

$$C = C_0 + C_V + C_x \quad \text{und} \quad G = G_C + G_V + G_x \tag{5.28}$$

die Zeitkonstante des Entladekreises $\tau = C/G$. Bei der Entladung nimmt die am Spannungsmesser gemessene Spannung

$$u = U_0 e^{-t/\tau} \tag{5.29}$$

exponentiell ab. Mißt man zu zwei aufeinanderfolgenden Zeiten t_1 und t_2 die Spannungen u_1 und u_2, so lassen sich Zeitkonstante τ und bei bekannter Kapazität C auch Leitwert G ermitteln

$$\tau = \frac{t_2 - t_1}{\ln(u_1/u_2)} \qquad G = \frac{C}{\tau} = \frac{C \ln(u_1/u_2)}{t_2 - t_1} \tag{5.30}$$

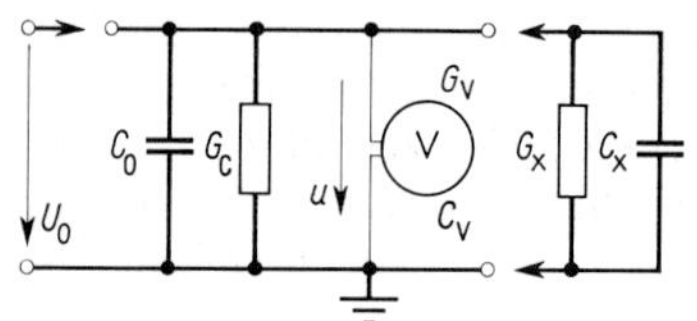

5.18
Leitwertmessung durch Kondensatorentladung

U_0 Ladespannung
G_C Leitwert des Kondensators
G_V, C_V Leitwert und Kapazität des elektrostatischen Spannungsmessers
G_x, C_x Leitwert und Kapazität des zu messenden Widerstandes

Die Kapazitäten sind mit einer Kapazitätsmeßeinrichtung nach Abschn. 5.4, die Leitwerte G_C und G_V durch Messung der Zeitkonstanten ohne G_x, am besten vor und nach der Messung von G_x, zu bestimmen. Je kleiner die Zeitdifferenz $t_2 - t_1$ gegenüber τ und somit auch der Spannungsunterschied $u_1 - u_2$ klein gegenüber der Meßspannung U_0 ist, desto besser gilt die Näherung

$$G \approx \frac{C}{t_2 - t_1} \cdot \frac{2(u_1 - u_2)}{u_1 + u_2} \tag{5.31}$$

Angewendet wird diese Methode vornehmlich zur Messung der Ableitung G_x von Kondensatoren und Meßobjekten mit größerer Kapazität, wie hochisolierten Kabeln, und auch zur Untersuchung von Meßschaltungen und elektrostatischen Meßgeräten. Der Leitwert des zu messenden Widerstandes darf nicht wesentlich kleiner als der Leitwert des Meßgeräts und des Meßkondensators sein. Mit hochwertig isolierten Meßgeräten und guten Kondensatoren lassen sich mit dieser Methode Widerstände bis $10^{16}\,\Omega$ messen, sofern die Ableitung G_V des Spannungsmessers genügend klein ist. Hierbei können Meßzeiten von Stunden bis Tagen erforderlich sein.

Beispiel 5.5. Von einem Kondensator mit der Kapazität $C_x = 0{,}1\,\mu F$ sollen Isolationswiderstand R_x bzw. Leitwert G_x und Zeitkonstante τ gemessen werden. Dazu wird der Kondensator mit der bekannten Spannung $U_0 = 1000\,V$ aufgeladen. Nach 24 h wird ein elektrostatischer Spannungsmesser mit der Kapazität $C_V = 30\,pF$ angeschlossen und die Spannung u_2 gemessen. Da der Spannungsmesser nur kurzzeitig angeschlossen wird, kann seine Ableitung und auch seine gegenüber C_x geringe Kapazität vernachlässigt werden. Wie groß sind Ableitung G_x und Zeitkonstante τ, wenn nach 24 h die Spannung $u_2 = 850\,V$ gemessen wird?

Nach Gl. (5.30) ist die Zeitkonstante

$$\tau = \frac{t_2 - t_1}{\ln(U_0/u_2)} = \frac{24\,h}{\ln(1000\,V/850\,V)} = 147{,}7\,h = 5{,}316 \cdot 10^5\,S$$

woraus sich die Ableitung

$$G_x = C_x/\tau = 0{,}1\,\mu F/(5{,}316 \cdot 10^5\,s) = 1{,}88 \cdot 10^{-13}\,S$$

bzw. der Widerstand $R_x = 1/G_x = 5{,}32 \cdot 10^{12}\,\Omega = 5{,}32\,T\Omega$ ergibt.

Nach Gl. (5.31) hätte man erhalten

$$G_x = \frac{C_x}{t_1 - t_2} \cdot \frac{2(U_0 - u_2)}{U_0 + u_2} = \frac{10^{-7}\,F}{86400\,s} \cdot \frac{2 \cdot 150\,V}{1850\,V} = 1{,}877 \cdot 10^{-13}\,S$$

5.2.6.4 Messung mit Verstärkerelektrometern. Mit Verstärkern mit großem Eingangswiderstand von etwa $10^8\,\Omega$ bis $10^{14}\,\Omega$ lassen sich noch Ströme bis 10^{-17} A und somit auch entsprechend große Widerstände messen.

Schaltung mit direkter Anzeige des Leitwerts. Der Verstärker *1* mißt direkt die Spannung U_1 an einem großen Widerstand R_n in Bild **5.**19. Der Meßbereich des linear anzeigenden Verstärkerelektrometers beträgt 0 bis 1 V $\pm 2\%$, der Widerstand R_n ist stufenweise von 1 MΩ bis 1 TΩ einstellbar. Die Skala des Anzeigegeräts *2* ist linear in Leitwerteinheiten (pS) kalibriert. R_{VW} ist ein Schutzwiderstand. Durch Drücken der Taste *3* wird die Nullstellung kontrolliert. Mit einem zweiten, nicht gezeichneten Schalter wird $^1/_{1000}$ der Spannung U_0 an den

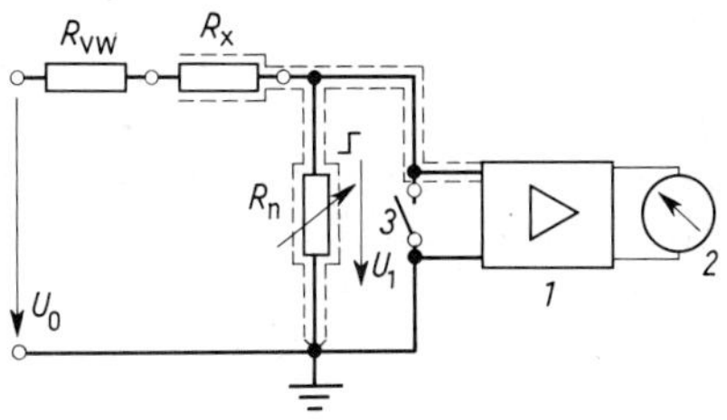

5.19
Schaltung zur Messung großer Widerstände R_x mit einem linear verstärkenden Verstärkerelektrometer
1 Verstärker
2 Anzeigegerät
3 Taste zur Nullpunktskontrolle
R_{VW} Schutzwiderstand

Verstärkereingang zur Kontrolle des Endausschlags gelegt. Der Grenzleitwert beträgt für die angegebenen Daten bei 1% Ausschlag 10^{-17} S. Die Schaltung ist in dieser Form weit verbreitet. Ihr Vorzug ist die schnelle, direkte Anzeige.

Brückenschaltung. Die Wheatstone-Brücke nach Bild **5.**20 wird aus vier Widerständen gebildet: R_1 ist der zu messende Widerstand, R_2 läßt sich in dekadischen Stufen von 1 MΩ bis 1 TΩ einstellen, R_3 hat einen festen Wert (z.B. 10 MΩ), R_4 läßt sich mit einer oder mehreren Stufen eines Schleifwendelpotentiometers fein einstellen (z.B. von 0 bis 10 kΩ). Die Brücke ist bei den angegebenen Daten extrem ungleicharmig. Die Widerstände R_3/R_4 und somit auch R_1/R_2 verhalten sich wie 1000/1 und mehr. Eine Klemme der Spannungsquelle ist geerdet und somit auch der Brückeneckpunkt *B*. Punkt *A* ist mit der anderen Spannungsklemme über einen Schutzwiderstand R_{VW} verbunden. Der Verstärker *1* ist hier ein Differenz-Gleichspannungsverstärker mit symmetrischem Eingang und logarithmischer Charakteristik und hat im Ausgang das Nullgerät *2*. Die Anzeige erfolgt linear in Einheiten des Leitwerts $G_1 = 1/R_1$ bei linearer Veränderung von R_4.

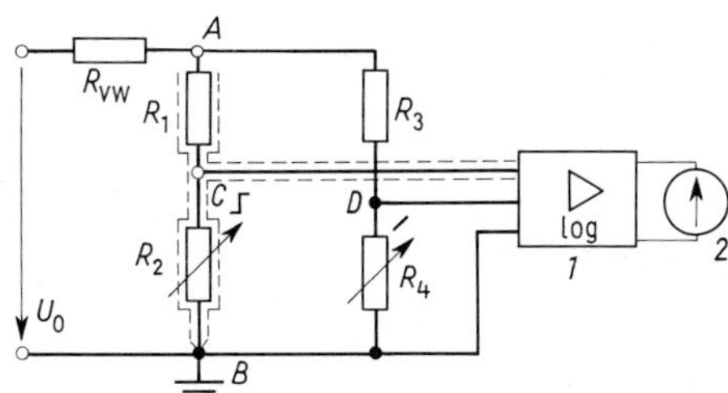

5.20
Wheatstone-Brücke für Widerstände bis $10^{16}\,\Omega$ mit Verstärkerelektrometer *1* und Nullgerät *2*

5.2.6.5 Messungen an Isolierstoffen. Der elektrische Strom fließt bei Isolierstoffen im Inneren und an der Oberfläche. Der Zahlenwert des inneren spezifischen Widerstandes (Einheit Ωcm) ist gleich dem Widerstand eines Würfels von 1 cm^3 in Ω, gemessen zwischen zwei gegenüberliegenden Flächen. Er ist bei homogenen Isolierstoffen eine Materialkonstante, die stark von der Temperatur und bisweilen von der Spannung abhängt. Der spezifische Oberflächenwiderstand hat die Einheit Ω und ist durch das in Bild **5.**22 dargestellte Meßverfahren definiert. Er hängt wesentlich von der Bearbeitung, der Vorgeschichte und der Luftfeuchte ab. Seine Größe ist sehr unbestimmt und ändert sich stark mit der Spannung. Er wird oft nur durch eine Vergleichszahl angegeben: 6 für Widerstände R bei $1\,\text{M}\Omega \leqq R < 10\,\text{M}\Omega$, ferner 7 bei $10\,\text{M}\Omega \leqq R < 100\,\text{M}\Omega$ usw.

VDE 0303 enthält die Leitsätze für elektrische Prüfungen von Isolierstoffen und Angaben über die mechanische, wärmetechnische und chemische Vorbehandlung sowie über die Elektrodenarten.

Durchgangswiderstand. Dies ist der Isolationswiderstand im Innern des Isolierstoffs unter Ausschluß des Anteils der Isolierstoffoberfläche. Oberflächenströme sind durch Schutzringelektroden auszuschließen. Die Messung nach Bild **5.**21 ist mit einer Gleichspannungsquelle von 100 V bis 1000 V eine Minute nach Anlegen der Spannung auszuführen. Die Meßanordnung soll die Messung von Isolationswiderständen bis 1 TΩ ermöglichen.

Da Ring und Innenelektrode gleiches Potential haben, geht zwischen beiden kein Oberflächenstrom über, und das Galvanometer mißt nur den Strom, der von der Innenelektrode durch die Probe fließt. Aus dem Durchgangswiderstand, der Fläche der geschützten Innenelektrode und der Dicke der Probe läßt sich der spezifische Durchgangswiderstand berechnen.

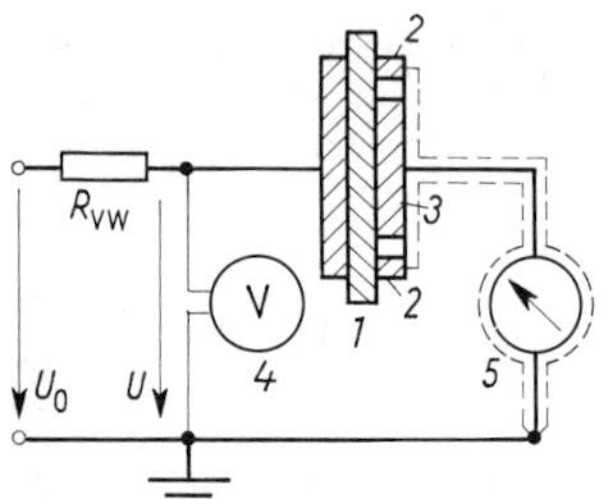

5.21
Messung des Durchgangswiderstandes
1 Probe
2 Schutzring
3 Innenelektrode
4 Spannungsmesser
5 empfindlicher Strommesser
R_{VW} Schutzwiderstand

Bei festen plattenförmigen Isolierstoffen werden kreisförmige Plattenelektroden mit Schutzring, bei rohrförmigen Proben Zylinderelektroden mit Schutzring benutzt. Ist durch Anpressen der Elektroden und des Schutzrings an die Probe ein festes und gleichmäßiges Anliegen nicht gewährleistet, so muß die Berührungsfläche eine haftende Schicht aus Leitsilber, gut leitendem Lack, kolloidalem Graphit oder aufgedampftem Metall erhalten.

Widerstand zwischen Stöpseln. Durch diese Messung wird auch der Oberflächenwiderstand erfaßt. Er gibt Aufschluß über das elektrische Isoliervermögen und gegebenenfalls über etwa vorhandene Inhomogenitäten des Isolierstoffs. Zwei kegelige Stöpsel von 5 mm Durchmesser werden in entsprechende Bohrungen bei einem Mittenabstand von 15 mm stramm passend eingesetzt. Die Proben werden auf eine geeignete isolierende Unterlage gelegt, und die Messung wird wie beim Durchgangswiderstand ausgeführt.

Oberflächenwiderstand. Die Meßanordnung nach Bild **5.**22 ergibt nicht nur den Isolationswiderstand der Isolierstoffoberfläche, sondern teilweise auch den des Isolierstoffinneren.

Die Elektroden bestehen aus zwei je 100 mm langen, elastischen Schneiden, die 10 mm voneinander entfernt sind. Sind diese nicht geeignet, so werden bei schmalen Proben oder gekrümmten Formteilen zwei 1,5 mm breite und 2,5 mm lange Striche aus Leitsilber im Abstand von 2 mm aufgebracht. Die Zungen des Prüfgeräts werden auf diese Strichelektroden aufgesetzt. Der reine Oberflächenwiderstand läßt sich dann bei bekanntem Durchgangswiderstand errechnen.

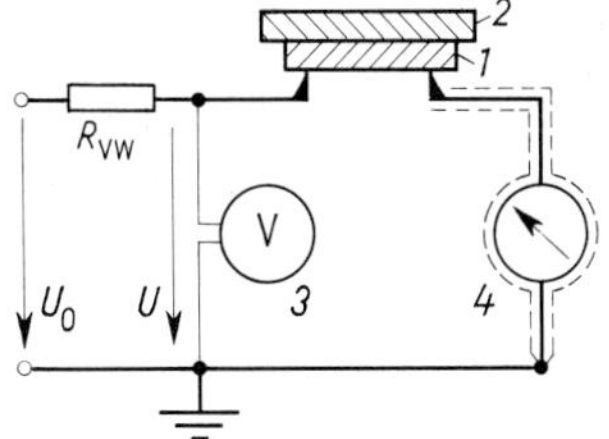

5.22
Messung des Oberflächenwiderstandes
1 Probe
2 Isolierstoffplatte
3 statischer Spannungsmesser
4 empfindliches Strommeßgerät
R_{VW} Schutzwiderstand

5.2.7 Isolationsmessungen an Leitungen und Anlagen

Soll der Isolationswiderstand der Leitungen allein gegen Erde oder gegeneinander bestimmt werden, so ist die Anlage außer Betrieb zu setzen, und alle Verbraucher und Stromquellen einschließlich aller Spannungskreise der Meßgeräte müssen abgeschaltet werden.

Vorschriften. Die Bestimmungen über die Errichtung von Starkstromanlagen mit Nennspannungen unter 1000 V (VDE 0100) enthalten folgende Vorschriften über den Isolationszustand von Anlagen:

In trockenen und feuchten Räumen von Verbraucheranlagen muß der Isolationswiderstand der Anlagenteile ohne Verbrauchsgeräte zwischen zwei Überstromschutzorganen oder hinter dem letzten Überstromschutzorgan mindestens 1000 Ω je V Betriebsspannung betragen (z.B. 220 kΩ bei 220 V Betriebsspannung), d.h., der Fehlerstrom jeder dieser Teilstrecken darf bei der Betriebsspannung nicht größer als 1 mA sein. Sind die Teilstrecken länger als 100 m, so darf je weitere angefangene 100 m der Fehlerstrom abermals 1 mA betragen.

In nassen Räumen und im Freien verlegte Leitungen brauchen den obigen Bedingungen nicht zu entsprechen. Es ist jedoch ein den besonderen Verhältnissen angemessener Isolationswiderstand anzustreben, der den Wert von 50 Ω/V nicht unterschreiten darf.

Der Isolationswiderstand von Verbraucheranlagen ist vor der Inbetriebnahme durch den Errichter zu prüfen, und zwar für den Leiter gegen Erde und Leiter gegen Leiter. Die letztere Prüfung ist nur bei Leitungen erforderlich, die zwischen Schaltern, Überstromschutzorganen und anderen Trennstellen liegen.

Bei der Prüfung von Leiter gegen Leiter und Leiter gegen Erde in Anlagen, in denen die Nullung angewendet wird, sollen alle vorhandenen Leuchten angeschlossen, alle Schalter geschlossen, die Glühlampen, Leuchtstofflampen und sonstigen Stromverbraucher von ihren Leitungen abgetrennt sein.

Die Prüfung ist mit Gleichspannung durchzuführen, die mindestens gleich der Nennspannung der Anlage ist. Bei Nennspannungen unter 500 V darf sie 500 V nicht unterschreiten.

Isolationsmessungen an Leitungen außer Betrieb. Vor der Inbetriebsetzung ist bei Starkstromleitungen eine Isolationsuntersuchung vorgeschrieben. Auch bei Anlagen, die bereits in Betrieb sind, kann eine Nachprüfung nach Außerbetriebsetzung erforderlich werden. Begnügt man sich mit einer geringeren Genauigkeit, d.h. mit der Bestimmung der ungefähren Isolationswerte oder mit der Feststellung, ob die Verbandsvorschriften erfüllt sind, so spricht man von einer Isolationsprüfung. Isolationsmessungen werden mit handelsüblichen Isolationsmeßgeräten nach den Schaltungen in Bild **5.**10 und **5.**11 a durchgeführt. Die Meßspannung darf dabei am Meßobjekt die vorgeschriebene Mindestspannung nicht unterschreiten.

Wenn die Anlage betriebsmäßig geerdet ist, sind alle Verbindungen mit Erde zu unterbrechen und dann alle Verbraucher abzuschalten.

Bei den Messungen der Isolationswiderstände der ganzen Anlage gegen Erde werden alle Verbraucher eingeschaltet. Abzuschalten sind die Verbraucher bei der Isolationsprüfung der beiden Einzelleiter gegen Erde.

Isolationsmessung und -überwachung an Leitungen im Betrieb bei Netzen ohne Erdverbindung. Erdschlußanzeiger sind Spannungsmesser, die zwischen die beiden Leitungen und Erde geschaltet werden. Sie liegen dabei parallel zum jeweiligen Isolationswiderstand gegen Erde. Ist die Isolation einer Leitung schlecht, so daß sie in die Größenordnung des zehnfachen inneren Widerstandes der Spannungsmesser kommt, so ist das an der Abnahme der Spannung am zugehörigen Spannungsmesser und Ansteigen der anderen Spannung zu erkennen. Auch Glühlampen und Glimmlampen können zur Überwachung und Spannungsanzeige dienen.

Bei Wechselstromnetzen ist zu beachten, daß meist ein Blindstrom über die Kapazitäten der Leitungen und Anlagen fließt, der größer als der Isolationsstrom sein kann.

5.2.8 Fehlerortsbestimmung an Leitungen

Wird in einer Fernleitung ein Fehler festgestellt, so muß der Fehlerort möglichst genau bestimmt werden, um kostspielige Such- und Erdarbeiten zu ersparen. Bei größeren Netzen ist zunächst durch teilweises Trennen und Abschalten das fehlerhafte Leitungsstück einzugrenzen.

5.2.8.1 Fehlerarten. Ein Erdschluß ist die Verbindung eines Leiters mit Erde, ein Leiterschluß die Verbindung mehrerer Leiter untereinander. Der Widerstand an der Verbindungsstelle ist der Fehlerortswiderstand. Ein Leiterbruch, also eine Unterbrechung eines Leiters, tritt häufig mit einem Erd- oder Leiterschluß zusammen auf.

Der Fehlerortswiderstand kann alle Werte von einem geringeren Isolationswiderstand bis zum satten Kurzschluß annehmen. Da sich der Fehler bei großem Fehlerortswiderstand schlechter orten läßt, versucht man, durch Ausbrennen des Fehlers mit größeren Spannungen und größeren Strömen den Fehlerortswiderstand zu verkleinern.

Bei größeren Fehlerortswiderständen treten häufig Polarisationsspannungen auf, die die Messung verfälschen können. Man legt daher bei Brückenmessungen die Spannungsquelle und nicht das Galvanometer in den Fehlerzweig, so daß der Speisestrom über den Fehlerortswiderstand fließt.

Vorprüfungen. Erdschluß und Leiterschluß prüft man mit Isolations- und Widerstandsmeßgeräten. Zur Prüfung auf Leiterbruch werden Mehrfachleitungen an einem Ende miteinander verbunden. Am anderen Ende kann dann auf Leiterbruch mit einem Durchgangsprüfer gemessen werden.

Kabelmeßkoffer enthalten alle erforderlichen Schaltelemente zur Durchführung von Isolationsmessungen und Fehlerortsbestimmungen nach den verschiedenen Verfahren.

5.2.8.2 Fehlerortsbrücken. In Bild 5.23 ist für die fehlerhafte Leitung CE ein Erdschluß angenommen. Am Kabelende ist diese mit einem fehlerfreien Hilfsleiter H zu einer Leiterschleife verbunden. Die Widerstände des Hilfsleiters wie auch der Zuleitungen und der Verbindungsleitung K werden mitgemessen, weshalb sie möglichst klein sein sollen. Meistens kann eine gesunde Ader des gleichen Kabels als Rückleiter genommen werden, so daß der Widerstand ebenso groß ist wie bei der fehlerhaften Leitung. Zwischen C und D liegen das

Galvanometer *1* und der Schleifdraht der Länge l oder an dessen Stelle zwei Stufenwiderstände. Ist das Galvanometer bei der Schieberstellung a stromlos, so gilt für die Leitungslängen

$$L_x = 2La/l \qquad \text{und} \qquad L_y = L - L_x = L[1 - (2a/l)] \tag{5.32}$$

Man wiederholt die Messung am Ende der Leitung, ebenso bei gewendetem Strom, und bildet den Mittelwert. Dieses Verfahren findet vielfach Anwendung bei größeren Leitungswiderständen, also bei Fernmeldekabeln und Freileitungen.

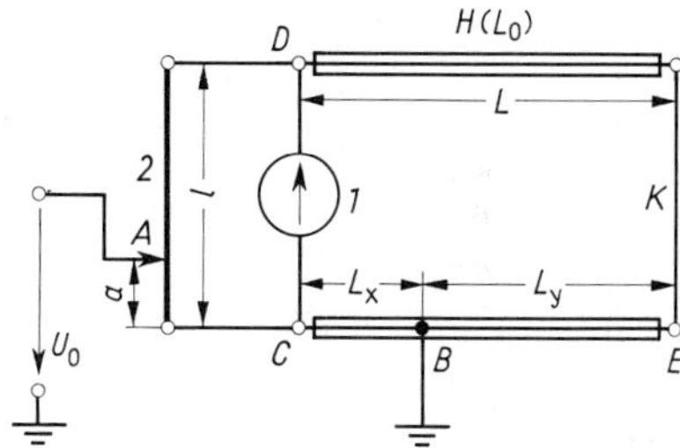

5.23
Fehlerortsbestimmung in der Schleifenanordnung nach Murray
1 Nullgerät *2* Schleifdraht

Bei kleinen Leitungswiderständen (Kabeln) wird in Bild **5.**23 das Galvanometer *1* statt mit D über einen zweiten Hilfsleiter mit E verbunden. Dann sind bei stromlosem Galvanometer mit den Widerständen R_a, R_L und R_l der Längen a, L und l die Leiterlängen

$$L_x = \frac{R_a}{R_L + R_l} L \qquad \text{und} \qquad L_y = L - L_x \tag{5.33}$$

Hat bei gleichem Leitwert der Hilfsleiter eine andere Länge L' und einen anderen Querschnitt A', so sind die Widerstände statt der Längen einzusetzen, oder es muß die Hilfsleitung auf eine Länge

$$L_0 = L'A/A' \tag{5.34}$$

bei gleichem Querschnitt A der Fehlerleitung umgerechnet werden. Hiermit ändern sich Gl. (5.32) in $L_x = (L + L_0)a/l$ und Gl. (5.33) entsprechend.

Fehlerortsbestimmung bei Leiterschluß. Die eben beschriebene Brückenmethode läßt sich auch bei Leiterschluß anwenden, indem man den zweiten Leiter in Bild **5.**23 als Erde (Punkt B) schaltet und einen dritten unbeschädigten Leiter als Hilfsleiter H verwendet. Ist kein unbeschädigter Leiter mehr vorhanden und läßt sich auch außerhalb des schadhaften Kabels keine Hilfsleitung schalten, bleibt noch die Möglichkeit, den Fehlerort durch Widerstandsmessungen von beiden Seiten des Kabels aus zu ermitteln. Ist der Fehlerwiderstand zwischen beiden Leitern nicht sehr viel größer als der Widerstand der Leitungsstücke und ist der Widerstand einer unbeschädigten Leitung bekannt, läßt sich der Fehlerort aus zwei Widerstandsmessungen leicht errechnen.

Fehlerortsbestimmung bei Leiterbruch. Ist mit dem Leiterbruch nicht auch gleichzeitig ein Erd- oder Leiterschluß vorhanden, kann der Fehlerort durch Kapazitätsmessungen ermittelt werden. Bei der ballistischen Methode verwendet man eine dem Bild **5.**23 ähnliche Schaltung.

An der Fehlerstelle liegt jetzt der Leiterbruch, und die Leiterstücke L_x und L_y, wie auch der Hilfsleiter, bilden mit der Erde (dem Kabelmantel) Kapazitäten, die durch Einschalten der Batterie oder anschließendes Entladen ein Ausschlagen am Nullgerät hervorrufen. Durch Verschieben des Abgriffs a am Brückendraht l sucht man nun eine Stelle auf, bei der das

Galvanometer bei Ladung und Entladung der Kabelkapazitäten keinen Ausschlag mehr zeigt. Haben die beschädigte Ader und der Hilfsleiter gleiche Kapazitäten je Längeneinheit gegen Erde, so folgt für den Fehlerort

$$L_y = L(2a - l)/l \tag{5.35}$$

Die Kapazitäten der Leiterstücke lassen sich ebenfalls mit der Wechselstrombrücke messen. Aus diesen Werten läßt sich der Fehlerort dann errechnen.

5.2.8.3 Fehlerortsbestimmung mit Hochfrequenz oder Impulsen. Derartige Messungen werden vorzugsweise an Starkstromkabeln vorgenommen, die zwischen den Enden und dem Fehlerort ein schwingungsfähiges System darstellen. Die elektromagnetischen Schwingungen breiten sich mit einer Geschwindigkeit $v = c/\sqrt{\varepsilon_r}$ aus und werden an der Fehlerstelle reflektiert. Mit der Lichtgeschwindigkeit $c = 3 \cdot 10^8$ m/s und der relativen Dielektrizitätszahl $\varepsilon_r = 3{,}6$ für die gebräuchlichen Kabel wird $v \approx 1{,}6 \cdot 10^8$ m/s.

Fehlerortung nach dem Hochfrequenzverfahren. Ein Hochfrequenzgenerator mit einem Frequenzbereich von etwa 30 kHz bis 10 MHz und ein Spannungsmesser werden entweder zwischen zwei Adern oder zwischen Ader und Kabelmantel geschaltet. Wird die Frequenz stetig geändert, so zeigt der Spannungsmesser nach Bild 5.24 Resonanzmaxima infolge stehender Wellen bei bestimmten Frequenzen $f_1, f_2, f_3 \ldots$ in Abständen Δf an. Mißt man am Kabelanfang die Differenzen Δf_x, so gilt für die Entfernung des Fehlerortes

$$L_x = v/(2\Delta f_x) \tag{5.36}$$

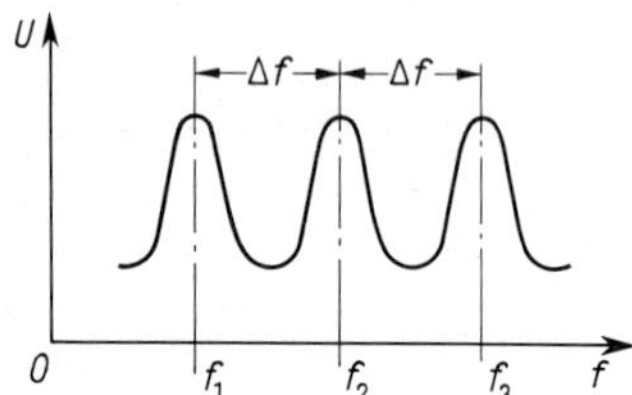

5.24
Spannungsverlauf U bei Änderung der Frequenz f

Wiederholt man die Messung am Kabelende und beobachtet dabei den Frequenzunterschied Δf_y, so ist $L_y = v/(2\Delta f_y)$. Bei einer Gesamtlänge des Kabels von $L = L_x + L_y$ ergeben beide Gleichungen die Entfernung

$$L_x = L \frac{\Delta f_y}{\Delta f_x + \Delta f_y} \tag{5.37}$$

Die Größen v und ε_r müssen also nicht bekannt sein.

Stehende Wellen treten immer auf, wenn Leiter unterbrochen sind oder wenn bei Erdschlüssen der Fehlerortswiderstand wesentlich kleiner als der Wellenwiderstand des Kabels ist, der meist etwa 40 Ω beträgt. Gegebenenfalls muß der Fehlerort zuerst durch Hochspannung ausgebrannt werden. Fremdspannungen haben keinen Einfluß. Die Untersuchungen sind auch noch an sehr kurzen Kabeln einfach und sicher bei einer Toleranz von einigen Prozenten ausführbar.

Fehlerortung nach dem Impulsverfahren. Auf die fehlerhafte Kabelader wirken periodische, rechteckige Stromimpulse, die an der Fehlerstelle reflektiert werden. Ist t_x die Zeit für Hin- und Rücklauf des Impulses, so wird die Fehlerortsentfernung $L_x = v t_x/2$. Wiederholt man auch hier die Messung am anderen Kabelende und bestimmt t_y, so erhält man bei einer gesamten Kabellänge $L = L_x + L_y$ auch ohne Kenntnis von ε_r die gesuchte Entfernung

$$L_x = L \frac{t_x}{t_x + t_y} \tag{5.38}$$

Der Fehlerortswiderstand muß sich vom Wellenwiderstand unterscheiden, damit Reflexionen auftreten. Die Meßunsicherheit beträgt ungefähr 1%.

5.3 Messung elektrolytischer Widerstände

5.3.1 Leitfähigkeitsmessung bei Elektrolyten

5.3.1.1 Eigenschaften von Elektrolyten. Die elektrolytische Leitfähigkeit beruht auf dem Transport von Ionen. Ionen sind Atome, Moleküle oder Molekülteile mit positiver (Kationen) oder negativer (Anionen) Ladung. Die elektrolytische Leitung ist daher mit dem Transport von Materie verknüpft (Faraday's Gesetz). Die Leitfähigkeit ist stark von der Temperatur abhängig. Die Ionenbeweglichkeit und oft auch die Anzahl der Ionen nimmt mit der Temperatur zu, so daß auch die Leitfähigkeit mit der Temperatur zunimmt. An den Elektroden bilden sich Polarisationsspannungen aus, die eine Messung der Leitfähigkeit mit Gleichstrom erschweren und oft unmöglich machen. Daher mißt man die Leitfähigkeit von Elektrolyten mit Wechselstrom, vornehmlich mit Sinusstrom im Frequenzbereich von einigen Hz bis zu einigen kHz.

5.3.1.2 Meßgefäße und Meßverfahren. Zur Bestimmung des spezifischen Widerstandes von flüssigen Elektrolyten verwendet man geeignete Meßgefäße, z. B. das in Bild **5.**25 gezeigte U-förmige Gefäß mit erweiterten Enden zur Aufnahme der Elektroden. Da der elektrolytische Widerstand stark temperaturabhängig ist, verwendet man auch Doppelwandgefäße, deren Mantel von einer Thermostatflüssigkeit durchströmt wird. Obwohl bei den Meßgefäßen durch einen konstanten Querschnitt für eine möglichst homogene Stromverteilung gesorgt wird, kontrolliert man die Stromverteilung durch eine Widerstandsmessung mit einer Normalflüssigkeit bekannter Leitfähigkeit γ_n. Mißt man mit dieser Flüssigkeit den Widerstand R_n, so definiert man eine Widerstandskapazität des Gefäßes

$$K_G = R_n \gamma_n \tag{5.39}$$

Entsprechend ergibt sich dann für die Meßflüssigkeit die Leitfähigkeit

$$\gamma_x = K_G / R_x \tag{5.40}$$

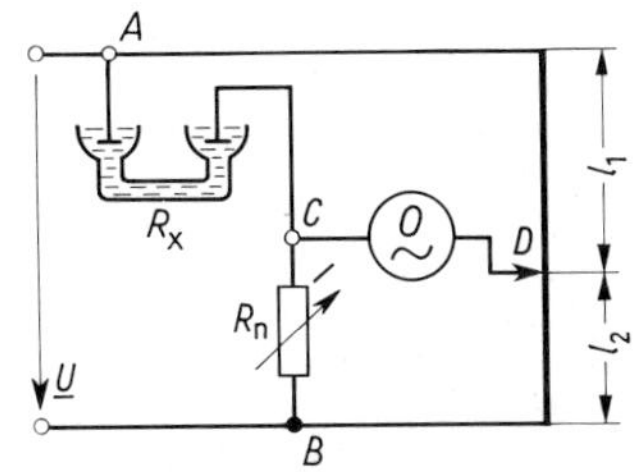

5.25
Messung von Elektrolytwiderständen in der Wechselstrombrücke

Bei einem Rohr der Länge l und dem konstanten Querschnitt A wäre $K_G = l/A$. Als Normalflüssigkeiten werden häufig eingesetzt: Schwefelsäure 30% mit $\gamma_n = 0{,}7398\ (\Omega\,\text{cm})^{-1}$; Natriumchloridlösung gesättigt mit $\gamma_n = 0{,}2161\ (\Omega\,\text{cm})^{-1}$; Bittersalzlösung 17,4% mit $\gamma_n = 0{,}04922\ (\Omega\,\text{cm})^{-1}$; Gipslösung gesättigt mit $\gamma_n = 0{,}001891\ (\Omega\,\text{cm})^{-1}$ (jeweils für 18 °C).

Meßmethoden. Bild 5.25 zeigt die von Kohlrausch vorgeschlagene Schaltung mit der Wechselstrom-Schleifdrahtbrücke und Bild 5.26 die Verwendung eines elektrodynamischen Quotientenmessers mit einer Schaltung zur Kompensation von Temperaturfehlern. Die Kreuzspule S_1 wird mit dem zu messenden Flüssigkeitswiderstand R_x, die andere Kreuzspule S_2 mit einem Meßwiderstand R in Reihe geschaltet. Die feststehende Spule S des Kreuzspuldynamometers liegt an der Sinusstromquelle. Zur Temperaturkompensation sind der temperaturunabhängige Widerstand R_1 zu R_x parallel und dazu der temperaturabhängige Widerstand R_2 in Reihe geschaltet. Dieser taucht in die Flüssigkeit ein, damit er stets die gleiche Temperatur wie R_x hat; R_2 besteht aus einem Metall, dessen Widerstand um den gleichen Betrag steigt, wie der der Parallelschaltung fällt, so daß der Gesamtwiderstand aus R_x, R_1, R_2 unabhängig von der Temperatur der Flüssigkeit bleibt. Der Ausschlag des Quotientenmessers ist nur eine Funktion von R_x bei Nenntemperatur. Er ist unabhängig von Spannungsschwankungen und kann in S/cm kalibriert werden.

Anwendungen: Messung der Leitfähigkeit an ruhenden und strömenden Flüssigkeiten zur Prüfung und Überwachung von Trink-, Fluß-, Betriebs- und Abwässern, von Speisewasser, Dampfkondensat und Ölen, ferner zur Feststellung und selbsttätigen Einstellung der Konzentration von Säuren, Laugen und Salzlösungen.

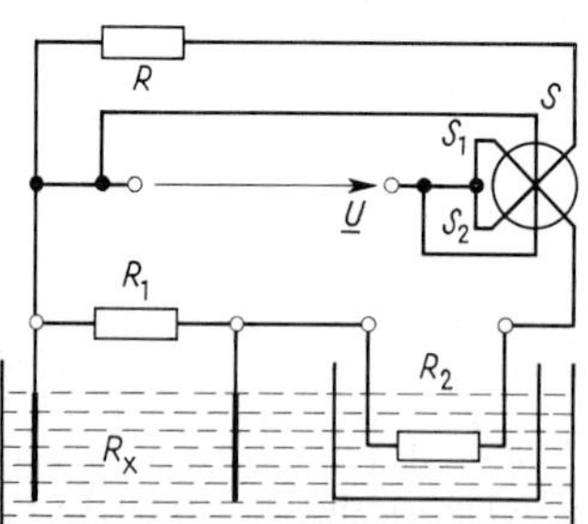

5.26
Leitfähigkeitsmessung von Elektrolyten mit elektrodynamischem Quotientenmesser

5.3.1.3 Messung des inneren Widerstandes von galvanischen Elementen. Der innere Widerstand R_i von galvanischen Elementen und Akkumulatoren setzt sich zusammen aus dem metallischen Widerstand der Elektroden, dem Übergangswiderstand zwischen diesen und dem Elektrolyten und dem Widerstand des Elektrolyten. Durch die elektrochemischen Vorgänge treten bei Stromentnahme dauernd Veränderungen an den Elektroden und im Elektrolyten auf, so daß der Widerstand nicht konstant und von der Strombelastung abhängig ist.

Bestimmung durch Strom- oder Spannungsmessung mit Gleichstrom. Mit einem hochohmigen Spannungsmesser mißt man die Spannung an den Elektroden ohne Belastung und erhält näherungsweise die Quellenspannung U_q. Hierauf wird unter Einschaltung eines Belastungswiderstandes R die Klemmenspannung $U_k = RI$ bestimmt. Somit ergibt sich mit dem inneren Spannungsabfall $U_i = U_q - U_k = R_i I$ der innere Widerstand

$$R_i = (U_q - U_k)/I = R(U_q - U_k)/U_k \tag{5.41}$$

Bei der Strommessung wird das Element mit einem Strommesser vom Widerstand R_A und einem Belastungswiderstand R_1 bzw. R_2 in Reihe geschaltet. Wird bei R_1 der Strom I_1 und bei R_2 der Strom I_2 gemessen, so wird unter der Annahme konstant bleibender Quellenspannung $U_q = (R_i + R_1 + R_A)I_1 = (R_i + R_2 + R_A)I_2$ der innere Widerstand

$$R_i = \frac{(R_2 + R_A)I_2 - (R_1 + R_A)I_1}{I_1 - I_2} \tag{5.42}$$

Mit beiden Verfahren kann der innere Widerstand abhängig von der Belastung ermittelt werden. Sie liefern nur annähernd richtige Werte, da die angenommene Proportionalität zwischen Spannungsabfall und Strom nur eine Näherung ist.

Messungen in der einfachen Wechselstrombrücke. Genauere Werte erhält man in der Wechselstrombrücke nach Kohlrausch. Anstelle des Elektrolytgefäßes in Bild **5.**25 tritt das zu untersuchende Element. Der Abgleich wird wie dort vorgenommen.

Messung in der Wechselstrombrücke nach Nernst und Hagen. In Bild **5.**27 werden drei Kondensatoren mit den Kapazitäten C_0, C_3, C_4 so in die Wheatstone-Brücke geschaltet, daß das Element keinen Strom abgeben kann. Der Meßwiderstand R_n wird geändert, bis der Meßhörer ein Tonminimum anzeigt (für die Wirkungsweise von Wechselstrombrücken s. Abschn. 5.4.6).

Dann gilt

$$R_i/R_n = C_4/C_3$$

$$R_i = R_n C_4/C_3 \qquad (5.43)$$

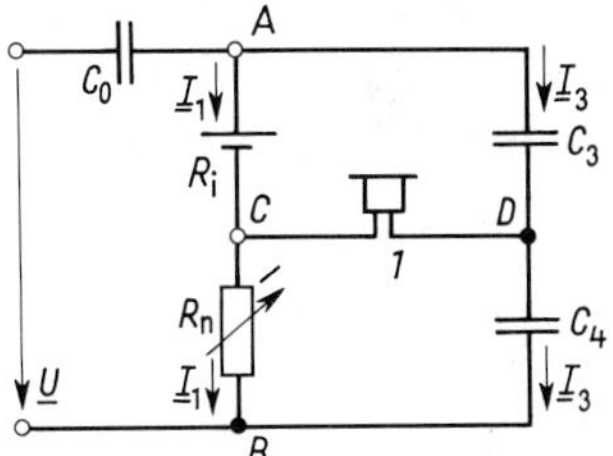

5.27
Messung des inneren Widerstandes R_i von Elementen nach Nernst und Hagen *1* Meßhörer

5.3.2 Messung von Erdungswiderständen

Erdungswiderstand. Unter Erdern versteht man metallische Leiter, die unmittelbar mit dem Erdreich in Verbindung stehen (s. VDE 0141). Der Widerstand einer Erdung besteht aus dem Widerstand der Metallelektrode, der jedoch gewöhnlich vernachlässigbar klein ist, dem Übergangswiderstand zwischen Elektrode und feuchtem Erdreich und dem Widerstand der Erde. Letzterer stellt einen elektrolytischen Leitungsweg dar, weshalb die Messungen nur mit Wechselstrom auszuführen sind, um Fehler durch Polarisation zu vermeiden. An der Übergangsstelle ist der Erdungswiderstand am größten. Er nimmt mit der Entfernung ab, da der Durchgangsquerschnitt für die Strombahnen mit dem Abstand größer wird. Fließt nach Bild **5.**28 über die beiden Erdungen R_a und R_b ein Wechselstrom I durch die Erde und mißt man mit einem hochohmigen Spannungsmesser die Spannungen U_a und U_b zwischen den Erdern und dem Hilfserder H, so erhält man die dargestellte Spannungsverteilung. In der Nähe der Elektroden R_a und R_b zeigt sich eine starke Spannungsänderung, während die Spannung zwischen c und d nahezu konstant bleibt.

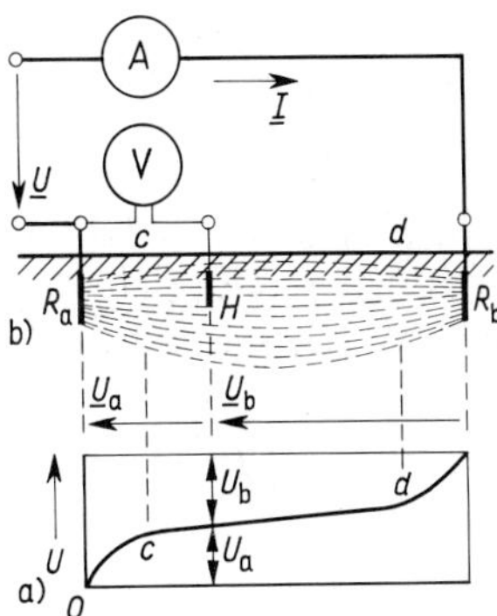

5.28
Spannungsverteilung (a) zwischen zwei Erdern bei der Messung (b) von Erdungswiderständen

Wiechert-Zipp-Brücke. Als Nullgerät dient hier nach Bild **5.**29 das Drehspulgalvanometer *1* mit Gleichrichter und kleinem Wandler. Beim ersten Abgleichen steht der Schleifer des Nullzweiges am Anfangspunkt K des Schleifdrahts. Er ist über den Umschalter *2* mit dem Erder R_x verbunden. K_2 wird bis zur Stromlosigkeit bei R verstellt. Es ist dann $R_1(R_x + R_{h2}) = R R_3$. Beim zweiten Abgleichen bleibt K_2 stehen, und das Nullgerät ist jetzt mit dem Hilfserder R_{h1} verbunden. K_1 wird bis zum Nullabgleich bei R_2 verschoben. Dann ist mit dem Hilfserderwiderstand R_{h2} auch $(R_1 + R_2)R_{h2} = (R - R_2)(R_x + R_3)$. Beide Gleichungen ergeben den gesuchten Erdungswiderstand

$$R_x = R_2 R_3 / R_1 \tag{5.44}$$

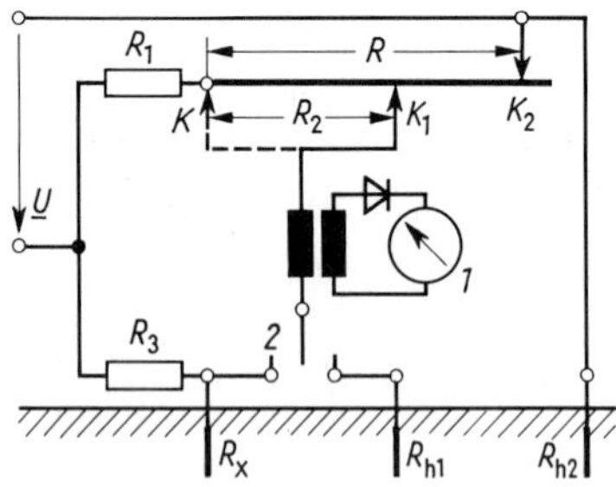

5.29
Messung des Erdungswiderstandes in der Wiechert-Zipp-Brücke
1 Drehspulgalvanometer mit Gleichrichter und Wandler
2 Umschalter

Wenn der Widerstand R_3 während der Messung konstant bleibt, kann der Meßdraht mit einer kalibrierten Teilung versehen werden, an der R_x unmittelbar abgelesen werden kann. Bei anderen Werten von R_1 und R_3 ergeben sich andere Meßbereiche.

Kompensationsschaltung nach Behrend. Beim Übersetzungsverhältnis 1 : 1 des Stromwandlers ist im Kompensationsstromkreis in Bild **5.**30, bestehend aus der Sekundärwicklung und dem Schleifdraht oder einem Raupenwiderstand $A - B$, der Strom I_2 gleich I_1. Verschiebt man den Schleifkontakt K bis zum Tonminimum, so wird die Spannung zwischen den Erdungswiderständen R_x und R_{h1} durch die Spannung zwischen A und K kompensiert, so daß $R_x I_1 = R I_2$ wird. Durch den Hilfserder R_{h1} entsteht kein Spannungsabfall, da der Nullzweig $R_{h1} K$ stromlos ist. Mit $I_1 = I_2$ wird $R_x = R$. Die Widerstände R_h der Hilfserder haben also keinen Einfluß auf den Meßfehler. Andere Übersetzungsverhältnisse des Stromwandlers ergeben andere Meßbereiche.

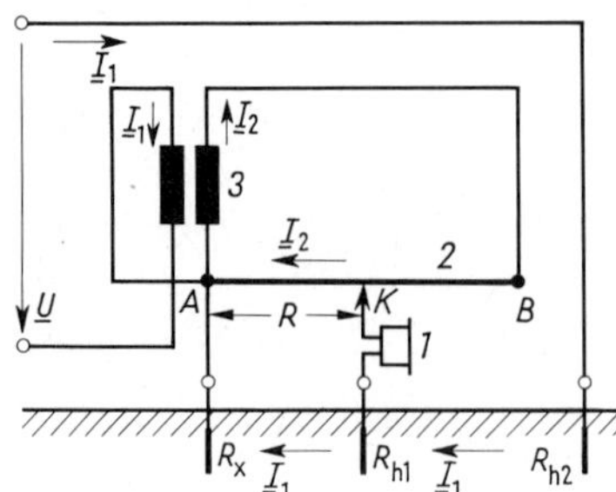

5.30
Messung des Erdungswiderstandes in der Kompensationsschaltung nach Behrend
1 Meßhörer
2 Schleifdraht
3 Übertrager

5.4 Messung von passiven Zweipolen mit Wechselstrom

Passive Zweipole sind Bauelemente mit zwei Klemmen. Legt man an diese eine sinusförmige Wechselspannung u, so fließt eine Strom i. Bei linearen Zweipolen, die aus ohmschen Widerständen, Induktivitäten und Kapazitäten bestehen, ist der Strom auch sinusförmig. Er hat die gleiche Frequenz aber in der Regel nicht die gleiche Phase wie die Spannung [33]. Faßt man Strom und Spannung als komplexe Größen $\underline{U}$ und $\underline{I}$ auf, so ergibt sich der komplexe Widerstand $\underline{Z}$ und der komplexe Leitwert $\underline{Y}$ als Quotient:

$$\underline{Z} = \underline{U}/\underline{I} \quad \text{und} \quad \underline{Y} = 1/\underline{Z} = \underline{I}/\underline{U} \tag{5.44a}$$

Mißt man Strom und Spannung einzeln nach Betrag und Phase, so ergibt sich $\underline{Z}$ und $\underline{Y}$ aus der Rechnung nach Gl. 5.44a.

Nach dieser Methode arbeiten die meisten digitalen Meßgeräte. Sie liefern eine sinusförmige konstante Spannung oder einen Konstantstrom bekannter Frequenz f und bilden digitale Meßwerte aus Strom I, Spannung U und Phasenwinkel φ. Daraus berechnen sie digital den komplexen Widerstand $\underline{Z}$, wahlweise Betrag und Phase, als Wirk- und Blindwiderstand (R und X) oder als Wirkwiderstand R, Induktivität L oder Kapazität C, wahlweise in Serien- oder Parallelschaltung nach Abschn. 5.4.1.2 oder 5.4.2.2.

5.4.1 Eigenschaften von Kondensatoren

5.4.1.1 Verlustfaktor. Bei einem idealen Kondensator eilt der Wechselstrom der angelegten Wechselspannung genau um den Phasenwinkel $\varphi = 90°$ voraus. Im idealen Kondensator wird daher keine Wirkleistung umgesetzt. Nur Kondensatoren mit Vakuum oder Gas als Dielektrikum sind praktisch verlustfrei. Die in festen und flüssigen Dielektrika auftretende Wirkleistung, die dielektrischen Verluste, entstehen einmal durch den Isolationsstrom im Dielektrikum, zum andern durch die Wechselwirkung des Verschiebungsstroms mit der Materie.

Verluste entstehen nicht nur im Dielektrikum, sondern auch in den von Streufeldern erfaßten Isolatoren. Ohmsche Verluste treten in den Zuleitungen und den Kondensatorbelägen sowie durch mangelhafte Isolation auf.

Wegen dieser Verluste ist der Phasenwinkel φ des komplexen Leitwerts kleiner als 90°. Den Unterschied bezeichnet man als den Verlustwinkel $\delta = 90° - \varphi$ und $\tan\delta$ als den Verlustfaktor. Der Verlustfaktor kennzeichnet die Eigenschaften des Dielektrikums. Er ist oft von der Temperatur und der Frequenz, manchmal auch von der angelegten Spannung abhängig.

5.4.1.2 Ersatzschaltungen. Einen verlustbehafteten Kondensator kann man für eine bestimmte Frequenz f (bzw. Kreisfrequenz ω) ersetzen durch Reihenschaltung oder Parallelschaltung einer verlustfreien Kapazität C und eines Wirkwiderstandes R. Für die Reihenschaltung nach Bild **5.**31 a (Zeigerdiagramm Bild **5.**31 b) gilt

$$\tan\delta = U_R/U_C = R_s \omega C_s \tag{5.45}$$

und für die Parallelschaltung nach Bild **5.**31 c (Zeigerdiagramm Bild **5.**31 d) gilt

$$\tan\delta = \frac{I_G}{I_C} = \frac{G_p}{\omega C_p} = \frac{1}{R_p \omega C_p} \tag{5.46}$$

Die Induktivität der Zuleitungen wird bei diesen Betrachtungen vernachlässigt.

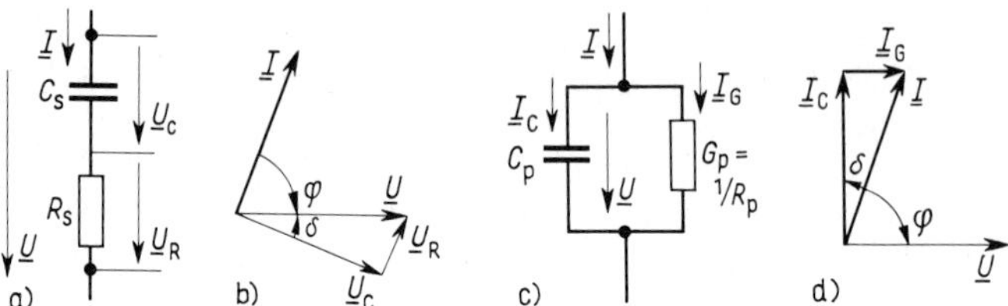

5.31 Ersatzschaltungen (a, c) und Zeigerdiagramme (b, d) für verlustbehaftete Kondensatoren

a) und b) Reihenschaltung c) und d) Parallelschaltung

Der Verlustfaktor der Reihenschaltung nimmt mit der Frequenz zu, der Verlustfaktor der Parallelschaltung dagegen mit der Frequenz ab. Technische Kondensatoren haben bei tiefen Frequenzen oft mit der Frequenz abnehmende Verluste, bei höheren Frequenzen mit der Frequenz zunehmende Verluste. Daher kommt die Parallelschaltung als Ersatzschaltung dem Verhalten des Kondensators bei Niederfrequenz näher. Die Ersatzschaltung der Reihenschaltung wird dagegen bei Hochfrequenzmessungen vorgezogen.

5.4.1.3 Meßkondensatoren. Kondensatoren für Meßaufgaben haben nach Bild 5.32 oft einen doppelten Schirm, der seinerseits mit den Belegungen Teilkapazitäten bildet. Der innere Schirm ist mit der Klemme *2* verbunden. Seine Kapazität C'_{12} gegenüber der Klemme *1* addiert sich zu der Gesamtkapazität C_{12}. Der äußere Schirm hat eine besondere Klemme *0*, die bei vielen Meßschaltungen geerdet wird. Die Kapazität C_{10} ist sehr klein (< 1 pF), die Kapazität C_{20} beträgt dagegen oft 10 pF bis 100 pF.

Eigeninduktivität und Reihenresonanz. Die Zuleitungen und oft die Kondensatorelektroden selbst haben eine kleine Induktivität L, die nach Bild 5.32 mit der Kapazität C_{12} in Reihe liegt. Dadurch wird die wirksame Kapazität bei hohen Frequenzen vergrößert. Bei der Reihenresonanzfrequenz $f_0 = 1/(2\pi\sqrt{LC})$ verschwindet der Blindwiderstand, und der komplexe Widerstand wird reell. Für Meßzwecke ist daher ein Kondensator nur für Frequenzen $f < 0{,}1 f_0$ zu verwenden, wenn der Fehler unter 1 % bleiben soll.

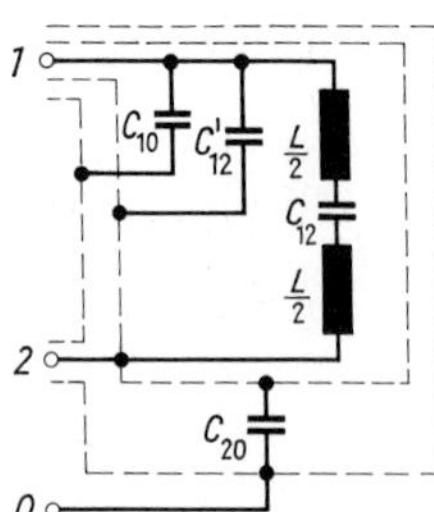

5.32 Ersatzschaltung eines verlustfreien Meßkondensators mit doppelter Schirmung und Zuleitungsinduktivität L

Ausführungen. Absolute Normale haben ein Luft- oder Gasdielektrikum, eine einfache geometrische Form der Elektroden und Abstandsisolatoren meist aus Quarz. Ihre Werte werden rechnerisch aus den Abmessungen bestimmt. Die Randstreuungen werden durch das Schutzringprinzip nach Bild 5.33 weitgehend ausgeschaltet.

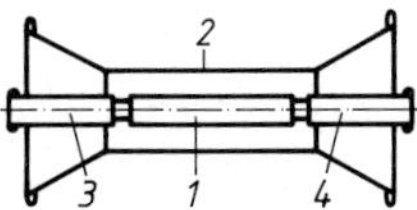

5.33
Schutzzylinderkondensator nach Petersen
1, 2 Meßelektroden
3, 4 geerdete Schutzelektroden

Gebrauchsnormale sind Luftkondensatoren mit festen Werten von 100 pF bis 10000 pF, die sich bei kleinen zusätzlichen Schaltkapazitäten stapeln und parallel schalten lassen. Drehkondensatoren mit kreisförmigem Plattenschnitt und Noniusablesung dienen zur Interpolation der Zwischenwerte.

Kondensatoren mit Luft- oder Gasfüllung haben bei hermetischem Abschluß gegenüber der Atmosphäre eine relative Kapazitätsänderung von weniger als $20 \cdot 10^{-6}$/Jahr und einen Temperaturkoeffizienten um $2 \cdot 10^{-6}$/K. Der Verlustfaktor $\tan\delta$ bei 1 kHz liegt um 10^{-5}.

Glimmerkondensatoren haben eine relative Kapazitätsänderung von weniger als 10^{-4}/Jahr bei einem Verlustfaktor $\tan\delta$ um $2 \cdot 10^{-4}$. Man verwendet sie für größere Kapazitäten bis 10 µF und überall da, wo Luftkondensatoren zu groß und aufwendig sind.

Kapazitätsdekaden. Einzelkondensatoren mit Glimmer- oder Kunststoffolien-Dielektrikum werden mit Schaltern wahlweise parallel geschaltet. Gute Kunststoffolienkondensatoren zeichnen sich durch gute Langzeitkonstanz (Änderung kleiner als $5 \cdot 10^{-4}$/Jahr) und einem Verlustfaktor $\tan\delta$ um $4 \cdot 10^{-4}$ aus. Das Produkt aus Isolationswiderstand und Kapazität, die Zeitkonstante τ, ist oft größer als 10^6 s.

5.4.1.4 Hochspannungskondensatoren. Der Schutzzylinderkondensator nach Petersen (Bild 5.33) besteht aus zwei koaxialen Zylindern. Um Fehler durch das inhomogene Randfeld zu vermeiden, sind die Ränder des Hochspannung führenden Außenzylinders *2* kegelförmig erweitert und die Enden *3* und *4* des Innenzylinders *1* durch Schutzspalte abgetrennt und geerdet.

Preßgaskondensatoren. Die Durchbruchfeldstärke von Gasen nimmt proportional dem Druck zu, die Dielektrizitätskonstante ändert sich dagegen nur geringfügig. Man bringt daher Kondensatoren für höhere Spannungen in Druckgefäßen unter, die mit Stickstoff bis 16 bar gefüllt sind. Nach diesem Prinzip werden Kondensatoren für Spannungen bis 1500 kV hergestellt. Die Kapazitäten betragen bei der Bauart nach Bild 5.34 je nach Spannung und Größe bis 200 pF.

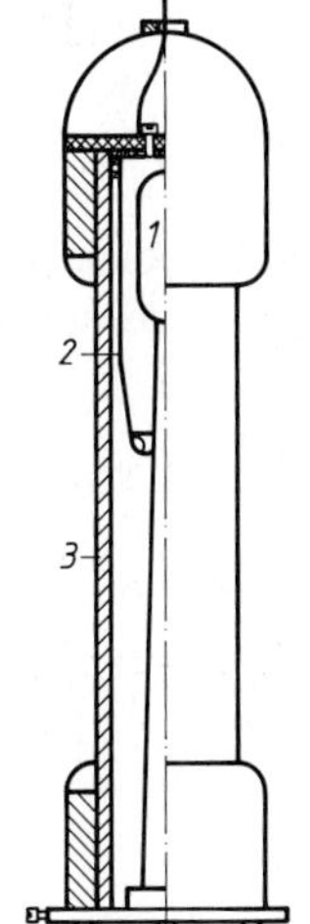

5.34
Preßgaszylinderkondensator nach Schering-Vieweg (H & B)
1 Innenelektrode *2* Außenelektrode *3* Hartpapiermantel

5.4.2 Eigenschaften von Induktivitäten

5.4.2.1 Verlustfaktor. Bei einer idealen Drossel eilt der Wechselstrom der angelegten Spannung um 90° nach. In der Drossel wird also keine Wirkleistung umgesetzt; jedoch lassen sich verlustfreie Drosseln praktisch nicht verwirklichen. Die Verluste entstehen als Leitungsverluste in der Spule selbst und in Metallteilen, die mit dem magnetischen Feld der Spule gekoppelt sind (Wirbelstromverluste). Sie entstehen weiter in ferri- und ferromagnetischen Werkstoffen im Magnetfeld der Drossel durch die Hysterese dieser Stoffe. Infolge dieser Verluste ist der Phasenwinkel φ des komplexen Widerstandes kleiner als 90°. Als Verlustwinkel bezeichnet man $\delta = 90° - \varphi$, als Verlustfaktor $\tan\delta$. Der Verlustfaktor ist stark von der Frequenz abhängig. In vielen Fällen besteht auch Temperatur- und Stromabhängigkeit.

5.4.2.2 Ersatzschaltungen. Eine verlustbehaftete Drossel kann man nach Bild **5.**35 für eine vorgegebene feste Frequenz f (bzw. Kreisfrequenz ω) ersetzen durch Reihenschaltung oder Parallelschaltung einer Induktivität L und eines Wirkwiderstandes R. Für die Reihenschaltung nach Bild **5.**35a gilt

$$\tan\delta = U_R/U_L = R_s/(\omega L_s) \tag{5.47}$$

und für die Parallelschaltung nach Bild **5.**35c

$$\tan\delta = I_G/I_L = \omega L_p G_P = \omega L_p/R_p \tag{5.48}$$

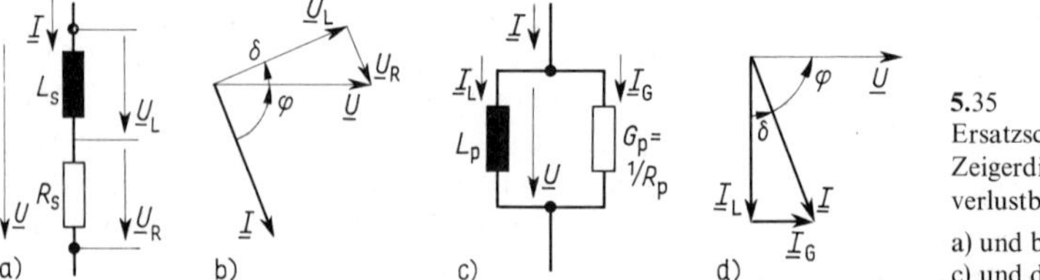

5.35 Ersatzschaltungen (a, c) und Zeigerdiagramme (b, d) für verlustbehaftete Drosseln

a) und b) Reihenschaltung
c) und d) Parallelschaltung

Hier nimmt der Verlustfaktor der Reihenschaltung mit der Frequenz ab, der der Parallelschaltung mit der Frequenz zu. Durch Wirbelströme und Ummagnetisierungsverluste treten mit der Frequenz zunehmende Verluste auf. Bei Luftspulen ist insbesondere bei niedrigen Frequenzen die Reihenersatzschaltung vorteilhafter. Bei Drosseln mit Eisenkern ist oft eine Verbindung von Induktivität mit Reihen- und Parallelwiderstand erforderlich, um den Verlauf des Verlustfaktors mit der Frequenz einigermaßen durch eine Ersatzschaltung darzustellen.

5.4.2.3 Eigenschaften bei Hochfrequenz. Bei zunehmender Frequenz verursachen die unvermeidlichen Parallelkapazitäten, insbesondere die verteilte Wicklungskapazität einen Nebenschluß zum induktiven Blindwiderstand. Dadurch nimmt der Scheinwiderstand stärker als proportional mit der Frequenz zu bis zu einer Frequenz $f_0 = 1/(2\pi\sqrt{LC})$, der Resonanzfrequenz, bei der der Scheinwiderstand sehr groß, der Verlustfaktor $\tan\delta$ infolge des Verschwindens des Blindanteils ∞ wird (Bild **5.**36). Bei noch höheren Frequenzen wird der komplexe

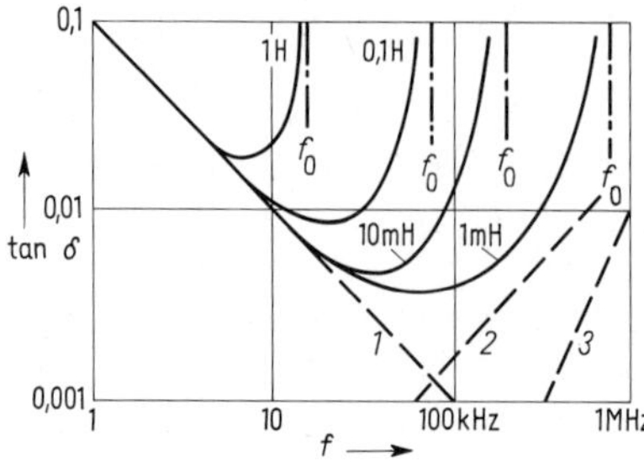

5.36 Frequenzabhängigkeit des Verlustfaktors für eisenfreie Normalinduktivitäten unterschiedlicher Größe

1 nur Wirkverluste (bei 1 mH)
2 nur Wirbelstromverluste (bei 1 mH)
3 nur dielektrische Verluste (bei 1 mH)
f_0 Resonanzfrequenz

Widerstand kapazitiv. Induktivitäten für Meßzwecke lassen sich daher nur für Frequenzen bis etwa $0{,}1 f_0$ verwenden. Der Verlustfaktor $\tan\delta$ wird verursacht durch die Wirkverluste im Wicklungsdraht ($\sim 1/f$), die Wirbelstromverluste ($\sim f$) und die dielektrischen Verluste ($\sim f^2$). Bild **5**.36 zeigt die Frequenzabhängigkeit des Verlustfaktors für verschiedene Normalinduktivitäten einer Bauart.

Unter der Güte einer Induktivität versteht man den reziproken Wert des Verlustfaktors $\tan\delta$. Alle Spulen haben ein Gütemaximum bei mittleren bis höheren Frequenzen (Minima in Bild **5**.36).

5.4.2.4 Induktivitäten für Meßzwecke. Absolute Normale sind einlagige Zylinderspulen auf großen Marmor- oder Keramikkörpern mit so genau bestimmbaren Abmessungen, daß die Größe der Induktivität aus den Spulendaten genau berechenbar ist. Beim Gegeninduktivitätsnormal ist die Wicklung bifilar ausgeführt, und die Anschlüsse der so entstehenden dicht benachbarten Spulen sind getrennt herausgeführt.

Gebrauchsnormale. Ein besonders günstiges Widerstands-Induktivitätsverhältnis ergibt sich bei Luftspulen mit quadratischem Wicklungsquerschnitt. Derartige Normale haben Induktivitäten von 0,1 mH bis 1 H bei Widerstandswerten von etwa 0,3 Ω bis 200 Ω. Gegeninduktivitätsnormale sind bifilar gewickelt. Nachteilig ist bei diesen Spulen das große Streufeld und die daraus resultierende leichte Beeinflußbarkeit der Daten durch die Umgebung.

Induktivitäten für Meßzwecke werden daher bevorzugt als Toroidspulen ausgeführt. Kleine Induktivitäten bestehen aus einem Keramikring, der gleichmäßig bewickelt oder auf den die Wicklung aus verstärktem Leitungssilber eingebrannt ist. Größere Induktivitäten erhalten einen ferro- oder ferrimagnetischen Kern. Je nach gewünschtem Frequenzbereich und zulässigen Baugrößen und Verlusten verwendet man Ring- oder Topfkerne aus hochpermeablen Eisen-Nickel-Legierungen oder keramische Ferritkerne. Um Wirbelstromverluste zu vermeiden, bestehen Bandringkerne für höchste Induktivitäten aus sehr dünn gewalzten Bändern und Pulverkerne aus mit isolierenden Bindemitteln verbundenem Pulver hochpermeabler Legierungen, während die Wirbelströme bei Ferritkernen durch den hohen spezifischen Widerstand bedeutungslos sind. Den Einfluß der Hysterese auf die Induktivität vermeidet man durch entsprechende Luftspalte. Solche Kerne lassen sich durch Verändern des Luftspaltes abgleichen.

Induktive Spannungsteiler mit ferro- oder ferrimagnetischen Ringkernen haben mehrfädig gewickelte Einzelwicklungen, die dann in Reihe geschaltet werden. Da das Teilerverhältnis von der (unveränderlichen) Windungszahl abhängt, haben diese Teiler Fehler unter 10^{-7}. Somit sind sie um mindestens eine Zehnerpotenz genauer und stabiler als Widerstandsteiler.

5.4.3 Kapazitätsmessung mit anzeigenden Meßgeräten

Strom- und Spannungsmessung. Als Meßspannung verwendet man oft die Netzspannung, deren Frequenz ($f = 50$ Hz) ausreichend genau ($\pm 0{,}2\%$) bekannt ist. Die Meßspannung soll keinesfalls über der zulässigen Betriebsspannung liegen. Der Kondensator wird mit Spannungs- und Strommesser ähnlich wie R_x in Bild **5**.7 geschaltet. Ist der Spannungsabfall am Strommesser kleiner als 10 % der Meßspannung, so beträgt der Fehler durch den Strommesser wegen der geometrischen Addition der Spannungen weniger als 0,5 %. Im übrigen ergibt sich der Fehler aus den Klassen-Unsicherheiten der Meßgeräte.

Strom- und Spannungsvergleich. Steht ein Kondensator mit hinreichend bekannter Kapazität C_v von gleicher Größenordnung wie die zu messende Kapazität C_x zur Verfügung, so mißt man mit einem geeigneten Wechselstrommesser nacheinander die Ströme I_v und I_x, die beim Anlegen einer Sinusspannung U mit der Kreisfrequenz ω fließen. Es folgt aus dem Verhältnis der Ströme unabhängig von U und ω das Kapazitätsverhältnis

$$I_x/I_v = C_x/C_v \tag{5.49}$$

Der innere Widerstand des Strommessers R_A muß dabei kleiner sein als $0{,}1/(\omega C)$. Werden beide Kondensatoren in Reihe geschaltet und an eine konstante Wechselspannung gelegt, so lassen sich die Kapazitäten auch aus dem Verhältnis der Spannungen

$$U_x/U_v = C_v/C_x \tag{5.50}$$

bestimmen, vorausgesetzt, daß der innere Widerstand R_V des Spannungsmessers groß ist gegenüber den Blindwiderständen $1/(\omega C)$ der Kondensatoren.

Ausschlagsvergleich mit einem Spannungsmesser. Eine Hilfswechselspannung U_0 wird mit einem Spannungsmesser mit dem bekannten Wirkwiderstand R_V einmal direkt (Ausschlag α_0) und dann in Reihe mit dem unbekannten Kondensator der Kapazität C_x gemessen (U_1 bzw. Ausschlag α_1). Die Ströme sind in beiden Fällen mit dem Blindwiderstand $X_C = -1/(\omega C_x)$

$$I_0 = U_0/R_V \qquad I_1 = U_0/\sqrt{R_V^2 + X_C^2} \tag{5.51}$$

Das Verhältnis der Anzeigen ist

$$\beta = \frac{\alpha_1}{\alpha_0} = \frac{U_1}{U_0} = \frac{I_1}{I_0} = \frac{R_V}{\sqrt{R_V^2 + X_C^2}} \tag{5.52}$$

Hieraus ergibt sich der Blindwiderstand

$$X_C = -\frac{1}{\omega C_x} = -R_V \sqrt{\frac{1}{\beta^2} - 1} \tag{5.53}$$

Der Vorteil dieses Verfahrens ist, daß bei Durchschlag des Kondensators kein Kurzschluß und kein Schaden am Meßgerät auftreten kann. Der Meßbereich für einen vorgegebenen Widerstand R_V ist allerdings nur knapp eine Zehnerpotenz ($0{,}1 < \beta < 0{,}9$). Durch Parallelschalten von Widerständen zum Spannungsmesser kann man den Meßbereich nach größeren Kapazitäten hin erweitern.

Die beiden zuletzt besprochenen Methoden finden Anwendung bei Vielfachmeßgeräten.

Quotientenmeßverfahren. Mit elektrodynamischen Quotientenmeßgeräten nach Abschn. 2.6.2 kann man die Kapazität unabhängig von der Größe der Meßspannung direkt auf einer Skala ablesen. Die feste Spule liegt direkt an der Spannungsquelle; die eine der beiden Drehspulen ist über die zu messende Kapazität, die andere über eine bekannte Vergleichskapazität geschaltet. Nachteilig ist die Gefährdung des Geräts bei Durchschlag des Kondensators. Meßbereiche: 0,05 µF bis 30 µF bei einem relativen Fehler von 0,5% bis 1%. Meßspannungsschwankungen um ±20% und Frequenzschwankungen sind ohne Einfluß auf die Meßfehler.

Ballistische Kapazitätsmessung. Die Kapazität wird durch Messung der Ladung nach dem in Abschn. 2.3.4.1 näher beschriebenen ballistischen Verfahren bestimmt. Der Kondensator mit der unbekannten Kapazität C_x wird durch eine bekannte Spannung U_1 aufgeladen. Die Ladung $Q = C_x U_1 = C_b \alpha_1$ wird ballistisch gemessen, sie ergibt sich nach Gl. (2.30) mit der ballistischen Konstanten C_b, wobei α_1 der ballistische (Maximal-)Ausschlag ist. Ist die ballistische Konstante C_b nicht bekannt, wird die Messung mit einer bekannten Kapazität C_n und der Spannung U_2 wiederholt. Ergeben sich die Maximalausschläge α_1 und α_2, so folgt mit $Q_1 = C_x U_1 = C_b \alpha_1$ und $Q_2 = C_n U_2 = C_b \alpha_2$ für die Kapazität

$$C_x = C_n \frac{U_2}{U_1} \cdot \frac{\alpha_1}{\alpha_2} \tag{5.54}$$

Es ist zweckmäßig, die ballistischen Ausschläge durch Ändern des Spannungsverhältnisses oder des Kondensators C_n gleich groß zu machen.

Kompensationsmethode. Meßkondensator C_x und Normalkondensator C_n werden auf die Spannungen U_1 und U_2 aufgeladen. Die Kondensatoren werden gegeneinander geschaltet und über das ballistische Meßgerät entladen. Bleibt dessen Zeiger in Ruhe, so ist $Q_1 = Q_2$ und nach Gl. (5.54) die Kapazität

$$C_x = C_n U_2 / U_1 \tag{5.55}$$

Anwendung. Ballistische Verfahren sind erst bei Kapazitäten über 1 nF zweckmäßig. Die Meßunsicherheit liegt bei 1 % bis 3 %. Bei schlechten Kondensatoren wird die ballistische Messung durch dielektrische Rückstandsbildung gestört. Dadurch ist die ballistisch gemessene Kapazität oft größer als die Kapazität, die mit Wechselstrom gemessen wird.

5.4.4 Induktivitätsmessung mit anzeigenden Meßgeräten

Die in Abschn. 5.4.3 beschriebenen Verfahren der Messung mit Strom-, Spannungs- und Ausschlagsvergleich sowie das Quotientenmesserverfahren lassen sich auch für Induktivitäten L anwenden. In den Gleichungen von Abschn. 5.4.3 tritt $X_L = \omega L$ an die Stelle des Blindwiderstandes $X_C = -1/(\omega C)$. Solange der Verlustfaktor unter 0,1 bleibt, sind auf diese Weise befriedigende Messungen für Induktivitäten von 1 mH bis 1000 H möglich. Bei größerem Verlustfaktor $\tan\delta$ kann dieser jedoch nicht mehr unberücksichtigt bleiben.

Messungen an eisenlosen Spulen mit großem Verlustfaktor. Man ermittelt zuerst mit einer Meßbrücke oder einem anderen Widerstandsmeßverfahren, z.B. der Strom-Spannungsmethode, den Spulenwiderstand, die entscheidende Quelle der Verluste. Wegen der Messung mit Gleichstrom wird aber hierbei der Einfluß der Stromverdrängung vernachlässigt. Bild **5**.37a zeigt eine Meßschaltung, in der die verlustbehaftete Drossel durch ihre Reihenersatzschaltung dargestellt ist. (Die Spannungen U_R und U_L sind nicht einzeln meßbar; meßbar ist nur die Drosselspannung U_{Dr}.)

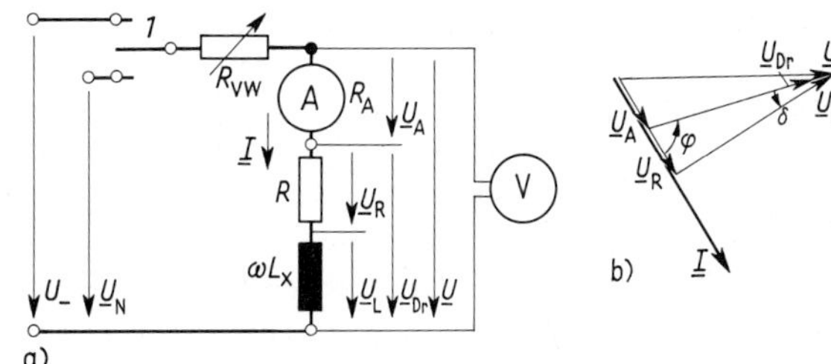

5.37
Bestimmung von eisenfreien Induktivitäten L durch Strom- und Spannungsmessung
a) Schaltung
b) Zeigerdiagramm
U_- bzw. $\underline{U}_N$ Gleich- bzw. Wechsel-Speisespannung
1 Umschalter

Die Spule wird zunächst an eine Gleichspannung und dann an eine Sinusspannung angeschlossen. Die Gleichstrommessung mit U_- und I_- liefert den Wirkwiderstand der Spulenwicklung $R = (U_-/I_-) - R_A$. Aus der Messung von U, I und f bei Sinusstrom erhält man die Teilspannungen $U_R = RI$, $U_A = R_A I$, $U_L = \sqrt{U^2 - (U_A + U_R)^2}$ und somit das Zeigerdiagramm in Bild **5**.37b. Daraus lassen sich berechnen die Induktivität

$$L_x = \frac{U_L}{\omega I} = \frac{\sqrt{U^2 - I^2(R_A + R)^2}}{\omega I} \tag{5.56}$$

sowie $$\tan\varphi = \frac{U_L}{U_R} \qquad \tan\delta = \frac{U_R}{U_L} \qquad \cos\varphi = \frac{U_R}{U_{Dr}} = \frac{U_R}{\sqrt{U_R^2 + U_L^2}} \tag{5.57}$$

Durch passende Wahl von Spannung und Frequenz können mit dieser Schaltung alle praktisch vorkommenden Induktivitäten gemessen werden. Die relativen Fehler betragen bis zu 5%.

Bestimmung von Induktivitäten durch Strom-, Spannungs- und Leistungsmessung bei Spulen mit Eisen. Außer Strom- und Spannungsmessung ist zur Berechnung des Wirkwiderstandes R_w wegen der auftretenden Eisenverluste noch eine Leistungsmessung auszuführen. Bekannt sein müssen die Widerstände des Strommessers R_A und der Stromspule des Leistungsmessers R_I. Nach Bild **5**.38 mißt der Leistungsmesser den Leistungsverbrauch $P = (R_I + R_A + R_w)I^2$, so daß der Wirkwiderstand der Spule $R_w = (P/I^2) - (R_A + R_I)$ ist. Ähnlich wie im Zeigerdiagramm von Bild **5**.37 sind die Teilspannungen

$$U_A = (R_A + R_I)I \qquad U_R = R_w I \qquad U_L = \sqrt{U^2 - (U_A + U_R)^2}$$

Somit wird

$$L_x = \frac{U_L}{\omega I} = \frac{1}{\omega I}\sqrt{U^2 - I^2(R_A + R_I + R_w)^2} \tag{5.58}$$

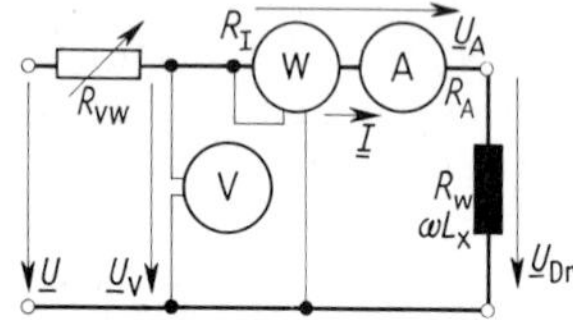

5.38
Bestimmung der Selbstinduktivität von Spulen mit Eisen durch Strom-, Spannungs- und Leistungsmessung
$\underline{U}$ Wechselspeisespannung

Bei Zugrundelegung einer einfachen Ersatzschaltung nach Bild **5**.35a oder c kann man auch mit allen in Abschn. 4.8.4 angegebenen Verfahren den Verlustwinkel δ bzw. den Leistungsfaktor $\cos\varphi$ bestimmen und hiermit über den Scheinwiderstand $Z = U/I$ Wirkwiderstand $R_s = Z\cos\varphi$ bzw. $R_p = Z/\cos\varphi$ und Induktivität $L_s = Z\sin\varphi/\omega$ bzw. $L_p = Z/(\omega\sin\varphi)$ berechnen.

5.4.5 Messung von Gegeninduktivitäten

Gegeninduktivitätsbestimmung durch Induktivitätsmessung. Sind beide Spulen mit den Induktivitäten L_1 und L_2 so hintereinander geschaltet, daß ihre Felder gleiche Richtung haben, so haben sie die gemeinsame Induktivität L_h (Summenreihenschaltung). Wirken ihre Magnetfelder durch Vertauschen der Anschlüsse einer Spule gegeneinander, so haben sie die gemeinsame Induktivität L_g (Gegenreihenschaltung). Die einzelnen Induktivitäten L_1, L_2, L_h und L_g werden nach einem der in Abschn. 5.4.4 angegebenen Verfahren gemessen.

Fließt bei der Summenreihenschaltung der Strom i_1, und ist seine Änderungsgeschwindigkeit di_1/dt, so ist in Spule *1* die selbstinduzierte Spannung $u_1 = L_1 di_1/dt$, die der zweiten Spule $u_2 = L_2 di_1/dt$, die von Spule *1* in Spule *2* induzierte Spannung $u_3 = M_x di_1/dt$ und die von Spule *2* in Spule *1* induzierte

Spannung ebenfalls u_3 mit M_x als Gegeninduktivität. Folglich ist die gesamte induzierte Spannung

$$u_h = u_1 + u_2 + 2u_3 \qquad \text{bzw.} \qquad L_h \frac{di_1}{dt} = L_1 \frac{di_1}{dt} + L_2 \frac{di_1}{dt} + 2M_x \frac{di_1}{dt}$$

oder die Induktivität

$$L_h = L_1 + L_2 + 2M_x \tag{5.59}$$

Bei der Gegenreihenschaltung ist der Strom in den Spulen i_2. Die entsprechenden Gleichungen lauten

$$u_g = u'_1 + u'_2 - 2u'_3 \qquad \text{bzw.} \qquad L_g \frac{di_2}{dt} = L_1 \frac{di_2}{dt} + L_2 \frac{di_2}{dt} - 2M_x \frac{di_2}{dt}$$

und

$$L_g = L_1 + L_2 - 2M_x \tag{5.60}$$

Aus Gl. (5.59) und (5.60) folgt $L_1 + L_2 = L_h - 2M_x = L_g + 2M_x$ und für die Gegeninduktivität

$$M_x = (L_h - L_g)/4 \tag{5.61}$$

L_1 und L_2 sollen ungefähr gleich groß sein. Die Messung wird um so fehlerhafter, je weniger L_h und L_g sich unterscheiden, wenn also M_x klein ist.

Messung mit dem ballistischen Galvanometer. Durch den Stromwender *1* in Bild **5**.39 wird der Strom in der Primärwicklung der Gegeninduktivität M_x von $+I_1$ auf $-I_1$, also um $2I_1$, geändert und somit in der Sekundärwicklung ein Spannungsstoß

$$\int u_2 \, dt = 2I_1 M_x \tag{5.62}$$

erzeugt. Dieser verursacht über die Widerstände R_2, R_g und R_V einen Stromstoß

$$Q = \int i_2 \, dt = \frac{1}{R_2 + R_g + R_V} \int u_2 \, dt = C_b \alpha \tag{5.63}$$

der nach Gl. (2.30) mit der ballistischen Konstanten C_b einen Ausschlag α am ballistischen Galvanometer *2* hervorruft. Mit Gl. (5.62) folgt dann für die Gegeninduktivität

$$M_x = C_b \alpha (R_2 + R_g + R_V)/2I_1 \tag{5.64}$$

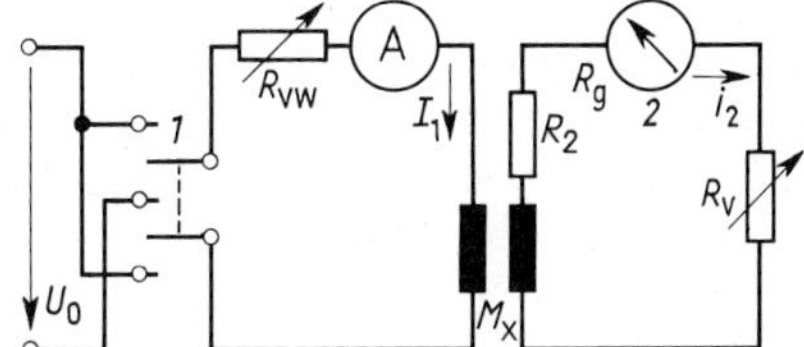

5.39
Messung der Gegeninduktivität M_x mit dem ballistischen Galvanometer *2*
1 Stromwender

Messung durch Vergleich mit bekannter Gegeninduktivität. In den beiden hintereinandergeschalteten Primärwicklungen der unbekannten Gegeninduktivität M_x und der unveränderlichen, bekannten Gegeninduktivität M_n (Bild **5**.40) ist die Änderungsgeschwindigkeit des Stromes di_1/dt. Die beiden Sekundärspulen sind so verbunden, daß die in ihnen induzierten Spannungen u_x und u_n gleiche Richtung haben. Die veränderlichen, winkelfreien Meßwiderstände R_1 und R_2 können auch durch einen Schleifdraht ersetzt werden. Gleicht man sie ab, bis das Galvanometer bei der Stromwendung stromlos bleibt, also $i_x = i_n = i$ ist, so ergibt sich nach dem zweiten Kirchhoffschen Satz

$$u_x = M_x di_1/dt = (R_x + R_1) i$$

und

$$u_n = M_n di_1/dt = (R_n + R_2) i \tag{5.65}$$

Durch Division der beiden Gleichungen erhält man die Gegeninduktivität

$$M_x = \frac{R_x + R_1}{R_n + R_2} M_n \tag{5.66}$$

Die Messung kann auch bei Sinusstrom mit entsprechenden Nullgeräten durchgeführt werden.

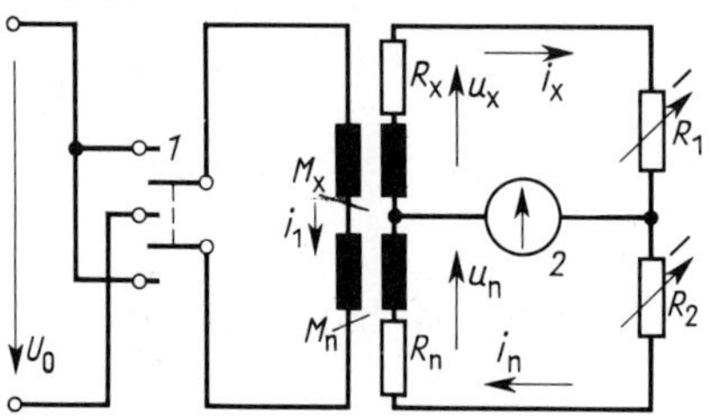

5.40
Gegeninduktivitätsmessung durch Vergleich mit einer bekannten Gegeninduktivität M_n
1 Stromwender
2 Nullgerät

5.4.6 Meßbrücken für komplexe Widerstände

5.4.6.1 Abgleichbedingungen. Die einfache Meßbrücke wird nach Bild **5.**41 aus vier komplexen Widerständen $\underline{Z}_1$ bis $\underline{Z}_4$ gebildet. An den Brückeneckpunkten *A* und *B* ist die Sinusspannungsquelle $\underline{U}$, an den Punkten *C* und *D* das Nullgerät *1* angeschlossen. Die Brücke ist abgeglichen, wenn die Spannung im Nullzweig $\underline{U}_g = 0$ ist. Dann ist entsprechend der Ableitung bei der Gleichstrombrücke (s. Abschn. 5.2.4)

$$\underline{Z}_1/\underline{Z}_2 = \underline{Z}_3/\underline{Z}_4 \quad \text{oder} \quad \underline{Z}_1\underline{Z}_4 = \underline{Z}_2\underline{Z}_3 \tag{5.67}$$

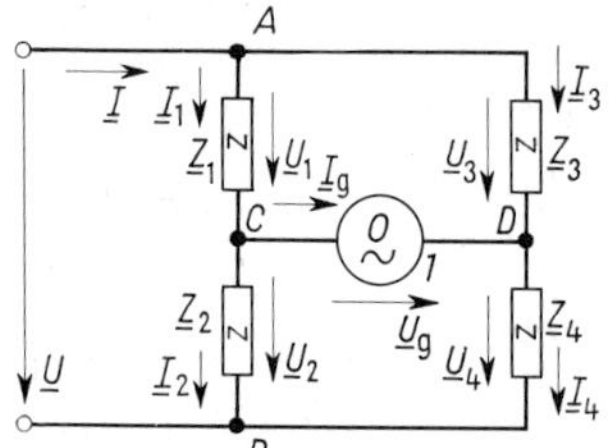

5.41
Schaltung einer Meßbrücke für komplexe Widerstände
1 Nullindikator für Wechselstrom
$\underline{U}$ Sinusspannungsquelle

Setzt man nun die komplexen Widerstände $\underline{Z}$ in ihrer Exponentialform $\underline{Z} = Z\,e^{j\varphi}$ in Gl. (5.67) ein, so erhält man

$$Z_1 Z_4 e^{j(\varphi_1 + \varphi_4)} = Z_2 Z_3 e^{j(\varphi_2 + \varphi_3)} \tag{5.68}$$

und es folgt für die Beträge

$$Z_1 Z_4 = Z_2 Z_3 \quad \text{oder} \quad Z_1/Z_2 = Z_3/Z_4 \tag{5.69}$$

und für die Phasenwinkel

$$\varphi_1 + \varphi_4 = \varphi_2 + \varphi_3 \tag{5.70}$$

Die Brücke ist also nur abgeglichen, wenn die Produkte der Beträge und die Summe der Phasenwinkel zweier gegenüberliegender komplexer Widerstände einander gleich sind. Bei der Meßbrücke sind demnach zwei Abgleiche vorzunehmen: ein Abgleich nach dem Betrag und ein Abgleich nach der Phase.

5.4.6.2 Meßspannung und Nullgerät. Für Meßbrücken sind Sinusspannungen mit vernachlässigbarem Klirrfaktor (0,1 %) erforderlich, da Oberschwingungen den Abgleich erschweren können. Bei manchen Meßbrücken muß die Meßspannung erdfrei sein. Durch einen geeigneten Übertrager muß dafür gesorgt werden, daß die Kapazität gegen Erde klein und genau definiert ist (Bild **5**.43). Bei vielen Meßaufgaben, z. B. bei der Aufnahme von Ortskurven, muß die Frequenz der Meßspannung in weiten Grenzen veränderbar sein. Die Meßspannung wird so bemessen, daß die zulässige Belastung der Brückenglieder nicht überschritten wird.

Als Nullgerät verwendet man bevorzugt Spannungsmesser mit Vorverstärker (s. Abschn. 4.4.3.2). Durch phasenabhängige Gleichrichtung und logarithmierende Verstärkung (s. Abschn. 3.1.5.3) wird der Abgleich wesentlich erleichtert. Besonders bequem ist die Verwendung eines Elektronenstrahl-Oszilloskops als Sichtgerät (s. Abschn. 4.4.4.3).

5.4.6.3 Erdung und Schirmung. Jeder Eckpunkt der Brücke hat nach Bild **5**.42 eine Kapazität gegenüber jedem anderen Punkt und gegenüber der Umgebung (Erde „Null"). Nur die Diagonalkapazitäten C_{AB} und C_{CD} beeinflussen den Abgleich nicht: C_{AB} liegt parallel zur Spannungsquelle und C_{CD} parallel zum Nullgerät. Während die Kapazitäten der Brückeneckpunkte untereinander durch den Aufbau festgelegt sind, können sich die Erdkapazitäten ändern. Sie sind auch wegen der Kapazität des Nullgeräts und der Spannungsquelle zur Erde häufig recht groß und unvermeidbar. Bei genauen Messungen muß man sich über ihre Größe orientieren und sie gegebenenfalls berücksichtigen.

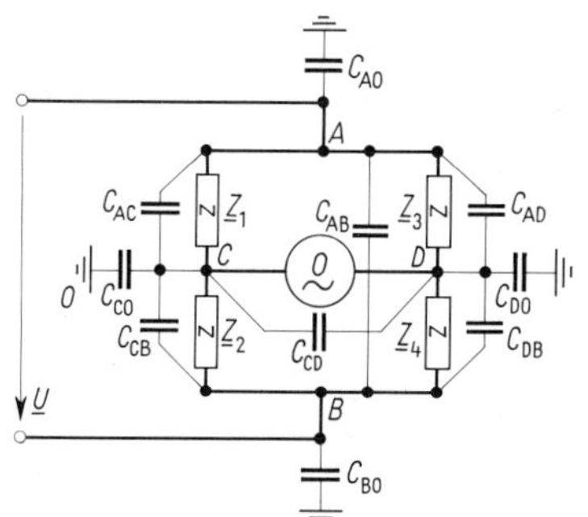

5.42 Störende Kapazitäten bei der Meßbrücke für komplexe Widerstände

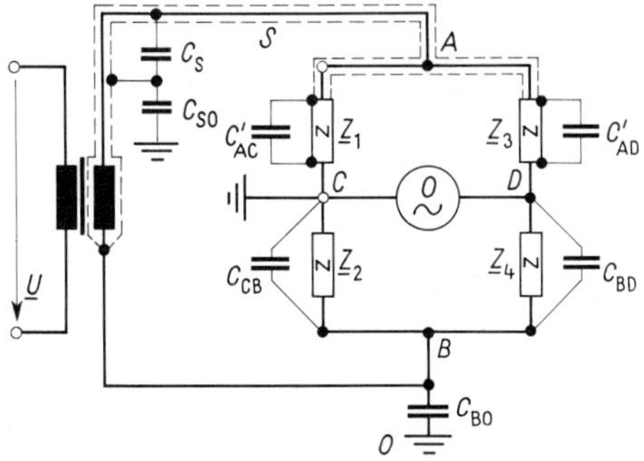

5.43 Meßbrücke mit geerdetem Nullzweig und geschirmter Spannungsquelle. Die eingezeichneten Kapazitäten sind verteilte Schaltkapazitäten

Durch Erdung eines Brückeneckpunkts wird die Unsicherheit weitgehend beseitigt. Man erdet entweder einen Punkt des Nullzweigs (z. B. *C*) oder einen Punkt des Spannungsanschlusses (z. B. *B*). In der gebräuchlichsten Schaltung ist Punkt *C* geerdet (Bild **5**.43). Die Kapazität C_{C0} (Bild **5**.42) ist somit kurzgeschlossen, und die Kapazität C_{D0} wird zur Diagonalkapazität. Die Sekundärwicklung des Meßspannungsübertragers wird mit der Brückenzuleitung und den Zuleitungen von *A* zu $\underline{Z}_1$ und $\underline{Z}_3$ geschirmt.

Der Schirm *S* ist hier mit dem Brückeneckpunkt *B* verbunden, so daß die Schaltkapazität der Wicklung, der Zuleitung und der Leitungen zu $\underline{Z}_1$ und $\underline{Z}_2$ nur noch gegenüber *B* besteht (Schirmkapazität C_S). Diese Kapazität liegt aber parallel zu C_{AB} und stört daher nicht. Die eingezeichneten Kapazitäten C'_{AC} und C'_{AD} werden lediglich durch die kleinen Eigenkapazitäten der Brückenglieder $\underline{Z}_1$ und $\underline{Z}_3$ gebildet. Als störende Kapazitäten bleiben nur noch die

Kapazität C_{BD}, die man verhältnismäßig klein machen kann, und die Kapazität C'_{CB}, die sich aus der Kapazität der Schirmung gegen Erde C_{S0}, der Kapazität C_{B0} und der ursprünglichen Kapazität C_{CB} zusammensetzt. Diese Kapazität muß bei der Messung in $\underline{Z}_2$ einbezogen werden.

Als Meßwiderstand wählt man bei dieser Schaltung nach Bild **5**.43 stets $\underline{Z}_1$, da ein Anschluß geerdet ist und dem zweiten infolge der Schirmung keine störende Parallelkapazität zugeschaltet wird.

5.4.6.4 Wagnerscher Hilfszweig. Die Kapazitäten C_{A0} und C_{B0} kann man durch einen dritten Brückenzweig, den Wagnerschen Hilfszweig, mit den komplexen Widerständen $\underline{Z}_5$ und $\underline{Z}_6$ nach Bild **5**.44 ausschalten. Hiermit werden sämtliche störenden Schaltkapazitäten beseitigt. Geerdet wird hier die Mitte *E* dieses dritten Brückenzweiges *A E B*. Die Schirmung bei Punkt *A* und der Zuleitung von $\underline{U}$ kann entfallen. Die Erdkapazitäten der Punkte *A* und *B* liegen somit parallel zu den beiden komplexen Widerständen $\underline{Z}_5$ und $\underline{Z}_6$ des Hilfszweiges. Mit dem ersten Abgleich erfüllt man die Brückenbedingung zwischen Meßzweig und Hilfszweig. Somit ist Punkt *C* ebenfalls auf Erdpotential. Der zweite Abgleich dient nur zur Messung, indem man durch Verändern des Zweiges *A D B* die Spannung U_{CD} zu Null macht. Die vollständige Abgleichbedingung lautet (wobei die Erdkapazitäten mit in die komplexen Widerstände $\underline{Z}_5$ und $\underline{Z}_6$ einbezogen sind)

$$\underline{Z}_1/\underline{Z}_2 = \underline{Z}_3/\underline{Z}_4 = \underline{Z}_5/\underline{Z}_6 \tag{5.71}$$

Für den Hilfszweig sind keineswegs hochwertige, teuere Bauelemente erforderlich. Es genügen meist handelsübliche Kondensatoren und Schichtpotentiometer. Bei Präzisionsmessungen kommt es nur auf den genauen Abgleich der Hauptbrücke $\underline{Z}_1$ bis $\underline{Z}_4$ an.

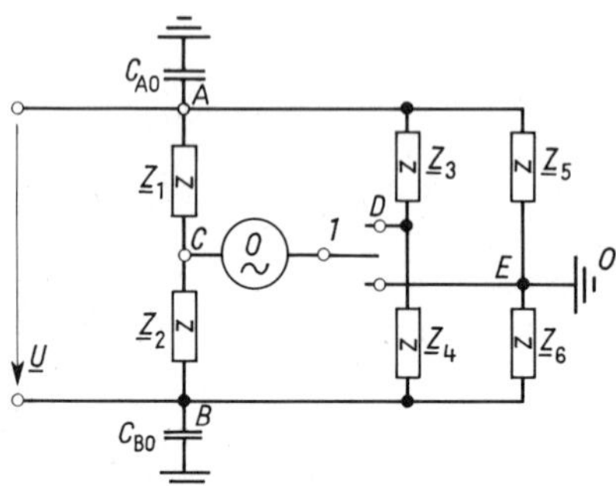

5.44
Meßbrücke mit Wagnerschem Hilfszweig $\underline{Z}_5$ und $\underline{Z}_6$
1 Umschalter

Ungleicharmige Brücke. Den Einfluß der Kapazitäten von zwei Brückeneckpunkten kann man auch durch stark ungleicharmigen Brückenaufbau vermindern (s. Abschn. 5.4.6.5).

5.4.6.5 Aufbau der Brücke. Während man die kapazitive Beeinflussung der einzelnen Brückenglieder durch Schirme weitgehend vermeiden kann, ist die Schirmung gegen induktive Beeinflussung schwieriger, da für jedes Meßobjekt geeignete (meist teuere) Schirme vorhanden sein müssen und diese Schirme überdies die komplexen Widerstände der Meßobjekte beeinflussen. Hier hilft nur der getrennte Aufbau der Brückenzweige in größerem Abstand nach Bild **5**.45.

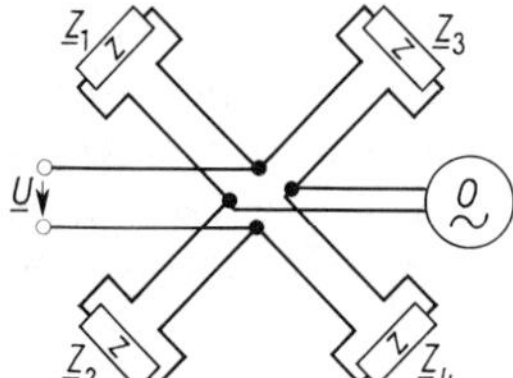

5.45
Anordnung einer Feinmeßbrücke

Da die Brückenpunkte nahe beieinander liegen sollen, erfolgt die Zuleitung durch bifilare Leitungen. Die Leitungen zur Spannungsquelle und zum Nullgerät führen dabei von den dicht beieinanderliegenden Brückeneckpunkten mit einer bifilaren, verdrillten und geschirmten Doppelleitung senkrecht zur Ebene der Meßzweige nach unten und nach oben.

5.4.7 Brücken mit vier Blindwiderständen

Nur aus Blindwiderständen[1]) aufgebaute Meßbrücken sind zur Messung von Induktivitäten und Kapazitäten vornehmlich bei höheren Frequenzen geeignet. Die Phasenbedingung nach Gl. (5.70) läßt die drei Brückenarten in Bild **5.**46 zu.

CCCC-Brücke. Für eine nach Bild **5.**46a aus vier Kapazitäten C mit den Verlustwinkeln δ aufgebaute Brücke lauten die Abgleichbedingungen wegen $Z \approx 1/(\omega C)$ und $\varphi = -90° + \delta$ nach Gl. (5.69) und (5.70)

$$(\omega C_2)/(\omega C_1) = (\omega C_4)/(\omega C_3) \quad \text{bzw.} \quad C_1/C_2 = C_3/C_4 \tag{5.72}$$

$$\delta_1 + \delta_4 = \delta_2 + \delta_3 \tag{5.73}$$

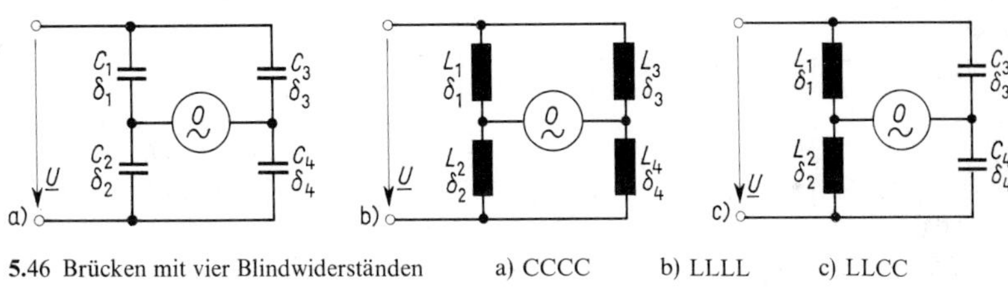

5.46 Brücken mit vier Blindwiderständen a) CCCC b) LLLL c) LLCC

Diese Brücke wird zur Messung verlustarmer Kondensatoren bei Frequenzen von einigen 100 Hz bis zu höchsten Frequenzen bei entsprechendem Aufbau verwendet. Auf den Verlustabgleich (Abgleich der Wirkkomponenten) wird hier vielfach verzichtet. Vergleichskapazitäten sind oft Luftkondensatoren mit festen oder gut einstellbaren Kapazitäten.

LLLL-Brücke. Bei vier Induktivitäten L mit den Scheinwiderständen $Z \approx \omega L$ und den Phasenwinkeln $\varphi = 90° - \delta$ lauten die Abgleichbedingungen nach Gl. (5.69) und (5.70)

$$(\omega L_1)/(\omega L_2) = (\omega L_3)/(\omega L_4) \quad \text{bzw.} \quad L_1/L_2 = L_3/L_4 \tag{5.74}$$

$$-\delta_1 - \delta_4 = -\delta_2 - \delta_3 \tag{5.75}$$

LLCC-Brücke. Bei zwei Induktivitäten und zwei Kapazitäten nach Bild **5.**46c lauten die Abgleichbedingungen nach Gl. (5.69) und (5.70)

$$(\omega L_1)/(\omega L_2) = (\omega C_4)/(\omega C_3) \quad \text{bzw.} \quad L_1/L_2 = C_4/C_3 \tag{5.76}$$

$$-\delta_1 + \delta_4 = -\delta_2 + \delta_3 \tag{5.77}$$

Diese Brücke eignet sich zur Messung von Induktivitäten bei Frequenzen über einigen 100 Hz bis in das MHz-Gebiet. Der Verlustabgleich wird entweder durch einen Reihenwiderstand zu einer Induktivität oder (seltener) durch einen Leitwert parallel zum dem Meßobjekt gegenüberliegenden Kondensator gemacht. Bei allen Meßbrücken kann man die Anschlüsse für

[1]) Mit kleinen Wirkkomponenten wegen der unvermeidlichen Verluste.

die Brückenspannung und das Nullgerät vertauschen. Brücken mit vier Blindwiderständen werden als unvollständig abgeglichene Ausschlagbrücken zur elektrischen Messung mechanischer Größen verwendet (s. Abschn. 7).

Kann bei den Brücken nach Bild **5.**46 auf den Verlustabgleich verzichtet werden, so ist nur ein Abgleich der Beträge notwendig, wozu eine Induktivität oder eine Kapazität veränderbar sein muß. Sind die Wirkkomponenten in den vier Zweigen nicht zu vernachlässigen, so müssen zum Winkelabgleich zusätzliche, parallel oder in Reihe liegende Wirkwiderstände vorgesehen werden, von denen einer veränderbar sein muß (ähnlich wie in Bild **5.**48 a und b).

5.4.8 Brücken mit zwei Wirk- und zwei Blindwiderständen

Die Phasenbedingungen nach Gl. (5.70) lassen nach Bild **5.**47 wiederum drei Brückenarten zu, wobei die Brückendiagonalen vertauschbar sind.

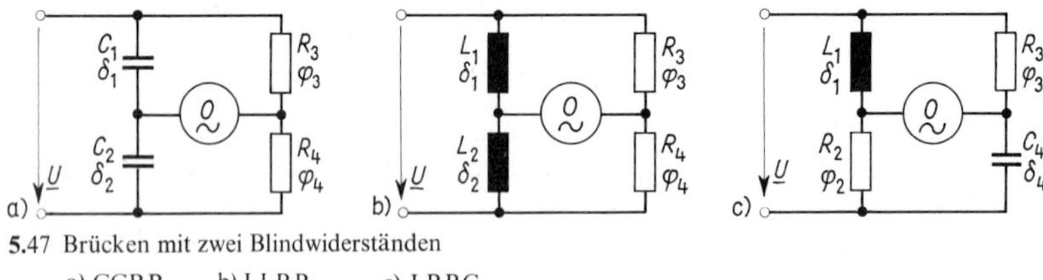

5.47 Brücken mit zwei Blindwiderständen
a) CCRR b) LLRR c) LRRC

5.4.8.1 CCRR-Brücke. Diese auch nach Wien benannte Brücke hat die Meßkapazität C_1, eine Vergleichskapazität C_2 mit geringen oder vernachlässigbaren Verlusten und zwei Wirkwiderstände R_3 und R_4. Der Phasenabgleich erfolgt nach Bild **5.**48 a entweder durch einen Reihenwiderstand R_2 zur Vergleichskapazität C_2 oder nach Bild **5.**48 b durch einen Parallelleitwert G_2. Nach Abschn. 5.4.1.2 bewirkt der Reihenwiderstand mit der Frequenz zunehmende, der Parallelleitwert mit der Frequenz abnehmende Verluste. Bei geringen Ansprüchen sind die Wirkwiderstandszweige nach Bild **5.**48 a als Schleifdraht oder Potentiometer ausgebildet. Bei Brücken größerer Präzision ist einer der Widerstände fest oder nach Bild **5.**48 b in Stufen umschaltbar, der andere als dekadisch fein einstellbarer Präzisionswiderstand ausgebildet.

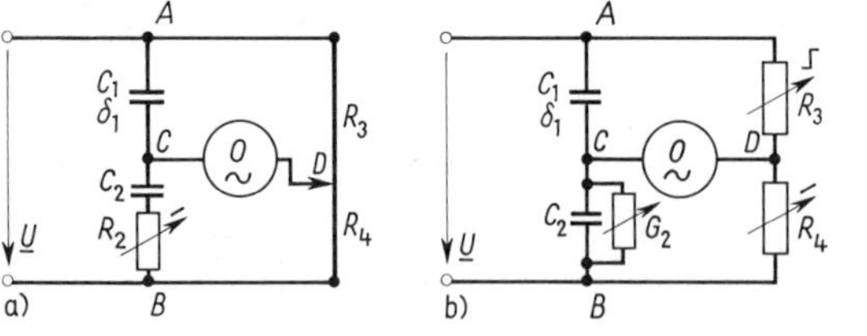

5.48
Kapazitätsmeßbrücke nach Wien mit Reihenverlustabgleich und Schleifdraht (a) bzw. mit Parallelverlustabgleich (b)

Die Abgleichbedingungen lauten nach Gl. (5.69) und (5.70)

$$(\omega C_2)/(\omega C_1) = R_3/R_4 \quad \text{bzw.} \quad C_1/C_2 = R_4/R_3 \tag{5.78}$$

$$\delta_1 + \varphi_4 = \delta_2 + \varphi_3 \tag{5.79}$$

Unter der Annahme von winkelfehlerfreien Widerständen ($\varphi = 0$) und einem verlustfreien Kondensator C_2 mit einem Reihenwiderstand R_2 oder einem Parallelleitwert G_2 errechnet sich der Verlustfaktor des Kondensators C_1 aus

$$\tan\delta_1 = \omega R_2 C_2 \quad \text{oder} \quad \tan\delta_1 = G_2/(\omega C_2) \tag{5.80}$$

Messung von Elektrolytkondensatoren. Man verwendet die Schaltung nach Bild **5**.48a und legt die Gleichspannung zur Polarisation des Elektrolytkondensators C_1 parallel zum Nullgerät an den Meßkreis. Das Nullgerät wird durch einen Vorkondensator gegenüber der Polarisationsspannung gesperrt. Die Polarisationsspannungsquelle erhält einen großen Vorwiderstand, damit der Nullzweig durch sie nicht überbrückt wird. Zur Ladung größerer Elektrolytkondensatoren wird dieser Vorwiderstand durch Tastendruck mit einem kleineren Ladewiderstand überbrückt. Häufig ist es erforderlich, zwischen den Brückenpunkten C und B zusätzlich einen Parallelleitwert G_2 zu schalten. Dieser wird dann durch einen großen Kondensator gegen Gleichstrom gesperrt.

Beispiel 5.6. Bei der Messung eines Kondensators mit einer CCRR-Brücke nach Wien gemäß Bild **5**.48a mit hochohmigem Nullgerät ($R_{CD} \approx \infty$) ergeben sich bei Brückenabgleich $C_2 = 1\,\mu F$ (verlustfrei), $R_2 = 21{,}5\,\Omega$ (Reihenverlustabgleich), $R_3 = 10\,k\Omega$, $R_4 = 6{,}81\,k\Omega$ (winkelfrei), $U = 10\,V$ und $f = 50\,Hz$ (also $\omega = 314\,s^{-1}$).

Wie groß sind Kapazität C_1 und Verlustfaktor $\tan\delta_1$? Welchen Wert müßte der Parallelleitwert G_2 (Parallelverlustabgleich) in der Schaltung nach Bild **5**.48b für Abgleich bei sonst gleichen Schaltelementen haben? Für die Darstellung der Spannungen in den Meßbrücken sind unmaßstäbliche Zeigerdiagramme (mit den Zählpfeilen nach Bild **5**.41) zu zeichnen, und zwar für eine nicht voll abgleichbare Brücke (ohne Phasenabgleich) mit minimaler Diagonalspannung und für die abgeglichenen Brückenschaltungen mit Phasenabgleich durch Reihenwiderstand nach Bild **5**.48a bzw. mit Phasenabgleich durch Parallelwiderstand nach Bild **5**.48b.

Aus Gl. (5.78) erhält man die gesuchte Kapazität

$$C_1 = C_2 R_4/R_3 = 1\,\mu F \cdot 6{,}81\,k\Omega/(10\,k\Omega) = 0{,}681\,\mu F$$

Nach Gl. (5.80) ergibt sich für den Phasenabgleich durch Reihenwiderstand der Verlustfaktor

$$\tan\delta_1 = \tan\delta_2 = R_2\omega C_2 = 21{,}5\,\Omega \cdot 314\,s^{-1} \cdot 1\,\mu F = 6{,}75 \cdot 10^{-3} = 0{,}675\,\%$$

Für den Phasenabgleich mit Parallelwiderstand folgt der Leitwert

$$G_2 = \omega C_2 \tan\delta_1 = 314\,s^{-1} \cdot 1\,\mu F \cdot 6{,}75 \cdot 10^{-3} = 2{,}12 \cdot 10^{-6}\,S$$

und $1/G_2 = 472\,k\Omega$. Die drei Zeigerdiagramme sind in Bild **5**.49a bis c dargestellt.

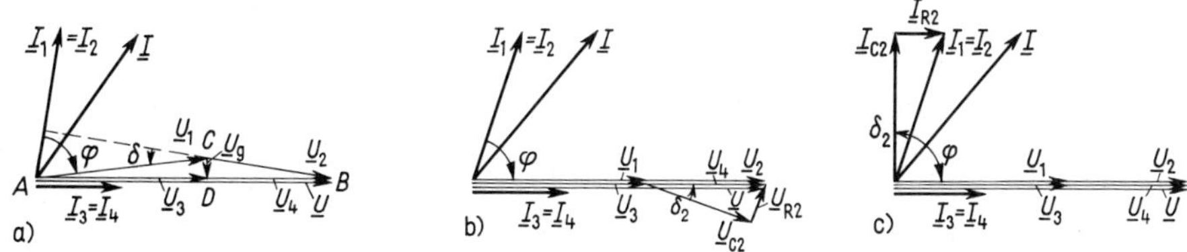

5.49 Zeigerdiagramme für CCRR-Kapazitätsmeßbrücken

a) für eine nichtabgeglichene Brücke ohne Phasenabgleich

b) für die abgeglichenen Brückenschaltungen mit Phasenabgleich durch Reihenwiderstand nach Bild **5**.48a bzw.

c) mit Phasenabgleich durch Parallelwiderstand nach Bild **5**.48b

5.4.8.2 Schering-Brücke. Diese Brücke dient vor allem zur Messung des Verlustfaktors der Kapazität von Kabeln, Hochspannungskondensatoren und anderen Hochspannungseinrichtungen bei hohen Meßspannungen bis zu 1 MV mit Netzfrequenz. Die Hochspannung wird einpolig geerdet; die Meßkapazität und eine hochwertige Vergleichskapazität, meist ein Preßgaskondensator, werden nach Bild **5**.50 mit dem Hochspannungspol C verbunden. Das

Nullgerät, früher oft ein Vibrationsgalvanometer, heute meist ein Anzeigeverstärker mit einem Oszilloskop als Nullanzeige, wird nicht geerdet. Die Brücke ist extrem ungleicharmig, so daß bei A' und B keine höhere Spannung als etwa 100 V gegen Erde auftritt. Durch Gasentladungssicherungen wird dafür gesorgt, daß im Fall einer Fehlschaltung im Nullzweig keine höheren Spannungen vorkommen. Der durch den Meßzweig $C_1 R_2$ fließende Strom ist im wesentlichen Blindstrom. Er kann bei großen Kapazitäten C_1 und hohen Spannungen bis über 100 A betragen. Der Widerstand R_2 ist daher unterteilt. Er besteht aus einem niederohmigen, hochbelastbaren Widerstand R_2' und der parallelliegenden Reihenschaltung aus den größeren Widerständen R_2'', R_2''' und R_2'''', durch die nur ein kleiner Teilstrom von I_1 fließt. Durch Einstellen dieser Kombination läßt sich ein genauerer Teil der Spannung zwischen A' und D abgreifen, der im zweiten Brückenzweig kompensiert wird. Die Verschlechterung des Verlustfaktors $\tan\delta$ des Brückenzweigs *1* durch den Anteil von R_2 ist vernachlässigbar.

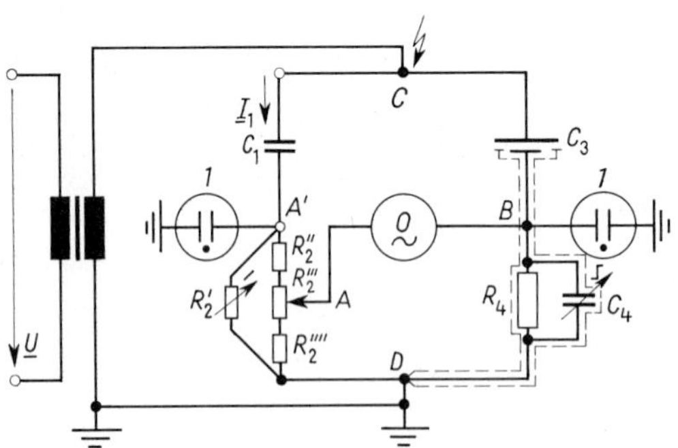

5.50
Schering-Hochspannungsmeßbrücke.
Vergleichskondensator C_3 mit Schutzring und Abschirmung.
Brückeneckpunkte A' und B mit Überspannungssicherungen *1*

Der Phasenabgleich erfolgt durch einen stufenweise einstellbaren Kondensator C_4 parallel zum festen Widerstand R_4. Sind der Winkelfehler des Widerstandes R_2 und der Verlustwinkel des Kondensators C_3 vernachlässigbar, so gilt nach Gl. (5.79)

$$\tan\delta_1 = -\tan\varphi_4 = \omega C_4 R_4 \tag{5.81}$$

Es ist üblich, bei der Netzfrequenz $f = 50$ Hz den Widerstand R_4 mit 3183 Ω (oder 318,3 Ω) zu wählen. Hiermit wird Gl. (5.81) zur zugeschnittenen Größengleichung

$$\tan\delta_1 = 314{,}2\,\text{s}^{-1} \cdot 3183\,\Omega \cdot C_4 = C_4/\mu\text{F} \tag{5.82}$$

Der Verlustfaktor $\tan\delta$ ist somit am Kondensator C_4 ohne Umrechnung direkt abzulesen, wenn die Kapazität in μF angegeben ist.

5.4.8.3 LLRR-Brücke. Diese nach Maxwell benannte Brücke nach Bild **5.**47 b dient der Messung von Induktivitäten bei tieferen bis mittleren Meßfrequenzen. Die unbekannte Induktivität L_1 mit dem Verlustwinkel δ_1 wird mit einer Normalinduktivität L_2 verglichen, deren Verlustwinkel δ_2 bekannt sein muß. Der komplexe Widerstand wird durch einen der möglichst winkelfehlerfreien Widerstände R_3 und R_4 (meist durch R_3) oder durch ein Schleifdrahtpotentiometer abgeglichen. Der Fehlerwinkel muß durch einen Reihenwiderstand zu L_2 abgeglichen werden, wenn $\delta_1 > \delta_2$ ist, oder zu L_1, wenn $\delta_1 < \delta_2$ ist. Der Abgleich ist bei Induktivitäten ähnlicher Größe durch ein Potentiometer P möglich (Bild 5.51). Die Abgleichbedingungen lauten nach Gl. (5.69) und (5.70)

$$(\omega L_1)/(\omega L_2) = R_3/R_4 \quad \text{bzw.} \quad L_1/L_2 = R_3/R_4 \tag{5.83}$$

$$-\delta_1 + \varphi_4 = -\delta_2 + \varphi_3 \tag{5.84}$$

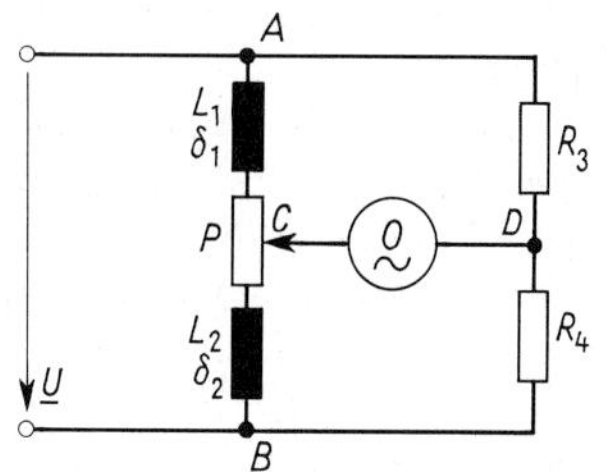

5.51
Verlustabgleich bei der LLRR-Brücke durch ein Potentiometer P

5.4.8.4 LRRC-Brücke. Diese nach Maxwell und Wien benannte Brücke nach Bild 5.47c wird bei Messung von Induktivitäten meist der LLRR-Brücke vorgezogen, da an die Stelle der Vergleichsinduktivität eine Vergleichskapazität tritt. Der Abgleich des komplexen Widerstandes erfolgt wieder durch die Widerstände R_2 und R_3, der Abgleich der Verluste durch einen Parallelleitwert G_4 zur Kapazität C_4 oder durch einen Reihenwiderstand R_4 zu C_4. Die Abgleichbedingungen lauten nach Gl. (5.69) und (5.70)

$$\omega L_1/R_2 = R_3 \omega C_4 \quad \text{bzw.} \quad L_1 = R_2 R_3 C_4 \tag{5.85}$$

$$-\delta_1 + \delta_4 = \varphi_2 + \varphi_3 \tag{5.86}$$

Sind die Widerstände R_2 und R_3 winkelfrei, so ist

$$\tan\delta_1 = \tan\delta_4 = G_4/(\omega C_4) \quad \text{oder} \quad \tan\delta_1 = \tan\delta_4 = 1/(R_4 \omega C_4) \tag{5.87}$$

Bild 5.52 zeigt Schaltung und Zeigerdiagramm einer handelsüblichen Taschen-LC-Meßbrücke, die einmal als LRRC-Brücke zur Messung von Induktivitäten oder nach Betätigen eines Umschalters *1* durch Vertauschen der Brückenzweige *2* und *4* als Kapazitätsmeßbrücke geschaltet ist. Die Vergleichskapazität beträgt $C_4 = 0{,}1\,\mu\text{F}$; zum Verlustabgleich dient ein parallelgeschalteter Drehwiderstand von maximal 2 MΩ mit dem Leitwert G_4 mit negativ logarithmischer (eigentlich exponentieller) Charakteristik. Der Widerstand R_2 ist ein einstellbares Potentiometer von 1000 Ω. Der Widerstand R_3 ist in 6 dekadischen Stufen von 1 Ω bis 100 kΩ fein wählbar. Aus Gl. (5.78) und (5.85) folgen 6 Kapazitätsmeßbereiche mit den Endwerten 1000 pF bis 100 μF sowie 6 Induktivitätsmeßbereiche mit den Endwerten 0,1 mH bis 10 H. Die Meßgenauigkeit beträgt 0,25 % vom Meßbereichendwert. Der Verlustfaktor kann nur in der Größenordnung geschätzt oder verglichen werden. Die Meßfrequenz beträgt etwa 2 kHz. Als Nullgerät dient ein Kopfhörer oder ein Verstärker mit Anzeigegerät.

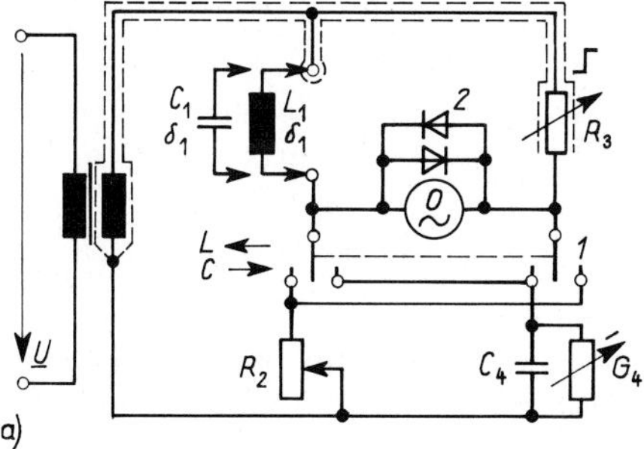

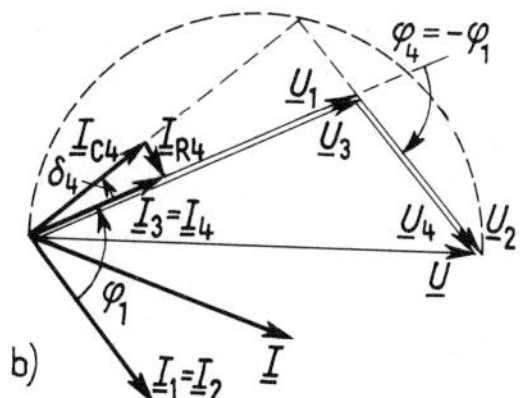

5.52
a) Schaltschema, b) Zeigerdiagramm bei Nullabgleich für eine LRRC-Induktivitätsmeßbrücke

Beispiel 5.7. Bei der Messung der Induktivität einer Spule mit einer LRRC-Brücke nach Maxwell und Wien gemäß Bild **5**.52a mit hochohmigem Nullgerät ($R_{CD} \approx \infty$) ergeben sich bei Brückenabgleich $R_2 = 1\,\text{k}\Omega$, $R_3 = 2{,}05\,\text{k}\Omega$, $R_4 = 12{,}1\,\text{k}\Omega$ (winkelfrei), $C_4 = 0{,}1\,\mu\text{F}$ (verlustfrei), $U = 1\,\text{V}$ und $f = 1000\,\text{Hz}$ ($\omega = 6{,}28 \cdot 10^3\,\text{s}^{-1}$).

Wie groß sind die unbekannte Induktivität L_1 sowie der Verlustfaktor $\tan\delta_1$ bzw. der Gütefaktor der Spule $Q = 1/\tan\delta_1$? Welches Zeigerdiagramm ergibt sich mit den Zählpfeilen nach Bild **5**.41 für die abgeglichene Meßbrücke?

Nach Gl. (5.85) ist die Induktivität

$$L_1 = R_2 R_3 C_4 = 10^3\,\text{VA}^{-1} \cdot 2{,}05 \cdot 10^3\,\text{VA}^{-1} \cdot 0{,}1 \cdot 10^{-6}\,\text{AsV}^{-1} = 0{,}205\,\text{H}$$

Aus Gl. (5.87) ergibt sich für den Phasenabgleich durch Parallelwiderstand der Verlustfaktor

$$\tan\delta_1 = 1/(R_4 \omega C_4) = 1/(12{,}1 \cdot 10^3\,\text{VA}^{-1} \cdot 6{,}28 \cdot 10^3\,\text{s}^{-1} \cdot 0{,}1 \cdot 10^{-6}\,\text{AsV}^{-1}) = 0{,}1315$$

Der Gütefaktor der Spule ist $Q = 1/\tan\delta_1 = 1/0{,}1315 = 7{,}6$.

Das gesuchte Zeigerdiagramm ist in Bild **5**.52b dargestellt.

5.4.8.5 Frequenzbrücke nach Wien-Robinson. Sie ist nach Bild **5**.53 ein Sonderfall der CCRR-Brücke. Das Brückenglied $\underline{Z}_1$ besteht aus einer Reihenschaltung der Kapazität $2C$ mit dem Widerstand R und das Brückenglied $\underline{Z}_2$ aus der Parallelschaltung von C mit $2R$. Durch den Ansatz der komplexen Widerstände beider Glieder ergibt sich, daß die Abgleichbedingungen bei $R_3 = R_4$ nur dann erfüllt sind, wenn die Bedingung gilt

$$\omega = \frac{1}{2RC} \tag{5.88}$$

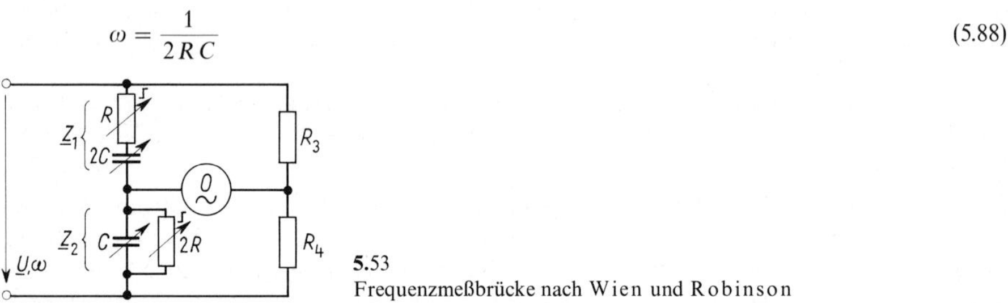

5.53
Frequenzmeßbrücke nach Wien und Robinson

Ähnliche Beziehungen gelten für andere Brückenverhältnisse. Diese Brücke verwendet man vorwiegend als Koppelglied und Frequenzfilter, z. B. in RC-Generatoren.

5.4.9 Übertragerbrücken

Während bei den Meßbrücken nach Wheatstone auf der Vergleichsseite (R_3 und R_4 nach Bild **5**.47) die Generatorspannung durch Wirkwiderstände geteilt wird, erfolgt die Spannungsteilung bei Übertragerbrücken durch genau gewickelte Übertrager. Derartige Übertrager lassen sich mit sehr kleinen Teilungsfehlern (unter 10^{-7}) herstellen, die sich mit Wirkwiderständen kaum erzielen lassen. Daher haben Übertragerbrücken eine sehr hohe Einstellgenauigkeit, und die Meßgenauigkeit wird nur durch die Güte der Normale (meist Kondensatoren in dekadischer Stufung) bestimmt.

Zur Bildung des Nullwerts kann man ebenfalls einen genauen Differentialübertrager verwenden.

Meßprinzip. Die Prinzipschaltung einer Brücke für komplexe Leitwerte mit Eingangsübertrager *1* zur dekadischen Spannungsteilung und einem Differentialübertrager zur Bildung des Nullzweigs zeigt Bild **5.**54. Der Übertrager *1* wird primär durch den Brückenspannungsgenerator gespeist.

Die Meßfrequenz liegt je nach Art des Übertragers im niederfrequenten (50 Hz bis 20000 Hz) oder hochfrequenten (20 kHz bis 5 MHz und darüber) Gebiet. Bei festen Frequenzen bevorzugt man solche, deren Zahlenwert in Hz die Ziffernfolge $1/2\pi = 0{,}159155$ hat (z. B. 1591,55 Hz). Dadurch wird wegen $\omega = 2\pi f$ die Umrechnung von Induktivitäts- und Kapazitätswerten in Widerstände und Leitwerte und die Verlustberechnung vereinfacht. Die Sekundärspannung wird durch Anzapfungen in zehn Zehntel geteilt.

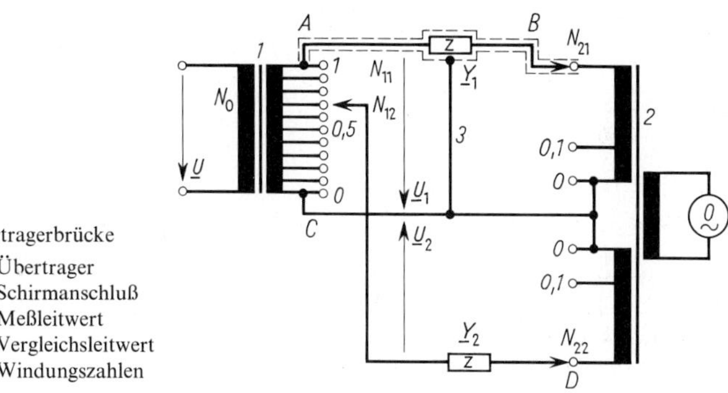

5.54
Übertragerbrücke
1, 2 Übertrager
3 Schirmanschluß
$\underline{Y}_1$ Meßleitwert
$\underline{Y}_2$ Vergleichsleitwert
N Windungszahlen

Der komplexe Vergleichsleitwert $\underline{Y}_2$ in Bild **5.**54 besteht aus Kapazitäten und Wirkleitwerten in dekadischer Stufung, angeschlossen am Punkt *D* des Übertragers *2*. Zu messen ist der komplexe Leitwert $\underline{Y}_1$. An der Sekundärseite des Übertragers *1* werden jeder reelle Einzelleitwert und jede Kapazität an eine der mit einem zehnstufigen Schalter wählbaren Stufen *0* bis *1* gelegt. Mit fünf Kondensatoren und fünf Wirkleitwerten lassen sich alle fünfstelligen Ziffernfolgen von Blind- und Wirkleitwerten einstellen.

Bei der Messung von Induktivitäten werden die Vergleichskapazitäten nicht an Punkt *D*, sondern an Punkt *B* angeschlossen. Dadurch wird ein entsprechender Teilstrom in seiner Phase um 180° gedreht. Die reellen Leitwerte bleiben dabei an Punkt *D* angeschlossen.

Werden die reellen Leitwerte ebenfalls an Punkt *B* angeschlossen, lassen sich komplexe Leitwerte mit negativem Realteil (z. B. Verstärkerschaltungen) messen.

Die Schirmung des Meßobjekts und der Zuleitungen wird an Punkt *C* angeschlossen. Die entsprechenden kapazitiven Blind- und Wirkleitwerte liegen dadurch zu den Übertragerwicklungen parallel und bleiben ohne Einfluß auf das Meßergebnis.

Meßbereiche. Ein handelsübliches Gerät erzielt mit dieser Schaltung folgende Meßbereiche: Wirkleitwert 10^{-1} S bis 10^{-10} S, Kapazität 0,0002 pF bis 11 µF, Induktivität von 1 mH bis zu beliebig großen Werten. Durch einen Zusatz für kleine Widerstände (Zusatzübertrager) läßt sich der angegebene Meßbereich erweitern bis $2 \cdot 10^4$ S; 0,1 F und 5 nH. Die Meßfehler liegen bei 0,1 %. Die Frequenz geht bei Induktivitätsmessungen quadratisch in die Messung ein; sie muß deshalb genau bekannt sein und konstant gehalten werden.

5.5 Messung komplexer Widerstände und Übertragungsfaktoren bei Hochfrequenz

Netzwerkanalysatoren ermöglichen die vollständige Charakterisierung elektrischer Netzwerke. Sie werden als Meßgeräte bis zu Frequenzen von mehr als 40 GHz angeboten. Die Messung komplexer Widerstände und komplexer Übertragungsfaktoren wird meistens auf die Bestimmung von Spannungsverhältnismessungen nach Betrag und Phase zurückgeführt. Aus diesen Meßwerten wird die gesuchte Meßgröße gegebenenfalls geräteintern berechnet und für die Anzeige geeignet aufbereitet.

5.5.1 Messung komplexer Widerstände bei Hochfrequenz

Im Frequenzbereich bis etwa 10 MHz lassen sich komplexe Widerstände unmittelbar aus Spannungsverhältnismessungen ermitteln, wenn ein hinreichend genauer Bezugswiderstand R zur Verfügung steht. Bild **5**.55a zeigt eine Meßschaltung, die für ein Widerstandsverhältnis $Z_x < R$ geeignet ist. Aus dem gemessenen Spannungsverhältnis $\underline{U}_B/\underline{U}_A$ ist der komplexe Widerstand $\underline{Z}_x$ berechenbar.

$$\underline{Z}_x = R\,\frac{\underline{U}_B/\underline{U}_A}{1-\underline{U}_B/\underline{U}_A} \tag{5.89}$$

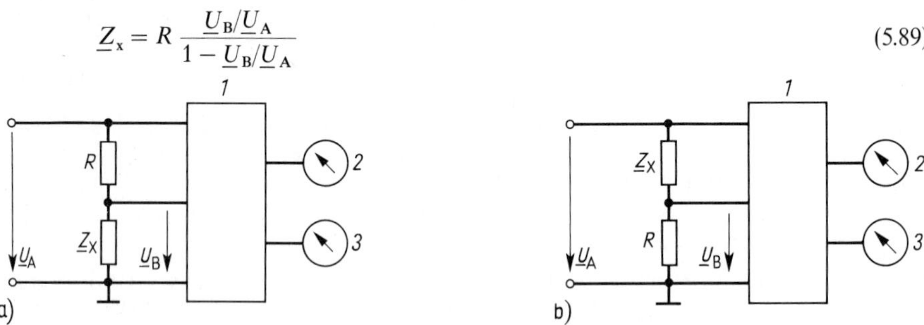

5.55 Meßschaltung zur Bestimmung des komplexen Widerstandes $\underline{Z}_x$ mit Bezugswiderstand R

a) Meßschaltung für $Z_x < R$
b) Meßschaltung für $Z_x \geq R$

1 Vektorvoltmeter
2 Anzeige des Spannungsverhältnisses U_B/U_A
3 Anzeige des Phasenwinkels φ

In Bild **5**.55b ist eine entsprechende Meßschaltung für ein Widerstandsverhältnis $Z_x \geq R$ dargestellt. Hierfür gilt die Bestimmungsgleichung

$$\underline{Z}_x = R\,\frac{1-\underline{U}_B/\underline{U}_A}{\underline{U}_B/\underline{U}_A} \tag{5.90}$$

Der gewählte Schaltungsaufbau und die damit verbundenen Schaltkapazitäten begrenzen die höchste Meßfrequenz bei vorgegebener Genauigkeit.

Setzt man zur Messung des komplexen Widerstandes eine Verzweigung gemäß Bild **5**.56 ein, so sind Messungen bis einigen GHz möglich. Die in der Verzweigung *4* integrierten Widerstände, z.B. $R = R_L/3$, bilden mit dem Wellenwiderstand R_L einen entsprechenden resultie-

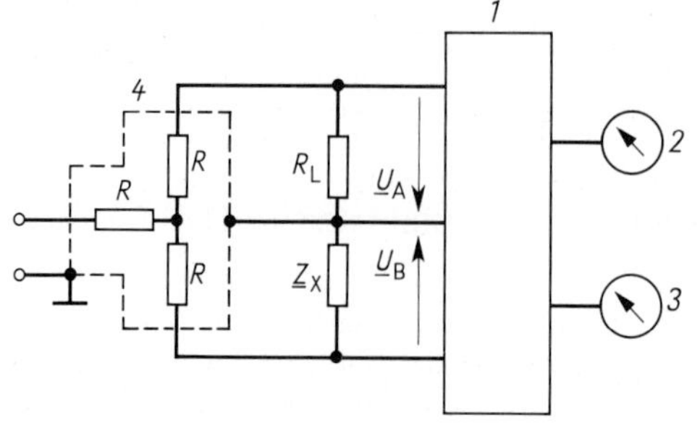

5.56
Meßschaltung zur Bestimmung des komplexen Widerstandes $\underline{Z}_x$ mit Verzweigung *4* und Abschlußwiderstand R_L

1 Vektorvoltmeter
2 Anzeige des Spannungsverhältnisses U_B/U_A
3 Anzeige des Phasenwinkels φ
4 Verzweigung

renden Bezugswiderstand. Der komplexe Widerstand

$$\underline{Z}_x = R \frac{\underline{U}_B/\underline{U}_A}{1 + R/R_L - \underline{U}_B/\underline{U}_A} \tag{5.91}$$

ist aus dem gemessenen Spannungsverhältnis bestimmbar.

Im Frequenzbereich oberhalb 10 MHz werden die Übertragungseigenschaften eines linearen Netzwerkes häufig durch einfallende und reflektierte Wellen an den Toren beschrieben [45]. Der Reflexionsfaktor $\underline{r}_x$ kennzeichnet das Verhältnis von reflektierter zu einfallender Welle am komplexen Widerstand $\underline{Z}_x$ und ist leicht zu messen. Geht man bei der Berechnung dieses Widerstandes vom gemessenen komplexen Reflexionsfaktor aus, so gilt mit dem reellen Wellenwiderstand R_L der Zusammenhang

$$\underline{Z}_x = R_L \frac{1 + \underline{r}_x}{1 - \underline{r}_x} \tag{5.92}$$

Die Messung des komplexen Reflexionsfaktors $\underline{r}_x$ ist aus der in Bild **5**.57 angegebenen Schaltung ersichtlich. Die Reflexionsmeßbrücke bzw. der Richtkoppler *6* erzeugt die Ausgangsspannung $\underline{U}_B$, die der reflektierten Welle am Meßobjekt *7* direkt proportional ist. Die Referenzspannung $\underline{U}_A$ des Vektorvoltmeters *1* ist der einfallenden Welle proportional. Der komplexe Reflektionsfaktor

$$\underline{r}_x = r_x e^{j\varrho} = \frac{\underline{Z}_x - R_L}{\underline{Z}_x + R_L} = \underline{k} \frac{\underline{U}_B}{\underline{U}_A} \tag{5.93}$$

ist durch das gemessene Spannungsverhältnis $\underline{U}_B/\underline{U}_A$, und den komplexen Übertragungsfaktor $\underline{k}$ bestimmt, der für die Reflexionsmeßbrücke bzw. den Richtkoppler bekannt ist.

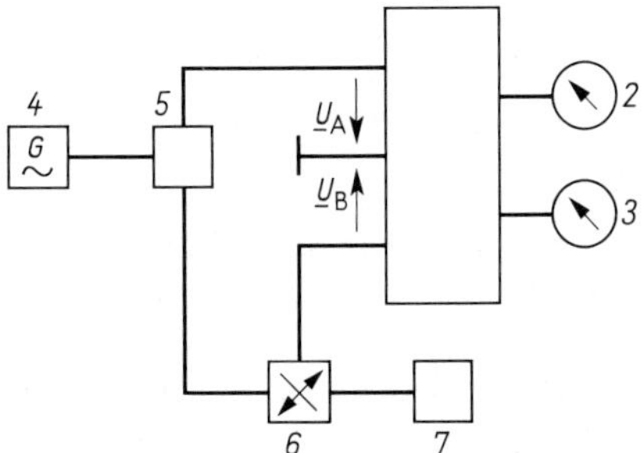

5.57
Meßschaltung zur Bestimmung des komplexen Reflexionsfaktors

1 Vektorvoltmeter
2 Anzeige des Spannungsverhältnisses U_B/U_A
3 Anzeige des Phasenwinkels φ
4 Generator; *5* Verzweigung
6 Reflexionsmeßbrücke oder Richtkoppler
7 Meßobjekt $\underline{Z}_x$

Bei der in Bild **5**.58a dargestellten Meßleitung wird der Reflexionsfaktor aus dem ortsabhängigen Verlauf der elektrischen Feldstärke ermittelt, die mit einer Sonde abgetastet wird. Aus dem gemessenen Spannungsmaximum und -minimum in Bild **5**.58b bestimmt man den Welligkeitsfaktor $s = U_{max}/U_{min}$ und berechnet den Betrag des Reflexionsfaktors

$$r_x = \frac{s-1}{s+1} \tag{5.94}$$

Aus der gemessenen Entfernung l_{min} zwischen dem komplexen Abschlußwiderstand $\underline{Z}_x$ und dem Ort des ersten Spannungsminimum läßt sich bei bekannter Wellenlänge λ auch der Winkel

$$\varrho = \pi \left(\frac{4\, l_{\min}}{\lambda} - 1 \right) \tag{5.95}$$

des komplexen Reflexionsfaktors $\underline{r}_x$ angeben. Meßleitungen werden nur noch relativ selten benutzt, weil die durchzuführenden Messungen im Vergleich zu modernen Netzwerkanalysatoren sehr zeitaufwendig sind.

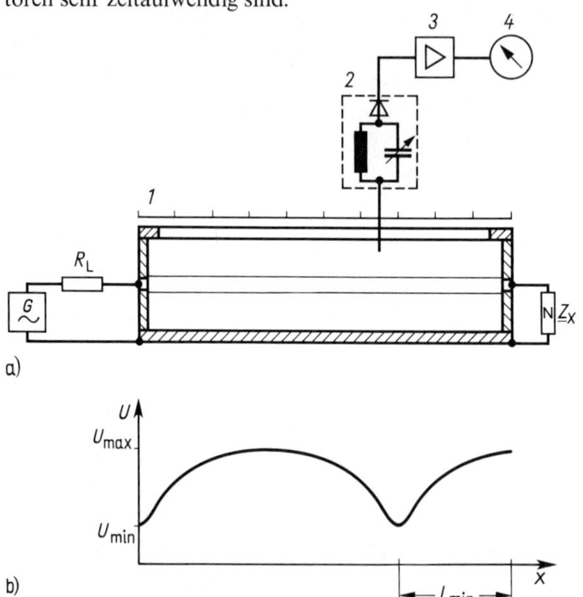

5.58
Bestimmung des Reflexionsfaktors nach Betrag und Phase
a) Meßaufbau mit der Meßleitung
b) Verlauf der Spannung $U(x)$
1 Meßleitung mit Längenmaß
2 verschiebbarer Meßkopf mit Meßsonde und abstimmbarem Filter
3 Meßverstärker
4 Anzeige der Sondenspannung

5.5.2 Übertragungsfaktoren von Zweitoren

Zur Beurteilung linearer Verzerrungen, die innerhalb eines Nachrichten-Übertragungssystems entstehen, ist die Kenntnis des Amplituden- und Phasenganges erforderlich. Eine verzerrungsfreie Nachrichtenübertragung setzt voraus, daß alle Spektralanteile innerhalb der Übertragungsbandbreite in gleichem Maße gedämpft bzw. verstärkt werden und die gleiche zeitliche Verzögerung erfahren. Der Phasengang ändert sich in diesem Fall linear mit der Frequenz.

Bei vielen Meßaufgaben, wie z. B. dem Filterabgleich, der Prüfung breit- oder schmalbandiger Verstärker usw., steht die Bestimmung des Betriebsübertragungsfaktors im Vordergrund. Bild **5.**59 zeigt für übertragungssymmetrische Zweitore eine geeignete Meßschaltung mit den reellen Eingangswiderständen R_L des Vektorvoltmeters. Den komplexen Betriebsübertra-

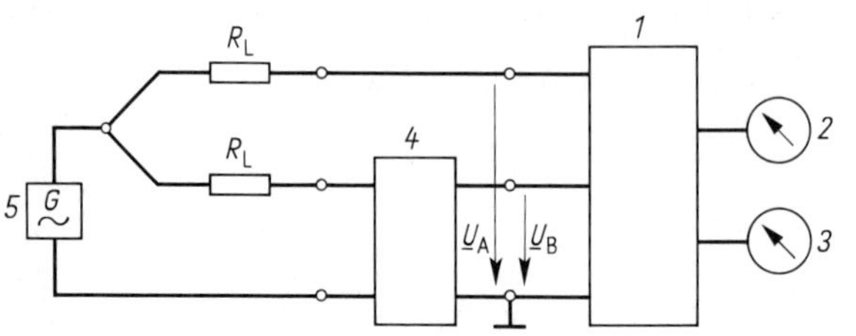

5.59
Meßschaltung zur Bestimmung des Betriebsübertragungsfaktors
1 Vektorvoltmeter
2 Anzeige des Spannungsverhältnisses U_B/U_A
3 Anzeige des Phasenwinkels φ
4 übertragungssymmetrisches Zweitor
5 HF-Generator

gungsfaktor $\underline{D}_B$ erhält man unmittelbar aus dem gemessenen Spannungsverhältnis $\underline{D}_B = \underline{U}_A/\underline{U}_B$. Bei Pegelmeßgeräten oder Wobbelmeßplätzen wird in der Regel auf die Darstellung des Phasenmaßes verzichtet und auch die Betriebsdämpfung $a_B = 20 \log(U_A/U_B)$ als logarithmisches Maß direkt angezeigt. Wobbelmeßplätze stellen das Meßergebnis in Anhängigkeit der Frequenz graphisch dar.

Die Bestimmung der komplexen Widerstands-, Leitwert- oder Streuparameter eines Zweitores basiert auf der Messung komplexer Widerstände und Spannungsverhältnisse und kann mit Vektorvoltmetern oder Netzwerkanalysatoren nach Betrag und Phase erfolgen. Durch die in Netzwerkanalysatoren eingesetzten Mikroprozessoren, geeignete Zusatzgeräte oder angeschlossene Tischrechner werden die systematischen Meßfehler eliminiert und die gesuchte Meßgröße in der gewünschten Darstellungsform ausgegeben.

5.5.3 Messung der Gruppenlaufzeit

Die Gruppenlaufzeitmessung ermöglicht eine Beurteilung der Signalverzerrungen, die durch den nichtlinearen Phasengang der Übertragungsstrecke hervorgerufen werden. Die Gruppenlaufzeit

$$t_g = \mathrm{d}b(\omega)/\mathrm{d}\omega \tag{5.96}$$

ist durch die erste Ableitung des Phasenmaßes $b(\omega)$ definiert, s. Bild 5.60.

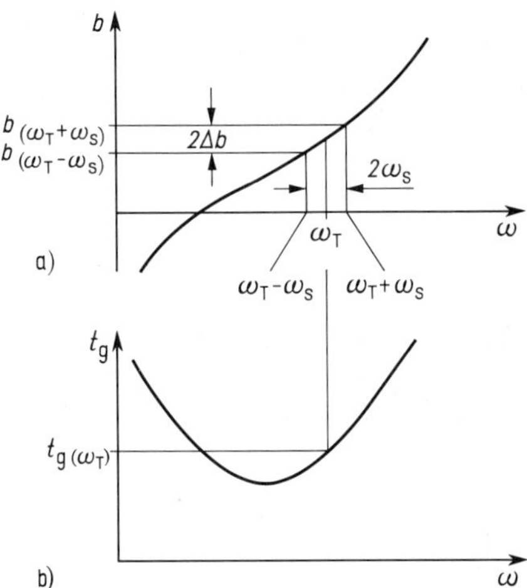

5.60
Phasenmaß b (a) und Gruppenlaufzeit t_g (b) für ein amplitudenmoduliertes Signal abhängig von der Kreisfrequenz ω

Meßtechnisch wird die Gruppenlaufzeit im allgemeinen nach einem von Nyquist vorgeschlagenen Verfahren ermittelt. Bild 5.61 zeigt eine Meßschaltung, wobei dem Modulator die Trägerfrequenz f_T und die Spaltfrequenz f_s zugeführt werden. Die amplitudenmodulierte Spannung

$$u_1(t) = \hat{u}_T \cos(\omega_T t)\left[1 + \frac{\hat{u}_s}{\hat{u}_T}\cos(\omega_s t)\right] \tag{5.97}$$

ist in Bild 5.62a dargestellt und kann auch durch die Gleichung

$$u_1(t) = \hat{u}_T \cos(\omega_T t) + \frac{\hat{u}_s}{2}[\cos(\omega_T - \omega_s)t + \cos(\omega_T + \omega_s)t] \tag{5.98}$$

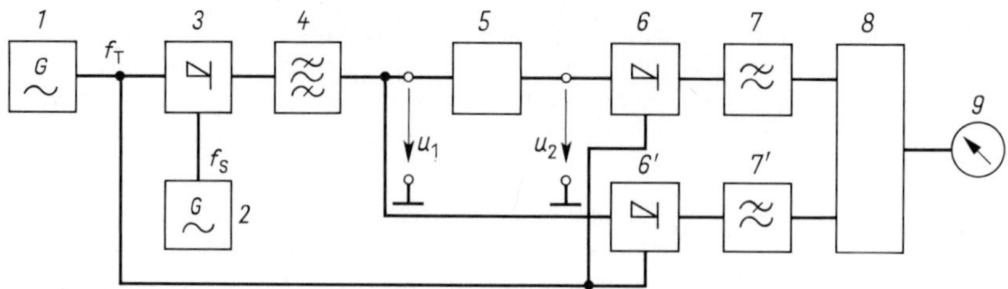

5.61 Meßanordnung zur Bestimmung der Gruppenlaufzeit nach dem Nyquist-Verfahren
1 Hochfrequenzgenerator der Trägerfrequenz f_T
2 Spaltfrequenzgenerator der Frequenz f_s
3 Modulator
4 Bandpaß
5 Meßobjekt
6, 6' Demodulator
7, 7' Tiefpaß
8 Phasenmesser
9 Anzeige der Gruppenlaufzeit t_g

beschrieben werden. Unter Berücksichtigung der Phasenverschiebungen erhält man am Ausgang des Meßobjektes die Spannung

$$u_2(t) = \hat{u}_T \cos(\omega_T t + b_T) + \frac{\hat{u}_s}{2} [\cos\{(\omega_T - \omega_s)t + b_T - \Delta b\} + \cos\{(\omega_T + \omega_s)t + b_T + \Delta b\}] \quad (5.99)$$

die auch in der Form

$$u_2(t) = \hat{u}_T \cos(\omega_T t + b_T) \left[1 + \frac{\hat{u}_s}{\hat{u}_T} \cos(\omega_s t + \Delta b)\right] \quad (5.100)$$

beschreibbar ist und in Bild 5.62b dargestellt ist.

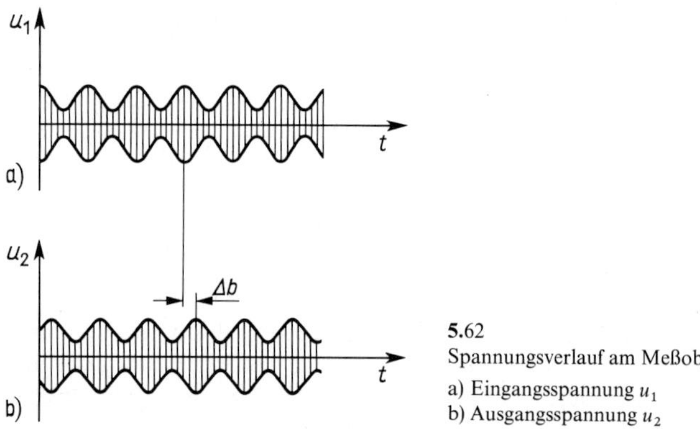

5.62
Spannungsverlauf am Meßobjekt
a) Eingangsspannung u_1
b) Ausgangsspannung u_2

Unter der Voraussetzung, daß der Phasenverlauf $b(f)$ innerhalb des Frequenzbereiches $(f_T - f_s) \leq f \leq (f_T + f_s)$ hinreichend linear ist, wird die Gruppenlaufzeit $t_g = \Delta b / \omega_s$ durch den gemessenen Phasenwinkel Δb und die konstante Spaltfrequenz f_s eindeutig bestimmt. Ändert man die Trägerfrequenz f_T periodisch, so läßt sich der Gruppenlaufzeitverlauf in Abhängigkeit der Frequenz graphisch darstellen.

6 Messung magnetischer Größen

Relativ zueinander bewegte elektrische Ladungen (Elektronen) üben aufeinander magnetische Kräfte aus. Diese Magnetfelder können daher über ihre Kraftwirkungen ausgemessen werden. Es sind vorzugsweise drei Wirkungen, die hierbei ausgenutzt werden: 1. unmittelbare Kräfte auf die Elektronen (z. B. im Hallgenerator oder Kernresonanz-Magnetfeldmesser), 2. Kräfte auf die Träger der bewegten Elektronen (z. B. Magnetnadel und Magnetometer) und 3. Erzeugung von Spannungen bei Änderung des verketteten Flusses (z. B. bei Wechselfeldern über Meßspulen oder bei Gleichstrom über einen Spannungsstoß).

Magnetfelder werden in der Elektrotechnik in vielfältiger Weise genutzt (z. B. Meßwerke s. Abschn. 2; elektrische Maschinen s. [50]). Es ist daher wichtig, Größe und Ausdehnung dieser Felder zu kennen und zu messen.

6.1 Messung magnetischer Feldgrößen

6.1.1 Feldgrößen und Einheiten

Wie in DIN 1301 festgelegt, sollen die magnetischen Größen in SI-Einheiten angegeben werden. Die wichtigsten magnetischen Größen und ihre Einheiten sind in Tafel **6**.1 zusammengestellt. Im Vakuum gilt $B = \mu_0 H$ mit der Induktionskonstanten $\mu_0 = 0{,}4\pi\,\mu\text{H/m}$.

Tafel **6**.1 Wichtigste magnetische Größen und Einheiten

Größe	Formelzeichen	SI-Einheit
magnetische Induktion	$\vec{B}$	1 Tesla = 1 T = 1 Vs/m^2
magnetischer Fluß	$\Phi = \int \vec{B}\,\mathrm{d}\vec{A}$	1 Weber = 1 Wb = 1 Vs
magnetische Feldstärke	$\vec{H} = \vec{B}/\mu$	1 A/m = 10^{-2} A/cm
magnetische Spannung	$V = \int \vec{H}\,\mathrm{d}\vec{s}$	1 Ampere = 1 A

6.1.2 Messung des magnetischen Flusses

Magnetische Felder in Luft können an jeder beliebigen Stelle mit einer Feldsonde untersucht werden. Die Meßebene der Feldsonde ist im Raum so lange zu drehen, bis mit dem Maximum der Anzeige der Höchstwert des Flusses gemessen wird. Die Richtung des Feldvektors kann dagegen meist genauer durch Verdrehung der Sondenfläche auf die Anzeige Null festgestellt werden.

6.1.2.1 Messung von Wechselflüssen. Die Feldsonde braucht bei der Messung von Wechselfeldern nur eine einfache Prüfspule zu sein. Zur Messung in engen Luftspalten werden z. B. rechteckige oder runde, sehr flache Spulen mit einer Spulenfläche von etwa 1 cm^2 bis 1000 cm^2 eingesetzt. Die Spule kann auch um den Querschnitt (z. B. eines Eisenkerns) gelegt werden, dessen Fluß gemessen werden soll. In dieser Spule wird dann nach dem Induktionsgesetz (s. [9], [15]) die Spannung

$$u_q = \mathrm{d}\Psi_t/\mathrm{d}t \tag{6.1}$$

mit dem Spulenfluß

$$\Psi = \sum_{N=1}^{N=N} \Phi_N = B \sum_{N=1}^{N=N} A_N = B N A_{mi} = N \Phi \tag{6.2}$$

und N als Windungszahl induziert. In einem homogenen Feld mit der Induktion B ist der Spulenfluß von den jeweiligen Windungsflächen A_N abhängig. Wenn die Meßanordnung in einem berechenbaren Feld kalibriert wird (s. Abschn. 6.1.3.6), darf diese Abhängigkeit vernachlässigt werden, und man erhält mit der mittleren Windungsfläche A_{mi} über den Fluß $\Phi = B A_{mi}$ mit der Windungszahl N und der Spannung $u_q = N \mathrm{d}\Phi_t/\mathrm{d}t$ bei einer Kurvenform mit nur ungeradzahligen Oberschwingungen für den linearen Mittelwert der induzierten Quellenspannung einer Halbperiode

$$\bar{u}_q = \frac{2}{T} \int_0^{T/2} u_q \,\mathrm{d}t = \frac{2N}{T} \int_0^{T/2} \mathrm{d}\Phi_t = 2 f N \hat{\Phi} \tag{6.3}$$

Dieser lineare Mittelwert der Halbperiode entspricht bei nur einem Nulldurchgang je Halbperiode dem halben Gleichrichtwert $\overline{|u_q|}/2$. Daher ist es z. B. mit einem Drehspulgerät mit Gleichrichter[1]) (s. Abschn. 2.3.5) möglich, den Scheitelwert des Flusses

$$\hat{\Phi} = \frac{\overline{|u_q|}}{4 f N} \tag{6.4}$$

zu bestimmen. In der Praxis wird der Fluß allerdings nicht berechnet, sondern man kalibriert die Prüfspulen (s. Abschn. 6.1.3.6). Beim Vektormesser (s. Abschn. 4.4.5) kann man außerdem noch mit dem Meßkontakt die Integrationszeit in der Phase verdrehen, so daß mit ihm unmittelbar die Kurvenform des Flusses aufgenommen werden kann. Wegen der Einweggleichrichtung ist dann in Gl. (6.4) der Faktor 4 durch 2 zu ersetzen.

Bei Sinusfeldern gilt nach [11], [15], [52] die Spannungsgleichung $U_q = 4{,}44 f N \hat{\Phi}$. Daher genügt es in diesem Fall, den Effektivwert U_q der Spannung zu messen und hieraus den Scheitelwert des Flusses

$$\hat{\Phi} = \frac{U_q}{4{,}44 f N} \tag{6.5}$$

zu berechnen.

Die Zuleitung von der Prüfspule zum Spannungsmesser ist durch Verdrillen oder Abschirmen gegen Fremdfelder zu schützen. Die Spannung soll möglichst leistungslos (z. B. über einen

---

[1]) Es ist zu beachten, daß Meßgeräte, die an sich den Gleichrichtwert messen, in der Regel eine Skala für den Effektivwert von Sinusgrößen haben, also das 1,11fache des Gleichrichtwerts anzeigen!

Verstärker; s. Abschn. 3.1) gemessen werden. Man kann aber auch mit $U_q = U + RI$ die Widerstände R des Meßkreises berücksichtigen, wenn durch den Meßstrom I der zu messende Fluß nicht merklich beeinflußt wird.

6.1.2.2 Messung von Gleichflüssen. Gleichfelder lassen sich ebenfalls mit den in Abschn. 6.1.2.1 beschriebenen Prüfspulen ausmessen. Wird eine solche Spule aus einem feldfreien Raum so in das magnetische Feld gebracht, daß der zu messende Fluß Φ sie durchsetzt, so erzeugt die Änderung der Flußverkettung während der Bewegung der Prüfspule in dieser den Spannungsstoß

$$\int u_q \, dt = \Delta\Psi = N \, \Delta\Phi \tag{6.6}$$

Wenn die Spule wieder aus dem Feld entfernt wird, entsteht der gleiche Spannungsstoß in entgegengesetzter Richtung. Wird die Prüfspule nicht hinein- oder herausgestoßen, sondern um 180° gedreht, so tritt ein Spannungsstoß doppelter Größe auf. Er kann mit den folgenden Methoden gemessen werden.

Flußmesser. Dieses Kriechgalvanometer nach Abschn. 2.3.4.2 mißt den Spannungsstoß unmittelbar. Die Anzeige ist bei ausreichender Dämpfung vom Meßkreiswiderstand unabhängig. Zeigerflußmesser haben bei 150 Skalenteilen z.B. die Konstante $C_f = 0{,}1$ mVs/Skalenteil. Lichtmarkengeräte sind etwa 20mal empfindlicher.

Ballistische Messung. Als Meßgerät dient ein ballistisches Galvanometer nach Abschn. 2.3.4.1, das meist über den zur kritischen Dämpfung erforderlichen Widerstand mit der Prüfspule verbunden ist. Ist der Widerstand des Meßkreises R und der Stromstoß $\int i \, dt$, so ist der gemessene Fluß

$$\Delta\Psi = R \int i \, dt = R \, C_b \, \alpha_b \tag{6.7}$$

mit C_b und α_b nach Abschn. 2.3.4.1.

Gleichfelder können auch dadurch gemessen werden, daß man eine rotierende Spule in das Feld bringt.

SQID-Magnetometer (**S**uperconducting **Q**uantum **I**nterference **D**evice) erlauben die Messung von Magnetfeldern im Bereich von nT. Ihre Wirkungsweise beruht auf dem Josephson-Effekt (Abschn. 4.1.1) und der Quantenstruktur schwacher Magnetfelder.

6.1.2.3 Messung der magnetischen Streuung. Der von der Durchflutung einer Wicklung erzeugte Gesamtfluß Φ_g teilt sich auf in den Nutzfluß Φ_n, der die gewünschten Wirkungen (Kräfte, Spannungen) verursacht, und den Streufluß $\Phi_\sigma = \Phi_g - \Phi_n$. Wir sprechen von der magnetischen Streuung, wenn dem Streufluß bestimmte Streuräume zuzuordnen sind, und von einer induktiven Streuung, wenn es sich um eine Verkettungsverminderung einzelner Wicklungsteile oder um verkettete, aber unwirksame Flußanteile handelt. Als Streufaktor

$$\sigma = \frac{\Phi_\sigma}{\Phi_g} = \frac{\Phi_g - \Phi_n}{\Phi_g} = 1 - \frac{\Phi_n}{\Phi_g} \tag{6.8}$$

wird das Verhältnis von Streufluß zu Gesamtfluß bezeichnet. Er kann durch Messen von Gesamtfluß Φ_g und Nutzfluß Φ_n bestimmt werden.

Für die Messung der Flußanteile müssen die entsprechenden Querschnitte mit Prüfwicklungen umfaßt werden. Dann kann man die in Abschn. 6.1.2.1 und 6.1.2.2 beschriebenen Verfahren zur Flußmessung einsetzen. Wenn alle Prüfwicklungen die gleichen Windungszahlen N erhalten und für einen konstanten Meßkreiswiderstand $R = R_M + R_{VW}$ sowie für $C_b = \text{const.}$ gesorgt wird, gilt mit Gl. (6.8)

$$\sigma = 1 - (\Phi_n/\Phi_b) = 1 - (\alpha_n/\alpha_g) \tag{6.9}$$

α_n und α_g sind die Meßgerät-Ausschläge.

Bild **6.**2 zeigt als Beispiel die Streuungsmessung an einem Hubmagneten. Unter die Magnetisierungswicklung *1* und an den Seitenschenkeln sowie in Ankermitte sind Prüfspulen um den Eisenkörper gelegt. Ihre Zuleitungen zum ballistischen Galvanometer oder Flußmesser werden sorgfältig verdrillt. Mit der Prüfwicklung *2* bestimmt man den Gesamtfluß Φ_g und mit *3* bzw. *4* die um den Streufluß kleineren Flüsse Φ_{n1} und Φ_{n2}. Kommutiert man den Magnetisierungsstrom, so sind die Flußänderungen in den Prüfspulen den induzierten Spannungsstößen und daher den Ausschlägen α der Meßgeräte proportional.

Das Streufeld kann auch punktweise mit dem in Abschn. 6.1.3 beschriebenen Verfahren ausgemessen und der Streufluß $\Phi_\sigma = \int_{A_\sigma} B_\sigma \, dA_\sigma$ berechnet werden.

Bei Wechselspannung arbeitet man meist mit kleinen Prüfspulen. Um die geringen Quellenspannungen genau zu messen und Fehler durch eine Strombelastung zu vermeiden, empfiehlt sich der Einsatz eines Wechselspannungskompensators oder eines Meßverstärkers (s. Abschn. 3.1).

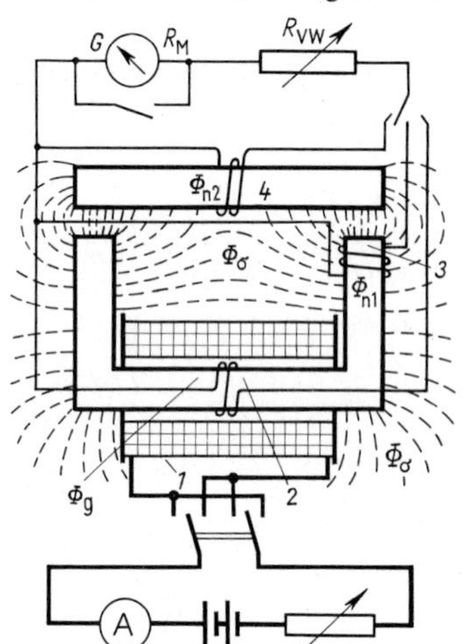

6.2
Streuungsmessung mit dem ballistischen Galvanometer G an einem Gleichstrommagneten
1 Magnetisierungswicklung
2, 3, 4 Prüfwicklungen
Φ_g Gesamtfluß
Φ_n Nutzfluß
Φ_σ Streufluß

6.1.3 Messung der magnetischen Induktion und der magnetischen Polarisation

Da die Induktion als Flußdichte den auf die Fläche bezogenen Fluß darstellt, kann man beide Größen grundsätzlich mit den gleichen Verfahren messen. Für inhomogene Felder ist die Sonde jedoch stets so klein zu wählen, daß die Induktion innerhalb der Meßfläche um nicht mehr als etwa 10% vom Mittelwert abweicht. Andererseits sinkt die Empfindlichkeit mit den Abmessungen.

6.1.3.1 Messung mit Prüfspulen. Alle in Abschn. 6.1.2 beschriebenen Verfahren können wegen $B = \Phi/A$ für die Induktionsmessung verwendet werden. Wegen Gl. (6.2) empfiehlt es sich allerdings, die Meßanordnung in einem berechenbaren magnetischen Feld zu kalibrieren (s. Abschn. 6.1.3.6).

6.1.3.2 Hallgenerator. Nach [9], [15] entsteht in einem vom magnetischen Feld mit der Induktion B senkrecht durchsetzten Leiterplättchen eine dieser Induktion proportionale Hallspannung U_H. Sie wird mit Millivoltmeter oder Verstärker-Spannungsmesser gemessen.

In der Schaltung nach Bild **6**.3 wird zunächst der Steuerstrom I_{st} durch den Widerstand R_{VW} auf den gewünschten Wert eingestellt. In der Schalterstellung U_H wird dann die Hallspannung gemessen. Mit empfindlichen Hallsonden lassen sich noch Felder bis zu 10 µT herab bei 1% bis 2% relativem Fehler messen.

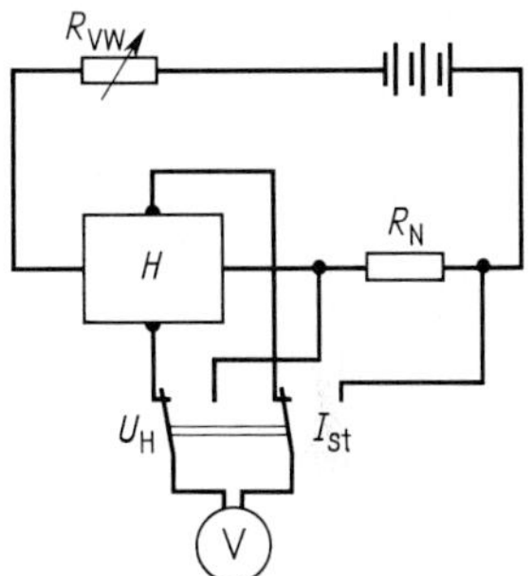

6.3
Einfacher Magnetfeldmesser mit Hallsonde H
R_N Widerstand zum Messen des Steuerstroms I_{st}

Zur Messung der Feldrichtung bei inhomogenen Feldern verwendet man zwei rechtwinklig nebeneinander liegende Hallsonden, die vom gleichen Steuerstrom durchflossen und deren Hallspannungen gegeneinander geschaltet werden. Die Differenzspannung ΔU_H ist der Induktionsänderung ΔB proportional. Die Verbindung der Wirkungsschwerpunkte beider Einzelsonden gibt die Feldrichtung, wenn ΔU_H ein Maximum ist. Steht die Feldrichtung senkrecht auf der Verbindungsstrecke, so ist $\Delta U_H = 0$. Dieses Minimum läßt sich genauer einstellen als das Maximum.

6.1.3.3 Feldplatte. Bei Halbleitern mit hoher Trägerbeweglichkeit und eingeschlossenen, metallisch leitenden Bereichen ergibt sich infolge der magnetischen Ablenkung der Strombahnen im Magnetfeld eine Änderung des Wirkwiderstands. Halbleiter-Feldplatten aus Indium-Antimonid mit eingeschlossenen, parallel orientierten Kristallnadeln aus Nickelantimonid zeigen bis etwa 0,2 T eine quadratische, darüber eine lineare Widerstandszunahme. Bei 10 T beträgt der Widerstand etwa das 200fache gegenüber dem feldfreien Zustand. Auch sehr kleine Felder bis herunter zu 10 µT lassen sich durch eine Wechselvormagnetisierung messen. Die Feldplatten sind reine Wirkwiderstände. Sie lassen sich zwischen 1 Ω und 10 kΩ herstellen.

Schaltet man zwei Feldplatten in einer Brückenschaltung zusammen, so kann man, ähnlich wie mit den beiden Hallgeneratoren in Abschn. 6.1.3.2, die Feldrichtung auf besonders empfindliche Weise feststellen.

6.1.3.4 Magnetometer. Ein kleiner Magnet mit dem magnetischen Moment m ist drehbar an einem dünnen Quarzfaden aufgehängt. Ein Magnetfeld übt auf die Nadel das Drehmoment

$$M = B m \sin \alpha_{Bm} \tag{6.10}$$

aus. Die Verdrehung des Magneten kann über einen Spiegel visuell beobachtet und durch Verdrehen des Quarzfadens kompensiert werden. Der Torsionswinkel α_{Bm} ist ein Maß für die Induktion. Magnetometer dienen zur Ausmessung kleiner ausgedehnter Felder unter 10 mT.

6.1.3.5 Kernresonanz-Magnetfeldmesser. Atomkerne, z.B. Wasserstoffkerne (Protonen), haben ein magnetisches Dipolmoment und einen mechanischen Drehimpuls. In einem äußeren Magnetfeld B erfahren sie daher ein Drehmoment und führen infolgedessen wie ein Kreisel eine Präzessionsbewegung aus. Die Präzessionsfrequenz

$$f = \frac{\gamma}{2\pi\mu_0} B \tag{6.11}$$

ist der magnetischen Induktion B und der gyromagnetischen Konstanten γ der betreffenden Kernart proportional. Diese Frequenz läßt sich mit großer Genauigkeit messen. Man bringt dazu eine kleine Menge Wasserstoff in Form von Wasser (z. B. 0,2 cm^3) in einer Sonde mit den Schwingkreisspulen in das zu messende Magnetfeld. Bei 0,1 T beträgt die Resonanzfrequenz bei Protonen 4,26 MHz. Für Felder über 1,5 T verwendet man ^7Li, bei Feldern über 3 T Deuteriumkerne (in Form von schwerem Wasser).

Da die gyromagnetischen Konstanten mit großer Genauigkeit bekannt sind, sich auch die Resonanzfrequenz mit hoher Genauigkeit bestimmen läßt (s. Abschn. 3.4) und die Resonanzschärfe sehr groß ist, läßt sich ein Magnetfeld mit dem relativen Fehler $F_r = 10^{-5}$ und einem kleinsten absoluten Fehler von $\pm 3\,\mu T$ messen. Die Sonden haben dabei Abmessungen von unter 1 cm^3. Sie lassen sich auch noch in Luftspalte von wenigen mm Länge einführen. Magnetfelder von 10 µT bis über 10 T sind meßbar.

6.1.3.6 Kalibrierung von Feldsonden. Feldsonden lassen sich in genügend genau berechenbaren, von Gleichströmen I erzeugten Spulenfeldern kalibrieren. Zur Kompensation des Einflusses von störenden Fremdfeldern, insbesondere des Erdfelds, ist die Messung unter Richtungsumkehr des Stromes zweimal auszuführen.

Zylinderspulen mit einlagiger gleichmäßiger Wicklung mit der Windungszahl N und vom Radius r sowie der Länge $l \gg r$ haben in Luft im Achsenzentrum die magnetische Feldstärke

$$H = \frac{N\,I}{\sqrt{4r^2 + l^2}} \tag{6.12}$$

Es lassen sich kurzzeitig Induktionen $B = 0{,}12\,T$ erzielen.

Helmholtz-Spulenpaar. Zwei gleiche, parallelliegende Drahtringe oder gleichwertige Spulen mit kleinem Querschnitt und dem Radius r sowie dem Abstand r voneinander haben im Achsenzentrum ein weitgehend homogenes Feld mit der Feldstärke

$$H = 0{,}751\; I/r \tag{6.13}$$

Diese Spulenanordnung eignet sich für kleinere Feldstärken in Gebieten größerer Ausdehnung.

6.1.3.7 Magnetische Polarisation. Nach [15] wird der durch die innere magnetische Feldstärke H_{Fe} des Eisens verursachte Anteil der magnetischen Induktion als magnetische Polarisation

$$J = B - \mu_0 H_{Fe}$$

bezeichnet. Zu ihrer Bestimmung muß man daher außerdem die magnetische Feldstärke H_{Fe} im Eisen (z. B. mit einer Feldstärkemeßspule nach Abschn. 6.1.4 – s. Bild **6.6**) messen. Die magnetische Polarisation wird in zunehmendem Maß zur Beschreibung der magnetischen Eigenschaften von Elektroblech und Dauermagneten herangezogen (s. DIN 46400 und DIN 17410).

6.1.4 Messung der magnetischen Feldstärke

In Luft sind wegen $H = B/\mu_0$ magnetische Induktion B und magnetische Feldstärke H einander unmittelbar proportional. Die Skalen der in Abschn. 6.1.3 beschriebenen Meßgeräte können daher auch mit Einheiten der magnetischen Feldstärke versehen werden.

In ferromagnetischen Werkstoffen kann man wegen der mit der Induktion B sich ändernden Permeabilität nicht mehr in dieser Weise die magnetische Feldstärke messen. Hier nutzt man dann aus, daß in parallelen magnetischen Zweigen die magnetische Spannung gleich groß sein muß. Wenn daher in diesen parallelen Zweigen für homogene Felder gesorgt wird, kann man mit einer Feldstärkenmeßspule die magnetische Feldstärke im parallel liegenden Luftzweig messen und sie als Feldstärke im Eisen ansehen (s. Abschn. 6.2).

Der Scheitelwert $\hat{H} = \hat{B}/\mu$ der magnetischen Feldstärke kann daher wieder nach Gl. (6.4) über den Gleichrichtwert der in der Feldstärkenmeßspule induzierten Spannung berechnet werden. Die Kurvenform kann hieraus ebenfalls mit dem Vektormesser (s. Abschn. 4.4.5) bestimmt werden. Wenn die Kurvenform aus dem Erregerstrom mit dem Vektormesser gewonnen werden soll, muß er mit einer Gegeninduktivität zunächst differenziert werden (s. Abschn. 4.4.5.4).

6.1.5 Messung der magnetischen Spannung

Die magnetische Spannung zwischen zwei Punkten a und b (Bild **6.4**) ist nach Tafel **6.1** im Vakuum (praktisch also auch in Luft)

$$V_{\mathrm{ab}} = \int_a^b \vec{H}\,\mathrm{d}\vec{s} = \frac{1}{\mu_0}\int_a^b \vec{B}\,\mathrm{d}\vec{s} \tag{6.14}$$

6.4
Messung der magnetischen Spannung
1 Galvanometer
2 Schlußjoch
3 Magnetisierungswicklung
S_1, S_2 magnetischer Spannungsmesser
a, b Prüfpunkte

Ihre Messung läuft daher auf eine Induktionsmessung und deren Integralbildung über dem Weg s hinaus. Messung und Integration werden mit einer Spule vorgenommen. Dabei wird näherungsweise das Integral $\int \vec{H}\,\mathrm{d}\vec{s}$ durch eine Summe $\Sigma\,\vec{H}\,\Delta\vec{s}$ ersetzt.

Magnetischer Spannungsmesser nach Rogowski und Steinhaus. Ein schmaler biegsamer Streifen aus unmagnetischem Material ist gleichmäßig dicht mit isoliertem Draht bewickelt. Die Wicklung muß bis an das Ende des Streifens reichen. Die Drahtenden werden in der Mitte der Spule zusammengeführt und von dort verdrillt zu einem Flußmesser (s. Abschn. 2.3.4.2) oder einem ballistischen Galvanometer (s. Abschn. 2.3.4.1) geführt. Ändert sich der magnetische Fluß, wird in jeder Windung eine der Flußänderung proportionale Spannung induziert. Jede Änderung entspricht einem $\vec{B}\,\Delta\vec{s}$ bzw. $\vec{H}\,\Delta\vec{s}$. Alle Windungen sind hintereinandergeschaltet und ergeben also die Summe $\Sigma\,\vec{H}\,\Delta\vec{s}$ der einzelnen Windungsspannungen, die gleich der magnetischen Spannung V zwischen den Enden der bandförmigen Spule ist.

Kalibrierung. Man führt die Bandspule n-mal um einen Leiter, der den Strom I führt, und bringt beide Spulenenden zusammen. Bei Kommutierung des Stromes ändert sich die magnetische Spannung um $2nI$. Aus dem Ausschlag α_0 des Meßgeräts läßt sich die Spannungsmesser-Konstante

$$C_V = 2nI/\alpha_0 \tag{6.15}$$

ermitteln.

Messung. Man schließt den Spulenstreifen an den Flußmesser an und bringt die vorher zusammengelegten Enden an die Meßpunkte a und b. Läßt sich das Magnetfeld durch Umpolen des Erregerstroms umkehren, so erhält man den doppelten Ausschlag bei unbewegtem, an die Meßpunkte angelegtem Spulenstreifen. Zum Messen der Durchflutung ist die Bandspule um die zu messenden Leiter zu schlingen und der Strom zur Messung umzupolen.

Bei Wechselfeldern ist an den magnetischen Spannungsmesser ein empfindlicher Wechselspannungsmesser anzuschließen. Die Kalibrierung wird mit Wechselstrom vorgenommen.

Anwendung. In Bild **6**.4 ist *3* die Magnetisierungsspule, die die Durchflutung NI erzeugt, und *2* ein Schlußjoch. Soll die magnetische Spannung zwischen zwei beliebigen Punkten a und b des magnetischen Kreises gemessen werden, so kann man den magnetischen Spannungsmesser auf zwei Arten an die Meßpunkte anlegen. Nach S_1 liegt er innerhalb der Magnetisierungswicklung. Er ist mit keinem stromführenden Leiter verkettet, so daß die magnetische Spannung $V_1 = V_{ab}$ unmittelbar gemessen wird. Bei der Lage S_2 umschließt er die Magnetisierungsspule. Würden die Enden des Spannungsmessers sich innen berühren, so würde für den geschlossenen Wicklungsring die magnetische Spannung $V_0 = NI$ bestimmt. Liegen die Enden bei a und b auf, so ist die gemessene Spannung V_2 gleich V_0, vermindert um die Spannung von a über den Luftspalt bis b. Folglich wird $V_{ab} = NI - V_2$.

Bringt man die Punkte a und b dicht an den Luftspalt, so wird wegen des vernachlässigbaren magnetischen Spannungsabfalls im Eisen die magnetische Spannung im Luftspalt gemessen.

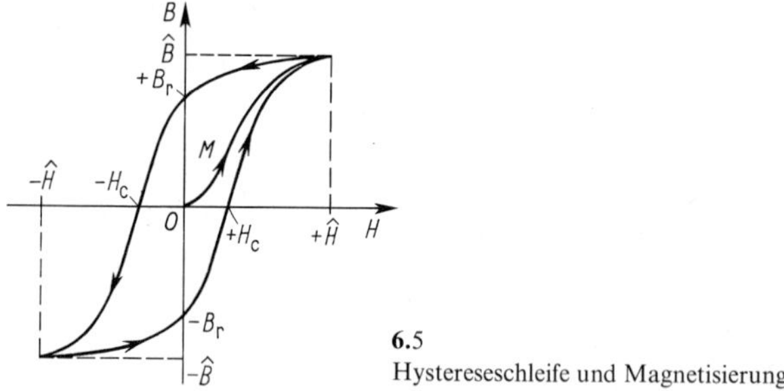

6.5
Hystereseschleife und Magnetisierungskurve M

6.2 Untersuchung von ferromagnetischen Stoffen

Eisen und andere ferromagnetische Werkstoffe sind wichtige Bestandteile elektrischer Maschinen und Geräte. Die Kenntnis ihrer verschiedenen magnetischen Eigenschaften ist daher Voraussetzung für die Berechnung und Fertigung solcher Geräte. Wir wollen hier zunächst die magnetischen Kenngrößen zusammenstellen, anschließend einige Meßeinrichtungen beschreiben und schließlich die wichtigsten Meßverfahren bei Gleichstrom- und Wechselstromerregung behandeln.

6.2.1 Magnetische Eigenschaften ferromagnetischer Stoffe [15], [33]

6.2.1.1 Magnetisierung. Wir unterscheiden die folgenden Kennlinien:

Magnetisierungskurve. Die magnetischen Eigenschaften ferromagnetischer Werkstoffe werden häufig durch die Magnetisierungskurven $B = f(H)$ beschrieben. Wegen der mit der Magnetisierung sich ändernden Permeabilität $\mu = B/H$ ist diese Funktion nicht linear. Vor der Messung der Magnetisierungskurve muß der Werkstoff durch ein stetig abnehmendes Wechselfeld entmagnetisiert werden. Zur Aufnahme der Neukurve läßt man den Magnetisierungsstrom als Gleichstrom stetig oder in kleinen Stufen bis zum Höchstwert ansteigen, während bei der Kommutierungskurve der Magnetisierungsstrom bei jeder Einstellung mehrfach kommutiert und dabei stufenweise erhöht wird.

Hystereseschleife. Ändert man die Feldstärke stetig von einem positiven Höchstwert $\hat{H}$ bis zum gleich großen negativen Höchstwert und wieder zurück bis zum Ausgangswert, so entsteht die Hystereseschleife nach Bild **6**.5. Bei der Feldstärke $H = 0$ bleibt die Remanenzinduktion B_r zurück. Um die Induktion auf $B = 0$ abzusenken, ist die Koerzitivfeldstärke H_C erforderlich. Der Flächeninhalt der Hystereseschleife stellt die für die Ummagnetisierung aufzubringende Hysteresearbeit dar.

Bei Gleichstrommagnetisierung erhält man die statische, bei Wechselstrommagnetisierung die dynamische Hystereseschleife, deren Flächeninhalt auch noch die für Wirbelströme aufzubringende Arbeit repräsentiert.

Gescherte Hystereseschleife. In vielen Eisenprüfgeräten lassen sich Luftspalte nicht vermeiden. Mit der Luftspaltlänge δ ist hierfür dann im Luftspalt die magnetische Spannung

$$V_L = \delta B_L/\mu_0 \tag{6.16}$$

aufzubringen. Sie führt zu einer Scherung der Hystereseschleife und muß daher zur Ermittlung der im Werkstoff wirksamen Feldstärke von der insgesamt aufgebrachten Durchflutung abgezogen werden.

6.2.1.2 Ummagnetisierungsverluste. Es treten auf:

Hystereseverlust. Die Ummagnetisierungsarbeit für eine volle Ummagnetisierung des Eisenvolumens v_{Fe} ist dem Flächeninhalt A_H der Hystereseschleife proportional. Bei der Magnetisierung mit der Frequenz f und mit der auf die Fläche der Hystereseschleife bezogenen Arbeit w_H ist die Hystereseverlustleistung

$$V_H = v_{Fe} f \oint H \, dB = v_{Fe} f w_H A_H \tag{6.17}$$

Wenn die Induktion monoton wächst oder fällt, die Hystereseschleife also ohne weitere Schleifen durchfahren wird, ist der Hystereseverlust nur vom Scheitelwert $\hat{B}$ der Induktion und somit entsprechend Gl. (6.4) vom Gleichrichtwert $\overline{|u|}$ der Spannung, dagegen nicht von der Kurvenform, abhängig.

Wirbelstromverlust. Bei Wechselstrommagnetisierung werden in den Eisenblechen nach dem Induktionsgesetz Spannungen U_W erzeugt, die der Frequenz f und der Induktion B proportional sind. Bei konstantem Wirkwiderstand R_W und Sinusfluß ist daher der Wirbelstromverlust mit $V_W = U_W^2/R_W$ dem Quadrat der Frequenz f und dem Quadrat der Induktion B sowie dem Volumen v_{Fe} und einer Konstanten k_W' proportional

$$V_W = k_W' v_{Fe} f^2 B^2 \tag{6.18}$$

Wenn die Erregerspannung Oberschwingungen enthält, ist somit der Wirbelstromverlust vom Effektivwert U_W der Spannung abhängig.

Ummagnetisierungsverluste und Verlustziffer. Da bei Wechselstrommagnetisierung Hysterese- und Wirbelstromverluste auftreten, sind die Eisenverluste

$$V_{Fe} = V_H + V_W \tag{6.19}$$

Die Ummagnetisierungsverluste sollen nach DIN 46400 in W/kg, bezogen auf rein sinusförmigen Verlauf der induzierten Spannung, bei den Scheitelwerten der magnetischen Induktionen $\hat{B} = 1{,}0\,\mathrm{T}$ und $\hat{B} = 1{,}5\,\mathrm{T}$ als Verlustziffer V_{10} und V_{15} angegeben werden.

6.2.2 Meßeinrichtungen für weichmagnetische Werkstoffe

Aus dem zu untersuchenden Werkstoff muß ein magnetischer Kreis gebildet werden. Mit einer Magnetisierungswicklung (Erregerwicklung) wird das magnetische Feld erzeugt. Die magnetische Induktion B ermittelt man mit der Prüfwicklung (Induktions- bzw. Spannungsmeßwicklung). Die magnetische Feldstärke H wird aus dem Magnetisierungsstrom errechnet oder nach Abschn. 6.1.4 gemessen. Die verschiedenen Meßeinrichtungen unterscheiden sich hauptsächlich durch den Aufbau des magnetischen Kreises und die Anzahl der Meßwicklungen.

6.2.2.1 Ringkerne. Aus dem zu untersuchenden Werkstoff wird ein geschlossener Ring hergestellt. Hierzu werden aus Blechen Ringe ausgestanzt und aufeinander geschichtet oder aus dünn gewalzten Bändern Ringe gewickelt (Bandringkerne). Der mittlere Durchmesser der Ringe beträgt meist 10 cm bis 20 cm. Der Ringquerschnitt soll annähernd quadratisch sein. Der ganze Ringumfang wird gleichmäßig in einer Lage mit der Prüfwicklung als Sekundärwicklung (Windungszahl N_2) und darüber mit der primären Erregerwicklung (N_1) bewickelt. Das Ringverfahren hat gegenüber den in Abschn. 6.2.2.2 beschriebenen Verfahren den Vorteil der praktisch vernachlässigbaren Streuung. Ein Luftspalt ist nicht vorhanden, so daß keine Scherung auftritt. Das Feld ist nahezu homogen und hat bei Bandringkernen die Richtung der Textur des Bleches. Nachteilig sind die teure Herstellung des Kernes (die gestanzten Ringe haben großen Blechverschnitt) und die umständliche Bewicklung. Bei den Bandringkernen wird außerdem nur eine Blechrichtung untersucht.

Die Länge der Feldlinien ist am Innenumfang am kleinsten und nimmt nach außen zu. Dadurch wird die Feldstärke am inneren Umfang größer als jene am äußeren, und die Induktion über den Querschnitt ist nicht vollkommen gleich. Weitere Ungleichmäßigkeiten in der Flußverteilung entstehen durch die Änderung der Permeabilität mit der Induktion. Die Inhomogenität wird um so stärker sein, je größer der Unterschied zwischen dem inneren Durchmesser des Ringes D_i und dem äußeren Durchmesser D_a ist. Um für die Berechnung der Feldstärke die Länge der mittleren Feldlinie $l_{mi} = \pi(D_a + D_i)/2$ mit genügender Genauigkeit verwenden zu können, soll die radiale Ringbreite wenigstens 10 bis 20mal kleiner als $D_a/2$ sein.

Für genauere Messungen berechnet man die harmonische Feldlinienlänge

$$l_h = \frac{2\pi(r_a - r_i)}{\ln(r_a/r_i)} = \frac{\pi(D_a - D_i)}{\ln(D_a/D_i)} \tag{6.20}$$

6.2.2.2 Epsteinrahmen. Blechstreifen werden zu vier gleichen Streifenbündeln gestapelt und über diese nach Bild **6.**6a je ein Spulenkörper mit mehreren Wicklungen geschoben. Die Streifenbündel mit den Spulen werden dann nach Bild **6.**6b zu einem quadratischen Rahmen zusammengespannt.

6.6
Epsteinrahmen
a) Querschnitt
b) Draufsicht (verkleinert)
1 Erregerwicklung
2 Spannungsmeßwicklung
3 Induktionswicklung
4 Feldstärkenmeßspule
5 Blechprobe
6 Spulenkörper

Spulen. Der Spulenkörper *6* trägt in der äußeren Schicht die Erregerwicklung *1* als Primärwicklung. Weiter innen folgen beim 50-cm-Rahmen die Spannungsmeßwicklung *2* und die Induktionswicklung *3* als Sekundärwicklungen sowie die unmittelbar am Kern *5* liegende Feldstärkenmeßspule *4*. Der 25-cm-Rahmen hat meist nur die Erregerwicklung *1* und die Induktionswicklung *3*. Jede Wicklung besteht aus 4 Teilspulen, die in den vier Spulenkörpern *6* untergebracht und in Reihe geschaltet sind. Die Wicklungen *1*, *2* und *3* erhalten meist je die gleiche Windungszahl.

25-cm-Rahmen nach DIN 50462. Der kleine Epsteinrahmen dient vorzugsweise der Prüfung von Elektroblechen. Aus den zur Messung ausgewählten Blechen werden etwa 1 kg Probestreifen in der Länge von 280 mm ± 0,5 mm und der Breite 30 mm ± 0,2 mm gratfrei geschnitten. Die Bleche werden an den Ecken nach Bild **6.**7 doppelt überlappt geschichtet, so daß sich an den Überlappungsstellen der doppelte Querschnitt ergibt, dafür aber der Einfluß der Luftspalte verschwindend gering wird.

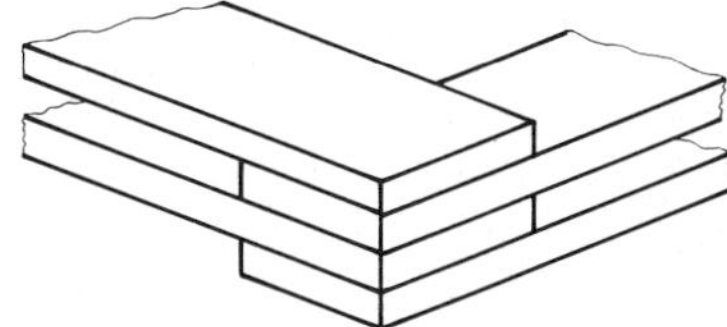

6.7
Doppelt überlappt geschichtete Blechstreifen beim 25-cm-Epsteinrahmen

6.2.3 Gleichstrommagnetisierung

6.2.3.1 Aufnahme von Magnetisierungskurven. Es werden die in Abschn. 6.2.2 beschriebenen Meßeinrichtungen benutzt.

Ringkern. Nach vollständiger Entmagnetisierung wird der Strom I von Null aus stufenweise erhöht. Bei Aufnahme der Kommutierungskurve wird dann mindestens einmal kommutiert.

Die Feldstärke ist also $H = N_1 I/l$ mit der Windungszahl N_1 der Erregerwicklung und der Feldlinienlänge l nach Abschn. 6.2.2.1.

Die Flußänderung beträgt bei der Kommutierung $\Delta\Phi = 2\Phi$. In der Induktionswicklung wird dadurch ein Spannungsstoß induziert, der ballistisch oder mit dem Flußmesser gemessen werden kann. Vor der Messung wird das Meßgerät zweckmäßig mit einem Gegeninduktivitätsnormal kalibriert (s. Abschn. 5.4.2.4). Es ist dann mit dem Kernquerschnitt A die Induktion $B = \Phi/A$.

6.2.3.2 Aufnahme von Hystereseschleifen. Es werden wieder Ringkerne, Epsteinrahmen oder ähnliche Prüfeinrichtungen verwendet. Bild **6.**8 zeigt die Meßanordnung mit Ringkern und ballistischem Galvanometer oder Flußmesser. Bei offenem Schalter *3* wird der Höchstwert der Feldstärke mit dem Strom I durch R_1 eingestellt. Bei Schließen des Schalters *3* werden der Strom I und somit die Feldstärke H verkleinert und durch die dadurch verursachte Flußänderung im Spannungsmeßkreis ein Spannungsstoß erzeugt, der die Messung der Flußabnahme und somit die Messung der Abnahme der Induktion ermöglicht. Die Flußänderung kann auch durch eine Gegendurchflutung in einer getrennten Wicklung erreicht werden (Methode von Vignoles und Evershed). Zur Aufnahme des unteren Zweiges wird der Erregerkreis kommutiert. Verwendet man anstelle des ballistischen Galvanometers *4* einen Flußmesser, so entfällt der Widerstand R_{VW}.

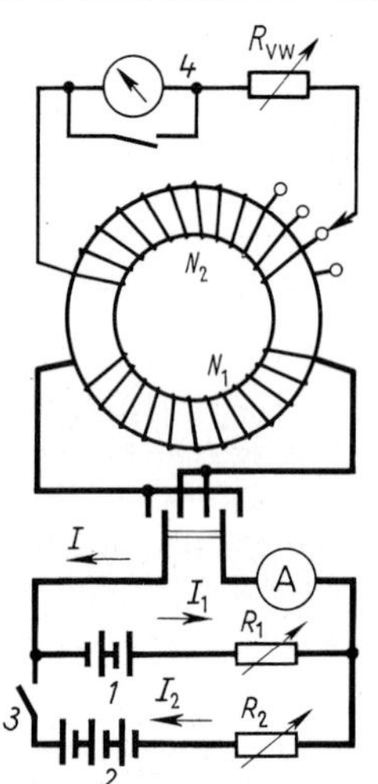

6.8
Schaltung zur Messung der Magnetisierungskurve und der Hystereseschleife mit Gleichstrom
1, 2 Batterien *3* Schalter *4* Galvanometer

6.2.4 Wechselstrommagnetisierung

Bei Wechselstromerregung kommt es besonders darauf an, die Ummagnetisierungsverluste möglichst genau zu bestimmen. Da die Hystereseverluste vom linearen Mittelwert, die Wirbelstromverluste aber vom Effektivwert der Klemmenspannung abhängen (s. Abschn. 6.2.1.2), ist es wichtig, mit Sinusspannung zu messen. Das wird durch die Messung des Formfaktors (s. Abschn. 4.4.2.1) überwacht. Er darf vom Sollwert 1,111 um höchstens 1% abweichen.

Um Spannungsabfälle durch den nicht sinusförmigen Magnetisierungsstrom und eine dadurch bedingte Änderung der Kurvenform der Klemmenspannung zu vermeiden, darf man diese keineswegs über Vorwiderstände verstellen. Man ändert sie zweckmäßig über Stelltransformatoren oder besondere Generatoren, die pro kg Blechprobe etwa 1 kVA Blindleistung liefern müssen.

Spannung und Frequenz müssen, da von ihnen die Verluste mit höheren Potenzen abhängen (s. Abschn. 6.2.1.2), während der Messung sorgfältig konstant gehalten werden. Die Unsicherheit der Frequenzmessung soll höchstens 0,5% (in Sonderfällen weniger) betragen.

6.2.4.1 Messung der Ummagnetisierungsverluste mit dem Leistungsmesser. Es können die in Abschn. 6.2.2 beschriebenen Meßeinrichtungen verwendet werden. Am häufigsten wird der

Epstein-Meßplatz nach Bild **6**.9 eingesetzt. Ihm wird die veränderbare Spannung U zugeführt. Über Strommesser, die Effektivwert I_1 und Scheitelwert $\hat{i}_1$ des Magnetisierungsstroms messen können, sowie einen Leistungsmesser wird die primäre Erregerwicklung *1* des Epsteinrahmens erregt. An die sekundäre Induktionswicklung *3* ist der Spannungspfad des Leistungsmessers angeschlossen. Außerdem können Gleichrichtwert $\overline{|u_2|}$ und Effektivwert U_2 der Sekundärspannung gemessen werden. Über die Gegeninduktivität M kann auch mit dem Spannungsmesser der Gleichrichtwert $\overline{|i_1|}$ des Stromes bestimmt werden (s. Abschn. 6.1.4 und 4.4.5.4). Schließlich kann auch die Wicklung *3* allein an den Leistungsmesser angeschlossen werden, wenn mit der Wicklung *2* nur die Spannung gemessen wird. Die Feldstärkenmeßspule *4* dient zur Bestimmung der magnetischen Feldstärke.

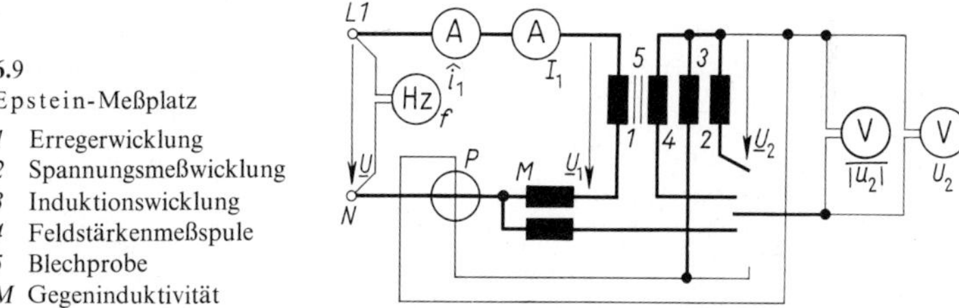

6.9
Epstein-Meßplatz
1 Erregerwicklung
2 Spannungsmeßwicklung
3 Induktionswicklung
4 Feldstärkenmeßspule
5 Blechprobe
M Gegeninduktivität

Magnetische Induktion. Der Magnetisierungsstrom I_1 erzeugt im Eisenquerschnitt A ein Feld mit dem Scheitelwert $\hat{B}$ der Induktion und den Fluß $\hat{\Phi} = A\,\hat{B}$. Beim Scheitelwert $\hat{H}$ der magnetischen Feldstärke wird dann beim gesamten Spulenquerschnitt A' der Wicklung *2*, außerdem gleichzeitig im zugehörigen Luftquerschnitt $A' - A$ der Flußanteil $\hat{\Phi} = (A' - A)\mu_0 \hat{H}$ auftreten. Daher gilt für den in der Spule *2* induzierten Gleichrichtwert der Quellenspannung nach Gl. (6.3)

$$\overline{|u_{q2}|} = 4 f N_2 [A\,\hat{B} + (A' - A)\mu_0 \hat{H}] \tag{6.21}$$

Wenn die Sekundärwicklung *3* durch die Spannungsmesser (Widerstand R_V) und den Spannungspfad des Leistungsmessers (Widerstand R_U) belastet wird, sinkt mit dem Widerstand R_3 der Wicklung *3* die Klemmenspannung an dieser Wicklung auf

$$\overline{|u_2|} = \overline{|u_{q2}|}\,\frac{R_p}{R_p + R_3} = 4 f N_2 [A\,\hat{B} + (A' - A)\mu_0 \hat{H}]\,\frac{R_p}{R_p + R_3} \tag{6.22}$$

ab, wenn

$$R_p = \frac{R_V R_U}{R_V + R_U} \tag{6.23}$$

der Parallelschaltungswiderstand der Spannungspfade ist. Dabei ergibt sich der Eisenquerschnitt

$$A = \frac{m}{4 l \varrho} \tag{6.24}$$

aus der Masse m der Probe, der Streifenlänge l und der Dichte ϱ des zu untersuchenden Eisens. Für die magnetische Feldstärke gilt

$$\hat{H} = \xi I_1 N_1 / l_{Fe} \tag{6.25}$$

mit dem Scheitelfaktor $\xi = \hat{i}_1 / I_1$, für den bei großen Induktionen näherungswiese $\xi = 2$ gesetzt wird, dem Strom I_1 und der Windungszahl N_1 der Erregerwicklung sowie der Eisenlänge l_{Fe}, für die beim großen Epsteinrahmen $l_{\text{Fe}} = 2$ m und beim kleinen näherungsweise $l_{\text{Fe}} = 1$ m zu setzen ist. Der Scheitelfaktor kann auch z.B. mit einem Oszilloskop bestimmt werden (s. Abschn. 4.4.4.1).

Aus Gl. (6.22) und (6.25) erhält man somit den Scheitelwert der Induktion

$$\hat{B} = \frac{\overline{|u_2|}\,(R_p + R_3)}{4 f N_2 A R_p} - \frac{\mu_0 \xi I_1 N_1}{l_{\text{Fe}}} \cdot \frac{A' - A}{A} \tag{6.26}$$

Der die Auswertung erschwerende Subtrahend in Gl. (6.26) kann durch die Gegeninduktivität M (Bild **6.**9) kompensiert werden. Sie wird so dimensioniert und geschaltet, daß der Erregerstrom gerade die gleiche Teilspannung in entgegengesetzter Richtung erzeugt wie das Luftfeld. Sie wird am einfachsten dadurch abgeglichen, daß man an der Reihenschaltung von Gegeninduktivität und Induktionswicklung die Summenspannung ohne Eisenprobe auf Null einstellt.

Wenn nur der Effektivwert U_2 gemessen wird, muß in Gl. (6.26) mit $\overline{|u_2|} = U_2/F$ der Formfaktor F eingeführt werden. Bei Sinusspannung ist $F = 1{,}11$; dieser Wert ist bis etwa 1 T gültig. Er kann notfalls bis etwa 1,5 T mit $F = 1{,}14$ angenommen werden.

Schaltet man zwischen Wicklung *3* und die Meßgeräte einen Meßverstärker mit hochohmigem Eingang, so vereinfacht sich bei gleichzeitiger Kompensation des Luftflusses Gl. (6.26), und man erhält

$$\hat{B} = \frac{U_2}{4 F f N_2 A} \tag{6.27}$$

Ummagnetisierungsverluste. Weil dem Leistungsmesser die Sekundärspannung des Epsteinrahmens zugeführt wird, mißt er bei abgeschalteten Spannungsmessern nur die Verluste im Epsteinrahmen und den Eigenverbrauch seines Spannungspfades U_2^2/R_U. Daher gilt für die Ummagnetisierungsverluste bei gleicher Windungszahl in Wicklung *1* und *3*

$$V_{\text{Fe}} = P - U_2^2/R_U \tag{6.28}$$

und für die Verlustziffer

$$V = V_{\text{Fe}}/m \tag{6.29}$$

Da die Streifen bei kleinen Epsteinrahmen nach Bild **6.**7 überlappt geschichtet werden, darf man dort für die Berechnung der Verlustziffer nur $^1/_4$ des Eckenanteils einsetzen. Bei 28 cm langen Probestreifen ist daher nur mit der Masse

$$m' = m \cdot 23{,}5\,\text{cm}/(28\,\text{cm}) = 0{,}84\,m$$

zu rechnen.

Weichen der Scheitelwert der Induktion um mehr als 0,5 %, der Formfaktor um mehr als 1 % und die Frequenz um mehr als 0,5 % vom Sollwert ab, so müssen die gemessenen Verluste korrigiert werden. Die Induktion kann durch Einstellung einer anderen Spannung berichtigt werden. Für die anderen Korrektionen s. DIN 50462.

Trennung in Wirbelstrom- und Hystereseverluste. Nach Abschn. 6.2.1.2 gilt bei Sinusspannung für die Ummagnetisierungsverluste

$$V_{\text{Fe}} = V_H + V_W = k_H f + k_W f^2 \tag{6.30}$$

Wenn die Ummagnetisierungsverluste bei konstanter Induktion $\hat{B}$ für verschiedene Frequenzen f bestimmt und für jeden Meßwert

$$V_{Fe}/f = k_H + k_W f \tag{6.31}$$

gebildet sowie V_{Fe}/f über der Frequenz aufgetragen wird, kann man durch die Meßpunkte entsprechend Bild **6.**10 eine Gerade legen, die auf der Ordinatenachse $k_H = \overline{AB}$ abschneidet und die Steigung $k_W = \overline{CD}/\overline{BD}$ aufweist. Sie wird zweckmäßig als Regressionsgerade nach Abschn. 1.4.2 berechnet. Somit kann man für die interessierende Frequenz die Hystereseverluste $V_H = k_H f$ und die Wirbelstromverluste $V_W = k_W f^2$ bestimmen.

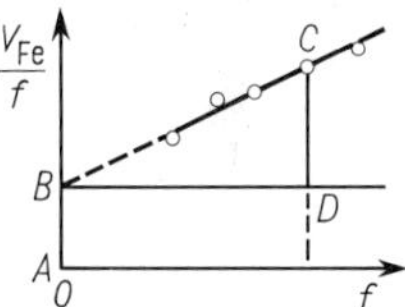

6.10
Trennung der Hysterese- und Wirbelstromverluste

Beispiel 6.1. Die Verlustziffer V_{15} einer Eisenprobe aus Elektroblech V 110–35 A DIN 46400 mit der Dichte $\varrho = 7{,}55\ \mathrm{kg/dm^3}$ soll für $f = 50$ Hz bestimmt werden.

Für die Messung werden verwendet: Ein 50-cm-Epsteinrahmen; ein Stelltransformator 0 bis 220 V, 50 A; ein Leistungsmesser Klasse 0,5, 5 A/150 V mit Vollausschlag bei $\cos\varphi = 0{,}2$ und dem Spannungspfadwiderstand $R_U = 5000\,\Omega$; ein Strommesser, Klasse 1,5, 6 A (Dreheisenmeßwerk); ein Spannungsmesser, Klasse 0,5, 150 V (Dreheisenmeßwerk); ein Spannungsmesser, Klasse 0,5, 150 V, Widerstand $R_V = 500\ \mathrm{k\Omega}$ (Drehspulmeßwerk mit Gleichrichter). Der Epsteinrahmen hat die Windungszahlen $N_1 = N_2 = N_3 = 600$, für die Induktionsmeßspule den Widerstand $R_3 = 0{,}24\,\Omega$ und den Querschnitt $A' = 24{,}2\ \mathrm{cm^2}$.

Nach Gl. (6.24) beträgt der Eisenquerschnitt mit $m = 10$ kg, $l = 0{,}5$ m und $\varrho = 7{,}55\ \mathrm{kg/dm^3}$

$$A = \frac{m}{4 l \varrho} = \frac{10\ \mathrm{kg}}{4 \cdot 0{,}5\ \mathrm{m} \cdot 7{,}55\ \mathrm{kg/dm^3}} = 6{,}62\ \mathrm{cm^2}$$

Daher muß mit $\hat{B} = 1{,}5$ T unter Vernachlässigung des Luftflusses entsprechend Gl. (6.26) auf die Sekundärspannung

$$\overline{|u_2|} = 4 f N_2 A \hat{B} \frac{R_p}{R_p + R_3} = 4 \cdot 50\ \mathrm{s^{-1}} \cdot 600 \cdot 6{,}62\ \mathrm{cm^2} \cdot 1{,}5\ \mathrm{T} \frac{4{,}95\ \mathrm{k\Omega}}{4{,}95\ \mathrm{k\Omega} + 0{,}24\,\Omega} = 119{,}3\ \mathrm{V}$$

eingestellt werden. Es fließt dann der Strom $I_1 = 4{,}0$ A. Weiterhin dürfen wir mit dem Scheitelfaktor $\xi = 2$ rechnen. Es wurde nach Gl. (6.26) also tatsächlich bei dem Scheitelwert der Induktion

$$\hat{B} = 1{,}5\ \mathrm{T} - \frac{(0{,}4\,\pi\ \mathrm{MH/m})\, 2 \cdot 4{,}0\ \mathrm{A} \cdot 600}{2\ \mathrm{m}} \cdot \frac{(24{,}2 - 6{,}62)\ \mathrm{cm^2}}{6{,}62\ \mathrm{cm^2}} = 1{,}492\ \mathrm{T}$$

gemessen. Die Induktion ist demnach um 0,55% falsch eingestellt gewesen. Das ist unzulässig, so daß die Spannung um etwa den gleichen Prozentwert erhöht werden muß.

Wir messen schließlich bei $\overline{|u'_2|} = 1{,}0055\ \overline{|u'_2|} = 1{,}005 \cdot 119{,}3\ \mathrm{V} = 119{,}9$ V den Effektivwert $U_2 = 132{,}3$ V, bleiben also mit dem Formfaktor $F = U_2/\overline{|u'_2|} = 132{,}3\ \mathrm{V}/(119{,}9\ \mathrm{V}) = 1{,}103$ innerhalb der vorgeschriebenen Toleranz. Als Leistungsaufnahme wird $P = 25{,}6$ W gemessen, so daß die Ummagnetisierungsverluste

$$V_{Fe} = P - U_2^2/R_U = 25{,}6\ \mathrm{W} - 132{,}3^2\ V^2/(5\ \mathrm{k\Omega}) = 23{,}1\ \mathrm{W}$$

und die Verlustziffer $V_{15} = V_{Fe}/m = 23{,}1\ \mathrm{W}/(10\ \mathrm{kg}) = 2{,}31$ W/kg betragen.

6.2.4.2 Bestimmung der Ummagnetisierungsverluste mit dem Brückenverfahren. Bei einem Sinusfluß bzw. einer sinusförmigen Sekundärspannung (hinreichend ist ein Formfaktor $F = 1{,}10$ bis 1,12) sind die Ummagnetisierungsverluste

$$V_{\mathrm{Fe}} = U_2^2/R_{\mathrm{E}} = (F\,\overline{|u_2|})^2/R_{\mathrm{E}} \tag{6.32}$$

auch über einen Ersatzwiderstand R_{E} zu bestimmen. Vorteilhaft an diesem Verfahren ist, daß sich der Ersatzwiderstand R_{E} nur sehr wenig mit der Sekundärspannung U_2 ändert, diese also mit einem Spannungsmesser der Klasse 1,5 gemessen werden darf und daß der Ersatzwiderstand R_{E} leicht mit der Brückenschaltung nach Bild **6.**11 bestimmt werden kann

Durch Verändern der Widerstände R_5 und R_7, u.U. auch des Kondensators C, wird die Brücke mit einem selektiven Nullspannungszeiger (s. Abschn. 5.4.6.2) abgeglichen. Dann ist der Ersatzwiderstand

$$R_{\mathrm{E}} = (R_4 + R_5 + R_6)\,R_3/R_5 \tag{6.33}$$

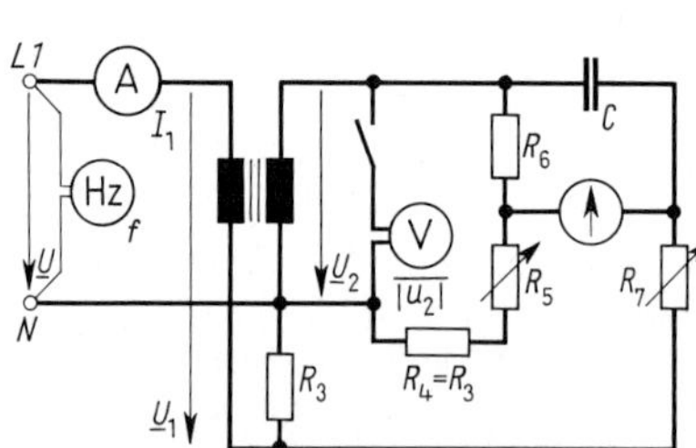

6.11
Brückenschaltung für Epsteinrahmen

Für die Einstellung der Sekundärspannung darf meist der Subtrahend in Gl. (6.26) und somit auch der Widerstand des Spannungsmessers vernachlässigt werden. Spannung und Frequenz sollen während der Messung um nicht mehr als $\pm 0{,}2\%$ schwanken. Weicht die Frequenz um mehr als 0,3% vom Sollwert ab, so muß entsprechend DIN 50462 korrigiert werden. Dieses Verfahren ist i.allg. für Bleche nach DIN 46400 bis etwa $\hat{B} = 1{,}2\,\mathrm{T}$ und für kornorientierte Bleche bis etwa $\hat{B} = 1{,}6\,\mathrm{T}$ anwendbar.

6.2.4.3 Aufnahme von Magnetisierungskurven. Es können wieder alle in Abschn. 6.2.2 beschriebenen Meßeinrichtungen eingesetzt werden. Es ist jedoch zweckmäßig, daß eine Primärwicklung als Erregerwicklung und eine Sekundärwicklung als Induktionswicklung vorhanden ist. Die magnetische Feldstärke kann durch eines der in Abschn. 6.1.4 angegebenen Verfahren bestimmt werden.

Wenn eine Feldstärkenmeßspule nach Bild **6.**6 eingebaut ist (z.B. beim Epsteinrahmen), muß für die vorgegebene Feldstärke $\hat{H}$ die Spannung eingestellt werden auf den Gleichrichtwert

$$\overline{|u_4|} = 4 f N_4 A_4 \mu_0 \hat{H}\,\frac{R_{\mathrm{V}}}{R_{\mathrm{V}} + R_4} \tag{6.34}$$

mit R_{V} als Innenwiderstand des Spannungsmessers. Der Scheitelwert $\hat{B}$ der Induktion errechnet sich dann wieder nach Gl. (6.26). Durch Ändern des primären Magnetisierungsstroms kann man die Magnetisierungskurve $\hat{B} = f(\hat{H})$, d.i. die Spitzenkurve aller möglichen Hystereseschleifen, d.i. die Kommutierungskurve, messen. Bei kleinen Induktionswerten treten jedoch wegen der Wirbelstromverluste die Scheitelwerte von Feldstärke und Induktion zu verschiedenen Zeiten auf. Man muß daher hier mit größeren Meßfehlern rechnen. Hierfür empfiehlt sich dann die Messung zusammengehörender Werte von H und B nach Abschn. 6.2.4.4.

6.2.4.4 Aufnahme von Hystereseschleifen. Bei Wechselstrom kann nur die dynamische Hystereseschleife (s. Abschn. 6.2.1.1) aufgenommen werden. Bei kleinen Induktionswerten wird daher die Hystereseschleife durch die Wirbelstromverluste abgerundet. Wir betrachten hier zwei Verfahren.

Punktförmige Aufnahme der Hystereseschleife mit dem Vektormesser. Wenn die Induktionsspule *3* und die Feldstärkenmeßspule *4* eines Blechstreifen-Prüfgeräts nach Bild **6.**6 an den Vektormesser (s. Abschn. 4.4.5) angeschlossen werden, mißt dieses Drehspulmeßwerk mit Kontaktgleichrichter nicht nur entsprechend Gl. (6.26) und (6.34) die Scheitelwerte von Induktion und Feldstärke, sondern auch bei Änderung der Schaltphase die für diesen Betrachtungsaugenblick geltenden Zeitwerte der Induktion B_t und der magnetischen Feldstärke H_t. Wenn zusammengehörende Werte als $B_t = f(H_t)$ aufgetragen werden, entsteht die dynamische Hystereseschleife, deren Flächeninhalt A_H ausplanimetriert und mit dem die Verlustziffer

$$V = m_H m_B A_H f \varrho \tag{6.35}$$

über die im Diagramm (Bild **6.**5) verwendeten Maßstäbe m_H für die Feldstärke, m_B für die Induktion, die Frequenz f und die Dichte ϱ bestimmt werden kann.

Aufnahme der Hystereseschleife mit dem Elektronenstrahl-Oszilloskop. Der Spannungsabfall am Widerstand R_N in Bild **6.**12 ist dem Magnetisierungsstrom i_1 und daher der aufgebrachten Feldstärke H_t proportional. Er wird dem X-Verstärker *3* des Elektronenstrahl-Oszilloskops zugeführt.

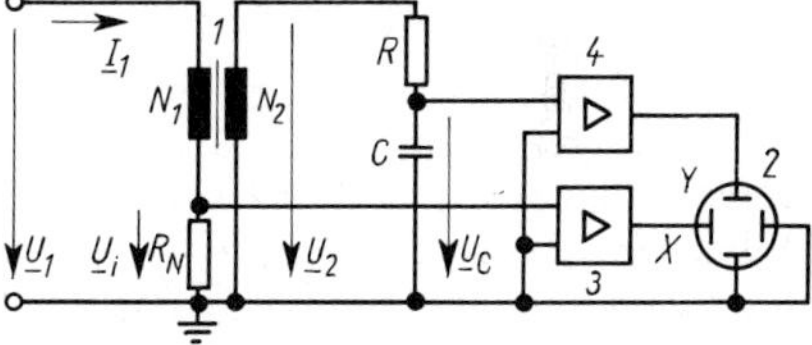

6.12
Aufnahme der Hystereseschleife mit dem Elektronenstrahl-Oszilloskop
1 Magnetkreis
2 Oszilloskop
3, 4 Verstärker

Die Sekundärspannung u_2 muß wegen $B_t \sim \int u_2 \mathrm{d}t$ mit einem RC-Glied integriert werden. Hierfür soll, um größere Meßfehler zu vermeiden, $RC \gg T = 1/f$ sein. Bei $f = 50$ Hz wählt man z. B. $R = 100$ kΩ und $C = 1$ µF. Dann ist $\hat{u}_C \approx 0{,}03\,\hat{u}_2$. Diese Spannung wird dem Y-Verstärker *4* zugeführt. Für die Messung der Verlustziffer ist dieses Verfahren aber zu ungenau.

7 Elektrische Messung nichtelektrischer Größen

7.1 Meßverfahren

Aufbau der Meßeinrichtung. Grundsätzlich besteht eine Meßeinrichtung zur elektrischen Messung nichtelektrischer Größen aus den Meßgeräten (Meßgliedern) zum Aufnehmen der Meßgröße, zum Weitergeben, Anpassen und Verarbeiten des Meßsignals und zum Ausgeben des Meßwerts. Nach dem Geräteplan in Bild **7**.1 sind die hierfür nötigen Meßglieder *1*, *2* und *3* in einer Meßkette zusammengeschaltet (VDI/VDE 2600, Bl. 3).

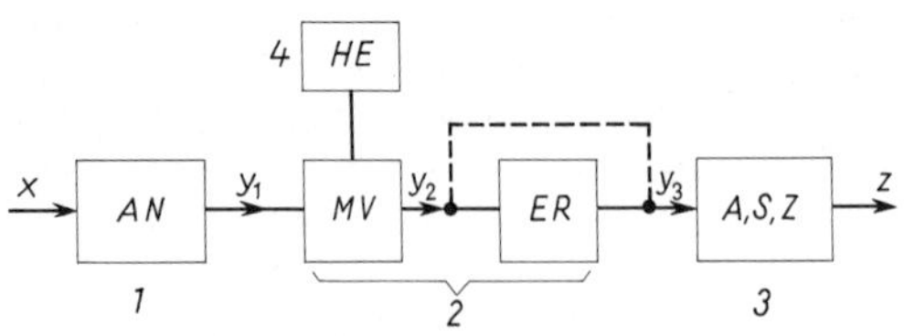

x Meßgröße, y_1, y_2, y_3 Meßsignale, z Meßwert

7.1
Geräteplan einer Einrichtung zur elektrischen Messung nichtelektrischer Größen
1 Aufnehmer *AN*
2 Anpasser, z.B. Meßverstärker *MV* und elektronisches Rechengerät *ER*
3 Ausgeber, z.B. Anzeiger *A*, Schreiber *S* oder Zähler *Z*
4 Hilfsgerät für die Hilfsenergie *HE*

Der Aufnehmer *1* in Bild **7**.1 formt die physikalische Größe x entweder direkt oder über andere physikalische Größen in eine elektrische Größe als Meßsignal y_1 um. Die Anpasser *2* enthalten Meßgeräte, die zwischen Aufnehmer und Ausgeber in der Meßkette liegen. Dazu gehören vor allem Meßverstärker *MV* (s. Abschn. 7.5) und elektronische Rechengeräte *ER*. Der Ausgeber *3* gibt die Meßwerte z analog oder digital entweder direkt (d.h. sofort sichtbar und verständlich) über Anzeiger *A*, Schreiber *S* bzw. Zähler *Z* oder aber indirekt (d.h. nicht ohne Vorrichtung oder Spezialkenntnisse lesbar) über Magnetband oder Lochkarten aus. Das Hilfsgerät *4* liefert z.B. als Netzanschlußgerät die Hilfsenergie *HE* für die Meßgeräte.

Signalflußplan. Einen Überblick über die inneren wirkungsmäßigen Zusammenhänge zwischen den Signalen in einer Meßeinrichtung gibt die sinnbildliche Darstellung im Signalflußplan (VDI/VDE 2600, Bl. 5) in Bild **7**.2. Hier ist als Beispiel eine Kraftmeßeinrichtung mit dem Aufnehmer *AN*, dem Trägerfrequenzverstärker *MV* und dem Lichtstrahl-Oszillographen *LO* dargestellt. Die Meßgröße Kraft F wird über die Dehnung ε, die Widerstandsände-

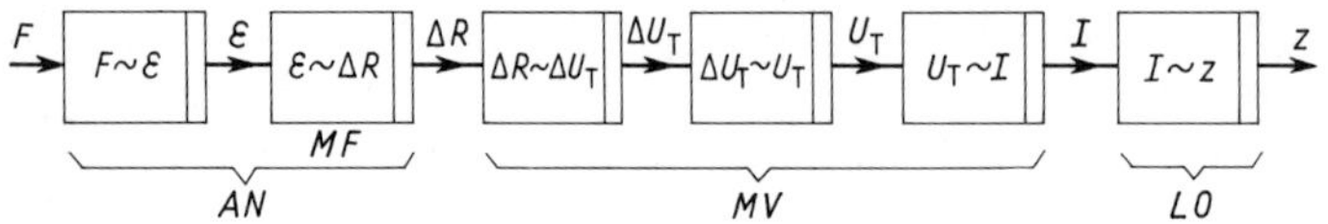

7.2 Signalflußplan für eine Kraft-Meßeinrichtung (n. VDI/VDE 2600, Bl. 5)
AN Aufnehmer mit Meßfühler *MF*, *MV* Trägerfrequenz-Meßverstärker, *LO* Lichtstrahl-Oszillograph, *F* Kraft, *z* Ausschlag im *LO*

rung ΔR, die modulierte Trägerfrequenzspannung ΔU_{tr} und den demodulierten Verstärkerausgangsstrom I in den Ausschlag z im Lichtstrahl-Oszillographen umgeformt.

Meßumformer, Aufnehmer und Meßfühler. Ein Meßumformer ist allgemein ein Meßgerät, das ein analoges Eingangssignal in ein eindeutig mit ihm zusammenhängendes analoges Ausgangssignal umformt. Bei Meßgrößenumformern haben Eingangssignal und Ausgangssignal verschiedene physikalische Naturen (VDI/VDE 2600, Bl. 3).

Ein Aufnehmer (auch Meßwertaufnehmer, englisch transducer) hat die Aufgabe, eine nichtelektrische Meßgröße als Eingangssignal in ein elektrisches Meßsignal als Ausgangssignal umzuformen (z. B. die beiden ersten Signalblöcke *AN* von F bis ΔR in Bild **7**.2).

Als Meßfühler (englisch sensor oder pickup) bezeichnet man den meßgrößenempfindlichen Teil des Aufnehmers (Signalblock *MF* mit $\varepsilon \sim \Delta R$ in Bild **7**.2). Im Meßfühler findet unter Ausnutzung physikalischer Wirkungen die Umwandlung der physikalischen Meßgröße (z. B. Dehnung, Weg, Kraft, Druck, Temperatur, Licht) direkt in eine möglichst proportionale elektrische Größe (je nach Meßprinzip z. B. Spannung U, Strom I, Ladung Q, Änderung von Widerstand R, Induktivität L oder Kapazität C) statt.

Im Aufnehmer ist zum Meßfühler eine weitere Umformung geschaltet, z. B. bei dem Kraftaufnehmer *AN* in Bild **7**.2, wo die zu messende Kraft F die Dehnung ε bewirkt, die mit Dehnungsmeßstreifen in eine Widerstandsänderung ΔR umgeformt wird. Aufnehmer, die in Berührung mit dem Medium stehen, können auch Fühler oder Sonde genannt werden – z. B. wenn eine elastische Dehnung mit Dehnungsmeßstreifen oder eine Temperatur mit Thermoelement gemessen wird.

Der Begriff „Sensor", der nach Norm nur für Meßfühler gilt, wird im modernen Sprachgebrauch – international leicht verständlich aber bisher ohne genaue Unterscheidung – sowohl für Fühler als auch für Aufnehmer bzw. für Aufnehmer mit integrierter Elektronik zur Signalverarbeitung verwendet. Das Arbeitsgebiet für die Behandlung von Sensoren und Sensorsystemen besonders im Zusammenhang mit der Halbleitertechnik wird mit „Sensorik" bezeichnet.

Im Einheitsmeßumformer (englisch transmitter) sind Aufnehmer und Meßverstärker kombiniert. Die Ausgangsgröße hat einen einheitlichen Bereich, der nach VDI/VDE 2184 entweder ein eingeprägter Gleichstrom von 0 bis 20 mA bzw. von 4 mA bis 20 mA oder in pneumatischen Anlagen ein Luftüberdruck von 0,2 bar bis 1 bar (bzw. 20 kN/m^2 bis 100 kN/m^2) sein soll (s. Abschn. 7.2.4).

Meßprinzipien. Im Zusammenhang mit ihrer Wirkungsweise werden passive (mittelbare) und aktive (unmittelbare) Meßfühler unterschieden.

Bei einem passiven Meßfühler beeinflußt die zu messende physikalische Größe eine elektrische Größe (z. B. U, I, R, L, C) und steuert bzw. moduliert eine Hilfsenergie. Die dabei dem Meßvorgang entnommene Energie ist meist vernachlässigbar klein. Die elektrische Größe wird beeinflußt a) durch unmittelbare Ausnutzung physikalischer Zusammenhänge (beeinflußt werden z. B. Spannung U, Widerstand R, Leitwert G, Permeabilität μ, Dielektrizitätskonstante ε, Ladung Q) oder b) durch mechanischen Eingriff (beeinflußt werden Widerstand R, Induktivität L und Kapazität C) oder c) durch Kompensationsverfahren (beeinflußt wird der Strom I).

Bei einem aktiven Meßfühler wird aus einer mechanischen, thermischen, optischen oder chemischen Energie durch Energieumwandlung eine elektrische Energie (gekennzeichnet durch U, I und Q) erzeugt. Die Abgabeleistung von aktiven Meßfühlern ist sehr klein (oft nur mW bis μW), da die der Meßstelle entnommene Energie im Interesse einer möglichst vernachlässigbaren Rückwirkung auf den Meßvorgang gering sein muß. Der Wirkungsgrad ist bei diesen Leistungen uninteressant.

In der Mechanik werden passive Meßfühler hauptsächlich durch die Größen Weg bzw. Winkel beeinflußt, bei aktiven Meßfühlern ist die erzeugte elektrische Größe z. B. der Geschwindigkeit oder auch der Kraft (bzw. der Dehnung, d.h. einem besonders kleinen Weg) proportional. Die meisten mechanischen Größen werden mit analogen Meßfühlern, Wege und Geschwindigkeiten bei Längsbewegung oder Drehung auch mit digitalen Meßfühlern gemessen.

Vorteile der elektrischen Messung nichtelektrischer Größen. Meßeinrichtungen, die als Meßkette aufgebaut sind, lassen sich rationell einsetzen, da durch Austausch des meist kleinsten Gliedes der Meßkette, des Aufnehmers, viele verschiedene physikalische Größen gemessen werden können.

Wegen der hohen Meßempfindlichkeit überstreichen die Meßbereiche der Meßanlagen mehrere Zehnerpotenzen. Der Meßfrequenzbereich geht von 0 Hz bis über 1 MHz hinaus. Die Meßfühler verursachen eine so geringe Meßwertbeeinflussung, daß die Rückwirkung auf die Meßgröße meist vernachlässigt werden kann. Die Meßwerte können analog oder digital angezeigt, gespeichert und verarbeitet werden. Mit Lichtstrahl-Oszillographen können über 50 Vorgänge (oder bei Parallelschalten mehrerer Oszillographen ein Vielfaches davon) gleichzeitig kontinuierlich und phasenrichtig registriert werden. Mittels Meßstellenumschalter lassen sich die Meßwerte von vielen Meßkanälen nacheinander abtasten und speichern. Alle Meßwerte können über Kabel oder drahtlos über beliebige Entfernungen fernübertragen werden (s. Abschn. 8), z. B. für die zentrale Meßwerterfassung und -verarbeitung sowie für Überwachungseinrichtungen und geregelte Anlagen. Zur Ermittlung der Meßergebnisse kann man während der Messung oder später verschiedene mathematische Operationen durchführen, die Meßwerte in elektrischen Geräten oder Rechenanlagen verarbeiten und analysieren (s. Abschn. 1). Schließlich erreicht man bei großer Zuverlässigkeit eine hohe Meßgenauigkeit.

Da es keine universale Meßeinrichtung gibt, die für alle Meßaufgaben gleich gut geeignet wäre, kann man sich bei der Auswahl einer Meßeinrichtung nur bei genauer Kenntnis aller technischen Eigenschaften der verschiedenen Meßglieder optimal entscheiden.

7.2 Messung mechanischer Größen

7.2.1 Meßfühler

7.2.1.1 Widerstands-Meßfühler. Bei den in Bild **7**.3 schematisch dargestellten Beispielen wird der Meßfühler-Widerstand bzw. ein Schaltelement direkt durch eine physikalische (mechanische, thermische, optische) Meßgröße beeinflußt und somit verändert. An Meßwiderständen mit Abgriff (Feindrahtwiderstände) nach Bild **7**.3a wird der Schleifer durch die physikalische Meßgröße in einer Längs- oder Drehbewegung verschoben.

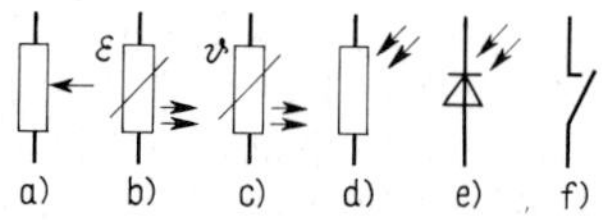

a) b) c) d) e) f)

7.3
Beispiele für Widerstands-Meßfühler (nach DIN 40716, Bl. 6 und DIN 40700, Bl. 8)

a) Feindrahtwiderstands-Längs- oder -Dreh-Stellungsgeber
b) Dehnungsmeßstreifen (Dehnung ε)
c) Widerstandsthermometer (Temperatur ϑ)
d) Photowiderstand, stromrichtungsunabhängig
e) Photodiode
f) Schaltelement

Bei direkter Beeinflussung des Meßfühler-Widerstandes kann, wie man aus der Gleichung für den Widerstand eines gestreckten Leiters $R_\vartheta = l\varrho_{20}[1 + \alpha_{20}(\vartheta - 20\,°\mathrm{C})]/A$ erkennt, der Widerstand R z. B. über die Länge l, den Querschnitt A oder den spezifischen Widerstand ϱ (mechanisch) oder über die Temperatur ϑ (thermisch) oder nur über ϱ (optisch) verändert werden. Als Werkstoff für die Widerstands-Meßfühler werden Metalldrähte oder Halbleiter mit Widerstandswerten zwischen $1\,\Omega$ und $1\,\mathrm{M}\Omega$ verwendet. Als Schaltelemente dienen z. B. mechanisch betätigte Schaltkontakte, elektrisch gesteuerte Schalttransistoren oder durch Licht gesteuerte photoelektrische Schaltkreise. Sie ändern ihren Widerstand unstetig zwischen extremen Werten.

Die Änderungen des Meßfühler-Widerstands, die bei der Messung von statischen und dynamischen Vorgängen auftreten, werden in Brücken- oder in Spannungsteiler-Schaltungen (s. Abschn. 5.2.4.2), die mit Gleich- oder Wechselstrom gespeist werden, oder in Gleichstrom-Kompensationsschaltungen (s. Abschn. 4.3) erfaßt. Der Meßfühler-Widerstand mit Abgriff kann als Vorwiderstand oder als Spannungsteiler geschaltet werden. Schaltelemente werden hauptsächlich zur Impulsgabe in digitalen Meßgebern besonders für Regelungsanlagen und in Sicherheitseinrichtungen verwendet [52].

Für die Ermittlung von kleinen Änderungen der Meßwiderstände (z. B. von $1\,‰$ des Widerstandsnennwerts bei Dehnungsmeßstreifen) in Ausschlagbrücken unterscheidet man drei grundlegende Anordnungen der Meßwiderstände in der Meßbrücke, und zwar a) die Viertelbrücke mit einem, b) die Halbbrücke mit zwei und c) die Vollbrücke mit vier durch die Meßgröße beeinflußten Meßwiderständen [28].

Beispiel 7.1. Es ist die Diagonalspannung U_a bei der Messung von kleinen Widerstandsänderungen ΔR in Ausschlagbrücken (mit einem Verstärker in der Brückendiagonale) allgemein zu berechnen.

Viertelbrücke. Bei der Messung in der Viertelbrücke nach Bild **7.4** ändert sich der Meßwiderstand R_1 um kleine Widerstandsbeträge $\pm\Delta R_1$ auf den Wert $R_1' = R_1 \pm \Delta R_1 = R_1(1 \pm \Delta R/R)$ mit der relativen Widerstandsänderung $\Delta R/R$. Die Spannung U_1 ändert sich dabei auf U_1'. Die Diagonalspannung

$$U_a = U_1' - U_3 = \left[\frac{R_1(1 \pm \Delta R/R)}{R_1(1 \pm \Delta R/R) + R_2} - \frac{R_3}{R_3 + R_4}\right] U_0$$

läßt sich mit der Maschenregel über die Teilspannungen an den beiden in der Meßbrücke nebeneinander liegenden praktisch unbelasteten Spannungsteilern (bei konstanter Speisespannung U_0) berechnen. In der Praxis wird zu Beginn der Messung Brückengleichgewicht mit den in Bild **7.4** eingezeichneten Abgleichwiderständen R_5 bis R_7, die so hochohmig gewählt werden, daß dadurch die Empfindlichkeit der Brücken-Meßwiderstände nicht wesentlich gestört wird, eingestellt. Für die symmetrische Brücke mit $R_1 = R_2 = R_3 = R_4 = R$ ergibt sich nach Umformung die Brücken-Diagonalspannung

$$U_a = \frac{1}{2}\,\frac{\pm\Delta R/R}{(2 \pm \Delta R/R)}\,U_0 \qquad (7.1)$$

Für $\Delta R/R \ll 1$ gilt ohne Vorzeichen

$$U_a \approx U_0(\Delta R/R)/4 \qquad (7.2)$$

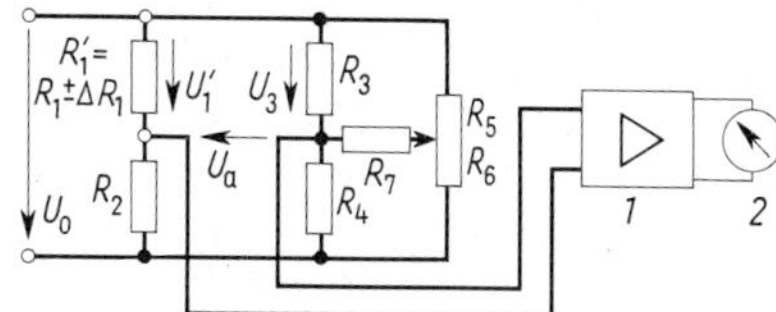

7.4
Ausschlag-Meßbrücke mit einem aktiven Dehnungsmeßstreifen DMS R_1; R_2 bis R_7 Brücken- und Abgleichwiderstände

1 Meßverstärker *2* Anzeigegerät

Für kleine Änderungen $\Delta R/R$ besteht somit bei konstanter Speisespannung U_0 Proportionalität zwischen der Diagonalspannung U_a und der relativen Widerstandsänderung $\Delta R/R$.

Halbbrücke. In einer Halbbrücke müssen sich entweder zwei nebeneinander liegende Widerstände gegensinnig oder zwei diametral gegenüber liegende Widerstände gleichsinnig ändern.

Mit $R_1 = R(1 + \Delta R/R)$, $R_2 = R(1 - \Delta R/R)$ und $R_3 = R_4 = R$ ergibt sich gegenüber der Viertelbrücke eine doppelt so große Diagonalspannung

$$U_a = U_0(\Delta R/R)/2 \tag{7.3}$$

Mit $R_1 = R(1 + \Delta R/R)$ und $R_4 = R(1 + \Delta R/R)$ und $R_2 = R_3 = R$ ist dagegen die Diagonalspannung

$$U_a = U_0 \cdot \frac{\Delta R}{R} \cdot \frac{1}{2 + \Delta R/R} \approx U_0 \frac{\Delta R}{R} \cdot \frac{1}{2}$$

Vollbrücke. In der Vollbrücke ergibt sich mit $R_1 = R_4 = R(1 + \Delta R/R)$ und $R_2 = R_3 = R(1 - \Delta R/R)$ die gegenüber der Viertelbrücke viermal so große Diagonalspannung

$$U_a = U_0(\Delta R/R) \tag{7.4}$$

Diese Schaltungen werden hauptsächlich für Messungen mit Dehnungsmeßstreifen verwendet (s. Abschn. 7.2.2.1).

7.2.1.2 Induktive Meßfühler. Eine Induktivität $L = N^2 \Lambda = N^2 \mu A/l$ [15] läßt sich allgemein über die Windungszahl N oder den magnetischen Leitwert Λ (dieser über die Permeabilität μ, die Fläche A oder die Länge l) des magnetischen Kreises ändern. Bei induktiven Meßfühlern wird hauptsächlich der Einfluß einer Lageverschiebung s (eines Eisenkerns im Feld einer Spule) oder einer mechanischen Beanspruchung auf die Permeabilität μ des Spulenkerns (z.B. beim magnetoelastischen Meßfühler) ausgenutzt.

Meßfühler mit Lageänderungen von Spulen oder Eisenkernen. Bei induktiven Meßfühlern mit beweglichen Spulen oder Kernen beeinflußt die physikalische Meßgröße entweder die Selbstinduktivität L oder die Gegeninduktivität M einer Spulenanordnung. In Bild **7.5** sind gebräuchliche Anordnungen von induktiven Meßfühlern mit ihrer Kennlinie schematisch dargestellt. Der Nutzbereich ist in den Kennlinien jeweils stark hervorgehoben.

Einfachinduktivitäten nach Bild **7.5** a und b ergeben bei Luftspaltänderungen hyperbolische Kennlinien. Für den Meßbereich sind nur sehr kleine Verschiebungen des Anfangs-

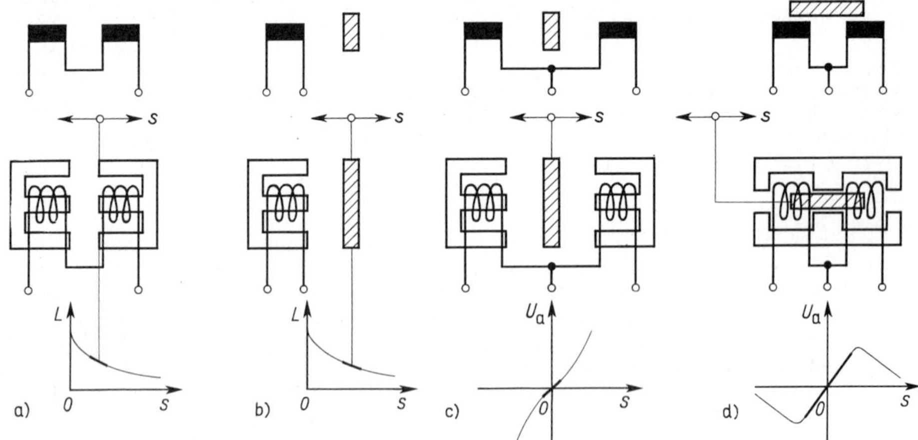

7.5 Induktive Meßfühler. Änderung der Selbstinduktivität durch bewegliche Spule oder Kern (von oben nach unten Schaltung, Aufbau und Kennlinie)

a), b) nur eine veränderliche Selbstinduktivität mit Doppelspule oder Einzelspule

c), d) Differentialdrossel mit Quer- oder Längs- bzw. Tauchanker

s Verschiebung, L Induktivität, U_a Brücken-Ausgangsspannung

luftspalts als Meßweg brauchbar. Als Anker kann eine ferromagnetische oder auch eine nichtmagnetische leitende Platte (diese durch Flußverdrängung) wirken. Die Induktivität einer Spule liegt z. B. in der Größenordnung von $L = 5$ mH bzw. 0,5 mH für Trägerfrequenzen von $f_{tr} = 5$ kHz bzw. 50 kHz, (Blindwiderstand etwa $X_L = 150\,\Omega$) und der Wirkwiderstand $R = 20\,\Omega$ bis $200\,\Omega$ bzw. $2\,\Omega$ bis $20\,\Omega$.

Differentialdrosseln haben in Brückenschaltungen im Nutzbereich lineare Kennlinien. Bild **7.**5c zeigt Meßfühler in Differentialschaltung mit Queranker für kleine Meßweg-Endwerte im Bereich von 20 µm bis 1 mm Nennhub und Bild **7.**5d mit Längsanker (Tauchanker) für größere Meßweg-Endwerte etwa zwischen 1 mm und 500 mm. Differentialanordnungen gibt es auch mit gekrümmtem Tauchanker für Drehbewegungen bis etwa 90°.

Differentialtransformatoren nach Bild **7.**6 haben eine von einer Trägerfrequenz- oder Netzfrequenzspannung gespeiste Primärspule *1* und zwei gegeneinandergeschaltete Sekundärspulen, in der je nach Stellung des Eisenkerns zwei entgegengesetzte, gleich oder verschieden große Wechselspannungen induziert werden. Die im Meßfühler selbst erzeugte resultierende Spannung wird an den Eingang eines Meßverstärkers gegeben. Die auf den beweglichen Eisenkern wirkende Rückwirkungskraft kann besonders beim Differentialtransformator durch geeignete Auslegung des Kernes und der Primärinduktivität vernachlässigbar klein gemacht werden.

Magnetoelastische Meßfühler enthalten Selbst- oder Gegeninduktivitäten, bei denen die Permeabilität μ von ferromagnetischen Werkstoffen, besonders von Nickeleisen mit hoher Streckgrenze, durch eine mechanische Beanspruchung (mechanische Spannung) verändert wird. Sie werden hauptsächlich zur Messung großer Druckkräfte verwendet (s. Bild **7.**19). Die Kennlinie dieser Meßfühler ist temperaturabhängig. Die Nichtlinearität der Kalibrierkurve muß bei der Messung berücksichtigt werden.

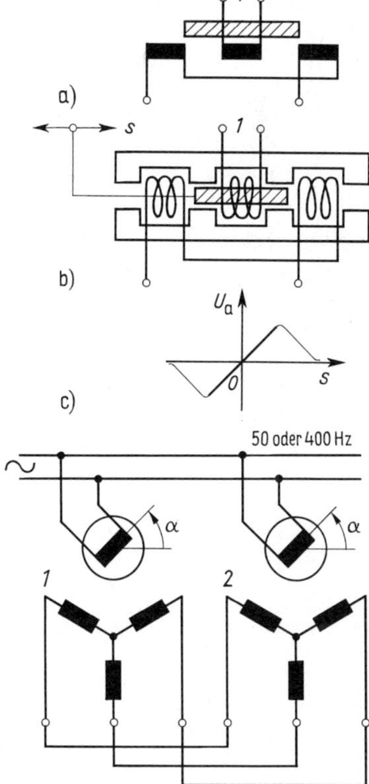

7.6
Differentialtransformator als induktiver Meßfühler. Änderung der Gegeninduktivität durch beweglichen Kern, a) Schaltung, b) Aufbau und c) Kennlinie

s Verschiebung, U_a Meßfühler-Ausgangsspannung
1 Primärspule

Drehmelder (Drehfeldsysteme, Synchros) werden als induktive Fernmeßgeber für die Fernmessung und Fernübertragung von Drehwinkeln bis über 360° nach der Schaltung in Bild **7.**7 verwendet. Sie sind Gegeninduktivitäten (Drehtransformatoren) mit einer drehbaren Wicklung im Läufer und mehreren (meist drei)

7.7
Drehmelder (Drehfeldsystem, Synchros) als induktiver Fernmeßgeber und -empfänger für die Fernübertragung von Drehwinkeln α

1 Sender (Generator)
2 Empfänger (Motor), dem Sender elektrisch gleich

zweipoligen Ständerwicklungen. Die über Schleifringe mit Sinusstrom gespeiste Läuferwicklung erzeugt einen Fluß, der in den Ständerwicklungen gleichphasige Spannungen induziert, deren Amplituden vom $\sin\alpha$ der Läuferlage α abhängen. Der Empfängerläufer folgt durch die übertragenen Ausgleichsströme bei Verdrehung der Winkelstellung des Senderläufers auch über 360° mit einer kleinsten erreichbaren Unsicherheit von etwa $\pm 0{,}1°$.

Beispiel 7.2. Man berechne durch eine allgemeine Näherungsgleichung die Diagonalspannung U_a, die sich bei der Messung der Induktivitätsänderung eines Differentialdrossel-Längsanker-Meßfühlers in einer Meßbrücke ergibt.

Bild 7.8 zeigt die verwendete LLRR-Meßbrücke. Zu Beginn der Messung wird der Meßfühler bei symmetrisch liegendem Kern mit $Z_1 = Z_2 = Z$ und $R_3 = R_4 = R$ nach dem Betrag und mit dem Differentialkondensator C_{56} nach der Phase abgeglichen. Während einer Messung ändert sich der komplexe Widerstand $\underline{Z}$ der Spulenhälften gegensinnig, und zwar gilt $\underline{Z}_1 = \underline{Z}(1 + \Delta Z/Z)$ und $\underline{Z}_2 = \underline{Z}(1 - \Delta Z/Z)$. Wird näherungsweise $\underline{Z} \approx \mathrm{j}\,\omega L$ gesetzt und die Meßbrückendiagonale hochohmig, d.h. $R_{CD} \approx \infty$, angenommen, so ergibt sich aus der Maschenregel mit den Teilspannungen $\underline{U}_1$ und $\underline{U}_3 = \underline{U}/2$ (für die symmetrische Brücke) die Diagonalspannung

$$\underline{U}_a = \underline{U}_1 - \underline{U}/2 = \left[\frac{\mathrm{j}\,\omega L(1 + \Delta L/L)}{\mathrm{j}\,\omega L(1 + \Delta L/L) + \mathrm{j}\,\omega L(1 - \Delta L/L)} - \frac{R}{2R}\right]\underline{U} =$$

$$= \left(\frac{L + \Delta L}{2L} - \frac{1}{2}\right)\underline{U} = \frac{1}{2}\frac{\Delta L}{L}\underline{U}$$

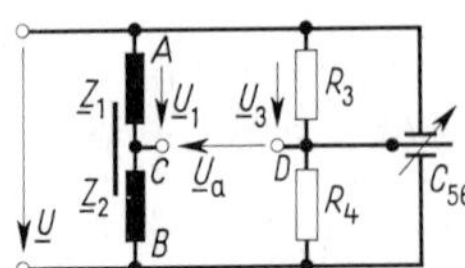

7.8
LLRR-Wechselstrom-Ausschlagbrücke

$\underline{Z}_1, \underline{Z}_2$ Differentialdrossel mit Längsanker
R_3, R_4 Brückenwiderstände
C_{56} Differentialkondensator für den Brücken-Phasenabgleich
$\underline{U}_a$ Brücken-Ausgangsspannung

7.2.1.3 Kapazitive Meßfühler. Die Kapazität eines Plattenkondensators $C = \varepsilon_r \varepsilon_0 A/d$ kann durch Verändern des Plattenabstandes d, der wirksamen Plattenoberfläche A oder der relativen Dielektrizitätskonstante ε_r beeinflußt werden. Bild 7.9 zeigt hierfür Beispiele. Die Kapa-

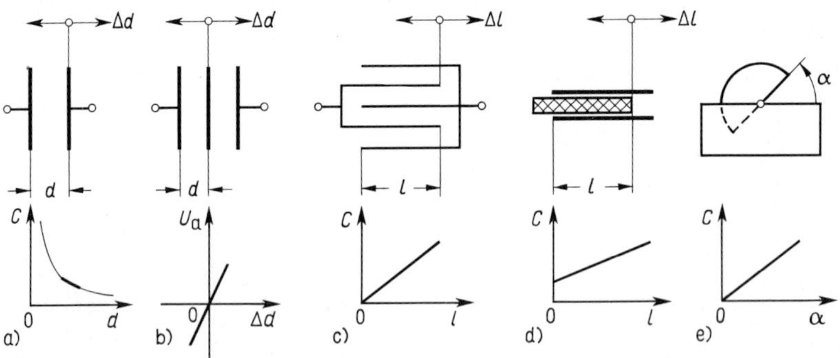

7.9 Kapazitive Meßfühler mit Kennlinien bei verschiedener Beeinflussung der Kapazität C (oben Aufbau, unten Kennlinie)

a), b) Einfach- und Differentialkondensator mit Plattenquerverschiebung Δd (Änderung des Plattenabstandes d)
c), d) Zylinder- bzw. Topf- oder Mehrschichtkondensator mit Längsverschiebung Δl (Änderung der Fläche oder der Dielektrizitätskonstanten)
e) Drehkondensator mit Verdrehung α (Änderung der Fläche)
U_a Brückenausgangsspannung

zitätsänderung des Meßkondensators wird durch Brücken- oder Resonanzverfahren mit hoher Trägerfrequenz von $f_{tr} = 0{,}5$ MHz bis 1 MHz gemessen (s. Abschn. 5.4).

Kapazitive Meßfühler mit veränderbarem Elektrodenabstand. Bei Verwendung eines Einfachkondensators nach Bild **7.**9a in einer Meßbrücke ist die relative Kapazitätsänderung des Meßfühlerkondensators

$$\frac{\Delta C}{C} = -\frac{\Delta d}{d} \Bigg/ \left(1 + \frac{\Delta d}{d}\right)$$

nichtlinear zur Plattenabstandsänderung Δd. In einem kleinen Bereich $\Delta d \ll d$ kann die Kennlinie als annähernd linear angenommen werden. Bei Verwendung eines Differentialkondensators nach Bild **7.**9b in einer CCRR-Meßbrücke mit der Speisespannung $\underline{U}$ ist die Brükkenausgangsspannung $\underline{U}_a = \underline{U}\,(\Delta d/d)/2$ linear zur Plattenverschiebung Δd.

Kapazitive Meßfühler mit veränderbarer Elektrodenfläche. Für eine Beeinflussung der Meßfühlerkapazität durch eine Veränderung der Elektrodenfläche verwendet man bei Längsbewegung z.B. Zylinderkondensatoren nach Bild **7.**9c. Die Kennlinie ist wegen $\Delta C/C = (l + \Delta l)/l$ mit der Verschiebung Δl linear. Bei Drehbewegung verwendet man Drehkondensatoren nach Bild **7.**9e, wobei sich gemäß $C = C_0 + k\alpha$ auch eine lineare Kennlinie mit dem Drehwinkel α ergibt.

Kapazitive Meßfühler mit veränderbarem Dielektrikum. Zur Veränderung der Meßfühlerkapazität wird nach Bild **7.**9d zwischen den festen parallelen Kondensatorplatten ein Isolierstoff mit der relativen Dielektrizitätskonstanten ε_r (z.B. bei der Füllstandmessung) gefüllt. Dadurch entsteht ein Kondensator mit Isolierstoff und Luft (mit der Verschiebungskonstanten ε_0) als Dielektrika (s.a. Beispiel 7.3). Die Gesamtkapazität $C = (\varepsilon_0 A/d) + \varepsilon_0(\varepsilon_r - 1)lb/d$ hängt mit Fläche A, Breite b und Abstand d der Platten linear vom Meßweg l ab.

Beispiel 7.3. Für einen Zylinderkondensator mit der Höhe h nach Bild **7.**10, in dem sich die Höhe l eines isolierenden Füllstoffs (mit der relativen Dielektrizitätskonstanten ε_r) ändert, ist die Abhängigkeit der gesamten Kapazität C von der Füllhöhe l allgemein zu berechnen.

Nach Bild **7.**10 sind die eingezeichneten Ersatzkapazitäten C_1 für den mit Luft und C_2 für den mit Füllstoff gefüllten Zylinderteil parallel geschaltet. Es gilt für die Teilkapazitäten des Zylinderkondensators

$$C_1 = 2\pi\varepsilon_0(h - l)/\ln(r_2/r_1) \qquad C_2 = 2\pi\varepsilon_r\varepsilon_0 l/\ln(r_2/r_1)$$

Die Gesamtkapazität $C = C_1 + C_2$ ist dann

$$C = \frac{2\pi}{\ln(r_2/r_1)}\left[\varepsilon_0 h + \varepsilon_0(\varepsilon_r - 1)l\right] = C_0 + C(l)$$

C ist somit eine lineare Funktion der Füllstandhöhe l, die in Bild **7.**9d dargestellt ist. Solche Anordnungen werden bei der Füllstandmessung in Silos angewendet.

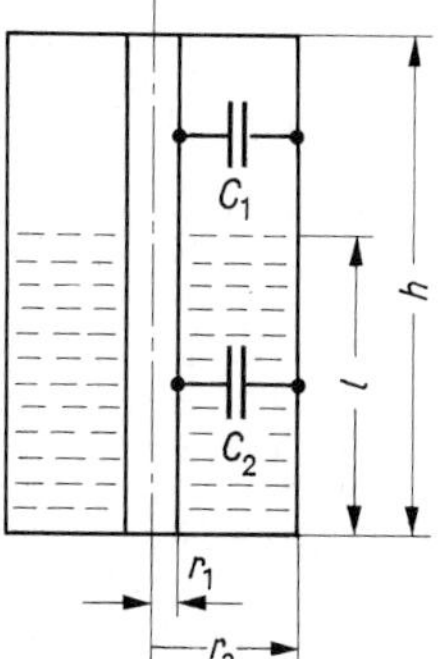

7.10
Zylinderkondensator für die Füllstand-Höhenmessung
C_1 und C_2 Ersatzkapazitäten für den mit Luft und für den mit Füllstoff gefüllten Zylinderteil
r_1 und r_2 Radien der Innen- und Außen-Elektroden
h Zylinderhöhe l Füllstandhöhe

7.2.1.4 Elektrodynamische (generatorische) Meßfühler. Die Wirkungsweise dieser aktiven Meßfühler beruht auf dem Induktionsgesetz. Die induzierte Spannung in einem bewegten Leiter im Magnetfeld ist $u = N\,l\,B\,v$ und wird, wenn Spulenwindungszahl N, Leiterlänge l und Induktion B konstant sind, bei Längsbewegung der Geschwindigkeit v und bei Drehbewegung der Winkelgeschwindigkeit ω proportional. Deshalb werden diese Meßfühler hauptsächlich zur Geschwindigkeitsmessung verwendet.

Bei Längsbewegung wird nach Bild **7.**11a und b entweder eine Tauchspule senkrecht zum Feld eines Dauer- oder Elektromagneten oder umgekehrt ein Dauermagnet in einer oder zwei Längsspulen bewegt. Bei Drehbewegung verwendet man meist Wechselspannungs-Generatoren mit permanenter Erregung, entweder mit feststehenden bewickelten Polkernen und umlaufendem Dauermagnetanker oder mit feststehenden Dauermagneten und drehender Ankerwicklung. Die induzierte Wechselspannung wird, wenn erforderlich, über Gleichrichter oder durch Stromwender in eine Gleichspannung umgeformt. Zur Fernübertragung ist es zweckmäßig, von Wechselspannungsgeneratoren des unvermeidlichen Spannungsabfalls wegen nicht die Spannung, sondern die erzeugte Frequenz als Maß für die Winkelgeschwindigkeit zu benutzen.

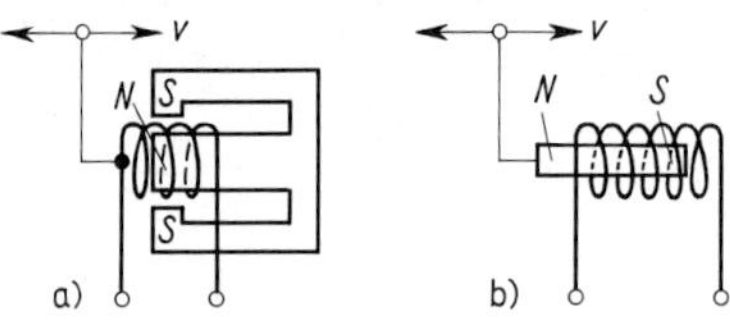

7.11 Elektrodynamische (generatorische) Meßfühler zur Spannungserzeugung bei Längsbewegung durch eine translatorische Geschwindigkeit v mit bewegter Tauchspule (a) oder bewegtem Dauermagnet (b)

7.2.1.5 Piezoelektrische Meßfühler. Werden piezoelektrische Kristalle in Richtung der polaren elektrischen X_1-Achse in Bild **7.**12 mechanisch beansprucht, so entstehen durch den direkten longitudinalen Piezoeffekt bei sehr kleinen Verformungen durch die Verschiebung der Atomladungen (d.h. Annäherung der positiven Si-Atome bzw. negativen O_2-Moleküle an die Oberflächen) auf den Flächen A entgegengesetzte elektrische Ladungen Q, die der Kraft F verhältnisgleich sind; es ist also $Q \sim F$. Der transversale Piezoeffekt, bei dem die Kraft quer zur X_1-Richtung wirkt, wird selten angewendet [52].

In aktiven piezoelektrischen Meßfühlern für Kraftaufnehmer werden nach Bild **7.**13 im Prinzip immer zwei mechanisch in Reihe liegende Kristallelemente mit der dazwischenliegenden hochisolierten Elektrode elektrisch parallel geschaltet. Zur Erhöhung der Empfindlichkeit werden mehrere Kristalle mechanisch in Reihe und elektrisch parallel angeordnet.

Die Ladung Q lädt die aus der Kapazität von Meßfühler, Kabel und Verstärkereingang gebildete Ersatz-Kapazität C auf eine Spannung $U_q = Q/C$ auf. Mit Zusatzkapazitäten im Verstärkereingang kann der Meßbereich verändert werden.

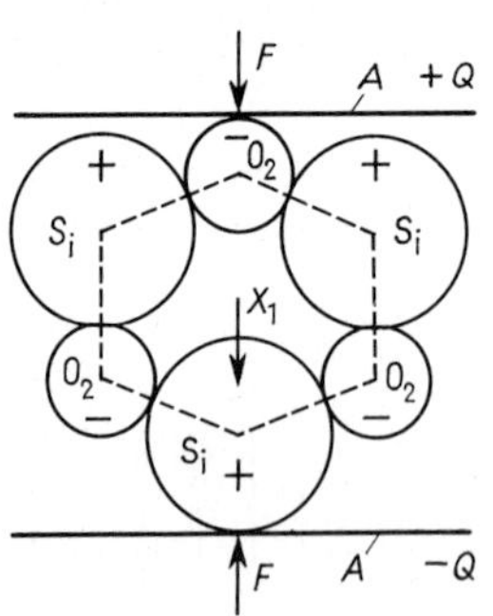

7.12 Vereinfachte Strukturzelle eines Quarzes (SiO_2) zur Erklärung des direkten longitudinnalen Piezoeffekts bei Verformung durch mechanische Beanspruchung in der X_1-Richtung

F Kraft; A Plattenelektrodenfläche
Q elektrische Ladung

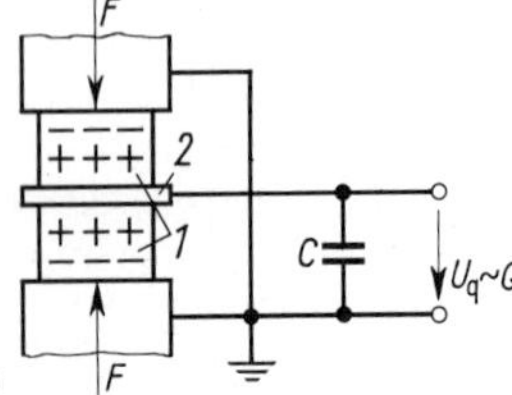

7.13 Piezoelektrischer Meßfühler zur Messung der Kraft F

1 Kristallelemente
2 isolierte Elektrode
Q erzeugte Ladungsmenge
C Ersatz-Kapazität
U_q Meßfühler-Ausgangsspannung

Verwendet werden vor allem Quarze mit großer Druckfestigkeit, linearer Kennlinie ohne Hysterese und sehr großen Zeitkonstanten bis zu mehreren Stunden, ferner Barium-Titanat, das für Druck und besonders für Biegeelemente geeignet ist, und Kunstkeramik, z.B. Blei-Zirkonat-Titanat mit besonders großer Empfindlichkeit.

Piezoelektrische Meßfühler haben eine außergewöhnlich große Auflösung bis $1:10^6$; sie sind nur für dynamische Messungen geeignet. Quasistatische Messungen von einigen min Dauer sind möglich. Mit Rücksicht auf eine ausreichend große Zeitkonstante $\tau = RC$ werden Verstärker mit Elektrometerröhren oder mit Feldeffekttransistoren mit sehr großen Eingangswiderständen $R_1 \geqq 10^{13}\,\Omega$ und sehr kleinen Eingangskapazitäten $C_1 \geqq 20\,\text{pF}$ sowie hauptsächlich Integrations-Verstärker als Ladungsverstärker mit $R_1 \approx 10^{14}\,\Omega$ (s. Abschn. 4.2.2.3) verwendet. Bei großen Zeitkonstanten kann statisch oder quasistatisch, bei kleinen Zeitkonstanten muß dynamisch kalibriert werden. Eine Temperaturabhängigkeit der Empfindlichkeit stört bei kurzzeitigen Messungen kaum.

Aktive piezoelektrische Meßfühler (Sensoren) werden für Aufnehmer zum Messen von Beschleunigung, Kraft und Flüssigkeitsdruck sowie für Kristallmikrophone verwendet. Halbleiter-Meßfühler (Sensoren) mit dem Piezo-Widerstandseffekt (piezo-resistiver Effekt) gehören zu den passiven Widerstands-Meßfühlern, die über Widerstandsänderungen beim direkten oder indirekten Messen von Dehnung, Beschleunigung, Druck, Temperatur usw. angewendet werden.

7.2.2 Aufnehmer für translatorische mechanische Größen

7.2.2.1 Dehnungsaufnehmer. Sie werden nicht nur zur Messung von Dehnungen und somit von elastischen Spannungen an Materialoberflächen verwendet, sondern sind auch zur Messung aller mechanischen Meßgrößen geeignet, die sich auf eine proportionale Dehnung von elastischen Federkörpern zurückführen lassen. Das sind z.B. Wege, Beschleunigungen, Kräfte, Biegemomente, Gas- und Flüssigkeitsdrücke sowie Drehmomente [18], [25], [31], [36], [40], [46].

Dehnungsmeßstreifen (DMS) entsprechen einem Widerstands-Meßfühler und werden mit einem oder als Rosetten mit mehreren Meßgittern nach den in Bild **7**.14 gezeigten Grundtypen in sehr vielen weiteren Ausführungen und Kombinationen hergestellt. Draht-DMS mit dünnen Metall-Widerstandsdrähten mit etwa 20 µm Durchmesser gibt es als Gitterstreifen mit dem Meßdraht in einer Ebene, als Flachspulenstreifen mit dem um einen flachen Kern gewickelten Meßdraht oder als Querbrückenstreifen mit durch dicke Querbrücken verbundenen längsgespannten Meßdrähten. Die Meßgitter sind auf oder zwischen Papier- oder Kunststoffträgerfolien (Acrylharz, Epoxidharz, Phenolharz oder Polyimid) aufgebracht. Folien-DMS bestehen aus dünnen Metall-Widerstandsfolien (Konstantanfilme) von etwa 5 µm Dicke, die nach dem Verfahren für die gedruckten Schaltungen mäanderförmig (oder kreis- und spiralförmig als Membran-Typen) ausgeätzt mit einer Kunstharzträgerfolie verbunden sind. Bei Halbleiter-DMS ist der Meßdraht durch einen dünnen langgestreck-

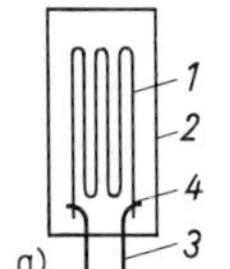

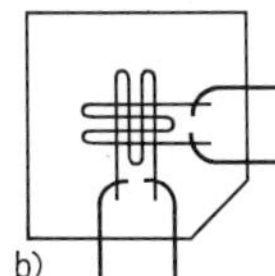

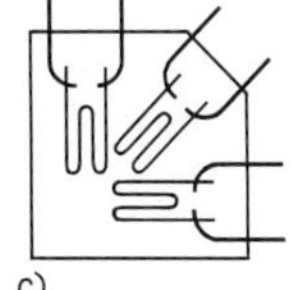

7.14
Grundtypen von Dehnungsmeßstreifen (DMS)
a) Einfach-DMS b) Torsions-DMS
c) DMS-Rosette
1 Widerstandsdraht
2 Papier- oder Kunststoffträger
3 Anschlußdrähte
4 Schweiß- oder Lötverbindungen

ten Halbleiter (vor allem p- und n-dotiertes Silizium mit dem piezoresistiven Effekt) ersetzt. Freidraht-Dehnungsmeßfühler mit freitragenden Dehndrähten werden speziell für Beschleunigungs-, Druck- und Differentialdruckaufnehmer verwendet [16], [52].

Die Nennwiderstände (Eigenwiderstände) liegen bei Draht- und Folien-DMS etwa im Bereich $R = 60\,\Omega$ bis $1000\,\Omega$ (mit Toleranzen unter 1%) und bei Halbleiter-DMS etwa bei $R = 120\,\Omega$ bis $250\,\Omega$. Die Meßlängen verschiedener DMS-Typen betragen etwa $l = 0{,}6$ mm bis 150 mm bei vielen Varianten der Meßflächenbreite und -formen. Gebräuchlich sind DMS mit Meßlängen $l = 4$ mm bis 21 mm und Nennwiderständen $R = 120\,\Omega$ bis $600\,\Omega$.

Der Meßdraht eines DMS wird durch die über ein spezielles Klebemittel übertragene Dehnung (Stauchung) der Meßoberfläche auf seiner ganzen Länge gedehnt (gestaucht). Dabei vergrößert (verkleinert) er seinen Wirkwiderstand infolge Änderung seiner geometrischen und physikalischen Größen von Länge, Querschnitt und spezifischem Widerstand. Der Zusammenhang zwischen der Dehnung

$$\varepsilon = \Delta l / l \tag{7.5}$$

und der relativen Widerstandsänderung $\Delta R/R$ wird durch die Dehnungsempfindlichkeit

$$S_\varepsilon = \frac{\Delta R/R}{\varepsilon} \tag{7.6}$$

erfaßt. (Anstelle von S_ε verwendet man in Schrifttum häufig k.) Sie wird vom Hersteller mit einer Unsicherheit von etwa 0,5% bis 1,5% des Sollwerts angegeben. Bei metallischen DMS ist $S_\varepsilon \approx 2$, bei Halbleiter-DMS dagegen $S_\varepsilon \approx 120$. Halbleiter-DMS haben vor allem den Nachteil, daß S_ε über den Meßbereich nicht konstant ist, da sich der Widerstand R mit der Dehnung ε und der Temperatur stark ändert. Die Dehnungsempfindlichkeit S_ε wird für den Widerstand im ungedehnten Zustand angegeben.

Der Temperatureinfluß bei Draht- und Halbleiter-DMS infolge der scheinbaren Dehnung von auf Stahloberflächen aufgeklebten DMS und der eigenen Widerstandserhöhung bei Erwärmung liegt bei etwa $-15\,\mu\text{m}/(\text{K m})$ bis $+15\,\mu\text{m}/(\text{K m})$. Dieser Einfluß wird normalerweise nicht rechnerisch korrigiert. Zur Temperatur-Kompensation werden z.B. nach Bild **7**.15 aktive und passive (oder besser: weitere aktive) DMS zu Halb- oder Vollbrücken zusammengeschaltet. Dabei sind aktive DMS solche, die die Dehnung der Meßstelle erfassen, passive solche, die auf dem gleichen Material oder der Meßstelle aufgebracht sind, so daß sie die gleiche Temperatur haben, jedoch der Dehnung nicht ausgesetzt sind.

In speziellen Fällen werden selbsttemperaturkompensierende DMS verwendet, die aber außer in besonderen Schaltungen nur für ein bestimmtes Material kompensierbar sind. Die Arbeitstemperaturen von normalen DMS reichen je nach Typ von etwa $-150\,^\circ\text{C}$ bis maximal $200\,^\circ\text{C}$. Bei sehr hohen Temperaturen bis etwa $1000\,^\circ\text{C}$ müssen entweder Freigitter-DMS auf das Bauteil durch Flammspritzen aufgebracht oder einfacher Metallträgerstreifen (mit dem auf einem Metallträger befestigten Metallrohr mit isoliert eingebettetem Meßdraht) durch Punktschweißen an das Bauteil angeschweißt werden.

Um Meßfehler durch Feuchtigkeitseinflüsse vernachlässigbar klein zu halten, müssen die DMS gegen Feuchtigkeit geschützt werden und sollen Isolationswiderstände gegen geerdete Meßoberflächen von mehr als dem 10^6fachen ihres Nennwiderstandes haben.

Durch geeignete Meßschaltungen mit einem, zwei, vier oder mehr aktiven DMS lassen sich auf Oberflächen ein- und mehrachsige Spannungszustände untersuchen. Nach Bild **7**.15 ist es z.B. möglich, bei zusammengesetzten Beanspruchungen die Einzelbeanspruchungen, wie Zug- und Druckkraft oder Biegung (oder auch Drehmoment nach Bild **7**.21), getrennt zu erfassen.

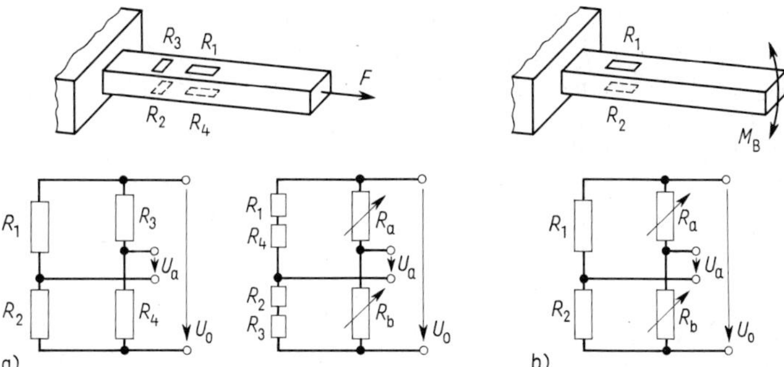

7.15 Beanspruchungs-Messung mit DMS. Anordnung und Schaltung (von oben nach unten) mehrerer DMS bei zusammengesetzten Beanspruchungen (mehrachsigen Spannungen) zur Ermittlung von

a) reiner Zug- und Druckkraft F (R_1 und R_4 aktive, R_2 und R_3 passive DMS in Voll- (links) und Halbbrückenschaltung (rechts); R_a und R_b Abgleichwiderstände)

b) reinem Biegungsmoment M_B (R_1 und R_2 aktive DMS; R_a und R_b Abgleichwiderstände)

Die Lebensdauer von DMS ist praktisch unbegrenzt, sie können allerdings nur einmal aufgeklebt werden. Die höchstzulässige Dehnung beträgt je nach Typ etwa $\varepsilon_m = 1$ mm/m bis maximal 100 mm/m bei Sonderausführungen; der Meßfrequenzbereich ist $f_M = 0$ bis 50 kHz.

Die Empfindlichkeit einer Meßschaltung mit DMS für eine Dehnung $\varepsilon = (\Delta R/R)/S_\varepsilon$ kann mit einer in die Meßbrücke eingegebenen bekannten Kalibrierverstimmung $\Delta R/R$ und mit der vom Hersteller angegebenen Empfindlichkeit S_ε ermittelt werden. Zur Bemessung eines Aufnehmers mit DMS für mechanische Größen wird für die DMS-Meßstelle eine Dehnung $\varepsilon = 1$ mm/m $= 1\,^0/_{00} = 10^{-3}$ entsprechend einer elastischen Spannung in Stahl von $\sigma = 210$ N/mm^2 für den Meßgrößenendwert angenommen. Hiermit ergibt sich für jeden aktiven DMS mit $S_\varepsilon = 2$ die Widerstandsänderung $\Delta R/R = S_\varepsilon \varepsilon = 2\,^0/_{00}$.

Zur Messung dieser geringen Widerstandsänderung werden die DMS normalerweise in mit Gleich- oder Wechselstrom gespeiste Meßbrücken geschaltet. Die zulässige Speisespannung $U_1 = R_1 I_{zul}$ für einen DMS errechnet sich aus dem DMS-Eigenwiderstand R_1 und dem maximal zulässigen Meßstrom I_{zul}, der je nach DMS-Type bei etwa $I_{zul} = 10$ mA bis 50 mA liegt. Die Berechnung der Brückendiagonalspannung ist in Beispiel 7.4 gezeigt.

Induktive Dehnungs-Aufnehmer messen die Dehnung $\varepsilon = \Delta l/l$ mit einem passiven induktiven Meßfühler für kleine Wege über die Verlängerung Δl der Meßbasis l.

Für die Nenndaten der induktiven Aufnehmer gelten etwa folgende Bereiche: Basis zwischen den Tastspitzen $l = 5$ mm bis 200 mm, maximal meßbare Längenänderung $\Delta l = \pm 20$ µm bis ± 10 mm, maximal meßbare Dehnungen $\varepsilon = \Delta l/l = 20$ mm/m, zulässiger Frequenzmeßbereich $f_M = 0$ bis 1000 Hz. Induktive Dehnungs-Aufnehmer sind zwar im Gegensatz zu Dehnungsmeßstreifen wiederholt anwendbar, haben aber eine viel größere Masse.

Saitendehnungs-Aufnehmer haben einen Meßfühler, in dem die zu messende Dehnung dem Quadrat der Eigenfrequenz einer transversal schwingenden Saite proportional ist. Dies ist nur für statische Messungen brauchbar, da die Dehnung aus zwei Frequenzmessungen ermittelt wird.

Beispiel 7.4. Auf einer Stahloberfläche soll mit einem aktiven DMS die Dehnung $\varepsilon = 1$ mm/m $= 1\,^0/_{00} = 10^{-3}$ gemessen werden. Der zu verwendende DMS hat den Widerstand $R_1 = 300\,\Omega$, den höchstzulässigen Meßstrom $I_{zul} = 10\,\text{mA}$ und die Dehnungsempfindlichkeit nach Gl. (7.6) von $S_\varepsilon = 2$. Die Messung soll nach Bild **7**.15 in einer Meßbrücke erfolgen, deren andere drei Widerstände ebenfalls je 300 Ω haben, so daß $R_1 = R_2 = R_3 = R_4 = R = 300\,\Omega$ ist. Wie groß wird die Spannung U_a in der Diagonalen der Meßbrücke?

Bei genügend hochohmigem Widerstand im Diagonalzweig ist nach Gl. (7.2)

$$U_a = U_0(\Delta R/R)/4$$

mit U_0 als Brücken-Speisespannung. Mit Gl. (7.6) erhält man

$$\Delta R/R = S_\varepsilon \varepsilon = 2 \cdot 10^{-3}$$

Weiter ergibt sich mit $I_{zul} = 10\,\text{mA}$ im DMS die zulässige Brücken-Speisespannung $U_0 = 2R\,I_{zul} = 2 \cdot 300\,\Omega \cdot 10^{-2}\,\text{A} = 6\,\text{V}$, so daß die Diagonalspannung

$$U_a = 6\,\text{V} \cdot 2 \cdot 10^{-3}/4 = 3\,\text{mV}$$

für die Verstärkung bzw. Anzeige verfügbar ist.

Wenn dieser DMS in einem Aufnehmer zur Messung des Nennwerts einer anderen physikalischen Meßgröße verwendet wird, so ergibt sich für den Aufnehmer eine Meßempfindlichkeit von 0,5 mV/ Meßgrößenendwert je V Speisespannung. Bei richtiger Schaltung mehrerer aktiver Dehnungsmeßstreifen in der Meßbrücke erhöht sich entsprechend die Diagonalspannung und somit die Empfindlichkeit.

7.2.2.2 Wegaufnehmer. Zur Herstellung von analogen Wegaufnehmern mit Festpunkt und mit linearer Kennlinie für Meßweg-Endwerte von $s = 0{,}1$ mm bis 1 m werden hauptsächlich passive Widerstands- oder induktive Meßfühler nach Bild **7**.16a bis d verwendet. Die digitalen Wegaufnehmer (Bild **7**.16e bis h) für beliebige Längen liefern Impulse, deren Anzahl dem Weg s proportional ist. Hierbei kann entweder ein Oszillogramm oder über elektronische Zählgeräte ausgewertet werden.

Diese Beispiele zeigen, daß die Verschiebungen der Meßobjekte gegen einen Festpunkt gemessen werden. Berührungslose Aufnehmer weisen keine Reibungskräfte auf und sind mit kleinerer Empfindlichkeit auch für nicht-ferromagnetische Anker geeignet. Serienmäßige

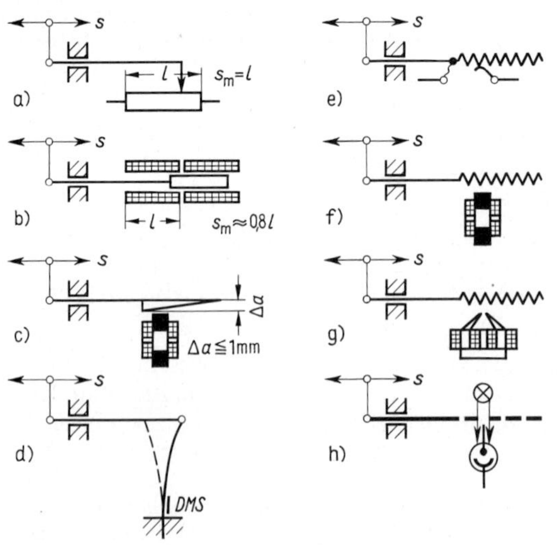

7.16
Wegaufnehmer
a) bis d) analog und e) bis h) digital mit verschiedenen Meßfühlern
a) Widerstandsfühler
b) induktiv
c) induktiv tastlos
d) DMS
e) Schaltelement
f) induktiv tastlos
g) elektrodynamisch (eventuell Magnetband-Hörkopf über magnetisierter Schicht)
h) photoelektrisch
s_m größtmöglicher Meßweg

analoge Wegaufnehmer mit passiven induktiven Meßfühlern haben Meßfrequenzbereiche $f_M = 0$ bis 1000 Hz und Empfindlichkeiten in den Meßbrückenschaltungen von etwa 10 mV bis 80 mV für den Meßwegendwert je V Brückenspeisespannung. Bei digitalen Weg- (und auch Drehwinkel-)Aufnehmern mit magnetischer oder photoelektrischer Abtastung werden entweder inkrementale Verfahren mit einfacher Abzählung von Wegrasterstücken relativ zum gewählten Nullpunkt oder codierte Verfahren mit absoluter Zuordnung von binären Ausdrücken zu jedem Wegrasterstück verwendet. Man erreicht Wegraster-Auflösungen bis etwa 2 µm.

7.2.2.3 Schwingweg-, Schwinggeschwindigkeits- und Beschleunigungsaufnehmer. Beim Messen von Schwingungen unterscheidet man absolute Schwingungen, wenn über eine Schwingmasse auf die Erdoberfläche bezogen wird, und relative Schwingungen, wenn zwischen zwei definierten Bezugspunkten gemessen wird.

Zum Messen von absoluten Schwingwegen, -geschwindigkeiten und -beschleunigungen werden seismische Schwingungsaufnehmer ohne Festpunkt verwendet. Ihre mechanischen Schwingungssysteme mit einem Freiheitsgrad bestehen aus Masse, Feder und Dämpfung nach Bild **7**.17. Sie unterscheiden sich für die verschiedenen Zwecke durch die Eigenfrequenz f_0 und das Meßfühlersystem.

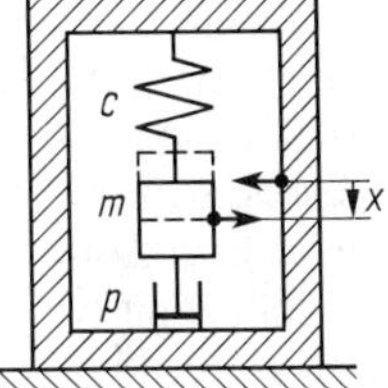

7.17
Mechanisches Schwingungssystem mit Masse m, Feder c und Dämpfungsfaktor p zur Messung von Schwingweg s, Schwinggeschwindigkeit v und Schwingbeschleunigung a
x relative Auslenkung zwischen Aufnehmergehäuse und Schwingmasse

Den Schwingweg erhält man beim Messen von Schwingungen mit Frequenzen oberhalb, die Schwingbeschleunigung bei Frequenzen unterhalb der Eigenfrequenz des Aufnehmer-Schwingungssystems.

In Bild **7**.18 ist der Amplitudenfaktor A von Aufnehmern für die Messung von Schwingbeschleunigung (Kurven A_a), Schwinggeschwindigkeit (A_v) und Schwingweg (A_s) in Abhängigkeit vom Frequenzverhältnis f_M/f_0 für verschiedene Dämpfungsgrade ϑ dargestellt. Für beschleunigungs- und wegempfindliche Aufnehmer ist bei einem maximalen Anzeigefehler von $\pm 1{,}5\%$ vom Sollwert der ausnutzbare Meßfrequenzbereich bei einem optimalen Dämpfungsgrad von $\vartheta = 0{,}65$ am größten. Bei dieser Dämpfung kann ein Beschleunigungsaufnehmer bis zu Meßfrequenzen von $f_M \leqq 0{,}62 f_0$ (Bereich a in Bild **7**.18) und ein Schwingwegaufnehmer für Meßfrequenzen von $f_M \geqq 1{,}65 f_0$ (Bereich s in Bild **7**.18) verwendet werden.

Wie in Bild **7**.18 zu erkennen ist, haben die Amplitudenfaktorkurven A_v für geschwindigkeitsempfindliche Schwingungssysteme, die im Resonanzbereich mit $f_M \approx f_0$ mit ausreichend großem Dämpfungsgrad ϑ betrieben werden, eine zu große Abhängigkeit vom Dämpfungsgrad, so daß diese Systeme für die Praxis nicht geeignet sind.

Bei der Verwendung von Schwingungsaufnehmern ist auch auf den Phasenverschiebungswinkel φ bzw. auf die Phasenlaufzeit $t = \varphi/(2\pi f_M)$ zwischen Gehäuse- und Relativbewegung zu achten.

Mit Rücksicht auf den brauchbaren Frequenzbereich müssen Wegaufnehmer möglichst niedrige, Beschleunigungsaufnehmer dagegen möglichst hohe Eigenfrequenzen haben. Die Schwinggeschwindigkeit wird mit Geschwindigkeitsaufnehmern ermittelt, in denen der Schwingweg elektrisch differenziert wird.

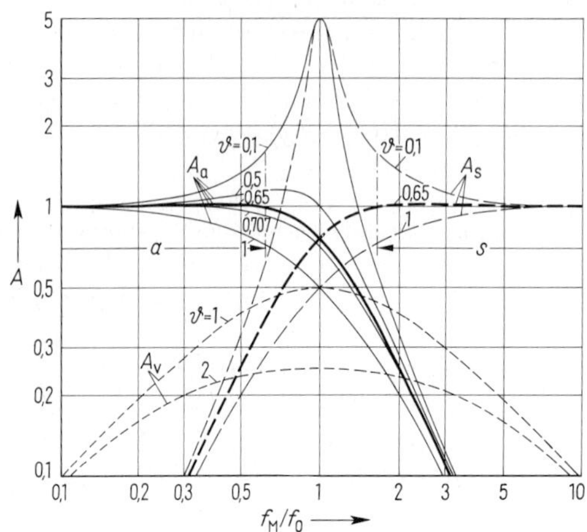

7.18
Amplitudenfaktor A von Schwingungsaufnehmern (Schwingungsbeschleunigung A_a, Schwinggeschwindigkeit A_v, Schwingweg A_s) in Abhängigkeit vom Frequenzverhältnis f_M/f_0 für verschiedene Dämpfungsgrade ϑ, a Meßfrequenzbereich für Beschleunigungs- und s für Schwingwegaufnehmer

In serienmäßigen Schwingungsaufnehmern zur Messung von absoluten Schwingungen werden zwischen der Schwingmasse und dem mit dem Meßobjekt fest verbundenen Meßgebergehäuse nach Bild **7.**17 entweder die relative Auslenkung oder die Reaktionskraft erfaßt. Über wegempfindliche, induktive passive Meßfühler wird der Schwingweg oder die Schwingbeschleunigung und über kraftempfindliche passive Widerstands- bzw. aktive piezoelektrische Meßfühler die Schwingbeschleunigung gemessen. Für die Messung der Schwinggeschwindigkeit werden wegempfindliche Schwingungssysteme mit geschwindigkeitsempfindlichen, aktiven elektrodynamischen Meßfühlern verwendet.

Mit elektrischen Differentiations- und Integrationsschaltungen können die Schwingmeßgrößen vom Weg zur Beschleunigung und umgekehrt sowie zum Ruck (Differentialquotient der Beschleunigung nach der Zeit) umgewandelt werden.

Schwingwegaufnehmer haben Schwingmassen von etwa $m = 500$ g bis 20 g, Aufnehmergesamtmassen $m_g = 12$ kg bis 1 kg, Eigenfrequenzen $f_0 = 0{,}5$ Hz bis 10 Hz mit Meßfrequenzbereichen $f_{Mmin} = 1{,}65 f_0$ bis etwa 1 kHz, Meßwegendwerte $s = \pm$ (25 bis 1) mm und Empfindlichkeiten von z. B. 50 mV je V Brückenspeisespannung für den Meßwegendwert.

Schwinggeschwindigkeitsaufnehmer haben ähnliche Schwingungssystemdaten wie Schwingwegaufnehmer, ihre Empfindlichkeit beträgt maximal 1 V/(cm/s).

Beschleunigungsaufnehmer gibt es serienmäßig in sehr vielen Varianten für die Anwendung bei der Trägheitsnavigation, für Messungen an Fahrzeugen, Maschinen und bei Explosionsvorgängen. Die Nenndaten liegen etwa in folgenden Bereichen: Meßbeschleunigungsendwert $a = 10^{-6} g$ bis $10^{+5} g$ (mit der Normalerdbeschleunigung $g = 9{,}80665$ m/s^2 nach DIN 1305), Gesamtmasse $m = 50$ g bis 0,2 g, Eigenfrequenzen $f_0 = 15$ Hz bis 100 kHz, Meßfrequenzbereich von Aufnehmern mit Widerstandsmeßfühler ab 0 Hz bzw. mit piezoelektrischem Meßfühler ab $f_M = 0{,}1$ Hz bis $f_{Mmax} = 0{,}62 f_0$, Betriebstemperaturen $\vartheta = -75\,°$C bis 400 °C. Die Empfindlichkeit der Aufnehmer für den Meßbeschleunigungsendwert (je V Brückenspeisespannung bei passiven Meßfühlern) ergibt mit passiven Widerstandsmeßfühlern 1 mV bis 50 mV, mit passiven induktiven Meßfühlern 0,1 mV bis 1 mV und mit aktiven piezoelektrischen Meßfühlern 5 nC bis 50 nC.

7.2.2.4 Kraftaufnehmer. In Kraftaufnehmern wird die der Kraft proportionale Verformung (Durchbiegung oder Dehnung) von Meßfederelementen (Hohlzylinder, Vollzylinder, Biegestäbe, Ringe oder Bügel) mit Potentiometern, DMS, induktiven, kapazitiven oder magnetoelastischen Systemen als passive Meßfühler oder mit aktiven piezoelektrischen Meßfühlern gemessen.

Die Kraftaufnehmer nach Bild **7.**19 müssen in den Kraftfluß einer Konstruktion geschaltet werden, wodurch sich u. U. die Steifigkeit und somit das Schwingungsverhalten von Konstruktionsteilen verändern können. Gegebenenfalls lassen sich Kräfte auch ohne Eingriff in die Konstruktion über die elastischen Verformungen von Konstruktions-Bauteilen mit Dehnungsmeßstreifen messen, wie die Beispiele in Bild **7.**15 zeigen.

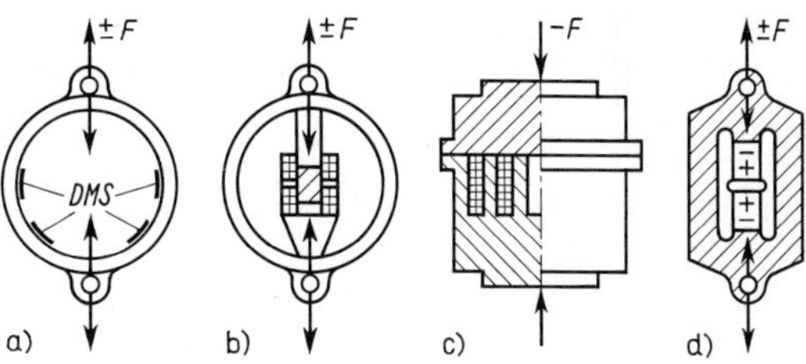

7.19
Kraftaufnehmer mit Widerstands- (mit DMS) (a), induktiven (b), magnetoelastischen (c) und piezoelektrischen (d) Meßfühlern

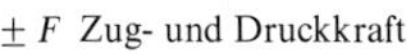
$\pm F$ Zug- und Druckkraft
$-F$ Druckkraft

Für die Nenndaten von Kraftaufnehmern gelten etwa die folgenden Bereiche: Meßkraftendwert für Zug- und Druckkraftaufnehmer $F = 50$ mN bis 200 kN und maximale Druckkraft bei reinen Druckkraftaufnehmern $F_m = 20$ MN. Bei den Meßkraftendwerten betragen die Meßwege meist $s = 0{,}1$ mm bzw. die elastischen Dehnungen an der Meßstelle $\varepsilon = 1^0/_{00}$. Die Eigenfrequenzen liegen bei $f_0 = 1$ kHz bis 100 kHz; die Meßfrequenzen sind $f_M = 0$ bis 5 kHz bei passiven Meßfühlern und $f_M = 2$ Hz bis 80 kHz bei aktiven Meßfühlern. Die Empfindlichkeit der Aufnehmer für den Meßkraftendwert (bei passiven Meßfühlern je V Brückenspeisespannung) ergibt mit passiven Widerstandsmeßfühlern etwa 5 mV, mit passiven induktiven Meßfühlern 1 mV bis 80 mV und mit aktiven piezoelektrischen Meßfühlern maximal etwa 100 nC.

7.2.2.5 Druckaufnehmer. Mit Druckaufnehmern werden Flüssigkeits- und Gasdrücke über die Durchbiegung bzw. elastische Dehnung von Membranen oder Zylindern gemessen. Differenzdruckaufnehmer, z. B. für Strömungsgeschwindigkeitsmessungen, haben auf beiden Seiten der Membranen abgeschlossene Druckkammern.

Bei Druckaufnehmern werden die vielfältigsten Meßfühler verwendet, z. B. Widerstandsfühler (s. Abschn. 7.2.1.1), induktive (s. Abschn. 7.2.1.2), kapazitive oder piezoelektrische Meßfühler oder solche mit einem Kraftkompensationssystem (s. Abschn. 7.2.4). Für die Nenndaten von Druckaufnehmern gelten etwa die folgenden Bereiche: Meßdruckendwert für Überdruckaufnehmer $p = 2$ mbar bis 7500 bar und für Differenzdruckaufnehmer maximal $p_m = \pm 35$ bar, Eigenfrequenzen $f_0 = 100$ Hz bis 500 kHz, Meßfrequenzen bis maximal $f_{Mm} = 350$ kHz, zulässige Temperaturen $\vartheta = -200\,^\circ$C bis $350\,^\circ$C (bzw. $1800\,^\circ$C bei Wasserkühlung).

Die Empfindlichkeit der Aufnehmer für den Meßdruckendwert (bei passiven Meßfühlern je V Brücken-Speisespannung) mit passiven Widerstandsmeßfühlern beträgt 1 mV bis 10 mV, bei passiven induktiven Meßfühlern 1 mV bis 80 mV, bei magnetoelastischen Meßfühlern bis 500 mV, bei passiven kapazitiven Meßfühlern 1 pF bis 20 pF Kapazitätsänderung, bei aktiven piezoelektrischen Meßfühlern maximal 100 nC.

7.2.3 Aufnehmer für rotatorische mechanische Größen

Drehwinkelaufnehmer. Analoge Drehwinkelaufnehmer mit Feinschleifwiderständen oder mit Kurvenscheiben nach Bild 7.20a und b können verschiedenartige Verläufe der Kennlinie (c) erhalten.

Digitale Drehwinkelaufnehmer nach Bild 7.20d oder e mit Zahnscheiben, wechselnd magnetisierten Zylinderscheiben oder Loch- bzw. Spaltscheiben haben bis über 21 600 Impulse je Umdrehung entsprechend einer Winkelauflösung von 1′ bzw. weniger als 0,05‰ einer Umdrehung. Die Stellung der Scheiben wird mit passiven induktiven oder aktiven elektrodynamischen (meist für Langzeit-Betriebsmessungen) oder mit photoelektrischen Meßfühlern (s. Abschn. 7.4) erfaßt, wobei der Meßstelle (im Gegensatz zu elektrischen Meßgeneratoren) praktisch keine Energie entzogen wird. Die Winkel werden ähnlich wie bei der digitalen Wegmessung entweder mit inkrementalen oder codierten Verfahren (s. Abschn. 7.2.2.2) bestimmt.

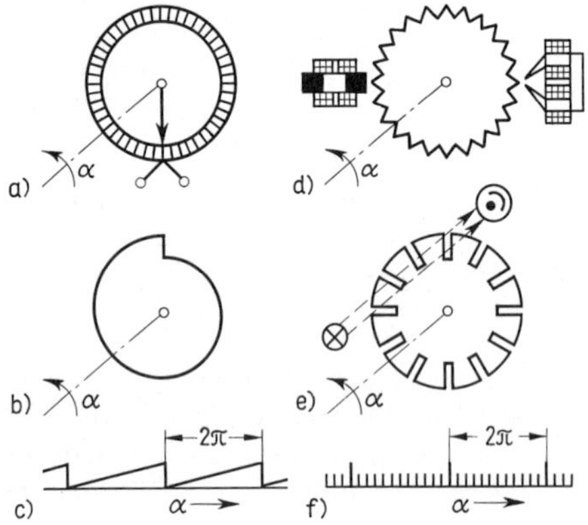

7.20
Drehwinkelaufnehmer

a) und b) analoge Systeme mit Kennlinie (c) sowie
d) und e) digitale Systeme mit Impulsbild (f)

a) Feindraht-Drehspannungsteiler
b) Kurvenscheibe
d) Zahnscheibe mit passiven induktiven (links) oder aktiven elektrodynamischen Meßfühlern (rechts)
e) Loch- oder Spaltscheibe mit photoelektrischen Meßfühlern
α Drehwinkel

Drehzahl- und Winkelgeschwindigkeitsaufnehmer. Drehzahlen (Umdrehungsfrequenz nach DIN 1301) im Bereich von $n = 0$ bis $200\,\mathrm{s}^{-1}$ und langsame Drehzahlschwankungen werden elektrisch hauptsächlich mit Gleich- oder Wechselspannungs-Generatoren mit Nennspannungen bis 220 V und Leistungen von wenigen W mit linearer Kennlinie gemessen. Drehzahldifferenzen oder Schlupfwerte können z. B. mit zwei Drehzahlaufnehmern entweder mit elektrischen Differenz- oder Quotientenschaltungen oder mit elektronischen Zählgeräten ermittelt werden.

Konstante oder veränderliche Winkelgeschwindigkeiten lassen sich aus der Pulsfolgefrequenz von digitalen Drehwinkelaufnehmern (gemäß Bild 7.20d oder e) ermitteln. Diese wird optisch oder mit elektronischen Frequenzmeßgeräten registriert. Für veränderliche Winkelgeschwindigkeiten werden rotierende Mittelfrequenzgeneratoren mit linearer Spannungskennlinie als Aufnehmer angewandt, wobei außer der Frequenz auch die Amplitude der Aufnehmerspannung ein Maß für die Winkelgeschwindigkeit ist.

Zur Erfassung von Winkelgeschwindigkeiten, die bei einer Umdrehungsfrequenz f_0 der Meßwelle mit einer höheren Harmonischen νf_0 schwanken, muß die Aufnehmerfrequenz $f_{\mathrm{tr}} \geqq 5\nu f_0$ sein. Um z. B. von einer Drehfrequenz f_0 die 8. Harmonische ($\nu = 8$) messen zu können, muß somit die Aufnehmerfrequenz $f_{\mathrm{tr}} \geqq 40 f_0$ sein, also 40 Perioden je Umlauf haben. Bei der Umdrehungsfrequenz $f_0 = 25\,\mathrm{s}^{-1}$ (mit der Winkelgeschwindigkeit $\omega = 157\,\mathrm{s}^{-1}$) wäre somit für den Nachweis einer Winkelgeschwindigkeits-Schwankungsfrequenz von 200 Hz eine Aufnehmerfrequenz von $f_{\mathrm{tr}} = 1000$ Hz nötig.

Drehschwingungs- und Drehbeschleunigungsaufnehmer. Entsprechend den in Abschn. 7.2.2.3 für mechanische Längsschwinger beschriebenen Beziehungen werden bei Drehbewegungen mechanische Drehschwingungssysteme zur Messung von Drehschwingungswinkeln, Drehschwinggeschwindigkeiten bzw. Drehbeschleunigungen, eventuell unter Einschaltung elektrischer Differentiations- oder Integrationsschaltungen, verwendet.

Drehschwingwinkelaufnehmer haben Meßendwerte $\alpha = \pm(2^\circ$ bis $5^\circ)$, die Eigenfrequenzen liegen im Bereich von $f_0 = 3$ Hz bis 5 Hz, die Meßfrequenzen bei etwa $f_M = 10$ Hz bis 2 kHz Die Empfindlichkeit der Aufnehmer für den Meßschwingwinkelendwert ergibt bei induktiven Meßfühlern etwa 50 mV je V Speisespannung, bei kapazitiven Meßfühlern etwa 0,5 pF Kapazitätsänderung.

Drehbeschleunigungsaufnehmer haben Meßendwerte $\dot{\omega} = 10\,\text{s}^{-2}$ bis $100\,\text{s}^{-2}$, die Eigenfrequenzen liegen im Bereich von $f_0 = 50$ Hz bis 500 Hz, der Meßfrequenzbereich reicht bis $f_{\text{Mmax}} = 0{,}62\, f_0$. Die Empfindlichkeit der Aufnehmer beträgt bei induktiven Meßfühlern etwa 3 mV für den Meßdrehbeschleunigungsendwert je V Speisespannung.

Drehmomentaufnehmer und Leistungsmessung. Drehmomente mißt man entweder über den relativen Torsionswinkels φ zweier benachbarter Wellenquerschnitte oder über die bei der Torsion auftretende Dehnung ε auf der Oberfläche von Maschinenwellen oder von besonderen Meßnaben (meist mit Dehnungsmeßstreifen nach Bild **7**.21).

Für einen Hohlzylinder mit der Federlänge l, dem Außen- und Innendurchmesser d_a und d_i sowie dem Schubmodul G des Zylinderwerkstoffs ergibt sich aus der Festigkeitslehre für das Drehmoment M der Torsionswinkel $\varphi = 32\, Ml/[\pi(d_a^4 - d_i^4)G]$ und die Dehnung

$$\varepsilon = 8\, M\, d_a \sin(2\,\alpha)/[\pi(d_a^4 - d_i^4)\, G]$$

auf der Oberfläche unter dem Winkel α zur Zylinderlängsachse.

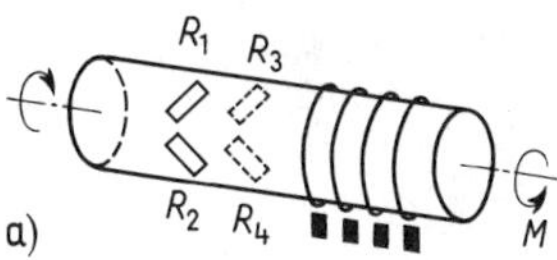

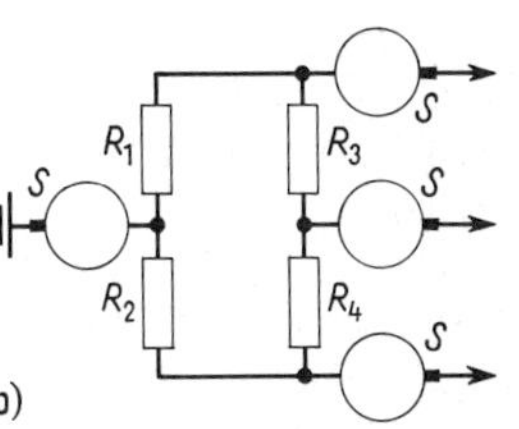

7.21
Drehmomentmessung durch DMS R_1 bis R_4
a) Anordnung
b) Schaltung
S Schleifringe
M Drehmoment

Beim Messen von Querschnittverdrehwinkeln mit Impulsgeneratoren oder photoelektrischen Meßfühlern (nach Bild **7**.20d und e) lassen sich die Meßwerte von der drehenden Welle leicht abnehmen und mit Phasenverschiebungsmessung von Sinusspannungen oder Zeitverschiebungsmessung zwischen Impulsen ermitteln. Bei Widerstands-, induktiven oder kapazitiven Torsionsmeßfühlern werden die drehenden Meßstellen über Schleifringe mit maximalen Kontaktgeschwindigkeiten von etwa 5 m/s oder über schleifringlose Übertrager mit induktiv verketteten drehenden und ruhenden Wicklungen bzw. mit kapazitiv gekoppelten Ringelektroden für Umdrehungsfrequenzen von maximal $1000\,\text{s}^{-1}$ mit dem ruhenden Meßverstärker verbunden.

Drehmomentaufnehmer verschiedener Typen haben mit Widerstandsmeßfühlern (freitragende Dehndrähte oder Dehnungsmeßstreifen) Meßendwerte von $M = 10$ Nm bis 50 kNm,

Eigenfrequenzen von maximal $f_{0m} = 8$ kHz, mit induktiven Meßfühlern $M = 0{,}001$ Nm bis 50 kNm, $f_{0m} = 100$ kHz und Meßfrequenzen im Bereich von $f_M = 0$ bis 2 kHz. Die Empfindlichkeit liegt im Bereich von 1 mV bis 100 mV für den Meßdrehmomentendwert je V Brücken-Speisespannung.

Zur Ermittlung der mechanischen Leistung $P = M\omega$ in drehenden Wellen können elektrische Spannungen oder Ströme, die dem Drehmoment M und der Drehzahl n bzw. der Winkelgeschwindigkeit ω proportional sind, in Meßbrücken oder mit elektronischen Multiplizierern (s. Abschn. 3.1.5.5) elektrisch miteinander multipliziert werden. Solche Meßeinrichtungen lassen sich auch statisch kalibrieren.

7.2.4 Einheitsmeßumformer

Einheitsmeßumformer sind Einrichtungen, die unter Verwendung einer Hilfsenergie eine physikalische Eingangsgröße (z. B. Kraft, Druck, Differenzdruck, Flüssigkeitsstand, Temperatur usw.) in eine Ausgangsgröße mit einheitlichem Bereich umformen (s. Abschn. 7.1). Sie bestehen aus Kombinationen der beiden ersten Glieder der Meßkette (s. Bild **7.**1), wobei Aufnehmer und Meßverstärker in einem Gerät vereinigt oder getrennt angeordnet sein können. Zur Erfassung der Meßgröße werden meistens Kompensationsverfahren angewendet [46].

Als Beispiel ist in Bild **7.**22 ein Kraft/Strom-Meßumformer, der nach dem Vergleichsverfahren (Kompensationsverfahren) arbeitet, dargestellt. Die Meßkraft F_M kann ein Maß für weitere physikalische Größen sein.

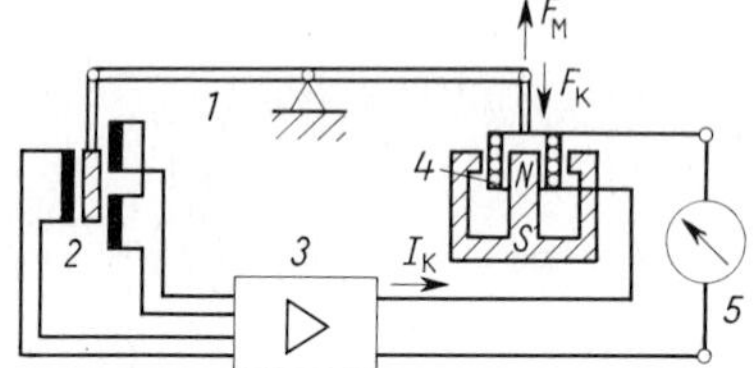

7.22
Meßumformer für die Kraft F_M

F_K Gegenkraft
I_K eingeprägter Gleichstrom
1 Hebel
2 Differentialtransformator
3 Verstärker
4 Tauchspule im permanenten Magnetfeld
5 Strommesser

Wirkt im Meßumformer die Kraft F_M auf den Hebel *1*, so verschiebt sich der Anker des Differentialtransformators *2* (s. a. Bild **7.**6), und es entsteht eine Eingangswechselspannung am Verstärker *3*. Der Verstärkerausgangs-Gleichstrom I_K erzeugt in der sich in einem permanenten magnetischen Feld befindlichen Tauchspule *4* eine Gegenkraft F_K. Der eingeprägte Gleichstrom $I_K = 0$ bis 20 mA (oder 4 mA bis 20 mA) ändert sich so lange, bis Gleichgewicht zwischen der Tauchspulenkraft F_K und der Meßkraft F_M herrscht. Der Strom I_K wird über einen Strommesser *5* angezeigt (oder registriert), wobei $I_K \sim F_M$ ist.

7.3 Thermisch-elektrische Meßumformer

7.3.1 Widerstandsthermometer

Diese passiven Meßfühler bestehen aus Nickel- oder Platindraht, der auf dünne Glimmer- oder Hartpapierstreifen gewickelt oder in Hartglas eingebettet ist. Die genormten Nennwiderstände betragen $R_n = 100\ \Omega$, in Sonderfällen 50 Ω. Der mittlere Temperaturbeiwert zwischen 0° und 100 °C liegt für Ni bei $(0{,}617 \pm 0{,}007) \cdot 10^{-2}\ \mathrm{K}^{-1}$ und für Pt bei $(0{,}385 \pm 0{,}0012) \cdot 10^{-2}\ \mathrm{K}^{-1}$.

Tafel **7**.23 zeigt einige Widerstandswerte und Bild **7**.24 den Verlauf der Widerstände R in Abhängigkeit von der Temperatur ϑ mit den zulässigen Temperaturgrenzen bei Dauerbetrieb und Kurzbetrieb.

Tafel **7**.23 Widerstandswerte in Ω von Ni- und Pt-Widerstandsthermometern nach DIN 43760 (fettgedruckte Werte kennzeichnen die Grenztemperaturen für Dauerbetrieb)

ϑ in °C	−220	−60	0	100	150	180	500	550	850
Ni		69,5	100,0	161,7	**198,7**	223,1			
Pt 100	10,41		100,00	138,50	157,32	168,47	**280,93**	297,43	390,38

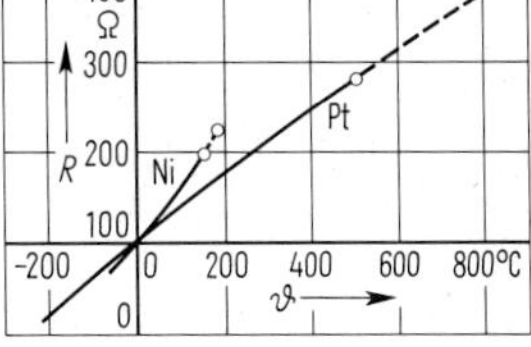

7.24
Widerstand R von Ni- bzw. Pt-Widerstandsthermometern in Abhängigkeit von der Temperatur ϑ nach DIN 43760
(——) Dauerbetrieb, (- - -) Kurzbetrieb

Die Messung erfolgt nach Bild **7**.25 mit Quotientenmessern (Kreuzspul- oder T-Spul-Meßgerät nach Abschn. 5.2.3) und besonders bei kleinen Temperaturintervallen bis zu 0,001 K in der Wheatstone-Brücke. Bei Widerstandsthermometern mit digitalen Meßschaltungen nach Abschn. 3.4.4.2 wird die gekrümmte Widerstands-Temperaturkennlinie durch Verstärker mit spannungsabhängiger Gegenkopplung nach Abschn. 3.1.5.2 so linearisiert, daß die Temperatur digital direkt, z.B. in °C, angezeigt wird.

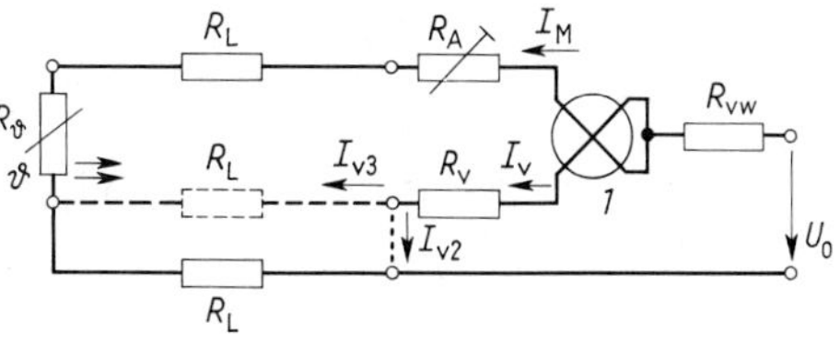

7.25
Ausschlagschaltung für passive Widerstandsthermometer mit Quotientenmeßwerk *1* nach VDI/VDE 3511

R_ϑ	Meßwiderstand	U_0	Speisespannung
R_L	Leitungswiderstand ($2\,R_{L\max} = 10\,\Omega$ oder $20\,\Omega$)	I_M	Meßfühlerstrom ($\leqq 10$ mA)
R_v	Vergleichswiderstand	I_{v2}	Vergleichsstrom bei Zweileiterschaltung (punktierte Verbindung)
R_{VW}	Vorwiderstand	I_{v3}	Vergleichsstrom bei Dreileiterschaltung (gestrichelte Verbindung)
R_A	Abgleichwiderstand		

Für Meßleitungen bis etwa 400 m Länge mit konstanten Temperaturen längs der Leitung kann die Zweileiterschaltung (in Bild **7**.25 die punktierte Verbindung) verwendet werden. Bei der Dreileiterschaltung (in Bild **7**.25 die gestrichelte Verbindung) heben sich die Einflüsse der durch Temperaturschwankungen auftretenden Widerstandsänderungen der Leitung auf, so daß größere Leitungswiderstände und somit längere Zuleitungen bis etwa 10 km zulässig sind.

Halbleiterwiderstände haben mit ihren großen negativen Temperaturkoeffizienten von etwa $(-3$ bis $-6) \cdot 10^{-2} K^{-1}$ bei 20 °C eine höhere Temperaturempfindlichkeit, aber eine geringere Genauigkeit. Wegen ihrer äußeren Abmessungen bis unter 1 mm können mit ihnen kleine, schnell anzeigende elektrische Thermometer hergestellt werden. Die Meßheißleiter (auch NTC-Widerstände, Thermistor oder Thernewid genannt) haben Meßtemperaturendwerte von 100 °C bis 1000 °C bei maximalen absoluten Auflösungen von 0,1 K in Gleichstrombrückenschaltungen.

Bolometer für Strahlungsmessungen enthalten in einem Gefäß mit Luft- oder Edelgasfüllung niederen Druckes eine Strahlungsempfangsfläche. Sie besteht aus sehr dünnen Metallfolien oder auf Isolierunterlagen aufgedampften dünnen Schichten aus Platin, Nickel, Wismut oder Antimon oder aus Halbleitern, wie z. B. Kupferoxidul bzw. Nickel-Mangan- oder Kobaltoxiden. Die Widerstandsänderung infolge Erwärmung durch die Strahlung wird über eine Wheatestone-Brücke gemessen. Sie ist bei geringer Trägheit in weiten Grenzen der einfallenden Strahlung proportional (s. Abschn. 7.3.3).

Bei der Anwendung von Widerstandsthermometern außer zur direkten Temperaturmessung wird z. B. in Hitzdrahtanemometern über die Abkühlung eines geheizten Widerstandsthermometers die Strömungsgeschwindigkeit von Gasen gemessen. Bei der Rauchgasprüfung ist die durch katalytische Verbrennung erhöhte Temperatur eines Platin-Widerstandsthermometers ein Maß für den Gehalt des Rauchgases an brennbarem CO und H_2. Über die Messung der Wärmeleitfähigkeit eines Gases erlauben Widerstandsthermometer in Meßbrücken die Messung des CO_2-Gehaltes von Verbrennungsgasen und in verdünnter Luft die Messung von Feinvakuum zwischen 1 µbar und 1 mbar (Pirani-Manometer).

7.3.2 Thermoelemente

Diese aktiven Meßfühler bestehen aus dem Thermopaar, also aus zwei Drähten aus verschiedenen Metallen oder Metallegierungen, die an einem Ende verschweißt sind. Bei Erwärmung der Schweißstelle (Meßstelle) entsteht an den Leitungsklemmen in der Schaltung nach Bild 7.26 eine Thermospannung U_q. Ihr Betrag hängt von der Art der verwendeten Metalle und vom Temperaturunterschied $\vartheta_M - \vartheta_v$ zwischen der Meßstelle und der Vergleichsstelle ab. Die Thermospannung wird mit einem möglichst hochohmigen Drehspul-Meßwerk oder mit einem Kompensator gemessen bzw. registriert.

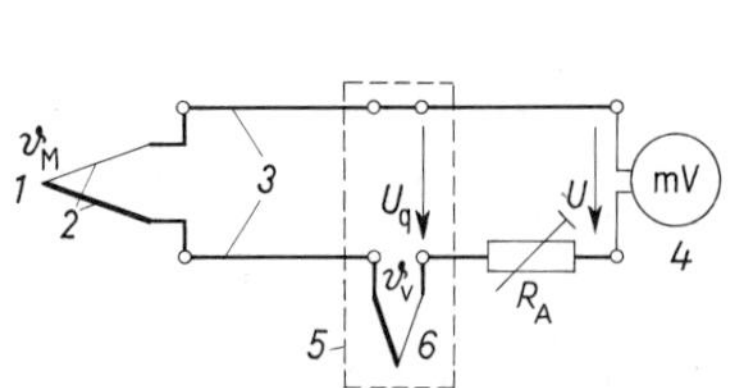

7.26
Prinzipschaltung für aktive Thermoelemente nach DIN 43708

1 Meßstelle
2 Thermopaar
3 Ausgleichsleitung
4 Anzeige- oder Registriergerät
5 Vergleichsstelle
6 Vergleichs-Thermoelement
ϑ_M Meßstellentemperatur
ϑ_v Vergleichstemperatur
U_q Thermospannung
U Meßspannung
R_A Abgleichwiderstand für Gesamtleitungswiderstand 50 Ω

Zur Temperaturmessung muß die Vergleichsstellentemperatur auf einer bekannten, möglichst konstanten Temperatur $\vartheta_v = 0$ °C, 20 °C oder 50 °C (z. B. mit einem Thermostat) gehalten werden, oder deren Änderungen müssen berücksichtigt werden. Bild 7.27 zeigt die selbsttätige Berücksichtigung der Vergleichsstellentemperatur ϑ_v mit einer Brückenschaltung in der Kompensationsdose 5. Die Brücke mit den Widerständen R_1 bis R_4 wird bei $\vartheta_v = 20\,°C$ abgeglichen. Bei Änderungen der Vergleichsstellentemperatur ϑ_v entsteht in der Brückendiagonale eine entsprechende positive oder negative Korrigierspannung U_K. Im Bereich von $\vartheta_v = -10\,°C$ bis $70\,°C$ ergibt eine durch eine Vergleichsstellen-Temperaturabweichung veränderte Thermospannung U_q zusammen mit der Korrigierspannung U_K jeweils die richtige Meßspannung U.

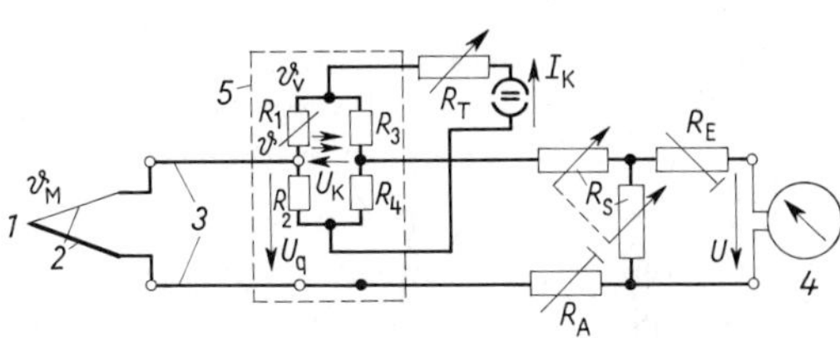

7.27
Selbsttätige Berücksichtigung der Vergleichstemperatur bei Thermoelementen in der Kompensationsdose 5 nach VDI/VDE 3511

Bezeichnungen wie in Bild **7.**26, außerdem

R_1 temperaturabhängiger Kupferdrahtwiderstand
R_2 bis R_4 Brückenwiderstände aus Manganin
I_K Konstantstromquelle
U_K Korrigierspannung
R_T Einstellwiderstand für Thermoelementenart
R_S Empfindlichkeits- und Dämpfungsanpassungswiderstände
R_E Kalibrierwiderstand

In Tafel **7.**28 sind im oberen Teil einige Thermospannungswerte und im unteren die genormten Meßbereiche für die wichtigsten Thermopaare nach DIN 43710 in Abhängigkeit von der Temperatur zusammengestellt. Die Spannungswerte zeigen, bis zu welchen maximalen Tem-

Tafel **7.**28 Grundwerte der Thermospannungen in mV (a) der wichtigsten Thermopaare nach DIN 43710 und genormte Temperatur-Meßbereiche (b) nach DIN 43709 (fettgedruckte Werte kennzeichnen die Grenztemperaturen für Dauerbetrieb)

ϑ in °C	+: Kupfer/ −: Konstantan	Eisen/ Konstantan	Nickelchrom/ Nickel	Platinrhodium/ Platin
a: −200	−5,70	−8,15		
0	0	0	0	0
100	4,25	5,37	4,10	0,643
200	9,20	10,95	8,13	1,436
400	**21,00**	22,16	16,40	3,251
600	34,31	33,67	24,91	5,224
700		**39,72**	29,14	6,260
900		53,14	37,36	8,432
1000			**41,31**	9,570
1300			52,46	**13,138**
1600				16,716
b: 0 bis		250 °C		
0 bis		400 °C		
0 bis		600 °C	600 °C	
0 bis		900 °C	900 °C	
0 bis			1200 °C	1200 °C
0 bis				1600 °C

peraturen die einzelnen Elemente im Dauerbetrieb (fettgedruckte Werte) und bei kurzzeitigem Betrieb verwendet werden können. Wie aus der Darstellung der Thermospannung U_q in Abhängigkeit von der Temperatur ϑ in Bild **7**.29 zu erkennen ist, sind die Kennlinien nicht linear.

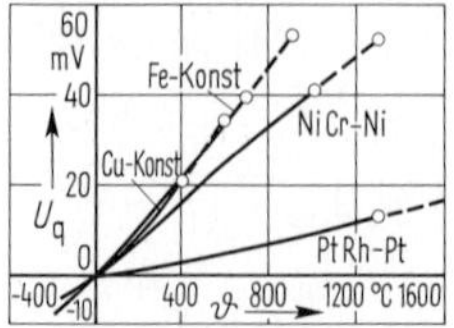

7.29
Thermospannung U_q in Abhängigkeit von der Temperatur ϑ für verschiedene Thermopaare nach DIN 43710
(——) Dauerbetrieb (- - -) Kurzbetrieb

Gegenüber Widerstandsthermometern haben Thermoelemente die Vorteile sehr kleiner, fast punktförmiger Meßstellen und höherer Meßtemperaturen. Für Messungen mit besonders geringer Wärmeableitung und bei schnellen Temperaturänderungen verwendet man besonders dünne Thermopaare mit 0,05 mm bis 0,6 mm Drahtdurchmesser bzw. 0,25 mm bis 3,2 mm Schutzmanteldurchmesser.

Beispiel 7.5. In einer Industrieanlage soll eine Gastemperatur im Bereich von 0°C bis 200°C ferngemessen werden. Die Entfernung von der Meßstelle zum kalten Meßort beträgt 25 m. Die Meßleitung, die der hohen Temperatur ausgesetzt wird, ist kurz. Längs der Zuleitung von 25 m Länge erhöht sich die Umgebungstemperatur während der Messung von 20°C auf 40°C.

a) Welche Meßfühler sind für die Widerstandsthermometer- und für die Thermoelement-Meßmethode (nach Tafel **7**.23 und **7**.28) zweckmäßigerweise zu wählen?

Bei der Auswahl eines Widerstandsthermometers ergibt sich nach Tafel **7**.23, daß für die Meßtemperatur bis 200°C nur das Pt-Widerstandsthermometer anwendbar ist.

Für die Messung mit Thermoelementen wären nach Tafel **7**.28 alle vier Thermopaare geeignet. Mit Rücksicht auf eine möglichst hohe Meßspannung wird man das Eisen-Konstantan-Element mit seiner höchsten Empfindlichkeit wählen, das bei 200°C eine Spannung von 10,95 mV abgibt.

b) Welcher Querschnitt bzw. Durchmesser der Kupfer-Zuleitung (Temperaturbeiwert $\alpha = 3{,}93 \cdot 10^{-3}\,\mathrm{K}^{-1}$) ist in der Widerstandsthermometer-Zweileiterschaltung nach Bild **7**.25 mindestens zu verlegen, damit der Einfluß der Temperaturschwankung (in der Umgebung der Zuleitung) innerhalb der Meßgenauigkeit des verwendeten Meßgeräts in Klasse 0,5 bleibt?

Bei der Widerstandsthermometer-Messung ergibt die Änderung des Zuleitungswiderstandes bei seiner Erwärmung eine fehlerhafte Vergrößerung des Zeigerausschlages des Meßgeräts. Um innerhalb der zulässigen Fehlergrenze von 0,5% zu bleiben, darf sich der Widerstand R_{20} des gesamten Zuleitungsdrahts höchstens um 0,5% des Summenwiderstandes von Meß- und Zuleitungswiderstand (nach Abschn. 7.3.1 und Bild **7**.25) $R_\vartheta + 2R_{\mathrm{L\,max}} = 110\,\Omega$, also um $0{,}55\,\Omega$ vergrößern. Der warme Leitungswiderstand $R_{40} = R_{20} + 0{,}55\,\Omega$ läßt sich bei der Erwärmung $\Delta\vartheta = 20$ K berechnen zu $R_{40} = R_{20}(1 + \alpha\Delta\vartheta) = R_{20}(1 + 3{,}93 \cdot 10^{-3}\,\mathrm{K}^{-1} \cdot 20\,\mathrm{K}) = 1{,}0786\,R_{20}$. Daraus erhält man den Widerstand für die Zuleitung im kalten Zustand $R_{20} = 0{,}55\,\Omega/0{,}0786 = 7\,\Omega$. Hieraus ergibt sich mit dem spez. Leitwert von Cu $\gamma = 56\,\mathrm{m}/(\Omega\,\mathrm{mm}^2)$ für die Doppelleitung mit der Länge $l = 25$ m der Drahtquerschnitt

$$A = \frac{2l}{\gamma R_{20}} = \frac{2 \cdot 25\,\mathrm{m}\,\Omega\,\mathrm{mm}^2}{56\,\mathrm{m} \cdot 7\,\Omega} = 0{,}1276\,\mathrm{mm}^2$$

und der Drahtdurchmesser $d = 0{,}403$ mm. In der Praxis wird der Drahtdurchmesser größer (oder die Dreileiterschaltung) gewählt, wodurch sich der Einfluß der Umgebungstemperatur längs der Zuleitung verringert und somit die Meßsicherheit erhöht.

c) Wie groß ist bei der Thermoelement-Messung der Einfluß der Temperaturschwankung längs der Zuleitung auf den Zeigerausschlag des verwendeten mV-Meters mit $200\,\Omega$ Innenwiderstand, wenn als Zuleitung Ausgleichsleitungen mit dem Nenndurchmesser $d = 1{,}38$ mm mit den Materialwerten (Meterwiderstand und Temperaturbeiwert) nach DIN 43713 verwendet werden?

Bei der Thermoelement-Messung wird der Einfluß der Zuleitungs-Umgebungstemperatur auf die Meßanzeige (Meßstrom im mV-Meter bei gegebener Quellenspannung) über die Änderung des Meßkreiswiderstands erfaßt. Für die 25 m lange Eisendrahtzuleitung mit einem Widerstand von 0,08 Ω/m ergibt sich für die Temperatur 20 °C der Widerstand $R_1 = 25\,\text{m} \cdot 0{,}08\,\Omega/\text{m} = 2\,\Omega$. Bei der Temperaturerhöhung um $\Delta\vartheta = 20\,\text{K}$ vergrößert sich dieser Widerstand mit $\alpha_{\text{Fe}} = 6{,}2 \cdot 10^{-3}\,\text{K}^{-1}$ auf $R_1 = 2\,\Omega\,(1 + 6{,}2 \cdot 10^{-3}\,\text{K}^{-1} \cdot 20\,\text{K}) = 2\,\Omega \cdot 1{,}124 = 2{,}248\,\Omega$, der Widerstand steigt also um $\Delta R_1 = 0{,}248\,\Omega$.

Der 25 m lange Konstantan-Zuleitungsdraht mit 0,328 Ω/m hat bei 20 °C den Widerstand $R_2 = 8{,}2\,\Omega$, der sich mit $\alpha_{\text{K}} = -0{,}02 \cdot 10^{-3}\,\text{K}^{-1}$ um den sehr kleinen Wert $\Delta R_2 = -0{,}00328\,\Omega$ verringert. Der Temperaturänderungseinfluß ergibt schließlich mit der gesamten Widerstandsänderung $\Delta R = 0{,}24472\,\Omega$ bezogen auf den gesamten Meßkreiswiderstand $R = 220\,\Omega$ (Meßgerät und Zuleitung) die Änderung des Zeigerausschlags $(\Delta R/R) = 0{,}24472\,\Omega/(220\,\Omega) = 0{,}112\,\%$. Bei der Kompensationsschaltung hat die Widerstandsänderung in der Zuleitung keinen Einfluß auf die Meßgenauigkeit.

7.3.3 Strahlungspyrometer

Diese Meßumformer werden besonders für hohe Temperaturen bei glühenden Körpern und Schmelzflüssen verwendet.

Spektralpyrometer. Am gebräuchlichsten sind Vergleichspyrometer, bei denen die Strahlungsdichte des Meßgegenstands durch subjektiven Vergleich mit der eines Vergleichsstrahlers in einem engen Bereich des sichtbaren Spektrums ermittelt wird (VDI/VDE 3511). Das Vergleichspyrometer nach Bild **7.**30a wirkt als Glühfadenpyrometer, wobei die Spannung U_v der Vergleichslampe *9* verändert wird (oder als Graukeilpyrometer, wenn bei konstanter Lampenspannung die Strahlungsdichte des Meßgegenstands mit einem Graukeil *3* geschwächt wird), bis das Bild des Glühfadens sich vom Bild des Meßgegenstands nicht mehr abhebt, so daß beide gleiche Strahlungsdichte aufweisen. Nach dem Abgleich ist die Heizspannung des Glühfadens (bzw. die Stellung des Graukeils) ein Maß für die spektrale Strahlungstemperatur des Meßgegenstands. Dies ist die Temperatur, auf die man einen Schwarzen Strahler bringen müßte, damit er die gleiche Strahlungsdichte wie der Meßgegenstand hat.

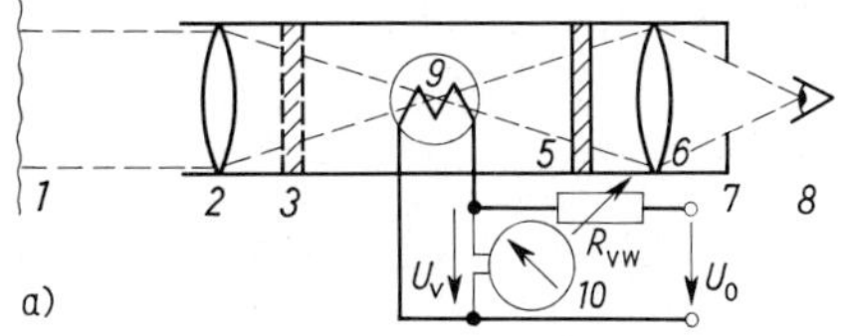

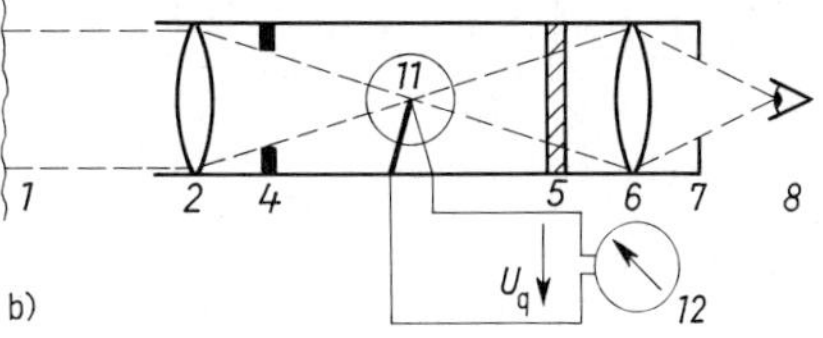

7.30 Strahlungspyrometer
a) Spektralpyrometer (Vergleichspyrometer) b) Gesamtstrahlungspyrometer

1 strahlende Fläche
2 Objektiv
3 Graukeil
4 und *7* Blende
5 Filter
6 Okular
8 Beobachter
9 Glühfaden
10 Spannungsmesser
11 Thermoelement
12 Drehspulmeßgerät
U_0 Speisespannung
U_v Lampenspannung
U_q Thermospannung

Gesamt- und Bandstrahlungspyrometer. Gesamtstrahlungspyrometer messen die Wärmestrahlung des glühenden Gutes in einem geschlossenen Ofen (Schwarzer Körper) über den gesamten wirksamen Spektralbereich der Temperaturstrahlung, die nach dem Gesetz von Stefan und Boltzmann der 4. Potenz der absoluten Temperatur des Strahlers verhältnisgleich ist. Bandstrahlungspyrometer nutzen nur einen mehr oder weniger breiten Spektralbereich der Temperaturstrahlung aus.

Bild **7.**30b zeigt das Prinzip eines Gesamtstrahlungspyrometers mit geschwärztem Thermoelement *11*, das von der Strahlung erwärmt wird. Die erzeugte Thermospannung U_q wird in einem empfindlichen Drehspulmeßgerät *12* angezeigt und ist ein Maß für die gesuchte Temperatur.

Als Strahlungsempfänger dienen weiter Bolometer (mit einem temperaturempfindlichen Widerstand, s. Abschn. 7.3.1), Photoelemente, Photodioden, Photozellen oder Photowiderstände (s. Abschn. 7.4). Die Meßbereiche von Pyrometern liegen zwischen 300°C und 3000°C.

7.4 Optisch-elektrische Meßumformer

In passiven Photowiderständen und Photozellen sowie aktiven Photoelementen werden durch den photo-elektrischen Effekt bei Lichtabsorption Elektronen ausgelöst. Sie werden für objektive Beleuchtungsstärke-, Strahlungs- und Temperaturmessungen sowie als Bauteile für photo-elektrische Meßumformer und in Zähl-, Schalt-, Steuer- und Regelgeräten verwendet [9].

7.4.1 Photowiderstände

Verschiedene sperrschichtlose Halbleiter und Kristalle mit eingelagerten Fremdatomen erhöhen infolge des inneren photo-elektrischen Effekts ihre Leitfähigkeit annähernd proportional mit der Beleuchtungsstärke. Die lichtempfindlichen Substanzen werden in 30 μm bis 50 μm starken Schichten auf einem isolierenden Träger aufgebracht und mit Strich- oder Kammelektroden bedampft. Zum Schutz gegen ungünstige Einflüsse hoher Luftfeuchtigkeit bei hohen Temperaturen werden Photowiderstände oft in Glaskolben vakuumdicht eingeschlossen. Sie haben Beleuchtungsflächen etwa zwischen 0,4 mm^2 und 7,5 cm^2.

Als Halbleitermaterial werden verwendet Cadmiumsulfid (CdS) oder CdS mit Cadmiumselenid (CdSe) gemischt mit dem Maximum der spektralen Empfindlichkeit (nach DIN 44021) im Bereich des sichtbaren Lichts bei Wellenlängen $\lambda = 500$ nm bis 675 nm oder Bleisulfid (PbS) bzw. Indiumantimonid (InSb) mit dem Empfindlichkeitsmaximum bei infraroter Strahlung für $\lambda = 2{,}5$ μm bzw. 6,5 μm. Weitere verwendete Stoffe sind Selen (Se), SeTe oder SeTl-Verbindungen, Bleitellurid (PbTe), Cadmiumselenid (CdSe), Bleiselenid (PbSe), Zinksulfid (ZnS) oder Germanium (Ge) bzw. Silizium (Si).

Die passiven Photowiderstände werden in Spannungsteilerschaltungen nach Bild **7.**31 oder in Brückenschaltungen mit einer Hilfsspannung (Saugspannung $U_0 = 100$ V bis 300 V) betrieben. Die Dunkelwiderstände bei 0 lx betragen $R_0 = 1$ MΩ bis 100 MΩ. Bei Belichtung verringert sich ihr Widerstand annähernd linear bis unter 1000 Ω.

Der endgültige Strom I durch den Photowiderstand hängt von Beleuchtungsstärke, Farbtemperatur, angelegter Spannung und Eigentemperatur ab. Für CdS-Widerstände beträgt z. B. bei 50 lx, 2700 K Farbtemperatur und 10 V die Stromempfindlichkeit $S_i = 10$ μA/lx bis 1000 μA/lx. Der Frequenzbereich geht bis etwa 3 kHz.

Die Farbtemperatur einer Lichtquelle entspricht der Temperatur eines schwarzen Körpers, dessen Lichtemission gleiche Farbe (bzw. gleiches Verhältnis der Leuchtdichten zweier einfarbiger Strahlungen) hat wie die Lichtquelle. Die Farbtemperatur ist klein bei großem Anteil an roter und gelber Strahlung und wird groß bei mehr blauer und violetter Strahlung.

7.4.2 Photozellen

Dies sind evakuierte oder mit Edelgas niederen Drucks (z. B. Argon) gefüllte Entladungsgefäße. Bei Lichteinfall auf die Kathoden aus Alkalimetall werden infolge des äußeren photo-elektrischen Effekts Elektronen ausgelöst, die im elektrischen Feld zur Anode wandern. Die Kathode mit 1 cm^2 bis 7 cm^2 Oberfläche besteht aus einer sehr dünnen Schicht Natrium (Na), Kalium (K), Rubidium (Rb), Caesium (Cs) oder Caesiumantimon (CsSb) auf Edelmetallunterlage, meist Silber, mit deren Oxiden als Zwischenschicht.

Die Stromempfindlichkeit S_i bei 2700 K Farbtemperatur steigt für Vakuumzellen mit Kathodenmaterial in der vorgenannten Reihenfolge im Bereich von $S_i = 1$ nA/lx bis 10 nA/lx. Da bei gasgefüllten Zellen durch Stoßionisation zwischen Photo-Elektronen und Gasmolekülen weitere Elektronen frei werden, vergrößert sich deren Stromempfindlichkeit auf $S_i = 10$ nA/lx bis 100 nA/lx.

Die Spektralempfindlichkeit hängt nur vom Kathodenwerkstoff ab. Ihr Maximum liegt bei Kathoden aus Na, Rb, K und CsSb zwischen dem unsichtbaren Ultraviolett mit der Wellenlänge $\lambda = 330$ nm und dem sichtbaren Grün mit $\lambda = 500$ nm und bei Kathoden aus Cs bei unsichtbarer infraroter Strahlung mit $\lambda = 800$ nm.

Bei Betrieb der passiven Photozellen in der Schaltung nach Bild 7.31 ergeben sich die in Bild 7.32 dargestellten Kennlinienfelder. Hochvakuumzellen mit ihrer linearen Kennlinie im Sättigungsgebiet werden für Meßzwecke bis zu Lichtfrequenzen von einigen MHz, gasgefüllte Zellen für Tonabtastung beim Tonfilm sowie in Hell-Dunkel-Schaltungen bis zu Frequenzen von etwa 10 kHz verwendet.

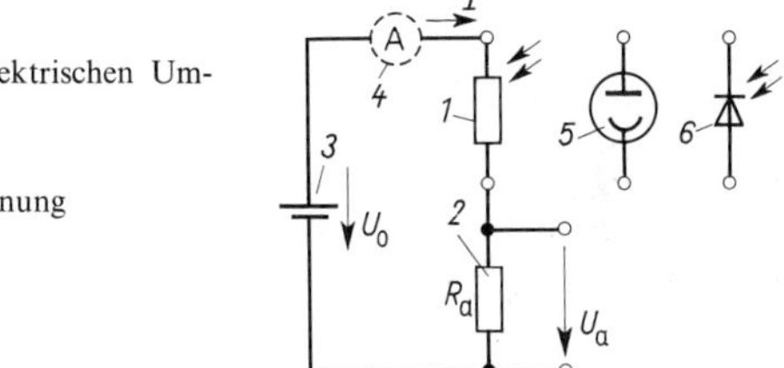

7.31
Spannungsteiler-Grundschaltung von passiven photoelektrischen Umformern

1 Photowiderstand
2 Arbeitswiderstand R_a
3 Saugspannungsquelle U_0
4 Strommesser
5 Photozelle
6 Ge-Photodiode

I Meßstrom
U_a Ausgangsspannung

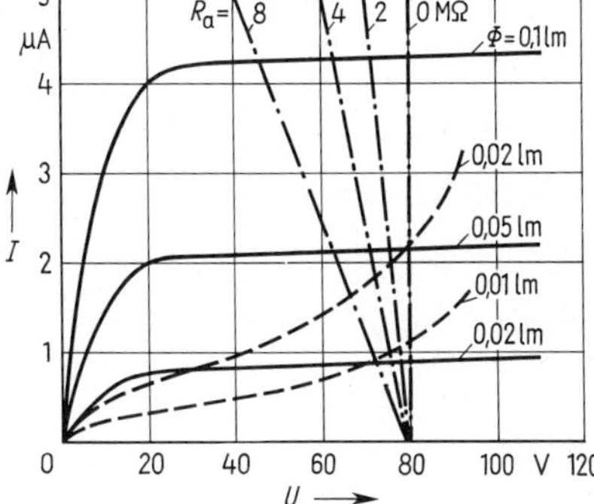

7.32
Kennlinienfelder $I = f(U)$ (Parameter: Lichtstrom Φ) von Vakuum-Photozellen (———) und gasgefüllten Photozellen (– – –) mit Widerstandsgeraden R_a (—·—·—)

Zur Messung extrem kleiner Lichtstärken dienen Photoelektronen-Vervielfacher (Photomultiplier) mit CsSb- oder Cs-Kathode und 8 bis 14 Elektroden (sog. Dynoden) zur Auslösung von Sekundärelektronen im Vakuum. Die Anodenempfindlichkeit ist im Vergleich zur Photozellen bis 10^{9}mal größer, nämlich bis $S_i = 0{,}1$ A/lx bis 10 A/lx.

7.4.3 Photoelemente

Bei Lichtabsorption in einer Halbleiter-Sperrschicht mit Gleichrichterwirkung werden infolge des Sperrschicht-Photoeffekts Elektronen frei und wandern durch die Sperrschicht. Es entsteht eine aktive Photospannung. Infolge des gleichzeitigen inneren photo-elektrischen Effekts ändert sich auch ihr Innenwiderstand, so daß Photoelemente auch als passive Photowiderstände eingesetzt werden können. Ihre Empfindlichkeit ist temperaturabhängig. Sie werden als Beleuchtungsmesser (Luxmeter), Belichtungsmesser, Trübungsmesser und Reflexionsmesser verwendet.

7.4.3.1 Selen-Photoelement. Die nach Bild **7.**33 aufgebauten Selen-Photoelemente haben lichtempfindliche Flächen von 1 cm² bis 30 cm². Nach den Kennlinien in Bild **7.**34 ändern sich Leerlaufspannung U_0 und Innenwiderstand R_i mit der Beleuchtungsstärke nichtlinear. Der Kurzschlußstrom $I_k = U_0/R_i$ steigt bis etwa 10000 lx linear mit der Beleuchtungsstärke bei der Stromempfindlichkeit $S_i = 1\ \mu A/lx$. Die spektrale Empfindlichkeit ähnelt der des menschlichen Auges mit einem Maximum bei der Wellenlänge $\lambda = 550$ nm.

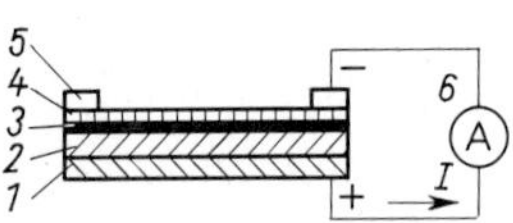

7.33
Aufbau eines Selen-Vorderwand-Photoelements

1 Metallplatte als positive Elektrode
2 dünne Se-Schicht
3 Sperrschicht
4 sehr dünner lichtdurchlässiger Niederschlag aus Edelmetall als negative Elektrode
5 Kontaktring
6 Strommesser

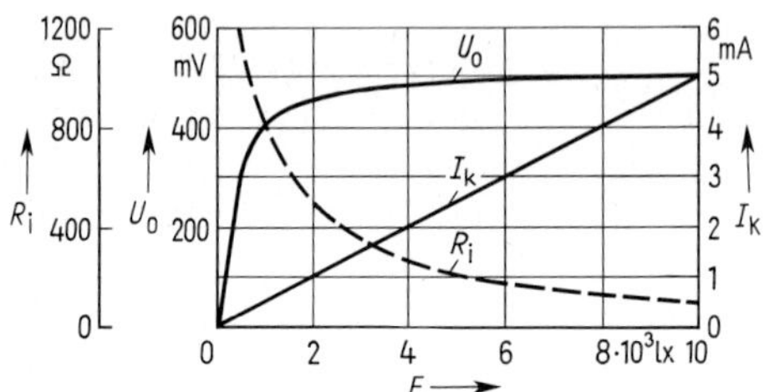

7.34
Kennlinien eines Selen-Photoelements
Leerlaufspannung U_0, Innenwiderstand R_i und Kurzschlußstrom I_k abhängig von der Beleuchtungsstärke E

7.4.3.2 Germanium- und Silizium-Photodioden und -Phototransistoren. Die in kleine Glas- oder Metallgehäuse eingebauten Germanium-Photodioden mit lichtempfindlichen Flächen von etwa 1 mm² haben einen linearen Zusammenhang zwischen Beleuchtungsstärke E und Photostrom. Sie werden vorwiegend als passive Photowiderstände bei der Empfindlichkeit $S_i = 0{,}05\ \mu A/lx$ oder als Photoelemente betrieben. Die maximale spektrale Empfindlichkeit liegt im Infrarotgebiet bei der Wellenlänge $\lambda = 1{,}5\ \mu m$; ihr Frequenzbereich reicht bis etwa 100 kHz.

Silizium-Photodioden werden immer als aktive Photoelemente verwendet. Sie haben einen energetischen Wirkungsgrad bis 11 %, so daß sie sich auch für die Stromversorgung elektronischer Meßgeräte, z.B. als Solarelemente in Satelliten, verwenden lassen. Sie sind für Betriebstemperaturen bis +150 °C brauchbar. Die Kurzschlußstrom-Empfindlichkeit ist bis 1000 lx konstant mit etwa $S_i = 0{,}1\ \mu A/lx$ bis $2\ \mu A/lx$. Die spektrale Empfindlichkeit hat ihr Maximum bei $\lambda = 0{,}85\ \mu m$; die Anstiegszeit liegt im Bereich $T_a = 1$ ns bis 500 ns.

Bei Silizium-Photoelementen liegt die durch Diffusion erzeugte Sperrschicht dicht unter der Oberfläche. Die Leerlaufspannung steigt logarithmisch und der Kurzschlußstrom linear mit der Beleuchtungsstärke an.

Im Phototransistor wird der durch Lichteinfall erzeugte Photostrom weiter verstärkt, so daß die Empfindlichkeit bis $S_i = 300\,\mu A/lx$ ansteigt. Der Frequenzbereich reicht bis über 200 kHz.

Beispiel 7.6. In einem Raum sollen Beleuchtungsstärken zwischen $E = 50\,lx$ und 500 lx eines Lichtstrahlers mit etwa 2700 K Farbtemperatur photoelektrisch gemessen werden. Hierfür sollen ein passiver und ein aktiver photo-elektrischer Meßumformer ausgesucht werden.

Für einen passiven Photowiderstand, der bei 50 lx einen Widerstand von z.B. $R = 10\,k\Omega$ hat und bei einer Beleuchtungserhöhung um eine Zehnerpotenz eine lineare Widerstandsverringerung um den Quotient 1/10 hat, ändert sich bei der Beleuchtungszunahme der Widerstand im Bereich von $R = 10\,k\Omega$ bis 1 kΩ.

Die Hilfsspannung in der Meßschaltung nach Bild **7**.31 wird mit Rücksicht auf die maximal zulässige Verlustleistung des Photowiderstandes von z.B. $P = 100\,mW$ mit $U_0 = 10\,V$ gewählt. Dann ergibt sich ein Meßstrom im Bereich von $I = U/R = 1$ mA bis 10 mA bzw. an einem Arbeitswiderstand von z.B. $R_a = 10\,\Omega$ eine Meßspannung im Bereich von etwa $U_a = R_a I = 10$ mV bis 100 mV, die mit einem elektrischen Meßgerät gemessen werden kann.

Mit einem aktiven Selen-Photoelement mit einer Empfindlichkeit von $S_i = 1\,\mu A/lx$ ergibt sich bei der Messung durch ein niederohmiges Meßgerät in der Schaltung nach Bild **7**.33 ohne Hilfsspannung ein Meßstrom im Bereich von $I = S_i E = 50\,\mu A$ bis 500 µA, was ebenfalls gut meßbar ist.

7.5 Meßkette

Eine Meßeinrichtung für das Messen nichtelektrischer Größen besteht aus den Meßgliedern Aufnehmer, Meßverstärker, eventuell elektronisches Rechengerät, sowie Anzeiger bzw. Schreiber oder Zählgerät, die in einer Meßkette zusammengeschaltet sind. In Bild **7**.35 sind verschiedene Zusammenschaltungen der Meßglieder zu Meßketten dargestellt.

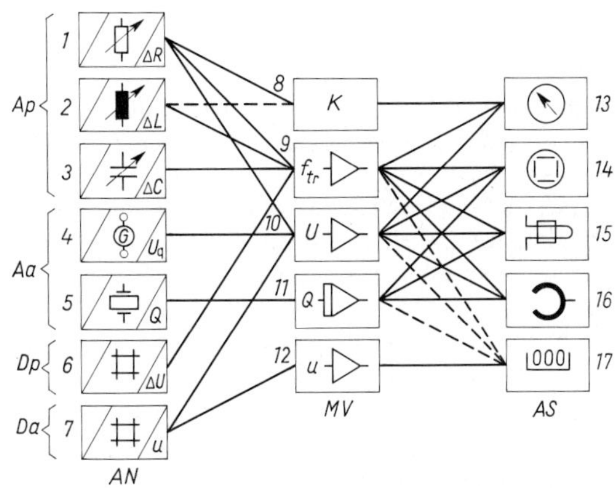

1 bis *7* Aufnehmer *AN*: *Ap* Analoge passive Widerstands-, induktive und kapazitive Meßfühler, *Aa* Analoge aktive Meßfühler, *Dp* Digitaler passiver Meßfühler, *Da* Digitaler aktiver Meßfühler
8 bis *12* Meßverstärker *MV*: *K* Kompensations-, f_{tr} Trägerfrequenz-, *U* Gleichspannungs-, *Q* Ladungs- und *u* Wechselspannungs-Verstärker
13 bis *17* Ausgeber *AS*:
13 Anzeiger mit analoger oder digitaler Anzeige
14 Elektronenstrahl-Oszilloskop
15 Schreiber, z.B. Kompensograph, Schnellschreiber, Lichtstrahl-Oszillograph
16 Magnetbandregistriergerät
17 elektronisches Zählgerät

7.35 Meßketten-Zusammenschaltungen für Meßeinrichtungen zur elektrischen Messung nichtelektrischer Größen

Über weitere Anpaßglieder (z.B. Meßstellenumschalter, Summiergeräte, Modulatoren, Operationsverstärker, Analog-Digital- oder Digital-Analog-Umsetzer) sind noch viele andere Zusammenschaltungen möglich. Die gestrichelt eingezeichneten Verbindungen gelten für besondere Bedingungen. In manchen Meßfällen ergeben sich auch einfache Meßschaltungen, wenn z.B. bei statischen Messungen passive Meßfühler mit Gleichstrom-Spannungsteilern bzw. -Brückenschaltungen oder aktive Meßfühler direkt an empfindliche Anzeiger oder Schreiber angeschlossen werden können. Einheitsmeßumformer stellen Kombinationen von Aufnehmer und Meßverstärker dar (s. Abschn. 7.2.4).

Passive Meßfühler werden mit drei- bis sechsadrigen, aktive Meßfühler mit zweiadrigen Meßkabeln mit dem Meßverstärker verbunden. Meßbrücken werden entweder mit einer Konstantspannung (meist mit $U_0 = 1$ V bis 10 V) oder bei Meßkabeln mit großem oder veränderlichem Widerstand besser mit Konstantstrom gespeist. Zwischen den Gliedern der Meßketten sind die gegenseitigen Schaltungs-Anpassungsbedingungen zu erfüllen.

Manuelle Kompensatoren (s. Abschn. 4.3) für statische oder quasistatische Messungen mit Widerstands-Meßfühlern verwenden Gleichspannung oder Trägerfrequenzen von $f_T = 180$ Hz, mit induktiven Meßfühlern jedoch $f_T = 5$ kHz. Selbstabgleichende Kompensatoren mit analoger oder digitaler Anzeige haben bei Dehnungsmessungen mit einem aktiven Dehnungsmeßstreifen in der Meßbrücke kleinste Koeffizienten von 0,1 µm/m je Skalenteil.

Trägerfrequenzverstärker (s. Abschn. 3.1.3.1) verwenden Trägerfrequenzen von $f_T =$ 5 kHz, 50 kHz oder 465 kHz für statisch-dynamische Vorgänge mit maximalen Meßfrequenzen von etwa $f_M = 1{,}3$ kHz, 13 kHz oder 25 kHz. Der Meßfrequenzbereich beträgt für – zur Messung nichtelektrischer Größen verwendete – hochempfindliche Gleichspannungsverstärker $f_M = 0$ bis 50 kHz (s. Abschn. 3.1.3.2), für Integrationsverstärker als Ladungsverstärker $f_M = 5$ Hz bis 200 kHz (s. Abschn. 4.2.2.3) und für Wechselspannungsverstärker $f_M = 10$ Hz bis über 1 MHz.
Als elektronische Rechengeräte werden Geräte für Mittelwertbildung, Spitzenwertmessung oder Grenzwertermittlung, für statistische Häufigkeitsanalyse bzw. Korrelationsanalyse (s. Abschn. 1.4.4) oder für Frequenzanalyse sowie Prozeßrechenanlagen eingesetzt.

Als Ausgeber dienen Anzeiger, Schreiber (Kompensographen, Schnellschreiber, Lichtstrahl-Oszillographen, Elektronenstrahl-Oszilloskope, Magnetbandregistriergeräte), Integrierer (Zähler), elektronische Zählgeräte und Magnetband- oder Lochkartenausgeber.

Meßempfindlichkeit. Bei linearer Kennlinie der Meßglieder ist die Empfindlichkeit S_A (s.a. Abschn. 2.1.1) von passiven Aufnehmern die Ausgangsspannung U_a je V Speisespannung der Meßschaltung (z.B. Meßbrücke) und von Aufnehmern mit aktiven Meßfühlern die abgegebene elektrische Größe, z.B. U_G, jeweils bezogen auf den Meßgrößenendwert x_E. Die Empfindlichkeit ist also z.B. für passive Aufnehmer $S_{Ap} = (U_a/V)/x_E = U_a/(x_E V)$ und für aktive Aufnehmer $S_{Aa} = U_G/x_E$.

Bei der Auswertung von Messungen ergibt sich mit der Empfindlichkeit S_A für den Aufnehmer, S_V für den Meßverstärker und S_S für den Anzeiger oder Schreiber die Gesamtempfindlichkeit der Meßkette $S = S_A S_V S_S$. Für einen Meßendwert x_E und den zugehörigen kalibrierten Ausschlag z_E im Anzeiger oder Schreiber ist die Meßkettenempfindlichkeit $S = z_E/x_E$ bzw. der Meßketten-Koeffizient $C = 1/S = x_E/z_E$. Die zu einem beliebigen Ausschlag z gehörende Meßgröße x ist schließlich $x = Cz$. Bei Berücksichtigung einer nichtlinearen Kennlinie der Meßeinrichtung muß über eine vorhandene Grundform der Kennlinie ausgewertet werden.

Da die Meßgeräte-Empfindlichkeit dem Zahlenwert der Empfindlichkeit direkt, dem Zahlenwert des Koeffizienten aber indirekt proportional ist, werden in der Praxis Fehler eher vermieden, wenn während der Messung mit der Meßgeräte-Empfindlichkeit und erst bei der Auswertung mit dem Meßgeräte-Koeffizienten gearbeitet wird.

Meßfehler. Linearitätsfehler von Aufnehmern sind durch Abweichungen der ausgegebenen (gemessenen) Kennlinie von der Nennkennlinie (Sollkennlinie, Gerade) bedingt. Um bei der Auswertung mit einer konstanten Empfindlichkeit S arbeiten zu können, nimmt man meist eine Linearisierung der Kennlinie vor. Für die Ermittlung des Linearitätsfehlers in absoluten Wertangaben wird je nach Vereinbarung eines der folgenden Verfahren verwendet (s. VDI/VDE 2600, Bl. 4).

Bei der Festpunktmethode wird durch die Anfangs- und Endpunkte der gemessenen Kennlinie $y_a = f(x)$ nach Bild **7.**36a eine Gerade $y_b = Sx$ als Sollkennlinie gelegt. Die größte absolute bzw. relative Abweichung y_{Fm} bzw. $F_{Fm} = y_{Fm}/y_M$ wird als Linearitätsfehler angegeben.

Mit dem Minimum der quadratischen Abweichung gibt es zwei verschiedene Verfahren. Bei der Minimummethode wird die gemessene Kurve $y_a = f(x)$ durch den Nullpunkt und zur Sollkennlinie $y_b = Sx$ nach Bild **7.**36b so gelegt, daß die Summe der Quadrate der Abweichungen von der Sollkennlinie ein Minimum wird. Bei der Toleranzbandmethode wird die gemessene Kennlinie $y_a = f(x)$ nach Bild **7.**36c so gelegt (günstigste Lage der Fehlerkurve), daß die Summe der Quadrate der Abweichungen Δy von der Sollkennlinie (Gerade) $y_b = Sx$ ein Minimum $[\Sigma(\Delta y)^2]_{min}$ wird.

Aus der Darstellung der Kurven für den relativen Fehler $F = f(x)$ nach Bild **7.**36d, e, f läßt sich die jeweils verwendete Methode der Bestimmung des Linearitätsfehlers erkennen.

Weiter entstehen Temperatureinflußfehler (Empfindlichkeitsänderung und Nullpunktverschiebung), Hysteresefehler und Anpassungsfehler (durch Schaltungseinflüsse).

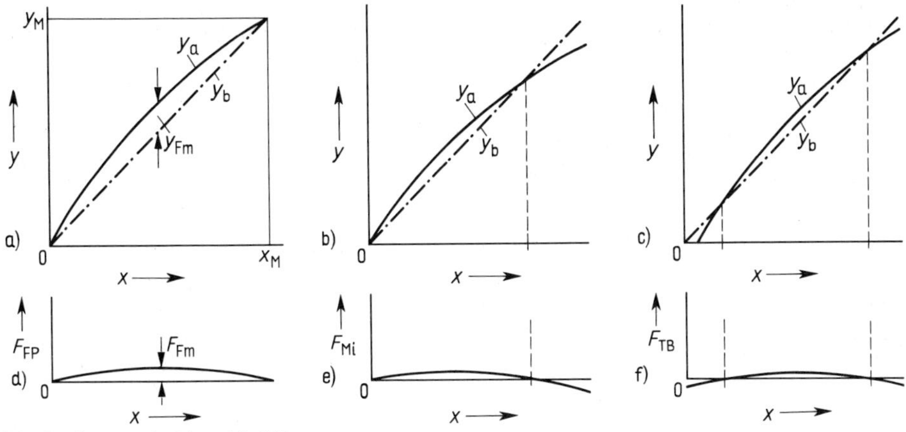

7.36 Bestimmung des Linearitätsfehlers

a, b, c) Kennlinien-Linearisierung mit absolutem Linearitätsfehler y_F
d, e, f) Relativer Linearitätsfehler $F = y_F/y_M$

a, d) Festpunktmethode
b, e) Minimummethode
c, f) Toleranzbandmethode

x Eingangsgröße, y Ausgangsgröße, $y_a = f(x)$ gemessene Kennlinie, $y_b = Sx$ lineare Nennkennlinie mit der Steigung S, x_M und y_M Meßbereichendwerte

Der Temperatureinfluß auf die **Meßempfindlichkeit** bei der Änderung der Nenntemperatur ϑ_N auf ϑ_1 oder ϑ_2 ist in Bild **7.**37a als Verdrehung der Kennlinie um den Nullpunkt (Steigungsänderung) erkennbar. Alle Meßwerte erfahren dabei eine prozentual gleiche Änderung. Bei einem **Nullpunktfehler** durch Temperatureinfluß verschiebt sich nach Bild **7.**37b die Sollkennlinie parallel zu ihrer Sollage.

Bei dynamischen Vorgängen kommen noch **Amplituden-** und **Phasenfehler** hinzu. Die Aufnehmer-Fehlergrenzen liegen meist im Bereich $F_{Ar} = \pm 0{,}05\,\%$ bis $\pm 1\,\%$.

Die Fehlergrenzen der gesamten Meßkette enthalten noch die Meßfehler vom **Meßverstärker** (im Bereich $F_{Ar} = \pm 0{,}01\,\%$ bis $\pm 1\,\%$), vom elektronischen **Rechengerät** und vom **Ausgeber**.

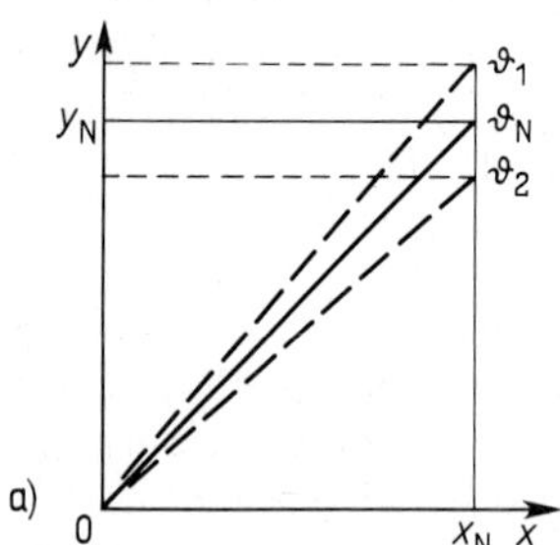

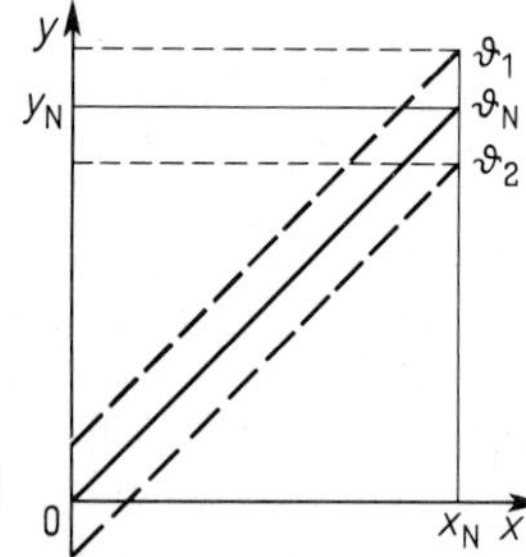

7.37
Temperatureinfluß auf die Kennlinie für zwei von der Nenntemperatur ϑ_N abweichende Temperaturen ϑ_1 oder ϑ_2
a) Empfindlichkeitsfehler
b) Nullpunktfehler

Beispiel 7.7. Für die Messung von kleinen Zugkräften ist in das ausgegebene Oszillogramm der Kraftmaßstab einzuzeichnen. In der Meßkette nach Bild **7.**35 werden folgende Meßgeräte verwendet: ein passiver Kraftaufnehmer für den Meßkraftendwert $F_m = 10\,\text{N}$ mit der Nennempfindlichkeit $S_{AN} = 1\,\text{mV}/(F_m\text{V})$ und der Brücken-Speisespannung $U_0 = 10\,\text{V}$; ein Trägerfrequenzverstärker mit großer Empfindlichkeit $S_V = 2\,\text{mA}/\mu\text{V}$; ein Lichtstrahl-Oszillograph als Schreiber mit der Spulenschwinger-Empfindlichkeit $S_S = 10\,\text{mm/mA}$.

Für den Maßstab berechnet man die Meßkettenempfindlichkeit S, aus der man erkennen kann, wieviel mm je Krafteinheit auf der Oszillogrammordinate aufgetragen werden muß. Die wirksame Aufnehmerempfindlichkeit beträgt bei der Brücken-Speisespannung $U_0 = 10\,\text{V}$

$$S_A = S_{AN} U_0 = (1\,\text{mV}/10\,\text{NV})\,1\,\text{V} = 10\,\text{mV}/(10\,\text{N}) = 1\,\text{mV/N}$$

Somit ergibt sich die gesuchte Meßkettenempfindlichkeit

$$S = S_A S_V S_S = 1\,\frac{\text{mV}}{\text{N}} \cdot 2000\,\frac{\text{mA}}{\text{mV}} \cdot 10\,\frac{\text{mm}}{\text{mA}} = 20 \cdot 10^3\,\frac{\text{mm}}{\text{N}}$$

Zum Eintragen in das Oszillogramm wird das Ergebnis umgeschrieben in $S = 20\,\text{mm/(mN)}$.

8 Fernmessung und automatische Meßsysteme

In Fernmeßanlagen ist der Ort der Erfassung der Meßdaten, der Meßort, vom Ort der Anzeige, Registrierung und Auswertung des Meßergebnisses, dem Empfangsort, räumlich getrennt, und beide sind durch einen Meßwertübertragungskanal, meist eine Fernleitung, miteinander verbunden. Die Meßgrößen werden durch Meßwertaufnehmer und Meßgrößenumformer (s. Abschn. 7) in elektrische Größen umgesetzt und durch einen Meßwertsender der Fernleitung zugeführt [12].

Die Eigenschaften einer Leitung werden durch ihr Übertragungsverhalten bei Sinusspannungen und die in ihr auftretenden Störspannungen gekennzeichnet. Neben der Schwächung der Spannungs- und Stromamplitude durch die Dämpfung ist die durch die obere und untere Grenzfrequenz (wie beim Verstärker in Abschn. 3.1.1.3 mit Bild **3**.3) gegebene Übertragungsbandbreite entscheidend. Galvanisch verbundene Leitungen übertragen noch beliebig langsame Spannungsänderungen. Bei zunehmender Leitungslänge sind sie jedoch zunehmend Störungen durch Influenz- und Induktionsspannungen unterworfen. Daher bevorzugt man für größere Leitungslängen (über 50 km) abgeriegelte Leitungen, die durch Übertrager, Kondensatoren, Verstärker oder opto-elektronische Bauelemente galvanisch voneinander getrennt sind. Die obere Frequenzgrenze entscheidet über den maximal übertragbaren Informationsfluß und bestimmt, wie viele Meßwerte einer gegebenen Genauigkeit pro Sekunde übertragen werden können. Von besonderer Bedeutung sind die Nachrichtenkanäle des Fernsprechnetzes mit einer Bandbreite von 300 Hz bis 3400 Hz, die eine weltweite Übertragung von Meßwerten ermöglichen.

Meßwerte und Nachrichten werden auch mit elektromagnetischen Wellen, leitergebunden oder im freien Raum, besonders auch mit Lichtwellen übertragen (Glasfaserkabel).

Die in der Meßzentrale einlaufenden Daten werden dort angezeigt, registriert, gespeichert, durch mathematische Operationen verändert und miteinander verknüpft. Die Meßzentrale kann ihrerseits, oft über die gleiche Leitung, Meßwerte anfordern und Befehle an die Geräte am Meßort ausgeben.

8.1 Unmittelbare Fernmessung

Spannungs-, Strom- und Widerstandsfernmessungen lassen sich häufig auch ohne besondere Einrichtungen mit geeigneten Leitungen durchführen. Der Leitungswiderstand darf nicht zu groß sein, und Isolationswiderstand und Störungsfreiheit müssen ausreichen. Je nach Art der Leitung sind 24 V, 60 V oder 100 V als höchste Spannung zugelassen; sie darf auch dann nicht überschritten werden, wenn am Empfangsort alle Geräte abgeschaltet sind oder wenn die Meßgröße außergewöhnlich groß wird. Wegen des Leitungswiderstandes ist es zweckmäßig, die Stromstärke zu beschränken und 20 mA nicht zu überschreiten.

Spannungsmessungen. Bei der direkten Spannungsmessung bis zur für die Leistung höchstzulässigen Spannung ist der Leitungswiderstand mit in die Bemessung des Vorwiderstandes einzubeziehen. Dabei ist zu beachten, daß der Leitungswiderstand sich mit der Temperatur ändert, so daß hierdurch Meßfehler entstehen können. Der Leitungswiderstand soll daher 10% des gesamten Vorwiderstandes nicht überschreiten. Bei höheren Spannungen sind am Meßort Spannungsteiler vorzusehen, an denen eine für die Leitung zulässige Teilspannung abgegriffen wird. Bei Wechselspannungen finden auch Spannungswandler mit niedriger Sekundärspannung Verwendung.

Strommessungen. Am Meßort wird in den Meßstromkreis ein Nebenwiderstand geschaltet, der einen Spannungsabfall von mindestens 150 mV bis zu einigen V ergibt. Ist ein ausreichend großer Spannungsabfall nicht zulässig oder übersteigt die Spannung der Meßleitung gegen Erde den für die Übertragung zulässigen Wert, so sind bei Wechselstrom Stromwandler mit kleinem Sekundärstrom vorzusehen (z. B. 1 A Nennstrom). In den Sekundärkreis ist am Meßort ein Nebenwiderstand zu schalten. Der Spannungsabfall am Nebenwiderstand wird über die Fernleitung gemessen.

Beispiel 8.1. Aus einer Schaltstation sollen Stromstärke und Spannung von 200 A und 1 kV Nennwert bei Wechselstrom über ein Fernmeldekabel mit $R_L = 500\,\Omega$ Widerstand der Hin- und Rückleitung in eine 2 km entfernte Meßwarte übertragen werden. Hier sollen die Meßwerte mit je einem Drehspulspannungsmesser mit Gleichrichter für 10 V Nennwert mit $R_M = 2\,\text{k}\Omega$ Eigenwiderstand angezeigt werden. Die Meßstellen sind an Stromwandler 200 A/1 A und Spannungswandler 1000 V/100 V angeschlossen. Auch bei Abschalten der Meßgeräte in der Meßwarte soll die Spannung in der Fernmeldeleitung 25 V nicht überschreiten. Welche Widerstände sind am Meßort vorzusehen, damit die Nennwerte von 200 A und 1 kV den 10 V am Meßgerät entsprechen?

Zur Strommessung wird die Fernleitung an einen Nebenwiderstand R_N im Sekundärkreis des Wandlers angeschlossen, so daß der Parallelschaltung von R_N und $(R_M + R_L) = 2000\,\Omega + 500\,\Omega = 2500\,\Omega$ vom Stromwandler her der Nennstrom $I = 1$ A aufgezwungen wird. Der Strom im Meßgerät muß $I_M = 10\,\text{V}/2000\,\Omega = 5\,\text{mA}$ betragen, so daß nach Gl. (2.26) der Nebenwiderstand

$$R_N = (R_M + R_L)\frac{I_M}{I - I_M} = 2500\,\Omega\,\frac{5\,\text{mA}}{1{,}0\,\text{A} - 0{,}005\,\text{A}} = 12{,}56\,\Omega$$

erforderlich ist.

Zur Spannungsmessung ist am Meßort ein Spannungsteiler notwendig, damit bei Abschalten des Meßgeräts in der Warte die Spannung im Kabel 25 V nicht überschreitet. Da die Spannung am Leitungseingang beim Nennwert $5\,\text{mA} \cdot 2500\,\Omega = 12{,}5\,\text{V}$ beträgt, darf sich die Spannung bei Abschalten des Meßgeräts höchstens verdoppeln. Daher wird für den unteren Widerstand des Spannungsteilers $R_U = 2500\,\Omega$ gewählt. Die Parallelschaltung von R_U und $(R_M + R_L)$ beträgt somit $1250\,\Omega$ und der Spannungsteilerquerstrom $12{,}5\,\text{V}/(1250\,\Omega) = 10\,\text{mA}$. Der obere Widerstand im Spannungsteiler ist dann $R_V = (100\,\text{V} - 12{,}5\,\text{V})/(10\,\text{mA}) = 8750\,\Omega$, sein Gesamtwiderstand also $R_U + R_V = 2500\,\Omega + 8750\,\Omega = 11\,250\,\Omega$.

Beim Abschalten des Spannungsmessers am Meßort steigt die Spannung im Kabel auf maximal $100\,\text{V} \cdot 2500\,\Omega/(11\,250\,\Omega) = 22{,}22\,\text{V}$. Sie liegt somit unter dem zulässigen Maximalwert von 25 V.

Widerstandsfernmessung. Bei Verwendung der Dreileiterschaltung nach Bild **8.1** in Verbindung mit einem Kreuzspulmeßgerät nach Abschn. 2.6.2 ist die Messung weitgehend von der Meßspannung und den Eigenschaften der Fernleitung unabhängig. Bild **8.1** a zeigt als Beispiel die Fernmessung einer Temperatur mit einem Widerstandsthermometer nach Abschn. 7.3.1, Bild **8.1** b die Fernmessung einer Potentiometerstellung nach Abschn. 7.2.1.1. Abhängig von den Daten der Verbindungsleitungen lassen sich mit den direkten Methoden Entfernungen bis zu 50 km überbrücken.

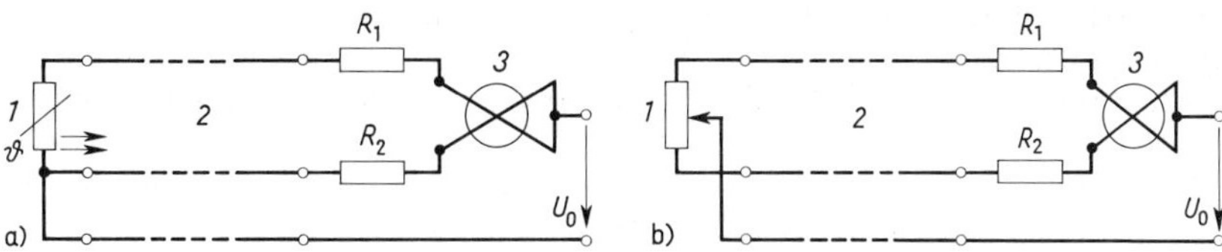

8.1 Widerstandsfernmessung nach dem Dreileiterverfahren
a) mit einem veränderlichen Widerstand (Widerstandsthermometer)
b) mit einem Potentiometer
1 Meßwiderstand, *2* Fernleitung, *3* Kreuzspulgerät

8.2 Analoge Fernübertragung

Die zu übertragenden Meßwerte sind allgemein beliebige physikalische Größen und Funktionen der Zeit. Ihr Intervall, der Meßbereich, ist beschränkt. Mit Meßgrößenumformern (s. Abschn. 7) wird das Intervall eindeutig und stetig, meist nach einer linearen Funktion, einer übertragbaren elektrischen Größe analog zugeordnet.

8.2.1 Gleichstrom-Fernübertragung

8.2.1.1 Grundlagen. Die in den Grenzen des Meßbereichs $x_{min} \leqq x \leqq x_{max}$ beschränkte Meßgröße x wird mit k_i und k_u als Umwandlungsfaktoren sowie i_0 und u_0 als Strom bzw. Spannung bei x_{min} einem Stromintervall

$$i = k_i(x - x_{min}) + i_0 \tag{8.1}$$

oder einem Spannungsintervall

$$u = k_u(x - x_{min}) + u_0 \tag{8.2}$$

linear zugeordnet. Dabei sind sowohl Ströme und Spannungen i bzw. u als auch die Meßgröße x Funktionen der Zeit t und somit weder Gleichstrom noch Gleichspannung im ursprünglichen Sinn. Da aber die Meßgröße längere Zeit einen konstanten Wert haben kann, muß die Leitung in der Lage sein, auch Gleichströme zu übertragen. Die obere Frequenzgrenze des Übertragungskanals entscheidet über die Übertragung schnell veränderlicher Meßgrößen. Man verwendet stets gleichstrommäßig verbundene Leiterpaare. Besonders bei längeren Leitungen werden hohe Anforderungen an Isolationswiderstand und Störfreiheit gestellt. Liegt die obere Frequenzgrenze der Meßwerte unter 50 Hz, kann eine solche Meßleitung zusätzlich zur Telephonie verwendet werden. Filter- und Weichenschaltungen trennen dann tonfrequente Telephonie und Meßströme. Die Fernübertragung von Meßwerten durch Gleichstrom ist nur bis zu Leitungslängen von einigen km zweckmäßig.

8.2.1.2 Meßwertübertragung mit eingeprägtem Strom. Der Meßgrößenumformer liefert einen Strom nach Gl. (8.1), dessen Größe durch den Widerstand des Meßkreises, die Bürde, nicht beeinflußt wird. Alle Meßwertempfänger (Anzeigegeräte, Schreiber, A/D-Umsetzer) liegen mit der Fernleitung in Reihe und werden vom gleichen Strom i durchflossen (Bild **8.**2a). Der Bürdenwiderstand R_B wird aus dem Leitungswiderstand und der Summe der Widerstände aller Meßwertempfänger gebildet. Die für den maximalen eingeprägten Strom i_{max} notwendige

Spannung $u_{max} = R_B i_{max}$ darf dabei eine durch den Meßgrößenumformer gegebene Grenze nicht überschreiten.

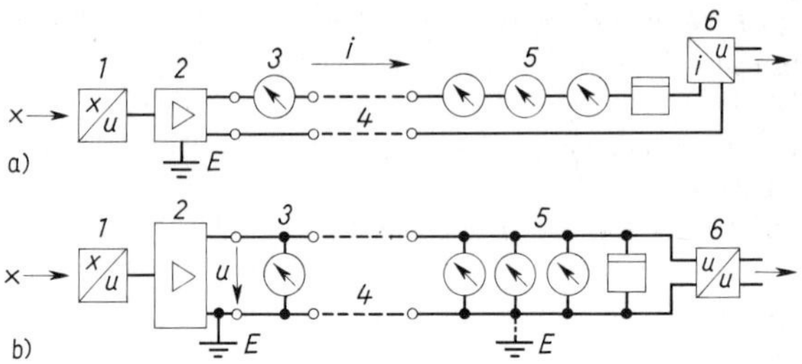

8.2 Analoge Gleichstromfernübertragung

a) mit eingeprägtem Strom b) mit eingeprägter Spannung
1 Meßgrößenumformer, *2* Operationsverstärker mit Gegenkopplung, *3* Kontrollgerät am Sendeort, *4* Fernleitung, *5* Meß- und Anzeigegeräte am Empfangsort, *6* Meßgrößenumformer, *E* Erdung

Normintervalle. Als bevorzugtes Stromintervall haben sich 0 bis 20 mA, daneben 0 bis 5 mA eingebürgert. Die maximale Spannung u_{max} liegt oft bei 10 V, so daß dann der Bürdenwiderstand maximal 500 Ω oder 2000 Ω betragen darf. An der unteren Grenze des Meßbereichs x_{min} bevorzugt man den Wert $i = 0$, so daß in Gl. (8.1) $i_0 = 0$ wird (DIN 19230).

Lebender Nullpunkt (Live Zero). Bei Unterbrechung der Meßwertübertragungsleitung fließt kein Strom. Bei Meßgrößen, bei denen der Wert 0 nicht ausgeschlossen ist oder sogar häufig vorkommt, fällt daher die Unterbrechung der Leitung nicht auf. Zur Signalisierung der Unterbrechung (Fehlererkennung) gibt man i_0 einen Wert >0 und wählt bevorzugt die Intervalle 4 mA bis 20 mA oder 1 mA bis 5 mA. Hiermit kann man den Ausfall der Leitung auch signalisieren, z. B. durch ein Ruhestromrelais, das bei Stromunterbrechung abfällt.

Meßgrößenumformer. Die meisten Meßgrößenumformer liefern eine elektrische Spannung, die den eigentlichen Geber, einen stromgegengekoppelten Meßverstärker nach Abschn. 3.1.4.1, steuert.

8.2.1.3 Meßwertübertragung mit eingeprägter Spannung. Der Meßgrößenumformer mit einem nachgeschalteten spannungsgegengekoppelten Meßverstärker nach Abschn. 3.1.4.1 liefert eine eingeprägte Spannung. Alle Meßwertempfänger sind hier parallelgeschaltet (Bild **8.**2 b). Die Spannung am Ausgang des Meßverstärkers ist unabhängig vom Leitwert G_B der Bürde, der durch die Summe der parallelgeschalteten Leitwerte der Meßwertempfänger (unter Einbeziehung der Fernleitung) gebildet wird. Die maximale Bürde $G_{Bmax} = 1/R_{Bmax} = i_{max}/u_{max}$ ergibt sich aus der maximalen eingeprägten Spannung u_{max}, die meist 10 V beträgt, und dem maximal zulässigen Strom i_{max} des Meßverstärkers. Der entscheidende Nachteil dieser Schaltung ist der Einfluß des Widerstandes der Meßleitung auf die Anzeige am Empfängerort, da der Spannungsabfall, abhängig von der Bürde am Meßort, die angezeigte Spannung vermindert. Fehler lassen sich vermeiden, wenn man den Leitungseinfluß bei der Kalibrierung berücksichtigt (ähnlich wie in Beispiel 8.1) oder die Gegenkopplung nach Bild **3.**15 am Empfangsort vornimmt. Dazu ist zusätzlich zur Übertragungsdoppelleitung eine weitere Einfachleitung für den Gegenkopplungszweig erforderlich. Vorzug des Verfahrens ist die Möglichkeit, alle Empfänger einseitig zu erden. Oft wendet man es auch an, wenn größere Leistungen (Spannungen und Ströme) übertragen werden sollen.

8.2.2 Wechselstrom-Fernübertragung

Wechselströme lassen sich auch über Fernleitungen übertragen, die nicht gleichstromdurchlässig sind, wie z. B. die durch Übertrager und Verstärker verbundenen Leitungen der Telephonie.

Manche Meßgeber liefern direkt Wechselströme und -spannungen als Ausgangsgrößen, wie z. B. Wechselspannungsgeneratoren nach Abschn. 7.2.1.4 oder Spannungs-Frequenzumsetzer nach Abschn. 3.3.8.6. Daten, die als Ströme und Spannungen nach Gl. (8.1) und (8.2) gegeben sind, werden durch ein Modulationsverfahren einem durch einen Oszillator erzeugten Trägerwechselstrom aufgeprägt.

Amplitudenmodulation (AM). Das Verfahren entspricht der Fernübertragung mit eingeprägten Gleichströmen und Spannungen nach Abschn. 8.2.1. Durch einen Modulator, z. B. einem Multiplizierer nach Abschn. 3.1.5.5, wird die von einem Oszillator erzeugte Sinusspannung u_T mit der Trägerfrequenz f_T mit der Meßgröße x multipliziert, so daß die Spannung an der Fernleitung

$$u = k_u x \sin(2\pi f_T t) \tag{8.3}$$

in ihrer Amplitude moduliert wird.

Die Amplitude der Wechselspannung als Träger des Meßwerts wird durch die Wirk- und Blindwiderstände der Leitung und die Meßbürde beeinflußt. Sie wird weiterhin durch Störspannungen geändert. Für längere Übertragungswege bevorzugt man daher andere Modulationsverfahren.

Frequenzmodulation (FM). Die Meßgröße x ändert die Frequenz einer Trägerwechselspannung mit konstantem Scheitelwert $\hat{u}$, der Trägerfrequenz f_T und der Modulationskonstanten k_f meist nach einer linearen Funktion

$$u = \hat{u} \sin\{2\pi[f_T + k_f x(f_1 - f_T)]t\} \tag{8.4}$$

Ist die Meßgröße $x = 0$, so ist die Frequenz der Wechselspannung f_T. Hat sie ihren Maximalwert $x_{max} = 1/k_f$, so ist die Frequenz f_1. Der Spannungsscheitelwert $\hat{u}$ muß die Rausch- und Störspannungen genügend übersteigen, hat aber sonst keine Bedeutung für den Meßwert. Bei ausreichendem Frequenzhub $(f_1 - f_T)$ ist diese auch vom UKW-Rundfunk her bekannte Modulationsart sehr viel weniger störanfällig als die Amplitudenmodulation. Frequenzmodulierte Meßsignale lassen sich daher bis zu größten Entfernungen fehlerfrei übertragen. Seine besondere Bedeutung erhält das Verfahren bei der Frequenz-Multiplex-Übertragung nach Abschn. 8.4.1.

Phasenmodulation (PM). Zur Übertragung phasenmodulierter Signale in der Meßtechnik verwendet man drei Leitungen. Die Phase der Sinusspannung in der einen Leitung ist gegenüber der Phase in der anderen Leitung abhängig von der Größe des Meßwerts verschoben. Die dritte Leitung ist die Rückleitung. Man verwendet zur Übertragung Sinusspannungen mit Netzfrequenz oder Frequenzen bis 400 Hz. Als Geber und Empfänger dienen Drehfeldsysteme nach Abschn. 7.2.1.2 und Bild **7**.7. Mit diesem Verfahren werden vor allem Winkelstellungen bis zu Entfernungen von einigen km übertragen.

8.2.3 Analoge Impuls-Fernübertragung

Die Meßgröße wird in eine Impulsfolge umgesetzt. Die Impulse sind Gleich- oder Wechselspannungen konstanter Amplitude und kurzer oder vom Meßwert abhängiger Dauer (Rechteckimpulse). Bild **8.**3 zeigt schematisch verschiedene Möglichkeiten der analogen Fernübertragung von Meßwerten durch Impulse.

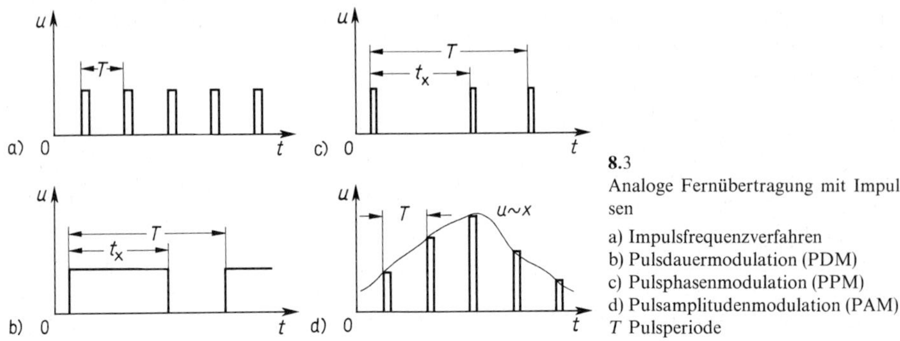

8.3
Analoge Fernübertragung mit Impulsen
a) Impulsfrequenzverfahren
b) Pulsdauermodulation (PDM)
c) Pulsphasenmodulation (PPM)
d) Pulsamplitudenmodulation (PAM)
T Pulsperiode

Impulsfrequenzverfahren (Bild **8.**3a). Die Frequenz der Impulsfolge, Pulsfolgefrequenz genannt,

$$f = k_f x \tag{8.5}$$

oder ihr zeitlicher Abstand $T = 1/f$ ist mit der Umformkonstanten k_f der Meßgröße x proportional. Die Summe der Impulse

$$N = \int f \, dt = k_f \int x \, dt \tag{8.6}$$

ist ein Maß für das zeitliche Integral der Meßgröße.

Die Impulse werden durch Spannungs-Frequenzumsetzer nach Abschn. 3.4.3.6 oder Leistungs-Frequenzumsetzer nach Abschn. 3.4.7.1 erzeugt. Auch frequenzmodulierte Wechselspannungen nach Abschn. 8.2.2 oder Wechselspannungen, die direkt mit einem als Meßgrößenumformer geschalteten Wechselspannungsgenerator erzeugt werden, lassen sich durch Schmitt-Trigger nach Abschn. 3.3.4 in Impulsfolgen umwandeln. Die Pulsfolgefrequenzen liegen meist zwischen 0 und 10 kHz.

Meßeinrichtungen mit umlaufenden Rotoren, z.B. Motorzähler nach Abschn. 4.7 oder Turbinenzähler für Flüssigkeiten und Gase, werden zum Anschluß an Fernmeßanlagen mit elektromagnetischen oder lichtelektrischen Impulsgebern ausgerüstet. Die Pulsfolgefrequenzen liegen hier bei einigen Hz.

Die Meßwerte werden am Empfangsort durch Frequenzmesser, Impulsintervallmesser und für das zeitliche Integral der Meßgröße durch Zählwerke oder elektronische Zähler nach Abschn. 3.4.1 gebildet. Bei der Meßwertbildung durch Frequenzmesser ist Gl. (4.32) zu beachten, nach der zur Erzielung eines relativen Fehlers $\Delta x/x = \Delta f/f$ eine Meßzeit $t = 1/\Delta f$ erforderlich ist. Die Anzahl der in dieser Zeit erfaßten Impulse ist $N_t = t/T = x/\Delta x$. Für einen maximalen relativen Fehler von 1‰ müssen also 1000 Impulse erfaßt werden. Die folgenden Verfahren ermöglichen dagegen schon einen relativen Fehler von einigen % bei der Erfassung von zwei aufeinanderfolgenden Impulsen.

Pulsdauermodulation (PDM). Der Meßwert x wird mit dem Umformfaktor k_t in einen Rechteckimpuls der Spannung u und der Impulsdauer

$$t_x = k_t x \tag{8.7}$$

umgesetzt (Bild **8.**3b). Nach einer Grundperiode T, die größer als die größtmögliche Impulsdauer $t_{x\,max}$ ist, wird der Impuls (bei inzwischen geändertem Meßwert x mit geänderter Impulsdauer t_x) wiederholt. Am Empfangsort wird x durch die Bildung des Verhältnisses t_x/T zurückgewonnen. Ein Impuls überträgt somit einen Meßwert. Die Pulsfolgefrequenz $f = 1/T$ liegt bei mechanischen Impulsgebern unter 1 Hz, bei elektronischen Gebern bis zu 10 Hz. Der Übertragungsfehler beträgt um 1%.

Pulsphasenmodulation, Pulslagemodulation (PPM). Sie ist mit der Pulsdauermodulation verwandt. Auch hier wird der Meßwert nach Gl. (8.7) in ein Zeitintervall umgesetzt. t_x ist jedoch hier der Abstand zweier kurzdauernder Impulse. Dazu erzeugt man zunächst einen Rechteckimpuls nach Gl. (8.7) und bildet aus dessen ansteigender und abfallender Flanke mit einem Schmitt-Trigger zwei kurzdauernde Impulse nach Bild **8.**3c. Am Empfangsort kann diese Impulsfolge wieder mit einem Flipflop (bistabiler Kippkreis nach Abschn. 3.3.4) in einen Impuls der Dauer t_x umgesetzt werden. Kurzdauernde Impulse lassen sich besser über größere Entfernungen übertragen; mit zunehmender Leitungslänge bevorzugt man die Pulslagemodulation gegenüber der Pulsdauermodulation. Pulsfolgefrequenzbereich und relativer Fehler bleiben gleich.

Pulsamplitudenmodulation (PAM). Durch einen Impulsgenerator werden Impulse konstanter Folgefrequenz nach Bild **8.**3d erzeugt. Die Pulsamplitude u ist der Meßgröße x proportional. Nach dem Abtasttheorem muß die Pulsfolgefrequenz mindestens doppelt so groß sein wie die höchste Fourierkomponente der zu übertragenden Meßgröße. Die Pulsamplitudenmodulation ähnelt der Amplitudenmodulation nach Abschn. 8.2.2. Meßfehler entstehen durch die Dämpfung der Pulsamplitude; sie lassen sich verringern durch Kalibrierimpulse für 0 und 100% der Meßgröße. Seine besondere Bedeutung erhält dieses Verfahren durch die Zeitmultiplexübertragung nach Abschn. 8.4.2.

8.3 Digitale Fernübertragung

Analoge Daten lassen sich prinzipiell nicht fehlerfrei übertragen. Die in den Abschnitten 8.1 und 8.2 angeführten Umsetzungsfaktoren k_i sind prinzipiell fehlerbehaftet. Durch Widerstand, Induktivität und Kapazität der Leitungen werden Amplitude und Phase der Signale verändert. Störspannungen und -ströme verändern die Form des Signals. Um diese Fehler klein zu halten, ist ein großer Aufwand erforderlich; dabei ist es unmöglich, solche Fehler ganz zu vermeiden.

Digitale Daten sind Folgen von Rechteckimpulsen. Sie lassen sich weitgehend fehlerfrei auch über große Entfernungen übertragen. Durch den Übertragungskanal werden die Impulse verformt, diese lassen sich aber durch geeignete Schaltungen (Schmitt-Trigger, Abschn. 3.3.4) wieder herstellen. Fehlerhafte Impulse durch Übertragungsfehler oder Störungen lassen sich durch Code-Sicherungsverfahren (redundante Übertragung) ausschließen. Bei sehr kleiner Empfangsleistung infolge großer Entfernung (z. B. Erde–Neptun!) sind die Signale durch Rauschen verdeckt. Durch wiederholte Übertragung der gleichen Daten läßt sich das Rauschen eliminieren (Abschn. 3.1.1.4 und 3.4.6.3).

In der Regel erfolgt die digitale Fernübertragung von Daten, Adressen, Befehlen und Texten seriell (s. Abschn. 3.3.6). Serienparallel-Übertragung ist nur bei kleinen Entfernungen, z. B. innerhalb des Labors oder Prüffelds sinnvoll (s. Abschn. 8.5.2).

Puls-Code-Modulation (PCM). Die Meßwerte werden nach Abschn. 3.4.3 quantisiert und seriell als Datenwort in einem Impulscode übertragen. Zunächst wird die Meßgröße x in eine veränderliche Spannung u nach Gl. (8.2) umgesetzt. Zu den von einem Taktgeber (clock) gegebenen Zeiten nach Bild **8.**4 werden die Spannungswerte mit einem Analog-Digital-Umsetzer in einen Digitalwert umgesetzt. Man bevorzugt hier den reinen Dualcode. Bild **8.**4 zeigt dazu die Quantisierung des als Spannung u dargestellten Meßwerts in 8 Quantisierungsstufen. Es ergibt sich eine dreistellige Dualzahl mit dem Spannungswert 0 für 0 und u_m für 1. Der Spannungs-Mittelwert einer solchen Impulsfolge liegt somit zwischen 0 und u_m. Bessere Übertragungseigenschaften erzielt man, wenn man 0 als 0, die 1 aber abwechselnd als $+u_m$ und $-u_m$ überträgt. Man erhält auf diese Weise den allgemein zur Übertragung bevorzugten pseudoternären Code. Durch einfache Gleichrichtung läßt er sich leicht wieder in den reinen Dualcode umsetzen. Die pseudoternäre Impulsfolge weist ein engeres Frequenzband und somit insbesondere bei der Zeitmultiplexübertragung weniger Übertragungsfehler auf.

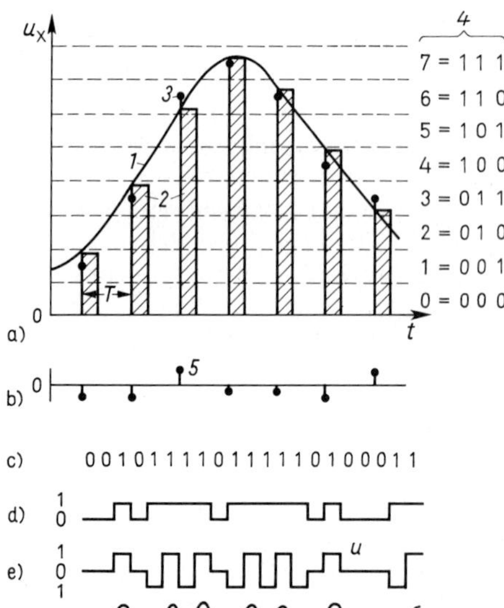

8.4
Puls-Code-Modulation (PCM)

a) Quantisierung der Meßspannung u_x
b) Quantisierungsfehler
c) Quantisierungscode
d) Spannungsverlauf bei binärer Codierung
e) Sendespannungsverlauf u und
f) Empfangsspannungsverlauf bei pseudoternärer Codierung

1 Meßspannungsverlauf $u_x = f(t)$, *2* PAM-Zwischensignal mit Pulsperiode T *3* Quantisierungsschwerpunkte, *4* Quantisierungsintervalle mit Wertzuweisung und Dualcode, *5* Quantisierungsfehler

Genauigkeit und Übertragungssicherheit. Die Stellenzahl der digitalen Übertragung kann beliebig gesteigert werden durch entsprechende Wahl der Quantisierungsintervalle. Eine Dualzahl von n Stellen überträgt maximal 2^n gleichgewichtige Quanten und gewährleistet somit einen Übertragungsfehler von ± 1 Einheit in der untersten Stelle entsprechend einem relativen Fehler von $\pm 2^{-n}$. Da es keinen Sinn hat, die Übertragungsgenauigkeit wesentlich über die Fehler der Meßwertaufnehmer zu steigern, wählt man in der Meßtechnik bevorzugt 8- bis 12stellige Dualzahlen mit $2^8 = 256$ bis $2^{12} = 4096$ Quanten.

Erhebliche Fehler werden durch zusätzliche Störimpulse verursacht. Wird z. B. bei einer 8stelligen Dualzahl die erste Stelle verfälscht, also statt $01101011 = 107$ dann $11101011 = 235$

übertragen, so ist der ankommende Wert unbrauchbar. Durch Code-Sicherungsverfahren lassen sich mit zusätzlichen Prüfstellen diese Fehler mit jeder gewünschten Sicherheit ausschließen. Das einfachste, aber bereits außerordentlich wirkungsvolle Code-Sicherungsverfahren ist die Paritätskontrolle. Jedes Wort wird durch eine Paritätsstelle erweitert. Es wird entweder eine 0 oder eine 1 derart zugefügt, daß die Gesamtzahl der 1 in einem Wort gerade wird. Am Empfangsort wird nun nachgeprüft, ob die Zahl der 1 im Wort gerade ist. Ist das der Fall, wird die letzte Stelle abgeschnitten und das Wort zur Decodierung freigegeben. Andernfalls wird das Wort gesperrt und Fehlermeldung gegeben. Das Verfahren versagt, wenn im Wort zwei Fehler auftreten, was aber bei normalen Leitungen selten vorkommt.

8.4 Mehrfach-Übertragungsverfahren

8.4.1 Frequenz-Multiplex-Übertragung

Mehrere Meßwerte werden gleichzeitig unter Verwendung verschiedener Trägerfrequenzen nach den Wechselstrom- und Wechselstromimpulsverfahren nach Abschn. 8.2.2 und 8.2.3 übertragen. Jedes dieser Verfahren nimmt für die Modulation der Trägerfrequenz durch die zu übertragenden Meßdaten ein Frequenzband in Anspruch. Durch geeignete Wahl verschiedener Trägerfrequenzen nach Bild **8.**5 lassen sich diese über eine gemeinsame Leitung übertragen und am Empfangsort durch Filter und Frequenzweichen wieder aufspalten. Bevorzugt wird die Übertragung von 24 Kanälen zu je 120 Hz Breite im Fernsprechfrequenzband von 300 Hz bis 3400 Hz angewandt. Mit Breitbandkabeln lassen sich viele tausend Meßkanäle gleichzeitig übertragen. Die Frequenz-Multiplex-Übertragung findet auch bei der drahtlosen Fernmessung und Fernsteuerung Anwendung.

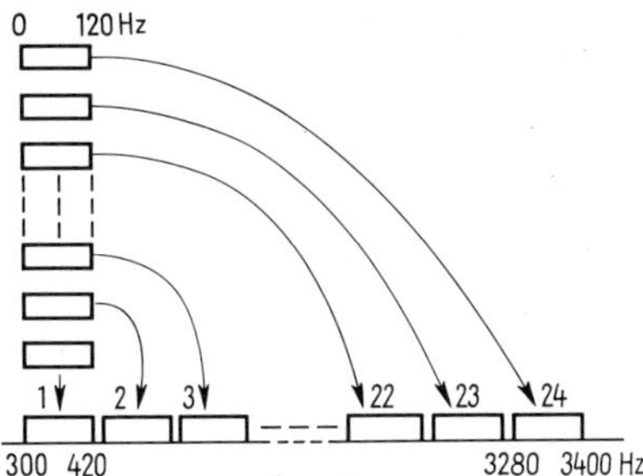

8.5
Frequenz-Multiplex-Übertragung. Aufteilung des Fernsprechfrequenzbandes von 300 Hz bis 3400 Hz in 24 Kanäle zu je 120 Hz Breite

8.4.2 Zeit-Multiplex-Übertragung

Die Meßwerte verschiedener Meßstellen werden zeitlich nacheinander (seriell) über die gleiche Leitung übertragen. Die Reihenfolge wird durch Taktgeneratoren zyklisch oder durch Abrufbefehle den frei programmierbaren Erfordernissen der Meßanlage entsprechend gesteuert.

Meßstellenumschalter. Multiplexer (MUX) dienen zur Umschaltung der Meßkanäle auf den Übertragungsweg. Ein einfaches Beispiel zur Übertragung analoger Daten zeigt Bild **8.**6. Am Meßort befinden sich mehrere Meßstellen, z. B. Temperaturmeßstellen mit den Meßdaten x_1 bis x_n. Der Empfangsort enthält ein Vielfachregistriergerät, z. B. einen Kompensationspunktdrucker nach Abschn. 6.2.3. Die einzelnen Empfangskanäle des Punktdruckers werden zyklisch umgeschaltet. Dabei gibt der Punktdrucker gleichzeitig ein Signal an den am Sendeort befindlichen Meßstellenumschalter, der die nächste Meßstelle anwählt.

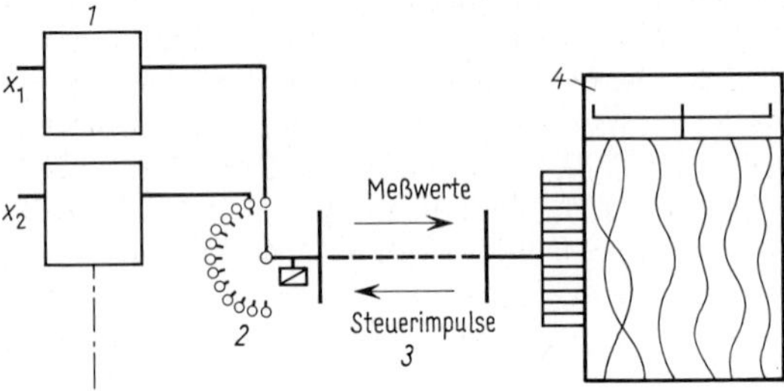

8.6
Zeit-Multiplex-Übertragung mit einem vom Empfänger gesteuerten mechanischen Meßstellenumschalter

1 Meßgrößenumformer mit Meßgrößen x_1, x_2 ..., *2* Meßstellenumschalter, *3* Fernleitung, *4* Vielfach-Punktdrucker, steuert *2*

Auf ähnliche Weise lassen sich analoge Daten über mechanische Kontakte, rotierende Umschalter, Schrittschaltwerke oder Reed-Relais auf eine gemeinsame Leitung schalten. Der Vorzug der mechanischen Kontakte ist der kleine Widerstand von einigen mΩ im durchgeschalteten Zustand und der große Isolationswiderstand $> 10^9\,\Omega$ bei geöffnetem Kontakt. Als Nachteile sind niedrige Schaltgeschwindigkeit von maximal 50 Schaltungen/s, Kontaktprellungen und begrenzte Lebensdauer zu werten.

Für die Übertragung digitaler und analoger Daten bevorzugt man daher Halbleiterschalter, insbesondere Feldeffekttransistoren. Wegen des nur in hochohmigen Kreisen vernachlässigbaren Widerstandes im durchgeschalteten Zustand benutzt man Multiplexer stets zusammen mit Operationsverstärkern nach Bild **8.7**. Der Operationsverstärker ist hier mit einem Spei-

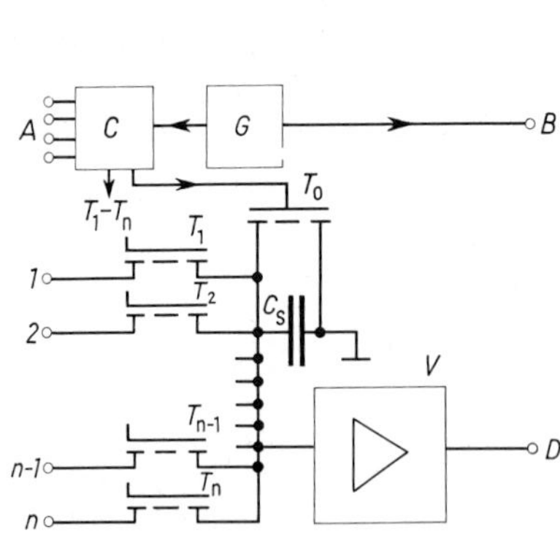

8.7 Meßstellenumschalter für analoge Eingänge *1* bis *n*

A Eingänge zur Adreßsteuerung, *B* Taktausgang, *C* Steuerlogik, *D* Analogausgang zum A/D-Umsetzer, *G* Taktgenerator, *T* Feldeffekttransistoren (MOS-FET) als schnelle Schalter, Gatesteuerung durch *C*, T_0 Entladeschalter für Speicherkondensator C_s, T_1 bis T_n Meßstellenschalter, *V* Übergabeverstärker

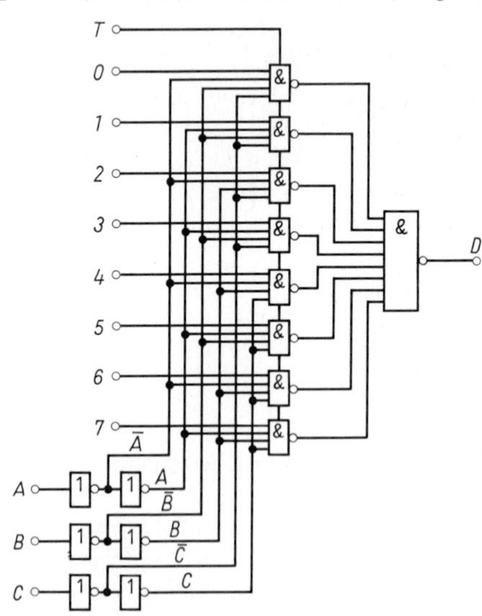

8.8 Meßstellenumschalter (Multiplexer) für 8 Digitaleingänge mit Adreßsteuerung, Logikplan mit NAND-Gliedern

0 bis *7* Digitaleingänge, *A*, *B*, *C* Adreßeingang für dreistellige binäre Adresse, *D* Digitalausgang, *T* Takteingang

cherkondensator versehen, der den durchgeschalteten Meßwert kurzzeitig speichert, bis er vor Übernahme des nächsten Meßwerts über einen Feldeffekttransistor entladen wird.

Multiplexer für digitale Daten lassen sich als integrierte Schaltkreise nach Bild **8.**8 ausführen. Die Schaltung hat 8 Dateneingänge *0* bis *7*, die zu je einem NAND-Schaltkreis mit 4 Eingängen führen. Sie hat weiter 3 Adress-Eingänge *A*, *B*, *C*, die über je zwei Inverter die NAND-Tore ansteuern. Der erste Inverter dient hier als Puffer oder Leistungsverstärker. Erhält der Adreß-Eingang z.B. den Adreßcode 101 (dezimal 5), so wird lediglich das NAND-Glied 5 von der Adreßsteuerung durch 111 für die Eingangsgröße 5 geöffnet. Die Ausgänge der Tore sind mit einem NAND-Glied zusammengefaßt. Derartige Meßstellenumschalter sind in der Lage, über 10^7 Umschaltungen pro s vorzunehmen. Durch Hinzunahme von 8 weiteren gleichartigen integrierten Schaltungen läßt sich die Anzahl der Meßstellen auf 64 bei nunmehr 6 Adreßeingängen erweitern.

8.4.3 Gruppenfernübertragung

Zur Überwachung ausgedehnter Anlagen werden die an verschiedenen Orten befindlichen Meßeinrichtungen zu Gruppen zusammengefaßt. Die meist analog anfallenden Meßwerte werden an den Meßstellen mit Meßgrößenumformern nach Abschn. 8.2.1 in normierte Strom- oder Spannungssignale umgesetzt. Diese analogen Werte werden der Gruppenzentrale zugeführt und dort meist auf Sollwertabweichung und Grenzwertüberschreitung überprüft. Meist veranlaßt die Gruppenzentrale notwendige Regel- und Steuervorgänge. Die Weiterleitung der Meßwerte und Meßsignale erfolgt in der Regel digital. Dazu werden die analogen Meßwerte über einen Meßstellenumschalter auf einen Analog-Digitalumsetzer geschaltet und mit Meßstellen-Nummer und Kennsignalen für Grenzwertüberschreitung usw. zwischengespeichert.

Die Gruppenzentralen sind mit der Hauptzentrale entweder sternförmig nach Bild **8.**9a verbunden oder an eine Sammelleitung nach Bild **8.**9b angeschlossen, die auch als Ringleitung ausgebildet sein kann. Diese Leitungen dienen im Multiplex-Betrieb nicht nur der Meßdatenübermittlung, sondern auch der Übertragung von Steuerbefehlen der Hauptzentrale an die Gruppenzentralen.

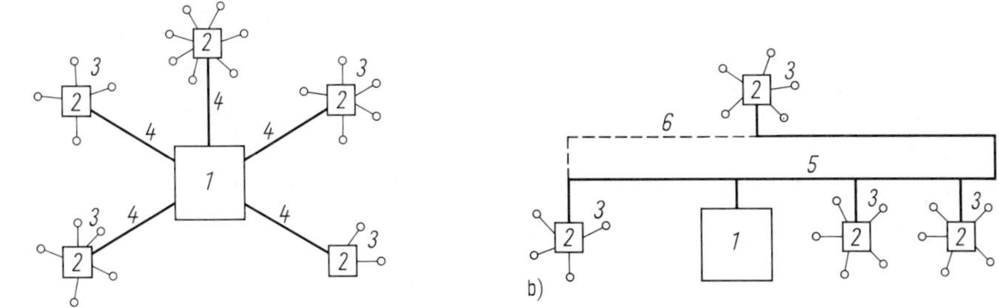

8.9 Gruppenfernübertragung mit Sternleitungen a) und mit Linien-Sammelleitungen b)
1 Hauptzentrale, *2* Gruppenzentralen, *3* Meßstellen, *4* und *5* Sammelleitungen, *6* Sammelleitung, ergänzt die Linien-Leitung zur Ringleitung

Die Meßwerte werden in der Regel von der Hauptzentrale bei den Gruppenzentralen durch einen digitalen Abrufbefehl, der die Adresse der Gruppenzentrale und der Meßstelle enthält, angefordert. Diese Anforderung erfolgt entweder automatisch zyklisch in vorgegebenen Zeitabständen oder auf Anforderung durch den Operator. Im Alarmfall, z. B. bei Grenzwertüberschreitung, kann sich die Gruppenzentrale auch selbsttätig melden und den normalen Zyklus unterbrechen. Durch Prioritätsschaltungen wird dafür gesorgt, daß sich mehrere Alarmmeldungen in einer vorgegebenen Reihenfolge abwickeln.

8.5 Automatische Meßsysteme

8.5.1 Aufbau eines automatischen Meßsystems

Die meßtechnische Überwachung größerer Anlagen, wie auch Fertigungskontrolle und Abnahmeprüfungen und die in der Entwicklung anfallenden Meßaufgaben bringen eine sehr große Anzahl von Meßdaten, häufig in kürzesten Zeitabständen. Diese Datenmengen erfordern Auswertung und Registrierung sowie die Reduktion auf entscheidende Kriterien. Diese Aufgabe wird durch die Automatisierung der Messungen gelöst. Dazu sind die Meßgeräte, Anzeige- und Registriergeräte sowie das den Ablauf der Messung bestimmende Steuergerät, das meist auch die rechnerische Auswertung vornimmt, durch eine gemeinsame Sammelleitung, den Bus, miteinander verbunden. Der Bus dient zur digitalen Übertragung der Meßwerte, Meldungen, Adressen und Befehle. Die einzelnen Geräte sind dabei über eine Schnittstelle (Interface) parallel an die mehradrige Sammelleitung, den Bus im engeren Sinne, angeschlossen. Bild **8.**10 zeigt das Schema eines Prüfsystems für ein Objekt, an dem mehrere Messungen vorgenommen werden sollen. Das Meßobjekt hat verschiedene Eingänge und Ausgänge, z. B. Stromversorgung, Eingaben und Ausgaben, Prüfpunkte usw., die der Reihe nach oder auch zum Teil gleichzeitig mit einer Vielzahl von Geräten verbunden werden sollen. Die Umschaltung erfolgt durch einen Matrix-Schalter, der auch über den Bus gesteuert wird. Die Steuerung und Auswertung der Messung erfolgt über ein Programm, die Software, die in einem

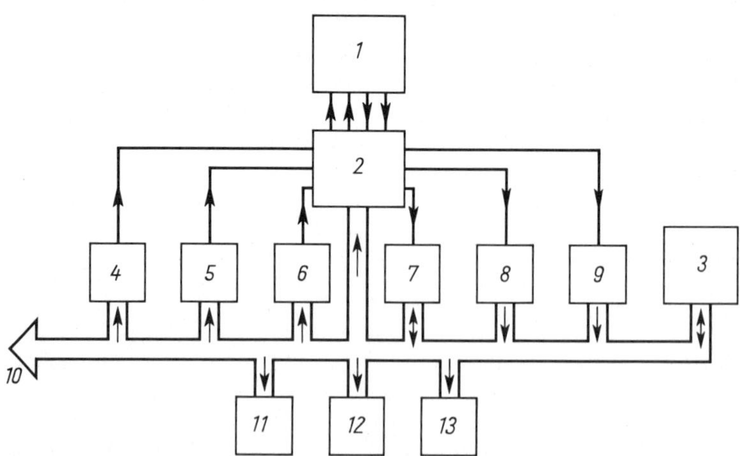

8.10 Automatisches Prüfsystem

1 Meßobjekt, *2* Matrix-Schalter, *3* Steuergerät (Computer), *4, 5, 6* Eingabegeräte, als Hörer geschaltet z. B. Stromversorgung, Spannungsgeber für Gleichspannungen, Spannungsgeber für Funktionen, *7* Meßgerät als Hörer und Sprecher geschaltet, z. B. Digital-Spannungsmesser mit Funktionsumschalter, *8, 9* Meßgeräte, als Sprecher geschaltet, z. B. Zähler oder Statusprüfer, *10* Bus, *11, 12, 13* Anzeiger, Drucker, Sichtgerät als Hörer geschaltet

Speicher dem Steuergerät zur Verfügung steht. Die Umstellung auf eine neue Meßaufgabe erfordert lediglich ein neues Programm. Eine Änderung des Aufbaus ist nicht erforderlich, wenn alle nötigen Einzelgeräte vorhanden sind.

Das einwandfreie Funktionieren des Bus-Systems wird durch die Normung aller Bedingungen gewährleistet. International eingeführt ist der IEC-Bus, der, nach der IEC[1])-Norm 66.22 und der DIN-Norm DIN-IEC 66.22 ausgeführt, sich nur durch den Verbindungsstecker von der amerikanischen Norm IEEE[2]) 488 unterscheidet.

8.5.2 IEC-Bus

Der IEC-Bus ist eine weltweit einheitlich genormte Datenschnittstelle. Er ermöglicht, eine größere Anzahl von Meß-, Anzeige- und Registriergeräten, Druckern und Speichern mit einem Computer als Steuergerät an einer gemeinsamen Sammelleitung zu betreiben.

Die Reihenfolge und der zeitliche Ablauf der Messungen, die Wahl der Meßbereiche und Meßstellen, die Anzahl und Registrierung der Daten bestimmt das Steuergerät durch das dort gespeicherte Programm, die Software. Erweiterung, Änderung der Meßstellen und Änderung des Meßprogramms erfordern meist nur das Austauschen der Geräte mit Umstecken der Kabel und die Änderung der Software.

Das Bus-Kabel besteht aus 16 Datenleitungen mit einigen zusätzlichen Leitungen für das Potential 0. Die Kabel enden in vielpoligen Steckern (25polig bei der IEC-Norm, 24polig bei der IEEE-Norm), die sich als „Huckepack-Ausführung" durch Aufeinanderstecken parallel schalten lassen. Die Verbindungskabel sollen im allgemeinen keine größere Länge als 2 m haben; auch soll die größte Entfernung im Bus-System 20 m nicht überschreiten. Im Normalfall können bis zu 15 Geräte an den Bus angeschlossen werden, denen die Geräteadressen 0001_2 bis 1111_2 (binär) zugeordnet werden. Die Geräteadresse ist meist frei wählbar und läßt sich mit einem binären Codierschalter am Interface des betreffenden Gerätes einstellen.

Gerätefunktionen. Bei den angeschlossenen Geräten unterscheidet man Hörer- (oder Empfänger-), Sprecher- (oder Sender-), und Steuerfunktion (listener, talker, controller). Normalerweise ist nur ein Steuergerät vorhanden, das den Ablauf der Messungen steuert, Daten aufnimmt (Hörerfunktion) und Befehle und Adressen abgibt (Sprecherfunktion). Häufig verwendet man als Controller handelsübliche Tischcomputer. Geräte mit reiner Sprecherfunktion sind z.B. einfache Zähler ohne steuerbare Rückstellung, Digital-Spannungsmesser ohne Fernsteuerung von Meßbereich und Meßstelle, ein Zeit- und Datum-Sender usw. Geräte mit reiner Hörerfunktion sind digitale Anzeigegeräte, Drucker und Schreiber. Ein digitaler Spannungsmesser mit Meßstellenumschalter oder/und mit Meßbereichsteuerung vereinigt die Funktion von Sprecher und Hörer.

Daten- und Steuerleitungen. Die Daten und Befehle werden digital mit dem TTL-Pegel (s. Abschn. 3.3.3.1) übertragen. Der Datenbus hat 8 Leitungen (DIO 1–8, data-input-output 1–8). Auf ihm werden Daten, Adressen und Befehle mit einer maximalen Übertragungsgeschwindigkeit von 1 MByte/s byte-seriell übermittelt. Es muß nun dafür Sorge getragen werden, daß alle Hörer, auch wenn sie unterschiedlich schnell sind, die für sie bestimmten Daten

---

[1]) IEC: International Electrotechnical Commission; IEC Publication 625, 1.2

[2]) IEEE: Institution of Electrical and Electronic Engineering

und Befehle richtig empfangen haben und den Empfang bestätigen. Dafür sorgt das „Handshake"-Verfahren mit den 3 Leitungen des Übergabebus (Bild **8.**11):

DAV (data valid) zeigt das Vorhandensein von gültigen Daten auf dem Datenbus
NDAC (no data accepted) zeigt (invertiert) die Übernahme von Daten durch den Hörer an.
NRFD (not ready for data) zeigt (invertiert) die Bereitschaft zur Aufnahme von Daten.

Zur Fernsteuerung dienen die 5 Leitungen des Steuerbus:

ATN (attention) meldet, ob Daten oder Adressen auf dem Datenbus anstehen.
IFC (interface clear) dient zum Rücksetzen des Systems auf einen definierten Anfangszustand.
REN (remote enable) dient zur Umschaltung der Meßgeräte von Hand- auf Controllersteuerung.
SRQ (service request) und EOI (end or identify) dient zur Steuerung der Programmunterbrechung durch Geräte, die dem Steuergerät eine Nachricht übermitteln wollen.

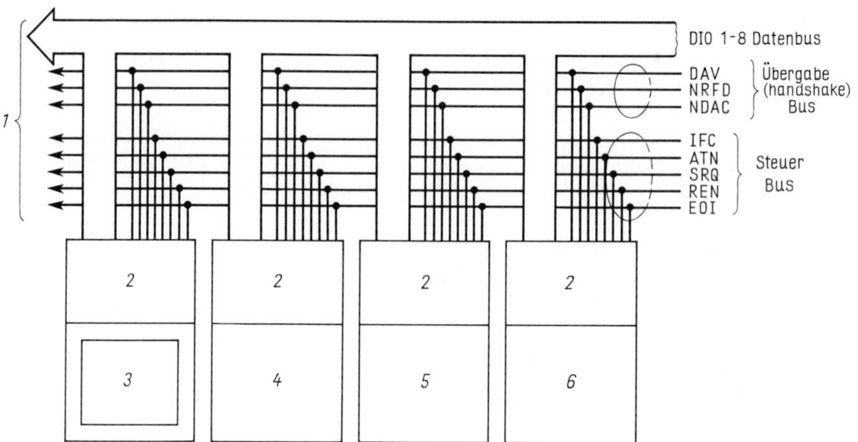

8.11 IEC-Bussystem
1 Bus-Leitungen, *2* Schnittstellen, *3* Steuergerät, *4*, *5*, *6* angeschlossene Geräte als Datenquellen und Datensenken

Datenübergabeverfahren (handshake). Die Datenübergabe erfolgt byte-weise mit Hilfe der Übergabeleitungen DAV, NRFD und NDAC in negativer Logik (Abschn. 3.3.3.1). Bild **8.**12 zeigt den zeitlichen Ablauf. Zu Beginn (*1*) ist DAV : H, NRFD und NDAC : L (*2*). Das Datenbyte wird auf den Datenbus gegeben (*3*), und die Hörer melden der Reihe nach durch NRFD : H (*5*) ihre Bereitschaft zur Datenaufnahme. Daraufhin setzt der Sprecher DAV : L (*6*), und das Byte auf dem Datenbus kann übernommen werden. Die Hörer nehmen NRFD weg (*7*) und beginnen die Daten der Reihe nach zu übernehmen (*8*) bis (*9*). Wenn alle übernommen haben, setzt der Sprecher DAV : H (10) und nimmt das Daten-Byte weg (die DIO-Leitungen werden hochohmig) (*11*). Die Hörer gehen nun mit NDAC auf L (*12*), und der Zyklus kann mit (*1*) und (*2*) von neuem beginnen. Der Zyklus dauert minimal 1 μs bis 2 μs, er kann aber bei sehr langsamen Geräten einige ms dauern.

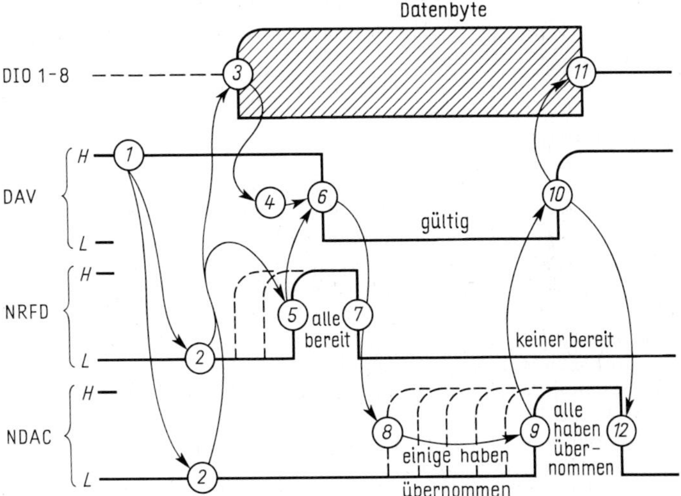

8.12 Zeitlicher Ablauf der Übertragung eines Byte nach dem IEC-Bus-Handshake-Verfahren (Erläuterung im Text)

Anhang

1 Schrifttum

[1] Benedikt, H., Raum, G., Tränkler, H.R.: Übungsaufgaben zum Grundkurs der Meßtechnik. Oldenbourg München, 4. Aufl. 1985

[2] Bergmann, K.: Elektrische Meßtechnik. Vieweg Wiesbaden 1981

[3] Borucki, L.: Grundlagen der Digitaltechnik. B.G. Teubner Stuttgart, 2. Aufl. 1985

[4] Borucki, L., Dittmann, J.: Digitale Meßtechnik. Springer Berlin–Heidelberg–New York 1971

[5] Brauch, W., Dreyer, H.J., Haake, W.: Mathematik für Ingenieure des Machinenbaus und der Elektrotechnik. B.G. Teubner Stuttgart, 7. Aufl. 1985

[6] Bretschi, J.: Intelligente Meßsysteme zur Automatisierung technischer Prozesse. Oldenbourg München 1979

[7] Bystrom, K.: Technische Elektronik. Bd. 1: Diodenschaltungen und analoge Grundschaltungen. Bd. 2: Leistungselektronik. Hanser München–Wien 1983/1979

[8] Carter, H.: Kleine Oszilloskoplehre. Grundlagen, Aufbau und Anwendung. Hüthig Heidelberg, 8. Aufl. 1983

[9] Drobrinski, P., Krakau, G., Vogel, A.: Physik für Ingenieure. B.G. Teubner Stuttgart, 6. Aufl. 1984

[10] Fender, M.: Fernwirken. B.G. Teubner Stuttgart 1981

[11] Fricke, H., Vaske, P.: Grundlagen der Elektrotechnik. Bd. I Tl. 1 Elektrische Netzwerke. B.G. Teubner Stuttgart, 17. Aufl. 1982

[12] Fricke, H., Lamberts, K., Patzelt, E.: Grundlagen der elektrischen Nachrichtenübertragung. B.G. Teubner Stuttgart 1979

[13] Fricke, H.W.: Das Arbeiten mit Elektronenstrahloszilloskopen. Bd. 1 u. 2. Hüthig Heidelberg 1976/1977

[14] Frohne, H., Ueckert, E.: Grundlagen der elektrischen Meßtechnik. B.G. Teubner Stuttgart 1984

[15] Frohne, H.: Grundlagen der Elektrotechnik. Bd.I Tl. 2 Elektrische und magnetische Felder. B.G. Teubner Stuttgart 1987

[16] Gerdsen, P.: Hochfrequenzmeßtechnik. Meßgeräte und Meßverfahren. B.G. Teubner Stuttgart 1982

[17] Haak, O.: Einführung in die Digitaltechnik. B.G. Teubner Stuttgart, 4. Aufl. 1984

[18] Haug, A.: Elektrisches Messen mechanischer Größen. Hanser München 1969

[19] Heinlein, W.: Grundlagen der faseroptischen Übertragungstechnik. B.G. Teubner Stuttgart 1985

[20] Helke, H.: Meßbrücken und Kompensatoren für Wechselstrom. Oldenbourg München 1971

[21] Helke, H.: Gleichstrommeßbrücken, Gleichspannungskompensatoren und ihre Normale. Oldenbourg München 1974

[22] Hilgarth, G.: Hochspannungstechnik. B.G. Teubner Stuttgart 1981

[23] Hilpert, H.: Halbleiterbauelemente. B.G. Teubner Stuttgart, 3. Aufl. 1983

[24] Jones, B.E.: Meßgeräte – Meßverfahren – Meßsysteme. Oldenbourg München 1980

[25] Jüttemann, H.: Grundlage des elektrischen Messens nichtelektrischer Größen. VDI Düsseldorf 1974

[26] Kamke, D., Krämer, K.: Physikalische Grundlagen der Maßeinheiten. B.G. Teubner Stuttgart 1977

[27] Kirschbaum, H. D.: Transistorverstärker. 3 Bde. B. G. Teubner Stuttgart 1983/1985
[28] Kraus, A.: Einführung in die Hochfrequenzmeßtechnik. Pflaum München 1980
[29] Lange, F. H.: Methoden der Meßstochastik. Vieweg Wiesbaden 1969
[30] Mäusl, R.: Hochfrequenzmeßtechnik. Meßverfahren und Meßgeräte. Hüthig Heidelberg, 3. Aufl. 1983
[31] Merz, L.: Grundkurs der Meßtechnik. Teil I: Das Messen elektrischer Größen. Teil II: Das elektrische Messen nichtelektrischer Größen. Oldenbourg München, 5. Aufl. 1977/1980
[32] Mesch, F.; Meßtechnisches Praktikum. Bibliographisches Institut Mannheim 1980
[33] Moeller, F., Fricke, H., Frohne, H., Vaske, P.: Grundlagen der Elektrotechnik. B. G. Teubner Stuttgart, 17. Aufl. 1986
[34] Niebuhr, J.: Physikalische Meßtechnik. 2 Bde. Oldenbourg München, 2. Aufl. 1980
[35] Pflier, P. M., Jahn, H.: Elektrische Meßgeräte und Meßverfahren. Springer Berlin–Göttingen–Heidelberg 1978
[36] Profos, P.: Handbuch der industriellen Meßtechnik. Vulkan Essen, 2. Aufl. 1978
[37] Profos, P.: Meßfehler. B. G. Teubner Stuttgart 1984
[38] Römisch, H.: Berechnung von Verstärkerschaltungen. B. G. Teubner Stuttgart, 2. Aufl. 1978
[39] Rentzsch, B.: Begriffe der Elektronik. Franzis München, 2. Aufl. 1985
[40] Rohrbach, C.: Handbuch für elektrisches Messen mechanischer Größen. VDI Düsseldorf 1967
[41] Schlachetzki, A., Münch, W. v.: Integrierte Schaltungen. B. G. Teubner Stuttgart 1978
[42] Schleifer, W. D.: Hochfrequenz- und Mikrowellenmeßtechnik in der Praxis. Hüthig Heidelberg 1981
[43] Schmidt, V.: Digitalelektronisches Praktikum. B. G. Teubner Stuttgart, 2. Aufl. 1977
[44] Schrüfer, E.: Elektrische Meßtechnik. Hanser München–Wien, 2. Aufl. 1984
[45] Schuon, E., Wolf, H.: Nachrichtentechnik. Springer Berlin–Heidelberg–New York 1981
[46] Thiel, R.: Elektrisches Messen nichtelektrischer Größen. B. G. Teubner Stuttgart, 2. Aufl. 1983
[47] Tholl, H.: Bauelemente der Halbleiterelektronik. 2 Tle. B. G. Teubner Stuttgart 1978
[48] Tränkler, H.-R.: Die Technik des digitalen Messens. Oldenbourg München 1979
[49] Vaske, P., Dörrscheidt, F., Selle, D.: Programmierbare Taschenrechner in der Elektrotechnik. B. G. Teubner Stuttgart 1981
[50] Vaske, P.: Elektrische Maschinen und Umformer. Teil 1. B. G. Teubner Stuttgart, 12. Aufl. 1976
[51] Vaske, P.: Berechnung von Drehstromschaltungen. B. G. Teubner Stuttgart, 4. Aufl. 1985
[52] Vaske, P.: Berechnung von Wechselstromschaltungen. B. G. Teubner Stuttgart, 3. Aufl. 1985
[53] Vaske, P.: Übertragungsverhalten elektrischer Netzwerke. B. G. Teubner Stuttgart, 3. Aufl. 1983
[54] Weber, K. (Hrg.): Elektrizitätszähler. AEG-Handbuch 15 Berlin 1971
[55] Welzel, P.: Datenfernübertragung. Vieweg Wiesbaden 1986
[56] Freyer, U.: Meßtechnik in der Nachrichtenelektronik. Hanser München, Wien 1983

2 Gesetze, DIN-Normen und VDE-Bestimmungen

Gesetz über Einheiten im Meßwesen vom 2. Juli 1969; Bundesgesetzblatt 1969, Teil I, Nr. 55, S. 709/712.

Änderungsgesetz vom 21.2.1985 BGBl. 85/11

Ausführungsverordnung zum Gesetz über Einheiten im Meßwesen vom 26. Juni 1970, Bundesgesetzblatt 1970, Teil I, Nr. 62, S. 981/991.

Gesetz über das Meß- und Eichwesen (Eichgesetz) vom 11. Juli 1969; Bundesgesetzblatt 1969, Teil I, Nr. 58, S. 759/770 und die Änderungsgesetze vom 6.7.73, 20.1.76 und 21.2.1985

Eichordnung (EO) vom 15.1.1975; Bundesgesetzblatt Teil I Nr. 6 vom 21.1.1975, Anlage 20: Meßgeräte für Elektrizität.

PTB Prüfregeln: Band 6, Elektrizitätszähler (1982)
Band 12, Meßwandler (1977)

VDI/VDE Richtlinie 2183 Meßumformer für Differenzdruck
" 2184 Meßumformer für Druck
" 2191 Meßumformer für Temperatur
" 2600 Metrologie (Meßtechnik); Bl. 1 bis 6
" 2620 Fortpflanzung von Fehlern und Fehlergrenzen bei Messungen
" 3511 Technische Temperaturmessungen
" 3515 Einheitliches Gleichstromsignal für elektrische Meß- und Regelanlagen; Begriffe und Empfehlungen

DIN 461 Graphische Darstellung in Koordinatensystemen

DIN 1301 Einheiten; Einheitennamen, Einheitenzeichen; Teil 1 bis 3

DIN 1304 Formelzeichen Teil 1 bis 3

DIN 1311 Schwingungslehre; Teil 1 bis 4

DIN 1319 Grundbegriffe der Meßtechnik; Teil 1 bis 3

DIN 5475 Komplexe Größen

DIN 5483 Zeitabhängige Größen

DIN 5493 Logarithmierte Größenverhältnisse (Pegel, Maße)

DIN 16160 Thermometer; Teil 1 Allgemeine Begriffe; Teil 5 Begriffe für elektrische Thermoelemente; Teil 6 Begriffe für Strahlungsthermometer

DIN 19226 Regelungstechnik und Steuerungstechnik; Begriffe und Benennungen

DIN 19230 Gleichstromsignal für Meß- und Regelanlagen, Vornorm

DIN 19231 Druckbereiche für pneumatische Signalübertragung

DIN 40011 Elektrotechnik, Erde, Schutzleiter

DIN 40110 Wechselstromgrößen

DIN 40700 Schaltzeichen; Teil 1 bis 26

DIN 40716 Schaltzeichen für Meßinstrumente, Meßgeräte, Zähler; Teil 1 bis 6

DIN 41640 Meß- und Prüfverfahren für elektrisch-mechanische Bauelemente; Teil 1 bis 79

DIN 41792 Halbleiterbauelemente für die Nachrichtentechnik; Meßverfahren; Teil 1 bis 6

DIN 41795 Integrierte Schaltungen; Angaben in Datenblättern; Allgemeines

DIN 41854 Bipolare Transistoren, Begriffe

DIN 41855 Halbleiterbauelemente und integrierte Schaltungen

DIN 41858 Feldeffekttransistoren; Begriffe

DIN 41860 Lineare integrierte Verstärker; Einteilung und Begriffe

DIN 41863 Halleffekt, Bauelemente

DIN 43701 Elektrische Schalttafel-Meßinstrumente; Teil 1 bis 5

DIN 43710 Thermospannungen und Werkstoffe der Thermopaare
DIN 43718 Frontrahmen für anzeigende Meßinstrumente; Hauptmaße
DIN 43745 Elektronische Meßeinrichtungen; Angabe der Betriebsgüte
DIN 43751 Digitale Meßgeräte; Teil 1 bis 3
DIN 43760 Elektrische Thermometer; Grundwerte der Meßwiderstände für Widerstandsthermometer
DIN 43780 Elektrische Meßgeräte; Direkt wirkende anzeigende Meßgeräte und ihr Zubehör
DIN 41781 Elektrische Meßgeräte, Schreiber
DIN 43781 VDE-Bestimmungen für elektrische Meßgeräte; Teil 3
DIN 43782 Elektrische Meßgeräte; Selbstabgleichende elektr. Kompensations-Meßgeräte; Teil 1 bis 3
DIN 43783 Elektrische Meßwiderstände
DIN 43802 Skalen und Zeiger für elektrische Meßinstrumente; Teil 1 bis 6
DIN 43821 Widerstandsferngeber; Begriffe
DIN 43831 Schreibende Meßgeräte für Einbau; Hauptmaße der Gehäuse und technische Werte
DIN 43850 Elektrizitätszähler; technische Werte
DIN 44020 Photoelektrische Bauelemente; Teil 1 und 2
DIN 44300 Informationsverarbeitung, Begriffe
DIN 44402 Messungen elektrischer Eigenschaften von Elektronenröhren
DIN 45661 Schwingungsmeßgeräte
DIN 45667 Klassierverfahren für das Erfassen regelloser Schwingungen
DIN 50462 Bestimmung der magnetischen Eigenschaften von Elektroblech im 25-cm-Epsteinrahmen; Teil 1 bis 6
DIN 50470 Prüfung von Dauermagnetwerkstoffen; Bestimmung der Entmagnetisierungskurve und der permanenten Permeabilität in einem Joch, induktives Verfahren
DIN 50471 Prüfung von Dauermagnetwerkstoffen; Bestimmung der Entmagnetisierungskurve und der permanenten Permeabilität im Doppeljoch; magnetostatisches Verfahren
DIN 54410 VDE-Bestimmungen für elektrische Meßgeräte
DIN 55302 Statistische Auswertungsverfahren, Häufigkeitsverteilung, Mittelwert und Streuung; Teil 1 und 2
DIN 57410/VDE 0410 VDE-Bestimmungen für elektrische Meßgeräte
DIN 57411/VDE 0411 VDE-Bestimmungen für elektronische Meßgeräte und Regler
DIN 57412/VDE 0412 Elektronische Meßgeräte, die in Verbindung mit ionisierender Strahlung verwendet werden
DIN 57413/VDE 0413 Geräte zur Prüfung der Schutzmaßnahmen in elektrischen Anlagen
DIN 57414/VDE 0414 Meßwandler
DIN 57418/VDE 0418 Elektrizitätszähler Teil 1 bis 12
DIN 57434/VDE 0434 Richtlinien für Teilentladungs-Meßeinrichtungen für Isolationsprüfungen mit Wechselspannungen bis 500 Hz
DIN IEC 351 Angabe der Eigenschaften von Elektronenstrahl-Oszilloskopen; Teil 1 und 2
DIN IEC 381 Analoge Signale für Regel- und Steuersignale; Teil 1 und 2
DIN IEC 584 Thermopaare; Teil 1 und 2
DIN IEC 625 Ein byteserielles bitparalleles Schnittstellensystem für programmierbare Meßgeräte; Teil 1 und 2

3 Schaltzeichen (Auswahl nach DIN 40700 bis 40717)

Schaltzeichen sind die zeichnerische Darstellung von Maschinen, Geräten und Leitungen in Schalt- und Leitungsplänen. Man unterscheidet:

Schaltkurzzeichen (= SK) (Kurzdarstellung ohne Innenschaltung) Schaltzeichen (= SZ) (Darstellung mit vereinfachter Innenschaltung)

Leiter allgemein

geschirmte Leitung (ungeerdet)

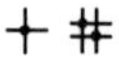

Leitungskreuzung mit Verbindung

Umrahmung für zusammengehörige Geräte

Umrahmung für abzuschirmende Teile

Erdung, allgemein

Masse, Körper, allgemein

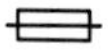

Sicherung, allgemein

Einschaltglied, Schließer

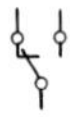

Umschaltglied, Wechsler

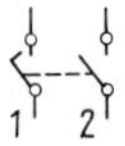

zweipoliger Schließer, *1* schließt vor *2*

Wirkwiderstand, allgemein

induktiver Widerstand, Drosselspule, allgemein

Drosselspule mit Massekern

Drosselspule mit Eisenkern

kapazitiver Widerstand, Kondensator, allgemein

Einstellbarkeit

stetige Veränderbarkeit durch mechanische Verstellung

stufige Veränderbarkeit

veränderbarer Widerstand

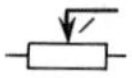

stetig veränderbarer Widerstand mit Schleifkontakt

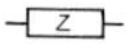

komplexer Widerstand (Phasenwinkel beliebig)

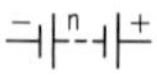

Element, Akkumulator oder Batterie
a) allgemein, auch Einzelzelle
b) Batterie mit *n* Zellen

Wechselstromgenerator, allgemein (SK)

Transformator, Übertrager, Wandler mit zwei getrennten Wicklungen (SZ)

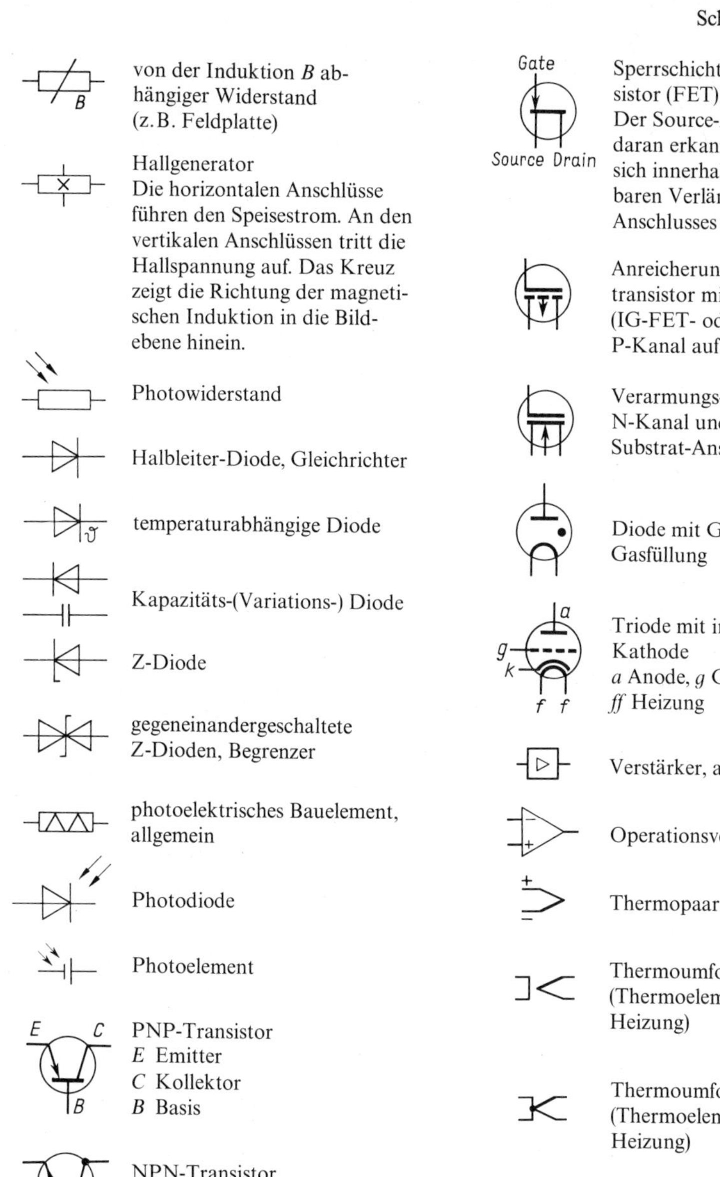

von der Induktion B abhängiger Widerstand (z.B. Feldplatte)

Hallgenerator
Die horizontalen Anschlüsse führen den Speisestrom. An den vertikalen Anschlüssen tritt die Hallspannung auf. Das Kreuz zeigt die Richtung der magnetischen Induktion in die Bildebene hinein.

Photowiderstand

Halbleiter-Diode, Gleichrichter

temperaturabhängige Diode

Kapazitäts-(Variations-) Diode

Z-Diode

gegeneinandergeschaltete Z-Dioden, Begrenzer

photoelektrisches Bauelement, allgemein

Photodiode

Photoelement

PNP-Transistor
E Emitter
C Kollektor
B Basis

NPN-Transistor
Der Kollektor ist mit dem Gehäuse verbunden.

PNP-Phototransistor

Unijunction-Transistor (Doppelbasisdiode) mit Basis vom P-Typ

Sperrschicht-Feldeffekttransistor (FET) mit N-Kanal. Der Source-Anschluß kann daran erkannt werden, daß er sich innerhalb der unmittelbaren Verlängerung des Gate-Anschlusses befindet.

Anreicherungs-Feldeffekttransistor mit isoliertem Gate (IG-FET- oder MOS-FET) mit P-Kanal auf N-Substrat

Verarmungs-IG-FET mit N-Kanal und herausgeführtem Substrat-Anschluß

Diode mit Glühkathode und Gasfüllung

Triode mit indirekt geheizter Kathode
a Anode, *g* Gitter, *k* Kathode, *ff* Heizung

Verstärker, allgemein

Operationsverstärker

Thermopaar oder Thermosäule

Thermoumformer (Thermoelement mit indirekter Heizung)

Thermoumformer (Thermoelement mit direkter Heizung)

Meßschleife für Oszillographen für Strom- und Spannungsmessungen

Stromwandler (SZ)

Stromwandler (SK)

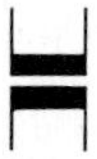

Spannungswandler, allgemein (SZ)

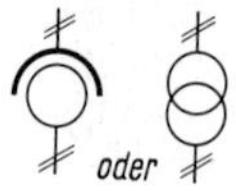

oder

Spannungswandler (SK)

kapazitiver Spannungswandler (SZ)

kapazitiver Spannungswandler (SK)

Spannungsmesser (SK)

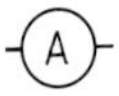

Strommesser (SK)

Leistungsmesser (SK)

Meßinstrument, allgemein ohne Angabe der Meßgröße

schreibendes Meßgerät (z.B. Frequenzschreiber) (SK)

zählendes Meßgerät (z.B. Wattstundenzähler) (SK)

weitere eingeschriebene Kurzzeichen für Meßgeräte, z.B. kW, MW, VA, Var (BW), Ah, Ω, cos φ, °C

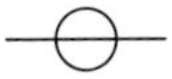

Meßwerk mit Spannungspfad

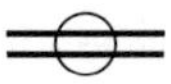

Meßwerk mit 2 Strompfaden zur Summen- oder Differenzbildung

Meßwerk mit Spannungs- und Strompfad zur Produktbildung

Meßwerk zur Quotientenbildung

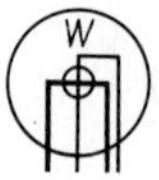

Leistungsmesser für Gleich- und Einphasen-Wechselstrom (SZ)

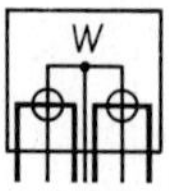

Leistungsschreiber für Dreileiter- Drehstrom beliebiger Belastung (SZ)

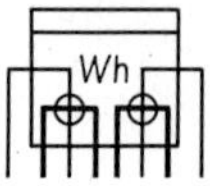

Wattstundenzähler für Dreileiter-Drehstrom beliebiger Belastung. Zwei Meßwerke in getrennten Netzen (SZ)

Schaltungsglied, allgemein wahlweise Quadrat oder Rechteck

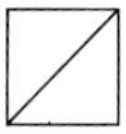

Umsetzer, allgemein

Umrichter (Wechselrichter)

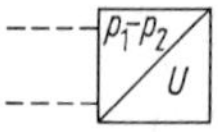

Differenzdruckgeber z.B. $U = f(p_1 - p_2)$

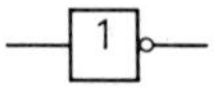

Negationsglied

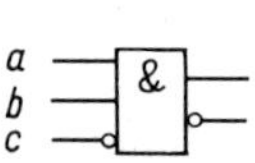

UND-Glied mit drei Eingängen *a*, *b*, *c* (davon *c* negiert) mit zusätzlichem negierten Ausgang

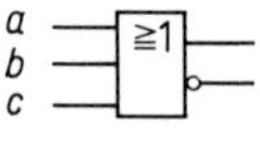

ODER-Glied mit drei Eingängen *a*, *b*, *c* mit zusätzlichem negierten Ausgang

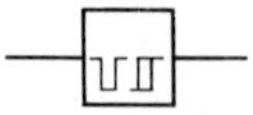

Schmitt-Trigger mit Monoflop

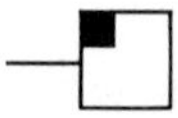

Speicher, allgemein

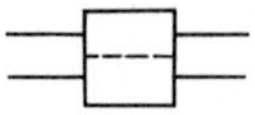

bistabiles Kippglied (s.a. Bild **3.46**a)

4 Formelzeichen

Die Formelzeichen sind in diesem Buch im allgemeinen kursiv geschrieben und bezeichnen dann die skalaren Größen bzw. Beträge. Vektorgrößen (z.B. $\vec{B}$, $\vec{H}$) werden durch Pfeile und komplexe Größen (Zeiger) durch Unterstreichungen (z.B. $\underline{I}$, $\underline{U}$, $\underline{Z}$) gekennzeichnet. Bei Wechselstromgrößen bezeichnen kleine Buchstaben die Zeitwerte (u, i und auch x), große Buchstaben die Effektivwerte (U, I) und das Zeichen ^ Scheitelwerte von Sinusgrößen (z.B. $\hat{u}$, $\hat{i}$ usw.). Mittelwerte werden im allgemeinen überstrichen (z.B. $\bar{u}$), Gleichrichtwerte außerdem in Betragsstriche gesetzt (z.B. $\overline{|i|}$). Die Zeitwerte aller anderen Größen werden durch den Index t gekennzeichnet (z.B. S_t, B_t). Mit ′ werden im allgemeinen auf die Primärseite umgerechnete Größen bezeichnet (z.B. I'_2, R'_2).

Die zunächst zusammengestellten Indizes kennzeichnen im allgemeinen unmißverständlich die angegebene Zuordnung. Die mit diesen Indizes versehenen Formelzeichen werden daher nur in Sonderfällen in der Formelzeichenliste aufgeführt. Auch sind die nur auf wenigen, eng aneinandergrenzenden Seiten vorkommenden Formelzeichen anschließend nicht angegeben.

Indizes

A	Strommesser
a	Ausgang
B	Basis
b	Blindwert
C	Kollektor
d	Dämpfung
E	Emitter
e	Eingang
F	Fehler
f	Flußmesser
Fe	Eisen
G	Generator
g	Gegenkopplung
h	Hilfsgröße
I	Strompfad
i	Strom, Laufindex
K	Korrektur
k	Kompensation
L	Induktivität
M	Meßwerk
max	Größtwert
mi	Mittelwert
min	Kleinstwert
N	Nennwert
n	Normalgröße
os	Offset
P	Leistungsmesser
p	Leistung
r	relativ
s	Reihenschaltung
T	Träger
t	Zeitwert
U	Spannungspfad
u	Spannung
V	Spannungsmesser
v	Vergleichsgröße
W	wahrer Wert
w	Wirkwert
x	Meßgröße
zul	zulässig
μ	Magnetisierung
ν	Oberschwingung
σ	Streuung
0	Grundwert
1, 2, 3…n	fortlaufende Numerierung
1	primär, Eingang
2	sekundär, Ausgang
–	Gleichstrom
~	Wechselstrom

Formelzeichen (In Klammern Abschnittsnummern der Einführung der Zeichen)

A	Fläche (2.3.1.2)
a	Koeffizient (1.4.2)
a	Beschleunigung (7.2.2.3)
B	magnetische Induktion (2.3.1.2)
C	Kapazität (2.3.5.1)
C	Meßgerätkonstante (2.3.3.1)
C_b	ballistische Konstante (2.3.4.1)
C_d	Durchgriffskapazität (4.2.2)
C_g	Gleichrichterkapazität (2.3.5.1)
C_L	Ladekapazität (2.3.5.3)
C_S	Schirmkapazität (5.4.6.3)
C_s	Siebgliedkapazität (2.3.5.3)

c_0	Lichtgeschwindigkeit (4.1.1)
D	Winkelrichtgröße (2.1.2)
D	Verzerrungsleistung (4.8.2.4)
d	Durchmesser (7.2.3)
d	Plattenabstand (3.2.1.2)
E	Beleuchtungsstärke (7.4.3.2)
e	Elementarladung (3.2.1.1)
e	= 2,71828 ... (2.3.4.1)
F	Fehler (1.3.2)
F	Formfaktor (4.4.1)
F	Kraft (2.3.1)
F	Rauschmaß (3.1.1.4)
F_{Ar}	relativer Anzeigefehler (1.3.2)
f	Frequenz (2.1.3.2)
f_{e}	Eckfrequenz (3.1.1.3)
f_{o}	Eigenfrequenz (2.1.3.2)
f_{u}	untere Grenzfrequenz (3.1.1.3)
G	Leitwert (5.2.6.3)
G	Schubmodul (7.2.3)
g	Erdbeschleunigung (7.2.2.3)
g	Grundschwingungsgehalt (4.4.1)
H	magnetische Feldstärke (2.5.2.1)
H	Meßwerthäufigkeit (1.4.3)
I	Strom (1.3.2)
I_{C}	kapazitiver Blindstrom (2.6.5.2)
I_{dyn}	dynamischer Grenzstrom (4.6.1.3)
I_{g}	Galvanometerstrom, Nullzweigstrom (5.9.2)
I_{k}	Kurzschlußstrom (7.4.3.1)
I_{th}	thermischer Grenzstrom (4.6.1.3)
i	Laufkennzahl (1.3.3)
J	Trägheitsmoment (2.1.2)
J	magnetische Polarisation (6.1.3.7)
j	$= \sqrt{-1}$ (4.6.1.2)
K_{g}	Gegenkopplungsfaktor (3.1.4.1)
k	Boltzmann-Konstante (3.1.1.4)
k	Faktor (1.4.2)
k	Übersetzungsverhältnis (4.6.1.1)
k	Klirrfaktor (4.4.1)
L	Induktivität (2.4.1)
L	Leitungslänge (5.2.8.1)
l	Länge (2.1.4.5)
M	Drehmoment (2.1.2)
M	Gegeninduktivität (2.3.4.2)
M_{e}	elektrisches Drehmoment (2.1.2)
M_{g}	mechanisches Gegendrehmoment (2.1.2)
M_{r}	Reibungsmoment (2.1.2)
M_{t}	Gegendrehmoment der Trägheit (2.1.2)
m	Masse (3.2.1.1)
m	magnetisches Moment (6.1.3.4)
m	Maßstab (6.2.4.4)
N	Windungszahl (2.3.1.2)
n	Anzahl (1.3.2)

n	Drehzahl (8.2.3)
n	Meßbereichsfaktor (2.3.2.1)
n	Rauschfaktor (3.1.1.4)
n	Umdrehungszahl (4.7.1.1)
P	statistische Sicherheit (1.3.3)
P	Wirkleistung (1.3.3)
P_{a}	angezeigte Leistung (4.8.1.2)
p	Dämpfungsfaktor (2.1.2)
p	Druck (7.2.2.5)
Q	Blindleistung (4.7.1.4)
Q	Elektrizitätsmenge (2.3.4)
Q	Gütefaktor (5.4.8.4)
R	Wirkwiderstand (1.4.3)
R_{a}	äußerer Widerstand (2.3.3.2)
R_{ag}	äußerer Grenzwiderstand (2.3.3.2)
R_{B}	Bürdenwiderstand (3.4.7.1)
R_{gr}	Grenzwiderstand (2.3.3.2)
R_{i}	innerer Widerstand (5.3.1.3)
R_{L}	Leitungswiderstand (5.2.8.2)
R_{N}	Nebenwiderstand (2.3.2.2)
R_{p}	Parallelwiderstand (4.4.2.2)
R_{S}	Schließungswiderstand (2.3.2.2)
R_{s}	Schutzwiderstand (4.2.2.2)
R_{s}	Siebgliedwiderstand (2.3.5.3)
R_{t}	Spannungsteilerwiderstand (3.1.4.1)
R_{VW}	Vorwiderstand (2.3.2.1)
R_{20}	Widerstand bei 20°C (7.3.2)
r	Korrelationskoeffizient (1.4.2)
r	Radius (2.3.1.2)
S	Empfindlichkeit (2.1.1)
S	Scheinleistung (4.8.2.3)
S_{ε}	Dehnungs-Empfindlichkeit (7.2.2.1)
s	Schwingungsgehalt (4.4.1)
s	Standardabweichung (1.3.3)
s	Steilheit (3.1.4.2)
s	Weg, Verschiebung (6.1.1)
T	Periodendauer (1.4.3)
T_{T}	Torzeit (3.4.1.1)
T_{u}	Umlaufzeit (4.4.4.2)
T_0	Periodendauer des ungedämpften Systems (2.1.3.2)
t	Vertrauensfaktor (1.3.3)
t	Zeit (1.4.3)
t_{r}	Anstiegszeit (3.1.1.3)
U	Spannung (1.3.3)
U_{d}	Diodenspannung (3.1.5.2)
U_{g}	Brückenspannung (5.2.4.2)
U_{H}	Hallspannung (4.1.1)
U_{r}	Rauschspannung (3.1.1.4)
U_{q}	Quellenspannung (2.3.1.3)
U_{ref}	Referenzspannung (3.4.2)
U_{st}	Steuerspannung (3.1.3.3)
U_0	Speisegleichspannung (3.1.1.1)
u	Meßunsicherheit (1.3.3)

u_g	Gleichtaktspannung (3.2.1.2)
u_{cmv}	Gleichtaktstörspannung (3.4.5.2)
u_{smv}	Serienstörspannung (3.4.5.2)
$\ddot{u}$	Überschwingverhältnis (2.1.3.2)
V	magnetische Spannung (6.1.1)
V	Verlust (6.2.1.2)
V	Verstärkung (5.1.1.2)
V_{10}, V_{15}	Eisenverlustziffer (6.2.1.2)
v	Geschwindigkeit (2.7.2.1)
v	Vertrauensgrenze (1.3.3)
W	Arbeit, Energie (4.7)
w	Welligkeit (4.4.1)
X	Blindwiderstand (4.6.1.2)
x	Meßgröße (1.3.2)
x	Abszisse (3.2.1.2)
x_A	angezeigter Wert (1.3.2)
x_B	Berichtigung (1.3.2)
$\bar{x}_E$	von systematischen Fehlern befreiter Meßgrößenmittelwert (1.3.3)
x_I	Istmaß (1.3.2)
x_M	Skalenendwert (1.3.2)
x_S	Sollmaß (1.3.2)
y	Meßergebnis (1.3.3)
y	Strahlablenkung (2.8.1.2)
y	Ordinate (3.2.1.2)
Z	Scheinwiderstand (2.4.3)
z	Koordinate (3.2.1.2)
α	Potenz (1.3.4)
α	Drehwinkel, Ausschlag (2.1.1)
α	Temperaturbeiwert (7.2.1.1)
α_b	ballistischer Ausschlag (2.3.4.1)
β	Ausschlagsverhältnis (5.2.2.3)
β	Winkel (2.3.5)
γ	elektrische Leitfähigkeit (5.3.1.1)
γ	gyromagnetische Konstante (6.1.3.5)
Δ	kleine Differenz, Abweichung (2.1.1)
δ	Fehlwinkel (4.6.1.2)
δ	Verlustwinkel (5.4.1.1)
ε	Dehnung (7.1)
ε	Dielektrizitätskonstante (5.2.8.3)
ε_0	Verschiebungskonstante (7.2.1.3)
η	Frequenzverhältnis (2.7.1)
η	Wirkungsgrad (4.2.2.1)
Θ	absolute Temperatur (3.1.1.4)
Θ	Durchflutung (4.3.4.2)
ϑ	Dämpfungsgrad (2.1.3.2)
ϑ	Temperatur (2.3.2.1)
Λ	magnetischer Leitwert (7.2.1.2)
λ	Leistungsfaktor (4.8.4.2)
λ	Wellenlänge (7.4.2)
μ	Permeabilität (6.1.1)
μ_0	Induktionskonstante (4.1.1)
ν	Ordnungszahl (4.4.1)
ν	Verstärkungsmaß (3.1.1.2)
ξ	Scheitelfaktor (4.4.1)
π	= 3,14159 (2.1.3.2)
ϱ	Dichte (6.2.4.1)
ϱ	spezifischer Widerstand (5.1.1.1)
σ	Standardabweichung der Grundgesamtheit (1.3.3)
σ	Streufaktor (6.1.2.3)
σ	Winkel (4.7.1.2)
τ	Verschiebungszeit (1.4.4)
τ	Zeitkonstante (5.1.1.2)
Ψ	Spulenfluß (6.1.2.1)
Φ	magnetischer Fluß (4.7.1.2)
Φ_N	Windungsfluß (6.1.2.1)
φ	Phasenwinkel (1.3.4)
ω	Kreisfrequenz (2.5.1)
ω	Winkelgeschwindigkeit (4.7.1.1)

Sachverzeichnis

Moeller, Leitfaden der Elektrotechnik

Herausgegeben von Prof. Dr.-Ing. **H. Fricke,** Braunschweig, Prof. Dr.-Ing. **H. Frohne,** Hannover, und Prof. Dr.-Ing. **P. Vaske**

Band I

Grundlagen der Elektrotechnik

Teil 1: Elektrische Netzwerke

Von Prof. Dr.-Ing. **H. Fricke,** Braunschweig, und Prof. Dr.-Ing. **P. Vaske**

17., neubearbeitete und erweiterte Auflage. XVIII, 733 Seiten mit 567 teils mehrfarbigen Bildern, 34 Tafeln und 553 Beispielen. Geb. DM 64,– ISBN 3-519-06403-0

Teil 2: Elektrische und magnetische Felder

Von Prof. Dr.-Ing. **H. Frohne,** Hannover

In Vorbereitung ISBN 3-519-06404-9

Teil 3: Elektrische und magnetische Eigenschaften der Materie

Von Prof. Dr. **W. von Münch,** Stuttgart

In Vorbereitung ISBN 3-519-06409-X

Band II

Elektrische Maschinen und Umformer

Teil 1: Aufbau, Wirkungsweise und Betriebsverhalten

Von Prof. Dr.-Ing. **P. Vaske**

12., neubearbeitete und erweiterte Auflage. XII, 289 Seiten mit 248 teils zweifarbigen Bildern, 12 Tafeln und 61 Beispielen. Kart. DM 44,– ISBN 3-519-16401-9

Band III

Bauelemente der Halbleiterelektronik

Von Prof. Dr. rer. nat. **H. Tholl,** Hamburg

Teil 2: Feldeffekt-Transistoren, Thyristoren und Optoelektronik

XII, 323 Seiten mit 309 Bildern, 32 Tafeln und 77 Beispielen. Kart. DM 46,– ISBN 3-519-06419-7

Band IV

Grundlagen der elektrischen Meßtechnik

Von Prof. Dr.-Ing. **H. Frohne,** Hannover, und Prof. Dr.-Ing. **E. Ueckert,** Hannover

XII, 548 Seiten mit 271 Bildern, 48 Tafeln und 111 Beispielen. Geb. DM 68,– ISBN 3-519-06406-5

Band V

Grundlagen der Regelungstechnik

Von Prof. Dr.-Ing. **F. Dörrscheidt,** Paderborn, und Prof. Dr.-Ing. **W. Latzel,** Paderborn

In Vorbereitung ISBN 3-519-06421-9

Band VI

Hochspannungstechnik

Von Prof. Dr.-Ing. **G. Hilgarth,** Braunschweig/Wolfenbüttel

X, 162 Seiten mit 138 Bildern, 13 Tafeln und 35 Beispielen. Kart. DM 38,– ISBN 3-519-06422-7

B. G. Teubner Stuttgart

Moeller, Leitfaden der Elektrotechnik (Fortsetzung)

Band VII

Programmierbare Taschenrechner in der Elektrotechnik

Anwendung der TI 58 und TI 59

Von Prof. Dr.-Ing. **P. Vaske,** Prof. Dr.-Ing. **F. Dörrscheidt,** Paderborn, und Prof. Dr.-Ing. **D. Selle,** Braunschweig/Wolfenbüttel
unter Mitwirkung von Prof. Dipl.-Ing. **R. Flosdorff,** Aachen, und Prof. Dr.-Ing. **G. Hilgarth,** Braunschweig/Wolfenbüttel

XII, 425 Seiten mit 143 Bildern, 32 Tafeln, 129 Beispielen und 40 Programmen. Kart. DM 44,–
ISBN 3-519-06420-0

Band IX

Elektrische Energieverteilung

Von Prof. Dipl.-Ing. **R. Flosdorff,** Aachen, und Prof. Dr.-Ing. **G. Hilgarth,** Braunschweig/Wolfenbüttel

5., überarbeitete Auflage. XIV, 352 Seiten mit 274 Bildern, 46 Tafeln und 72 Beispielen. Kart. DM 48,–
ISBN 3-519-46411-X

Band X

Grundlagen der Digitaltechnik

Von Prof. Dipl.-Ing. **L. Borucki,** Krefeld
unter Mitwirkung von Prof. Dipl.-Ing. **G. Stockfisch,** Moers

2., neubearbeitete und erweiterte Auflage. XIV, 302 Seiten mit 292 Bildern, 76 Tafeln und 31 Beispielen. Kart. DM 46,– ISBN 3-519-16415-9

Band XI

Grundlagen der elektrischen Nachrichtenübertragung

Von Prof. Dr.-Ing. **H. Fricke,** Braunschweig, Prof. Dr.-Ing. habil. **K. Lamberts,** Clausthal, und Prof. Dipl.-Ing. **E. Patzelt,** Braunschweig/Wolfenbüttel

XV, 375 Seiten mit 302 Bildern, 15 Tafeln und 39 Beispielen. Geb. DM 56,– ISBN 3-519-06416-2

Band XII

Grundlagen der Verstärker

Von Prof. Dr.-Ing. **H. Gad,** Lemgo, und Prof. Dr.-Ing. **H. Fricke,** Braunschweig

XII, 306 Seiten mit 202 Bildern, 1 Tafel und 90 Beispielen. Kart. DM 52,– ISBN 3-519-06417-0

Band XIII

Grundlagen der Impulstechnik

Von Dr.-Ing. **G.-H. Schildt,** Braunschweig

In Vorbereitung ISBN 3-519-06412-X

Preisänderungen vorbehalten

B. G. Teubner Stuttgart